本教材第2版曾获首届全国教材建设奖全国优秀教材二等奖
普通高等教育“十一五”国家级规划教材
集成电路新兴领域“十四五”高等教育教材
国家集成电路人才培养基地教学建设成果
国家示范性微电子学院教学建设成果
“双一流”建设高校立项教材
集成电路一流建设学科教材
国家级一流本科专业建设点立项教材
新工科集成电路一流精品教材

微电子概论
（第3版）

◎ 郝　跃　贾新章　史江义　编著
◎ 吴玉广　董　刚　主审

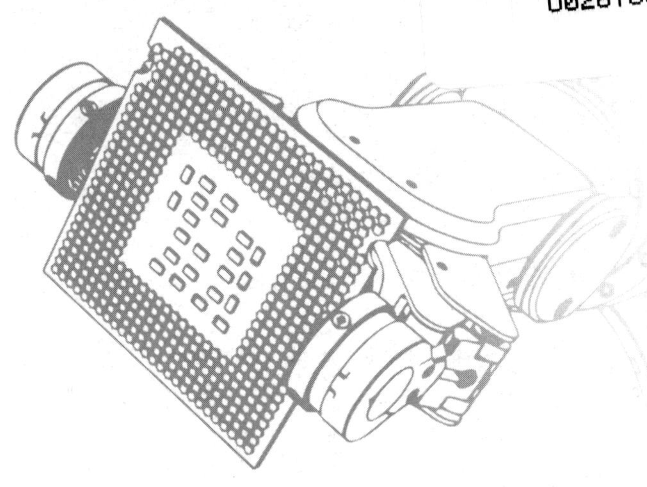

電子工業出版社
Publishing House of Electronics Industry
北京 · BEIJING

内 容 简 介

本书第2版于2021年评为首届全国教材建设奖全国优秀教材二等奖，本书是普通高等教育“十一五”国家级规划教材、集成电路新兴领域“十四五”高等教育教材。全书共6章，以硅集成电路为中心，重点介绍集成器件物理基础、集成电路制造工艺、集成电路设计、微电子系统设计、电子设计自动化。既介绍微电子器件的基本概念和物理原理，又介绍现代集成电路中先进器件结构、现代集成电路和系统设计方法以及纳米工艺等先进技术。提供配套微课视频、电子课件、教学大纲、模拟试卷等。

本书可作为微电子、集成电路、电子信息、电气信息等专业本科与研究生相关课程的教材，也可供从事电子线路和系统集成化工作的技术人员参考。特别是对于将要从事集成化工作的非微电子专业毕业的工程技术人员，本书更是一本合适的入门教材。

图书在版编目（CIP）数据

微电子概论 / 郝跃，贾新章，史江义编著. -- 3版.
北京 : 电子工业出版社, 2025. 2. -- ISBN 978-7-121
-49413-0

Ⅰ. TN4

中国国家版本馆CIP数据核字第2024SS1500号

责任编辑：王羽佳
印　　刷：三河市鑫金马印装有限公司
装　　订：三河市鑫金马印装有限公司
出版发行：电子工业出版社
　　　　　北京市海淀区万寿路173信箱　邮编　100036
开　　本：787×1 092　1/16　印张：19　字数：537千字
版　　次：2011年6月第1版
　　　　　2025年2月第3版
印　　次：2025年2月第1次印刷
定　　价：69.90元

凡所购买电子工业出版社图书有缺损问题，请向购买书店调换。若书店售缺，请与本社发行部联系，联系及邮购电话：（010）88254888，88258888。

质量投诉请发邮件至 zlts@phei.com.cn，盗版侵权举报请发邮件至 dbqq@phei.com.cn。

本书咨询联系方式：（010）88254535，wyj@phei.com.cn。

丛书序言

集成电路是现代电子工程技术的重要分支，涉及半导体材料、半导体器件、集成电路的设计与制造、集成电路封装与测试、集成电路装备与仪器等领域。集成电路是推动信息化与智能化技术和产业发展的重要支撑，对提升电子产品计算性能、减低电子系统能耗和成本、实现电子装备微小型化和高可靠性，以及促进科技进步和经济发展等方面具有重要意义，已经成为现代科技和信息社会的基石。当前集成电路技术已进入后摩尔时代，如何适应信息化和智能化的需求，进一步实现集成电路芯片高算力、低功耗、高密度（集成度）、多功能、低成本，是集成电路科学与工程面临的重要挑战。

随着全球半导体产业格局不断重塑，我国集成电路产业正站在一个新的历史起点上，既面临着国际竞争的激烈挑战，也承载着国内产业升级与技术创新的巨大需求。在这样的背景下，培养一批高质量集成电路拔尖创新人才，成为推动国家科技进步、保障产业链安全、提升国际竞争力的关键所在。党的二十大报告指出："教育、科技、人才是全面建设社会主义现代化国家的基础性、战略性支撑。必须坚持科技是第一生产力、人才是第一资源、创新是第一动力，深入实施科教兴国战略、人才强国战略、创新驱动发展战略，开辟发展新领域新赛道，不断塑造发展新动能新优势。" 习近平总书记在 2024 年全国科技大会上指出"要坚持以科技创新需求为牵引，优化高等学校学科设置，创新人才培养模式，切实提高人才自主培养水平和质量"。

高校是教育、科技、人才的集中交汇点，为积极响应国家号召，满足新时代集成电路领域对高素质人才的需求，我国集成电路领域优势学科高校、领军企业的近 100 名一线教师和业内专家，共同编撰完成了这套战略性新兴领域——新一代信息技术（集成电路）"十四五"高等教育系列教材，共同推进教育、科技、人才"三位一体"协同融合发展。系列教材一共 17 册，内容全面覆盖了集成电路专业概览与启蒙、半导体材料与器件、集成电路设计与工艺制造、集成电路封装与测试等专业核心课程、实验实践课程和交叉课程，是一套体系完备的集成电路学科相关专业本科教育教学用书。

我们在这套系列教材编制过程中，一是注重理论教学、实践教学和产业实际案例深度融合，使学生在掌握相关理论知识的同时，注意提升解决实际问题的能力；二是积极探索数字教材的新形态，在部分教材中提供动图动画、MOOC、工程案例、虚拟仿真等数字化教学资源，以适应数字化时代学生多样化学习需求。三是紧盯国际集成电路科技和产业发展前沿，立足集成电路发展的中国特色，力求教材内容的前瞻性和实用性。

系列教材的出版是集成电路领域人才培养核心要素改革的一项重要探索，也是不断更新、不断完善的有力实践。科技在发展、知识在更新、社会在进步，系列教材也需不断完善和发展。大家共同努力，为适应集成电路领域学科专业教育教学需求，培养具有竞争力的高素质集成电路专业人才，推动我国集成电路产业高质量发展注入更新的活力与动能。

中国科学院院士　郝跃

前 言

微电子（Microelectronics）技术和集成电路（Integrated Circuit，IC）是20世纪的产物，是人类智慧的结晶和文明进步的体现。信息社会的发展，使得作为信息社会“粮食”的集成电路，俗称“芯片”，得到迅速发展。国民经济信息化、传统产业改造、国家信息安全、国民消费电子和军事电子等领域的强烈需求，使微电子技术继续呈现高的增长势头。未来若干年，微电子技术仍然是发展最活跃和技术增长最快的高新科技领域之一，也是国家重点支持发展的重大项目之一。在这种情况下，越来越多的线路和系统设计人员参与到微电子系统的研制中，或者需要将其已开发的线路和系统实现集成化。微电子技术已成为非微电子专业的电子信息科学类和电气信息类的本科与研究生应该掌握的专业基础知识，越来越多的大学为非微电子专业的学生开设了关于微电子基础教育的课程，需要有相关的合适教材。

我们曾在1995年出版了“八五”统编教材《微电子技术概论》。为了适应微电子技术的发展，于2003年又编写出版了“普通高等教育‘十五’国家级规划教材”《微电子概论》。2011年修订为《微电子概论》（第2版），列入普通高等教育“十一五”国家级规划教材，并于2021年评为首届全国教材建设奖全国优秀教材二等奖。为了紧跟微电子、集成电路技术的发展步伐，反映技术最新发展趋势，适应当前“芯片热”的需求，结合集成电路工艺进步和我国集成电路产业现状，修订为《微电子概论》（第3版），列入集成电路新兴领域“十四五”高等教育教材。

考虑到未来相当一段时期硅微电子技术仍然是微电子技术的主体，本书以硅集成电路为中心，分为6章，重点介绍集成器件物理基础、集成电路制造工艺、集成电路设计、微电子系统设计、电子设计自动化。本书的参考学时为32/48学时。

本书在编写中注意体现以下特点。

① 全书总的编写指导思想是从物理概念入手，结合工程实例，介绍集成器件物理基础、集成工艺原理，以及集成电路和系统设计的特点与方法，对学生进行微电子技术方面的全方位教育，为以后参与微电子系统研制工作奠定必要的基础。

② 介绍集成器件物理基础时，突出物理概念，重点分析物理过程，同时给出定量结论，使学生在理解器件原理时不至于感到太抽象。在分析基本原理的基础上同时介绍先进的器件结构，如基区采用重掺杂SiGe材料的异质结双极晶体管、FinFET等先进器件。

③ 在分析几种基本半导体器件工作原理的基础上，还进一步介绍电路模拟软件中采用的SPICE器件模型、主要模型参数的含义，有助于学生更有效地应用电路级模拟仿真软件。

④ 介绍集成电路工艺原理时，同时介绍双极和CMOS工艺过程，以CMOS为主。在介绍基本工艺原理的基础上同时介绍现代纳米工艺节点阶段工艺技术的最新发展，如纳米级线条图形的光刻等普遍关注的热点问题。

⑤ 介绍集成电路和系统设计时，一方面结合集成电路设计实例，分别介绍模拟集成电路和数字集成电路底层设计中主要元器件的图形结构设计，使学生能“看懂”基本的集成电路版图；另一方面，以CMOS数字集成电路的基本原理、电路特点、设计流程与方法为核心，阐述集成电路系统构建与电路实现方法，分析集成电路性能指标实现原理，结合实例介绍基于现代设计工具的集成电路设计方法与设计流程，使学生能够对集成电路设计目标、设计过程、质量评价等概念有一个轮廓的认知。

⑥ 结合实例介绍电子设计自动化（EDA）设计系统时，一方面介绍微机级软件系统，使学生在了解EDA方法和基本软件使用的基础上，能结合微机级EDA软件进行上机练习；另一方面介绍工作站EDA软件系统概况，这样到工作时，不致对工作站软件感到太陌生。

本书主要章节后附练习及思考题，便于学生检查学习效果。

为了配合全书内容的学习，还录制了145个知识点的授课视频，可扫描下面的二维码学习视频课程。本书提供配套电子课件、教学大纲、模拟试卷等，请登录华信教育资源网免费注册下载。

扫一扫
学习本书视频课程

本书由西安电子科技大学郝跃院士统稿并编写第1章，贾新章教授编写第2、3章，史江义教授编写第4～6章。吴玉广教授、董刚教授任本书审校，对本书提出了许多有益的修改意见和评论，在此表示衷心的感谢。同时向本书所引用的论文、图表和书籍的作者致以深切的谢意！

本书可作为微电子、集成电路、电子信息、电气信息等专业本科与研究生相关课程的教材，也可供从事电子线路和系统集成化工作的技术人员参考。特别是对于将要从事集成化工作的非微电子专业毕业的工程技术人员，本书更是一本合适的入门教材。

由于本书涉及面广，内容发展更新快，书中难免有不足之处，敬请读者批评指正。

目 录

第 1 章　概论

微电子（Microelectronics）技术和集成电路（Integrated Circuit，IC）是 20 世纪的产物，是人类智慧的结晶和文明进步的体现。集成电路是信息社会的“粮食”，一直伴随着信息社会的发展而迅速发展，还将继续伴随着人类社会信息化和智能化的发展不断发展。

一个国家的国民经济信息化、对传统产业的改造、人民物质和精神生活的需求、国家信息安全、信息化和智能化军事装备都强烈依赖于微电子技术，这使微电子技术继续呈现高速的增长势头。未来若干年，微电子技术仍然是发展最活跃的技术和增长最快的高新科技领域，其中硅微电子技术仍然是微电子技术的主体，至少 20～30 年内是这样。微电子技术的发展开辟了新的科学领域，带动了一系列相关高新科学和技术的发展。

微电子技术的发展改变了人类社会生产和生活方式，甚至影响着世界经济和政治格局，这在科学技术史上是空前的。

20 世纪 70 年代，集成电路产业初步形成，1975 年全球 GDP 约 5.99 万亿美元，集成电路产业规模不足 60 亿美元。其后，由于集成电路产业以远高于 GDP 的增长速度发展，其产业规模急剧扩大，该比例以平均每年约 6%的速度递增。到了 2023 年，全球 GDP 约 105 万亿美元，电子工业约 3450 亿美元，集成电路约 430 亿美元。随着电子信息产品的广泛应用，集成电路的需求量一直呈大幅上升势头。据世界半导体贸易统计组织（WSTS）数据显示，2023 年全球半导体市场规模为 5300 亿美元，WSTS 还预计，2024 年芯片销售额将增长 16%，达到 6112 亿美元。到 2030 年，全球半导体市场规模有望突破 1 万亿美元。

自 2014 年《国家集成电路产业发展推进纲要》出台以来，我国集成电路产业良好的政策环境和投融资环境效果持续显现，中国半导体行业协会统计，2023 年中国集成电路产业销售额为 1.2 万亿元，随着集成电路产业的不断发展，中国定将从一个集成电路应用大国发展成为集成电路制造产业大国。新时代、新发展、新要求，需要从事电子信息领域的在校大学生、研究生和相关工程技术人员，系统熟悉与了解微电子与集成电路的基本构成、基本原理、基本结构和基本制造过程，为从事电子信息相关研究、技术开发和应用，以及管理与商业化工作打下良好的基础。

1.1　微电子技术和集成电路的发展历程

1.1.1　微电子技术与半导体集成电路

微电子技术是利用微细加工技术，基于固体物理、半导体物理与器件物理，以及电子学理论和方法，在半导体材料上实现微小型固体电子器件和集成电路的一门技术，其核心是半导体集成电路及其相关技术。

集成电路包括半导体集成电路和混合集成电路两类。

半导体集成电路是用半导体工艺技术将电子电路的元件（电阻、电容、电感等）和器件（晶体管、传感器等）在同一半导体材料上“不可分割地”制造完成，并互连在一起，形成完整的有独立功能的电路和系统。

混合集成电路是将不同的半导体集成电路和分立电子元器件通过混合集成电路工艺和微细加工方法，分别固化到同一基板（陶瓷材料、半导体材料等）上，用互连的方式将它们集成为完整的有独立功能的电路和系统。

本书主要介绍半导体集成电路的理论基础、制造工艺、元件和器件结构与原理、设计方法等相关知识和技术。

1.1.2 发展历程

目前，几乎所有集成电路都是在半导体材料上实现的。所谓半导体材料，是指这类材料的导电性介于导体和绝缘体材料之间。实际上，早在 1900 年前后，人们就发现了一类具有整流性能的半导体材料，并成功用它们制出了检波器。但这些早期的晶体检波器性能不稳定，很快被淘汰了。到了 20 世纪 30 年代，由于微波技术的发展，为了适应超高频波段的检波要求，半导体材料又引起了人们的注意，并制出了锗和硅微波二极管。

为了改善这些器件的稳定性和可靠性，第二次世界大战后，在美国的 Bell 实验室，由 W. Shockley、J. Bardeen 和 W. Brattain 组成的研究小组展开了对锗半导体材料表面的研究。1947 年 12 月 23 日，该小组在对半导体特性研究的过程中发明了点接触三极管，这是世界上第一只晶体三极管，它标志着电子技术从电子管时代进入晶体管时代。在此基础上，W. Shockley 提出了 pn 结和面结型晶体管的基本理论，接着发明了具有实用价值的面结型晶体管。为此这 3 位科学家于 1956 年荣获诺贝尔奖。图 1.1 所示为 Shockley 3 人研究小组和世界上第一只晶体管的照片。

晶体管发明后不到 5 年，英国皇家研究所的塔姆于 1952 年 5 月在美国工程师协会举办的一次座谈会上发表的论文第一次提出了有关 IC 的设想。该论文中说到：“可以想象，随着晶体管和一般半导体工业的发展，电子设备可以在固体上实现，而不需要连接线。这块电路可以由绝缘、导体、整流放大等材料层组成。”在此后几年，随着工艺水平的提高，美国德州仪器公司（TI）的 J. S. Kilby 于 1958 年宣布研制出了第一块 IC（当时该电路实际上是一个仅包含 12 个元件的混合集成电路）。从此，电子技术进入了 IC 时代。Kilby 于 2000 年获得诺贝尔物理学奖。图 1.2 所示为 J. S. Kilby 和世界上第一块集成电路。

图 1.1 Shockley 3 人研究小组和世界上第一只晶体管的照片
（3 人中坐着的为 Shockley，后面从左分别为 Bardeen 和 Brattain）

图 1.2 J. S. Kilby 和世界上第一块集成电路

1947 年，晶体管的发明并没有引起人们过多的注意，仅仅是在当时的《纽约时报》上有一条短消息。由于工艺和结构问题，最初发明的点接触晶体管达不到实用的要求。真正引起新的技术革命的是人们对半导体器件及其制造工艺的研究不断深入。首先是在 20 世纪 50 年代初，面结型晶体管达到实用程度，开始工业化生产。在随后的几年中，通过对半导体表面效应的深入掌握，1958 年制造出了金属-氧化物-半导体场效应晶体管（MOSFET）。尽管 MOS 晶体管的诞生比双极型晶体管晚了近 10 年，但是由于它体积小、功耗低、制造工艺简单，为集成化提供了有利条件。

随着硅平面工艺技术的发展，1965 年英特尔公司主要创始人之一的摩尔提出了著名的“摩尔定律”（Moore’s Law），他预言：集成电路的晶体管密度每 18～24 个月翻一番。每个晶体管的成本将会每年下降一半。确实，MOS 集成电路基本遵循摩尔定律（见图 1.3）飞速地发展。现在已经可以把几亿乃至几百亿个 MOS 晶体管集成在一个芯片里。以 CMOS 集成电路为代表的微电子技术及其产业突飞猛进，日新月异，给人类的工作和生活带来了巨大变革。根据预测，直至 21 世纪上半叶，它仍将是主流技术。2007 年，英特尔公司推出 45nm 处理器，革命性地采用高-k 栅介质和金属栅晶体管，这是晶体管材料和工艺的又一次重大革新。2010 年后，传统的体硅平面型 CMOS 工艺技术在 20nm 几乎走到了尽头，美国加州大学伯克利分校胡正明教授发明了鳍形场效应晶体管（FinFET）结构，这是一种三维器件结构，使集成电路在 16nm/14nm/10nm/7nm/5nm 依然能够不断发展。到了 5nm 技术节点，单个芯片上能够集成的晶体管数可达 300～500 亿个/cm^2，而电路的互连通孔数为 1000 亿个/cm^2，3nm 技术节点后集成电路会采用一种新的 FinFET 环形栅（Gate All Around，GAA）晶体管结构，继续使微电子技术不断发展。

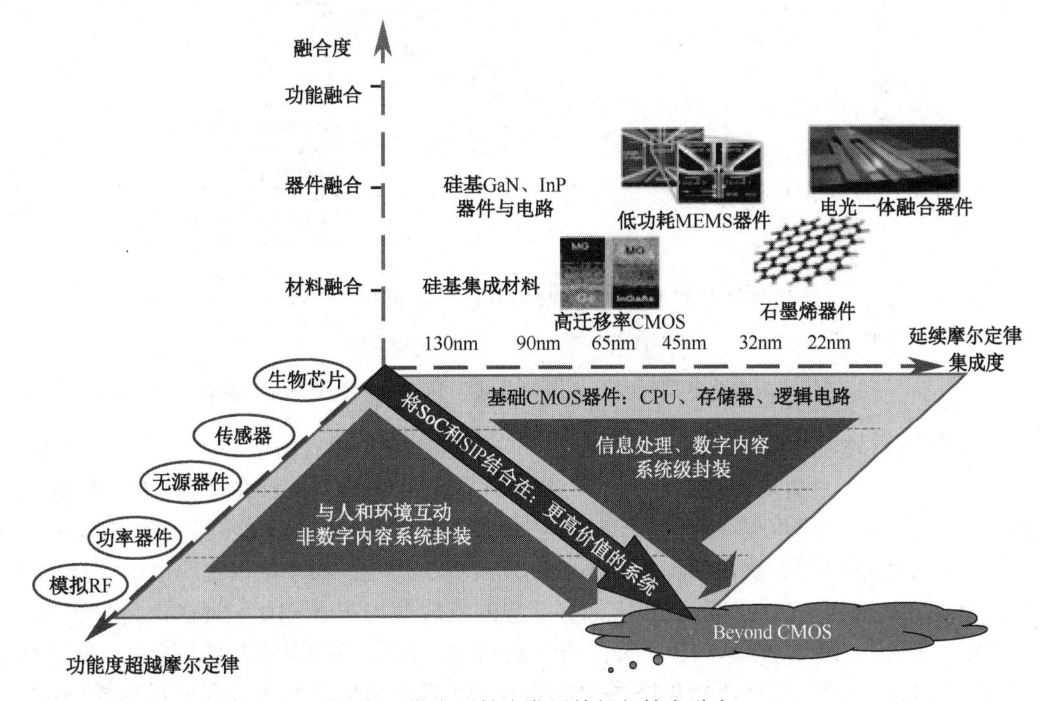

图 1.3　微电子技术发展特征与技术融合

这样的科技无疑是人类智慧的结晶，但是随着集成电路器件的特征尺寸越来越小，技术难度越来越大，集成电路生产线的投资额不断攀升。半导体器件固有的物理限制、功耗限制等，使摩尔定律不再延续其原来的规律，集成电路的发展进入所谓的后摩尔时代。后摩尔时代微电子技术的发展路径有两条：一条是继续沿着缩小尺寸的方式，进一步发展集成电路，称为延续摩尔定律（More Moore）；另一条发展路径是采用三维异质集成的方式将不同功能的半导体器件和芯片集成化，实现功能更多的集成电路芯片，称为超越摩尔定律（More than Moore），图1.3给出了发展的主要特征。这些不同的途径将会继续使集成电路不断发展，不断支撑人类信息化和智能化时代的发展。

1.1.3 发展特点和技术经济规律

集成电路诞生至今短短不到百年时间，它的发展带动信息社会的发展，成为国民经济发展强大的倍增器。其发展规律和主要特点如下。

1. 集成度不断提高

集成电路的发展基本按照摩尔定律，即每隔3年，特征尺寸缩小50%，集成度（每个芯片上集成的晶体管和元件的数目）提高4倍。其中专用集成电路（ASIC）和存储器每1～2年集成度和性能均翻番。图1.4给出了集成电路典型代表产品微处理器和存储器集成度逐年发展曲线，说明按摩尔定律发展的规律。

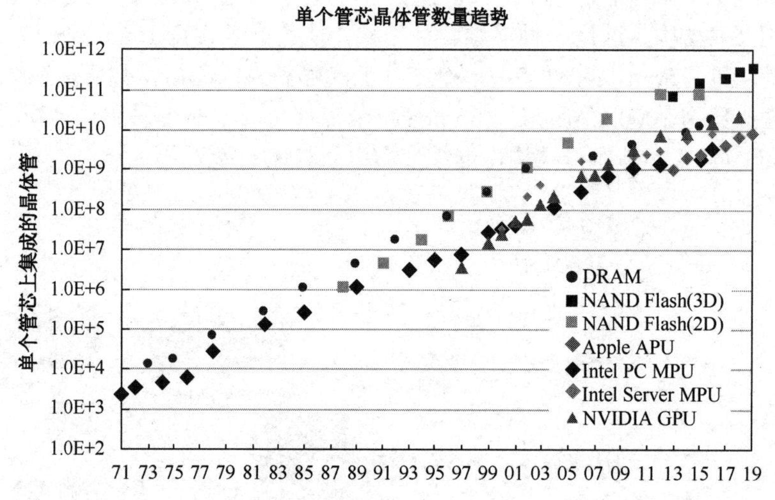

图1.4 集成电路典型代表产品微处理器和存储器集成度逐年发展曲线

1971年制造出的第一块4位微处理器芯片，单个芯片上集成有约2300个晶体管。1981年生产的16位微处理器芯片集成度达到2.9万个晶体管。图1.5分别给出了20世纪70年代Intel照片公司第一块微处理器芯片4004和2016年Intel's Core i7-3960X SandyBridge微处理器芯片的版图，其单芯片上集成的晶体管数从4004的约2300个发展到22.7亿多个，足以说明微电子技术日新月异的变化和发展。同样，在20世纪70年代存储器的集成度为kbit（10^3）规模，到20世纪80年代中期发展到Mbit（10^6）规模，1994年已研制出Gbit（10^9）规模的DRAM芯片，预计到2031年左右将达到Tbit规模。数字逻辑电路由于结构复杂、其集成度增长不像存储器那样快，大约每5年增长10倍，但是其发展速度也是相当惊人的。

2. 小特征尺寸和大晶圆技术不断发展

目前晶圆直径为12英寸、特征尺寸为5nm的集成电路已经批量生产。图1.6所示为ITRS和IRDS揭示的半导体行业主要发展趋势。

（a）Intel 4004 微处理器芯片

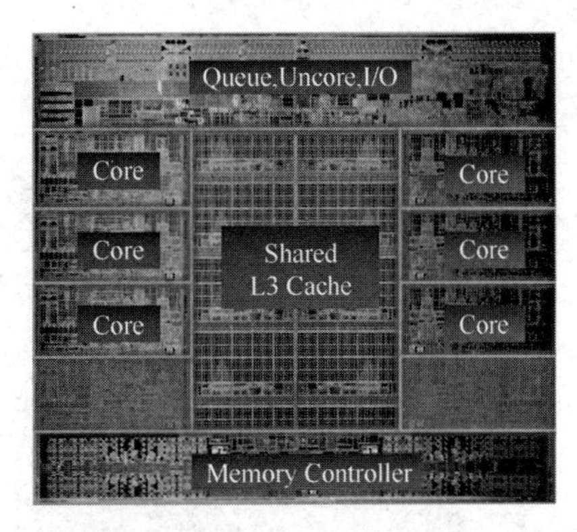

（b）Intel's Core i7-3960X SandyBridge 微处理器芯片

图 1.5　处理器版图对比

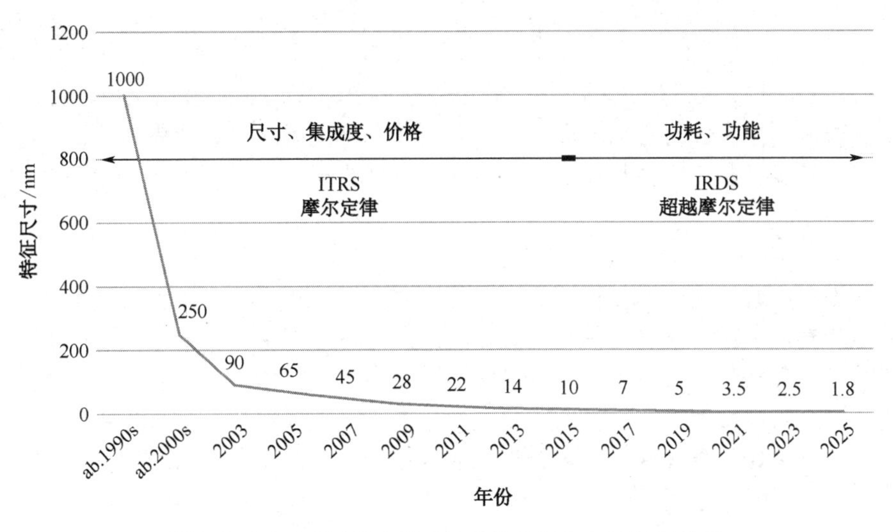

图 1.6　ITRS 和 IRDS 揭示的半导体行业主要发展趋势

3．半导体产品的高性能和低功耗化

高性能主要表现是芯片的工作速度迅速提高，以及芯片的功耗明显改善。

半导体存储器正继续围绕大容量、高密度和低电压工作方向不断推进。DDR5 是 JEDEC 标准定义的第 5 代双倍速率 SDRAM 内存标准。DDR5 的工作电压为 1.1 V，而 DDR4 的工作电压为 1.2 V，这种变化意味着每 1Gbit/s 带宽功耗降低了约 20%。同时，与 DDR4 相比，DDR5 实现 4800 MTbit/s 的高运行速率，是 DDR4 最高速率的 1.5 倍。DRAM 已经进入 5nm 工艺，IC Insights 2020 年版《McClean 报告》中数据显示，对于传统的平面（2D）NAND 闪存芯片，2020 年 1 月可用的单个芯片的最高密度为 128Gbit。但是，对于 96 层四级单元的 3D NAND 闪存芯片的最大密度为 1.33Tbit，而 128 层技术将催生 2Tbit 闪存芯片。

微处理器（MPU）是 IC 产品技术与市场竞争的焦点。随着系统性能要求的提高，高性能 MPU 是必然的发展趋势，尤其高速度已成为其发展的重要方向。自 2013 年以来，用于 iPhone 和 iPad 的苹果 A 系列应用处理器的晶体管数量以每年 43%的速度增长，其中苹果 A13 处理器的晶体管数量为 85 亿个。2020 年 NVIDIA 发布了最新的 Ampere 架构以及基于该架构的 A100 GPU，使用我国台积电公司 7nm 工艺实现，包含了 542 亿个晶体管。基于 Tesla A100 的 DGX A100 超算有 8 路 Tesla A100 加速卡，性能高达 5 PFLOPS。2019 年人工智能初创公司 Cerebras Systems 推出史上最大的半导体芯片——Cerebras Wafer Scale Engine（Cerebras WSE），该芯片为 AI 处理器，芯片面积为 462.25cm^2，拥有 1.2 万亿个晶体管、40 万个计算内核，如图 1.7 所示。

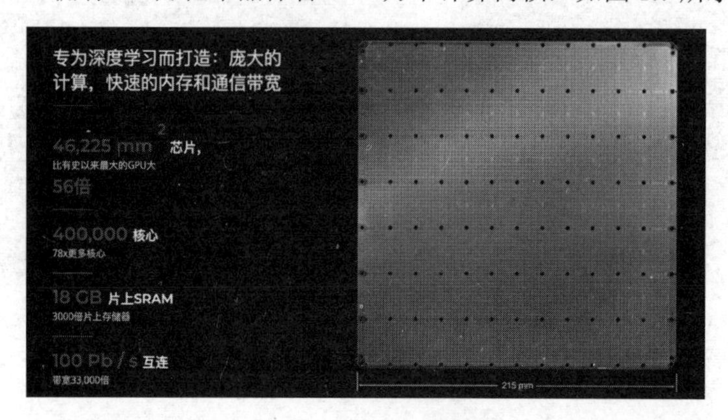

图 1.7　Cerebras WSE

此外，FPGA、模拟 IC 和数模混合 IC 领域的通信电路等近年发展也比较活跃，以 A/D 转换器、D/A 转换器电路为代表的模拟集成电路是硅集成电路发展的典型代表，其发展趋势为高位数和高速度。存内计算、基于新型材料的存储器也逐渐成为工业界和学术界高度关注的热点。

4．芯片 SoC 化

随着电子设备与系统的发展，特别是网络技术和多媒体技术、人工智能技术的发展，传统芯片在速度性能和功能上已不能完全满足需要。因此，除提高速度性能之外，实现单片 SoC 化已经成为工业界和学术界共识。2020 年，苹果发布了应用于笔记本电脑的 M1 芯片，如图 1.8 所示。该芯片采用我国台积电公司 5nm 工艺制程，晶体管数量约为 160 亿个。该芯片为高度集成的 SoC 芯片，芯片内包含 8 核中央处理器（包括 4 个高性能核心和 4 个高能效核心）、8 核图形处理器、16 核神经网络计算引擎、统一内存架构、带有 AES 加密硬件的新型高性能存储控制器、硬件转码引擎等。

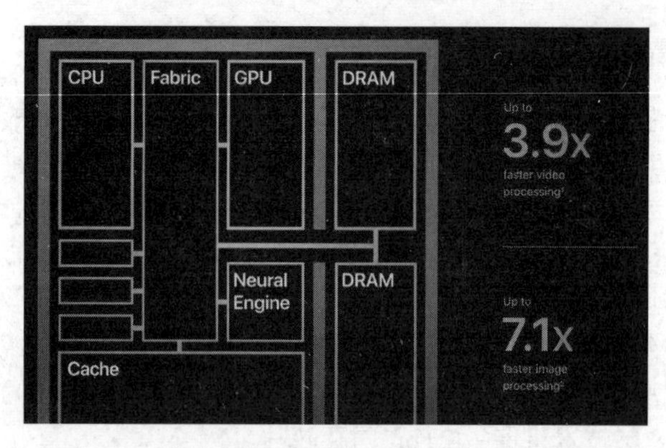

图 1.8　M1 芯片

5．化合物和宽禁带半导体的新发展

以砷化镓及磷化铟为代表的第二代半导体材料、以氮化镓及碳化硅为代表的第三代半导体材

料拥有更大的禁带宽度和电子迁移率，因此具有在高温高频大功率下工作的优良特性。目前化合物半导体中砷化镓市场份额最高，2017 年全球总产值高达 88.3 亿美元，广泛应用于无线通信及射频领域。氮化镓凭借优异的高频特性，在通信基站、卫星通信、国防领域应用广泛。随着 5G 时代的到来，2029 年第三代化合物半导体市场有望增加到 178 亿美元。氮化镓光电器件目前是半导体照明主要的 LED 器件，同时在 3GHz 以上的微波大功率器件方面具有独特的优势。碳化硅高压大功率特性优越，在功率器件市场渗透率日渐提升。

6. 多学科融合的微纳系统芯片将使微电子技术的应用得到进一步拓展

随着微电子技术的进一步发展，利用三维集成技术，未来可以使集成电路、传感器、微光机电系统，甚至生物芯片集成到同一个芯片上，实现多学科融合的微纳系统芯片。目前，这方面研究有了明显进展，这是下一代微电子技术发展的又一重要方向，预示微电子技术的前景将更加广阔。图 1.9 展示了一个典型的微纳系统芯片结构。

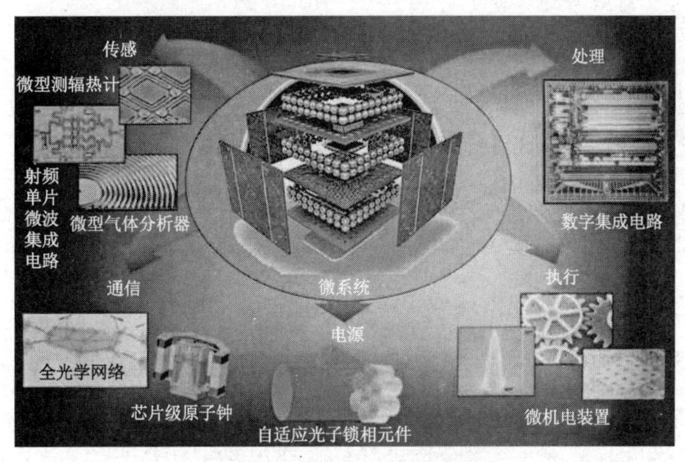

图 1.9 微纳系统芯片结构

目前人工智能（AI）芯片随着人工智能技术与产业的持续高速发展已成为支撑人工智能技术和产业发展的关键基础设施，正与传统行业实现高度融合。

高级综合（HLS）、Chisel（Constructing Hardware In a Scala Embedded Language）等新技术、新概念的兴起有效推动了设计效率的提升，芯粒（Chiplet）技术将使 IC 集成密度更高、应用更加灵活，预计会成为保持芯片处理能力继续提升的一种重要举措，将促使芯片设计方法及产业链发生重大转变。

总之，微电子技术仍将保持持续发展和不断进步的势头。

1.2 集成电路的分类

1.2.1 按电路功能分类

集成电路按功能可以分为数字集成电路、模拟集成电路、混合信号集成电路、射频集成电路。

1. 数字集成电路

数字集成电路是指仅对数字信号进行处理的一类集成电路，通常也称逻辑电路。这类电路目前是半导体集成电路的主流。产品主要包括处理器［微处理器（MPU）、微控制器（MCU）、协处理器和数字信号处理器（DSP）等］、存储器（RAM、ROM 等）、接口电路和其他逻辑电路。它们通常是由基本的逻辑门电路单元构成的。

2．模拟集成电路

模拟集成电路是指对模拟信号（连续变化信号）进行放大、转换、调制、运算等功能的一类集成电路。由于早期这类电路主要用于信号线性处理，因此又称为线性电路。它包括放大器、模拟乘法器、模拟开关和电源电路等。

3．混合信号集成电路

混合信号集成电路是可以处理数字和模拟两种信号的电路。混合信号集成电路主要包括 A/D 转换器、D/A 转换器等。

4．射频集成电路

射频集成电路（RFIC）是指完成无线通信收发系统功能的电路，主要包括射频收发机、射频器件和电路（如低噪声放大器、混频器、压控振荡器、锁相环、功率放大器）等。目前，RFIC 中使用的半导体工艺主要有 Si、SiGe、GaAs、InP、GaN 等。

1.2.2 按电路结构分类

集成电路按结构可以分为半导体集成电路和混合集成电路两类。

1．半导体集成电路

根据使用材料的不同，半导体集成电路主要分为硅半导体集成电路和化合物半导体集成电路。硅半导体集成电路目前是主流。化合物半导体集成电路主要是 GaAs 化合物半导体集成电路，其他材料的集成电路也在不断发展。半导体集成电路是所有电子元器件在同一半导体材料上制作完成的。

2．混合集成电路

根据制造工艺和材料的不同，混合集成电路主要包括薄膜混合集成电路、厚膜混合集成电路、薄厚膜混合集成电路、多芯片组装（MCM）等。混合集成电路中的主要电子元器件分别贴装在同一基板上制作完成。为了区别于混合集成电路，半导体集成电路又称为单片集成电路（Monolithic IC）。

① 厚膜混合集成电路是采用厚膜工艺制作的混合集成电路。通常厚度大于 1μm 的膜称为厚膜。厚膜工艺可以制作厚膜电阻、厚膜电容和厚膜绝缘层。采用丝网印刷和烧结等厚膜工艺，在玻璃或陶瓷基片上制作电阻、电容、无源网络，并在同一基片上组装分立的半导体器件芯片或单片集成电路或其他微型元件，然后进行封装，组成混合集成电路。厚膜混合集成电路的特点是工艺简单，成本低廉，适用于多品种、小批量产品。

② 薄膜混合集成电路是采用薄膜工艺制成的混合集成电路。通常厚度小于 1μm 的膜称为薄膜。采用真空蒸发或溅射技术在硅片、玻璃或陶瓷基片上制作薄膜电阻和薄膜电容，然后用铝膜条把它们与装在基片上的分立半导体器件或半导体集成电路芯片连接起来，最后进行封装。薄膜元件的优点是电阻、电容的数值范围大、精度高；缺点是工艺比较复杂，生产效率较低，成本较高，多用于要求较高的整机上。

③ 多芯片组装（MCM）使用高密度多层互连基板，层间由通孔互连，基板上组装多个 IC 裸芯片，通常是 LSI、VLSI 或 ASIC 芯片，以及其他片式元件，经过封装后成为一个高密度、多功能的微电子组件，属于混合大规模集成电路或混合特大规模集成电路范围。目前，MCM 主要有 MCM-L、MCM-C、MCM-D、MCM-C/D、MCM-L/D 五大类。MCM-L 是印制电路板技术的延伸，它把多层 PCB 叠合起来，上面安装各种元器件，制造工艺比较成熟，主要用于 30MHz 以下的产品。MCM-C 是用共烧多层 PCB 制成的，有低温和高温两种，低温是发展重点。MCM-D 是在硅基板或陶瓷基板上利用半导体工艺和薄膜沉积导体与介质材料而制成的，其技术难度大，组装密度高，是 MCM 的高级产品，成本较高。MCM-C/D 是 MCM-C 和 MCM-D 两种工艺的结合，兼有两者的优点，所用的基板采用共烧陶瓷基板上制作薄膜多层布线的混合基板，它与目前其他几种 MCM 相比，具有最佳的性价比。图 1.10 所示为一个混合集成电路内部照片实例。

图 1.10　混合集成电路内部照片实例

1.2.3　按有源器件结构和工艺分类

集成电路按有源器件结构和工艺可以分为双极型集成电路和 MOS 集成电路。

1．双极型集成电路

双极型集成电路采用双极型晶体管作为有源器件。之所以称为双极型晶体管，是因为晶体管工作依赖于两种极性的载流子（电子和空穴）。双极型集成电路中的晶体管分为 npn 管和 pnp 管。在某些电路中采用多发射极 npn 管、超 β 晶体管、可控增益 pnp 管、复合晶体管及结型场效应晶体管（JFET）。

2．MOS 集成电路

MOS 集成电路主要是用 MOS（金属-氧化物-半导体）晶体管作有源器件。由于 MOS 工作时只有一种载流子参与导电，因此称为单极晶体管。MOS 晶体管是单极型电压控制器件，而双极型晶体管是电流控制器件。

为了同时发挥双极和 MOS 两类器件的共同优点，一种混合结构的集成电路，即双极 MOS 集成电路（BiMOS）也是常见的电路结构。

1.3　集成电路设计制造特点和本书学习要点

集成电路无论工艺如何不同，结构如何差异，品种如何繁多，归纳起来其设计研制共分 5 个阶段，即电路系统设计、版图设计和优化、集成电路的加工制造、集成电路的封装及集成电路的测试和分析。

1.3.1　电路系统设计

电路系统设计的目的是根据电路系统的指标要求，构建可集成化的集成电路系统。系统设计可利用现有成熟工具从零开始设计，也可以利用已有的电路系统库中的成熟单元进行拼接或裁剪，形成新的系统。

一个好的集成电路设计除了电路本身的设计，还必须使所设计的电路适合集成工艺，否则制造出来的电路很难保证高的成品率，甚至不能采用已有的集成电路工艺完成。对于模拟集成电路和射频集成电路的设计尤其需要注意。

关于集成电路系统设计及其基本方法将在第 5 章介绍。

1.3.2 版图设计和优化

集成电路的版图设计和优化是将设计好的线路系统转化为具体的物理版图的过程。集成电路设计的目标是设计正确（包括电路功能和性能）、面积利用率高、电路的成品率高、设计周期短、设计成本低，其目的是得到尽可能快的市场反应和高的综合经济效益。

1. 集成电路设计技术发展阶段划分

集成电路的工艺技术不断推动集成电路设计方法学的变革，工艺技术的每次变革都推动了集成电路设计技术的一次飞跃。到目前为止，以版图设计和优化为中心的集成电路设计技术已经历了 4 代。

（1）在 20 世纪 70 年代末 80 年代初，3～5μm 工艺是集成电路的主体技术，与之相适应的第一代集成电路计算机辅助设计（ICCAD）技术以版图输入、设计检查为特点。

（2）20 世纪 80 年代中期，集成电路进入 1.5～3μm 工艺阶段，推动了以门阵列和标准单元为主的半定制设计方法的出现，不是以版图设计为主，而是把主要精力转向设计分析、验证和可制造性，这一代设计技术的特点是网表输入、仿真验证、自动布局布线、单元电路库，从此专用集成电路（ASIC）开始登上历史舞台。

（3）20 世纪 80 年代末 90 年代初，0.6μm CMOS FPGA 和 EPLD 出现，促使了可编程设计方法的出现，推动了以 FPGA 作为 ASIC 原型的设计，用增量设计法缩短了设计验证的周期。这一代设计技术的主要特征是自顶向下（Top-Down）的系统设计，以高层次行为描述、行为仿真、综合优化为设计模式，并注意从系统级验证设计和考虑设计的可测性。

（4）20 世纪 90 年代中期，0.35μm 的深亚微米 CMOS 工艺导致了第四代设计技术的产生，即以 CPU（或 DSP）核（Core）为核心的集成系统设计方法，注意编程和软件的固化，以互连线作为问题的核心，用算法开发和数据流与控制流的方式描述系统，完成系统设计规范的结构转化，在虚拟的原型设计环境中验证系统及实现系统集成，并将设计和测试融为一体。

近 20 年来，集成电路工艺屡屡突破预期的技术瓶颈，工艺技术节点从 28nm、14nm、7nm、5nm 等一步步趋近微观量子态。集成电路工艺的技术节点和晶体管的特征尺寸强烈依赖于光刻机光源的波长，波长越小，分辨率越高，线条就越细。光刻机光源波长从 436nm、248nm、193nm 紫外光源，发展到目前波长仅为 13.5nm 的极紫外光源（EUV），这是实现 7nm 以下技术节点所需要的。在设计验证方面，HLS、Chisel 等新方法、新工具也不断成熟，UVM（Universal Verification Methodology）也不断深入人心，复用技术在设计验证中的使用越来越高效，SIP（System In Package）、芯粒等技术也快速成熟推广，这些新技术正推动集成电路继续沿着后摩尔定律时代持续发展。

2. 手工设计、CAD 和 EDA

早期的版图设计采用手工设计方法，其设计周期和成本随集成度呈指数上升，而且设计中出现错误的概率显著增大。例如，用 5μm NMOS 技术设计一个 5000 门的电路，设计工作量约为 10 人年，设计一个 25000～50000 门的 CMOS VLSI 芯片，其耗费远大于 100 人年。所以早期的手工设计已逐渐被计算机辅助设计（CAD）所取代。

集成电路 CAD 是指设计工程师借助于一套计算机软件系统完成集成电路的系统设计、逻辑设计、电路设计、版图设计和测试码生成。这套软件称为电子设计自动化（Electronic Design Automation，EDA）工具。

3. “自顶向下”和“自底向上”设计方法

集成电路的设计方法可分为“自顶向下”（Top-Down）法和“自底向上”（Bottom-Up）法。

（1）“自顶向下”法：即针对总体系统功能，从整体设计开始，经过系统设计、模块设计、电路设计、物理设计等过程，从系统级到电路级，再到晶体管级的电路设计过程。设计过程是从系统整体逐步分解细化，采用现代化设计工具层层推进细化，直到晶体管级版图布图实现，通常适用于系统复杂度适中、电路规模不是很大（当前适用于千万门量级，随着设计软件和硬件平台性能提升适用范围会增加）的集成电路。

（2）“自底向上”法：是以分析的方法，从低到高，先完成相对底层的模块设计，再集成设计，完成整体系统设计。一般先对总体系统功能进行分解，完成子模块划分，然后进行底部各子模块的设计，最后把设计好的子模块进行集成，完成整体系统设计。以 IP 核（Intellectual Property Core）复用为基础的 SoC（System on Chip）设计方法是当前集成电路设计的主流技术方向，以 IP 核设计为主的 SoC 占多数。以处理器核（如 IP 核龙头企业 ARM 授权的 CPU/MCU IP）为代表，IP 核已经成为绝大部分 SoC 设计不可或缺的组成。因此，通过“自底向上”拼接 IP 核“积木”来设计系统芯片，已经成为成熟的芯片设计方式。

4. “全定制”和“半定制”设计方法

集成电路的设计方法分为全定制设计和半定制设计两种。半定制设计是针对专用集成电路的。全定制设计通常利用人机交互图形系统，由版图设计人员人工完成各个器件连线的版图设计、输入和编辑，实现电路图到版图的转换。由于是基于人工设计的，将芯片中的每个晶体管均予以优化，因此它需要较高的设计成本和较长的设计周期，但它能使芯片面积更小，性能更好，并可以用来满足某些特殊的要求，如模拟电路、高压电路、传感器等。

在第 2 章介绍半导体器件工作原理的基础上，于第 4 章介绍双极型集成电路和 MOS 集成电路的设计，主要介绍两类集成电路版图结构和基本设计方法，以及集成电路中几种无源元件（电阻、电容和电感）和有源器件的设计方法与版图结构。第 5 章的设计方法学与本问题有密切的联系，这是本书的重点之一。

第 6 章介绍集成电路电子设计自动化的概念和基本方法。集成电路设计包括系统和电路设计，以及集成电路版图设计两部分。对于数字集成电路，目前版图设计自动化已经到了相当成熟的水平，因此完成数字集成电路设计的关键是系统和电路设计。然而，要设计出高水平的数字集成电路，在版图设计方面也需要有所改进。对于模拟集成电路设计，版图自动设计软件的实用化还待成熟，在完成电路设计后，主要由设计人员完成版图设计。而大部分从事电路和系统设计的工程技术人员对版图设计尚比较生疏，因此本书的重点是给电路和系统设计的工程技术人员介绍必要的微电子基本概念和设计技术。

1.3.3　集成电路的加工制造

集成电路的加工制造是将设计好的版图，通过工艺加工最终形成集成电路芯片。工艺加工主要是在集成电路工艺线完成的。目前，国际上有很多集成电路专用加工线[又称代工线，英文名称为 Foundry，如我国台湾省的台湾积体电路制造股份有限公司（TSMC）、上海中芯国际集成电路制造有限公司等]，它们专门将设计好的版图加工为 IC 芯片。

迄今为止，集成电路制备工艺的核心要点是在半导体材料的表面生长一层氧化层 SiO_2，再采用光刻技术在 SiO_2 层上刻出窗口，利用 SiO_2 对杂质的掩蔽特性，实现 Si 中的选择性掺杂，形成所需要的元器件。然后金属互连技术将所有元器件按要求连接，实现完成功能的集成电路。

集成电路工艺技术的发展趋势是实现低温化（或高温快速化）处理，干法、低损伤刻蚀，以及低缺陷密度（提高成品率）的控制。隔离和多层互连是当今工艺技术中的两大重点。随着集成电路特征线宽的不断缩小，电路的门延迟越来越小，而互连线延迟却在逐渐增大。在深亚微米及纳米阶段，互连线延迟已经显著大于门延迟，在设计方面需要对布线进行几何优化，在工艺方面需要降低互连线的电阻率以及线间和层间电介质的介电常数。

有关集成电路制造工艺将在第 3 章介绍。

1.3.4 集成电路的封装

集成电路的封装又称为集成电路的后道工艺，主要是指晶圆加工完之后的组装工艺，包括晶圆减薄、划片、芯片粘接、键合、封装等主要工艺。对于塑封器件，还必须进行去毛刺、外引线镀锡和成形等后处理工序。通过这一系列的加工，将 IC 芯片组装成为实用的单片集成电路。封装的目的是使集成电路芯片免受机械损伤和外界环境的影响而能长期可靠地工作。

早期由于集成电路的规模不大，引脚数不多，集成电路的后道工艺并没有引起人们的重视。但随着集成度的提高，集成电路的引脚数目增多，引线间距减小，相应地功耗也增加，要求散热性能更好，导致封装难度增大，并开始成为限制集成电路发展的重要因素。于是封装技术也随着集成电路的发展引起广泛的注意，并得到快速发展。

在 2017 年 IEDM 会议中，AMD 报告（见图 1.11）展示了随着工艺转移到更小的工艺节点，制造成本将翻倍增加。因此，工艺提升所带来的成本效益也越来越不明显，仅靠工艺节点提升已无法满足市场需求。将多个不同材料、不同工艺制程的芯片封装形成一颗大芯片的 Chiplet 技术已经成为未来芯片的重要趋势之一。AMD 公司基于 Zen 2 EPYC 服务器使用 Chiplet 技术封装了其 7nm 处理器、14nm I/O。因此，集成电路的封装也与集成电路设计和制造一样，需要高度重视。

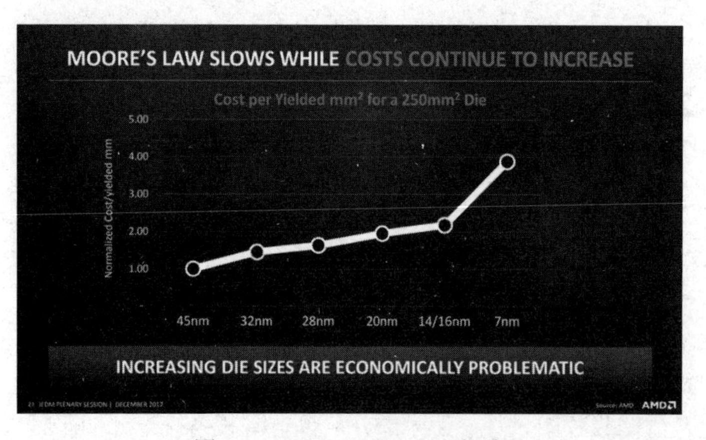

图 1.11 IEDM 2017 AMD 报告

关于封装的介绍由于内容繁多，不是本书的主要介绍内容，只在第 3 章中作为制造技术简单介绍，但它在集成电路产业中的重要性远不止于此。

1.3.5 集成电路的测试和分析

集成电路制造晶圆阶段的测试称为中测（中间测试），电路封装好以后的测试称为成测（成品测试）。

测试技术对于集成电路很重要，它直接关系到产品的成本和可靠性。尤其随着集成电路规模的提高和功能的增强，能在较短时间内对每个芯片和成品电路进行功能与性能的测试是不容易的。可测性设计是专门针对集成电路测试的技术，目的是通过测试码的生成与优化，或者利用电路自身特点与在芯片中嵌入简单电路相结合，实现对复杂电路系统的测试，力求使电路测试时间短、功能和故障覆盖率高。

集成电路测试是一门专门的科学，本书限于篇幅仅仅做了很少的介绍。对于将要从事集成电路设计工作的读者，对于集成电路测试和可测性设计应有所了解。

过去，集成电路设计、制造、封装和测试基本上是在同一公司完成的。随着集成电路的发展已经发生了产业专门化分工，并以此形成了集成电路产业链。集成电路设计更多地由从事电子整机研制和生产的系统设计人员完成，他们依靠丰富的系统知识，利用功能先进的 EDA 工具，可以非常好地实现系统设计。集成电路制造则由专门的制造公司完成，他们利用先进的集成电路工艺线，不断改善工艺，提高服务质量和晶圆成品率，实现加工的利润最大化。现在集成电路测试和封装也有专门的公司与工厂，负责对集成电路晶圆测试并封装为集成电路成品。

集成电路的发展加速了集成电路设计和服务业的发展，出现了一批专门设计集成电路的公司（Design House）。他们可以承担用户委托设计，并不断为用户提供集成电路产品，这样的公司被称为无制造厂的芯片制造公司 FABless。此外，还有一些公司专门开展集成电路工艺线和设计公司之间的中介服务，利用集成电路制造厂的工艺数据，结合集成电路设计需要的集成电路宏单元，为用户提供集成电路设计所需的电路中间件（电路逻辑或版图，称为 IP 核），使新设计集成电路的周期能够大大缩短。这样的无芯片产品公司称为 Chipless，即只提供设计需要的集成电路中间件，不做具体的集成电路产品。

第2章　集成器件物理基础

构成集成电路的核心是半导体器件，因此理解半导体器件的基本原理是学习集成电路特性及集成电路制造工艺过程的重要基础。为此，本章重点介绍当代集成电路中的主要半导体器件，包括pn结、双极型晶体管（Bipolar Junction Transistor，BJT）、金属-氧化物-半导体场效应晶体管（Metal Oxide Semiconductor Field Effect Transistor，MOSFET）、结型场效应晶体管（Junction Field Effect Transistor，JFET）等器件的工作原理和特性。

为了理解半导体器件的工作原理，本章首先介绍半导体材料的重要物理特性，也就是“半导体物理”的基本内容，重点是半导体材料中的电子和空穴两种载流子、载流子的产生-复合过程、半导体中漂移和扩散两种电流，以及定量描述半导体器件工作原理的一组半导体方程。

集成电路的成功研制离不开对电路的计算机模拟验证，因此，本章在介绍器件工作原理的基础上，同时解读电路模拟软件中描述这些器件特性的模型和基本模型参数。

学习本章内容要求读者掌握大学物理的基本内容。

2.1　半导体中的电子与空穴

微电子器件主要是采用半导体单晶材料制造的。采用半导体材料能够制造出微电子器件，根本原因是半导体材料具有一系列不同于导体和绝缘体的特点，特别是半导体中存在电子与空穴两种载流子。

本节首先基于普通物理的概念介绍半导体材料的基本特性，再进一步从能带的角度说明半导体材料的特点。

2.1.1　半导体及其共价键结构

1．半导体材料的特点

（1）半导体导电性的基本特点是“半”导体

物质导电能力的强弱用电导率表示。电导率的倒数称为电阻率。按照电阻率的大小可将自然界中的物质分为导体、半导体和绝缘体3类。传统划分标准如表2.1所示。

表2.1　按照电阻率划分导体、半导体和绝缘体的传统划分标准

材料	导体	半导体	绝缘体
电阻率 ρ/（Ω·cm）	$<10^{-4}$	$10^{-4}\sim10^{9}$	$>10^{9}$
典型实例	铝、铜、金	硅、锗、砷化镓	陶瓷、二氧化硅

需要指出的是，表2.1中给出的只是一个大概的数值范围，不存在严格的划分界限。特别是随着科学技术的进步，人们通过“掺杂”等方法，可以改变一些传统认为是绝缘体的材料（如氧

化铝“陶瓷”）的导电特性，制成半导体器件，因此现在也将这类绝缘体材料视为半导体材料。

（2）半导体导电性的突出特点不仅仅是“半”导体

需要指出的是，在微电子技术中，半导体材料之所以在微电子领域起着突出的作用，并不是因为其导电能力在“数量”上介于导体和绝缘体之间，而是因为它在导电特性上与导体、绝缘体存在以下重要的“质”的区别。

① 掺杂特性。在半导体中加入微量的其他元素原子（称为“掺进杂质”，简称“掺杂”），可以使半导体的导电能力提升若干个数量级。

以目前集成电路生产中使用最多的半导体材料硅为例，室温下理想的纯硅材料电阻率为 $2.3\times10^5\Omega\cdot$cm。但是只要掺入浓度约为 $5\times10^{15}/cm^3$ 的杂质磷原子，就可以得到电阻率约为 $1\Omega\cdot$cm 的硅单晶。硅的原子密度为 $5\times10^{22}/cm^3$，也就是说，尽管硅中磷原子的相对含量只为 10^{-7}，即只占千万分之一，而导电能力却提高了 20 多万倍。由此可见，杂质原子的含量虽然微小，但对半导体材料的导电能力起了决定性的作用。

通过掺杂控制半导体的导电特性是采用半导体材料制成各种半导体器件和集成电路的一个重要原因。2.2.2 节将详细分析“掺杂”影响半导体材料导电性的物理原理。

由于半导体材料中包含的微量杂质对材料的导电特性起决定性作用，而且有些杂质会影响半导体的其他特性，因此在集成电路生产中，要求生产环境必须“超净”。3.1.2 节将具体说明集成电路制造对环境洁净度的要求及不同等级洁净度的划分标准。

② 热敏特性。温度也能显著改变半导体的导电特性。

随着温度的增高，半导体的导电能力会急剧增强。例如，半导体材料硅在 200℃的电阻率是室温下电阻率的几千分之一，有些半导体材料的电阻率变化更大。电子温度计、自动控制中采用的温敏元器件的工作原理都是基于半导体材料的这一特性。2.2.1 节将详细分析温度影响半导体材料导电性的物理原理。

与此形成强烈对比的是，随着温度的增高，金属材料电阻是增大而不是减小，或者说金属材料的导电能力随着温度的增加而减弱。

③ 光敏特性、压敏特性。在外界某些因素作用下，如光照、压力等，半导体材料的特性也会发生很大变化。基于这一特性，可以制作多种传感器元件。

例如，半导体材料硫化镉受一般灯光照射后导电能力能提高几十到几百倍。自动控制中的光敏元件的工作原理就是基于半导体材料的这一特性。

（3）半导体材料的类型

目前集成电路中采用的半导体材料有元素半导体材料和化合物半导体材料两类。

元素半导体材料主要包括硅（Si）、锗（Ge）等；典型化合物半导体材料包括砷化镓（GaAs）、碳化硅（SiC）、氮化镓（GaN）、氧化镓（Ga_2O_3）等。

为了描述半导体材料在半导体器件中的应用情况和特点，目前将半导体材料分为“四代”。

1948 年晶体管发明后的几年时间内，制造晶体管的材料都是元素半导体材料单晶锗。到 1956 年发明了“平面工艺”，解决了一系列技术问题，制造晶体管转为采用元素半导体材料单晶硅，不但改善了晶体管的特性，提升了生产效率，而且在 1958 年发明了集成电路后，继续采用单晶硅和“平面工艺”技术，开始了集成电路的批量生产，使得集成电路按照摩尔定律保持持续迅速发展的趋势，至今已有 60 多年。因此，通常将 Ge、Si 这两种元素半导体称为第一代半导体材料。

20 世纪 80 年代，由于在移动通信、卫星通信等领域得到广泛应用，采用砷化镓（GaAs）制造的射频功率器件得到迅速发展，因此将 GaAs 称为第二代半导体材料。

20 世纪 90 年代，采用碳化硅（SiC）制造的功率器件在轨道交通、国家电网等电力电子领域得到广泛应用，采用氮化镓（GaN）制造的微波功率半导体器件及发光二极管（LED）分别在微波通信、照明系统等领域得到广泛使用，致使 SiC 和 GaN 随之迅速发展，因此将它们称为第三代半导体材料。

在研究中人们发现，与前几代半导体材料相比，采用氧化镓（Ga_2O_3）和锑化物等材料制造的光电器件及电力电子器件，具有体积更小、能耗更低、功能更强等优势，并且可以工作在苛刻的环境条件中。因此，通常将氧化镓和锑化物等称为第四代半导体材料。目前对第四代半导体材料的研究已成为国内外的热点，并争取尽早实现实际应用。

需要强调的是，上述四代半导体材料划分主要反映在半导体器件和集成电路中开始使用的时间早晚及适用的不同领域，并不像通常理解的那样，前一代半导体材料将会完全被随后几代替代。实际上，虽然目前集成电路已发展到 3nm 技术，但是制造集成电路的仍然是第一代元素半导体材料单晶硅，因此本节主要结合硅材料，介绍半导体材料的特性及半导体器件的工作原理。

2．集成电路中常用元素的原子结构

制造集成电路的主要材料是半导体单晶，同时需要其他材料，特别是三价元素和五价元素。基于原子结构可以对半导体材料的特性进行初步的直观解释。

（1）半导体材料硅的原子结构

在普通物理的原子结构部分已经指出，原子中有一个带正电荷的原子核和多个带负电荷的电子。电子在核外分层分布，绕核运动。原子核所带的正电荷正好与核外电子所带的负电荷总数相等，因此整个原子并不显示带电而保持电中性。各种原子之间的差别在于核所带的正电荷数及核外电子数不同。半导体器件生产中常用硅元素的原子结构如图 2.1 所示。每个硅原子包含有 14 个电子，在原子核四周分层排列，其中最外层有 4 个电子。

（2）常用元素的原子结构简化示意图

由于原子中内层电子离核较近，正负电荷间相吸作用使内层电子受束缚比较紧，不易离开原子而自由活动。实际上，在微电子器件工作中起作用的只是最外层的电子，化学上又称为价电子。因此，为了方便起见，分析问题时通常不需要画出整个原子的结构，只需画出包含有最外层电子结构的简化示意图。原子最外层有几个价电子就称为几族元素。按此划分，目前硅集成电路制造中使用最多的半导体材料硅（Si）是Ⅳ族元素，使用较多的其他材料磷（P）是Ⅴ族元素，硼（B）是Ⅲ族元素。生产中常用的Ⅴ族元素还有锑（Sb）、砷（As），常用的Ⅲ族元素还有铝（Al）、镓（Ga）等。

图 2.2 是硅（Si）、磷（P）、硼（B）的原子结构简化示意图。

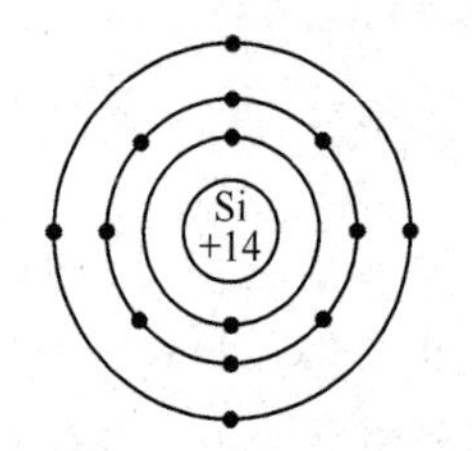

图 2.1 常用硅元素的原子结构

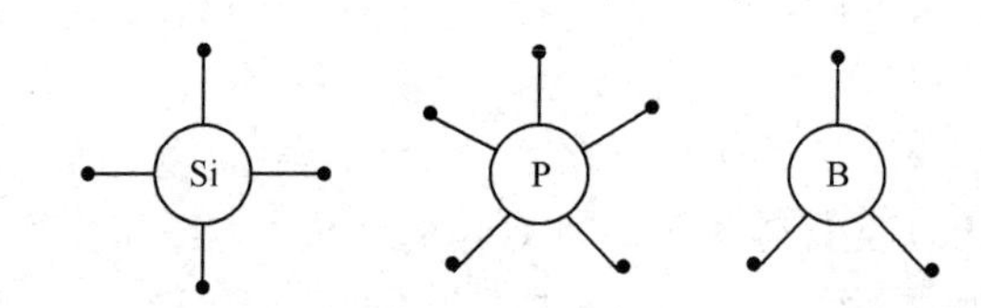

图 2.2 硅（Si）、磷（P）、硼（B）的原子结构简化示意图

3．硅晶体中的共价键

按内部原子的排列方式不同，物质可分为晶体和非晶体两大类。原子无规则排列所组成的物质就是非晶体。晶体是由原子规则排列所组成的。用于制造晶体管和集成电路的半导体材料硅、锗等都是晶体，这就是“晶体管”名称的由来。原子结合在一起形成晶体的作用力随晶体

种类的不同而异。下面主要介绍硅原子组成晶体的一种作用为："共价键"。

硅晶体内部原子的实际排列规律在固体物理中称为"金刚石结构"。其特点是每个硅原子四周有 4 个其他硅原子。每两个原子之间靠分别来自这两个硅原子的两个共有价电子构成的共有电子对连接。这样每个硅原子最外层的 4 个价电子，正好和 4 个邻近的硅原子组成 4 对共有电子对。共有电子对就称为"共价键"，这种晶体称为共价晶体。在分析问题时，为了简便起见，通常采用平面图形方式描述硅晶体内部的原子排列形式，如图 2.3 所示。

4．单晶体和多晶体

按照原子在整个晶体内的排列形式不同，晶体又分成单晶体和多晶体两种。

单晶体是指整个晶体内原子都是按周期性的规则排列的。而多晶体是指晶体内不同局部区域里原子按周期性的规则排列，但不同局部区域之间原子的排列方向并不相同。因此，多晶体也可以看成是由许多取向不同的小单晶体（又称为晶粒）组成的。这也是多晶体名称的含义。图 2.4 是多晶体结构。

半导体硅器件生产中所用的原始材料基本上都是单晶体硅，通常称为单晶硅。在 MOS 集成电路生产中通常采用多晶硅作为栅极，并作为金属材料以外的另一种互连材料。

5．半导体中的两种载流子：电子和空穴

导体中只存在电子这一种导电的载流子。半导体导电的突出特点之一是存在电子和空穴两种载流子。下面以硅为例，说明半导体中两种载流子的产生机理和特点。

（1）热激发与"空位"

硅单晶是一种共价键晶体结构，与绝缘体一样，每个原子的最外层电子都处于共价键的束缚状态中。因此，纯净的半导体硅在不受外界作用时实际上与绝缘体类似，内部自由电子很少，导电能力很差。但是与绝缘体不同的是，在半导体中这种束缚作用要弱得多。

晶体中的价电子虽然处于共价键的束缚中，但是在一定的温度下，价电子在键中并不是静止不动的，通常称这种运动为热运动。由于硅晶体共价键中价电子所受的束缚较弱，因此，在室温下，处于热运动的价电子中有一部分会因为具有较大的热运动能量，而冲破共价键的束缚成为一个自由电子，与此同时破坏了一个共价键，在该共价键上留下了一个电子"空位"，如图 2.5 所示。这个过程称为热激发。价电子冲破束缚所需要的最小能量称为激活能。

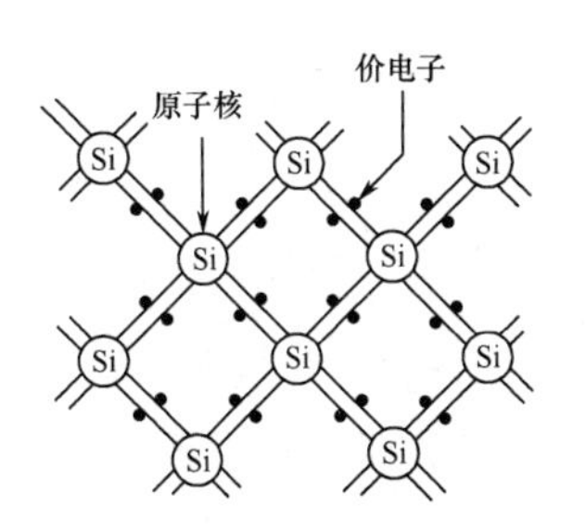

图 2.3　硅晶体内部的原子排列形式

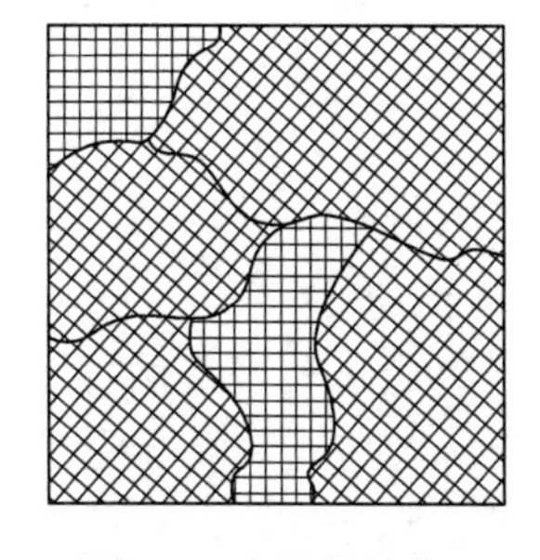
图 2.4　多晶体结构

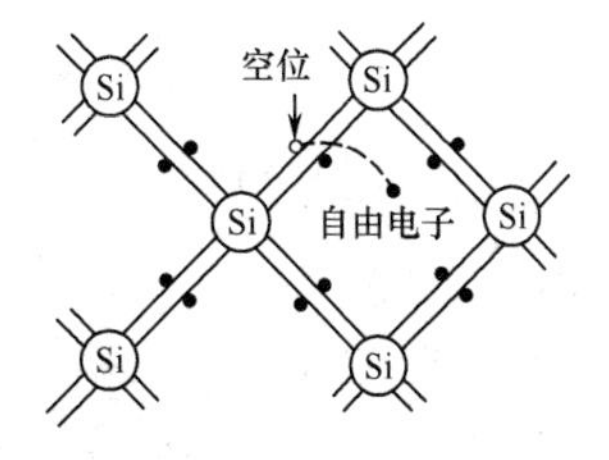

图 2.5　热激发

显然，如果有外加电场作用，与导体中的自由电子一样，由热激发产生的自由电子受到电场力的作用也会做定向运动，形成电流，对导电有所贡献。因此，自由电子是半导体材料中的一种主要导电粒子，又称为载流子。

下面分析在共价键上留下的电子"空位"将呈现什么特点，并由此引出一种新的导电载流子——空穴。半导体中同时存在电子和空穴两种载流子是半导体材料区别于导体的突出特点。

（2）空穴的概念

在正常情况下，原子核所带的正电荷数与核外电子所带的负电荷数相等，整个原子是电中性的，不显电性。由于热激发使共价键上一个电子被激发，脱离原来原子的束缚，成为自由电子。原来处于空位位置的电子跑了，少了一个单位负电荷（－q），就破坏了电中性，等效结果是空位带一个正电荷（＋q）。

由于电子无论在哪个键的束缚中所具有的能量都是相近的，因此当晶体中某处共价键上出现一个空位后，与此空位相邻的共价键上的电子就很容易出现在这个空位上。这样，其邻近的价键上就形成了一个新的空位。其效果就好像空位从原来的位置移动到了其附近的价键上去了一样。然后新的空位又会被其附近的价键上的价电子所填充而重复上述过程。这个过程持续下去，就可以等效为这个带单位正电荷（＋q）的空位，也可以在晶体中运动。

由于在晶体中填补空位的是其他价键上带负电荷的电子，在有外加电场作用时，负电荷要受到一个逆电场方向的力的作用。因此，这时价电子将逆着电场方向来依次填补空位，其效果相当于带单位正电荷（＋q）的空位沿着电场方向运动。这种运动是定向运动，就能形成电流，对导电有所贡献。

尽管空位的运动是价电子依次填充运动的结果，但是为了处理问题方便，可以将空位的运动看成是一个带单位正电荷（＋q）的"粒子"的运动，这个粒子就称为空穴。

图2.6采用一维示意图简要说明上述"空穴"的概念。假设许多价电子排成一列，其中最左是一个缺少价电子的空位，如图2.6（a）所示。如果左侧第二个电子向左移动，填补该空位，那么左侧第二个位置成为空位，相当于空位向右移动了一个位置，如图2.6（b）所示。以此类推，持续上述过程，经过一系列电子左移运动，等效为空位移动到达最右位置，如图2.6（c）所示。

实际上，在日常生活中我们也会遇到类似情况。例如，图2.7（a）表示一个装满水的瓶子，只在顶部有个气泡。气泡就是缺少水的空位置。如果像图2.7（b）那样将瓶子倒过来，瓶里的水就发生运动，结果是气泡从瓶口到达瓶底。因此，只要说"气泡从瓶口跑到了瓶底"就代表了瓶子里所有水的运动效果。

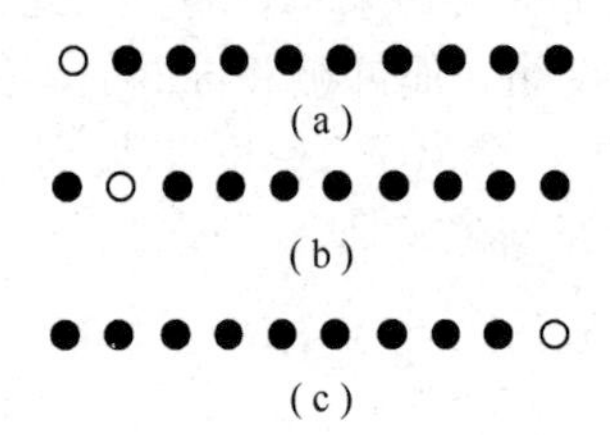

图2.6　空穴导电示意图

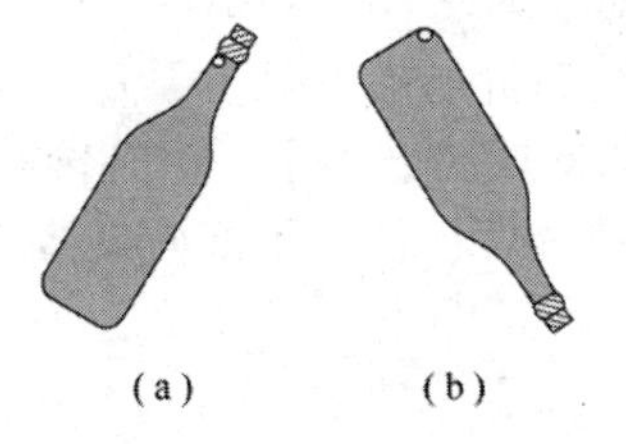

图2.7　气泡的运动

（3）半导体中的两种载流子：电子与空穴

由上述分析可知，半导体中存在有电子和空穴两种导电载流子。理论分析结果表明，在分析半导体材料内部的电流输运机理时，只要将自由电子看成具有一定质量的带负电荷的粒子，将空穴看成具有一定有效质量的带正电荷的粒子即可。

从器件物理分析可知，半导体具有的一系列特性正是由于内部有电子和空穴两种载流子。

2.1.2　半导体的能带模型

上面从原子结构和共价键的角度简要分析了半导体材料中的载流子特点。如果引入基于量子力学和固体物理理论的半导体能带概念，就可以比较严谨地引入

空穴。在分析半导体器件特性时也常常用到半导体能带的概念，这是在一种更高层次上分析半导体材料的导电特性。

本节基于大学物理引入原子能级的概念，再以对比方式介绍能带的概念和相关结论。

1. 能级和能带

（1）原子能级

原子中的电子分层绕核运动。从能量的角度来看，在各层轨道上运动的电子具有一定的能量，不同轨道上电子对应的能量只能取确定的数值，通常称为能级。因此，原子中电子的能量是不连续的，可以用电子的能级来描述这些材料。

图 2.8（a）是硅原子的原子结构图，可以用图 2.8（b）所示能级表示硅原子中电子的能级情况。从内层向外 3 个能级依次记为 n=1、n=2 和 n=3。其中，n=1、n=2 两个能级对应内层束缚电子的能级。处于最外层的 4 个价电子位于 n=3 的能级上。图 2.8（b）中虚线表示的能级代表离开原子核束缚成为自由电子的能量状态。

（2）晶体中的能带

当原子组成晶体时，根据量子力学原理，单个原子中的每个能级都要分裂，形成能带。严格地说，能带也是由一系列能级构成的，但能带中的能级非常多，以至于同一个能带内部各个能级之间的间隔非常小，完全可以近似将能带看成是连续的。

图 2.8（c）所示为硅晶体的能带图。每个能带分别对应单个原子中的一个能级。

（3）价带、导带和禁带

与最外层价电子能级对应的能带称为价带。硅原子组成硅晶体后，晶体中价电子正好完全填满了与最外层价电子能级对应的价带。价带下方是与内层束缚电子对应的能带。

价带上方是完全没有电子的空能带。根据量子力学理论，价电子到达该空能带后就能参与导电，因此该空能带又称为导带。

各能带之间的间隔中不存在电子能级，因此又称为禁带。禁带的能隙宽度又称为禁带宽度，记为 E_g。

对半导体导电特性起决定性作用的是价带、导带及禁带。记价带顶部能量为 E_v，导带底部能量记为 E_c，则禁带宽度为 $E_g=E_c-E_v$。禁带中央的能量位置记为 E_i。在采用能带图分析半导体材料导电特性及半导体器件特性时，不需要绘出内层电子的能带，对价带、导带也只需要绘出价带顶部能量 E_v 和导带底部能量 E_c 的位置，如图 2.8（d）所示。

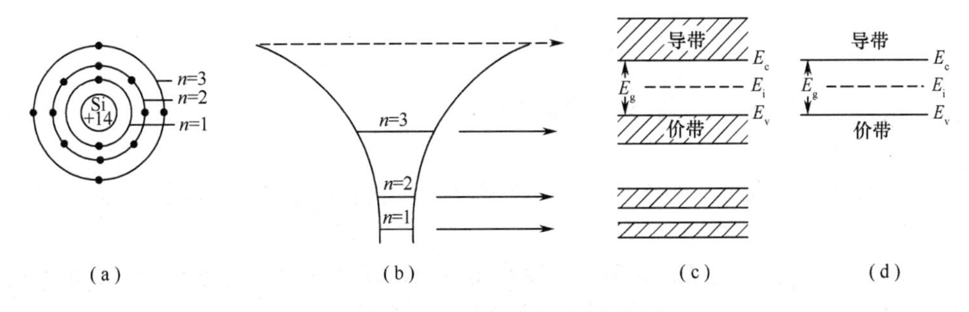

图 2.8　原子能级和硅晶体能带图

2. 能带图上表示的自由电子和空穴

引入能带概念后，可以在更高的层次上理解前面介绍的热激发过程，以及自由电子和空穴的概念。

（1）共价键中的价电子和价带中的电子

前面从共价键的角度说明，硅晶体中价电子位于价键中，不能参与导电。从能带角度分析，这些价电子填满了价带。根据量子力学理论，如果一个能带完全被电子填满，即使有外加电场作用，这些电子也不会对电流有贡献。

（2）热激发与禁带宽度

在室温下，由于热激发使一部分价电子脱离共价键束缚，成为自由电子，同时价键上留下的空位相当于一个带正电荷的空穴，空穴与自由电子都是导电载流子。从能带角度分析，价电子脱离共价键束缚对应于价带中的电子获得大于禁带宽度 E_g 的能量，从而能够从价带跃迁到导带。显然，禁带宽度 E_g 就对应于价电子脱离价键束缚所需要的“激活能”。

（3）自由电子和空穴

根据量子力学理论，到达导带中的电子就是起导电作用的自由电子。价带中的电子不能参与导电，但是价带中的空位等效于带正电的粒子，能参与导电，也就是前面提到的空穴。

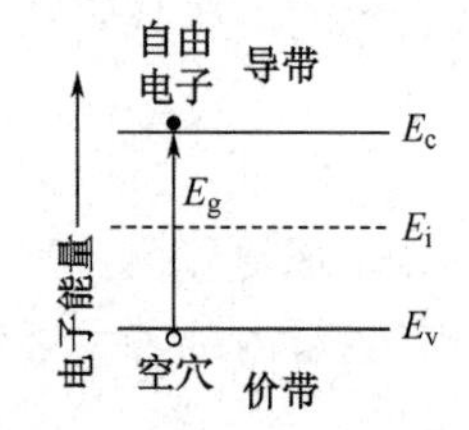

图 2.9　能带图描述热激发

采用能带图描述热激发形成的自由电子和空穴，如图 2.9 所示。

价电子需要通过热激发获得一定能量才能从价带跃迁到导带成为自由电子，说明导带中的电子能量高于价带中的电子能量。这就说明能带图中向上的方向是电子能量增加的方向，如图 2.9 中“电子能量”箭头所示。

3．从能带图角度理解导体、绝缘体和半导体

引入能带后，就可以方便地解读绝缘体、半导体和金属这 3 种材料之间的导电性差别。

图 2.10 分别为绝缘体、半导体和金属的典型能带图。禁带宽度 E_g 对应于价电子脱离共价键束缚所需要的能量，因此 E_g 的大小决定了固体的导电性。

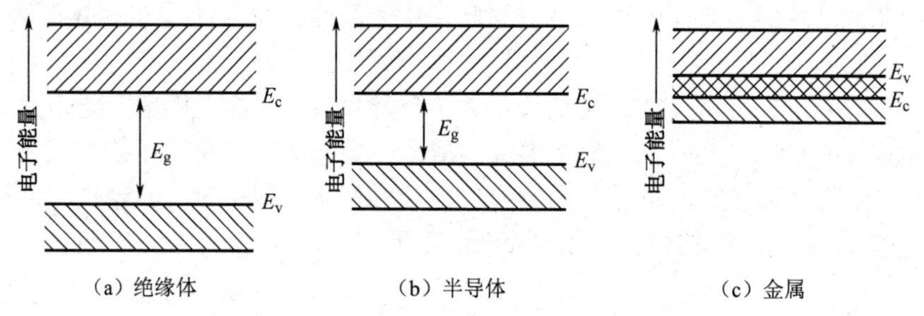

图 2.10　绝缘体、半导体和金属的典型能带图

金属中价带和导带重叠，没有禁带，原子中最外层的价带电子全为自由电子，因此导电性能很强。

对于绝缘体，其禁带很宽。在室温下，只有极少的价电子能够获得足够的能量成为自由电子，因此导电性能很差，表现为电阻率很高。

对于半导体，其 E_g 比绝缘体的禁带宽度小得多，即使在室温下，也有一定数目的价电子具有足够能量从价带跃迁到导带，因此其导电能力明显高于绝缘体。

从图 2.10 中可以看出，绝缘体与半导体的能带结构实际上差不多，只是由于禁带宽度差别很大，才导致了它们导电性能的明显差别。

在一般情况下，涉及微观粒子的能量单位用电子伏特（eV），对应一个电子经 1V 电位差加速所获得的能量。与通常能量单位焦耳（J）的换算关系为

$$1\text{eV}=1.60\times10^{-19}\text{J}$$

绝缘体与半导体只是导电能力强弱的差别，即使采用电阻率描述，也没有确切的分界线。从禁带宽度角度划分材料类型，情况同样如此。一般将 E_g 大于 4eV 的材料称为绝缘体，禁带宽度小于 4eV 的材料称为半导体，而金属材料的能带中则不存在禁带。

集成电路制造中涉及的几种典型材料在室温（27℃）时的禁带宽度 E_g 的大小如表 2.2 所示。SiO_2 的禁带宽度高达 8eV，是绝缘体材料，而 Ge、Si、GaAs、GaN 的禁带宽度比 SiO_2 的小得多，是典型的半导体材料。

表 2.2　典型材料在室温（27℃）时的禁带宽度

材料	Ge	Si	GaAs	GaN	SiO_2
禁带宽度 E_g	0.66eV	1.12eV	1.42eV	3.4 eV	8eV
材料类型	半导体				绝缘体

2.1.3　费米分布与玻耳兹曼分布

费米分布函数是分析计算半导体中载流子浓度及半导体器件特性时需要采用的基本关系式。在实际情况下，费米分布通常可以采用大学物理中学习过的玻耳兹曼分布来近似，能大大简化计算的复杂度。本节重点介绍这两种分布的含义和特点。

1．费米分布

晶体中电子的能量状态呈能带分布，那么晶体中能量值不同的能量状态被电子占据的可能性有多大呢？根据统计物理的结论，晶体中的电子按能量分布的规律服从费米分布，即能量为 E 的能态被电子占据的概率为

$$f_F(E)=\frac{1}{1+\mathrm{e}^{(E-E_F)/kT}} \tag{2.1}$$

式中，E_F 为费米能级；T 是以 K 为单位表示的绝对温标温度；k 为玻耳兹曼常数（其值为 8.62×10^{-6}eV/K）。

2．T=0K 情况的费米分布

在 T=0K 的情况下，由式（2.1）可得：若 $E<E_F$，则 $\exp[(E-E_F)/kT]\to\exp(-\infty)=0$，所以 $f_E(E<E_F)=1$；若 $E>E_F$，则 $\exp[(E-E_F)/kT]\to\exp(+\infty)\to+\infty$，所以 $f_E(E>E_F)=0$。

当温度为绝对温度 0K 时，费米能级以下的能级完全被电子填满，费米能级以上的能级全空，没有一个电子，如图 2.11 中 T=0K 对应的费米分布函数曲线所示，呈台阶形状。

3．费米能级的含义

在一定温度下，T>0K。由式（2.1）可知，随着能量 E 的增加，$f_F(E)$减小，$f_F(E)$为单调递减函数。

然而，只要 T>0K，无论温度如何变化，$E=E_F$ 处 $f_F(E_F)=1/2$，即 $E=E_F$ 处的能级被电子占据的概率总是 1/2，这也是费米能级的特征和含义。

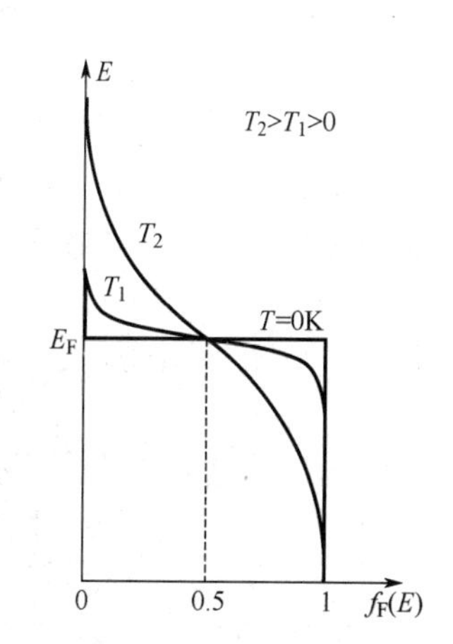

图 2.11　费米分布函数曲线

晶体中费米能级在能带中的位置反映了各能级电子占据的情况。能量状态对应的能量 E 比 E_F 大得越多，该能量状态被电子占据的概

率越小。能量状态对应的能量 E 比 E_F 低得越多，该能量状态被电子占据的概率越大，或者说被空穴占据的概率越小。

4．费米分布函数与温度的关系

由式（2.1）可知，若温度 T 增加，如 $T_2>T_1$，可得不同温度下的费米分布函数曲线，如图 2.11 所示。

5．费米分布函数的“对称性”

由式（2.1）可得，无论什么温度，均有

$$f_F(E_F+\Delta E)=[1-f_F(E_F-\Delta E)]$$

即比 E_F 高ΔE 的能量状态被电子占据的概率等于比 E_F 低ΔE 的能量状态未被电子占据的概率，或者说比 E_F 高ΔE 的能量状态被电子占据的概率等于比 E_F 低ΔE 的能量状态被空穴占据的概率，显示出费米分布函数具有一定的对称性（见图 2.11）。

6．费米分布与玻耳兹曼分布

当$(E-E_F)$为 kT 的好几倍时（在室温下，$kT=0.026\text{eV}$），$\exp[(E-E_F)/kT]\gg 1$，可以略去式（2.1）分母中的 1。因此，由式（2.1）可得，在费米能级 E_F 上方相距几个 kT 的能态上，电子占据的概率近似为

$$f(E)=\mathrm{e}^{-(E-E_F)/kT} \tag{2.2}$$

式（2.2）为玻耳兹曼分布函数。当（$E-E_F$）$\geqslant 4kT$ 时，采用式（2.2）与式（2.1）计算的结果差别小于 1.8%，因此这时完全可以用玻耳兹曼分布代替费米分布。

玻耳兹曼分布函数不但比费米分布函数简洁得多，给数学分析带来很大的方便，而且玻耳兹曼分布函数的指数形式直观地表明，能量 E 较大的能态被电子占据的概率随着能量 E 的增大而呈指数减小，或者说能量稍微减少，被电子占据的概率急剧增大。在分析 pn 结二极管的单向导电特性时，将直接用到这一重要结论。

注意，采用玻耳兹曼分布函数代替费米分布函数的条件是能量 E 大于费米能级 E_F 且相差不小于 $4kT$，否则误差较大。例如，如果 $E=E_F$，采用式（2.1）的计算结果为 1/2，采用式（2.2）的计算结果为 1，误差达 100%。

2.2 半导体导电性与半导体方程

本节在定量分析半导体中电子和空穴两种载流子及其对漂移和扩散两种电流贡献的基础上，介绍主宰半导体器件特性的半导体基本方程。其中，连续性方程在半导体器件特性分析中的作用相当于牛顿第二定律在力学分析中的作用。

2.2.1 本征半导体

本节首先讨论没有任何杂质和缺陷的纯净半导体材料。这种情况下的半导体材料导电特性取决于材料本身的固有特征，因此又称这种半导体为“本征半导体”。

1. 产生和复合的动态平衡

（1）产生

如上节所述，在一定温度下，由于热激发，半导体中将有一部分价键上的电子脱离共价键的束缚成为自由电子，同时在价键上的空位等效为空穴，即半导体中将产生一定数量的自由电子-空穴对，这个过程称为“产生”。

（2）复合

按共价键观点，空穴实际上是共价键上的空位。因此，当自由电子在晶体内部运动过程中与空穴相遇时，自由电子可能又回到价键的空位上，这样就同时消失了一对自由电子和空穴，这个过程称为“复合”。

从能带的观点看，热激发相当于价带中一部分电子具有大于禁带宽度的热运动能量跃迁到导带（见图 2.9）。复合相当于导带中的自由电子放出能量后跌回到价带中填补一个空位。

与半导体中存在自由电子和空穴两种载流子一样，载流子的“产生”与“复合”在分析半导体特性中也是很重要的概念。

（3）动态平衡状态

显然，晶体中的自由电子和空穴的数目越多，复合作用就越强，因此半导体内的自由电子-空穴对不会因热激发产生作用而越来越多，在一定温度下会达到单位时间内因热激发而产生的自由电子-空穴对与因复合作用而消失的自由电子-空穴对相等这样一种情况。这时半导体内自由电子和空穴数就不再增多也不再减少，而是保持一个确定的浓度。这时半导体所处的状态为“动态平衡状态”。

因此，在一定温度下，半导体材料具有一定数目的自由电子、空穴。

2. 本征载流子浓度

（1）本征载流子浓度的特点

平衡时本征半导体（Intrinsic Semiconductor）内的载流子称为“本征载流子”。由于电子带负电（Negative），空穴带正电（Positive），因此通常用 n_i 和 p_i 分别表示平衡时本征半导体内的自由电子浓度和空穴浓度。

由于本征半导体中自由电子与空穴是成对产生也成对复合的，因此它们的浓度必定相等，即

$$n_i = p_i \tag{2.3}$$

（2）本征载流子浓度与温度、半导体材料的关系

由于本征载流子是热激发的结果，因此随着温度的升高，热激发作用增强，本征载流子浓度必然随之增加。此外，不同半导体材料的禁带宽度不同，或者说热激发所需的能量不相同。因此，在相同的温度下，本征载流子浓度也不会相同。禁带宽度窄的半导体材料，本征载流子浓度就高。

理论分析可得，半导体材料中本征载流子浓度与温度及禁带宽度的关系为

$$n_i = p_i = AT^{3/2} \cdot e^{-E_g/2kT} \tag{2.4}$$

式中，A 为与材料类型有关的常数，对 Si，$A = 3.87 \times 10^{16}$；E_g 为该材料的禁带宽度。

图 2.12 所示为主要半导体材料本征载流子浓度与温度的关系。

在室温下，硅、锗、砷化镓几种典型半导体材料的本征载流子浓度分别为

$$n_i(\text{Si}) = 1.45 \times 10^{10}/\text{cm}^3$$

$$n_i(\text{Ge}) = 2.4 \times 10^{13}/\text{cm}^3$$

$$n_i(\text{GaAs}) = 1.79 \times 10^{6}/\text{cm}^3$$

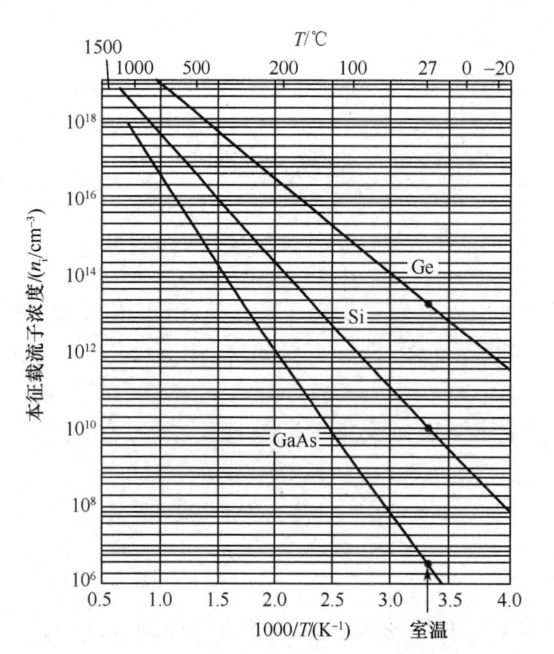

图 2.12　主要半导体材料本征载流子浓度与温度的关系

注意图 2.12 所采用的坐标系和刻度表示方式。横坐标采用均匀刻度表示 1000/T 的变化，即沿着 x 方向，1000/T 增加，实际上是对应温度减少；而纵坐标采用对数刻度表示本征载流子浓度，这种坐标系称为半对数坐标系。因此，图 2.12 中本征载流子浓度与温度的线性关系表示随着温度的升高，本征载流子浓度呈指数增加。这是半导体材料导电特性的一个重要特点。

例如，在室温附近，对于纯 Si 材料，温度每升高 11℃，本征载流子浓度将增加一倍。

本节中介绍的半导体材料具有热敏特性的物理原因是热激发使得本征载流子浓度随着温度的增加而呈指数增加，导致半导体材料的电阻率随着温度的升高而急剧减小。

2.2.2　非本征载流子

集成电路中使用的半导体材料并不是本征半导体，而需要掺入一定数量的其他元素原子。通常将掺入的这些原子称为杂质原子。

本节分析掺入杂质的类型和浓度大小对半导体材料导电特性的巨大影响。集成电路制造工艺中常用的掺杂方法将在第 3 章中介绍。

1．掺杂与非本征半导体

半导体材料导电特性的一个重要特点是在纯净半导体中加入杂质后，半导体的导电性将发生很大变化。

掺入杂质原子的过程称为掺杂，通常将掺杂的半导体称为非本征半导体，又称为杂质半导体。

以硅为例，对其导电性有影响的主要是Ⅲ族和Ⅴ族元素的原子，将它们加入硅单晶后，它们将取代原来位于晶格位置上的硅原子，因此又称为“替位式”杂质原子。杂质原子掺入硅晶体后，将分别使空穴和自由电子的浓度发生很大的变化。

通过掺杂控制半导体的导电类型和导电能力，是制造半导体器件和集成电路的物理基础。半导体器件和集成电路的制造过程中需要进行多次掺杂。

2．n 型半导体

（1）施主杂质与 n 型半导体

如果掺入的是有 5 个价电子的Ⅴ族元素原子，如在半导体材料硅中掺入五价磷原子，掺入的磷原子取代了一部分晶格上的硅原子，形成如图 2.13（a）所示的晶体结构。

在Ⅴ族元素原子磷的 5 个价电子中，4 个价电子与周围 4 个硅原子形成共价键，而第 5 个价电子由于不在共价键上，受到的束缚很弱，因此使第 5 个电子脱离原子束缚成为自由电子所需能量很低。对于硅，只有 0.05eV 的数量级，远小于硅原子中价电子脱离价键束缚所需要的能量 1.12eV，因此在室温下，通过热激发就可以使得这第 5 个电子脱离Ⅴ族元素原子的束缚，成为自由电子。

集成电路生产中常用的Ⅴ族杂质原子有磷（P）、锑（Sb）和砷（As）。这类杂质提供了带负电的电子载流子，因此称它们为“施主”（Donor）杂质或 n 型杂质。通常用符号 N_D 表示掺入的施主杂质浓度。如果半导体中 n 型杂质居多，那么称该半导体为 n 型半导体。

此外，也可以采用能带图描述施主杂质提供导电载流子电子的过程。“多余电子”脱离原子束缚成为自由电子所需能量很低，只有约 0.05eV，对应其能量状态位于导带下方与导带底部 E_c 相距约 0.05eV 的施主能级 E_d 上，如图 2.13（b）所示。在室温下，该多余电子很容易具有大于 E_d 的能量，从而跃迁到导带成为自由电子，如图 2.13（c）所示。

（2）n 型半导体的特点

需要指出的是，每个施主杂质原子能提供一个电子，但是并不会像热激发那样同时提供一个空穴。相反，由于出现大量的电子，增加了电子与空穴的复合，因此在电子浓度增加的同时，使半导体材料中的空穴浓度减少，低于本征半导体中的空穴浓度值 p_i。

另外，原先每个施主杂质原子包含有 5 个价电子，呈现电中性。当第 5 个价电子脱离束缚成为自由电子后，就“离开”了原来的Ⅴ族元素原子。通常将这一过程称为“离化”。

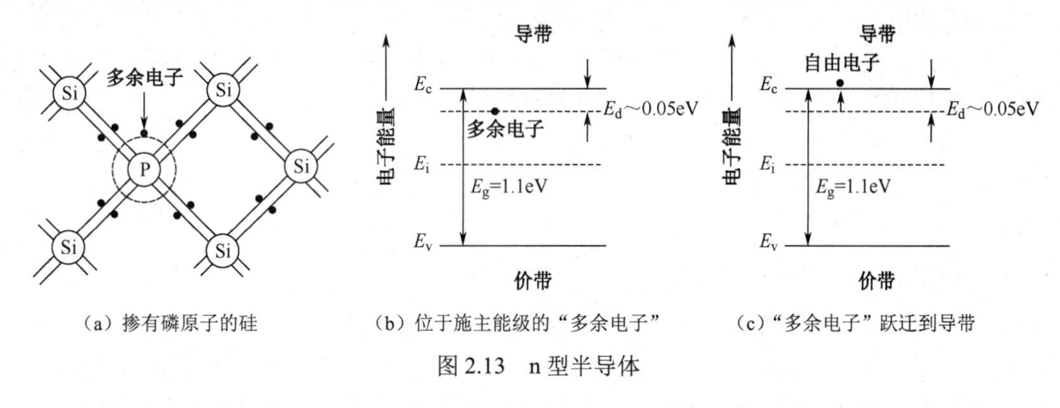

（a）掺有磷原子的硅　（b）位于施主能级的“多余电子”　（c）“多余电子”跃迁到导带

图 2.13　n 型半导体

由于“离化”作用产生了一个带负电荷的自由电子，而施主杂质原子提供一个自由电子后成为带一个正电荷的“离化施主杂质离子”，因此整个 n 型半导体保持电中性。

3. p 型半导体

（1）受主杂质与 p 型半导体

如果将三价元素（如硼 B）掺入本征半导体替代硅原子，三价原子只能提供 3 个价电子与其四周硅原子构成共价键，因此只有 3 个共价键能填满，第 4 个共价键上则出现一个空位置，如图 2.14（a）所示。

与 2.2.1 节介绍的由于热激发形成空穴的情况一样，这类三价杂质原子上的“空位置”很容易接受其他硅原子的价电子填补其共价键上的空位置，则在其他硅原子中形成新的空位，情况类似于 2.2.1 节介绍的由于热激发形成空穴的过程，相当于三价元素提供了“空穴”。

由于三价元素“接受”一个硅原子的价电子后提供了一个带正电的载流子空穴，因此称为“受主”（Acceptor）杂质或 p 型杂质。通常用符号 N_A 表示掺入的受主杂质浓度。以 p 型杂质为主的半导体称为 p 型半导体。集成电路生产中常用的三价元素有硼（B）、镓（Ga）和铟（In）。

此外，也可以采用能带图描述受主杂质提供空穴的过程。基于量子力学原理分析可得，三价杂质硼原子“空键”上的电子能量状态位于价带上方与价带顶部 E_v 相距约 0.05eV 的受主能级 E_a

上，该受主能级上存在缺少电子的“空位”，如图2.14（b）所示。在室温下，价带中的价电子很容易获得大于E_a的能量从价带跃迁到受主能级，填充受主能级上的空位，同时在价带留下一个空位，相当于受主能级上的空位“激发”到价带，如图2.14（c）所示。

如2.1.2节所述，价带中的空位就是能够参与导电的载流子空穴。

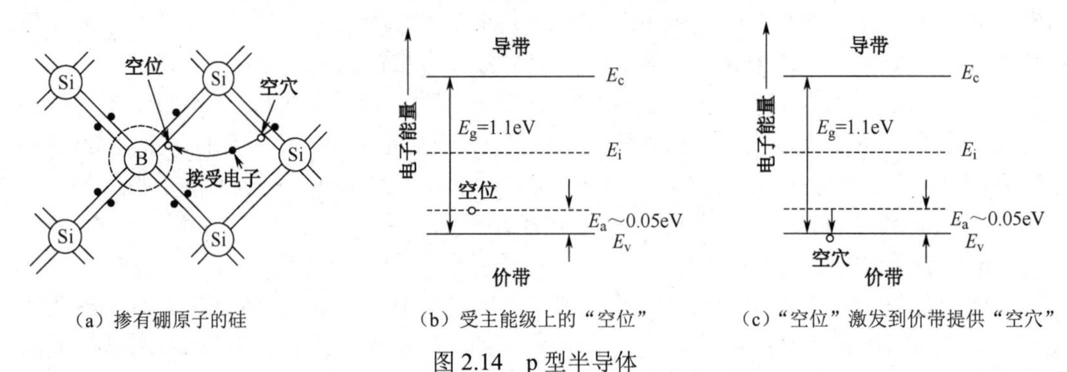

（a）掺有硼原子的硅　（b）受主能级上的“空位”　（c）“空位”激发到价带提供“空穴”

图2.14　p型半导体

（2）p型半导体的特点

需要指出的是，每个受主杂质原子只是提供一个空穴，并不会像热激发那样同时提供一个自由电子。相反，由于p型半导体中出现了由受主杂质提供的大量空穴，增加了电子与空穴的复合，因此，随着空穴浓度的增大，p型半导体中电子浓度将减小，低于本征半导体中的电子浓度值n_i。

另外，原先每个受主杂质原子包含有3个价电子，呈现电中性。通常将受主杂质原子接受其他硅原子的价电子而提供一个“空穴”的过程称为“离化”。由于“离化”作用，受主杂质原子提供一个带正电荷的空穴后就成为带一个负电荷的“离化受主杂质离子”，因此整个p型半导体保持电中性。

4．“补偿”

实际上，半导体中并不是只存在一种类型的杂质，而是同时包含两类杂质。这时，施主杂质提供的自由电子会通过“复合”与受主杂质提供的空穴相抵消，使总的载流子数目减少，这种现象称为“补偿”。在同时存在两类杂质的情况下，半导体的性质取决于“补偿”后哪一类杂质起主导作用。

若施主杂质浓度N_D大于受主杂质浓度N_A，补偿以后，施主杂质提供的自由电子起主导作用，半导体则是n型；反之，若N_A大于N_D，通过补偿后，受主杂质提供的空穴起主导作用，半导体则为p型。

如果施主杂质浓度N_D与受主杂质浓度N_A近似相等，那么施主杂质提供的自由电子与受主杂质提供的空穴通过复合几乎完全补偿，半导体中的载流子浓度基本等于由本征激发作用产生的自由电子和空穴浓度。由于这种半导体中存在有大量的几乎完全补偿的施主杂质和受主杂质，为了与真正的“本征”相区别，称为补偿型本征半导体。

需要指出的是，半导体中杂质的存在会影响半导体中载流子的迁移率、寿命等重要参数，进而影响半导体器件的特性。因此，补偿型本征半导体材料的性质比本征半导体材料差。

5．多数载流子和少数载流子

（1）质量作用定律

如前所述，在半导体材料中掺入n型杂质会使空穴数量减少，掺入p型杂质也会使自由电子浓度低于半导体中的本征载流子浓度。在平衡状态下，记半导体中的平衡电子浓度为n_0，平衡空穴浓度为p_0（下标0代表“平衡”情况）。由理论分析可以得到，在热平衡时，半导体中平衡电

子浓度（n_0）和平衡空穴浓度（p_0）的乘积等于本征载流子浓度的平方，即

$$n_0 p_0 = n_i^2 \tag{2.5}$$

式中，n_i 为本征载流子浓度，n_i 与温度的关系如式（2.4）所示。式（2.5）为质量作用定律。

由式（2.5）可知，热平衡时半导体中电子浓度（n_0）和空穴浓度（p_0）的乘积是一个只与温度有关的参数，温度越高，则 n_0 与 p_0 的乘积越大。

尽管掺入的杂质浓度将影响电子和空穴浓度的大小，但是热平衡状态下平衡电子浓度（n_0）和平衡空穴浓度（p_0）的乘积与掺杂无关。

（2）多数载流子与少数载流子

在掺入杂质形成的非本征半导体中，不仅提高了半导体的电导率，而且其中一种载流子的浓度明显高于另一种载流子的浓度。例如，在 n 型半导体中，自由电子浓度明显大于空穴浓度；在 p 型半导体中，空穴浓度明显大于自由电子浓度。通常将浓度高的载流子称为多数载流子，简称“多子”，浓度较低的载流子称为少数载流子，简称“少子”。在半导体材料中，少子浓度虽然较低，但是少子对某些半导体器件（如双极型晶体管）的特性有明显的影响。

（3）平衡情况下 n 型半导体中的载流子

在 n 型半导体中，一般情况下，每个施主杂质原子都向晶体中提供一个自由电子，故电子浓度与施主杂质浓度近似相等。若将掺入的施主杂质浓度记为 N_D，则 n 型半导体中的平衡多子浓度为

$$n_{n0} \approx N_D \tag{2.6}$$

将式（2.6）代入质量作用定律表达式（2.5），得到 n 型半导体中的平衡少子浓度为

$$p_{n0} = n_i^2 / N_D \tag{2.7}$$

在上述两个公式中，下标 n 表示 n 型半导体，下标 0 代表平衡情况。

若半导体中同时存在少量受主杂质 N_A，则式（2.7）中的 N_D 应改为（$N_D - N_A$）。

下面结合实例说明半导体材料中少子与多子的数量级差别。

例如，室温下半导体材料硅的本征载流子浓度为 $n_i = 1.45 \times 10^{10}/\text{cm}^3$，若掺入的施主杂质浓度为 $N_D = 10^{15}/\text{cm}^3$，成为 n 型半导体，则平衡多子电子浓度为 $n_{n0} = N_D = 10^{15}/\text{cm}^3$，比本征载流子浓度高 5 个数量级；而平衡少子浓度为 $p_{n0} = n_i^2/N_D = 2.1 \times 10^5/\text{cm}^3$，比本征载流子浓度低 5 个数量级。

（4）平衡情况下 p 型半导体中的载流子

同理可得，若 p 型半导体中掺入的受主杂质浓度为 N_A，则 p 型半导体中的平衡多子空穴浓度和平衡少子电子浓度为

$$p_{p0} = N_A, \quad n_{p0} = n_i^2 / N_A \tag{2.8}$$

在上述两个公式中，下标 p 表示 p 型半导体，下标 0 代表平衡情况。

若半导体中同时存在少量施主杂质 N_D，则式（2.8）中的 N_A 应改为（$N_A - N_D$）。

例如，若室温下向半导体材料硅掺入的受主杂质浓度为 $N_A = 10^{18}/\text{cm}^3$，成为 p 型半导体，则平衡多子浓度为 $p_{p0} = N_A = 10^{18}/\text{cm}^3$，比本征载流子浓度高 8 个数量级；而平衡少子浓度为 $n_{p0} = n_i^2/N_D = 2.1 \times 10^2/\text{cm}^3$，比本征载流子浓度低 8 个数量级。

上述两个掺杂浓度实例是集成电路生产中硅材料的典型掺杂浓度值，因此实际半导体器件中少子浓度不但小于多子浓度，而且通常相差若干个数量级。

但是在 pn 结二极管和双极型晶体管中，少子对器件特性起着关键作用。参见 2.3 节和 2.4 节。

（5）电中性条件

对于同时含有 n 型杂质和 p 型杂质的半导体，除了自由电子带负电、空穴带正电，施主原子给出一个电子后自身将成为带正电的离化施主杂质离子，受主原子提供一个空穴（对应接受一个

电子）后本身将成为带负电的离化受主杂质离子。对半导体材料而言，总的正电荷数目应等于负电荷数目，即

$$N_D + p_0 = N_A + n_0 \tag{2.9}$$

这就是电中性条件。

（6）掺杂水平的描述

在半导体器件和集成电路的制造中，应根据器件特性的要求确定掺杂浓度的高低。为此，经常用到如“轻掺杂”“重掺杂”等术语描述掺杂程度。表 2.3 给出了描述不同掺杂浓度范围的名称和表示符号。载流子符号右上角减号“-”表示轻掺杂，加号“+”表示重掺杂。载流子符号右上角不加任何符号表示中等掺杂水平。

表 2.3　不同掺杂浓度（原子数/cm^3）范围的名称和表示符号

	$<10^{16}$	$10^{16}\sim10^{19}$	$>10^{19}$
n 型	轻掺杂：n^-、N_D^-	中等掺杂：n、N_D	重掺杂：n^+、N_D^+
p 型	轻掺杂：p^-、N_A^-	中等掺杂：p、N_A	重掺杂：p^+、N_A^+

6．电子、空穴浓度的计算公式

（1）本征半导体与非本征半导体能带图中的费米能级

根据 2.1.3 节费米分布函数表达式 $f_F(E_F+\Delta E)=[1-f_F(E_F-\Delta E)]$，即比 E_F 高ΔE 的能量状态被电子占据的概率 $f_F(E_F+\Delta E)$等于比 E_F 低ΔE 的能量状态未被电子占据的概率$[1-f_F(E_F-\Delta E)]$；或者说比 E_F 高ΔE 的能量状态被电子占据的概率等于比 E_F 低ΔE 的能量状态被空穴占据的概率。

对于本征半导体，导带中的电子浓度等于价带中的空穴浓度，这说明导带中能量状态被电子占据的概率等于价带中能量状态被空穴占据的概率，因此本征半导体中费米能级应该位于禁带中央，如图 2.15（a）所示。

费米分布函数还表明，能量状态对应的能量 E 比 E_F 大得越多，该能量状态被电子占据的概率越小；反之，能量状态对应的能量 E 比 E_F 低得越多，该能量状态被电子占据的概率越大，或者说被空穴占据的概率越小。对于 n 型半导体，导带中电子浓度远大于价带中的空穴浓度，这说明导带中能量状态被电子占据的概率远大于价带中能量状态被空穴占据的概率，或者说导带底部能量 E_c 与 E_F 之间的距离比价带顶部 E_v 与 E_F 的距离小得多。因此，n 型半导体中费米能级必然是位于禁带中央的上方，靠近导带底部的，如图 2.15（b）所示。如果 n 型半导体中多子电子浓度越高，那么费米能级离导带底部越近。

采用类似的推理分析可知，p 型半导体中费米能级必然是位于禁带中央的下方，靠近价带顶部，如图 2.15（c）所示。如果 p 型半导体中多子空穴浓度越高，那么费米能级离价带顶部越近。

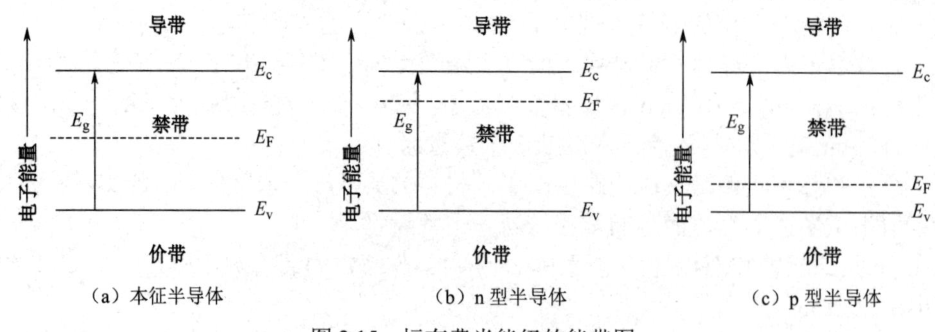

图 2.15　标有费米能级的能带图

杂质半导体中的掺杂浓度决定了多子浓度，因此费米能级在能带中的不同位置直接说明了半

导体的掺杂类型及掺杂浓度的高低。

（2）采用费米能级描述的平衡载流子浓度

通过理论分析，平衡状态下半导体材料中电子和空穴浓度与费米能级 E_F 的关系为

$$n_0 = n_i \exp\left(\frac{E_F - E_i}{kT}\right), \quad p_0 = n_i \exp\left(\frac{E_i - E_F}{kT}\right) \tag{2.10}$$

式中，E_i 为禁带中心能级的位置。

显然，$n_0 p_0 = n_i^2$，即为式（2.5）描述的质量作用定律。

对于本征半导体，费米能级位于禁带中央，$E_F = E_i$，由式（2.10）可得 $n_0 = p_0 = n_i$。

对于 n 型半导体，费米能级在禁带中央上方，即（$E_F > E_i$），由式（2.10）可得 $n_0 > n_i$、$p_0 < n_i$，说明 n 型半导体中电子为多子，空穴为少子。

对于 p 型半导体，E_F 在禁带中央的下方，$E_F < E_i$，由式（2.10）可得 $p_0 > n_i$、$n_0 < n_i$，说明 p 型半导体中空穴为多子，电子为少子。

（3）关于“准费米能级”

需要指出的是，式（2.10）适用于平衡条件，电子和空穴表达式中包含的是同一个费米能级 E_F。在非平衡情况下，如在 2.3 节介绍的 pn 结工作过程中，电注入导致半导体中的电子和空穴浓度均不等于平衡浓度，使电子和空穴浓度乘积不再等于 n_i^2，这时半导体中电子和空穴分别存在各自的费米能级 E_{Fn} 和 E_{Fp}，称为准费米能级。采用式（2.10）计算非平衡条件下电子和空穴浓度时只需要将式中的 E_F 分别改为 E_{Fn} 和 E_{Fp}。

2.2.3 半导体中的电流

与金属相比，半导体除了具有自由电子和空穴两种载流子这一特点，还有一个突出的特点是每种载流子具有“漂移”和“扩散”两种电流传导机理。

1. 半导体中的漂移电流

下面首先分析外加电场作用下载流子导电的微观过程，然后介绍漂移电流的定量计算。

（1）迁移率

半导体中的自由电子和空穴在没有电场的作用时并不是静止不动的，而是在一定温度下，像气体中分子一样进行着杂乱无章的热运动。由于电子质量比气体分子质量小得多，因此其热运动速度更快，室温下高达 10^7cm/s。尽管热运动速率很高，但这是一种无规则的随机运动，经过一段时间后不会产生净位移，因此不会形成电流，如图 2.16（a）所示。图中数字依次表示不同时刻的运动顺序。

若在样品上加一电场，则载流子将在热运动的基础上叠加一个在此电场力作用下的运动。对电子来说，此运动方向与电场方向相反。这样经过一段时间后，将产生净位移，如图 2.16（b）所示。产生了电荷的净移动就表示形成了电流。载流子在一定电场 E 作用下的定向运动称为漂移运动，定向运动的速度称为漂移速度。

当电场强度一定时，载流子具有一定的平均漂移速度，记为 $\bar{v}_d$。

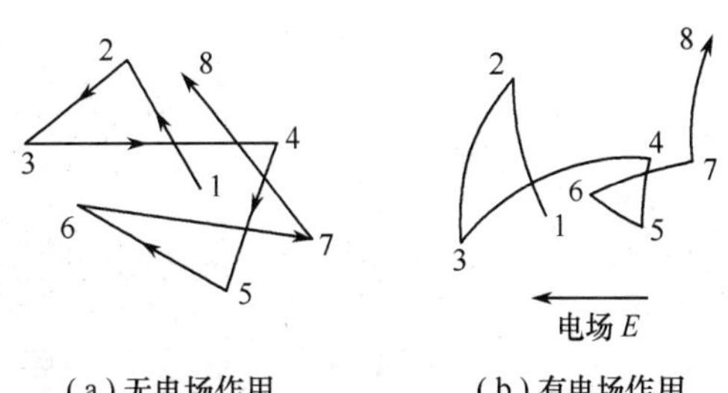

（a）无电场作用　　（b）有电场作用

图 2.16　热运动和漂移运动

除了自由电子进行热运动，半导体材料中位于晶

格上的原子也在不断地围绕格点做热振动。此外，掺入半导体中的杂质原子离化后也带有一定的离化电荷。因此，载流子在半导体材料内部运动时，将不断与热振动的晶格原子和电离杂质原子发生“碰撞”，而改变其运动的方向和大小。所以，自由载流子的“自由”实际上是指在两次碰撞之间的运动状态。虽然每两次碰撞之间的时间并不相等，但是从整体来说两次碰撞之间自由时间的平均值是一定的。平均漂移速度是指在平均自由时间内载流子在电场加速作用下达到的漂移速度大小。

半导体晶体材料中载流子的漂移速度与所加电场有关。漂移速度与电场强度的比例因子称为载流子的迁移率，记为μ，即

$$\overline{v}_{\mathrm{d}} = \mu E \tag{2.11}$$

式中，E为电场强度；μ为载流子迁移率[$\mathrm{cm^2/(V \cdot s)}$]，其值对应单位电场作用下载流子漂移速度的大小。

迁移率的大小反映了载流子在半导体材料中的运动难易程度，不但电子和空穴的迁移率互不相同，而且迁移率与材料性质、掺杂浓度及温度有关，是表征半导体材料特性的一个重要参数。表 2.4 给出了室温下几种典型的“纯净”半导体材料中载流子的迁移率。

表 2.4 几种典型的“纯净”半导体材料中载流子的迁移率 μ[单位：$\mathrm{cm^2/(V \cdot s)}$]

	Si	Ge	GaAs
电子迁移率 μ_n	1500	3900	8500
空穴迁移率 μ_p	450	1900	400

基于器件物理分析可知，载流子的迁移率越高，器件的工作速度也越高。因此，如何选用高迁移率材料，并且减小迁移率随外界条件的变化是设计特性优良的器件时需考虑的主要问题。

由表 2.4 可知，无论哪种半导体材料，电子迁移率大于空穴迁移率，因此目前 Si 基集成电路中，以电子导电为主的 n 沟道 MOS 器件特性优于 p 沟道 MOS 器件；npn 器件特性优于 pnp 器件。此外，化合物半导体 GaAs 材料电子中迁移率远大于 Si 中电子迁移率，因此手机等电子设备中工作频率较高的射频器件采用 GaAs 材料制作。

在电场不是很强的情况下，载流子的漂移速度与电场强度成正比，如式（2.11）所示，比例系数就是迁移率。但是如果电场很强，由于各种“碰撞”作用决定的漂移速度不再与电场强度成正比，而是趋于一个常数，如图 2.17 所示。该速度称为饱和漂移速度。半导体器件在工作时，如果外加电场过强，就可能出现漂移运动达到饱和漂移速度的情况。

如图 2.17 所示，若电场强度大于 5×10^5V/cm，则硅中电子漂移速度达到饱和值 10^7cm/s。

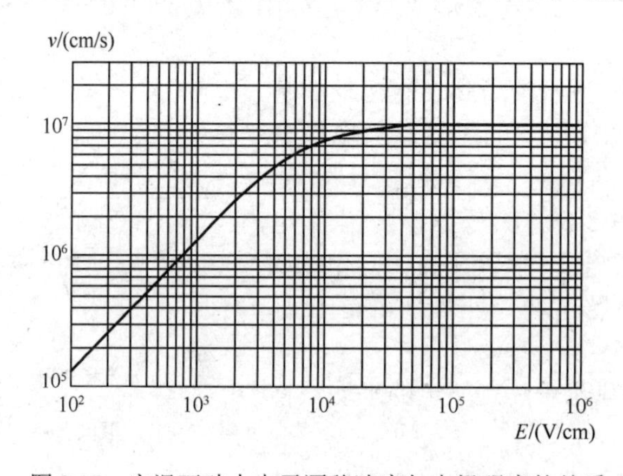

图 2.17 室温下硅中电子漂移速度与电场强度的关系

（2）漂移电流

根据大学物理中介绍的带电粒子形成漂移电流的公式，若电子和空穴的浓度分别为 n 和 p，漂移速度分别为 $\overline{v}_{\mathrm{n}}$ 和 $\overline{v}_{\mathrm{p}}$，则电子漂移电流 I_{n} 和空穴漂移电流 I_{p} 分别为

$$I_{\mathrm{n}}=-Aqn\overline{v}_{\mathrm{n}}, \quad I_{\mathrm{p}}=Aqp\overline{v}_{\mathrm{d}} \tag{2.12}$$

式中，A 为材料的截面积。I_{n} 表达式中出现负号说明电子电流方向与电子运动的方向相反。

由式（2.11）有

$$\overline{v}_{\mathrm{n}}=-\mu_{\mathrm{n}}E, \quad \overline{v}_{\mathrm{n}}=\mu_{\mathrm{p}}E \tag{2.13}$$

代入式（2.12），得到总的漂移电流 I 为

$$I=I_{\mathrm{n}}+I_{\mathrm{p}}=Aq(\mu_{\mathrm{n}}n+\mu_{\mathrm{p}}p)E \tag{2.14}$$

由此得半导体的电导率 σ 为

$$\sigma=q\mu_{\mathrm{n}}n+q\mu_{\mathrm{p}}p \tag{2.15}$$

对于 p 型半导体，$p \gg n$，则　$\sigma \approx q\mu_{\mathrm{p}}p$

对于 n 型半导体，$n \gg p$，则　$\sigma \approx q\mu_{\mathrm{n}}n$

2．半导体中的扩散电流

当金属导体传导电流时，只存在漂移电流这一种电流输运机理。但是在半导体中，载流子除了在电场作用下做漂移运动形成漂移电流，如果载流子浓度分布不均匀，即存在浓度梯度，还将做扩散运动，形成扩散电流。

在有些半导体器件（如 pn 结二极管、双极型晶体管）的工作中，扩散电流起着非常重要的作用。

（1）自然界普遍存在的扩散现象

打开化学药品的瓶盖，房间内很快就充满药品的气味；滴入水中的墨水会很快向四处散开，这些司空见惯的现象说明了自然界中存在的一种普遍规律：任何物质都有一种从浓度高的地方向浓度低的地方运动使其达到均匀分布的趋势。这种由于存在浓度梯度引起的运动称为扩散运动。上面提到的化学药品和水中的墨水分别是气体与液体中扩散现象的实例。

在固体材料半导体中的载流子同样会发生扩散运动。假设有一块均匀掺杂的 n 型半导体，热平衡时各处载流子浓度、离化杂质浓度均相等，因此没有扩散运动。用适当波长的光均匀照射到该材料的左侧面，如图 2.18 所示。假定光照的结果基本是在半导体表面一薄层内新产生了载流子，使表面处电子和空穴载流子浓度均增加，分别大于内部的载流子浓度，则必然引起电子和空穴载流子都要从表面向内部扩散。

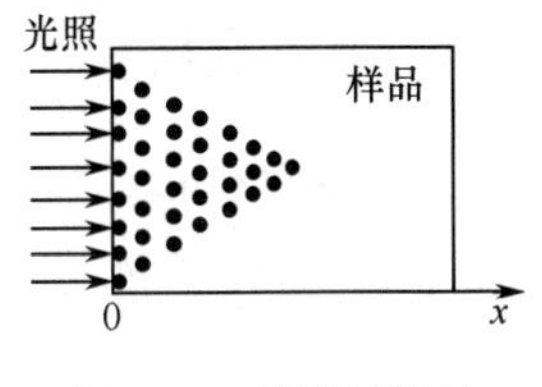

图 2.18　载流子扩散

（2）载流子的扩散运动

下面分析中只考虑一维情况，即假设载流子浓度只沿着 x 方向变化。

由于扩散运动，在单位时间内通过垂直于 x 方向单位面积的粒子数称为扩散流密度。理论分析和实验结果均表明，扩散流密度的大小与粒子浓度梯度成正比，扩散流方向指向浓度减少方向，即与梯度方向相反。若载流子扩散流密度记为 F_{D}，则电子扩散流 $(F_{\mathrm{n}})_{\mathrm{D}}$ 和空穴扩散流 $(F_{\mathrm{p}})_{\mathrm{D}}$ 分别为

$$\left(F_{\mathrm{n}}\right)_{\mathrm{D}}=-D_{\mathrm{n}}\frac{\mathrm{d}n(x)}{\mathrm{d}x}, \quad \left(F_{\mathrm{p}}\right)_{\mathrm{D}}=-D_{\mathrm{p}}\frac{\mathrm{d}p(x)}{\mathrm{d}x} \tag{2.16}$$

这就是描述扩散运动的扩散定律。

式中，$\mathrm{d}n(x)/\mathrm{d}x$ 和 $\mathrm{d}p(x)/\mathrm{d}x$ 分别为电子和空穴的浓度梯度；D_n 和 D_p 分别为载流子电子和空穴的扩散系数（$\mathrm{cm^2/s}$）。显然，扩散系数的大小反映了扩散能力的强弱。

在生活中能明显体会到气体中扩散系数最大，液体中扩散系数较小，但是还是能直观看到。室温下固体中扩散系数非常小，几乎趋于0。

固体中扩散系数随着温度的升高而呈指数增加。在集成电路制作过程中正是利用这一特性在高温下实现半导体材料中的扩散掺杂，详见3.4节。

（3）扩散电流

由于空穴和电子分别带正、负电，因此它们进行扩散运动形成的扩散流将导致电荷的定向输运，形成电流。这种因扩散运动形成的电流称为扩散电流。

由于电子和空穴所带的电荷分别为$-q$和$+q$，因此由式（2.16）可知，相应的电子扩散电流 I_n 和空穴扩散电流 I_p 分别为

$$\left.\begin{aligned} I_\mathrm{n} &= -Aq\left(F_\mathrm{n}\right)_\mathrm{D} = AqD_\mathrm{n}\frac{\mathrm{d}n(x)}{\mathrm{d}x} \\ I_\mathrm{p} &= Aq\left(F_\mathrm{p}\right)_\mathrm{D} = -AqD_\mathrm{p}\frac{\mathrm{d}p(x)}{\mathrm{d}x} \end{aligned}\right\} \tag{2.17}$$

3．半导体中的电流表达式

若半导体内部载流子浓度分布不均匀，又有外加电场的作用，则除了因扩散运动形成的扩散电流，载流子还要在电场作用下做漂移运动，构成漂移电流。由式（2.14）和式（2.17）可得，半导体中总的电子电流 I_n 和空穴电流 I_p 分别为

$$\left.\begin{aligned} I_\mathrm{n} &= A\left[qn(x)\mu_\mathrm{n}E + qD_\mathrm{n}\frac{\mathrm{d}n(x)}{\mathrm{d}x}\right] \\ I_\mathrm{p} &= A\left[qp(x)\mu_\mathrm{p}E - qD_\mathrm{p}\frac{\mathrm{d}p(x)}{\mathrm{d}x}\right] \end{aligned}\right\} \tag{2.18}$$

半导体中存在电子和空穴两种载流子，每种载流子又具有漂移和扩散两种电流机理是半导体具有多种特点的主要原因，也是半导体器件工作的物理基础。

4．爱因斯坦关系

因为扩散和漂移都是统计热力学综合现象，反映了载流子伴随热运动的两种不同运动形式，所以扩散系数 D 和迁移率 μ 不是无关的，两者之间的关系由爱因斯坦方程表示为

$$\frac{D_\mathrm{p}}{\mu_\mathrm{p}} = \frac{D_\mathrm{n}}{\mu_\mathrm{n}} = V_\mathrm{T} \tag{2.19}$$

式中，$V_\mathrm{T}=kT/q$，为热电势。在室温（300K）下，$V_\mathrm{T}=0.026\mathrm{V}$。

由表2.4可知，电子迁移率大于空穴迁移率，因此电子扩散系数也必然大于空穴扩散系数，这也是双极型集成电路中npn晶体管特性优于pnp晶体管的主要原因，2.4.1节将做详细解读。

2.2.4 非平衡载流子与载流子寿命

与金属材料相比，半导体除了具有电子和空穴两种载流子，以及漂移和扩散两种电流传导机理这两个特点，还存在第三个特殊的问题，即非平衡载流子的“产生”

和“复合”。

1．非平衡载流子

（1）非平衡态和非平衡载流子

如 2.2.1 节所述，对于一块纯净的半导体，在一定温度下，由于热激发，半导体材料中将不断产生电子-空穴对，而已有的电子-空穴对也不断地通过复合而消失。

在平衡状态下，电子-空穴对的产生率和复合率正好相等，这种状态称为热平衡状态，简称平衡态。

如果对半导体施加一定的外界作用，如用紫外光照在本征半导体表面[图 2.19（a）]，由于光照作用，表面处的电子-空穴对的数量将明显增加，使表面处电子浓度 n 和空穴浓度 p 超出平衡时电子浓度 n_0 和空穴浓度 p_0。这种状态称为非平衡态。超出平衡态浓度的那一部分载流子为非平衡载流子，记为 Δn 和 Δp，则

$$\Delta n = n - n_0, \quad \Delta p = p - p_0 \tag{2.20}$$

由于非平衡载流子是成对产生的，因此 $\Delta n = \Delta p$，这也是电中性要求的必然结果。

（2）非平衡载流子的注入

使得半导体材料中出现非平衡载流子又称为非平衡载流子的注入。前面实例中由光照形成非平衡载流子的过程称为光注入。在半导体器件的工作中，如 2.3.2 节介绍的 pn 结二极管工作中，还有电注入的情况。

如果注入的非平衡载流子浓度远小于半导体材料中的平衡多子浓度，称为小注入。相比之下，若注入的非平衡载流子浓度可以与平衡多子浓度相比拟，则称为大注入。若注入的非平衡载流子浓度达到远大于平衡多子浓度的程度，则称为特大注入。在 pn 结二极管和双极型晶体管的工作过程中，都可能出现这几种非平衡载流子注入现象。

（3）非平衡载流子的寿命

如果在光照一定时间后，切断光源，那么半导体不再受到外界作用，这些超出平衡浓度的非平衡电子-空穴对的浓度将由于复合而不断下降，经过一段时间后，载流子浓度逐步恢复到平衡值。图 2.19（b）描述的是空穴浓度因复合作用，经过一定时间后逐步恢复到平衡值 p_0 的情况。注意，图 2.19（b）中的横坐标为时间 t。

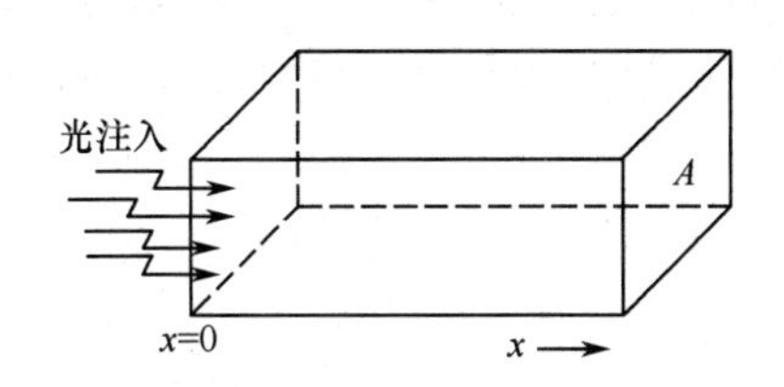

（a）光注入在半导体表面处产生非平衡载流子

（b）光照停止后非平衡载流子浓度随时间不断减少

图 2.19　非平衡载流子的产生与复合

非平衡电子-空穴对在复合前平均存在的时间称为非平衡载流子的寿命，记为 τ。

从后面的器件物理分析可知，载流子寿命与前面介绍的迁移率、扩散系数一样，都是影响半导体器件和集成电路特性的主要参数之一。

2．载流子的净复合和净产生

（1）非平衡载流子复合率

由于载流子具有一定的寿命 τ，因此每个载流子在单位时间内因复合作用而消失的概率为 $1/\tau$。

如果非平衡载流子浓度为 Δn，那么单位时间单位体积内因复合而消失的非平衡载流子（又称为复合率）为

$$R=\frac{\Delta n}{\tau} \tag{2.21}$$

其中，R 是“复合”一词英文名称 Recombination 的第一个字母。

（2）净复合

实际上，式（2.21）统一描述了实际发生的净复合和净产生情况。如果由于注入效应使实际载流子浓度大于平衡浓度，复合作用大于产生，出现净复合。由式（2.21）可知，由于这时 Δn 大于 0，因此 R 大于 0，表示实际为净复合。

对于图 2.19 所示实例，在光照作用下，光注入导致载流子浓度大于平衡浓度。在切断光照后，外界不再提供产生载流子的作用，复合作用大于产生作用，或者说这时存在净复合。

（3）净产生

如果由于某种效应，如 2.3 节分析 pn 结工作原理时出现的“少子抽出”效应，使实际载流子浓度小于平衡载流子浓度，复合作用小于产生，将出现净产生。

由于实际载流子浓度小于平衡载流子浓度，即 Δn 小于 0，由式（2.21）可知 R 为负。负的“净复合”表示实际上为“净产生”。因此，有时又将产生率，即单位时间单位体积内因产生而增加的非平衡载流子数记为

$$G=-R=-\frac{\Delta n}{\tau} \tag{2.22}$$

其中，G 是“产生”一词英文名称 Generation 的第一个字母。

半导体中非平衡载流子的“产生”和“复合”是决定微电子器件特性的主要机理之一。

3．载流子复合机理

如上所述，载流子寿命长短取决于载流子的复合过程。对不同的半导体材料，存在多种不同的复合机理。下面重点说明对 Si 半导体器件和集成电路性能影响较大的复合机理。

（1）直接复合

半导体材料中自由电子和空穴在运动过程中直接相遇而复合称为直接复合，如图 2.20（a）所示。从能带角度看，相当于导带中的载流子电子直接返回价带中填补一个空位，引起电子-空穴对复合。

Si 中直接复合并不明显。对比直接复合过程有助于理解间接复合机理的特点。

（2）体内间接复合

实验发现，如果 Si 半导体中晶格缺陷越多，或者某些杂质，如金、铜、铁等重金属原子浓度越大，那么 Si 材料中的非平衡载流子寿命就越短。其原因在于这些杂质和缺陷在 Si 材料中形成了一些“复合中心”。无论是自由电子还是空穴，只要出现在复合中心附近，就会被其“俘获”。自由电子和空穴被复合中心俘获后就发生复合。这种通过复合中心发生的复合称为间接复合。

显然，在间接复合过程中，相当于复合中心为自由电子和空穴相遇提供了中继站，极大地增大了 Si 中载流子的复合概率，而不像直接复合那样需要自由电子和空穴在半导体材料内部运动过程中直接相遇才会发生复合。

Si 集成电路中主要复合机理是间接复合，比直接复合作用强得多。采用能带图描述的间接复合如图 2.20（b）所示。

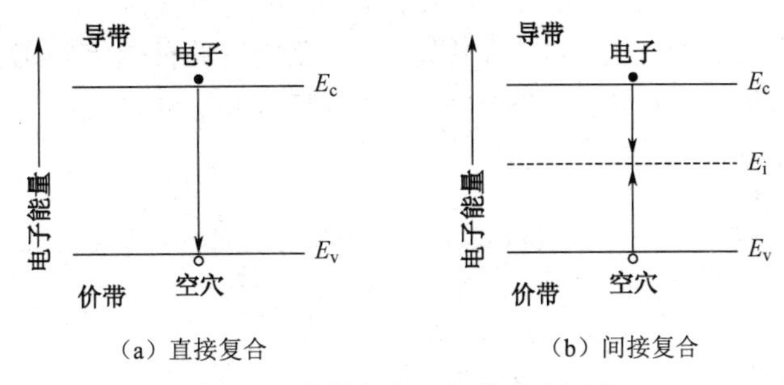

（a）直接复合　　（b）间接复合

图 2.20　直接复合与间接复合过程

显然，Si 中复合中心越多，复合中心对自由电子及空穴的俘获能力越强，则间接复合作用越明显。通常采用俘获截面描述复合中心俘获载流子能力的强弱。

理论分析和实验结果均表明，能量状态近似位于禁带中央的复合中心作用最明显。若复合中心密度为 N_t，假设复合中心对应的能量状态位于禁带中央，近似认为复合中心对电子及空穴的俘获能力相同，均为 C。理论分析可以得到下式描述的间接复合过程复合率（R），即单位时间单位体积内通过间接复合过程而复合的电子–空穴对 R 为

$$R=\frac{CN_t(np-n_i^2)}{(n+p+2n_i)}=\frac{(np-n_i^2)}{\tau_0(n+p+2n_i)} \tag{2.23}$$

式中，n_i 为本征载流子浓度；$\tau_0=(1/CN_t)$，为载流子寿命。

由式（2.23）可知，复合中心密度 N_t 越大，复合中心对电子及空穴的俘获能力越强（俘获截面 C 越大），则载流子寿命越短，复合率 R 越大。

对于微电路中目前使用最多的半导体材料硅，主要的体内复合过程就是间接复合，硅中起复合中心作用的杂质主要是重金属原子，如金。硅中重金属原子的多少将直接影响硅中载流子的寿命，进而影响硅器件的特性。

（3）表面复合

半导体材料的表面状态对寿命值大小影响也很明显。若表面严重划伤，存在较多缺陷，相当于表面形成较多的复合中心，则必定会像体内复合中心那样促进复合过程，减少寿命。

综上分析可知，半导体材料中的非平衡载流子寿命不但与材料的种类有关，而且对于同一种半导体材料还与材料中的缺陷情况、起复合中心作用的杂质多少，以及表面状态有着非常密切的关系。寿命是表征半导体材料特性的一个重要参数，对生产的集成电路特性有很重要的影响。

例如，2.4 节介绍的双极型晶体管，为了提高电流放大系数和特征频率，都要求提高载流子的寿命。为此，必须加强工艺控制，尽量减少半导体材料表面和内部的缺陷，同时要尽量防止在工艺过程中向半导体材料内部引入起复合中心作用的重金属原子。

对于起开关作用的双极型晶体管，以及双极数字集成电路中的晶体管，为了提高晶体管的开关速度，则要求减少载流子寿命。为此，在加强工艺控制、尽量减少半导体材料表面和内部缺陷的同时，需要在制造过程中有控制地向半导体材料内部掺入一定数量的重金属原子（如金），增加复合中心，减少非平衡载流子寿命。

2.2.5　半导体基本方程

1．半导体基本方程

在定量分析各种半导体器件的电学特性时，依据的是一组半导体方程。这组方程由空穴和电子的连续性方程、空穴和电子的电流方程以及泊松方程共 5 个方程构成。其中，连续性方程在分

析半导体器件特性中的作用可以类比于牛顿第二定律在分析各种力学问题中的作用。

为了简单起见，下面只针对一维情况给出半导体基本方程的形式。

（1）空穴连续性方程

$$\frac{\partial p(x,t)}{\partial t}=-\frac{1}{q}\frac{\partial J_{\mathrm{p}}}{\partial x}+G_{\mathrm{p}} \tag{2.24a}$$

（2）电子连续性方程

$$\frac{\partial n(x,t)}{\partial t}=\frac{1}{q}\frac{\partial J_{\mathrm{n}}}{\partial x}+G_{\mathrm{n}} \tag{2.24b}$$

（3）泊松方程

$$\frac{\mathrm{d}^2 V(x)}{\mathrm{d}x^2}=-\frac{\rho(x)}{\varepsilon} \tag{2.25}$$

（4）空穴电流方程

$$I_{\mathrm{p}}=A\left[qp(x)\mu_{\mathrm{p}}\mathrm{E}-qD_{\mathrm{p}}\frac{\mathrm{d}p(x)}{\mathrm{d}x}\right] \tag{2.26a}$$

（5）电子电流方程

$$I_{\mathrm{n}}=A\left[qn(x)\mu_{\mathrm{n}}E+qD_{\mathrm{n}}\frac{\mathrm{d}n(x)}{\mathrm{d}x}\right] \tag{2.26b}$$

空穴和电子的电流方程已在 2.2.3 节做了详细分析，下面将对连续性方程和泊松方程进行详细解读。

2．连续性方程的解读

（1）连续性方程的概念

连续性方程[式（2.24）]描述非稳态情况下，同时存在漂移和扩散电流，以及考虑产生和复合作用时，载流子浓度随时间变化所遵循的规律。这时电子和空穴浓度将同时是位置与时间的函数，记为 $p(x,t)$和 $n(x,t)$。

（2）连续性方程的解读

下面以空穴连续性方程为例，进一步说明连续性方程的物理含义。

方程左边（$\partial p(x,t)/\partial t$）表示的是在 t 时刻 x 处空穴浓度 $p(x,t)$随时间的增加率；而方程右边的两项则分别说明导致空穴浓度 $p(x,t)$随时间增加的两个物理因素。

第一个因素是由于单位时间内流进 x 处的空穴流大于流出的空穴流，因此有一部分空穴就留在该处导致空穴浓度的增加。取 x 方向从 x 到 $x+\Delta x$ 的单元 Δx，则流进 x 处的空穴流为 $J_{\mathrm{p}}(x,t)$，流出 $x+\Delta x$ 的空穴流为 $J_{\mathrm{p}}(x+\Delta x,t)$，流进与流出空穴流不相等导致 x 到 $x+\Delta x$ 的单元内空穴增加率为

$$\left(\frac{J_{\mathrm{p}}(x,t)-J_{\mathrm{p}}(x+\Delta x,t)}{\Delta x}\right)/q$$

当 Δx 趋于 0 时，取极限，得 x 处空穴增加率为

$$\lim_{\Delta x\to 0}\left(\frac{J_{\mathrm{p}}(x,t)-J_{\mathrm{p}}(x+\Delta x,t)}{\Delta x}\right)/q=\left(-\frac{\partial J_{\mathrm{p}}}{\partial x}\right)/q=-\frac{1}{q}\frac{\partial J_{\mathrm{p}}}{\partial x} \tag{2.27}$$

这就是方程右边的第一项。

导致 x 处空穴浓度 $p(x,t)$随时间增加的第二个因素是该处具有净产生率 G_p，即单位时间单位体积内产生的电子−空穴对数为 G_p，因此导致空穴浓度的增加为 G_p，这就是方程右边的第二项。G_p 的表达式如式（2.22）所示。如果该处由于某种因素存在净复合，那么 G_p 为负值，实际上导致该处空穴浓度减少。

电子连续性方程的含义类似。只是由于空穴和电子所带的电荷相反，因此电子连续性方程右边第一项为正，而空穴连续性方程右边第一项带有负号。

3．泊松方程的解读

泊松方程描述了空间电位分布与空间电荷之间的关系。

普通物理的电场部分曾介绍过高斯定理，电场中通过任一闭合曲面的电通量与该闭合曲面所包围体积 V 内电荷总数的关系为

$$\oint E\mathrm{d}s = \int_V \rho \mathrm{d}V/\varepsilon$$

式中，ρ 为电荷密度；ε 为介电常数。

下面结合图 2.21 所示一维情况，由高斯定理引出泊松方程。

对图 2.21 所示体积元，电场方向为 x 方向，体积元内部电荷密度也只与 x 有关。

由于电场方向为 x 方向，与体积元的上、下、前、后 4 个面的法线方向垂直，因此电场对这 4 个面的积分均为 0。

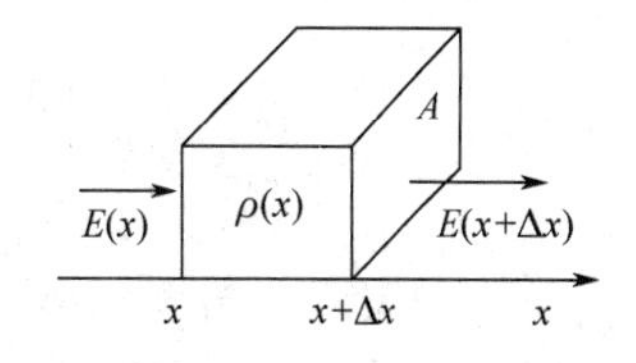

图 2.21　高斯定理与泊松方程

高斯定理积分表达式为

$$E(x+\Delta x)A - E(x)A = [\rho(x)\Delta x A]/\varepsilon$$

得

$$\frac{E(x+\Delta x)-E(x)}{\Delta x} = \frac{\rho(x)}{\varepsilon}$$

若$\Delta x \to 0$，则

$$\frac{\mathrm{d}E(x)}{\mathrm{d}x} = \frac{\rho(x)}{\varepsilon}$$

代入电场与电位关系式为

$$E(x) = -[\mathrm{d}V(x)/\mathrm{d}x]$$

得泊松方程为

$$\frac{\mathrm{d}^2V(x)}{\mathrm{d}x^2} = -\frac{\rho(x)}{\varepsilon}$$

因此，泊松方程实际上就是高斯定理的微分表达形式。

2.3　pn 结和 pn 结二极管

常用的二极管就是一个 pn 结，集成电路的基本组成部分也是 pn 结，因此 pn 结是各种半导体器件的“心脏”，各种微电子器件的特性均与 pn 结密切相关，深入理解并熟练掌握 pn 结原理是学习其他半导体器件理论的关键。本节主要分析 pn 结工作的物理过程及其主要电学特性，并给出在电路模拟仿真中采用的二极管模型和基本模型参数。

2.3.1　平衡状态 pn 结

1．pn 结二极管的结构与特点

（1）pn 结的结构

如果通过选择性局部掺杂方法使半导体中一部分区域为 p 型，另一部分为 n 型，就形成了 pn 结，p 区与 n 区的交界面称为冶金结面。一般的二极管就是由一个 pn 结构成的。

采用平面工艺生成的集成电路中实际 pn 结的结构和剖面图分别如图 2.22（a）、图 2.22（b）所示（详见 3.1 节介绍）。在介绍器件结构及工艺流程时通常采用图 2.22（b）所示的剖面图。图 2.22（c）所示为分析问题时通常采用的 pn 结结构。为了方便起见，介绍 pn 结工作原理和主要电特性都采用图 2.22（d）所示平面示意图。图 2.22（e）是电路图中采用的二极管符号，图 2.22（f）是描述 pn 结二极管单向导电性的直流伏安特性。

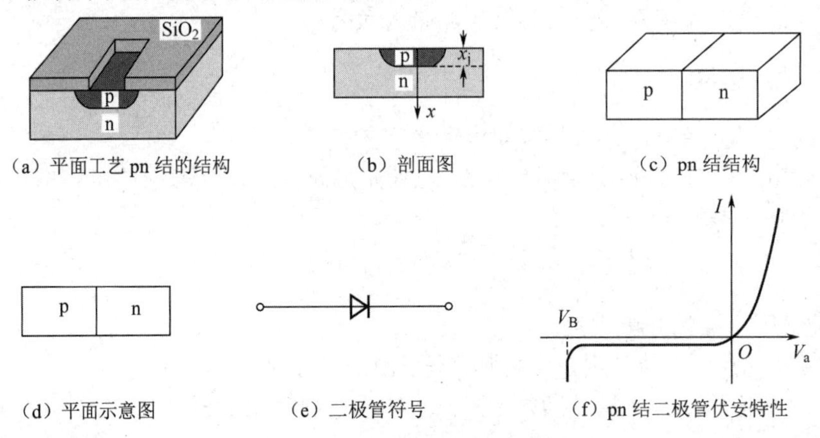

（a）平面工艺 pn 结的结构　（b）剖面图　（c）pn 结结构

（d）平面示意图　（e）二极管符号　（f）pn 结二极管伏安特性

图 2.22　二极管结构和导电特性

（2）突变结与缓变结

在实际的半导体器件中，pn 结两侧 p 区内部和 n 区内部杂质浓度都不是均匀分布的，通常称为缓变结。冶金结面与半导体表面之间的距离称为结深，记为 x_j，如图 2.22（b）所示。为了突出物理过程，简化分析的复杂程度。下面在分析 pn 结工作原理时都以“突变结”为对象，即假设 pn 结的 p 区一侧为均匀掺杂，杂质浓度为 N_A；n 区一侧也是均匀掺杂，杂质浓度为 N_D。

（3）pn 结单向导电性

pn 结之所以成为半导体器件的“心脏”，而且集成电路中都包含有 pn 结，是因为 pn 结具有非常特殊的单向导电性。

如果电池正极接在 pn 结的 p 区，负极接在 n 区，不但流过 pn 结的电流较大，而且外加电压稍有增加，电流将急剧增大。通常称这时 pn 结受到正向偏置电压作用。但是如果电池正极接在 pn 结的 n 区，负极接在 p 区，那么流过 pn 结的电流数值很小，而且改变外加电压，电流值几乎不变，呈现“饱和”状态。通常称这时 pn 结受反向偏置电压作用。

正反向偏置情况下 pn 结导电能力明显差别的特性称为 pn 结的单向导电性。pn 结二极管典型伏安特性如图 2.22（f）所示，表现出明显的单向导电性。

当反向电压增大到一定值时，流过的电流突然急剧增大，这一现象称为二极管的“击穿”。这时加在二极管上的电压 V_B 称为二极管击穿电压。

本节将从 pn 结内部的导电物理过程解释单向导电性，这也是理解 2.4 节双极型晶体管放大原理的基础。

2. pn 结平衡状态的建立过程

在解释单向导电性之前，首先以一个实际“Si 突变 pn 结”为对象，分析 pn 结平衡状态的建立过程。

假设 p 区受主掺杂浓度为 $N_A=10^{16}/cm^3$，n 区施主掺杂浓度为 $N_D=10^{16}/cm^3$。若近似取 $n_i(Si)\approx 10^{10}/cm^3$，由式（2.6）～式（2.8）可得，p 区中多子空穴浓度为 $p_{p0}\approx 10^{16}/cm^3$，少子电子浓度为 $n_{p0}\approx 10^4/cm^3$。n 区中多子电子浓度为 $n_{n0}\approx 10^{16}/cm^3$，少子空穴浓度为 $p_{n0}\approx 10^4/cm^3$。

如 2.2.2 节所述，在平衡情况下，虽然 n 型半导体中带负电的多子电子浓度 n_{n0} 远远大于带正电的少子空穴浓度 p_{n0}，由于 n 型半导体中还存在带正电的离化施主杂质离子 N_D^+，因此单独的 n 型半导体保持电中性。同理，单独的 p 型半导体也保持电中性。

（1）多数载流子的扩散与扩散电流

当形成 pn 结以后，其交界面两侧一边是 n 型，一边是 p 型。对上述 pn 结实例，由于 p 型一侧多子空穴浓度 $p_{p0} \approx 10^{16}/cm^3$，远远大于 n 型一侧的少子空穴浓度 $p_{n0} \approx 10^4/cm^3$，即两边空穴浓度存在 12 个数量级的巨大差别，因此必然导致 p 区中浓度很高的空穴要向空穴浓度较低的 n 区中扩散，形成从 p 区流向 n 区的扩散电流。同样 n 区中的多子（电子）要向 p 区中扩散。由于电子带负电，电子扩散电流方向与电子扩散流的方向相反，也是从 p 区指向 n 区，因此就形成了从 p 区向 n 区的扩散电流。

（2）空间电荷区的形成

单独的 n 型和 p 型半导体区域原来是呈电中性的，但当交界面附近 p 区中空穴扩散到 n 区后，p 区一侧就留下失去了空穴的离化受主杂质 N_A^-（带负电）。同时交界面附近 n 区一侧电子扩散到 p 区后，在 n 区一侧留下失去了电子的离化施主杂质 N_D^+（带正电）。这些带电的离化杂质位于晶格之中，不能运动，在交界面附近形成了一个带电区域，称为空间电荷区，见图 2.23（a）。

（3）自建电场的形成与漂移电流

根据物理学原理，伴随着空间电荷区必然存在电场。由于这种电场不是外加的，而是 pn 结本身形成的，因此称为自建电场。电场方向由正电荷指向负电荷，因此在 pn 结中，自建电场的方向由 n 区指向 p 区，见图 2.23（a）。

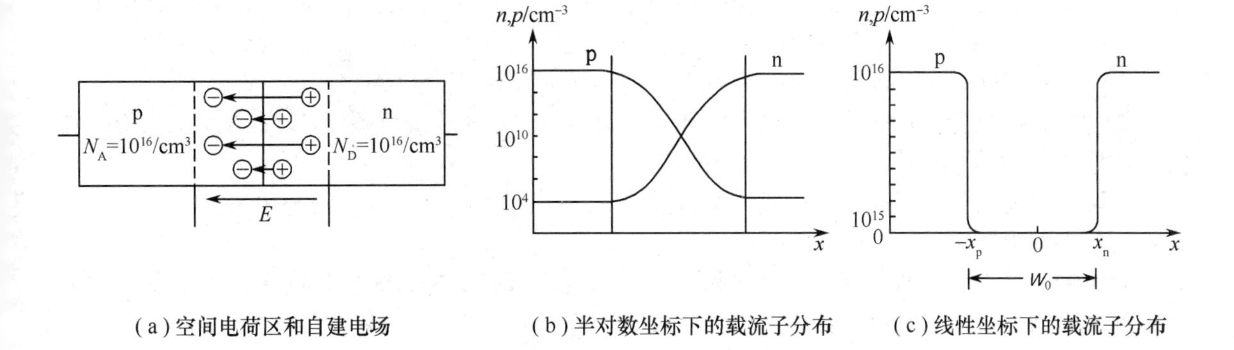

（a）空间电荷区和自建电场　（b）半对数坐标下的载流子分布　（c）线性坐标下的载流子分布

图 2.23　空间电荷区中的自建电场和载流子分布

在由 n 区指向 p 区的自建电场作用下，带负电荷的自由电子要从 p 区向 n 区做漂移运动，而带正电荷的空穴要从 n 区向 p 区做漂移运动。pn 结两侧电子和空穴在自建电场力作用下的漂移运动方向分别与各自的扩散运动方向相反，就是说自建电场的建立起着阻碍扩散运动的作用。

（4）扩散电流与漂移电流的平衡

随着 n 区电子不断向 p 区扩散，以及 p 区空穴不断向 n 区扩散，空间电荷区不断变宽，空间电荷区中电荷不断增多，电场不断增强，漂移运动也随之增强。当漂移运动的效果与扩散运动作用相抵消时，电子和空穴的净运动等于零，空间电荷区中的电荷不再变化，电场也将保持不变，这时的 pn 结达到平衡状态。

在没有外加电压作用的情况下，由于 pn 结内部载流子的漂移运动与扩散运动相互抵消，处于动态平衡，因此总效果是没有电流流过 pn 结。

通过计算得到的平衡 pn 结空间电荷区中的载流子浓度分布如图 2.23（b）所示，空间电荷区以外的 n 区和 p 区与单独的 n 区、p 区情况一样，仍然为电中性。

说明：由于 pn 结两侧载流子浓度变化达十几个数量级，为了显示空间电荷区中载流子浓度的变化情况，图 2.23（b）采用半对数坐标表示空间电荷区内载流子分布，即表示浓度的纵坐标为对数坐标，而横坐标仍为线性坐标。

3．耗尽层、空间电荷区、势垒区

（1）耗尽层与耗尽层近似

在平衡情况下，冶金结附近局部区域出现空间电荷。该区域中载流子分布与 p 区内部及 n 区内部明显不同，如图 2.23（b）所示。如果将载流子分布改为采用线性坐标表示，就如图 2.23（c）所示。图中纵坐标一个小格为 $10^{15}/cm^3$，而空间电荷区中大部分区域载流子浓度远小于 $10^{15}/cm^3$，最低的只有 $10^4/cm^3$，因此空间电荷区中绝大部分范围内的载流子浓度已基本与图中横坐标重合，无论是载流子电子还是空穴，表现为在空间电荷区边界处载流子浓度从空间电荷区外侧的平衡多子浓度 $10^{16}/cm^3$ 急剧变化到“看似为 0”。

在空间电荷区中，p 区一侧带负电的离化受主杂质浓度还是 $N_A^-=10^{16}/cm^3$，n 区一侧带正电的离化施主杂质浓度还是 $N_D^+=10^{16}/cm^3$，虽然空间电荷区中载流子浓度数值仍然达 $10^4/cm^3$ 以上，但是远小于该区域中的离化杂质电荷，因此在分析与电荷相关的特性时，可以忽略载流子浓度对空间电荷的贡献，或者说近似认为空间电荷区中载流子已完全“耗尽”，空间电荷区中的电荷密度近似等于离化杂质浓度，因此通常又形象地将空间电荷区称为耗尽层。

在分析问题时，通常采用的“耗尽层近似”包括下述两个要点。

①“耗尽层近似”认为耗尽层有明确的边界。若将 p 区和 n 区的交界面（又称为冶金结面）取为坐标原点，耗尽层在 p 区的边界位置记为 $-x_p$，在 n 区的边界位置为 x_n，则耗尽层的宽度为 $W_0=(x_p+x_n)$（下标 0 表示 W_0 为平衡情况下的耗尽层宽度），见图 2.23（c）。

② 按照耗尽层近似，耗尽层范围内，载流子浓度为 0；耗尽层范围以外，载流子等于平衡载流子浓度。

实际结果表明，采用耗尽层近似分析得到的 pn 结特性与实际情况符合得很好。

（2）空间电荷区

对于突变结情况，若 p 区一侧均匀掺杂浓度为 N_A，n 区一侧均匀掺杂浓度为 N_D，根据耗尽层近似，空间电荷区中的电荷只需考虑离化杂质电荷，因此空间电荷区中的电荷密度分布为

$$\rho(x)=\begin{cases}+qN_D & (0\leqslant x\leqslant x_n)\\ -qN_A & (-x_p\leqslant x\leqslant 0)\end{cases} \tag{2.28}$$

由电中性条件可知，空间电荷区中正负电荷量应该相等，因此有

$$qN_Ax_p=qN_Dx_n \tag{2.29}$$

在半导体器件及集成电路中，经常 p 区和 n 区两侧杂质浓度相差较大，称为单边结。

下面以突变结为对象，分析“单边突变结”pn 结的特点。

由式（2.29）可知，若 $N_D>>N_A$，则 $x_n<<x_p$，得耗尽层宽度 $W_0=(x_n+x_p)\approx x_p$，即耗尽层宽度近似等于耗尽层在 p 区一侧的宽度。

由此得到一个在以后分析 pn 结各种特性时经常引用的一个重要结论：pn 结的耗尽层宽度主要在轻掺杂一侧。

（3）内建电势 V_{bi}

随着自建电场的建立，必然形成相应的电位分布。根据静电场原理，在有电荷分布的空间电荷区范围内，电位分布与位置有关。而在空间电荷区外侧的 n 区和 p 区为中性区，电位则为常数。若取 p 区电位为参考点，则 n 区将呈现为正的电位。对于图 2.24（a）所示的 pn 结，空间电荷区

中 n 区一侧存在正电荷+Q、p 区一侧存在负电荷$-Q$，产生的自建电场方向从 n 区指向 p 区，对应的电位分布如图 2.24（b）所示。

空间电荷区两侧中性区之间的电位差称为接触电势差。由于这种“电势差”不是外加电压作用的结果，而是由 pn 结本身产生的，因此称为“内建电势”，记为 V_{bi}。

定量分析可得，对突变结有

$$V_{bi} = \frac{kT}{q}\ln\frac{N_D N_A}{n_i^2} \tag{2.30}$$

式中，N_D为空间电荷区 n 型一侧边界处施主杂质浓度；N_A为空间电荷区 p 型一侧边界处受主杂质浓度。因此，接触电势差的大小与 pn 结两侧掺杂浓度的高低有关。由于内建电势与掺杂浓度是对数关系，因此尽管掺杂浓度可以有数量级的差别，但是导致的内建电势变化并不大。

例如，对硅 pn 结，$n_i = 1.5\times10^{10}/\text{cm}^3$，若 $N_D = 10^{16}/\text{cm}^3$，$N_A = 10^{15}/\text{cm}^3$，得 $V_{bi} = 0.635\text{V}$。

如果 N_A 扩大 10 倍，提升到 $10^{16}/\text{cm}^3$，N_D 保持不变，那么 $V_{bi} = 0.7\text{V}$，仅增加 0.065V。

此外，由于内建电势还与本征载流子浓度 n_i 有关，因此即使掺杂浓度相同，构成 pn 结的半导体材料不同，其接触电势差也不相同。一般生产中硅 pn 结的 V_{bi} 为 0.6～0.8V，锗 pn 结的 V_{bi} 为 0.3～0.4V，砷化镓 pn 结的 V_{bi} 则高达 1.1～1.3V。

（4）势垒区

由于在 pn 结中形成了电位分布，导带中的电子在不同电位处具有的能量（$-qV$）将不相等。与这一情况相对应的是导带将不再是水平，而是在原来的基础上叠加$-qV(x)$，这就使能带出现了弯曲，如图 2.24（c）所示。p 区中导带电子比 n 区中导带电子势能量高 qV_{bi}，也就是说，n 区中导带电子必须克服这个势能量才能达到势能高的 p 区，因此势能发生变化的空间电荷区又称为势垒区。

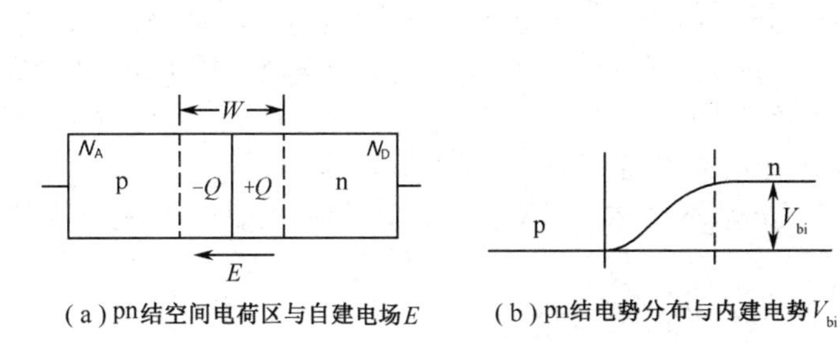

（a）pn结空间电荷区与自建电场E　（b）pn结电势分布与内建电势V_{bi}　（c）pn 结能带图

图 2.24　pn 结势垒和能带图

（5）结论

由以上分析可知，耗尽层、空间电荷区、势垒区虽然叫法不同，但都是指的 pn 结界面两侧的那一部分区域，是从不同角度考虑问题的形象叫法。通过后面几节对 pn 结特性分析结果可知，正是由于存在这部分“特殊”区域，才导致 pn 结呈现一系列不同于单个半导体材料的“特殊”性能。

4．势垒区两侧边界处载流子浓度的关系

下面基于内建电势的定量表达式（2.30）引出一个重要的关系式，描述载流子分布的玻耳兹曼分布。在分析 pn 结的单向导电性特点时，玻耳兹曼分布起着关键作用。

（1）基本关系式——势垒区两侧边界处平衡载流子浓度的关系

对突变结，$n_{n0} = N_D$，$p_{p0} = N_A$。由式（2.30），两边取指数，可得

$$\frac{n_i^2}{n_{n0}p_{p0}}=\exp\left(-\frac{qV_{bi}}{kT}\right)$$

由于（n_i^2/n_{n0}）$=p_{n0}$，因此

$$p_{n0}=p_{p0}\exp\left(-\frac{qV_{bi}}{kT}\right)$$

式中，p_{n0}为势垒区靠 n 区一侧边界处平衡少子空穴浓度；p_{p0}为势垒区靠 p 区一侧边界处平衡多子空穴浓度；V_{bi}为内建电势，也是平衡时势垒区两侧接触电势差。

采用同样的方法，由式（2.30）可得

$$n_{p0}=n_{n0}\exp\left(-\frac{qV_{bi}}{kT}\right)$$

式中，n_{p0}为势垒区靠 p 区一侧边界处平衡少子电子浓度；n_{n0}为势垒区靠 n 区一侧边界处平衡多子电子浓度。

综合上述两个表达式的含义，可以得到下述重要结论。

$$\text{势垒区一侧边界平衡少子浓度}=\text{另一侧边界平衡多子浓度}\times\exp\left(-\frac{qV_{bi}}{kT}\right)\tag{2.31}$$

式（2.31）表明，接触电势差 V_{bi}越大，势垒区一侧边界处平衡少子浓度比另一侧边界处同一种类型载流子平衡浓度小得越多。这一结论对应大学物理中介绍的玻耳兹曼关系式。

（2）有外加电压时势垒区两侧边界处载流子浓度的关系

理论分析和实验结果均表明，只需将式（2.31）中各变量做两点变化，就可以将其推广应用到有外加电压作用的情况，得到的结果在推导 pn 结单向导电性时起着关键作用。

① 由于存在外加电压作用，结上电压应该由内建电势变为内建电势与外加电压的代数和。在实际应用中，外加电压 V_a指 pn 结 p 区一侧相对于 n 区一侧的电压。而内建电势 V_{bi}是 n 区相对于 p 区的电势，定义方向与 V_a相反。因此，在有外加电压作用的情况下，结上电压应该由 V_{bi}变为（$V_{bi}-V_a$）。若外加正偏电压，p 区接正，n 区接负，则 V_a为正值，结上总电压低于 V_{bi}。若外加反偏电压，n 区接正，p 区接负，则 V_a为负值，结上总电压大于 V_{bi}。

② 在有外加电压作用的情况下，pn 结不再处于平衡状态，因此应该将式（2.31）中的“平衡”一词去掉。

由图 2.23 可见，势垒区 n 区一侧边界位置的坐标为 x_n，p 区一侧边界位置的坐标为$-x_p$，因此在有外加电压作用的情况下，由式（2.31）可得势垒区两侧边界处载流子浓度的关系为

$$p_n(x_n)=p_p(-x_p)\exp\left[-\frac{q(V_{bi}-V_a)}{kT}\right]$$

$$n_p(-x_p)=n_n(x_n)\exp\left[-\frac{q(V_{bi}-V_a)}{kT}\right]$$

（3）有外加电压时势垒区边界处少数载流子边界条件

在小注入情况下，即非平衡载流子浓度比平衡多子浓度小得多，则上式中

$$p_p(-x_p)=p_{p0}(-x_p)+\Delta p\approx p_{p0}(-x_p)$$

代入上面 $p_n(x_n)$和 $n_p(-x_p)$两个表达式中，并代入式（2.31）得

$$p_n(x_n)=p_{p0}(-x_p)\exp\left(-\frac{qV_{bi}}{kT}\right)\exp\left(\frac{qV_a}{kT}\right)=p_{n0}(x_n)\exp\left(\frac{qV_a}{kT}\right)$$

即
$$p_{\rm n}(x_{\rm n})=p_{\rm n0}(x_{\rm n})\exp\left(\frac{qV_{\rm a}}{kT}\right) \tag{2.32a}$$

同理可得
$$n_{\rm p}(-x_{\rm p})=n_{\rm p0}(-x_{\rm p})\exp\left(\frac{qV_{\rm a}}{kT}\right) \tag{2.32b}$$

上述两个表达式就是描述外加电压情况下，势垒区边界处少数载流子浓度与结上外加电压的关系式，又称为玻耳兹曼关系式。

若外加正向偏压，$V_{\rm a}$大于 0，则势垒区边界处少子浓度大于平衡浓度。而且，随着 $V_{\rm a}$的增大，势垒区边界处少子浓度指数增加。

若外加反向偏压，$V_{\rm a}$小于 0，则势垒区边界处少子浓度小于平衡浓度。而且，随着反偏电压 $V_{\rm a}$绝对值增大到一定程度，势垒区边界处少子浓度将趋于 0，而且不再随着反偏电压 $V_{\rm a}$绝对值的增大而变化。

上述结论在定量分析和定性解读 pn 结的单向导电性特点时起着关键作用。

5. pn 结耗尽层宽度

按照耗尽层近似，平衡 pn 结耗尽层有一定的宽度 W_0，该参数也是对 pn 结各种特性有明显影响的参数。

（1）W_0定量表达式

定量分析可得，平衡 pn 结耗尽层宽度 W_0为

$$W_0=(x_{\rm p}+x_{\rm n})=\sqrt{V_{\rm bi}(\frac{2\varepsilon}{q})(\frac{(N_{\rm A}+N_{\rm D})}{N_{\rm A}N_{\rm D}})} \tag{2.33}$$

耗尽层在 n 区一侧以及 p 区一侧的宽度分别为

$$x_{\rm n}=\frac{N_{\rm A}}{(N_{\rm A}+N_{\rm D})}W_0,\quad x_{\rm p}=\frac{N_{\rm D}}{(N_{\rm A}+N_{\rm D})}W_0 \tag{2.34}$$

（2）外加偏置电压作用情况下的 W 表达式

上述 W_0表达式可近似用于有外加偏置电压作用情况下的 W 表达式。

记 $V_{\rm a}$为 p 区相对于 n 区的外加电压，则 n 区相对于 p 区的总电势差为$(V_{\rm bi}-V_{\rm a})$，将式（2.33）中的 $V_{\rm bi}$替换为$(V_{\rm bi}-V_{\rm a})$，得

$$W=\sqrt{(V_{\rm bi}-V_{\rm a})(\frac{2\varepsilon}{q})(\frac{(N_{\rm A}+N_{\rm D})}{N_{\rm A}N_{\rm D}})}=W_0\sqrt{(1-\frac{V_{\rm a}}{V_{\rm bi}})} \tag{2.35}$$

（3）讨论

根据上述耗尽层宽度的表达式，可以得到以下 4 点重要结论。

① 由式（2.34）可知，对突变结，重掺杂一侧掺杂浓度是轻掺杂一侧掺杂浓度的多少倍，则耗尽层宽度在轻掺杂一侧的宽度就是在重掺杂一侧宽度的多少倍。

对单边突变结，重掺杂一侧掺杂浓度远大于轻掺杂一侧掺杂浓度，则耗尽层宽度在轻掺杂一侧的宽度就远大于在重掺杂一侧的宽度，因此，单边突变结的势垒区宽度主要在轻掺杂一侧。

② 对于单边突变结情况，若 $N_{\rm D}>>N_{\rm A}$，由（2.33）可得

$$W_0\approx\sqrt{V_{\rm bi}(\frac{2\varepsilon}{q})(\frac{1}{N_{\rm A}})}\propto\sqrt{\frac{1}{N_{\rm A}}}$$

即势垒区宽度 W_0与轻掺杂一侧的掺杂浓度开方成反比。

在讨论如何控制 pn 结的击穿电压时将要引用这个非常重要的物理结论。

③ 正偏情况下，$V_a>0$，则 $W<W_0$，耗尽层宽度变窄，耗尽层中空间电荷总数 Q 减小；反偏情况，$V_a<0$，则 $W>W_0$，耗尽层宽度变宽，耗尽层中空间电荷总数 Q 增加。

④ 对于确定的 pn 结，掺杂浓度一定，随着反偏电压绝对值的增加，表达式中可以忽略 V_{bi}，则得

$$W \approx \sqrt{(V_{bi}-V_a)(\frac{2\varepsilon}{q})(\frac{1}{N_A})} \propto \sqrt{(V_{bi}-V_a)} \approx \sqrt{(-V_a)}$$

因此，对突变结，耗尽层宽度近似与反偏电压绝对值的开方成正比（注意，反偏电压 V_a 本身为负值）。

（4）实例

T=300K 下的 Si-pn 结，p 区一侧掺杂 $N_A=10^{15}/cm^{-3}$，n 区一侧掺杂 $N_D=10^{16}/cm^{-3}$。

计算得 W_0=0.95μm，其中 x_n=0.086μm，x_p=0.864μm，即 n 区一侧掺杂浓度是 p 区一侧掺杂浓度的 10 倍，则耗尽层宽度在轻掺杂 p 区一侧的宽度就是在 n 区一侧宽度的 10 倍。

若外加反向偏置，V_a=−10V，计算得 W=3.89μm，远大于平衡情况下的势垒区宽度。

由上述实例数据可知，通常势垒区宽度为微米量级。

2.3.2 pn 结单向导电性物理过程分析

本节从物理过程分析的角度解读 pn 结在外加电压作用下发生的变化，说明为什么 pn 结具有单向导电性。2.3.3 节将给出定量描述结果。

1. pn 结单向导电性

图 2.22（f）所示的单向导电性是 pn 结最突出的一种电学特性。不但 pn 结的许多特性都与单向导电性物理过程密切相关，而且在电子线路中广泛采用的整流二极管、检波二极管等器件都是直接利用了 pn 结的单向导电性。

2. 正向偏压作用下的 pn 结电流

如 2.3.1 节所述，在平衡情况下，载流子的扩散作用与漂移作用相平衡，不存在载流子净流动，净电流为零。但是在有外加电压的情况下，平衡状态被打破，导致 pn 结呈现出单向导电性特点。

（1）电注入

将 p 区接外加电源 V_a 的正极，n 区接外加电源负极的情况为正向偏压，这时 $V_a>0$，如图 2.25（a）所示。由于空间电荷区中载流子已基本耗尽，该区域为高阻区，外加正向偏压 V_a 大多降落在空间电荷区上，因此空间电荷区上的总压降就从 V_{bi} 下降为（$V_{bi}-V_a$），导致空间电荷区中的总电场减小，势垒区高度从 qV_{bi} 下降为 q（$V_{bi}-V_a$），如图 2.25（b）所示。

平衡状态 pn 结中载流子漂移运动与扩散运动相互抵消。在正向偏置情况下，空间电荷区中电场减小，就削弱了漂移运动，而扩散运动的作用不受影响，因此破坏了载流子原先扩散运动和漂移运动之间的平衡，使扩散电流大于漂移电流。这样在外加正向电压时就产生了电子从 n 区向 p 区以及空穴从 p 区向 n 区的净扩散流，如图 2.25（a）所示。此时进入 p 区的电子流和进入 n 区的空穴流都是相应区域中的少数载流子，它们使得这些区域中少子浓度高于平衡时数值，因此称为非平衡少数载流子。由于进入半导体中的非平衡载流子是外加电压作用的结果，因此称为电注入。

（2）注入载流子的扩散

注入到 n 区中的非平衡载流子空穴首先积累在边界（x_n）处。根据式（2.32），由于正偏情况下 $V_a>0$，边界（x_n）处少子空穴浓度 $p_n(x_n)$大于 n 区平衡少子空穴浓度 p_{n0}，因此（x_n）处空穴与 n 区内部空穴之间存在浓度差，导致这些空穴继续向 n 区内部扩散，形成从 p 区向 n 区的电流。$x=x_n$ 处空穴电流 $I_p(x_n)$就是从 p 区注入到 n 区的少子空穴扩散电流。

在扩散过程中，少子空穴一边扩散一边与 n 区中多子电子复合，因此 n 区中少子空穴浓度将随着距离 x 的增加不断减小，经过一段距离后非平衡少子空穴将全部被复合掉，直到下降为 n 区内部的平衡浓度 p_{n0}，如图 2.25（c）所示。这一段有少子扩散运动的区域称为扩散区。

同样地，n 区也要向 p 区注入电子。注入到 p 区中的非平衡载流子电子首先积累在边界（$-x_p$）处，其值大于 p 区平衡少子电子浓度，导致这些电子继续向 p 区内部扩散，形成从 n 区向 p 区的电子流。$x=-x_p$ 处电子电流 $I_n(-x_p)$就是从 n 区注入到 p 区的少子电子扩散电流。

最终经过一段距离后，注入的非平衡少子电子全部被复合，如图 2.25（c）所示。

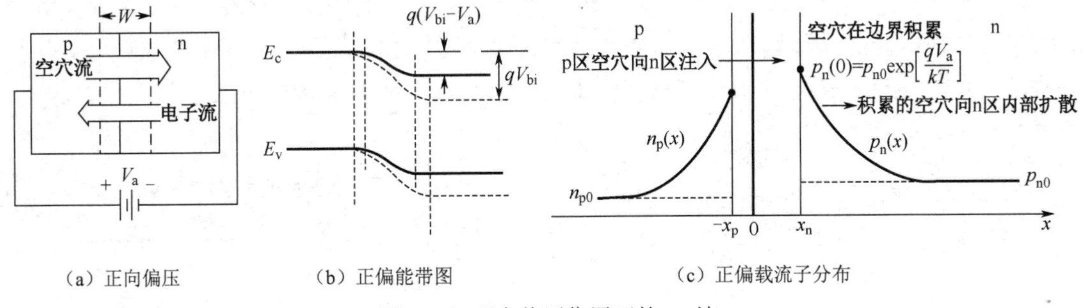

（a）正向偏压　　（b）正偏能带图　　（c）正偏载流子分布

图 2.25　正向偏压作用下的 pn 结

（3）正向偏压下的 pn 结电流

根据理想 pn 结模型（见 2.3.3 节），流过 pn 结的总电流等于流过耗尽层两个边界处的少子电流之和。

空穴通过 pn 结从 p 区通过 n 区边界注入 n 区，形成从 p 区指向 n 区的电流，电子虽然是从 n 区通过 p 区边界注入到 p 区，但是因电子带负电，所以形成的电流方向也是从 p 区指向 n 区。这样，在正向电压作用下，流过 pn 结的总电流是空穴电流和电子电流之和。其方向由 p 区指向 n 区。

随着外加正向电压的增加，势垒高度进一步减小。如式（2.32）所示，势垒区在 n 区一侧边界处的少子空穴浓度随外加电压指数增加，也就是说，p 区中能越过势垒注入到 n 区的空穴急剧增加，必然导致从 p 区注入到 n 区的空穴电流随着正偏电压的增大而急剧增大。同样地，从 n 区注入到 p 区的电子流也随着正偏电压的增大而急剧增大，从而通过 pn 结的总电流随着正偏电压的增大而迅速增大。

（4）正偏 pn 结电流的分量大小

在正向偏压下，流过 pn 结的电流由 p 区注入到 n 区的空穴流以及从 n 区注入到 p 区的电子流两个分量组成。显然，如果 p 区掺杂浓度比 n 区掺杂浓度大得多，那么这两个电流分量中，由 p 区注入到 n 区的空穴流将远大于从 n 区注入到 p 区的电子流，这时 pn 结电流主要由空穴电流组成。

同样地，如果 n 区掺杂浓度比 p 区掺杂浓度大得多，那么 pn 结电流主要由电子电流组成。

由此得到一个非常重要的结论：如果 pn 结两侧掺杂浓度差别很大，那么正偏 pn 结电流主要由掺杂浓度高的重掺杂一侧多数载流子向另一侧注入的电流组成。

上述结论成为提高双极型晶体管电流放大系数的一条重要技术途径（参见2.4.1节）。

3. 反向偏压作用下的pn结电流

（1）少数载流子的“抽出”

将p区接外加电源的负极，n区接外加电源正极的情况为反向偏压。反向偏压的绝对值记为V_R，如图2.26（a）所示。与正向偏压时情况类似，外加反向偏压几乎全都降落在空间电荷区上。由于反偏外加电压极性与原先pn结内部接触电势方向相同，因此空间电荷区上的总压降就从V_{bi}增大为（$V_{bi}+V_R$），导致空间电荷区中的总电场增强，相应势垒高度也由qV_{bi}增高为$q(V_{bi}+V_R)$，如图2.26（b）所示。

平衡状态pn结中载流子漂移运动与扩散运动相互抵消，或者说从p区向n区扩散的空穴又在电场的漂移运动作用下返回p区，从n区向p区扩散的电子又在电场的漂移运动作用下返回n区。但是在反向偏压情况下，空间电荷区中电场增强，漂移运动作用增大，而扩散运动作用并不受影响，这样就打破了原先已达成的扩散电流和漂移电流之间的平衡。这时，不但从p区向n区扩散的空穴又在电场的漂移运动作用下全部返回p区，而且由于空间电荷区中电场增强，使得空间电荷区中n区一侧边界x_n处的空穴也被强电场拉向p区，称为少子抽出。

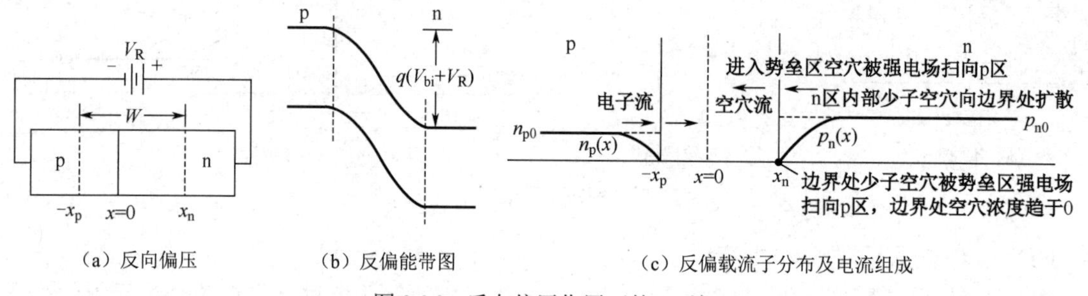

（a）反向偏压　（b）反偏能带图　（c）反偏载流子分布及电流组成

图2.26　反向偏压作用下的pn结

（2）内部少子向势垒区边界处扩散

由于“少子抽出”，使得势垒区在n区一侧边界x_n处少子空穴浓度$p_n(x_n)$趋于0，低于n区内部的平衡少子空穴浓度p_{n0}，形成浓度差，因此n区内部少子空穴就会通过扩散运动前来补充。但一旦空穴扩散到x_n处又立即被强电场拉向p区，形成从n区抽出流向p区的空穴电流，如图2.26（c）所示。$x=x_n$处空穴电流$I_p(x_n)$就是从n区抽出流向p区的少子空穴电流。

实际上，由式（2.32）可知，在反偏情况下，V_a为负，则势垒区边界处少子浓度为0，与上述物理过程分析的结论一致。

（3）反向pn结电流

p区中的电子情况类似，因此可以得到反偏情况下pn结少子分布如图2.26（c）所示。

空穴从n区拉向p区，形成从n区指向p区的电流。虽然电子是从p区拉向n区，但是因为电子带负电，所以形成的电流方向也是从n区指向p区，因此在反向电压作用下，就形成了一个从n区流向p区的电流。$x=-x_p$处电子电流$I_n(-x_p)$就是从p区被抽出流向n区的少子电子电流。

根据理想pn结模型（见2.3.3节），流过pn结的总电流等于流过耗尽层两个边界处的少子电流之和，因此总电流为$I=I_p(x_n)+I_n(-x_p)$。由于构成反向电流的是分别从n区和p区被“抽出”的少数载流子。少子浓度很低，相应的反向电流也较小。随着反向电压绝对值的增大，只是使得势垒区宽度有所增加，而空间电荷区边界处少子浓度趋向于零后不再变化，图2.26（c）所示组成电流的空穴流及电子流的大小也就基本不再变化，反向电流趋向于饱和。所以，反偏时流过pn结的电流又称为反向饱和电流。

2.3.3　pn 结直流伏安特性

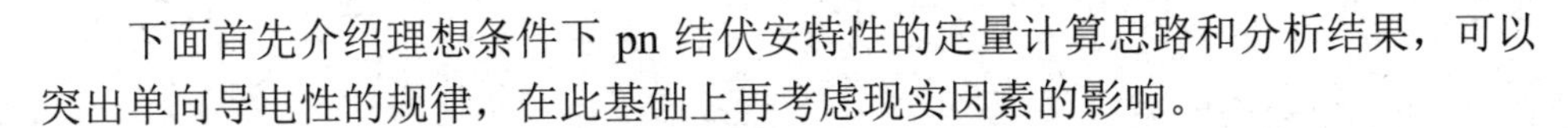

下面首先介绍理想条件下 pn 结伏安特性的定量计算思路和分析结果，可以突出单向导电性的规律，在此基础上再考虑现实因素的影响。

1．理想 pn 结伏安特性

在直流情况下，若只考虑一维情况，pn 结内部不同 x 处空穴电流和电子电流之和都应等于总电流，而每种载流子电流又存在扩散电流和漂移电流两种形式。按照这一思路计算总电流时，计算漂移电流不但需要计算载流子分布，还需要计算电场分布，因此计算总电流比较复杂。

基于理想 pn 结的 4 点近似，则可以明显简化总电流的计算问题。

计算分析过程中采用的电流、电压极性约定如图 2.27 所示。

（1）理想 pn 结模型

符合以下假设条件的 pn 结称为理想 pn 结。

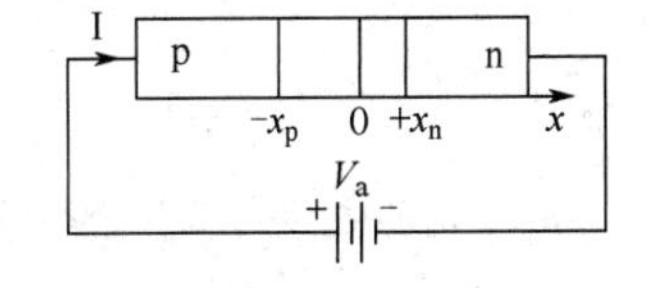

图 2.27　电流、电压极性约定

① 不考虑耗尽层中的载流子产生和复合作用，因此电子电流和空穴电流在通过耗尽层过程中保持不变，即

$$I_p(-x_p)=I_p(x_n),\quad I_n(x_n)=I_n(-x_p)$$

② pn 结是采用耗尽层近似的突变 pn 结，因此耗尽层为高阻区，外加电压几乎全部降落在耗尽层上，耗尽层以外的 p 区和 n 区电场近似为 0。

③ 小注入是指注入的少数载流子浓度比相应各区域中平衡多子浓度小得多。在 n 区中，$\Delta p \ll n_{n0}$，在 p 区中，$\Delta n \ll p_{p0}$。n_{n0} 和 p_{p0} 分别为 n 区、p 区平衡多子电子和空穴浓度。

再结合近似条件②，耗尽层以外的 p 区和 n 区电场近似为 0，因此 p 区和 n 区中少数载流子的漂移运动可以忽略不计，即少数载流子只需考虑扩散运动，因此空间电荷区以外的 p 区和 n 区又称为扩散区。

④ 采用玻耳兹曼近似。在有外加电压作用的情况下，耗尽层边界处载流子浓度分布满足玻耳兹曼分布式，如式（2.32）所示。这一结果将作为求解连续性方程定量计算 pn 结电流时的边界条件。

（2）理想 pn 结直流伏安特性分析思路

在直流情况下，pn 结内部不同 x 处空穴电流和电子电流之和都应等于总电流。

$$I=I_p(x)+I_n(x)$$

在耗尽层边界处，例如耗尽层在 n 区一侧边界处，$x=x_n$，则有

$$I=I_p(x_n)+I_n(x_n)$$

由近似条件①可知，$I_n(x_n)=I_n(-x_p)$，代入上式，得

$$I=I_p(x_n)+I_n(-x_p)$$

即总电流也等于耗尽层两个边界处少子电流之和。

由近似条件②和③可知，少子电流只需要考虑扩散电流，因此计算直流总电流只需要按照下述步骤，计算耗尽层两个边界处少子扩散电流，极大地简化了计算过程。

① 基于少子连续性方程，并采用近似条件④确定的耗尽层边界处少子浓度作为边界条件，分别求解 p 区和 n 区的少子分布。

② 分别计算 p 区少子电子电流分布 $I_n(x)$和 n 区少子空穴电流 $I_p(x)$。

③ 将耗尽层两个边界处少子电流相加即得总电流：$I=I_p(x_n)+I_n(-x_p)$。

（3）理想 pn 结直流伏安特性

按照上述步骤，通过解少子连续性方程，可得p区向n区注入的空穴电流密度为

$$J_{\mathrm{p}}(x_{\mathrm{n}})=\frac{qD_{\mathrm{p}}p_{\mathrm{n0}}}{L_{\mathrm{p}}}[\exp(\frac{qV_{\mathrm{a}}}{kT})-1] \tag{2.36a}$$

n区向p区注入的电子电流密度为

$$J_{\mathrm{n}}(-x_{\mathrm{p}})=\frac{qD_{\mathrm{n}}p_{\mathrm{p0}}}{L_{\mathrm{n}}}[\exp(\frac{qV_{\mathrm{a}}}{kT})-1] \tag{2.36b}$$

对于理想pn结，由$I=I_{\mathrm{p}}(x_{\mathrm{n}})+I_{\mathrm{n}}(-x_{\mathrm{p}})$可得，流过理想pn结的直流伏安特性如式（2.37）所示。该表达式定量描述了流过pn结的电流I与加在pn结上的电压V_{a}之间的关系。其中，V_{a}是p区相对于n区的外加电压，电流I的定义方向是从p区流向n区，如图2.27所示。

$$I=I_{\mathrm{s}}(\mathrm{e}^{\frac{qV_{\mathrm{a}}}{kT}}-1) \tag{2.37}$$

式中，I_{s}为pn结饱和电流。由式（2.36）可得，I_{s}与pn结的结构参数之间存在下述关系。

$$I_{\mathrm{s}}=A\left(\frac{qD_{\mathrm{n}}n_{\mathrm{p0}}}{L_{\mathrm{n}}}+\frac{qD_{\mathrm{p}}p_{\mathrm{n0}}}{L_{\mathrm{p}}}\right) \tag{2.38}$$

式中，n_{p0}、p_{n0}分别为p区和n区的平衡少子电子浓度与少子空穴浓度；$L_{\mathrm{n}}=\sqrt{D_{\mathrm{n}}\tau_{\mathrm{n}}}$、$L_{\mathrm{p}}=\sqrt{D_{\mathrm{p}}\tau_{\mathrm{p}}}$分别为电子和空穴的扩散长度，其中$D_{\mathrm{n}}$、$D_{\mathrm{p}}$分别为电子和空穴的扩散系数，$\tau_{\mathrm{n}}$、$\tau_{\mathrm{p}}$分别为电子和空穴的寿命。

2．理想pn结伏安特性的进一步解读

（1）单向导电性特点进一步分析

当外加电压为正偏时，V_{a}大于零。在室温下，$(kT/q)=0.026\mathrm{V}$，即26mV。若外加正向偏置电压V_{a}大于0.1V，则$\exp(qV_{\mathrm{a}}/kT)$比1大得多，由式（2.36）近似有

$$I=I_{\mathrm{s}}\mathrm{e}^{\frac{qV_{\mathrm{a}}}{kT}} \tag{2.39}$$

说明正偏时，电流随外加电压呈V_{a}指数增加。

反偏时，V_{a}为负值。若外加反偏置电压V_{a}的绝对值大于0.1V，$\exp(qV_{\mathrm{a}}/kT)$比1小得多，则由式（2.36）和式（2.37）得

$$I\approx -I_{\mathrm{s}}$$

其中，负号说明反偏情况下流过pn结的电流方向与正偏时相反。其数值不随电压变化，近似为常数，呈饱和状态，因此I_{s}又称为反向饱和电流。

上述分析结果表明，在正向偏置和反向偏置两种情况下，流过pn结的电流大小存在极端明显的差别，这就是pn结的单向导电性。

由上述分析可知，pn结具有单向导电性特点源于式（2.36）中的指数项$\exp(qV_{\mathrm{a}}/kT)$，而该项则来自定量分析中引用了式（2.32）表示的玻耳兹曼关系式，即外加电压作用下，势垒区边界处少子浓度与外加电压呈指数关系。

对于一个典型硅二极管，I_{s}为10^{-14}A。图2.28是在不同坐标系及不同刻度下显示的该二极管伏安特性曲线。

图2.28（a）采用线性坐标描绘式（2.37）所示pn结二极管的单向导电性。注意，图2.28（a）中只显示了正向电压在几十毫伏范围内的特性。这时正向电流非常小，电流坐标一格只代表10^{-14}A，但是正向电流随电压指数增加的趋势还是很明显，反向饱和电流也能显示。

图 2.28（b）是采用线性坐标描绘式（2.37）所示 pn 结二极管的单向导电性。由于图 2.28（b）中表示了正向电压直到 0.8V 范围的伏安特性曲线，电流变化范围较大，从 0 到 100mA 及以上，因此图中电流坐标一格代表 10mA。虽然该曲线也明显反映出单向导电性，但是在外加电压 V_a 小于 0.5V 时，流过 pn 结二极管的电流小于 1μA，在该刻度线性坐标上几乎显示不出，特性曲线几乎与横轴重合，反向电流也几乎与横轴重合。

图 2.28（c）是采用半对数坐标描绘式（2.37）所示 pn 结二极管的单向导电性，可以清晰地显示出整个范围电流随外加电压的变化规律。

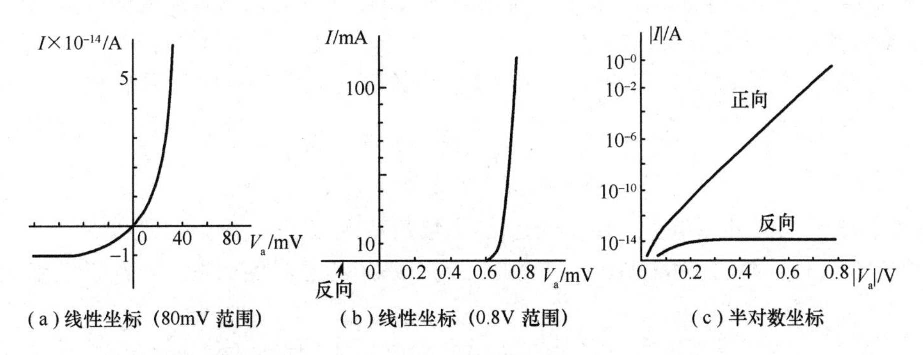

图 2.28　描述单向导电性的理想 pn 结伏安特性

若外加电压大于 0.1V，pn 结直流伏安特性近似为式（2.39）。对其两边取对数，得

$$\ln(I)=\ln(I_s)+(q/kT)V_a$$

也就是说，若外加电压大于 0.1V 后，在纵坐标为 $\ln(I)$、横坐标为 V_a 的半对数坐标中，pn 结正向直流伏安特性近似为一条斜率为(q/kT)的斜直线。

（2）关于 pn 结二极管的正向导通电压

在有关“电子线路”的教材中，介绍二极管工作原理时都提到正向导通电压的概念。也就是说，当 pn 结二极管两端的正向电压小于正向导通电压时，二极管不导通，只有当正向电压达到正向导通电压时二极管才导通；当二极管导通后，二极管上的正向压降基本保持为正向导通电压。

对于硅二极管，其正向导通电压约为 0.7V。

在 pn 结直流伏安特性定量分析基础上，基于式（2.37），结合图 2.28，可以对上述正向导通电压的说法有全面的认识。

从概念上讲，正向导通电压一词本身意味着存在一个“阈值界限”，是 pn 结二极管导通与不导通的分界线，言外之意也是 pn 结二极管两种工作状态的分界线。根据式（2.37），在整个正向偏置范围，pn 结二极管都处于正向导通工作模式，电流与偏置电压关系是采用同一个表达式描述，而且随着外加电压的增加，电流急剧增大，如图 2.28（c）所示。因此，从 pn 结内部工作机理来讲，不应该存在正向导通电压一说。

但是从应用角度考虑，正向导通电压还是言之有理的。虽然 pn 结二极管的电流与偏置电压关系是采用同一个表达式，即式（2.37），但是对于硅二极管，I_s 很小，为 10^{-14}A 量级，只有当外加电压达到 0.65V 左右，流过的电流才达到 1mA，而且流过的电流扩大 10 倍，外加电压只需增加 0.06V。也就是说，为了使流过 pn 结二极管的电流达到电子线路工作时一般要求的毫安量级，外加电压需要达到 0.7V 左右，这也就是将 0.7V 作为硅二极管正向导通电压的缘由。图 2.28（b）也直观表明，正向电压小于 0.6V 范围，特性曲线似乎确实趋于 0。

（3）I-V 特性与温度的关系

无论是正偏还是反偏情况，温度对 pn 结直流特性均有明显影响。

① 反偏情况。

在反偏情况下，流过 pn 结的电流近似为 I_s。如式（2.37）所示，式中包含有平衡少子浓度 n_{p0}、p_{n0}，它们均与本征载流子浓度平方（n_i^2）成正比，如式（2.7）和式（2.8）所示。再代入描述本征载流子浓度与温度关系的式（2.4），可得

$$I \approx -I_s = -A\left(\frac{qD_n n_{p0}}{L_n} + \frac{qD_p p_{n0}}{L_p}\right) \propto n_i^2 \propto T^3 e^{(-E_g/kT)} \tag{2.40}$$

这就表明，由于本征载流子浓度随着温度的增加而指数增加，就导致反向饱和电流随着温度的增加而急剧增大。对于硅 pn 结二极管，温度增加 10℃，反向饱和电流 I_s 约扩大 10 倍。

② 正偏情况。

在正偏情况下，将描述反向饱和电流与温度关系的表达式（2.40）代入正偏电流表达式（2.39），可得

$$I = I_s e^{\frac{qV_a}{kT}} \propto T^3 e^{\left[-(E_g - qV_a)/kT\right]}$$

式中，V_a 为加在结上的外加电压。由于 qV_a 小于禁带宽度 E_g（例如，对于硅二极管，结上电压 V_a 一般为 0.7V 左右，而 E_g 为 1.21eV），因此上式表明，随着温度的增加，流过的电流也随着指数增加。

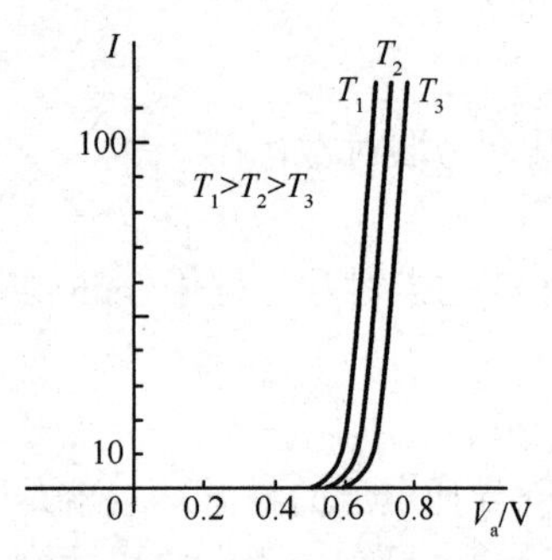

图 2.29　正偏 pn 结伏安特性随温度的变化

从另一个角度来说，为了保持流过 pn 结的电流 I_0 不变，若温度增加，则需要的外加电压 V_a 减小，或者说 pn 结的正向压降将减小。在直流特性曲线上表现为随着温度的增加，特性曲线左移，如图 2.29 所示。

由此可见，pn 结二极管的正向压降具有负的温度系数。对于硅二极管，其正向压降的温度系数为−(15～20)mV/10℃。

pn 结二极管正向压降具有负温度系数是得到广泛应用的一项重要特性。

（4）电流分量与掺杂浓度的关系

① 正偏情况。

正偏电流密度等于式（2.36）中 p 区向 n 区注入的空穴电流密度 $J_p(x_n)$和 n 区向 p 区注入的电子电流密度 $J_n(-x_p)$之和，即

$$J_p(x_n) = \left(\frac{qD_p p_{n_0}}{L_n}\right)\left[\exp\left(\frac{qV_a}{kT}\right) - 1\right], \quad J_n(-x_p) = \left(\frac{qD_n n_{p_0}}{L_n}\right)\left[\exp\left(\frac{qV_a}{kT}\right) - 1\right]$$

在半导体器件中单边突变结是一种常见的、重要的 pn 结。例如，在一般的 npn 晶体管中，作为发射区的 n 区掺杂浓度远大于作为基区的 p 区掺杂浓度，记这种结为 n^+p 结。在这种情况下，n 区中的多子浓度 n_{n0} 远大于 p 区多子空穴浓度 p_{p0}，因此 n 区中的平衡少子浓度 p_{n0} 远小于 p 区平衡少子浓度 n_{p0}，则式（2.37）可简化为

$$I = A\left(\frac{qD_n n_{p0}}{L_n}\right)\left(e^{\frac{qV_a}{kT}} - 1\right) \tag{2.41}$$

即流过 n^+p 结的电流主要是 n^+区向 p 区注入的电子电流。

作为一般情况，正偏情况下流过单边突变结的电流主要由高掺杂一边向低掺杂一边注入的电流组成。这一结果在晶体管放大原理中有很大应用，是提高双极型晶体管电流放大系数的重要依据。

② 反偏情况。

由式（2.38）可知

$$I_s = A\left(\frac{qD_p n_{n0}}{L_p} + \frac{qD_n n_{p0}}{L_n}\right) = Aqn_i^2\left(\frac{D_p}{N_A L_p} + \frac{D_n}{N_D L_n}\right)$$

若 $N_D >> N_A$，则

$$I_s \approx Aqn_i^2\left(\frac{D_p}{N_A L_p}\right) \propto \frac{1}{N_A}$$

即反向饱和电流主要取决于轻掺杂一侧的掺杂浓度。而且轻掺杂一侧掺杂浓度越低，反向饱和电流呈反比关系增大。

3. 实际 pn 结伏安特性与理想特性的偏离

（1）实际 pn 结伏安特性的特点

实际情况表明，理想硅 pn 结模型导出的伏安特性与实际伏安特性相比有一定的偏离。

① 反向偏置情况：实际反向电流明显大于理想模型的结果，而且反向电流随着反向偏置的增大而增大，并不饱和。

② 正向偏置情况：只有在中等电流范围，实际电流与理想模型结果比较符合。在小电流范围，实际电流大于理想模型结果；而在大电流范围，实际电流则小于理想模型结果。而且，无论是在小电流还是大电流范围，电流随电压增大的趋势均比理想模型的缓慢。

小电流和大电流范围，电流与外加电压关系为 $\exp(qV_a/2kT)$，而不是理想模型的 $\exp(qV_a/kT)$，对应半对数坐标中，斜直线的斜率为$(q/2kT)$，而不是理想模型的(q/kT)，如图 2.30 所示。

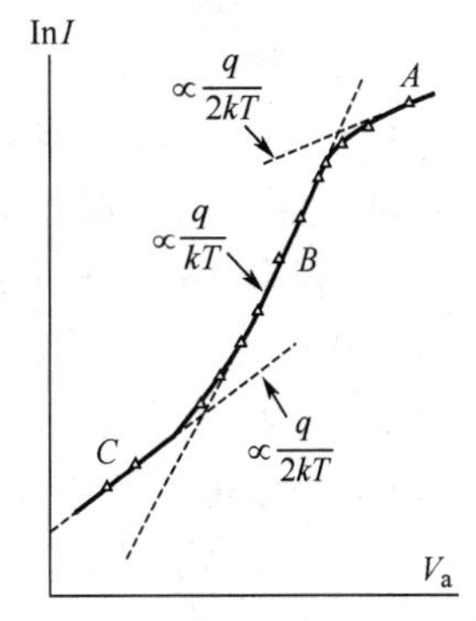

注：图中显示不出纵坐标

图 2.30　正偏实际伏安特性和理想特性比较

导致上述偏离的主要原因是实际 pn 结还包括有理想模型未考虑到的多个因素。

（2）导致偏离的原因之一：势垒产生电流对 pn 结反向电流的影响

按照理想模型，不考虑势垒区中的载流子产生和复合作用，在反偏情况下，p 区和 n 区的少子被抽出构成反向电流 I_s，如图 2.26（c）所示。由于反偏时耗尽层中载流子“耗尽”，小于平衡浓度，按照 2.2.4 节所述载流子的“净产生”原理，耗尽层中实际存在产生效应。在势垒区强电场作用下，产生的空穴向 p 区漂移，产生的电子向 n 区漂移，构成势垒产生电流，记为 I_{Gen}，如图 2.31（a）所示。

产生电流 I_{Gen} 的方向与反向饱和电流 I_s 的方向相同，实际反向电流 $I_{反}$等于产生电流 I_{Gen} 与反向饱和电流 I_s 之和：$I_{反}$=（$I_{Gen}+I_s$），导致实际反向电流 $I_{反}$大于饱和电流 I_s。

由于反偏电压绝对值越大，势垒区宽度增大，势垒区中产生的电子−空穴对越多，形成的产生电流随之增大，呈现不“饱和”情况。

（3）导致偏离的原因之二：势垒复合对 pn 结正向小电流的影响

按照理想模型，正偏情况下电流为

$$I_{理想}=I_p(x_n) + I_n(-x_p)]$$

式中，$I_p(x_n)$为从 p 区注入到 n 区的空穴电流；$I_n(-x_p)$为从 n 区注入到 p 区的电子电流。

正偏情况：$V_a>0$，p 区大量载流子空穴通过势垒区注入 n 区，同时 n 区大量载流子电子通过势垒区注入 p 区，通过势垒区的大量载流子导致势垒区中载流子浓度高于平衡浓度。按照 2.2.4 节所述载流子的“净复合”原理，势垒区实际存在载流子的“净复合”作用，形成势垒复合电流 I_{Rec}，如图 2.31（b）所示。

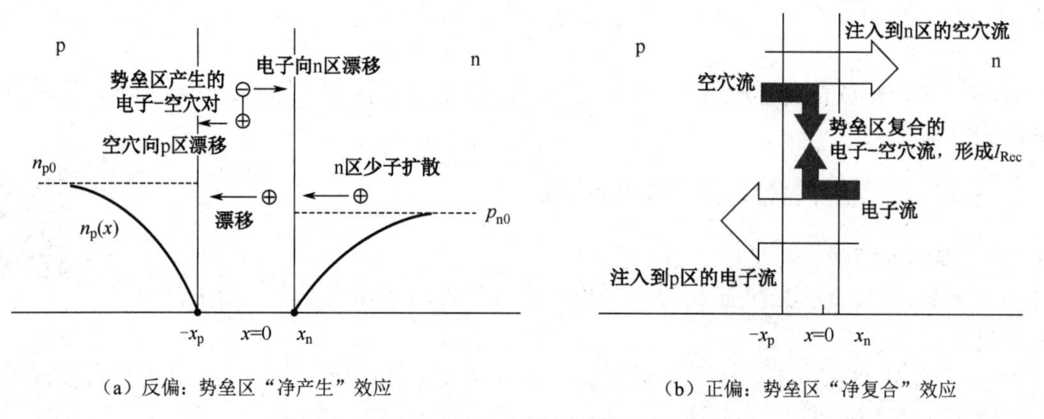

（a）反偏：势垒区“净产生”效应　　（b）正偏：势垒区“净复合”效应

图 2.31　反偏势垒产生电流与正偏势垒复合电流

将 x_n 处空穴电流和电子电流相加得到总的正向电流：$I_{正}=I_p(x_n)+I_n(x_n)$

而 x_n 处的电子电流 $I_n(x_n)=I_n(-x_p)+I_{Rec}$。

得　$I_{正}=I_p(x_n)+[I_n(-x_p)+I_{Rec}]=[I_p(x_n)+I_n(-x_p)]+I_{Rec}=I_{理想}+I_{Rec}$

导致实际正向电流 $I_{正}$ 大于理想模型的正向电流 $I_{理想}$。

推导可得：$I_{Rec}=I_{SR}\exp(qV_a/2kT)$，而 $I_{理想}=I_s\exp(qV_a/kT)$。在半对数坐标中，随着 V_a 的增加，$I_{理想}$ 的增加斜率为 q/kT，是 I_{Rec} 增加的斜率 $q/2kT$ 的 2 倍。实际 pn 结特别是 Si 材料 pn 结，I_{SR} 通常比 I_s 大得多，是 I_s 的十几甚至数百倍。所以，V_a 较小时，总电流主要由 I_{Rec} 确定，斜率为 $q/2kT$，如图 2.30 中字母 C 标识的那段特性曲线所示。随着 V_a 的增加，$I_{理想}$ 增加更加迅速，I_{Rec} 的影响可以忽略，总电流近似等于 $I_{理想}$，斜率为 q/kT，如图 2.30 中字母 B 标识的那段特性曲线所示。

（4）导致偏离的原因之三：大注入对 pn 结正向大电流的影响

当正向偏置较大时，不再满足理想模型的小注入条件，出现大注入效应，使得 pn 结伏安特性不再由式（2.36）描述。分析可得，由大注入导致流过 pn 结的电流 I_D 与外加电压的关系如下式所示，电流与外加电压关系为 $\exp(qV_a/2kT)$，增加趋势小于理想情况，如图 2.30 中字母 A 标识的那段特性曲线所示。

$$(I_D)_{大注入}=\sqrt{I_s I_{KF}}\exp(qV_a/2kT)$$

式中 I_{KF} 称为膝点电流，是表征 pn 特性的一个重要参数。当流过 pn 结的电流接近 I_{KF} 时，表示开始出现大注入效应，电流随着外加电压增加的趋势变缓。

此外，在流过 pn 结电流较大时，势垒区两侧 n 区与 p 区串联电阻上的压降也不能忽略，这时结上电压将小于加在 pn 结二极管两端的电压，使得流过二极管的电流随外加电压增大的趋势进一步变缓。

2.3.4　pn 结交流小信号特性

本节基于前面 pn 结直流伏安特性，讨论交流小信号工作条件下的 pn 结二极管特性，重点说明小信号条件，以及 pn 结呈现的电容效应。

1．pn 结交流小信号特性

（1）交流信号作用下的结偏置

一般情况下，存在交流信号作用时，结上的偏置电压为 $V_a = V_0 + v_1(t)$，如图 2.32（a）所示。其中 V_0 为直流偏置，$v_1(t)$为交流正弦信号，可表示为$v_1(t) = \hat{v}_1 e^{j\omega t}$（其中 ω 为信号的角频率）。信号波形如图 2.32（b）所示。

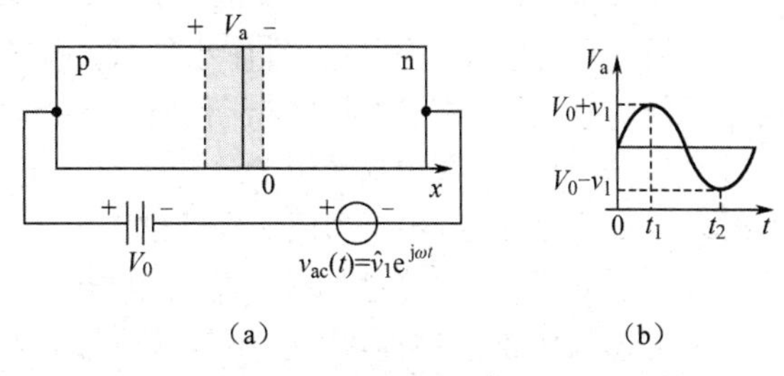

图 2.32　交流信号作用下的结偏置

（2）小信号条件下的 pn 结交流特性

在 2.3.3 节理想 pn 结直流特性分析采用的 4 个近似条件基础上，增加小信号条件及频率不是太高两个条件，即$|\hat{v}_1| = v \ll kT/q$ 及 $\omega\tau<<1$，就可以针对上述交流偏置条件，采用分离变量法，求解连续性方程（2.24），得到交流情况下的电流表达式。

交流电流分量与交流电压之比称为 pn 结二极管的等效导纳 Y。也就是说，如果知道 pn 结二极管的等效导纳 Y，对给定的外加交流电压，就可以计算得到流过 pn 结二极管的交流电流。

求解交流情况下的连续性方程可得，pn 结二极管的等效导纳 Y 对应电阻与电容的并联，即

$$Y=g_d+j\omega C_d \tag{2.42}$$

式中，$g_d=(qI_{DQ})/(kT)$，为交流小信号导纳中的电导分量，又称为微分电导或者扩散电导；$C_d=[(qI_{DQ})/(2kT)]\tau$，为导纳中电纳对应的电容，称为微分电容。

通过求解交流情况下的连续性方程得到上述 g_d 和 C_d 的表达式，数学问题比较复杂。下面基于物理过程分析，导出 g_d 和 C_d 的表达式，并同时解读其物理含义。

2．小信号电导简化分析

（1）小信号电导的简化推导

由式（2.39）可知，对于 Si 二极管，只要正向偏置电压大于 0.1V，pn 结直流伏安特性可表示为 $I_D=I_s\exp(qV_a/kT)$。若正偏电压由 V_0 增加到 $V_0+\Delta V$，则得电流增量为

$$\Delta I = I_s \exp\left[\frac{q(V_0+\Delta V)}{kT}\right] - I_s \exp\left(\frac{qV_0}{kT}\right) = I_s \exp\left(\frac{qV_0}{kT}\right)\left[\exp\left(\frac{q\Delta V}{kT}\right)-1\right]$$

$$= I_{DQ}\left[\exp\left(\frac{q\Delta V}{kT}\right)-1\right]$$

式中，$I_{DQ} = I_s \exp\left(\frac{qV_0}{kT}\right)$，为直流偏置电流。

注意：不管增量 ΔV 多大，上式都成立。

下面分析在电路分析中经常用到的一种情况，即交流小信号情况下的结果。

若 $\Delta V \ll T/q$，则可将指数项展开为

$$\exp\left(\frac{q\Delta V_0}{kT}\right) = 1 + \frac{q\Delta V_0}{kT}$$

代入上式，则

$$\Delta I = I_{DQ}(q / kT)\Delta V = g_d \Delta V$$

由此得小信号电导为

$$g_d = \frac{\Delta I}{\Delta V} = I_{DQ}\frac{q}{kT} \quad (2.43)$$

注意：在推导该表达式的过程中采用了条件 $\Delta V \ll kT/q$，也就是小信号条件。在室温下，(kT/q) 约等于 25.9mV，因此只有幅度至少小于 5mV 的交流信号才是小信号。

但是经常有一种误解，认为小信号是指交流正弦信号的振幅 $\hat{v}_1$ 远小于直流偏置电压 V_0。而由上述分析，是否能将一个信号看作小信号，即交流小信号应该满足的条件与直流偏置大小没有关系。不能将小信号条件理解为交流信号幅度比直流偏置小得多的交流信号。

例如，若直流偏置电压为 0.7V，则对于幅度为 20mV 的交流信号，虽然 20mV 比 0.7V（700mV）小得多，但是由于 20mV 并不远小于 25.9mV，因此不能视为小信号。

（2）从 pn 结伏安特性解读小信号电导

由上述简化推导过程可知，小信号电导是在 V_0 处，当 ΔV 趋于 0 时 ΔI 与 ΔV 之比。显然，这就是 pn 结伏安特性曲线上直流工作点处切线的斜率，如图 2.33（a）所示。

如式（2.43）所示，小信号电导与直流工作点电流成正比。因此，在一定的交流小信号电压作用下，流过 pn 结的交流电流则随着直流工作点电流的增加而线性增加，或者随着直流偏置电压的增加而指数增加，因此小信号电导与直流工作点电流密切相关。

小信号电导只与直流偏置电流 I_{DQ} 相关。对采用不同半导体材料构成的 pn 结，在 I-V 特性曲线上，直流工作点电流相同处的切线相互平行，I-V 特性曲线也必然相互平行，如图 2.33（b）所示。

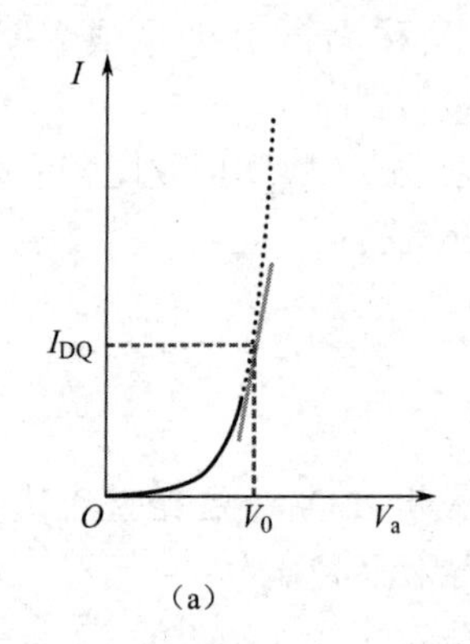

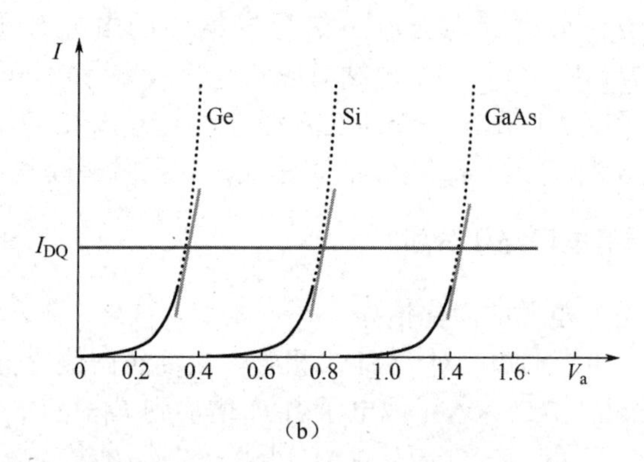

图 2.33　pn 结小信号电导

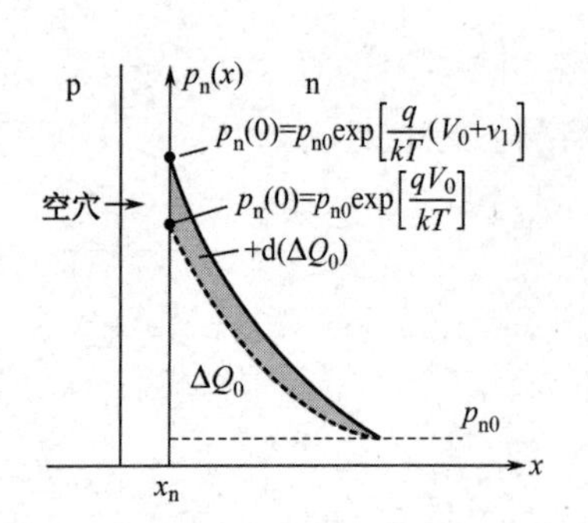

图 2.34　扩散电容效应

3. 扩散电容

在交流信号作用下，结电压随时间的变化将引起势垒区以外的 p 区和 n 区（又称为扩散区）中少子分布发生变化，导致扩散区中电荷随着结电压发生变化，表现出电容效应。

（1）扩散电容的定性分析（以 n 区为例）

根据上面的分析，正偏时 pn 结两侧分别向对方注入少子。以图 2.34 所示的 n 区为例，从 p 区注入来的空穴在 n 区内呈指数衰减分布。

当 t=0 时，正偏电压为 V_0，n 区中少子空穴分布如虚线所示，

n 区出现过剩少子空穴 $\delta p_n(x)$，对应 n 区出现正电荷 $+\Delta Q_0$，由电中性原理，n 区电子电荷也必然随之变化 $-\Delta Q_0$，使得 n 区保持电中性。

当 $t=t_1$ 时，正偏电压增加，x_n 处少子边界浓度随之增大，导致 n 区中少子空穴分布如实线所示，即 n 区中积累的空穴数增加了阴影所示的那一部分，相应的空穴正电荷增加量为 $+\mathrm{d}(\Delta Q_0)$。需要说明的是，一旦 n 区中少子空穴分布变化导致正电荷增加量为 $+\mathrm{d}(\Delta Q_0)$，则 n 区中多子电子必然会随之变化，保持电中性。

当 $t=t_2$ 时，正偏电压 V_a 减小，少子边界浓度随之减少，n 区中积累的空穴数也随之减少。

由此可见，随着外加电压的变化，扩散区中储存电荷的数量也随之变化，相当于是一种电容效应。

这种由扩散区中少子分布变化表现出的电容效应称为扩散电容，记为 C_d。

从 n 区向 p 区注入的电子在 p 区中的情况与上述分析类似。

（2）扩散电容计算

根据电容的定义，在直流偏置电压 V_0 处计算 $\mathrm{d}(\Delta Q_0)/\mathrm{d}V_a$ 就是扩散电容 C_d。

分析可得，pn 结的扩散电容为

$$C_{\mathrm{d}}=\frac{q}{kT}\tau I_{\mathrm{DQ}} \tag{2.44}$$

式中，τ 为少子寿命；I_{DQ} 为直流工作点电流。由此可见，pn 结的扩散电容与直流工作点电流成正比。

4. pn 结势垒电容

在交流信号作用下，结上电压随时间的变化将导致势垒区宽度随之变化，表现出电容效应。

（1）势垒电容的定性分析

如式（2.35）所示，随着正向偏压的增加，势垒区宽度变窄。在反偏情况下，随着反偏电压绝对值的增大，势垒区宽度随之变宽。

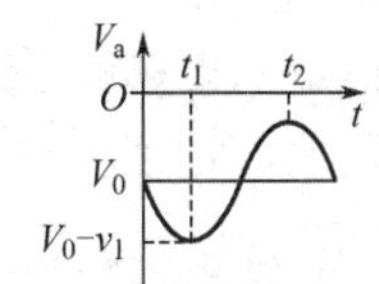

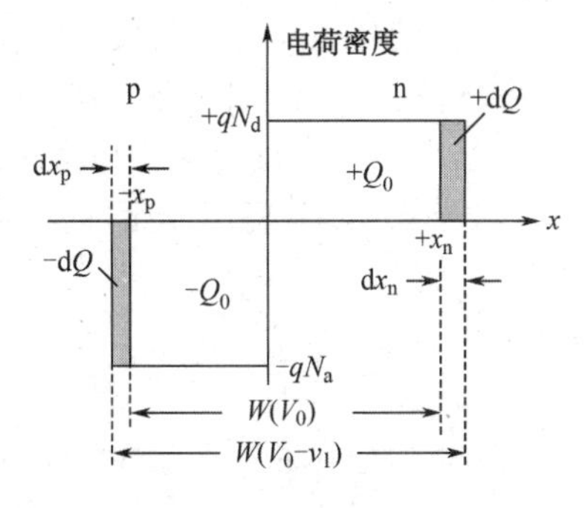

图 2.35　势垒区电容效应

例如，对图 2.35 所示反偏电压，$t=0$ 时在直流偏置 V_0 作用下，势垒区边界位置分别为 x_n 和 $-x_p$，势垒区中冶金结两侧分别存在空间电荷 $+Q_0$ 和 $-Q_0$。

当 $t=t_1$ 时，反偏电压绝对值增大，p 区中势垒区增宽 $\mathrm{d}x_p$，n 区中势垒区增宽 $\mathrm{d}x_n$，则势垒区中 p 区一侧负空间电荷总数变化 $-\mathrm{d}Q$，n 区一侧正空间电荷总数增加 $+\mathrm{d}Q$，如图 2.35 所示。

当 $t=t_2$ 时，反偏电压绝对值减小，势垒区宽度变窄，导致空间电荷减少。

这样，随着偏置电压的变化，势垒区中正负电荷也随之分别变化，这一效应对应于电容效应。这种与势垒区相联系的电容效应称为势垒电容，又称为结电容，记为 C_J。

（2）势垒电容的定量计算

分析结果表明，势垒电容大小与结上所加直流偏压有关，是一个可变电容。为此，引入微分电容的概念，即计算空间电荷区存储电荷的变化量与导致该变化的结电压变化量之比为

$$C_{\mathrm{J}}=\left.\frac{\mathrm{d}(Q)}{\mathrm{d}V_{\mathrm{a}}}\right|_{V_{\mathrm{a}}=V_0}$$

推导可得，势垒电容 C_J 为

$$C_J = A\frac{\varepsilon}{W(V_0)} \tag{2.45}$$

由式（2.45）可知，pn 结的势垒电容与势垒区宽度成反比，也就是说，势垒区电容相当于是一个平板电容器。而且该平板电容器极板之间的间距就是势垒区宽度。在集成电路设计中，可以将势垒电容作为电路中的电容。

由于外加电压极性和大小均会影响势垒区宽度，因此势垒电容大小与结上所加直流偏压有关，是一个可变电容。

5. pn 结电容与应用

随着外加偏置电压的变化，扩散电容与势垒电容上的电压同步变化，因此扩散电容与势垒电容为并联关系，pn 结电容等于势垒电容与扩散电容之和。

对于突变结 pn 结，势垒区宽度随偏置电压的开方发生变化[见式（2.35）]，当正向偏压时，随着正偏电压的增大，势垒宽度减小缓慢，即势垒电容增加缓慢。而正向电流 I_{DQ} 随着正偏电压指数增加，因此正偏情况下 pn 结电容主要取决于扩散电容 C_d。

当反偏时，流过 pn 结的是很小的反向饱和电流，扩散电容也就很小，这时势垒电容 C_J 起主要作用。

基于上述特点，集成电路设计中可以利用 pn 结反偏势垒电容作为电路中的一个电容器，因为这时流过 pn 结的电流是很小的反向饱和电流，相当于该电容器漏电流很小。

此外，由于 pn 结反偏势垒电容的大小随反偏电压变化而变化，利用这一特点可以设计制造一种通过改变偏压调整电容量的变容二极管。

2.3.5 pn 结击穿

在实际应用中，如果发生击穿，流过 pn 结电流剧增，那么可能导致 pn 结烧毁。但是如果采取合适的控制措施，可以利用 pn 结击穿特性制作稳压二极管。本节介绍 pn 结的击穿现象、物理机理、击穿电压与 pn 结的结构参数及温度的关系。

1. pn 结击穿特性

如果加在 pn 结上的反向电压增大到一定程度，反向电流将会突然变得很大，这就是 pn 结的击穿现象。这时的电压称为 pn 结击穿电压，记为 V_B 或 BV，如图 2.36（a）所示。

实际上，在反向电压略小于击穿电压时，电流已经开始增加。图 2.36（a）中的电流坐标一格代表 1mA，若将电流坐标变为一格代表 1nA，则反向伏安特性将如图 2.36（b）所示。对于实际器件，由于影响反向电流的因素很多，特别是如果工艺不很完善，反向电流将不会呈现理想的“饱和”，即随着反向电压的增大，反向电流也缓慢增加。因此，在实际应用中，一般规定一个确定的电流值，当反向电流增加到该值时的反向电压即为击穿电压。这也是生产中测量击穿电压所采用的方法。因此，在二极管模型中，描述击穿的参数包括反向击穿电压和对应于击穿电压的电流两个参数

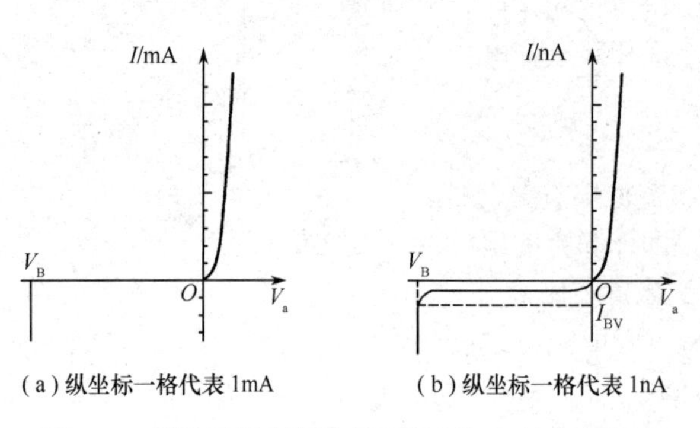

（a）纵坐标一格代表 1mA　（b）纵坐标一格代表 1nA

图 2.36　两种不同电流刻度下描述的 pn 结击穿现象

（见 2.3.6 节和表 2.5）。

引起 pn 结击穿的机理主要有雪崩击穿、隧道击穿和热电击穿 3 种。

2．雪崩击穿

（1）雪崩击穿机理

① 碰撞电离。在反向偏置下，流过 pn 结的反向饱和电流是由从 p 区抽出通过势垒区到达 n 区的电子，以及从 n 区抽出通过势垒区到达 p 区的空穴两部分组成的。如果反向偏压足够大，势垒区中电场会变得很强，使得从 p 区抽出的电子以及从 n 区抽出的空穴通过势垒区时，在如此强的电场加速作用下具有足够大的动能，与势垒区内原子发生碰撞时能把价键上的电子碰撞出来成为导电电子，同时产生一个空穴。这一过程称为碰撞电离。

② 雪崩倍增。在势垒区强电场作用下，新产生的电子和空穴做漂移运动，导致反向电流增大，称为雪崩倍增，如图 2.37 所示。

③ 雪崩击穿。如果势垒区电场足够强，新产生的电子、空穴在强电场加速作用下又会与晶格原子碰撞轰击出新的导电电子和空穴，如此连锁反应像雪崩一样，使电流急剧增加，这一现象就称为雪崩击穿。因此，碰撞电离形成的雪崩倍增效应是导致最终发生雪崩击穿的物理机理。

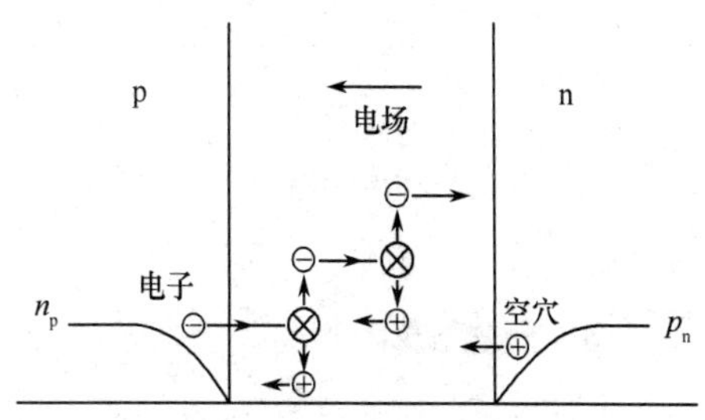

图 2.37　雪崩倍增过程

（2）雪崩击穿电压

分析可得，雪崩击穿电压主要取决于轻掺杂一侧掺杂浓度。对于单边突变结，雪崩击穿电压经验表达式为

$$V_B \cong 60\left(\frac{E_g}{1.1}\right)^{3/2}\left(\frac{N_B}{10^{16}}\right)^{-3/4}$$

式中，N_B 为轻掺杂一侧的掺杂浓度。显然，击穿电压与轻掺杂一侧的掺杂浓度密切相关。pn 结轻掺杂一侧的掺杂浓度越低，势垒区越宽，为了使碰撞电离产生明显的倍增效应，进而能达到引起雪崩击穿的强电场，所需要的外加电压（击穿电压）就自然要高。

对于采用硅材料制作的单边突变平面 pn 结，雪崩击穿电压与轻掺杂一侧掺杂浓度的关系如图 2.38（a）所示。

在生产中，为了提高击穿电压就需要降低掺杂浓度，提高材料电阻率，这是保证击穿电压最基本的工艺控制因素。在设计制造半导体器件时，首先根据工作电压确定对击穿电压的要求，然后根据击穿电压的大小选定轻掺杂一侧材料的电阻率。

（3）平面工艺 pn 结的雪崩击穿电压

需要指出的是，制造集成电路采用的平面工艺将使 pn 结中 p 区和 n 区的交界面不是理想的平面，还包含有柱面及球面形状。如果存在缺陷，甚至在界面出现棱角。根据尖端放电原理，球面、棱角处电场较强，很可能反向电压还未达到使得理想平面结产生雪崩击穿，棱角处因电场集中已强到出现了雪崩击穿。因此，棱角的出现将降低雪崩击穿电压，如图 2.38（b）所示。在第 3 章讨论集成电路制造工艺时，就需要考虑这个问题。

（4）雪崩击穿电压的温度系数

如果温度升高，则晶格振动加剧，载流子在运动过程中与晶格碰撞更加频繁，则平均自由程缩短。为了在平均自由程范围内能加速到具有产生碰撞电离所需要的能量，需要更强的电场，即需要更高的反偏电压。因此，温度升高，将导致雪崩击穿电压增大，即雪崩击穿电压具有正的温度系数。

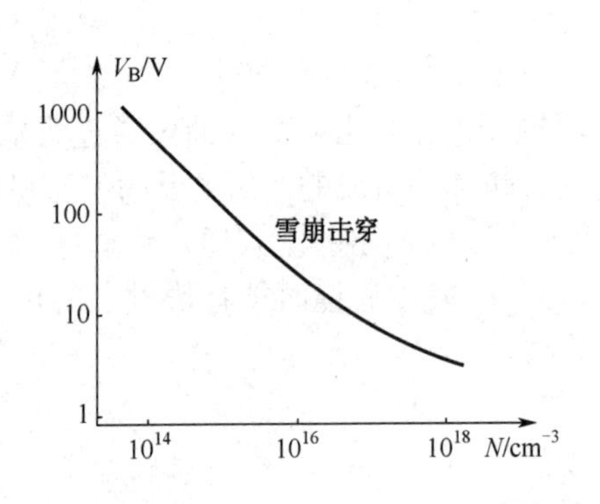

（a）雪崩击穿电压与轻掺杂一侧掺杂浓度的关系

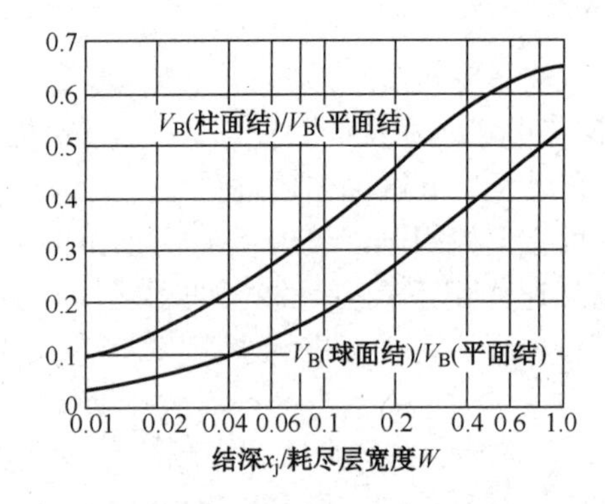

（b）球面结及柱面结对击穿电压的影响

图 2.38　雪崩击穿电压

3. 隧道击穿

（1）pn 结隧道击穿机理

在掺杂浓度较高的 pn 结中还会发生另一种击穿现象，其物理机理是量子力学中的隧穿效应。如图 2.39 所示，从能带图角度简要说明隧道击穿的过程。

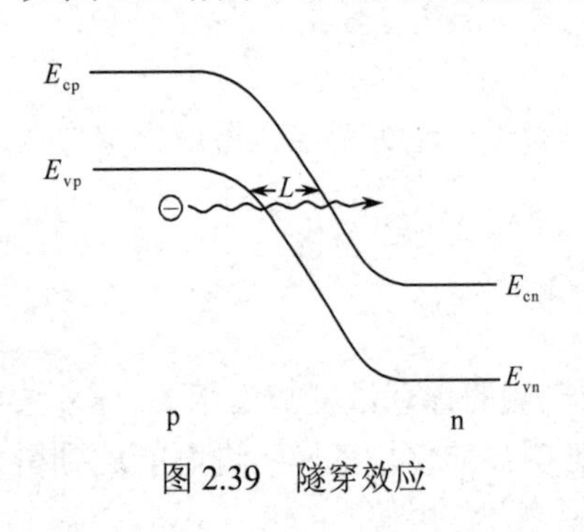

图 2.39　隧穿效应

如图 2.26（b）所示，在反偏情况下，pn 结势垒高度增加。随着反偏电压绝对值的进一步增大，pn 结能带图呈现如图 2.39 所示特点，即 p 区价带顶部 E_{vp} 高于 n 区导带顶部 E_{cn}，这时 p 区价带电子与 n 区导带处于同一能量水平。然而，由于中间隔有禁带，对应存在一个深度为 L 的势垒，使 p 区价带电子不能直接到达 n 区导带成为自由电子。

但是根据量子力学中的隧穿机理，p 区价带电子具有一定的概率沿水平方向穿过禁带到达 n 区导带，成为自由电子，参与导电。当隧穿效应达到一定程度后，导致 n 区导带出现大量自由电子，使电流急剧增大，表现为击穿，称为隧道击穿，又称为齐纳击穿。

（2）影响隧道击穿电压的因素

根据量子力学原理，隧穿率正比于 $\exp(-L)$，其中 L 为势垒深度。显然，势垒深度越浅，隧穿率将急剧增大。

由以上分析可得，势垒深度与势垒区宽度相关，而势垒区宽度又直接取决于 p 区和 n 区的掺杂浓度。如果掺杂浓度较低，反偏时势垒区宽度较宽，L 较大，那么隧穿率几乎为 0，几乎不可能发生隧穿。定量分析结果表明，只有 pn 结两侧掺杂浓度均在 $10^{18}/\text{cm}^3$ 以上的情况下，势垒区宽度很窄，导致势垒深度 L 很小，才可能发生隧道击穿。

（3）隧道击穿电压的温度系数

根据能带理论，如果温度 T 升高，那么禁带宽度 E_g 减小，将导致势垒深度 L 下降，隧道击穿加剧，对应隧道击穿电压减小，因此隧道击穿电压具有负的温度系数。

4. 雪崩击穿与隧道击穿的比较

对比两种击穿机理的差别，可以根据实际击穿现象区分 pn 结内部是哪种机理导致的击穿。

（1）击穿电压数值范围不同

由于只有掺杂浓度很高的 pn 结才可能发生隧道击穿，因此隧道击穿的击穿电压较低。一般情况下，若击穿电压 $V_B<4E_g/q$，则为隧道击穿。若击穿电压 $V_B>6E_g/q$，则为雪崩击穿。如果击穿电压介于两者之间，就表示两种击穿同时存在。其中 E_g 是半导体材料的禁带宽度。

对于采用半导体材料硅生产的 pn 结二极管，$E_g(\mathrm{Si})=1.12\mathrm{eV}$，因此，若击穿电压 $V_B<5\mathrm{V}$，则为隧道击穿。若 $V_B>7\mathrm{V}$，则为雪崩击穿。如果 V_B 介于两者之间，那么两种击穿机理同时起作用。

（2）击穿电压的温度系数

如前分析，击穿电压大小还与温度有关。雪崩击穿电压的温度系数为正，而隧道击穿电压的温度系数为负。因此，如果使硅 pn 结二极管的击穿电压为 5～7V，那么温度系数相反的两种击穿机理同时存在，就可以制造出温度系数极小的稳压二极管。

5. 热电击穿

（1）热电击穿现象

对于功率器件中的 pn 结，由于反向功率损耗发热，会引起 pn 结温度升高。温度升高又引起载流子本征激发增强，本征载流子浓度剧增（见图 2.12），促使反向电流增大。电流增大的结果使结温继续上升。如果器件散热不良，这种连锁反应就会引起电流的急剧增加，导致 pn 结损坏。这种击穿称为热电击穿。

（2）防止热电击穿的主要措施

二极管设计制造不良或使用不当，都会导致散热不良，引起热电击穿。因此，可以从设计、工艺制造、实际应用几方面防止发生热电击穿。

① 改进工艺，防止 pn 结内部出现晶格缺陷导致电流局部集中形成局部过热。

② 改善封装设计，提高 pn 结二极管的散热能力。

③ 改善使用条件，包括使用散热片，防止散热不良。

这是在设计制造及实际使用中需要注意的问题。

2.3.6 pn 结模型与 pn 结应用

1. 器件模型和模型参数的概念

为了减少研制成本，集成电路芯片投片前必须保证设计的正确性。常用的验证方法有搭建试验“面包板”和计算这两种方法，确认电路特性参数满足设计要求。

在集成电路发展早期，电路规模是只包含几十个到上百个器件的中小规模集成电路，基本都可以采用搭建试验“面包板”方法验证设计的正确性。但是随着电路规模的增大，当集成电路规模发展到以 1KRAM 为标志的大规模集成电路阶段，单个电路中的晶体管数目过千，已不可能继续采用搭建试验“面包板”的方法，因此 1972 年推出了电路模拟仿真软件 SPICE（Simulation Program with Integrated Circuit Emphasis），基于计算方法验证电路设计的正确性。

目前有多种可以在不同平台上运行的 SPICE 版本，如运行在 PC 上的 PSPICE、运行在工作站上的 HSPICE，它们只是运行平台不同，软件架构和工作原理基本相同。

由于二极管以及后面要介绍的双极型晶体管和 MOS 器件都是非线性器件，因此描述器件特性的端电压和端电流之间的关系比较复杂。为了对使用这些器件的电路进行定量分析，一般都用一个等效电路代替相应的器件。这种等效电路就称为器件等效电路模型，简称器件模型。等效是指端特性等效。

描述等效电路中各个元件值所用的参数称为器件模型参数。

一般通过器件物理分析确定不同类型器件的器件等效电路模型具体形式，再根据器件特性测试数据提取出描述该器件特性的模型参数。

本节针对 SPICE 软件，介绍采用的 pn 结二极管模型。

2. pn 结等效电路模型

（1）等效电路模型

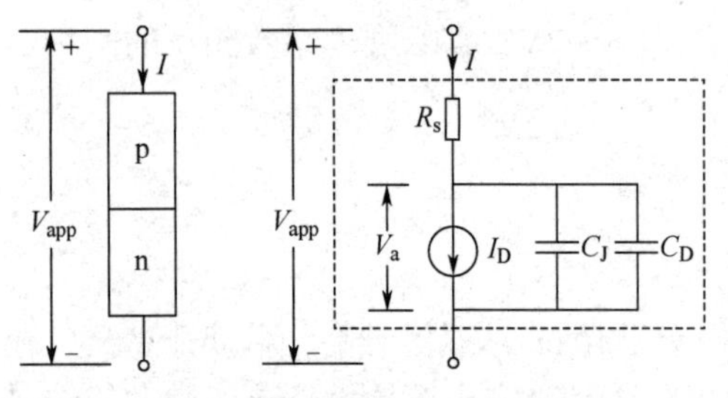

图 2.40　pn 结二极管等效电路

汇总前面分析的 pn 结直流特性、电容效应和击穿特性，可得如图 2.40 所示的 pn 结二极管等效电路，即二极管模型。它包括 4 个元件。

I_D：描述 pn 结 I-V 特性的电流源。

C_D：扩散电容。

C_J：势垒结电容。

R_s：串联电阻。

考虑串联电阻 R_s，势垒区两端结电压 V_a 与外加电压 V_{app} 的关系为 V_a=V_{app}−I_DR_s

（2）电流源 I_D

为了使得电流计算结果与实际情况一致，电流表达式中应该在理想模型基础上全面考虑实际存在的大注入效应、势垒产生-复合效应、反向倍增-击穿效应等非理性效应（见 2.3.3 节和 2.3.5 节）。为了实现这一目标，电路模拟仿真软件 SPICE 中构造了下述电流源 I_D 模型表达式。

$$\begin{aligned} I_D = \text{Area}\Bigg\{ & I_s\left[\exp(\frac{qV_a}{NkT})-1\right]\left[\frac{I_{KF}}{I_{KF}+I_s\left[\exp(\frac{qV_a}{NkT})-1\right]}\right]^{\frac{1}{2}} + \\ & I_{SR}\left[\exp(qV_a/N_R)-1\right]\left[(1-\frac{V_a}{V_J})^2+0.005\right]^{M/2} - \\ & I_{BV}\exp\left[-q(V_a+\text{BV})/N_{BV}kT\right]\Bigg\} \end{aligned} \tag{2.46}$$

$$V_a = V_{app} - I_DR_s \tag{2.47}$$

式（2.46）中大括号中第一项综合表征了理想模型和大注入效应对电流的影响，涉及理想模型的反向饱和电流 I_s 和指数因子 N、描述大注入效应的膝点电流 I_{KF} 3 个模型参数；第二项描述了势垒区产生-复合效应对电流的影响，涉及产生复合电流项 I_{SR}、指数因子 N_R、内建电势 V_J、梯度因子 M 4 个模型参数；第三项描述反向倍增和击穿对电流的影响，涉及击穿电压 BV、测量击穿电压对应的反向电流 I_{BV}、指数因子 N_{BV} 3 个参数。

式（2.46）中参数 Area 为面积因子，其作用是使得同一个集成电路中不同尺寸二极管共用同一组模型参数。

对式（2.46）的详细解读请参看视频资料。

（3）势垒电容 C_J

由式（2.45）可知，势垒电容与势垒区宽度成反比。代入式（2.35）所示势垒宽度与外加电

压关系，可得一般 pn 结的势垒电容与外加电压 V_a 的关系为

$$C_J = C_{J0}\left(1-\frac{V_a}{V_J}\right)^{-M} \tag{2.48}$$

式中，C_{J0} 为零偏时的势垒电容；M 为电容梯度因子，反映了结上杂质分布情况，一般情况下其值为 0.33～0.5；V_J 为内建电势。

如果考虑到正偏情况下势垒区中实际情况与耗尽层近似有一定偏离，需要对势垒电容表达式做进一步修正。

（4）描述等效电路中扩散电容的表示式

参考式（2.44），可得一般情况下 pn 结二极管等效电路中的扩散电容表达式为

$$C_D=(\mathrm{TT})(\mathrm{d}I_{DQ}/\mathrm{d}V_a) \tag{2.49}$$

式中，TT 为描述扩散电容的一个参数，称为渡越时间。

（5）pn 结二极管的基本模型参数

由图 2.40 和式（2.46）～式（2.49）可知，只有知道描述等效电路中每个元件值的 I_s、N 等参数的具体数值，等效电路才完全确定。这些参数就是二极管的模型参数。综合考虑二极管直流、电容和击穿特性，pn 结二极管的基本模型参数如表 2.5 所示。

表 2.5　pn 结二极管的基本模型参数

模型参数	含义	单位	默认值
IS	饱和电流	A	1.0E−14
ISR	势垒区产生复合电流参数	A	0
IKF	膝点电流	A	无穷大
IBV	对应于击穿电压的电流	A	1.0E−10
BV	击穿电压	V	无穷大
VJ	内建电势 V_J	V	1
M	梯度因子		0.5
TT	渡越时间	S	0
CJ0	零偏势垒电容	F	0
RS	串联电阻	Ω	0

对于每个模型参数，应理解下述两个问题：该模型参数反映了 pn 结的什么物理过程？该参数主要影响 pn 结的哪些主要特性？

为方便起见，大部分模型参数都设置有默认值。应该特别关注默认值为 0 或无穷大的模型参数，如果未给这些模型参数赋值，模拟软件将采用默认值，相当于不考虑该参数代表的物理效应。例如，对零偏势垒电容 C_{J0} 和渡越时间 TT 这两个模型参数，若采用默认值，均取为零，则势垒电容 C_J 和扩散电容 C_D 皆为零，其容抗为无穷大，相当于不考虑电容效应。同样，对反向击穿电压参数 BV，若采用默认值，取为无穷大，则认为击穿电压为无穷大，相当于不考虑击穿效应。

说明：本书中用 V_{bi} 表示内建电势，而 SPICE 模拟软件中的二极管模型采用 VJ 表示内建电势，因此表 2.5 中采用符号 VJ。另外，SPICE 模拟软件中模型参数不区分下标，因此零偏势垒电容参数 C_{J0} 表示为 CJ0。这样就使得表 2.5 中采用的模型参数符号及默认值与通用电路模拟软件 SPICE 中采用的相一致。

3．pn 结交流小信号模型

在交流小信号作用下，外加电压为直流偏置电压与交流信号的叠加：$V_{app} = V_0 + v_1(t)$。

为了得到计算交流小信号特性的等效电路模型，只需将直流和大信号等效电路中的外加电压只取交流信号，将电流源 I_D 换为小信号电导 g_d，如图 2.41 所示。

因此，交流等效电路中不新增模型参数。

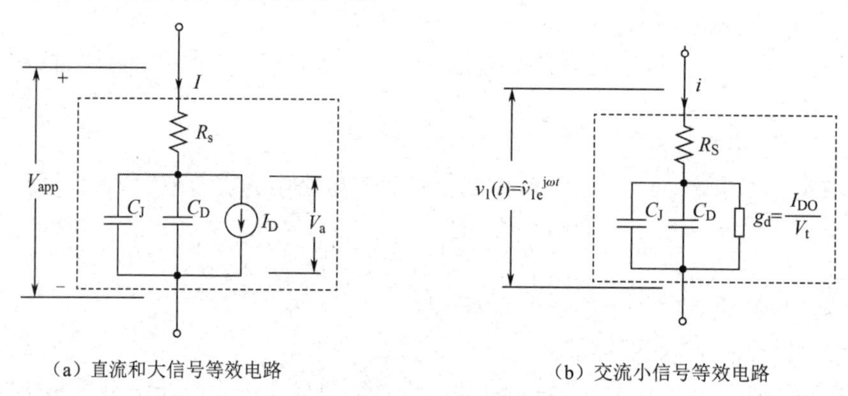

（a）直流和大信号等效电路　　（b）交流小信号等效电路

图 2.41　pn 结二极管模型

4．描述 pn 结模型的其他模型参数

在 SPICE 软件采用的二极管模型中，同时考虑许多其他特性。例如，噪声模型、模型参数随温度变化的模型等，使得 SPICE 软件中二极管模型参数总数达到 29 个，详细介绍可参见 SPICE 软件电子文档。

5．pn 结应用

（1）各种特殊功能的 pn 结二极管

pn 结的基本作用是作为二极管。利用上述各种 pn 结特性可以制造满足电路各种作用要求的 pn 结二极管。

例如，电路中使用很多的整流二极管、检波二极管等器件，利用的就是二极管的单向导电性。有一种特殊的变容二极管利用的是二极管势垒电容随电压变化的特性。稳压二极管利用的则是 pn 结击穿特性。此外，综合利用 pn 结正向压降具有负温度系数、雪崩击穿电压的正温度系数和隧道击穿的负温度系数等特点，还可以制造出温度系数极小的稳压二极管。

（2）pn 结在集成电路中的作用

在集成电路中 pn 结除了起二极管的作用，还具有以下两个特殊作用。

① pn 结隔离。在双极型集成电路中，可以利用 pn 结的反向特性实现不同元器件之间的电隔离，以避免元器件之间互相导通。这是集成电路中的一项基本技术（见 3.9 节）。

② pn 结电容。利用 pn 结势垒电容作为集成电路中所需电容器（见 4.2 节）。

注意：正偏情况下扩散电容虽然有较大的电容数值，但是由于正偏时流过 pn 结的电流较大，相当于电容器的漏电流较大，因此无法得到应用，或者说扩散电容只是一种起负面作用的寄生电容。

2.3.7　其他半导体二极管

在集成电路中，除了采用 pn 结二极管，还有其他形式的二极管，其中主要是肖特基二极管（Schottky Barrier Diode，SBD）和异质结二极管。

1. 肖特基二极管

（1）金属与轻掺杂半导体之间的肖特基接触

理论和实验结果均表明，对于集成电路中采用的半导体材料（如硅），随着半导体材料中的掺杂浓度不同，材料之间的接触表现为不同特性。

如果半导体材料掺杂浓度较高，那么金属—半导体接触为欧姆接触；如果半导体材料掺杂浓度较低，那么金属-半导体之间构成肖特基二极管，具有与 pn 结类似的单向导电性。图 2.42 是集成电路中肖特基二极管的剖面图，它是金属铝与轻掺杂半导体硅直接接触构成的一种结构。

（2）肖特基二极管的直流伏安特性

分析可得，肖特基二极管的直流伏安特性形式与 pn 结二极管一样，可以表示为

$$I = I_s\left[\exp\left(\frac{qV}{NkT}\right)-1\right] \tag{2.50}$$

（3）肖特基二极管与 pn 结二极管的对比

由金属（如铝）和半导体材料硅构成的肖特基二极管与硅 pn 结二极管相比，虽然都具有单向导电性，但是存在下述两点明显差别，导致它们有不同的用途。

① 两种二极管的正向压降明显不同。在正向偏置下，硅 pn 结二极管的正向压降为 0.7V 左右，而由硅材料构成的肖特基二极管的正向压降只有 0.3V 左右。图 2.43 给出了两种特性曲线的对比。由于肖特基二极管正向压降较低，在工作于饱和状态的双极型晶体管常用肖特基二极管起“钳位”作用，使其饱和深度不至于太深，因此在改善双极数字集成电路开关速度方面起到突出作用（见 2.4.6 节）。

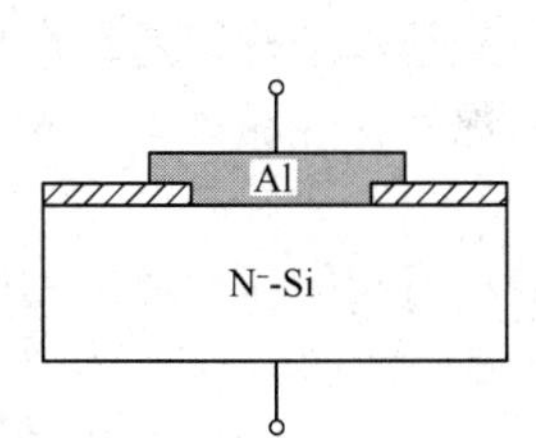

图 2.42　集成电路中肖特基二极管的剖面图

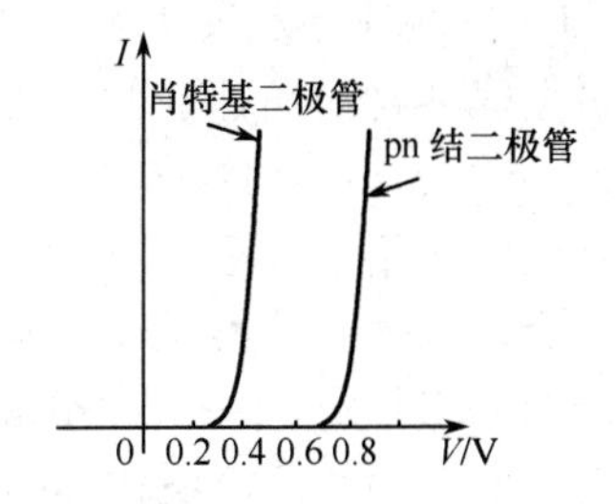

图 2.43　硅 pn 结二极管与肖特基二极管特性曲线

② 肖特基二极管是多数载流子工作的单极型器件，响应时间也比 pn 结二极管短得多。

目前微波 GaAs 集成电路的金属-半导体场效应晶体管（MESFET）采用的也是肖特基二极管结构。

（4）金属-半导体欧姆接触

对于金属-半导体接触，如果半导体一侧的掺杂浓度较高，将出现量子力学中的“隧穿效应”，使其失去单向导电性，成为欧姆接触。因此，在不希望有整流接触的金属-半导体接触处，只要在半导体中掺入高浓度的杂质，就会形成欧姆接触。这一特性在集成电路的欧姆接触中得到广泛应用。

2. 异质结

前面介绍的 pn 结是 n 区和 p 区均为同一种半导体材料，即两区域是同质的，称为同质结。若 p 区和 n 区采用不同禁带宽度的两种半导体材料形成 pn 结，则称为异质 pn 结。通过分析得到的突变异质 pn 结电流方程也与 pn 结以及肖特基二极管类似，可表示为

$$I = I_{\rm s}\left[\exp\left(\frac{qV_{\rm a}}{NkT}\right)-1\right]$$

因此，前面给出的二极管模型也适用于 SBD 和异质 pn 结二极管，只是模型参数不同。

异质 pn 结可用两种禁带宽度不同的元素半导体（如 Ge/Si）材料实现，也可用两种化合物半导体（如 GaAs、AiGaAs）材料实现。

异质 pn 结是构成新型超高速集成器件 HBT（异质结双极型晶体管）和 HEMT（高电子迁移率晶体管）的关键结构，在高速集成电路中得到越来越多的应用，将在 2.7 节一起介绍。

2.4 双极型晶体管

双极型晶体三极管简称双极型晶体管（Bipolar Junction Transistor，BJT），是集成电路的主要有源器件之一。“双极”（Bipolar）指两种极性载流子（电子和空穴）都参与电流输运。双极型晶体管由两个 pn 结组成。但是双极型晶体管具有放大作用，与两个独立 pn 结的工作过程有质的区别。本节介绍 BJT 的放大原理及器件主要特性与器件结构参数的关系，并说明 EDA 软件进行电路模拟分析时采用的双极型晶体管模型和基本模型参数。

2.4.1 双极型晶体管直流放大原理

1. 平面工艺 IC 中的 BJT 结构特点

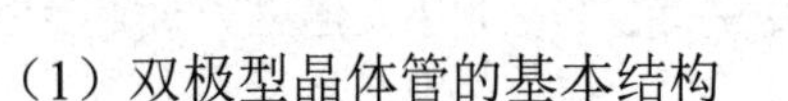

（1）双极型晶体管的基本结构

① npn 和 pnp 晶体管及其代表符号。

虽然双极型晶体管的品种繁多，制造工艺各不相同，但是其基本结构都是在半导体材料中形成由 n-p-n 或 p-n-p 3 层结构组成的两个背靠背的 pn 结，分别称为 npn 晶体管和 pnp 晶体管。图 2.44 描述的是集成电路中广泛采用的 npn 晶体管结构。

由本节双极型晶体管放大原理的分析结果可知，两个 pn 结所起的作用并不相同，因此这两个 pn 结分别称为发射结和集电结。组成这两个 pn 结的 3 个区域分别称为发射区、基区和集电区。其中基区位于中间。与 3 个区域相连的电极引出线分别称为发射极、基极和集电极。

由于发射区、基区和集电区的英文名称分别为 Emitter、Base、Collector，因此通常用大写英文字母 E、B、C 分别代表发射区、基区和集电区，用小写英文字母 e、b、c 分别代表发射极、基极和集电极，发射结和集电结也可以表示为 EB 结、BC 结，如图 2.44 所示。

在电路应用中，用图 2.45 所示符号分别代表 npn 晶体管和 pnp 晶体管。

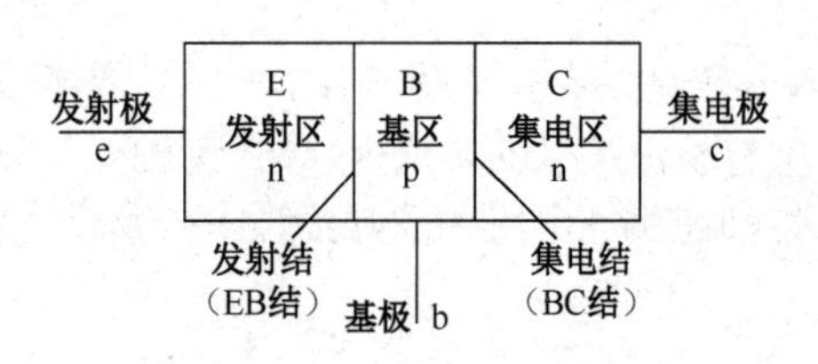

图 2.44 npn 晶体管结构

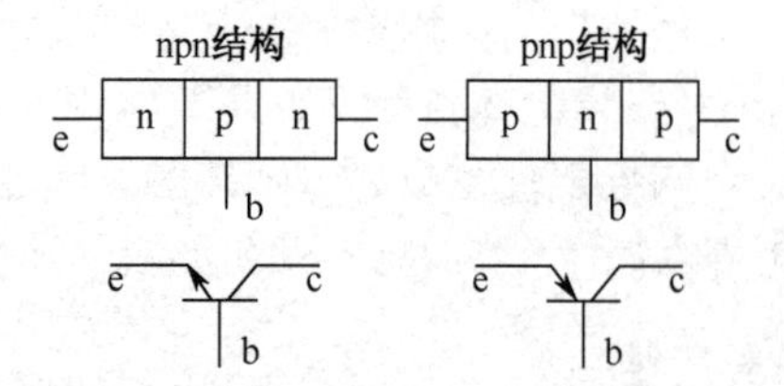

图 2.45 npn 晶体管和 pnp 晶体管的符号

② 集成电路中的 BJT。

由本节放大原理的分析结果可知，晶体管特性主要取决于基区少子的扩散运动。由于电子扩散系数大于空穴扩散系数，因此 p 型基区的 npn 晶体管特性优于 pnp 晶体管，双极型模拟集成电路中主要采用 npn 晶体管。

双极型集成电路的基本工艺流程也是针对 npn 晶体管设计的，在形成 npn 晶体管的同时生成 pnp 晶体管，因此双极型集成电路中 npn 晶体管特性明显优于 pnp 晶体管。

（2）实际平面工艺双极型晶体管的结构和杂质分布

目前双极型晶体管基本采用平面工艺制作（参见第 3 章），但是早期的晶体管都是采用合金工艺制造的。这两种晶体管结构分别如图 2.46 所示，其核心部分就是 n-p-n 或 p-n-p 3 层结构。图中还分别显示有沿着图示 x 方向的一维杂质分布。合金工艺及平面工艺制作的晶体管，内部杂质分布不完全相同，但作为双极型晶体管，其放大原理基本相同。

图 2.46（a）是合金工艺 pnp 晶体管实例，3 个区域中杂质均为均匀分布。根据其基区杂质为均匀分布的特点，通常将其称为均匀基区掺杂晶体管。

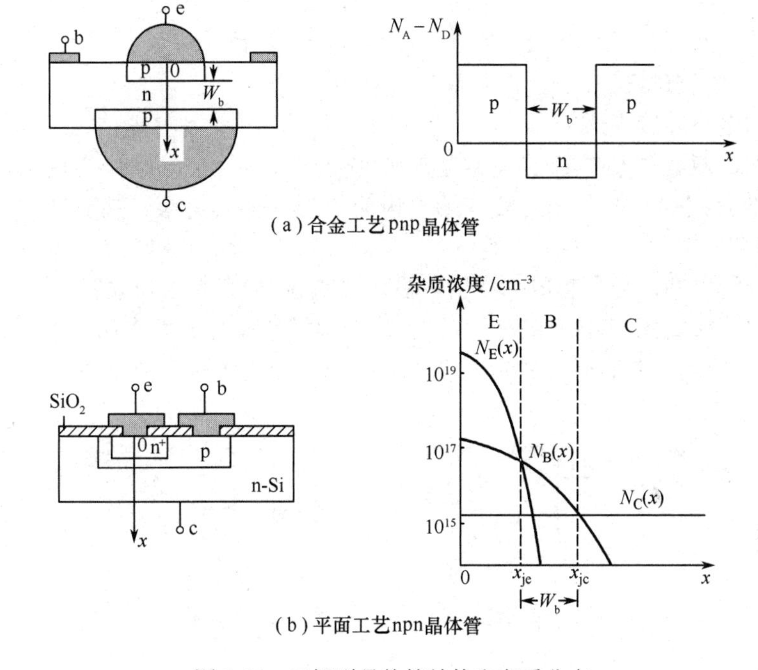

图 2.46　双极型晶体管结构和杂质分布

图 2.46（b）是集成电路中常见的平面工艺 npn 晶体管实例，其中 n 型集电区掺杂 $N_C(x)$一般为均匀掺杂，掺杂浓度通常在 10^{15}/cm^3 量级。p 型基区掺杂形成的杂质分布 $N_B(x)$为非均匀掺杂，从 x=0 的表面处沿着 x 方向杂质浓度不断降低。在 $x=x_{jc}$ 处，$N_B(x_{jc})= N_C(x_{jc})$，形成 pn 结，就是双极型晶体管中的 BC 结。x_{jc} 称为集电结结深。p 型基区掺杂表面浓度通常在 10^{17}/cm^3 量级。n$^+$型发射区掺杂形成的杂质分布 $N_E(x)$也是非均匀掺杂，在 $x=x_{je}$ 处，$N_E(x_{je})= N_B(x_{je})$，形成 pn 结，就是双极型晶体管中的 EB 结。x_{je} 称为发射结结深。n$^+$型发射区掺杂表面浓度通常在 10^{19}/cm^3 量级。

如图 2.46（a）所示，基区宽度 W_b 就等于集电结结深与发射结结深之差，即 $W_b=(x_{je}-x_{jc})$。

由后面放大原理分析可知，要使双极型晶体管起到放大作用，基区必须非常窄。

另外，对于平面工艺双极型晶体管，不同区的掺杂表面浓度之间还具有下述特点：发射区掺杂表面浓度比基区掺杂表面浓度高两个数量级左右，而基区掺杂表面浓度则比集电区掺杂表面浓度高两个数量级左右，如图 2.46（b）所示。

针对平面工艺 npn 晶体管基区杂质分布不均匀的特点，通常将其称为非均匀基区掺杂晶体管，或者称为缓变基区晶体管。为了突出物理过程，本节以均匀掺杂基区为对象，分析双极型晶体管的放大原理，然后针对缓变基区晶体管对结果进行修正。

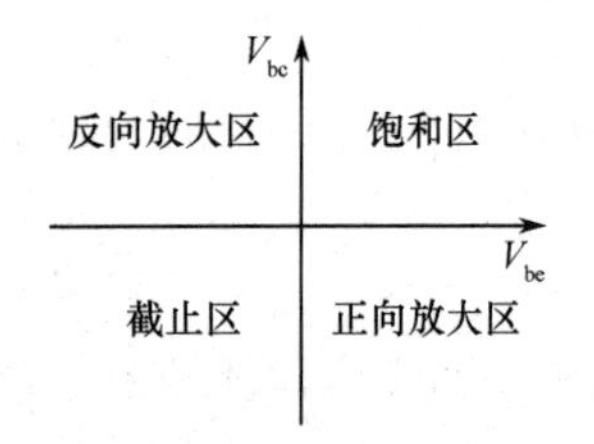

图 2.47　双极型晶体管的偏置方式

（3）双极型晶体管的偏置方式

在电路应用中，双极型晶体管的工作状态取决于两个 pn 结上的偏置情况。如图 2.47 所示，两个 pn 结上的偏置有 4 种可能组合。

① 发射结正偏、集电结反偏，对应晶体管放大状态，称为正向放大。

② 发射结反偏、集电结正偏，相当于将晶体管上述应用状态倒过来。在这种偏置状态下晶体管也能起放大作用，称为反向放大。

③ 发射结和集电结均为反偏，晶体管处于截止状态。

④ 发射结和集电结均为正偏，晶体管处于饱和状态。

在实际电路应用中，正向放大是应用最多的一种情况。本节主要讨论正向放大状态下，晶体管的直流和交流放大原理，以及其放大特性与晶体管结构参数的关系。

饱和与截止两种状态将在 BJT 开关特性部分分析。

（4）晶体管的电路连接方式

在电路应用中，双极型晶体管的一个电极作为输入，另一个电极作为输出，第三个电极则作为输入和输出的公共端。按照作为公共端电极的不同，有共基极、共射极和共集电极 3 种连接方式。

由放大原理分析可知，为了起放大作用，输入端的 pn 结应为正向偏置，输出端的 pn 结应为反向偏置。共基极连接如图 2.48（a）所示，有助于理解晶体管放大作用的物理过程。而共射极连接如图 2.48（b）所示，具有较大的放大能力，在电路应用中被广泛采用。

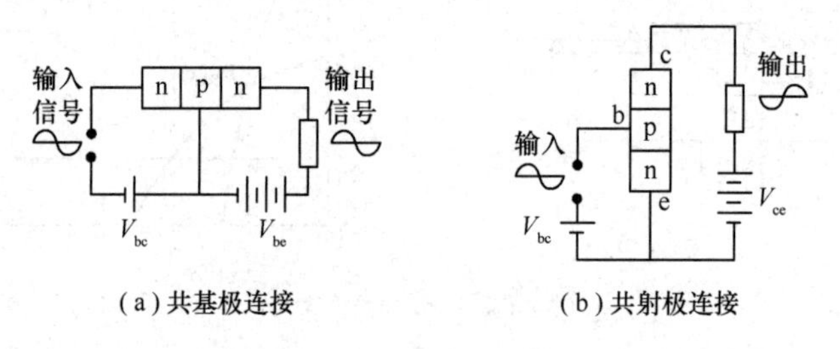

（a）共基极连接　　（b）共射极连接

图 2.48　晶体管的电路连接方式

2. 双极型晶体管直流电流传输过程

本节以共基极连接、正向放大偏置状态下均匀掺杂基区的 npn 晶体管为对象，分析晶体管内部电流传输的物理过程，说明 npn 晶体管的放大原理。对于 pnp 晶体管，情况类似。

（1）电流传输过程

晶体管中载流子的传输过程基本分为以下 3 个阶段。

① 发射区向基区注入。

对于正向放大偏置情况，发射结为正向偏置。根据正偏 pn 结的工作原理，n 型发射区将向 p 型基区注入电子，形成电流 I_{nE}。同时基区向发射区注入空穴，形成电流 I_{pE}，如图 2.49 所示。图中箭头方向为载流子运动方向，由于电子带负电，因此电子电流方

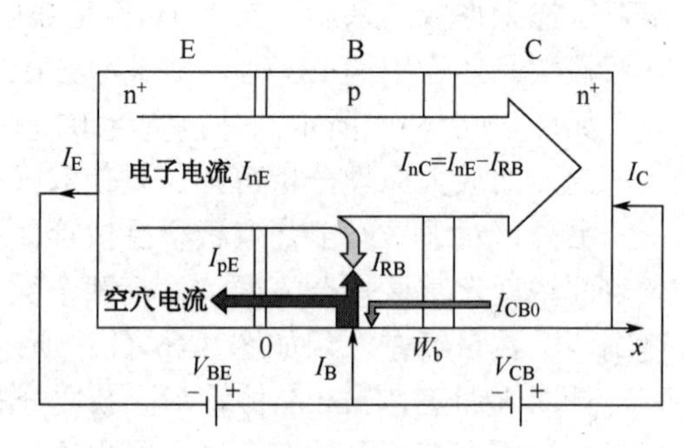

图 2.49　npn 晶体管电流传输示意图

向与电子运动方向相反。总的发射极电流由电子电流和空穴电流这两个电流分量组成，电流方向从基区指向发射区。

$$I_E = I_{nE} + I_{pE} \tag{2.51}$$

根据pn结伏安特性的特点，为了使晶体管有较大的电流放大能力，通常发射区的掺杂浓度要比基区的掺杂浓度高得多，使得发射极电流主要由高掺杂发射区向基区注入（或称为发射）的电子电流组成[见式（2.41）]，这也是该pn结称为发射结的原因。图2.49中描述电子电流的箭头宽度远大于描述空穴电流的箭头宽度，是为了表示电子电流比空穴电流大得多。

② 基区少子输运。

发射区向p型基区注入大量电子，比基区中的平衡少子电子多得多，因此在EB结的基区一侧边界处就有非平衡少子的积累，其浓度$n_B(x=0)$大于基区平衡少子浓度n_{B0}，由此形成的浓度梯度使得注入的非平衡少子通过扩散的方式继续沿着x方向向基区靠集电结一侧的边界运动。这些注入基区的电子在扩散通过基区的过程中有一部分将与基区的多子（空穴）复合，形成复合电流I_{RB}。其余部分则能扩散通过基区，记为I_{nC}。显然有

$$I_{RB} = I_{nE} - I_{nC} \tag{2.52}$$

为了使晶体管有较大的电流放大能力，基区宽度W_b必须比非平衡少子在基区的扩散长度小得多，因此电子在基区的复合很少，即I_{RB}很小，大部分均能扩散通过基区，到达集电结。

③ 反偏集电结收集。

基区中电子扩散到达基区靠集电结一侧的边界时，立即被反偏集电结中的强电场扫至集电区，成为集电极电流。另外，在反偏的集电结，有一个反向饱和电流I_{CBO}从集电极流向基极，因此有

$$I_C = I_{nC} + I_{CBO}$$

根据上述分析，在发射结正偏、集电结反偏的正向放大偏置情况下，可得图2.49所示的双极型晶体管内部电流传输示意图。

（2）BJT端电流的分量组成

由上述分析结果可得，发射极电流I_E为发射区注入到基区的电子形成的电子电流I_{nE}与基区注入到发射区的空穴电流I_{pE}之和，即

$$I_E = I_{nE} + I_{pE} \tag{2.53}$$

集电极电流I_C为发射区注入到基区的电子电流I_{nE}中顺利通过基区到达集电结的那部分电流I_{nC}与反偏BC结的反向饱和电流I_{CBO}之和，即

$$I_C = I_{nC} + I_{CBO} \tag{2.54}$$

由于I_{CBO}的方向与I_B相反，因此基极电流I_B为

$$I_B = I_{pE} + I_{RB} - I_{CBO} \tag{2.55}$$

式（2.53）～式（2.55）定量表示了工作于正向放大状态下晶体管端电流与晶体管内部各个电流分量之间的关系。

实际上，由载流子传输过程分析可知，只要BE结正偏，BC结反偏，无论晶体管是共基极连接还是共射极连接，上述端电流的组成关系均成立。

3. BJT直流电流放大系数

下面以npn晶体管为对象，讨论双极型晶体管直流电流增益。对于pnp晶体管，情况类似，只要改变载流子的极性即可。

（1）共基极DC电流放大系数

① 输入到输出的电流传输效率。

如图2.49所示，对共基极连接正向放大偏置情况下的晶体管，输入总电流I_E中只有I_{nC}传输到达集电结成为输出电流。因此，将I_{nC}与I_E之比称为输入到输出的电流传输效率α_0，即

$$\alpha_0=I_{nC}/I_E \tag{2.56}$$

α_0又称为共基极直流电流放大系数。

从放大角度考虑，希望α_0越大越好。但是，显然$\alpha_0<1$。设计良好的BJT，α_0 大于0.99。

说明，α_0另一种定义方式为

$$\alpha_0=I_C/I_E$$

由于$I_C=I_{nC}+I_{CBO}$，两种定义只相差很小的I_{CBO}，因此对α_0 实际数值几乎没有影响。

② 输出端电流的组成。

将式（2.56）代入式（2.54），得

$$I_C=I_{nC}+I_{CBO}=\alpha_0 I_E+I_{CBO} \tag{2.57}$$

这说明输出端电流I_C包括两部分：从输入端电流I_E传输到输出端的$\alpha_0 I_E$以及流过反偏BC结输出端的反向饱和电流。

③ 电流I_{CBO}的含义。

由式（2.57）可知，对于共基极情况，若输入端开路（Open），则$I_E=0$，得$I_C=I_{CBO}$。

因此I_{CBO}是输入端开路（Open）情况下流过输出端BC间的电流，这也是该电流符号I_{CBO}的下标字母CBO的含义。

（2）中间变量

由式（2.56）可得

$$\alpha_0=(\frac{I_{nC}}{I_E})=(\frac{I_{nE}}{I_E})(\frac{I_{nC}}{I_{nE}})\xlongequal{\text{记为}}\gamma_0\alpha_{T0} \tag{2.58}$$

① 注入效率（发射效率）γ_0。

由于I_E中只有I_{nE}才可能传输到集电结，因此I_E中注入到基区的电流分量I_{nE}在发射极总电流I_E中所占的比例称为注入效率，也称为发射效率，记为γ_0。

由式（2.58）可得

$$\gamma_0=I_{nE}/I_E$$

将式（2.53）代入$\gamma_0=I_{nE}/I_E$，得

$$\gamma=I_{nE}/I_E=I_{nE}/(I_{nE}+I_{pE})=1/[1+(I_{pE}/I_{nE})] \tag{2.59}$$

由式（2.59）可知，注入效率γ_0永远小于1。要增大γ_0，应该使$I_{pE}\ll I_{nE}$。根据pn结伏安特性的特点[见式（2.41）]，在集成电路制造工艺中，为了保证双极型晶体管具有一定的电流放大系数，必须保证发射区的掺杂浓度比基区的掺杂浓度高得多。

② 基区输运系数α_{T0}。

如前分析，注入到基区的电流分量I_{nE}有一部分I_{RB}在基区因复合成为基极电流，传输到集电结的电流为$I_{nC}=(I_{nE}-I_{RB})$。式（2.58）中I_{nC}与I_{nE}的比值反映了向基区注入的电流在基区的输运效率，称为基区输运系数α_{T0}。由式（2.58）可得

$$\alpha_{T0}=I_{nC}/I_{nE}=(I_{nE}-I_{RB})/I_{nE}=1-(I_{RB}/I_{nE}) \tag{2.60}$$

由式（2.60）可知，基区输运系数 α_{T0} 永远小于 1。要增大 α_{T0}，应该使 $I_{RB} \ll I_{nE}$，即要求在基区传输过程中复合电流尽量小。这就要求基区宽度尽量小，而基区中非平衡少子的寿命则应该尽量大，使得基区中复合掉的少子电流尽量小。

（3）共射极直流电流增益 β_0

在实际电路应用中，晶体管通常为图 2.50 所示共射极连接。

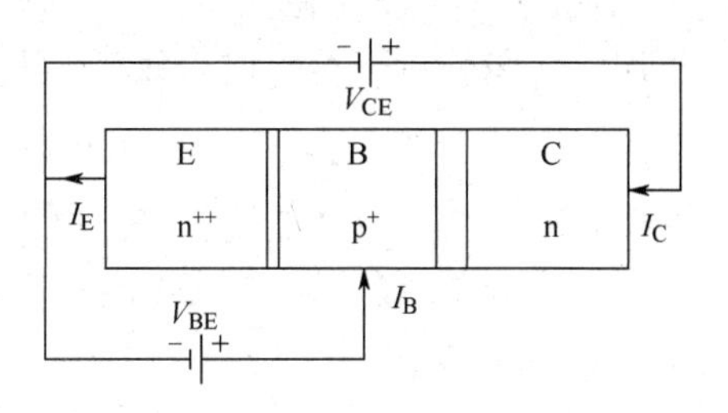

图 2.50　共射极 npn 晶体管偏置状态

在共射极连接情况下，发射极为公共端，输入端为基极，输出端为集电极。共射极 DC 电流放大系数描述的是输出端集电极电流 I_C 与输入端基极电流 I_B 之间的关系。

在共射极连接情况下，晶体管内部 BE 结受到 V_{BE} 作用，为正偏。输出端 C 与公共端 E 之间偏置电压 $V_{CE}>0$，通常明显大于 V_{BE}。$V_{CB}=(V_{CE}-V_{BE})>0$，使得 CB 结处于反偏。因此，虽然晶体管为图 2.50 所示共射极连接，但是晶体管内部还是处于正向放大偏置状态，则图 2.49 所描述的晶体管内部电流传输物理过程都是成立的。

下面分析共射极电流放大系数与共基极直流电流放大系数的关系。

① 电流 I_C 和 I_B 的关系分析。

对于晶体管，端电流之间有关系式 $I_E=I_C+I_B$，将其代入式（2.57），得

$$I_C=\alpha_0 I_E+I_{CBO}=\alpha_0(I_C+I_B)+I_{CBO}$$

经简单数学运算，由上式得

$$I_C=[\alpha_0/(1-\alpha_0)]I_B+[1/(1-\alpha_0)]I_{CBO} \overset{\text{记为}}{=\!=} \beta_0 I_B+I_{CEO}$$

即

$$I_C=\beta_0 I_B+I_{CEO} \tag{2.61}$$

其中

$$\beta_0=[\alpha_0/(1-\alpha_0)] \tag{2.62}$$

$$I_{CEO}=[1/(1-\alpha_0)]I_{CBO} \tag{2.63}$$

② β_0 的含义。

由式（2.62）得

$$\beta_0=\frac{\alpha_0}{1-\alpha_0}=\frac{\alpha_0 I_E}{(1-\alpha_0)I_E}=\frac{I_{nC}}{I_{pE}+I_{RB}}$$

即 β_0 是发射极电流 I_E 中传输到输出端的那部分 I_{nC} 与不能传输到输出端而成为 I_B 电流的那部分 $(I_{pE}+I_{RB})$ 之比，因此 β_0 称为共射极直流电流放大系数。

虽然 α_0 小于 1，但是对于设计和制造良好的晶体管，α_0 非常接近 1，一般大于 0.99，则由式（2.62）可得，β_0 一般比 1 大得多，通常在几十到几百之间。对电流增益有特殊要求的超 β 晶体管，β_0 可能达到 1000 以上。

③ I_{CEO} 的含义。

由式（2.61）可知，I_{CEO} 是 $I_B=0$（输入端 B 极开路）情况下流过输出端（C、E 之间）的电流。

由式（2.63）可得

$$I_{CEO}=[1/(1-\alpha_0)]I_{CBO}=(1+\beta_0)I_{CBO}$$

由上式可知，I_{CEO} 是 I_{CBO} 的（$1+\beta_0$）倍，即 I_{CEO} 比共基极情况下流过输出端的反向饱和电流 I_{CBO} 大得多。

4．提高 BJT 直流电流放大系数的技术途径

（1）直流电流增益与晶体管结构参数的关系

① 注入效率。

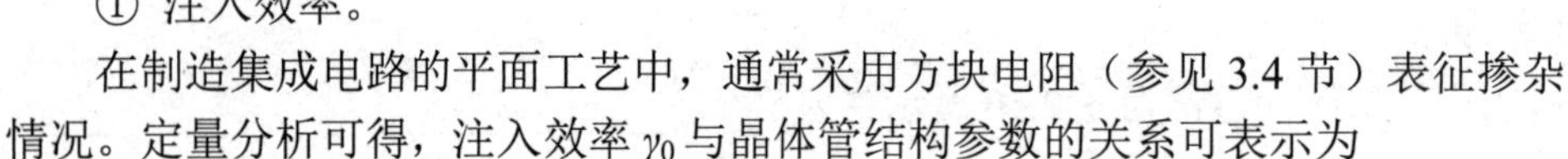

在制造集成电路的平面工艺中，通常采用方块电阻（参见 3.4 节）表征掺杂情况。定量分析可得，注入效率 γ_0 与晶体管结构参数的关系可表示为

$$\gamma_0=(1+(R_{\square e}/R_{\square b}))^{-1}\approx 1-(R_{\square e}/R_{\square b}) \tag{2.64}$$

式中，$R_{\square e}$、$R_{\square b}$ 分别是发射区方块电阻和有源基区的方块电阻。关于方块电阻的概念和计算方法将在 3.4 节详细介绍。方块电阻的基本含义是反映了该区域中掺入杂质的多少。掺入杂质越多，则方块电阻越小。

由式（2.64）可知，要增大 γ_0，应该使 $R_{\square e}\ll R_{\square b}$，即发射区方块电阻应该远小于有源基区的方块电阻，或者应该使发射区掺杂浓度远大于基区掺杂浓度，与前面定性分析的结论一致。

集成电路生产中控制方块电阻是控制晶体管电流放大系数的主要途径之一。

② 基区输运系数。

定量分析可得，基区输运系数 α_{T0} 与晶体管结构参数的关系可表示为

$$\alpha_{T0}=1-W_b^2/\lambda L_{nb}^2 \tag{2.65}$$

式中，λ 为与基区杂质分布情况有关的系数。基区中杂质分布越陡峭，λ 值越大。若基区杂质为均匀分布，$\lambda=2$；L_{nb} 为非平衡少子电子在基区的扩散长度。

由式（2.65）可知，要增大 α_{T0}，应该使基区宽度 W_b 远小于基区少子扩散长度 L_{nb}，通常不得大于扩散长度的 1/10。目前平面晶体管的基区宽度一般只有零点几微米，甚至小于 0.1 微米，基区少子扩散长度则可达几十微米。

扩散长度 $L_{nb}=\sqrt{D_n\tau_n}$，其中 D_n、τ_n 分别为电子的扩散系数和寿命。因此要增大 α_{T0}，就要求基区宽度尽量窄，基区中非平衡少子的寿命尽量长，与前面定性分析的结论一致。

③ 共基极电流放大系数。

将式（2.64）和式（2.65）代入式（2.58），得共基极直流电流增益 α_0 与晶体管结构参数的关系为

$$\alpha_0=\gamma_0\alpha_{T0}=(1-R_{\square e}/R_{\square b})(1-W_b^2/\lambda L_{nb}^2)\approx 1-(R_{\square e}/R_{\square b})-W_b^2/\lambda L_{nb}^2 \tag{2.66}$$

④ 共射极电流放大系数 β_0。

由于 α_0 趋于 1，因此有

$$\beta_0=\frac{\alpha_0}{1-\alpha_0}\approx\frac{1}{1-\alpha_0}$$

代入式（2.66），可得共射极直流电流增益 β_0 与晶体管结构参数的关系为

$$\frac{1}{\beta_0}\approx(1-\alpha_0)=\frac{R_{\square e}}{R_{\square b}}+\frac{W_b^2}{\lambda L_{nb}^2} \tag{2.67}$$

（2）提高电流增益的途径

由式（2.66）和式（2.67）可知，提高共基极直流电流增益 α_0 与提高共射极直流电流增益 β_0 对晶体管结构参数的要求是一致的。在设计和制作晶体管过程中通常采取下述几个主要措施。

① 减少基区宽度 W_b，这是提高电流增益最有效的方法。

② 减小 $R_{\square e}$，即提高发射区的掺杂浓度。同时增大 $R_{\square b}$，即减小基区的掺杂浓度，使得发射区方块电阻 $R_{\square e}\ll$ 有源基区方块电阻 $R_{\square b}$。

需要注意的是，如果基区掺杂浓度过低，将导致许多不良副作用，如使基区宽变效应严重、

基区串联电阻增大（参见 2.4.5 节）等。因此基区掺杂浓度要适度。

③ 使基区杂质分布尽量陡峭，增大基区杂质分布梯度，增大 λ。

④ 加强工艺控制，减少工艺缺陷，尽量减少起复合中心作用的重金属原子、表面沾污及晶格缺陷，通过提高 D_B 和 τ_B 增大 L_{nB}。

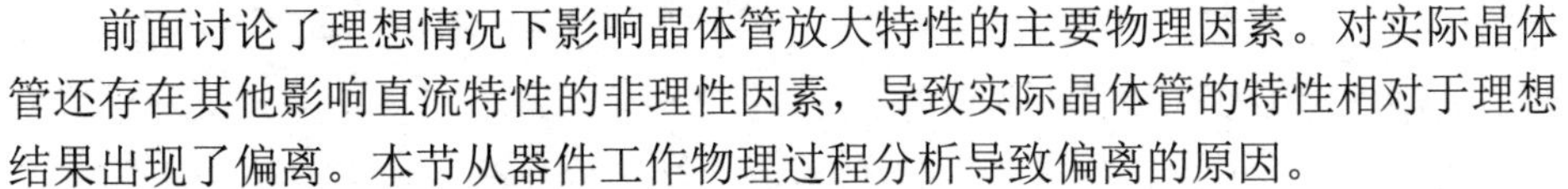

2.4.2　影响晶体管直流 β_0 的其他因素

前面讨论了理想情况下影响晶体管放大特性的主要物理因素。对实际晶体管还存在其他影响直流特性的非理性因素，导致实际晶体管的特性相对于理想结果出现了偏离。本节从器件工作物理过程分析导致偏离的原因。

1. 实际晶体管放大特性与理想情况的偏离

（1）理想 BJT 输出特性曲线

晶体管特性曲线表示晶体管端电流和端电压之间的关系，也是晶体管内部物理过程的综合反映。对于广泛使用的共射极，输出特性以输入端基极电流 I_B 为参变量，表示输出端集电极电流 I_C 与输出端电压 V_{CE} 之间的关系。

按照前面的分析，理想情况下典型的共射极晶体管输出特性曲线如图 2.51（a）所示。

若 $I_B=0$，由式（2.61）得，输出端电流为 $I_C=I_{CEO}$。

$I_B=0$ 对应输入端基极开路，没有输入电流。图中特性曲线上 $I_B=0$ 下方区域称为截止区。

随着 I_B 的增加，由式（2.61）得 $I_C=\beta_0 I_B+I_{CEO}$，因此 I_C 随着 I_B 的增加而增加。如果 I_B 等间距增大，由于理想情况下 β_0 只与器件结构参数有关，与工作电流大小无关，因此输出特性曲线上各条曲线之间的间距相等。输出特性曲线上这一部分区域称为放大区。

对于一定的输入电流 I_B，在 V_{CE} 大于 1V 的范围内，集电结保持反偏。理想情况下 β_0 与集电结反偏电压大小无关，为常数，因此随着 V_{CE} 的增加，I_C 不变，特性曲线保持水平。

当 V_{CE} 减小到 1V 以下，晶体管脱离正常放大状态，输出电流 I_C 迅速下降。输出特性曲线上这一部分区域对应于两个结均为正偏的情况，称为饱和区。饱和区对应的晶体管电流输运过程将在 2.4.6 节分析。

由于理想情况下 β_0 为常数，与晶体管工作点电流、电压无关，表现为晶体管输出特性曲线放大区具有下述两个明显特点。

① 与同一个 I_B 对应的特性曲线为水平线，与 V_{CE} 无关。

② 在放大区，对于不同的 I_B，若 I_B 等间距增大，则输出特性曲线上各条曲线之间的间距相等。

（2）实际晶体管放大特性的特点

在实际情况下，放大区中晶体管特性与理想情况相比，存在以下两点差别。

① 与同一个 I_B 对应的特性曲线不再是一条水平线，而是随着 V_{CE} 的增大，I_C 也随之增大，如图 2.51（b）所示。这就意味着，随着 V_{CE} 的增大 β_0 也增大。

② 随着工作电流的变化，β_0 不再是常数，只是在一定的电流范围，β_0 基本不随集电极电流 I_C 变化。在电流较大和电流较小的情况下，β_0 均要下降，如图 2.51（c）所示。

上述 β_0 随电流变化的情况在特性曲线上表现为：在放大区，对于不同的 I_C，只是在中等电流范围，输出特性曲线上各条曲线之间的间距基本相等；而在小电流和大电流范围，各条曲线之间的间距不断减小，即特性曲线更加密集。

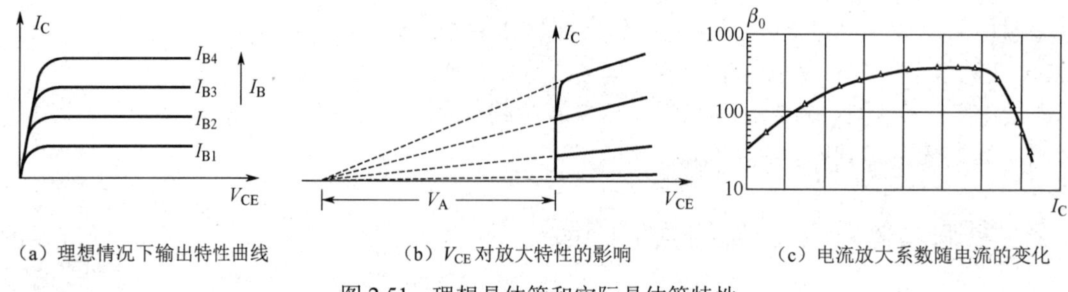

（a）理想情况下输出特性曲线　（b）V_{CE}对放大特性的影响　（c）电流放大系数随电流的变化

图 2.51　理想晶体管和实际晶体管特性

2．导致 β_0 随 V_{CE} 增大的基区宽变效应

下面从物理过程分析实际晶体管 β_0 随 V_{CE} 增大的原因及表征方法。

（1）基区宽变效应及其对 β_0 的影响

对于共射极连接，$V_{CE}=V_{CB}+V_{BE}$，因此，$V_{CB}=V_{CE}-V_{BE}$。

在正向放大偏置情况下，BE 结正偏，$V_{BE}\approx0.7\text{V}$，因此 V_{CB} 随着 V_{CE} 增大而增大。

在正向放大偏置时，$V_{CB}>0$，即 CB 结反偏。

随着 V_{CE} 的增加，CB 结反偏电压绝对值将增大。根据式（2.35），CB 结耗尽层宽度随之变宽，导致晶体管有效基区宽度 W_B 减小。这一效应称为基区宽度调制效应，或者称为基区宽变效应。

由式（2.65）可见，W_B 减小直接导致基区输运系数 α_{T0} 增加。同时 W_B 减小将使得有源基区掺杂总数减少，即方块电阻 $R_{\square b}$ 增大，因此导致注入效率 γ_0 增加。总效果就使得 β_0 随着 V_{CE} 的增大而增大，使输出特性曲线出现图 2.51（b）所示的情况。

（2）厄利电压

如图 2.51（b）所示，实际晶体管输出特性曲线上不同曲线的反向延长与电压坐标轴基本交于一点，记该点与原点之间的距离为 V_A。分析可得，若不考虑基区宽变效应情况下电流增益为 $(\beta_0)_{理想}$，则由于存在基区宽变效应，实际电流增益 β_0 与电压 V_{CE} 的关系为

$$\beta_0=(\beta_0)_{理想}\left(1+\frac{V_{CE}}{V_A}\right)\tag{2.68}$$

式中，V_A 称为厄利电压，基区宽变效应也称为厄利效应。

由式（2.68）可见，V_A 的大小直接表征了 V_{CE} 对 β_0 的影响程度。V_A 越大，V_{CE} 对 β_0 的影响越小；若 $V_A\to\infty$，则实际 $\beta_0=(\beta_0)_{理想}$。

因此，厄利电压也是表征晶体管特性的一个重要参数。希望 V_A 越大越好。通常 BJT 的 V_A 在 100V 以上。

（3）提高 V_A 的技术途径

根据基区宽变效应的物理原因分析可知，要提高厄利电压，减小基区宽变效应的影响，应增大基区宽度，使基区宽变的相对影响变小。另外，如果提高基区掺杂表面浓度，那么对于一定的 V_{CE}，集电结耗尽层变化较小，也可以减小基区宽变效应的影响，提高厄利电压。但是这两个措施均与增大电流增益的要求冲突，应该综合考虑。

3．β_0 随 I_C 变化的物理原因分析

（1）半对数坐标描述的 β_0-I_C 关系

采用半对数坐标描述电流放大系数将有助于分析 β_0 随电流的变化情况。

通常 I_{CEO} 比 I_C 小得多，因此由式（2.61）近似有

$$\beta_0=(I_C-I_{CEO})/I_B\approx I_C/I_B$$

两边取对数，得

$$\ln\beta_0=\ln I_C-\ln I_B \tag{2.69}$$

按照理想模型，流过正偏 pn 结的电流随正偏电压指数变化，如式（2.39）所示。由图 2.49 可见，I_C 中的主要部分 I_{nC} 及 I_B 中的主要部分 I_{pE} 和 I_{RB} 都是正偏 EB 结电流的一部分，因此它们与 EB 结正偏电压 V_{BE} 之间为指数关系，即

$$I_C=I_{nC}+I_{CBO}\approx I_{nC}\propto\exp(qV_{BE}/kT)$$

$$I_B=I_{pE}+I_{RB}-I_{CBO}\approx I_{pE}+I_{RB}\propto\exp(qV_{BE}/kT)$$

因此，在横坐标为线性坐标表示 V_{BE}、纵坐标为对数坐标表示 I_C 和 I_B 的半对数坐标中，按照式（2.69）描述的关系，I_C 和 I_B 之间的间距大小就对应 β_0 的高低。在理想模型情况下，I_C 和 I_B 取对数后，斜率均为 q/kT，因此两条曲线相互平行，间距不变，即 β_0 基本不随集电极电流 I_C 变化，如图 2.52 中理想模型所标识的范围。

采用半对数坐标描述的 I-V_{BE} 关系曲线称为 Gummel 曲线，如图 2.52 所示。

但是，在电流较大和电流较小的情况下，I_C 和 I_B 两条曲线之间间距不断减小，说明 β_0 下降。下面基于图 2.30 所示的实际正偏 pn 结电流随电压变化的规律，说明双极型晶体管电流放大系数 β_0 随集电极电流 I_C 变化的物理原因。

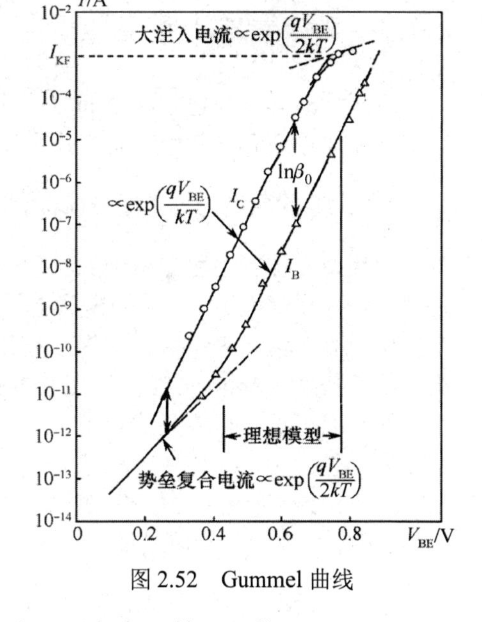

图 2.52 Gummel 曲线

（2）BE 势垒区复合与小电流下 β_0 的下降

① 正偏 BE 结势垒区复合电流$(I_R)_{BE}$。

按照 2.3.3 节给出的正偏 pn 结势垒区复合电流分析结果，BJT 中正偏 BE 结存在的势垒复合电流$(I_R)_{BE}$为

$$(I_R)_{BE}=I_{sE}\exp\left(\frac{qV_{BE}}{2kT}\right)$$

式中，I_{sE} 为描述 BE 结势垒复合作用的电流项。

注意：少子寿命 τ_0 越短，则势垒复合电流越大。

② $(I_R)_{BE}$ 对 β_0 的影响。

由于存在$(I_R)_{BE}$，因此流过 BE 结的总电流为 $I_E=I_{nE}+I_{pE}+(I_R)_{BE}$。

I_E 中只有 I_{nE} 是可以传输到输出端的有用电流，$(I_R)_{BE}$ 为发射结空间电荷区复合电流，在传输过程中转化为基极电流，不会到达输出端。这时发射效率 $\gamma_0=I_{nE}/(I_{nE}+I_{pE}+I_R)$，小于不考虑 I_R 情况下的 $\gamma_0=I_{nE}/(I_{nE}+I_{pE})$。发射效率 γ_0 减小，也就导致 β_0 下降。

③ Gummel 曲线上描述$(I_R)_{BE}$对 β_0 的影响。

将势垒区复合电流叠加在基极电流上，如图 2.52 所示，I_C-V_{BE} 及 I_B-V_{BE} 两条曲线之间的垂直间距明显减小，说明 β_0 下降。I_C 越小，β_0 下降越严重。

④ 改善 BJT 小电流 β_0 特性的技术途径。

为了保证在小电流下晶体管，特别是低噪声前置放大器中的晶体管能正常工作，小电流下 β_0 不应明显下降。

按照上述分析，势垒复合电流是小电流下 β_0 下降的原因。载流子寿命越短，则复合效应越严重，发射结空间电荷区复合电流导致小电流下电流放大系数下降的现象就越明显。因此改善晶体管小电流下放大特性的关键是加强工艺控制，避免起复合中心作用的重金属原子进入器件。另外，

小电流下晶体管电流放大系数下降现象是否明显也是工艺控制状态好坏的一种标志。

（3）大注入效应与大电流下 β_0 下降

① BJT 内部的大注入现象。

当非平衡少子浓度达到甚至超过平衡多数载流子浓度时，称为大注入。对于 npn 晶体管，基区平衡多子空穴浓度比发射区多子电子浓度低得多。而注入到基区的少子电子电流比注入到发射区的少子空穴电流高得多，因此随着发射极电流 I_E 的增加，首先可能发生大注入的是基区。

② 大注入对 β_0 的影响。

按照 2.3.3 节关于 pn 结大注入情况的分析，当特大电流时，半对数坐标中描述 pn 结电流与结电压 V_a 关系的斜直线斜率从 (q/kT) 转变为 $(q/2kT)$，如图 2.30 所示。

BJT 中如果基区出现大注入，I_{nC} 与 V_{BE} 的关系应采用大注入情况的表达式，那么半对数坐标中描述 I_C 与 V_{BE} 关系的斜直线斜率从 (q/kT) 转变为 $(q/2kT)$，导致 I_C-V_{BE} 及 I_B-V_{BE} 关系曲线之间的垂直间距明显减小，说明 β_0 下降，如图 2.52 所示。

理想模型适用范围的 I_C 电流曲线与大注入情况下 I_C 电流曲线延长线的交点的纵坐标称为膝点电流，记为 I_{KF}。显然，膝点电流 I_{KF} 是表征晶体管在大电流下 β_0 开始下降的一个重要参数，也是晶体管的一个重要模型参数。I_{KF} 越大，表示该晶体管可以工作在比较大的电流下。

2.4.3 晶体管的击穿电压

双极型晶体管中包括两个 pn 结，因此除了需要考虑单个 pn 结的击穿问题，双极型晶体管还存在两个限制工作电压的特殊问题：CE 击穿及基区穿通。

1. BJT 的单结击穿电压 BV_{EBO} 和 BV_{CBO}

双极型晶体管中包含两个 pn 结，通常用 BV_{EBO} 和 BV_{CBO} 分别描述其击穿特性。其中，BV_{EBO} 是集电极开路情况下 EB 结的击穿电压；BV_{CBO} 是发射极开路情况下 CB 结的击穿电压。

由于 BV_{EBO} 和 BV_{CBO} 分别为 EB 结、CB 结的单结击穿电压，其击穿机理及击穿电压与器件结构参数的关系与单个 pn 结的情况基本相同。

在平面工艺双极型晶体管中，$N_E \gg N_B \gg N_C$，EB 结两侧的杂质浓度分别比 BC 结两侧的杂质浓度高，因此 BV_{EBO} 比 BV_{CBO} 小得多。对于硅器件，BV_{EBO} 一般为 5～7V；而 BV_{CBO} 通常为几十伏。由于 EB 结通常工作于正偏状态，因此 BV_{EBO} 较低影响并不大。CB 结击穿电压主要取决于轻掺杂一侧，即集电区的掺杂浓度。

2. 涉及两个结的击穿电压 BV_{CEO}

（1）BV_{CEO} 击穿现象

共射极连接情况如图 2.53 所示，如果输入端基极开路(Open)，如图 2.53（a）所示，在 V_{CE} 作用下，流过 BJT 的电流为较小的 I_{CEO}，基本不变。当 V_{CE} 增大到一定值时，I_{CEO} 突然急剧增大，趋于无穷大，表现为“击穿”，如图 2.53（b）所示。这时的 V_{CE} 称为 CE 击穿电压，记为 BV_{CEO}。

（2）C-E 击穿时偏置特点

在共射极连接情况下，如果基极开路，V_{CE} 跨接于 CB 结和 BE 结两端，使得 CB 结反偏，而 BE 结正偏，对应晶体管的正向放大偏置状态。

因此，尽管输入端基极开路，但是 BJT 内部实际上处于正向放大状态，导致 BV_{CEO} 并不等于单个反偏 BC 结的击穿电压。

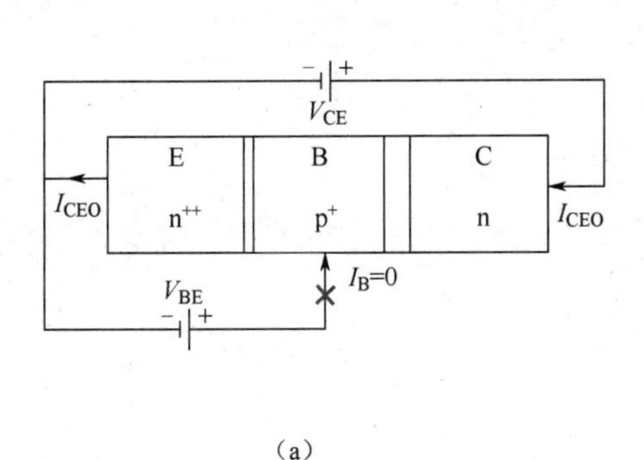

（a）

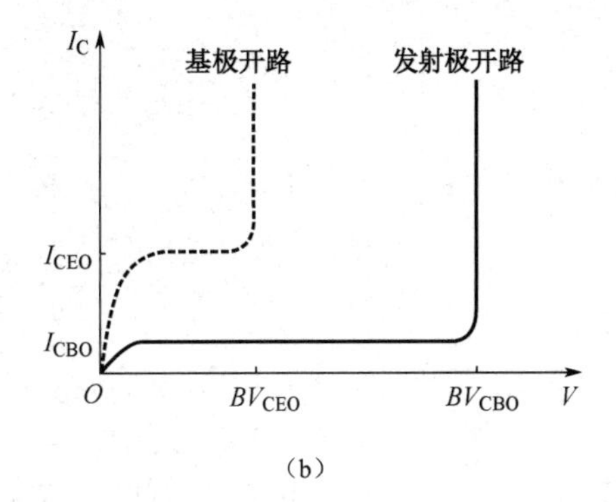

（b）

图 2.53　共射极连接情况

（3）击穿电压 BV_{CEO} 定量分析结果

分析可得，由于 BJT 内部实际上处于正向放大状态，导致 BV_{CEO} 与 BV_{CBO} 之间有以下关系

$$BV_{CEO} \approx BV_{CBO} / \sqrt[n]{\beta_0}$$

对于硅来讲，$n \approx 3$。这就表明 BV_{CEO} 明显小于 BV_{CBO}，而且晶体管 β_0 越大，则 BV_{CEO} 越小。

例如，若 BJT 的 $\beta_0=100$，取 $n=3$。如果要求 BV_{CEO}=15V，那么 BV_{CBO} 需要达到

$$BV_{CBO} \approx BV_{CEO} \sqrt[n]{\beta_0} = 15 \times \sqrt[3]{100} = 69.6\text{V}$$

因此设计晶体管时应按照 BV_{CBO}=70V 的要求确定集电区掺杂浓度 N_C。

前面曾指出[见式（2.63）]，$I_{CEO}=(1+\beta_0)I_{CBO}$，即 I_{CEO} 比 I_{CBO} 大得多。图 2.53（b）以图示方式说明了共基极和共射极两种情况下击穿电压 BV_{CEO} 和 BV_{CBO}，以及 I_{CEO} 和 I_{CBO} 的大小对比情况。

3．基区穿通

（1）基区穿通现象

随着集电结上反向电压的增加，集电结耗尽层变宽，使有效基区宽度 W_B 减小。如果集电结上反向电压增加到尚未使集电结击穿，但是由于集电结耗尽层变宽使有效基区宽度 W_B 减小到趋于零的程度，称为基区穿通，如图 2.54 所示。

由于基区较窄，基区少子分布近似为斜直线，斜率为

$$\left.\frac{\mathrm{d}n_B(x)}{\mathrm{d}x}\right|_{x=0} \approx \frac{n_B(x)}{W_B}$$

在发生基区穿通时，基区宽度 W_B 趋于 0，将导致基区少子分布斜率急剧增大，输出端电流随之急剧增加，与击穿现象类似。

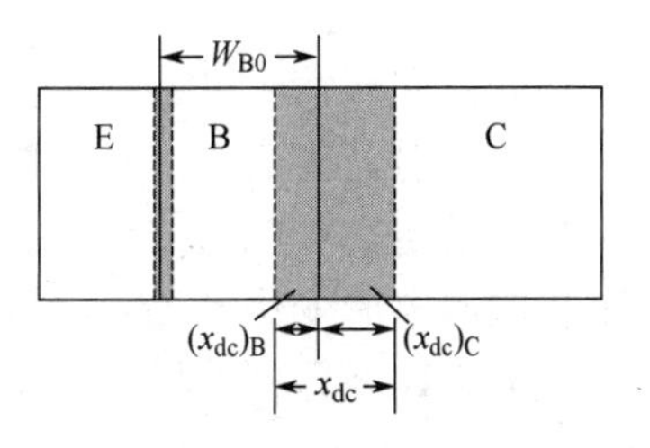

图 2.54　基区穿通

（2）基区穿通电压 V_{PT}

发生基区穿通现象时集电结耗尽层宽度扩展到整个基区，这时集电结上施加的电压称为基区穿通电压，记为 V_{PT}。显然，在设计制作晶体管时，应将基区穿通电压与击穿电压同等对待，都是限制工作电压的因素。

不考虑正偏 BE 结势垒区在基区一侧的宽度，若 $V_{CB}=V_{PT}$，则 CB 势垒区宽度(x_{dc})在基区一侧的宽度$(x_{dc})_B$等于基区宽度 W_{B0}。由此可以计算 V_{PT} 的值。

例如，均匀掺杂基区 BJT 穿通电压的计算。根据突变 pn 结势垒区宽度计算公式[见式（2.35）]，有

$$(x_{dc})_B = \left\{ \frac{2\epsilon_s (V_{bi}+V_{CB})}{q} \cdot \frac{N_C}{N_B} \cdot \frac{1}{N_C+N_B} \right\}^{1/2}$$

在发生穿通时，$V_{CB}=V_{PT}$，则$(x_{dc})_B=W_{B0}$。代入上式，解得

$$V_{PT} = \frac{qW_{BO}^2}{2\epsilon_s} \cdot \frac{N_B(N_C+N_B)}{N_C}$$

若$N_B=2\times10^{16}/cm^3$，$N_C=10^{15}/cm^3$，$W_{B0}=0.4\mu m$，代入上式得$V_{PT}=52V$。

（3）保证基区穿通电压V_{PT}的要求

BJT设计中根据击穿电压BV_{CB}的要求确定集电区的掺杂浓度N_C，为了保证器件正常工作，应该保证基区穿通电压V_{PT}不能小于BV_{CB}。对确定的N_C，为了保证V_{PT}达到一定要求，需要基区宽度W_{B0}和基区掺杂浓度N_B不能太小，或者说在设计BJT时为了提高电流放大系数及特征频率而降低基区宽度W_{B0}和基区掺杂浓度N_B时一定要适当，其前提条件是要保证V_{PT}达到要求。

2.4.4 晶体管的频率特性

前面讨论了晶体管直流放大特性。当晶体管用于放大交流信号时，其交流放大能力将随着信号频率的增大而减弱。本节介绍晶体管频率特性的表征参数，并且从载流子输运物理过程分析影响BJT频率特性的主要因素，进而说明提高BJT频率特性的技术途径。

1．BJT频率特性参数

当晶体管用于放大交流信号时，信号一般很小。因此，采用交流小信号电流增益来描述。晶体管频率特性表征晶体管放大能力将随信号频率的增大而减弱的程度。

（1）共基极交流小信号增益α

α定义为输出端c-b电压保持不变（等效为输出端c-b交流短路）的情况下，集电极输出电流变化量dI_c与输入发射极电流变化量dI_e之比，也就是输出端交流电流i_c与输入端交流电流i_e之比，即

$$\alpha = \left.\frac{dI_c}{dI_e}\right|_{V_{cb}=\text{常数}} = \left.\frac{i_c}{i_e}\right|_{\text{输出cb交流短路}}$$

说明：交流情况下α是复数。平时说的共基极交流小信号增益大小通常指α的模值。

（2）共射极交流小信号增益β

与α的定义类似，β定义为输出端c-e电压保持不变（等效为输出端c-e交流短路）的情况下，集电极输出电流变化量dI_c与输入基极电流变化量dI_b之比，也就是输出端交流电流i_c与输入端交流电流i_b之比，即

$$\beta = \left.\frac{dI_c}{dI_e}\right|_{V_{ce}=\text{常数}} = \left.\frac{i_c}{i_b}\right|_{\text{输出ce交流短路}}$$

说明：与α的定义类似，交流情况下β是复数。平时说的共射极交流小信号增益大小通常指β的模值。

在应用中，为方便起见，经常对放大系数取对数，用分贝(dB)数表示交流电流增益。

$$\alpha(\text{dB}) = 20\lg|\alpha|, \quad \beta(\text{dB}) = 20\lg|\beta|$$

（3）α、β随频率变化的关系

实验和理论分析结果均表明，α 及 β 随频率变化的关系可以表示为

$$\alpha=\frac{\alpha_0}{1+\mathrm{j}\left(f/f_\alpha\right)},\quad \beta=\frac{\beta_0}{1+\mathrm{j}\left(f/f_\beta\right)} \tag{2.70}$$

图 2.55 描述的是 α 和 β 的模值随着工作频率 f 变化的频率关系曲线。

由图 2.55 可知，当频率较低时，电流增益 β 的幅度保持为常数，等于直流小信号电流增益 β_0。随着频率的增大，电流增益明显下降。电流增益 α 和频率关系与此类似。

（4）表征 BJT 交流放大特性的频率参数

为了定量表征 α 和 β 随着工作频率 f 的变化特点，引出下面几个频率参数。

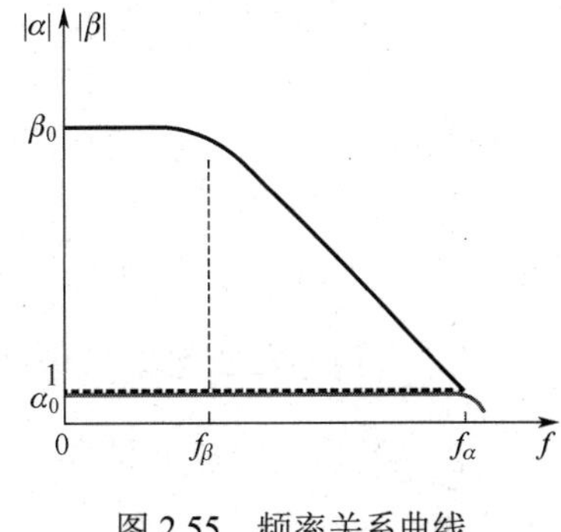

图 2.55　频率关系曲线

① α 截止频率 f_α。

参照电路分析中采用的定义方法，使电流增益下降为低频值的 $1/\sqrt{2}$ 时的频率称为截止频率。

对于共基极情况，α 模值从低频值 α_0 下降到（$\alpha_0/\sqrt{2}$）$=0.707\alpha_0$ 的频率称为共基极截止频率，记为 f_α。式（2.70）中 f_α 就是共基极截止频率。

② β 截止频率 f_β。

对于共射极情况，β 模值从低频值 β_0 下降到（$\beta_0/\sqrt{2}$）$=0.707\beta_0$ 的频率称为共射极截止频率，记为 f_β。式（2.70）中 f_β 就是共射极截止频率。

③ 特征频率 f_T。

通常共射极应用的晶体管的低频电流增益 β 为几十到几百。当工作频率为 f_β 时，虽然电流增益 β 下降为低频值的 $1/\sqrt{2}$，但是仍然有几十，还具有较大的电流放大能力。为了表示共射极情况下晶体管起电流放大作用的频率限制，将共射极电流增益 β 下降为 1 时的频率称为特征频率，记为 f_T。

2．共基极截止频率 f_α 与结构参数的关系

（1）共基极小信号传输过程

对于共基极连接，直流情况下 BJT 电流从输入端发射极传输到输出端集电极存在注入效率、基区复合这两个因素的影响，如图 2.56（a）所示。但是，在交流情况下，信号传输过程还需要考虑对发射结电容 C_je 和集电结电容 C_jc 充放电，以及通过基区和 BC 结势垒区耗尽层都需要一定的时间而引起信号延迟。这 4 个因素均对交流特性产生影响，如图 2.56（b）所示。

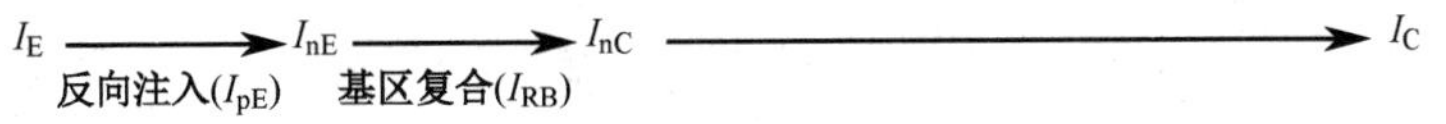

I_E → I_nE → I_nC → I_C
反向注入(I_pE)　基区复合(I_RB)

（a）直流电流传输过程

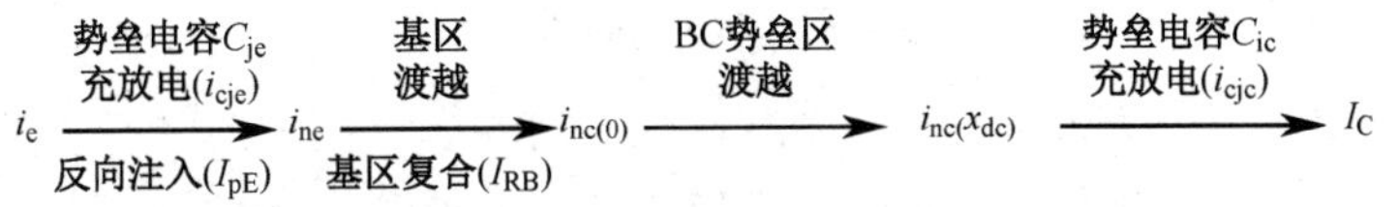

势垒电容C_je充放电(i_cje)　基区渡越　BC势垒区渡越　势垒电容C_jc充放电(i_cjc)
i_e → i_ne → $i_\mathrm{nc(0)}$ → $i_\mathrm{nc}(x_\mathrm{dc})$ → I_C
反向注入(I_pE)　基区复合(I_RB)

（b）交流信号传输过程

图 2.56　直流电流与交流信号传输过程对比

（2）共基极小信号电流放大系数 α 与截止频率 f_α

定量分析得到交流信号传输过程 4 个阶段的定量描述关系，进而得到共基极小信号电流放大系数 α 为

$$\alpha = \frac{\alpha_0}{1 + \mathrm{j}(f/f_\alpha)}$$

式中，f_α为截止频率。与晶体管结构参数的关系为

$$f_\alpha = \frac{1}{2\pi\tau_{ec}} = \frac{1}{2\pi(\tau_e + \tau_b + \tau_d + \tau_c)} \approx \frac{1}{2\pi\left(r_e C_{je} + \dfrac{W_b^2}{\lambda D_{nB}} + \dfrac{x_{dc}}{v_d} + R_c C_{jc}\right)} \tag{2.71}$$

式中，τ_{ec}为交流信号从发射极 e 传输到集电极 c 的总延迟时间，等于发射结电容充放电时常数τ_e、基区渡越时间τ_b、集电结耗尽层渡越时间τ_d和集电结电容充放电时常数τ_c这 4 个时间常数之和；$r_e = kT/qI_E$（注意，r_e为发射结微分电阻，不是发射区串联电阻。其中I_E为发射极直流工作点电流）；C_{je}、C_{jc}分别为发射结和集电结势垒电容；R_C为集电区串联电阻；W_b为基区宽度；x_{dc}为集电结空间电荷区宽度；v_d为电子通过集电结空间电荷区的漂移速度。

3．共射极截止频率f_β与结构参数的关系

将共基极电流放大系数代入共射极电流放大系数表达式可得

$$\beta = \frac{\alpha}{1-\alpha} = \frac{\dfrac{\alpha_0}{1+\mathrm{j}(f/f_\alpha)}}{1 - \dfrac{\alpha_0}{1+\mathrm{j}(f/f_\alpha)}} = \frac{\alpha_0}{(1+\mathrm{j}(f/f_\alpha)) - \alpha_0} = \frac{\alpha_0}{(1-\alpha_0) + \mathrm{j}(f/f_\alpha)}$$

$$= \frac{\alpha_0/(1-\alpha_0)}{1+\mathrm{j}(f/f_\alpha(1-\alpha_0))} = \frac{\beta_0}{1+\mathrm{j}(f/f_\alpha(1-\alpha_0))}$$

对照β随频率的变化关系式（2.70）

$$\beta = \frac{\beta_0}{1+\mathrm{j}(f/f_\beta)} \tag{2.72}$$

得到共射极截止频率f_β与共基极截止频率f_α的关系为

$$f_\beta = f_\alpha(1-\alpha_0) \approx f_\alpha/\beta_0 \tag{2.73}$$

4．特征频率f_T

（1）f_T表达式

由式（2.72）得

$$|\beta| = \beta_0/\sqrt{1+(f/f_\beta)^2} \tag{2.74}$$

按照特征频率定义，若f=f_T，则$|\beta| = 1$，因此得

$$1 = \beta_0/\sqrt{1+(f_T/f_\beta)^2}$$

通常f_T>>f_β，由上式得（f_T/f_β）≈β_0，因此得$f_T \approx \beta_0 f_\beta$。

由式（2.73），并代入式（2.71）得

$$f_T \approx f_\alpha = \frac{1}{2\pi\left(r_e C_{je} + \dfrac{W_b^2}{\lambda D_{nB}} + \dfrac{x_{dc}}{v_d} + R_c C_{jc}\right)} \tag{2.75}$$

（2）关于 f_T 的讨论

① 增益-带宽积。

通常 f_T>>$f_β$，由式（2.74）得 $|\beta| \approx \beta_0 / (f / f_\beta) = (\beta_0 f_\beta) / f = f_T / f$ ，即 $f_T = |\beta| f$ 。

这说明特征频率 f_T 等于频率 f 与该频率下交流电流放大系数的乘积，因此特征频率又称为增益带宽积。

② f_T 的实际测试方法。

如果按照定义测试 f_T，需要测量使得 $|\beta| = 1$ 时的输入信号频率，这就要求采用价格昂贵的高频信号源。

按照 f_T 的特性，可以在较低频率 f 下（要求 f>5 $f_β$）测量器件的 $|\beta|$ ，则 $f_T = |\beta| f$ 。

例如，若在 f=80MHz 下，测得 $|\beta|$ =10，则器件的 f_T =800MHz。也就是说，采用 80MHz 信号源可以测量 800MHz 的 f_T，无须采用 800MHz 的信号源。

（3）提高 f_T 的主要技术途径

① 提高 f_T 的基本思路。

由于 f_T 与 4 个时间常数为反比关系，因此，为了提高 f_T，应该减小每个时间常数的值。

但是，基于“水桶原理”，如果实际 4 个时间常数之间数值相差较大，那么进一步减小数值较小的时间常数对提高 f_T 的作用并不大，而应该首先抓住重点，侧重减小数值较大的那个或那几个时间常数。

② 减小发射结 C_{je} 充放电时间常数 τ_e 的技术途径。

根据 τ_e 的表达式 $\tau_e = r_e C_{je} = (kT / qI_E) C_{je}$ ，应从以下两方面考虑减小 τ_e。

一是提高直流工作电流 I_E 可以直接减小 r_e，这是电路设计人员在设计电路时应考虑的问题。

二是从器件结构而言，减小发射结的结面积 A_E 可以减小 C_{je}，这是减小 τ_e 提高 f_T 的主要途径之一。

③ 减小基区渡越时间 τ_b 的技术途径。

根据 τ_b 的表达式 $\tau_e = W_b^2 / \lambda D_{nB}$ ，可以从下述两方面采取措施。

一是减小基区宽度 W_b，从而减小 τ_b，这是提高 BJT 频率响应的主要途径之一。

二是通过增加基区杂质分布的陡峭程度增大 λ 也可以减小 τ_b，提高 BJT 频率响应。

显然，上述减小基区渡越时间的技术途径与提高 BJT 电流放大系数的要求是一致的。

④ 减小 BC 势垒区渡越时间 τ_d 的技术途径。

根据 τ_d 的表达式 $\tau_d = x_{dc} / v_d$ ，减小 τ_d 需要减小 BC 势垒区宽度 x_{dc}，这就要求提高集电区掺杂浓度 N_C。显然，这一要求与提高击穿电压相矛盾，通常不会采取这一措施提高 BJT 频率响应。

⑤ 减小集电结 C_{jc} 充放电时间常数 τ_c 的技术途径。

根据 τ_c 的表达式 τ_c=R_CC$_{jc}$，可以从两方面采取措施减小 τ_c。

一是应该减小集电区串联电阻 R_C，为此要求提高集电区掺杂浓度 N_C，由于这一要求与提高击穿电压相矛盾，通常不会采取这一措施提高 BJT 频率响应。为了解决这一矛盾，同时兼顾器件频率特性和功率特性，促使了外延结构晶体管的出现。

二是要求减小 C_{jc}，为此可以采取减小集电结的结面积 A_C 的措施。这是减小 τ_c 进而提高 f_T 的主要途径之一。

⑥ 结论：提高 f_T 的实际技术途径。

综合考虑不同因素对 BJT 其他特性参数的影响，提高 f_T 的实际有效途径有：控制工艺，减小基区宽度 W_b；减小发射结的结面积 A_E；减小集电结的结面积 A_C。

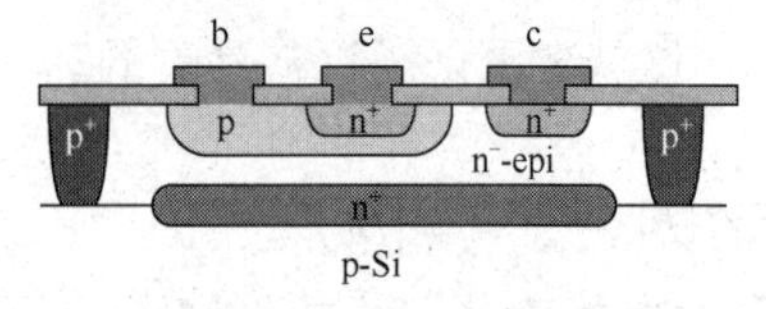

图 2.57 最小尺寸 npn 晶体管版图与剖面图

在集成电路设计中，尽量减小发射结的结面积 A_E 和集电结的结面积 A_C 是 BJT 版图设计中必须考虑的一条基本准则。

因此，减小器件版图几何尺寸及减小器件纵向尺寸，促使器件结构小型化可以明显改善器件频率特性。这也是一般情况下集成电路中晶体管版图设计都采用一种称为“最小尺寸晶体管”的原因。

图 2.57 是 pn 隔离集成电路中普遍采用的最小尺寸 npn 晶体管版图与剖面图。版图中每个尺寸都是设计规则中允许的最小尺寸。第 3 章将详细介绍晶体管版图与剖面图的关系。设计规则的概念和作用将在第 4 章介绍。

对频率特性要求较高而且同时要求输出较大电流的高频大功率，需要采用 2.4.5 节介绍的交叉梳状版图晶体管。

5. 最高振荡频率 f_m

（1）f_m 的定义

如果工作频率高于特征频率 f_T，那么共射极电流增益小于 1，晶体管不具有电流放大能力。但是，根据晶体管放大电路工作原理分析，晶体管还可以具有电压放大能力，功率增益仍大于 1。为了表示晶体管具有功率放大作用的频率极限，使晶体管功率增益下降为 1 的频率称为最高振荡频率，记为 f_m。

在频率 f_m 下，功率增益等于 1。如果用晶体管组成振荡器，将输出功率全部反馈到输入端，还能维持振荡状态。若频率再高，振荡则难以维持。因此称 f_m 为最高振荡频率。

（2）f_m 的计算

分析可得，晶体管最高振荡频率 f_m 与特征频率 f_T 具有下述关系。

$$f_m = \left(\frac{f_T}{q\pi R_B C_{BC}}\right)^{\frac{1}{2}} \tag{2.76}$$

式中，R_B 为基区串联电阻；C_{BC} 为集电结总电容。因此，为了提高晶体管最高振荡频率 f_m，除要求提高特征频率 f_T 之外，减小基区电阻和集电结电容也是提高 f_m 的重要途径。

2.4.5 晶体管的功率特性

当晶体管用于功率放大时，一般工作电压较高，工作电流也较大。2.4.3 节已经介绍了如何提高“击穿电压”保证工作电压较高的问题。本节主要讨论如何保证晶体管能输出较大的电流。

1. 基区串联电阻 R_B

制约晶体管最大输出电流的一个原因是由晶体管内部基区串联电阻 R_B 所导致的发射极电流集边效应。因此应该分析了解平面工艺 BJT 中基区串联电阻的组成特点。在设计晶体管时需要考虑如何减小 R_B。

（1）基区串联电阻的组成

图 2.58 所示为单基极条晶体管，是最简单的一种双极型晶体管结构。

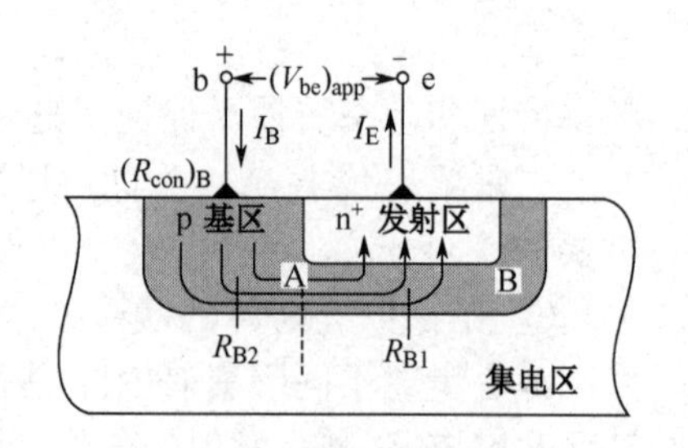

图 2.58 单基极条晶体管

晶体管在工作时，基极电流 I_B 要通过很窄的基区通道，因此呈现有一定的基区串联电阻，记为 R_B。进一步细分，R_B 由基极电流 I_B 通道上 3 个区域的电阻组成。

R_{B1}：位于发射区正下方的那部分基区，是晶体管电流传输的关键区域，因此该区域称为有源基区，又称为内基区。该区域呈现的电阻记为 R_{B1}。

R_{B2}：位于发射区外围的那部分基区，称为无源基区，又称为外基区。该区域电阻记为 R_{B2}。

$(R_{con})_B$：基极引出端处的金属-半导体接触电阻。

（2）基区串联电阻 R_B 的影响

如式（2.76）所示，基区串联电阻 R_B 增大，将使得最高震荡频率 f_m 下降。

此外，本节将详细分析，严重影响 BJT 的大电流特性的主要原因就是基极电流流过基区时在基区串联电阻 R_B 产生的自偏压效应，进而导致发射极电流集边效应。

因此，R_B 只有负面影响，应尽量减小基区串联电阻。

（3）减小基区串联电阻的技术途径

由图 2.58 中的基区串联电阻的组成可知，提高基区掺杂和增大基区宽度都可以直接减小有源基区电阻 R_{B1}。但是这与改善直流电流增益及特征频率 f_T 的要求相抵触，需要综合考虑。目前在设计制造双极型集成电路晶体管时主要采取下述措施减小基区串联电阻。

① 无源基区重掺杂。

基区中影响晶体管电流放大系数的主要是有源基区，这部分掺杂浓度不能太高。

常规基区掺杂后，可以在无源基区部分再进行一次 p^+掺杂，直接减小 R_{B2}。由于基极引出端处的金属与无源基区接触，因此无源基区重掺杂同时能够减小 $(R_{con})_B$。

现代双极型集成电路制造过程中基本上都包含无源基区重掺杂工艺。采用无源基区重掺杂的晶体管结构参见图 2.73（b）。

② 采用双基极条结构。

将图 2.58 所示晶体管改为双基极条结构，即在发射极的两侧均有一个基极引出端，如图 2.59 所示。这样基极电流分两路通过基区，使等效基区串联电阻减少一半。

在双极型集成电路中，工作电流较大的晶体管基本上均采用双基极条结构。图 2.60 是 pn 结隔离集成电路中双基极条 npn 晶体管版图与剖面图。与图 2.57 所示 npn 晶体管相比，只是在发射区另一侧增加一个基极条。

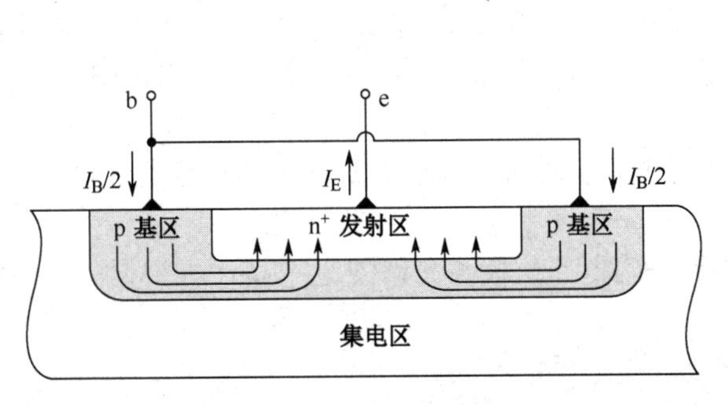

图 2.59　双基极条结构

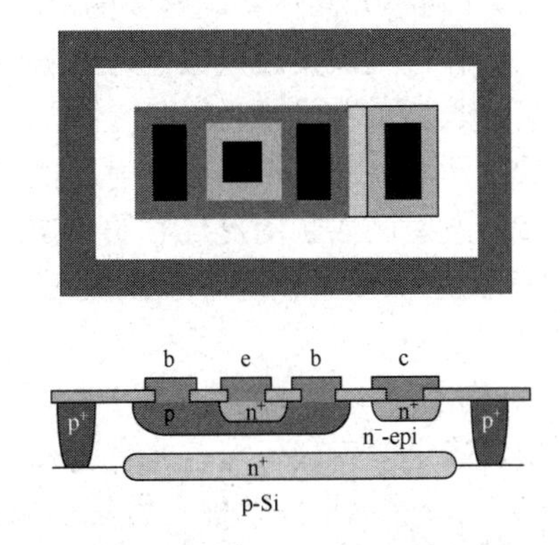

图 2.60　双基极条晶体管版图与剖面图

2．基区自偏压效应与发射极电流集边效应

2.4.2 节中指出，由于大注入效应，导致大电流下晶体管电流放大系数下降。在实际工作中，是否出现大注入效应取决于发射结注入电流密度的大小。在通常情况下，电流密度等于电流除以结面积。但是由于存在下面介绍的电流集边

效应，双极型晶体管中电流并不是均匀地通过发射结结面，而是集中在离基极近的发射结边缘，使这一部分电流密度高于平均电流密度，容易产生大注入效应，导致在较小的电流下，电流增益β_0就开始减小。

（1）基区横向压降与基区自偏压效应

对于图2.58所示平面晶体管结构，从发射区注入基区并通过扩散到达集电区的电流是垂直于结面方向流动的。而基极电流I_B则是沿着水平方向横向通过基区。I_B在基区串联电阻上产生的压降称为基区横向压降。

发射区通常为重掺杂，因此EB结在发射区一侧基本为等电位。但是由于基区横向压降的存在，使EB结基区一侧的电位不相等。图2.58中EB结基区一侧离基极近的A点位置电位显然高于离基极远的B点位置电位，导致EB结上离基极近的部分结压降大，而离基极远的部分结压降小，这一现象称为基区自偏压效应。

（2）发射极电流集边效应

EB结上正偏电压降等于B区一侧电位与E区一侧电位之差。由于基区自偏压效应，距基极条越远，结电压$(V_{be})_a$越小。如式（2.36）所示，正偏发射结电流密度与结电压呈指数关系，因此，发射结结面上距基极条越远，发射结电流密度越小。

对于图2.59所示双基极条晶体管结构，发射极条两侧边界都与基极条最近，电流密度J_E最大，而中心位置电流密度J_E最小，如果情况严重，这一部分结面电流注入将趋于零。

由于发射极电流基本集中在发射极条的两侧边界，这一现象称为发射极电流集边效应。

（3）发射极电流集边效应的影响

由于发射极条边缘处电流密度最大，因此该处容易出现大注入效应，导致电流放大系数下降，特征频率下降。

由于存在发射极电流集边效应，I_E并不与发射结的结面积A_E成正比，或者说发射结的结面积A_E中心处对I_E贡献很小。但是A_E越大，势垒电容C_{je}越大，导致特征频率下降，因此A_E有害无益，越小越好。

3．功率BJT的交叉梳状版图设计

（1）（功率）晶体管发射区图形选择

由于存在电流集边效应，为了满足I_E较大的要求，同时防止出现大注入效应，发射区边缘长度应足够长。而为了保证频率特性，A_E应尽量小。因此功率器件的发射区应该采用周长面积比尽量大的图形。显然，长条形发射区图形是较好的选择，广泛用于功率BJT版图设计中。

（2）发射区条状图形尺寸的确定

① 为了保证条状发射区A_E尽量小，就要求条宽尽量窄，能够实现多窄的条宽取决于光刻工艺水平。

② 为了防止出现大注入效应，就需要首先确定单位条长允许的电流I_0，再根据工作电流I_E的要求，确定发射极条应该具有的长度$L= I_E / I_0$。

③ 应考虑单根发射极条的条长是否受到一定条件的制约。

（3）单位发射区条长允许的最大电流

在设计集成电路版图时，广泛采用下述实用的工程经验数据。

① 线性放大应用：要求电流增益β_0均匀性好，通常取$I_0 \leqslant 0.012 \sim 0.04\text{mA}/\mu\text{m}$。

② 功率放大应用：可适当放宽要求，通常取$I_0 \leqslant 0.04 \sim 0.08\text{mA}/\mu\text{m}$（$f > 400\text{MHz}$）。如果工作频率较低，还可进一步放宽要求，通常取$I_0 \leqslant 0.08 \sim 0.16\text{mA}/\mu\text{m}$（$f < 400\text{MHz}$）。

③ 开关应用：对β_0均匀性要求不高，可以放宽到，通常取$I_0 \leqslant 0.16 \sim 0.4\text{mA}/\mu\text{m}$。

显然，设计中 I_0 取值越小，越不容易出现大注入，晶体管特性越好。但是对于一定的 I_E 要求，需要的发射极条越长，芯片面积越大。

（4）交叉梳状结构版图设计

根据工作电流 I_E 要求，选择合适的 I_0，则发射极总条长 $L_E \geqslant I_E / I_0$。

由于发射极条长方向也会产生压降，使得单根发射极条最长条长受到限制。如果工作电流很大，要求的发射极条长将很长，这种情况下往往采用多根较短发射极条并联的方式。

为了减小基区串联电阻 R_B，每根发射极条两侧均应该有基极条。如果采用 n 根发射极条并联，就一共有 n+1 根基极条。然后通过金属层将 n 根发射极条并联，将 n+1 根基极条并联。

图 2.61 是一个 pn 结隔离集成电路中的 3 根发射极条晶体管版图和剖面图。版图中包括 4 根基极条，保证了每个发射极条两侧均有基极条，成为双基极条结构。整个版图结构相当于是 3 个双基极条晶体管的并联。

并联在一起的 3 根发射极条以及并联在一起的 4 根基极条形似两把交叉的梳子，相互穿插，因此又称为交叉梳状结构。

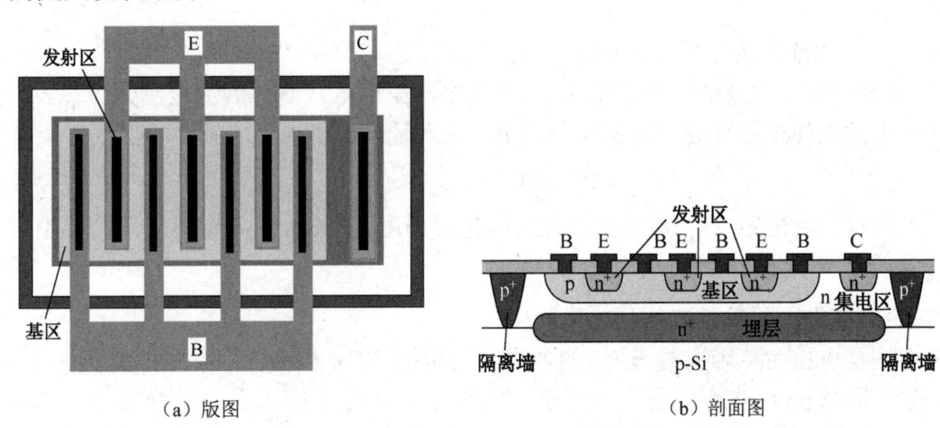

（a）版图　　（b）剖面图

图 2.61　3 根发射极条晶体管版图和剖面图

4．外延结构晶体管

（1）早期晶体管存在的频率-功率特性矛盾

早期分立器件平面晶体管结构剖面图如图 2.62（a）所示。衬底材料同时起集电区的作用。为了保证晶圆的强度，在工艺加工过程中不易破碎，通常衬底厚 300μm 左右，而 BJT 核心部分只在表面几微米范围。

根据前面频率特性分析结果[见式（2.75）]，要提高晶体管特征频率 f_T，就要求减小集电区串联电阻 R_C，为此要求降低集电区材料的电阻率 ρ_c；但要增大晶体管输出功率，则要求提高电源电压，为此必须提高集电结击穿电压。根据 pn 结击穿机理分析（见 2.3.5 节），这就要求提高集电区电阻率 ρ_c。显然，与提高特征频率的要求相冲突。因此，早期双极型晶体管只能是低频大功率或高频小功率，无法制造出高频大功率晶体管。

（2）外延晶体管的结构与特点

采用 20 世纪 60 年代出现的外延工艺，构成外延晶体管结构就可以较好地解决上述矛盾。外延晶体管如图 2.62（b）所示，其特点是在低电阻率衬底上采用外延技术（见 3.6 节）生长一层电阻率较高的薄外延层，然后在外延层上制作晶体管。高阻外延层集电区满足了高击穿电压的要求，低电阻率的衬底则降低了集电区串联电阻 R_C，有利于提高频率特性。因此外延晶体管结构较好地解决了 BJT 高频与大功率要求之间的矛盾，明显提高了晶体管的功率-频率特性，出现了高频大功率晶体管。

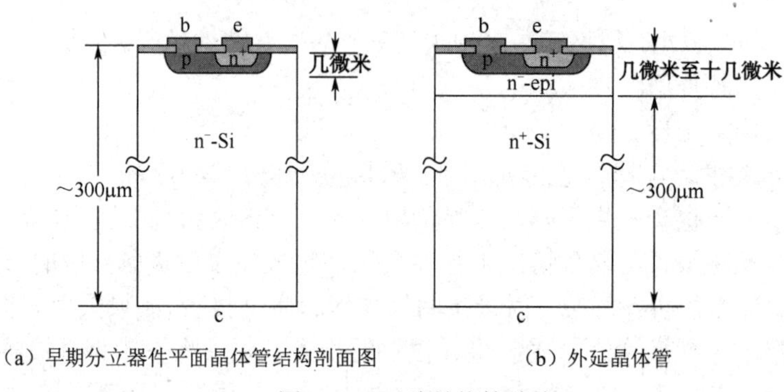

（a）早期分立器件平面晶体管结构剖面图　　（b）外延晶体管

图 2.62　两种晶体管结构

现代双极型晶体管，无论是分立器件还是集成电路中的BJT，基本都采用外延结构BJT。

（3）外延层参数的设计考虑

表征外延层的参数主要是外延层厚度与电阻率。集成电路工艺中按照下述思路确定这两个参数的取值。

① 按照不发生外延层穿通的要求确定外延层厚度。

BC结击穿时CB结势垒区宽度记为x_{dm}，其中向集电区一侧扩展的范围为$(x_{dm})_C$。为了在CB结击穿之前不发生外延层穿通，外延层厚度d_{epi}应满足以下要求：

$$d_{epi} \geqslant 0.44 d_{SiO_2} + x_{jc} + (x_{dm})_C$$

式中，x_{jc}为基区掺杂结深；d_{SiO_2}为晶体管表面氧化层厚度。生长d_{SiO_2}厚度氧化层需要消耗$0.44\, d_{SiO_2}$厚度的硅。

② 按照击穿电压要求确定外延层电阻率。

首先由偏置电压V_{CE}确定对BV_{CE}的要求，再根据BV_{CE}和BV_{CB}的关系由BV_{CE}确定对BV_{CB}的要求，最终根据pn结击穿电压与轻掺杂一侧掺杂浓度的关系，由BV_{CB}确定对外延层掺杂浓度N_C的要求，进而计算得到对外延层电阻率ρ_{epi}的要求。

目前IC代工厂已积累有根据V_{CE}直接确定外延层电阻率的实用工程数据。

2.4.6 晶体管的开关特性

在双极型数字集成电路中，晶体管起开关作用。本节分析晶体管开关物理过程，说明提高晶体管开关速度的技术途径。

1. 晶体管开关作用与开关电路

（1）晶体管开关作用与开关参数

表2.6以对比方式说明共射极连接的晶体管开关与理想开关作用的差距。

表2.6　理想开关与晶体管开关作用

	导 通	关 断	开关速度
理想开关	导通电阻为0， 开关两端压降为0	电阻为∞， 通过的电流为0	即时切换 转换时间为0
晶体管开关	正向饱和压降V_{CES}	截止电流I_{CEO}	需要一定转换时间 特别是从导通转换为关断的时间较长

通常采用下述3个参数表征晶体管开关作用的特性。

① “关断”状态漏电流：稳定“关断”状态时的漏电流 I_{CEO} 应尽量小。

② “导通”状态饱和压降：稳定“导通”状态时晶体管集电极与发射极之间的饱和压降 V_{CES} 应尽量小。

③ 开关速度：导通和关断之间的转换速度应尽量快，即开关时间应尽量短。

（2）典型开关电路

图 2.63 所示为典型共射极晶体管开关电路，其中负载电阻 R_L=1kΩ，直流偏置电压 V_{CC}=5V。假设电路中 npn 晶体管的电流放大系数 β_0=100，对应的晶体管输出特性曲线如图 2.63（b）所示。输入端基极施加正负 5V 脉冲信号控制晶体管的导通和关断。

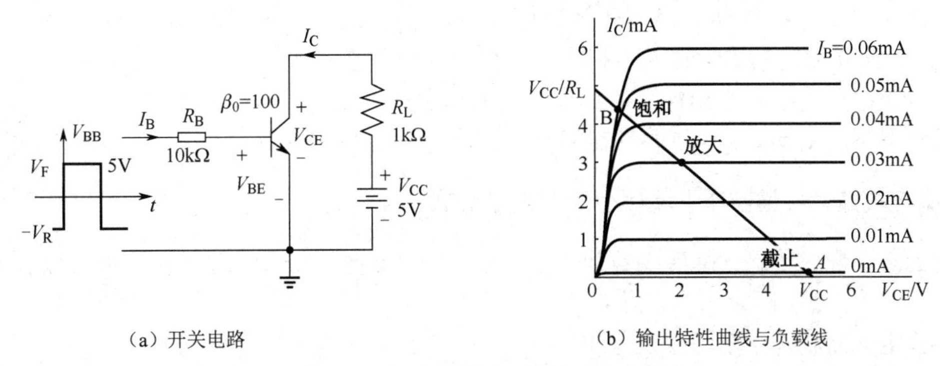

（a）开关电路　　（b）输出特性曲线与负载线

图 2.63　典型共射极晶体管开关电路

本节针对该开关电路实例，分析导通、关断及导通与关断之间的转换过程。

在图 2.63（a）中，由晶体管 C-E、负载电阻 R_L 及偏置电压 V_{CC} 组成输出回路：

$$V_{CE} = V_{CC} - I_C R_L \tag{2.77}$$

在晶体管输出特性曲线上该方程对应一条斜直线，称为负载线，如图 2.63（b）所示。

负载线上对应输入端基极电流 I_B 的那一点就是晶体管的直流工作点。

例如，若 I_B=0.03mA，工作点对应为 V_{CE}=2V，I_C=3mA，晶体管处于放大状态。

若 I_B=0，晶体管处于截止状态。若 I_B=0.06mA，晶体管处于饱和状态。

（3）晶体管的“临界放大”

① 临界放大状态。

若晶体管处于正向放大状态，即 BE 结正偏、BC 结反偏，$I_C=\beta_0 I_B$。

I_C 随着 I_B 的增大而增大，晶体管工作点沿着负载线向左上方移动，则晶体管输出端 C-E 两端电压 $V_{CE}=V_{CC}-I_C\times R_L$ 随之减小。

由于 $V_{CE}=V_{CB}+V_{BE}$，即 $V_{CB}=V_{CE}-V_{BE}$。若 I_B 增大到使得 V_{CE} 减小到等于 V_{BE}，则 V_{CB}=0，BC 结不再是反偏，而是零偏，晶体管开始脱离了放大状态。

I_B 增大到使 V_{CB} 等于 0 时的状态称为临界放大状态。

② 临界驱动电流 I_{BS}。

一般情况下，Si 晶体管正偏 BE 结的 V_{BE} 约为 0.7V。处于临界放大状态时的 V_{CE} 等于 V_{BE}，也约为 0.7V。临界放大状态时的基极电流记为 I_{BS}。由于在临界放大条件下，晶体管还基本维持电流放大系数，因此可得

$$I_{BS}=I_C/\beta_0=((V_{CC}-V_{CE})/R_L)/\beta_0=(V_{CC}-V_{BE})/(R_L\beta_0)\approx(V_{CC})/(R_L\beta_0) \tag{2.78}$$

若实际 I_B 大于 I_{BS}，则晶体管将脱离放大状态，进入饱和状态。式（2.78）描述的是临界放大条件。

根据图 2.63（a），计算临界放大状态时，I_C=4.3mA，I_{BS}=0.043mA。若 I_B 继续增大，如 I_B 为 0.05mA、0.06mA，工作点对应的 I_C 和 V_{CE} 变化很小，晶体管进入饱和状态。

2．晶体管开关应用的两种稳定状态

（1）关断状态（Turn-off）

若输入端电压 $V_{BB}=-V_R$，BE 结反偏，I_B 近似为 0，晶体管工作点位于图 2.63（b）所示负载线上 A 点，处于截止状态，称晶体管处于关断状态。这时输出端 C、E 之间流过很小的漏电流 I_{CEO}。

（2）导通状态（Turn-on）

若输入端电压 V_{BB}=+5V，从输入端回路分析，I_B=(5V −0.7V)/10kΩ=0.43mA，远大于临界驱动电流 I_{BS}=0.043mA，晶体管进入饱和状态，称为导通状态。

基极电流中超出临界驱动电流的那部分称为过驱动电流 $I_{BX}=I_B-I_{BS}$。

导通状态下输出端 C、E 之间存在很小的压降，称为饱和电压 V_{CES}。

3．稳定关断、导通状态下基区少数载流子分布

稳定关断、导通状态下基区少数载流子（少子）分布是分析导通与关断之间转换物理过程的基础。

（1）稳定关断状态下基区少子分布

在稳定关断状态下，晶体管 EB 结和 BC 结均为反偏。

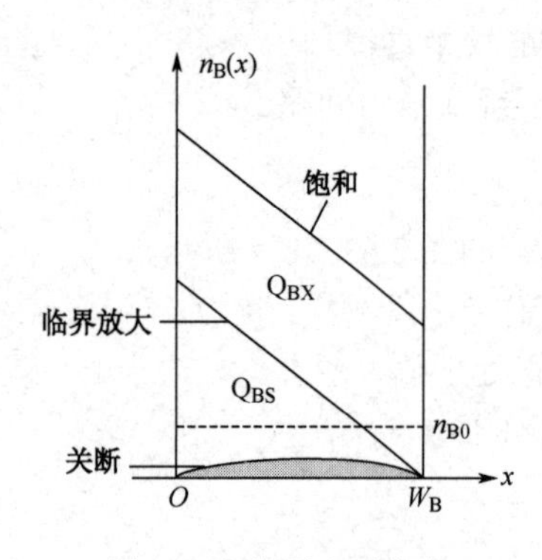

图 2.64　基区少子分布

由式（2.32）可知，基区靠两个结的两个边界处，少子浓度均应近似为 0，基区少子分布 $n_B(x)$如图 2.64 所示。实际上，基区平衡少子浓度 n_{B0} 很小，为了描述少子分布形态，图中突出显示了 n_{B0} 值。

（2）临界放大状态下的基区少子分布

在临界放大状态下，BE 结正偏，BC 结零偏。由式（2.32）可知，基区中 x=0 处正偏 pn 结少子浓度边界值远大于平衡少子浓度 n_{B0}。$x=W_B$ 处零偏，少子浓度边界值等于 n_{B0}，可以忽略不计。由于基区很薄，基区中少子复合电流可以忽略不计，则注入到基区的少子在扩散通过基区过程中几乎未被复合，基区扩散电流近似为常数，因此基区中少子分布斜率不变，说明少子分布近似为斜直线，如图 2.64 所示。

临界放大状态下基区少子电荷总数记为 Q_{BS}。

（3）稳定导通状态下基区少子分布与饱和深度

① 稳定导通状态下基区少子分布。

根据晶体管电流输运物理过程，I_C 主要分量 I_{nC} 是基区少子扩散电流，应该与基区少子分布斜直线的斜率成正比。I_B 中复合电流则与基区非平衡少子总数，即少子分布下方面积成正比。

如图 2.63（b）所示，从临界放大到饱和状态，I_C 基本不变，说明稳定饱和状态下基区少子分布曲线应该与临界放大状态的基区少子分布曲线平行。

但是，在稳定饱和状态下，I_B 大于临界驱动电流 I_{BS}，说明稳定饱和状态下基区少子分布曲线下方面积一定增大。

基于基区少子分布上述两个特点的分析，基区少子分布必然是临界状态少子分布斜直线的平行上移，如图 2.64 所示。

② 导通状态的特点：BC 结正偏。

如图 2.64 所示，稳定导通状态下基区 $x=W_B$ 处少子浓度边界值明显大于 n_{B0}。根据边界浓度与结电压的关系式（2.32），可知 BC 结已处于正偏。

③ 饱和深度。

超出临界状态少子分布的那部分少子电荷为过饱和少子电荷，记为 Q_{BX}。显然，过驱动电流 I_{BX} 越大，Q_{BX} 就越多，则晶体管饱和深度越深。

为了描述饱和的程度，将稳定导通状态下基极电流 I_B 与临界放大基极电流 I_{BS} 之比称为饱和深度，也称为饱和因子，记为 S。

$$S=I_B/I_{BS} \tag{2.79}$$

由图 2.63 所示开关电路可知，临界放大基极电流 I_{BS}=0.043mA，而在稳定导通状态下，I_B=0.43mA，饱和深度 S 达到 10。

4. BJT 开关过程分析

下面结合图 2.64 以及 BE 结和 BC 结的偏置情况，分析输出端电流 I_C 随时间的变化特点，可以直观理解晶体管在关断和导通之间的转换过程。

（1）从关断到导通的过程分析

若图 2.63 所示开关电路输入端施加图 2.65（a）所示脉冲电压 V_{BB}，记 t=0 时 V_{BB} 由反偏转为正偏电压 V_F。下面分析 t=0 以后输出端电流 I_C 的变化情况。

t=0 时晶体管初始状态为截止。V_{BB} 由反偏转为正偏电压 V_F 后，BE 结受到正偏电压作用，应该转为导通，对应晶体管进入饱和状态。但是晶体管为了从截止转为饱和，基区中非平衡少子分布 $n_B(x)$ 需要从图 2.64 中对应截止的 $n_B(x)$ 曲线转变为对应饱和的 $n_B(x)$ 曲线，显然这是一个不能立即就能实现的过程，而是需要一定的时间，相当于基区存在一个充电的过程。

按照基区少子变化情况，可以将晶体管从截止转为导通的过程划分为 3 个阶段。

阶段①：从反偏到零偏。

在正偏电压 V_F 作用下，首先基区中 x=0 处少子浓度从 0 变向 n_{B0}，对应 V_{BE} 从反偏向零偏变化，如图 2.66 中①号箭头所示。

这段时间内晶体管还未完全脱离截止状态，因此 I_C 增加很小，如图 2.65（b）所示。

阶段②：从零偏到临界放大。

随着发射区向基区注入电子的增加，基区中 x=0 处非平衡少子浓度 $n_B(x=0)$ 大于 n_{B0} 后继续不断增加，EB 结转为正偏，晶体管呈现放大状态。但是 BC 结仍然为反偏，基区中 $x=W_B$ 处非平衡少子浓度 $n_B(x=W_B)$ 近似为 0，因此基区少子分布逐步变斜，I_C 不断增大，同时基区少子总数也随之增加，直到进入临界放大状态，如图 2.65（b）所示。

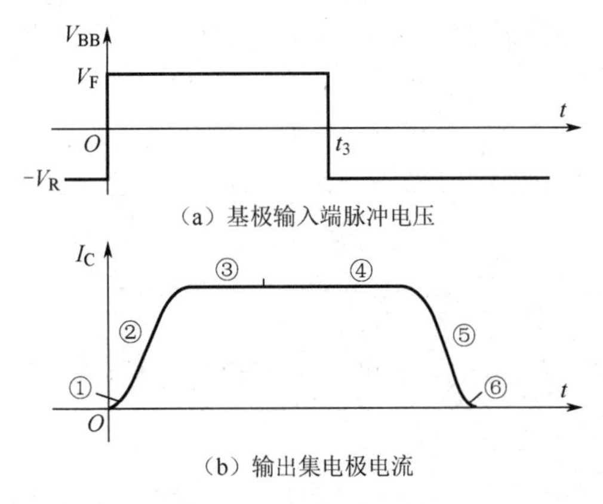

图 2.65　晶体管开关特性

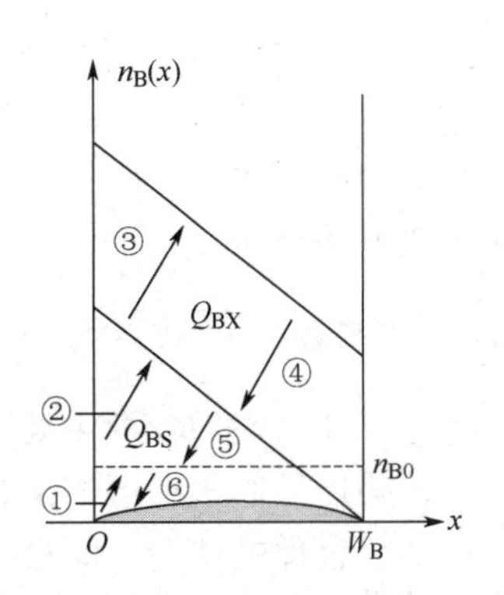

图 2.66　基区少子分布的变化

阶段③：过饱和。

如图 2.63（b）所示，达到临界放大状态后，I_C 电流基本不再增加，但是临界放大状态时基极电流才达到 0.043mA，远小于稳定导通时的 0.43mmA，结果导致基区少子分布直线平行上移，斜率不变，对应 I_C 基本不变。而基区少子总数继续增加，对应基极电流不断增大，直到晶体管处于稳定导通状态。

从临界放大到稳定导通状态以及在随后输入端维持高电平的时间范围内，输出电流 I_C 基本维持不变，如图 2.65（b）所示。

这时存在过饱和少子电荷 Q_{BX}，BC 结为正偏。

（2）从导通到关断的过程分析

如果 $t=t_3$ 时输入 V_{BB} 由高电平转为低电平（$-V_R$），BE 结受到反偏电压作用，应该转为截止，基区中少子分布 $n_B(x)$应该成为图 2.66 中对应截止的 $n_B(x)$曲线。但是，在 $t=t_3$ 之前，晶体管处于导通状态，基区中少子分布 $n_B(x)$为图 2.66 中对应饱和的 $n_B(x)$曲线，对应基区存储有较多的过饱和电荷 Q_{BX} 及饱和电荷 Q_{BS}。因此，在转向截止过程中，晶体管要经历抽走 Q_{BX} 及 Q_{BS} 的过程，相当于基区存在一个放电的过程。

按照基区少子变化过程，可以将晶体管从饱和转为截止的过程划分为 3 个阶段，分别记为过程④~⑥。实际上，这 3 个阶段与前面从截止转变为饱和的过程相反。

阶段④：脱离过饱和状态。

输入 V_{BB} 由高电平转变为低电平（$-V_R$）后，基区过饱和少子电荷 Q_{BX} 被抽出，直到基区少子分布呈现临界放大状态。在 V_{BC} 从正偏变为零偏的过程中，基区少子分布的斜直线平行下移，集电极电流 I_C 基本不变，如图 2.65（b）所示。

注意：从 $t=t_3$ 开始的一段时间内，输入已经为低电平，但是输出电流 I_C 仍然较大，器件还是处于导通状态。这段时间称为存储时间。显然，过饱和电荷 Q_{BX} 越多，则存储时间越长。

经过阶段④，基区中少子电荷 Q_{BX} 被全部抽出，BC 结成为零偏。但是还存在临界放大状态对应的少子电荷 Q_{BS}，说明 BE 结仍然处于正偏。

阶段⑤：从临界放大状态到 BE 结零偏。

随着基区少子电荷 Q_{BS} 不断被抽出，导致基区中位于 BE 结边界处少子浓度 $n_B(x=0)$不断减小，这意味着 BE 结正偏电压不断减小，直到 $n_B(x=0)= n_{B0}$，对应 BE 结成为零偏。

在阶段⑤中，$n_B(x=0)$不断减小，导致基区少子分布斜率也逐步变小，使得 I_C 随之不断减小，如图 2.65（b）所示。

阶段⑥：进入截止状态。

随着基区少子电荷持续被抽出，$n_B(x=0)< n_{B0}$，BE 结转为反偏，基区少子分布最终成为图 2.66 中对应截止的 $n_B(x)$曲线，I_C 很小，器件呈现断开状态，如图 2.65（b）所示。

说明：上述过程重点围绕基区少子变化情况进行分析，这是主要影响因素。在实际情况下，发射区和集电区少子分布也发生类似变化，同时 BE 结和 BC 结两个势垒区宽度会发生变化，伴随有两个势垒电容的充放电。这些因素只是使得前面分析中各个阶段的转变过程更长，并不会影响输出电流变化的趋势。

5. BJT 开关参数

表征晶体管开关特性的参数主要有两类，即描述导通-断开之间转换过程快慢的开关时间、描述导通状态下的饱和压降。

（1）对应物理过程的开关时间参数

对于图 2.65（b）所示晶体管开关输出集电极电流变化特点，从工程应用角度考虑，通常按照图 2.67 所示方式，以 $0.1I_{CMax}$ 和 $0.9I_{CMax}$ 为参照基准，定义开关时间参数，表征晶体管开关特性。

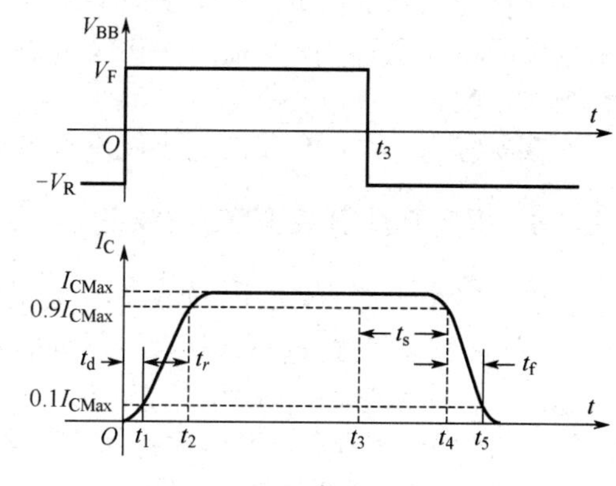

图 2.67 晶体管开关时间参数

① 延迟时间 t_d。

从输入端转为高电平开始到 I_C 达到 $0.1I_{CMax}$ 所需的时间，基本对应阶段①时间。

② 上升时间 t_r。

I_C 从 $0.1I_{CMax}$ 达到 $0.9I_{CMax}$ 所需的时间，基本对应阶段②时间。

③ 存储时间 t_s。

从输入转为低电平开始到 I_C 下降为 $0.9I_{CMax}$ 所需的时间，基本对应阶段④时间。

t_s 是几个开关时间参数中相对较大的一个，通常是影响晶体管开关速度最主要的因素。

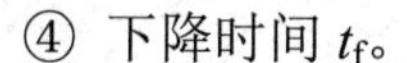

④ 下降时间 t_f。

I_C 从 $0.9I_{CMax}$ 下降到 $0.1I_{CMax}$ 所需的时间，基本对应阶段⑤时间。

（2）表征器件特性的开关时间参数

① 开启时间。

在实际应用中，称晶体管从断开转为导通所需的时间(t_d+t_r)为开启时间 t_{ON}。

② 关闭时间。

称晶体管从导通转为断开所需的时间(t_s+t_f)为关闭时间 t_{OFF}。

开启时间 t_{ON} 与关闭时间 t_{OFF} 之和称为晶体管开关时间。

为了满足高速开关要求，开关时间应为 ns 数量级甚至更小。因此，数字集成电路设计和制造中如何减小开关时间提高开关速度是必须考虑的问题。

（3）正向压降 V_{BES} 与饱和压降 V_{CES}

① 正向压降 V_{BES}。

V_{BES} 是指共射极连接晶体管处于饱和状态时，输入端基极与公共端发射极之间的电压降。V_{BES} 与基极驱动电流 I_B 的乘积为进入饱和导通状态需要的启动功率。

V_{BES} 应该包括 BE 结压降$(V_{BE})_J$、基区串联电阻 R_B 压降 I_BR_B，以及发射区串联电阻 R_E 压降 I_ER_E 三部分之和。

$$V_{BES}=(V_{BE})_J+I_BR_B+I_ER_E$$

式中，R_B、R_E 分别为基区和发射区的串联电阻。

由于基极电流 I_B 较小，发射区重掺杂使 R_E 也很小，因此 $V_{BES}\approx(V_{BE})_J$，为 0.7V 左右。

② 饱和压降 V_{CES}。

V_{CES} 是指共射极连接晶体管处于饱和状态时，输出端 C 与公共端 E 之间的电压降。理想开关在导通时开关上的压降应该为 0，因此 V_{CES} 的大小描述了晶体管作为开关应用时与理想开关之间的差距。

V_{CES} 与集电极电流 I_C 的乘积为饱和导通状态时晶体管的功耗。

V_{CES} 应该包括 CB 结压降$(V_{CB})_J$、BE 结压降$(V_{BE})_J$、发射区串联电阻 R_E 压降 I_ER_E，以及集电区串联电阻 R_C 压降 I_CR_C 四部分之和。

$$V_{CES}=[(V_{CB})_J+(V_{BE})_J]+I_CR_C+I_ER_E=[(V_{BE})_J-(V_{BC})_J]+I_CR_C+I_ER_E$$

由于发射区重掺杂使 R_E 很小，因此(I_ER_E)项可以忽略不计。所以

$$V_{CES}\approx[(V_{BE})_J-(V_{BC})_J]+I_CR_C$$

在饱和状态下，BE和BC两个结均为正偏，由图2.64所示饱和时基区少子分布可见，$(V_{BE})_J$略大于$(V_{BC})_J$，$[(V_{BE})_J-(V_{BC})_J]$为0.1～0.2V。而集电区通常为轻掺杂，串联电阻R_C较大，对V_{CES}有很大影响。

在实际生产中，V_{CES}的大小能反映出集电区串联电阻是否控制在较小的范围。

6．提高BJT开关速度的主要途径

由晶体管开关过程分析可知，减小开关时间提高晶体管开关速度的主要技术途径有以下几点。

① 减小基区宽度，可以减小导通状态下基区积累的电荷，特别是减小过饱和的少子电荷总数Q_{BX}，进而减小存储时间。

② 减小少子寿命，其作用是加速基区积累少子的消失过程，缩短阶段④和阶段⑤时间。

注意：这一要求与2.4.1节说明的提高电流放大系数的要求相反。因此通常用于放大作用的晶体管的生产工艺与开关晶体管的生产工艺加工要求存在差别。数字集成电路工艺专门采用掺金工艺，增加复合中心杂质浓度，减小少子寿命。而模拟集成电路工艺中需要采取措施，防止金等重金属原子进入器件，保证少子有较长的寿命。

③ 减小结电容，可以直接减小势垒电容充放电时间，提高开关速度。

器件设计中应该尽量减小两个结的面积A_E和A_C，以减小势垒电容，这也与提高频率特性要求一致。因此，缩小器件尺寸是提高器件性能的基本途径之一。

④ 采用肖特基晶体管。过饱和电荷Q_{BX}是导致晶体管存储时间较长的原因。如果在常规npn晶体管B、C之间并联一个肖特基二极管，如图2.68（a）所示，就可以较好地解决这个问题。这种结构的晶体管又称为肖特基晶体管，电路符号如图2.68（b）所示。

如图2.43所示，Al-Si肖特基二极管的特点是正向导通电压只有0.3V左右，比硅pn结的0.7V低得多。当晶体管关断时，BC结反偏，肖特基二极管也就处于反向偏置，电流很小，对npn晶体管不起作用。当晶体管导通时，BC结正偏，肖特基二极管也处于正向偏置，为导通状态。但是肖特基二极管正向导通电压只有0.3V左右，使得npn晶体管的BC结的正偏电压就被钳位在只有0.3V左右，比硅pn结正向压降小得多，从而可以减少基区存储的过饱和电荷Q_{BX}，因此明显减小从导通转向关断过程中的存储时间t_s，大幅度提高开关速度。在数字集成电路发展历史上，肖特基晶体管结构的采用，使得双极型数字集成电路的开关速度得到跳跃式的改善。

肖特基晶体管版图与剖面图如图2.68（c）所示。与图2.57所示最小尺寸晶体管版图与剖面图相比，只是将基区接触孔扩展到集电区上，其他部分完全相同。由剖面图可知，铝与轻掺杂n型集电区直接接触的部分就构成所要求的肖特基二极管。

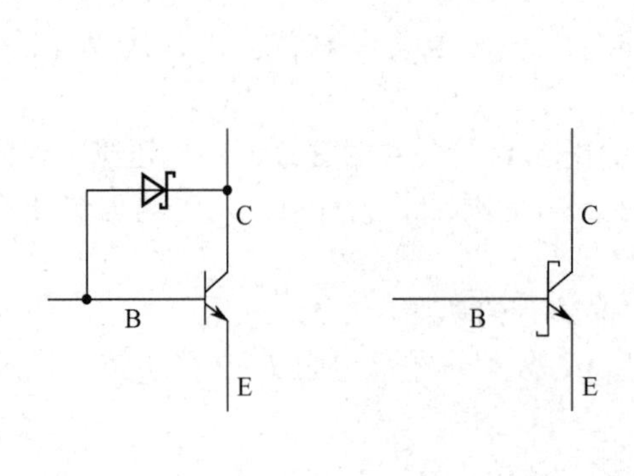

（a）B、C之间并联一个肖特基二极管（b）肖特基晶体管电路符号

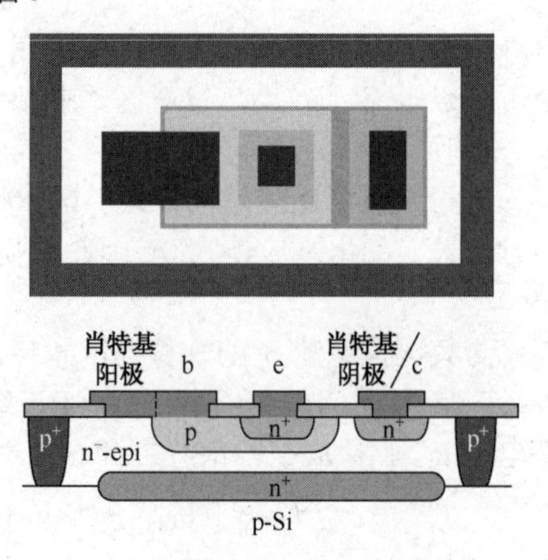

（c）肖特基晶体管版图与剖面图

图2.68　肖特基晶体管

2.4.7　BJT 模型和模型参数

1. E-M 模型与 G-P 模型

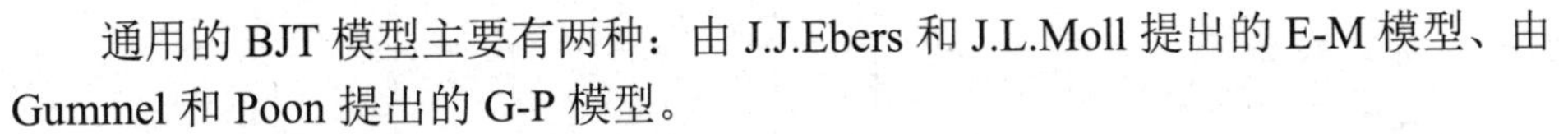

通用的 BJT 模型主要有两种：由 J.J.Ebers 和 J.L.Moll 提出的 E-M 模型、由 Gummel 和 Poon 提出的 G-P 模型。

两种模型的结果和包含的模型参数基本一样，只是建立模型的过程不同。其中 E-M 模型建立过程与 BJT 工作物理过程有直接联系，更易于理解。

本节针对通用电路模拟软件 SPICE 中采用的模型为对象介绍 E-M 模型。

2. E-M 模型

按照考虑物理效应内容的不同，E-M 模型分为 3 个级别：EM-1 模型是描述 BJT 基本工作原理的直流特性模型；在 EM-1 模型基础上考虑串联电阻及势垒电容和扩散电容就成为 EM-2 模型；在 EM-2 模型的基础上再考虑二阶效应就成为 EM-3 模型。

（1）EM-1 模型

基于理想 BJT 直流放大特性建立的 EM-1 模型如图 2.69（a）所示。关于 EM-1 模型的建立过程可参见配套的视频教学资料。图中元器件含义如下。

$I_{CC}=I_S[\exp(qV_{b'e'}/N_FkT)-1]$：其下标 CC 代表 Collector Collected，描述的是发射结偏置电压 $V_{b'e'}$ 作用下集电结收集的电流。

$I_{EC}=I_S[\exp(qV_{b'c'}/N_RkT)-1]$：其下标 EC 代表 Emitter Collected，描述的是集电结偏置电压 $V_{b'c'}$ 作用下发射结收集的电流。

I_{CC}/β_F：描述的是发射结偏置电压 $V_{b'e'}$ 作用下形成的基极电流。

I_{EC}/β_R：描述的是集电结偏置电压 $V_{b'c'}$ 作用下形成的基极电流。

$I_{CT}=I_{CC}-I_{EC}$：描述的是发射结和集电结加有偏置电压 $V_{b'e'}$、$V_{b'c'}$ 的情况下发射极和集电极之间的电流传输。

EM-1 等效电路模型包含 5 个模型参数：I_S、β_F、β_R、N_F 和 N_R，在 SPICE 软件中分别记为 IS（晶体管饱和电流）、BF（正向电流放大系数）、BR（反向电流放大系数）、NF（正向电流发射系数）、NR（反向电流发射系数）。

（2）EM-2 模型

在 EM-1 等效电路中添加晶体管发射区、基区和集电区 3 个区域的串联电阻 R_E、R_B 和 R_C，发射结、集电结及集电区-衬底 pn 结的势垒电容 C_{JE}、C_{JC} 和 C_{JS}，以及发射结偏置作用下对应的扩散电容 C_{DE} 和集电结偏置作用下对应的扩散电容 C_{DC} 就成为 EM-2 模型。

描述势垒电容和扩散电容的模型参数与 pn 结模型相同。因此 EM-2 模型新增加 14 个模型参数，包括描述串联电阻的 3 个参数，描述势垒电容的 9 个参数（每个势垒电容涉及 3 个模型参数）以及描述扩散电容的 2 个参数，如表 2.7 所示。

（3）EM-3 模型

在 EM-2 模型基础上再考虑大注入效应、基区宽变效应、势垒区复合电流的影响等二阶效应就成为 EM-3 模型。

EM-3 等效电路如图 2.69（b）所示，其中描述发射极和集电极之间的电流传输的电流源 I_{CT} 中，I_{CC} 和 I_{EC} 表达式将同时包括大注入效应和基区宽变效应，描述这两个效应需要引入正向欧拉电压 VAF 和反向欧拉电压 VAR、正向膝点电流 IKF 和反向膝点电流 IKR 共 4 个模型参数。

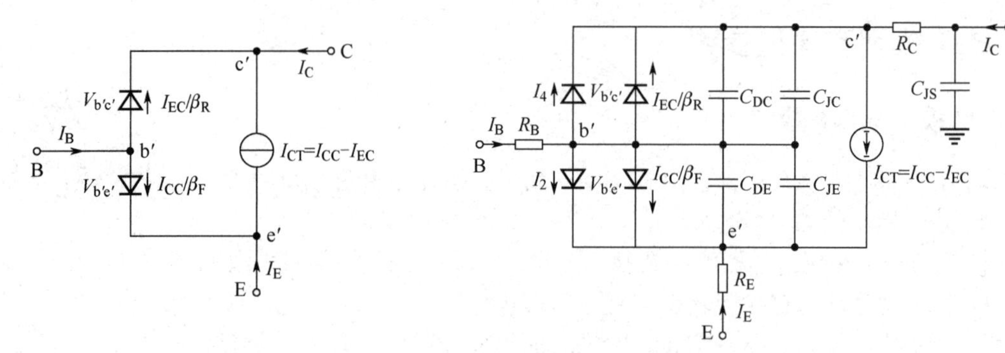

（a）EM-1 模型　　（b）EM-3 模型

图 2.69　双极型晶体管模型

表 2.7　双极型晶体管模型参数

模型参数	含　义	单位	默认值	说　　明
IS	饱和电流 I_S	A	1.0E−16	最基本的一组模型参数，反映了理想情况下晶体管直流工作状态。用于描述等效电路中的 I_{EC} 和 I_{CC} 两个参数。 本组 5 个参数与 V_{AF}、V_{AR}、I_{KF}、I_{KR} 一起描述等效电路中的元件 I_{CT}
BF	正向 β 理想值	—	100	
BR	反向 β 理想值	—	1.0	
NF	正向发射系数	—	1.0	
NR	反向发射系数	—	1.0	
RE	发射区串联电阻	Ω	0.0	描述晶体管 3 个区域的串联电阻。若采用默认值，相当于忽略这些串联电阻
RC	集电区串联电阻	Ω	0.0	
RB	基区串联电阻	Ω	0.0	
VAF	正向欧拉电压	V	∝	描述基区宽变效应对电流放大系数的影响。若采用默认值，相当于不考虑基区宽变效应
VAR	反向欧拉电压	V	∝	
IKF	正向膝点电流	A	∝	描述大注入对电流放大系数的影响。若采用默认值，相当于认为不会出现大注入效应
IKR	反向膝点电流	A	∝	
ISE	发射结漏饱和电流	A	0	反映了势垒产生/复合对小电流的影响。用于描述等效电路中的 I_2 和 I_4 两个参数
ISC	集电结漏饱和电流	A	0	
NE	发射结漏发射系数	—	1.5	
NC	集电结漏发射系数	—	2.0	
CJE	EB 结零偏势垒电容	F	0.0	描述发射结势垒电容(参见等效电路中的元件 C_e)
VJE	EB 结接触电势	V	0.75	
MJE	EB 结电容梯度因子	—	0.33	
CJC	CB 结零偏势垒电容	F	0.0	描述集电结势垒电容（参见等效电路中的元件 C_{JC}）
VJC	CB 结接触电势	V	0.75	
MJC	CB 结电容梯度因子	—	0.33	
CJS	衬底结零偏势垒电容	F	0.0	描述集电区和衬底之间的势垒电容（参见等效电路中的元件 C_{JS}）
VJS	衬底结接触电势	V	0.75	
MJS	衬底结电容梯度因子	—	0.33	
TF	正向渡越时间	s	0.0	描述扩散电容的影响(参见等效电路中的元件 C_{DE} 和 C_{DC} 两个元件)
TR	反向渡越时间	s	0.0	

等效电路中的另外两个电流源 I_2 和 I_4 则分别描述了正向放大情况下 be 结势垒区复合及反向放大情况下 bc 结势垒区复合的影响。I_2 和 I_4 表达式与 pn 结中正偏势垒区复合电流表达式相同。

$$I_2=I_{SE}[\exp(qV_{b'e'}/N_e kT)-1]$$

$$I_4 = I_{SC}[\exp(qV_{b'c'}/N_c kT)-1]$$

涉及 4 个模型参数：ISE（发射结漏饱和电流）、ISC（集电结漏饱和电流）、NE（发射结漏电流发射系数）、NC（集电结漏电流发射系数）。

因此 EM-3 等效电路中的元件共涉及 27 个模型参数，如表 2.7 所示。

如果进一步考虑晶体管的其他特性，如噪声特性、特性参数随温度的变化等，就要引入更多的参数。因此，在 SPICE 电路模拟软件中，涉及模型参数可能多达 40 多个。新增模型参数的含义可以查看软件提供的用户手册。

使用时应根据晶体管在电路中的作用，确定必须提供哪些模型参数值。例如，若要放大高频信号，必须提供几个势垒电容和渡越时间的数值。对于功率器件，工作电流较大，就必须提供膝点电流 I_{KF} 值。如果不提供这些参数值，软件将采用默认值，其效果相当于不考虑这些特性。例如，几个零偏势垒电容和渡越时间的默认值均为零，若采用默认值，则相当于不考虑电容的影响。正、反向欧拉电压的默认值均为无穷大，若采用该默认值，则不考虑基区宽变效应的影响。因此，为了正确有效地应用晶体管模型，一定要对每个参数影响晶体管哪种特性有明确的了解，以便有针对性地提供必要的模型参数。对于无须考虑的晶体管特性，不必提供相应的模型参数。例如，若晶体管在电路中处于微电流工作状态，则没有必要提供描述大电流特性的模型参数 I_{KF}。

在前面讨论晶体管放大作用时，发射结正偏、集电结反偏，称为正向放大应用。如图 2.47 所示，也可以使集电结正偏、发射结反偏，同样可以起放大作用，称为晶体管反向放大应用。表 2.7 中带字母 F 的参数（如 BF）是描述正向应用的参数；带字母 R 的参数（如 BR）是描述反向应用的参数。

2.4.8　先进双极型晶体管结构

1. 分立器件 BJT 剖面结构

（1）典型 npn 晶体管剖面图

采用平面工艺进行两次选择性掺杂就可以形成分立器件 BJT 结构。图 2.70（a）所示为早期分立器件 BJT，典型的 npn 晶体管结构剖面图。其中 n^--Si 衬底材料为集电区，两次选择性掺杂分别形成 p 型基区和 n 型发射区。

作为单独使用的分立器件 BJT，发射极和基极从芯片表面引出，集电极从底部引出。

（2）分立器件外延 BJT 剖面图

如 2.4.5 节分析，为了解决功率与频率特性之间的矛盾，制造高频-大功率 BJT，需要采用外延 BJT 结构，如图 2.70（b）所示，在 n^+-Si 衬底上生长 n^--Si 外延层，然后通过两次选择性掺杂，在外延层中制作两个 pn 结，形成 BJT。

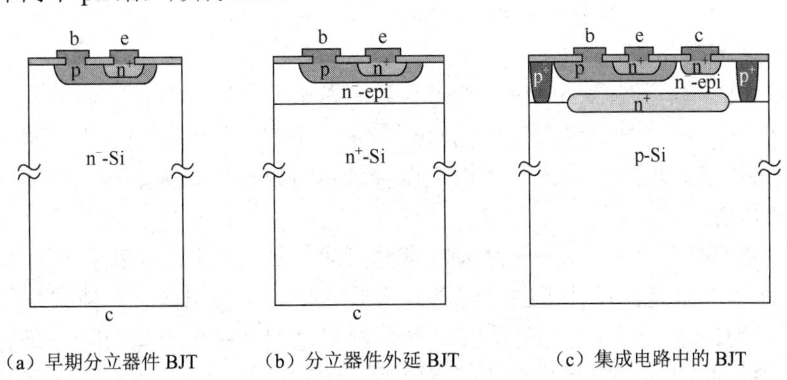

（a）早期分立器件 BJT　（b）分立器件外延 BJT　（c）集成电路中的 BJT

图 2.70　3 种典型的 BJT 剖面图

2. 集成电路中的BJT

（1）集成电路中BJT结构的附加要求

与分立器件 BJT 一样，集成电路制造过程也是通过两次选择性掺杂，在外延层中制作两个pn结，形成BJT。但是由于一个集成电路中包括多个在电学上相互连接的BJT，为了保证集成电路正常工作，与分立器BJT结构相比，对集成电路中BJT结构增加下述附加要求。

① 隔离。

在同一个Si衬底材料中制作的多个BJT之间需要实现电学隔离。早期采用pn结隔离技术，目前出现了多种隔离效果更好的隔离技术。

② npn晶体管集电区埋层的引入。

为了实现多个器件之间的互连，所有BJT的集电极均从表面引出。为了减小集电区串联电阻 R_c，需要在集电区增加一层具有良好导电性能的埋层。

（2）集成电路中BJT结构

图2.70（c）是集成电路中的BJT，典型的npn晶体管结构。

衬底为p-Si材料，衬底上生长 n^--外延层。外延层被环状的 p^+ 型隔离墙分割为多个隔离岛。在隔离岛上制作晶体管。p型隔离墙与p型衬底相连，并连至电路最低点位，利用反偏pn结的高阻特性，制作在不同隔离岛中的器件实现相互隔离。

在作为npn晶体管集电区的 n^--Si外延层与衬底之间局部区域为重掺杂 n^+ 埋层，可以减小集电区串联电阻。

不同掺杂区范围由版图图形确定。

（3）集成电路中典型的BJT结构

根据前面几节的分析，为了满足对BJT不同特性参数的要求，集成电路中常用的npn晶体管有下述4种。

① 最小尺寸晶体管。

最小尺寸晶体管是集成电路中最基本的晶体管，其版图和剖面图如图2.57所示。其特点是所有尺寸均采用设计规则中规定的最小尺寸。这种器件结电容最小，因此特征频率 f_T 特性好。同时缩小了芯片面积。但是，由于尺寸小，因此输出电流小，同时基区串联电阻较大，对器件最高震荡频率产生不利影响。同时，基区自偏压导致的发射极电流集边效应，影响晶体管的大电流特性。

② 双基极条晶体管。

针对最小尺寸晶体管基区串联电阻较大的缺点，可以采用双基极条晶体管，其典型的版图和剖面图如图2.60所示。这种晶体管的结构特点是在发射极条的两侧均有一根基极条，明显地减小了基区串联电阻。当然，其BC结面积略大于最小尺寸晶体管。

③ 交叉梳状结构晶体管。

针对最小尺寸晶体管基区输出电流小的缺点，可以采用交叉梳状结构晶体管，其典型的版图和剖面图如图2.61所示。这种晶体管的结构特点是采用多根长发射极条并联，同时每根发射极条的两侧均有一根基极条，构成双基极条结构。这种结构可以提供较大的输出电流。

④ 肖特基晶体管。

为了克服通常开关应用中常规npn晶体管存储时间较长的缺点，可以采用图2.68所示的肖特基晶体管。这种晶体管只是在设计版图时将基区引线孔扩大到集电区上，使得基极金属互连线与集电区相连，等效为在通常npn晶体管的基极和集电极之间并联一个肖特基二极管，就可以在不需要增添工艺步骤的前提下大幅度减少基区存储的过饱和电荷 Q_{BX}，从而减小存储时间，明显提高开关速度。

（4）集成电路中的 pnp 晶体管

由于双极型晶体管特性主要取决于基区少子的输运过程，而电子迁移率大于空穴迁移率，因此双极型集成电路中 npn 晶体管特性优于 pnp 晶体管。双极型集成电路的工艺流程是按照如何保证 npn 晶体管特性而设计的。如果集成电路中需要采用 pnp 晶体管，就是在制作 npn 晶体管的工艺过程中利用不同区域的掺杂形成 pnp 晶体管。

双极型集成电路中常见的有横向 pnp 晶体管和纵向 pnp 晶体管两类。

① 横向 pnp 晶体管。

图 2.71（b）是典型的横向 pnp 晶体管的版图和剖面图。与图 2.71（a）所示的最小尺寸 npn 晶体管相比，实际上是利用工艺流程中形成 npn 晶体管基区的 p 型掺杂同时制作 pnp 晶体管的 p 型发射区和集电区，n 型外延层作为 pnp 晶体管的基区。

对照版图可见，为了充分收集发射区注入的空穴，集电区呈环状包在发射区四周。

由器件结构图可见，基区宽度为水平方向尺寸，受到横向扩散的影响，使得基区宽度很难精细控制得很窄。因此，这种器件的 β_0 和 f_T 均明显比 npn 晶体管差。

② 纵向 pnp 晶体管。

图 2.71（c）是典型的纵向 pnp 晶体管的版图和剖面图。与 npn 晶体管相比，实际上是利用工艺流程中形成 npn 晶体管基区的 p 型掺杂同时制作 pnp 晶体管的 p 型发射区，n 型外延层作为 pnp 晶体管的基区，p 型衬底则作为 pnp 晶体管的 p 型集电区，因此集电极从 p 型隔离墙上引出。

为了保证 pn 结隔离效果，集成电路中 p 型隔离墙必须与电路最低电位点相连。而纵向 pnp 晶体管集电区即为衬底材料，与隔离墙相连，也就自动接至电路中最低电位。因此电路中只有集电区与电路最低电位点相连的 pnp 晶体管才能采用纵向 pnp 晶体管结构。

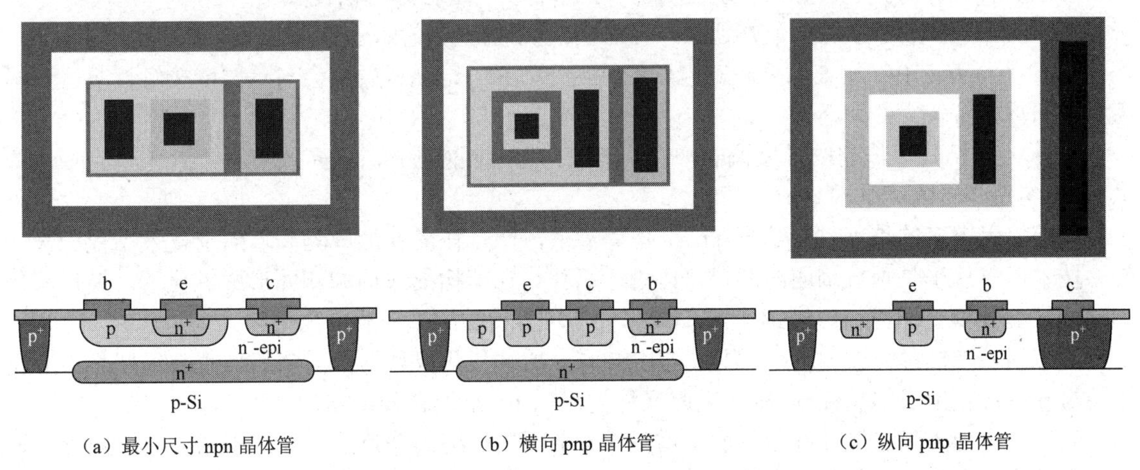

（a）最小尺寸 npn 晶体管　　（b）横向 pnp 晶体管　　（c）纵向 pnp 晶体管

图 2.71　集成电路中的晶体管版图和剖面图

（5）集成电路中的 pn 结二极管

集成电路中的 pn 结二极管通常是采用不同接法的 npn 晶体管，如：采用 npn 晶体管的 BC 结，同时将发射极开路；采用 npn 晶体管的 EB 结，同时将集电极开路；采用 npn 晶体管的 EB 结，同时将 BC 结短路；采用 npn 晶体管的 BC 结，同时将 EB 结短路；采用 npn 晶体管的 BC 结，同时将 CE 短路；对 npn 晶体管不进行发射区掺杂，采用单独的 BC 结。

前 5 种结构如图 2.72 所示。

不同接法构成的二极管，其击穿电压、结电容等电参数值各不相同，可根据情况选用。

（a）（b）（c）（d）（e）

图 2.72 集成电路中的 pn 结二极管

3．双极型晶体管结构的改进

为了提高双极型集成电路的特性，对其中采用的晶体管也提出了更高的要求。随着集成电路工艺技术的发展，在图 2.73（a）所示的常规 pn 结隔离 npn 晶体管的基础上，又从多方面对双极型晶体管基本结构进行了改进，图 2.73（b）给出了几种结构改进的实例。

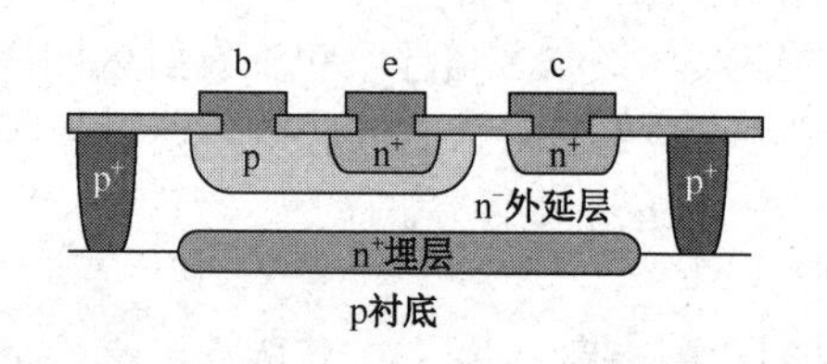

（a）常规 pn 结隔离 npn 晶体管

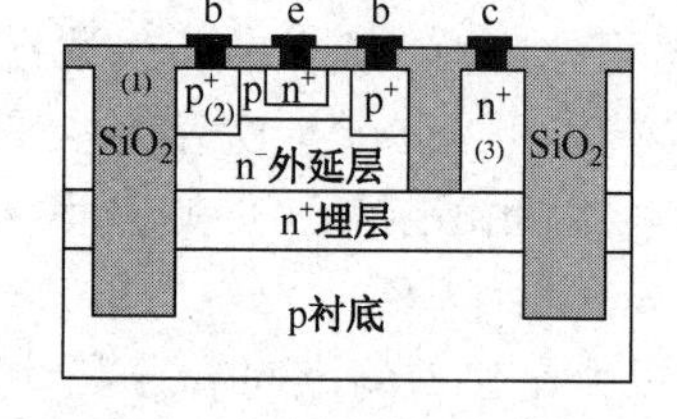

（b）改进的 npn 晶体管

图 2.73 双极型晶体管结构的改进

（1）沟槽介质隔离

① 常规 pn 结隔离的缺点。

常规 pn 结隔离的主要缺点是以下原因，使得集成电路芯片面积较大。

（a）P^+隔离扩散要穿透整个外延层，因此横向扩散范围较大。

（b）为了保证 BC 结在承受较高电压的情况下，BC 结耗尽层不会与隔离墙接触，基区与隔离墙之间需要有较大的间距。

此外，pn 结隔离依靠的是反偏 pn 结，必然存在一定漏电流，隔离效果不够满意。

② 沟槽介质隔离结构。

目前使用较多的是不进行常规 pn 结隔离掺杂，而是在需要形成隔离墙的位置采用反应离子刻蚀技术形成几乎是垂直剖面的凹槽，再进行氧化，在凹槽的底面和侧面形成氧化层，最后采用 SiO_2 或多晶硅填充凹槽，形成图 2.73（b）中（1）所示的沟槽介质隔离结构。

与常规 pn 结隔离结构相比，只是采用 SiO_2 介质替代隔离墙掺杂，隔离岛底部仍然是由 n 型埋层与 p 型衬底组成的反偏 pn 结，因此又称为沟槽-pn 结混合隔离结构。

显然，这种隔离结构较好地克服了常规 pn 结隔离结构的缺点，明显减小了隔离墙尺寸，同时减小了泄漏电流，改善了隔离特性。

（2）无源基区重掺杂

根据 2.4.1 节分析，为了提高晶体管电流放大系数，要求适当降低基区掺杂浓度。但是这样又会导致基区电阻增大，影响晶体管频率特性和功率特性。

由于基区中影响晶体管电流放大系数的主要是位于发射区正下方的那部分基区，又称为有源基区，而基区掺杂中围绕发射区的那部分基区，又称为无源基区，这部分基区掺杂浓度的高低对电流放大系数基本没有影响，而提高该区域的掺杂浓度可以起到降低基区电阻的作用。因此目前要求基区串联电阻尽量低的晶体管中，均在常规基区掺杂以后，在无源基区部分再进行一次 p^+ 掺杂，如图 2.73（b）中（2）所示区域。

目前双极型集成电路中基本都采用无源基区重掺杂。

（3）深集电极掺杂

为了保证集电区接触处为欧姆接触，在进行发射区掺杂时均同时在集电区接触处进行 n^+掺杂，如图 2.73（a）所示。

为了进一步减小集电区串联电阻，可以直接在集电极接触区下方单独进行一次能够穿透 n^-外延层的 n^+掺杂，称为深集电极接触掺杂，如图 2.73（b）中（3）所示区域。

目前双极型集成电路中广泛采用深集电极掺杂。

（4）多晶硅发射极

① 常规发射区掺杂工艺的缺点。

随着器件工作频率的提高，在基区宽度小于 100nm 的情况下，常规发射区扩散掺杂方法很难保证薄基区宽度的控制。由于结深很浅，采用离子注入掺杂方法会产生晶格损伤。

采用多晶硅发射极结构则较好地解决了上述问题。

② 多晶硅发射极结构。

光刻发射区窗口后不进行发射区掺杂，而是淀积掺有 n^+（如 As）的多晶硅。在随后的高温过程中，n^+多晶硅起到发射区掺杂源的作用，形成发射区，如图 2.74 所示。

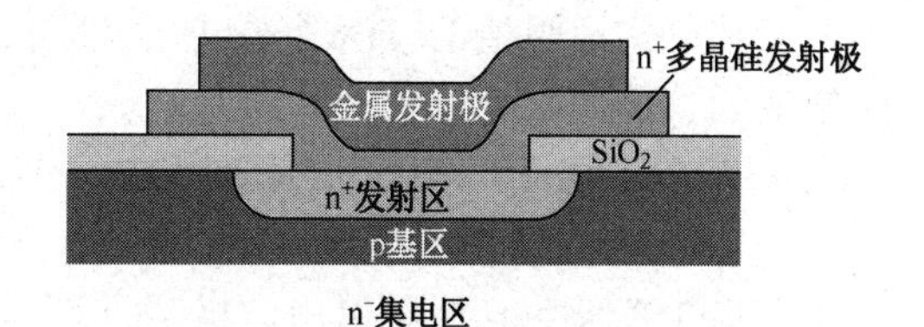

图 2.74　多晶硅发射极双极型晶体管

③ 多晶硅发射极结构的优点。

通过多晶硅作为发射区掺杂源，而不是直接用离子注入方法形成发射区，避免了离子注入导致的晶格损伤，改善了器件特性。

另外，对于发射极多晶硅结构，随后形成金属电极时，不需要刻蚀发射区接触孔，自动起到自对准发射区接触的作用，进一步减小了芯片面积，提高了集成电路的器件密度。

说明：图 2.73（b）所示无源基区重掺杂也可以采用 p^+掺杂多晶硅作为掺杂源，在随后的高温过程中 p^+多晶硅起到无源基区掺杂源的作用，形成无源基区，同时实现自对准基区接触的作用，可以减小芯片面积，提高集成度。

（5）异质结双极型晶体管（HBT）

异质结双极型晶体管（Heterojunction Bipolar Transistor，HBT），是指采用异质 pn 结构成的 BJT。

采用 HBT 较好地克服采用全硅材料制造的单质结晶体管中不同器件特性对器件结构参数（如基区掺杂浓度）存在矛盾制约要求的缺点，可以同时改善双极型晶体管的放大特性、频率特性、功率特性。

例如，对常规的 Si 晶体管，如果基区采用 p^+SiGe，可以在保证晶体管电流放大系数的前提下，提高基区掺杂浓度，不但可以明显提高欧拉电压 V_A，同时在降低基区串联电阻的基础上，提高特征频率 f_T 和最高振荡频率 f_{max}。

异质结双极型晶体管的构成、基本作用原理将在 2.7 节介绍。

2.5　JFET 与 MESFET 器件基础

结型场效应晶体管（Junction-gate Field Effect Transisitor，JFET）和金属-半导体场效应晶体管（Metal Semiconductor Field Effect Transistor，MESFET）都是目前集成电路中采用的半导体器

件。JFET 很容易与双极型晶体管兼容，在模拟电路中应用广泛，可用作恒流源、差分放大器等单元电路。而 MESFET 是目前 GaAs 微波单片集成电路广泛采用的器件结构。高电子迁移率晶体管（HEMT）也可采用 MESFET 结构。

本节在介绍场效应晶体管（Field Effect Transisitor，FET）概念的基础上重点介绍 JFET 的工作原理及在电路应用中的 JFET 模型和模型参数。

2.5.1 场效应晶体管概述

1．场效应晶体管（FET）的含义

（1）FET 的基本原理

无论哪种场效应晶体管，实质上就是一个阻值受控的导电通道[称为沟道（Channel）]，或者说是一种特殊的可变电阻。

控制沟道阻值的方法是通过一个控制栅（Gate）电极形成与沟道方向垂直的“电场”调制导电通道，因此称为场效应。

基于场效应工作原理的器件称为场效应晶体管（FET）。

（2）FET 基本结构

FET 器件包括 3 个引出电极。

工作时导电沟道两端电极分别称为漏（Drain）极和源（Source）极。器件在工作时，载流子从源极流出，经过沟道，流入漏极。

施加电场调制沟道的电极称为栅极。

（3）FET 的基本工作原理

器件在工作时，通常源极为公共端，栅极为输入端，漏极为输出端。通过控制栅极电位来调制沟道，在漏源极电压 V_{DS} 作用下，流过可变电阻沟道的电流，即 I_{DS}，与 V_{DS} 之间呈现出一种不同于常规电阻 I-V 的特殊关系，使得场效应晶体管在电路中可以起开关、放大等有源器件的作用。

2．FET 的结构类型

（1）按照调制方式划分

按照调制方式可以将 FET 分为 JFET 和 MOSFET 两类。

① JFET。

通过“结”（Junction）调制沟道。按照采用结的类型不同，又分为以下两种。

（a）pn-JFET：通过 pn 结调制沟道。通常所说的 JFET 就是 pn-JFET。

（b）MESFET：其全称为 Metal Semiconductor FET，是通过金属-半导体接触形成的肖特基结调制沟道。

② MOSFET。

MOSFET 全称为 Metal Oxide Semiconductor FET，反映了传统的 MOS 结构为“金属-氧化物-半导体材料”。

随着工艺技术的发展，Metal 从金属铝改为可实现自对准的多晶硅 Poly，进而采用硅化物（Silicide），并发展为自对准金属硅化物（Self-Aligned Silicide，Salicide）工艺。栅（Oxide）介质也发展为高 k 介质，但是描述器件类型的名称还保留采用 MOSFET。

有时，也根据其结构特点，称为 IGFET（Insulated-Gate FET）。

（2）按照导电通道（沟道）类型划分

按照沟道以电子导电为主还是空穴导电为主，分为 n 沟道 FET 和 p 沟道 FET 两类。

由于电子迁移率大于空穴迁移率，使得 n 沟道器件特性优于 p 沟道器件，因此集成电路中优先使用 n 沟道场效应晶体管。

（3）按照栅极零偏时是否存在导电沟道划分

按照栅极零偏时是否存在导电沟道可以将 FET 分为以下两类。

① 增强型（Enhancement Mode）：指栅极零偏时不存在导电沟道，需要施加栅极电压增强导电沟道的场效应晶体管，简称 E 管。

② 耗尽型（Depletion Mode）：指栅极零偏时已存在导电沟道的场效应晶体管，施加栅压使得沟道导电能力减弱甚至使得沟道中载流子耗尽，简称 D 管。

目前电路中采用较多的是增强型器件。

本节结合 n 沟道耗尽型 JFET，重点分析工作原理，理解场效应晶体管工作的基本物理过程。2.6 节中 MOSFET 则结合使用最多的 n 沟道增强型结构分析 MOSFET 工作原理和主要电特性。

2.5.2 JFET 结构与电流控制原理

1. JFET 结构

n 沟道耗尽型 JFET 基本结构如图 2.75 所示，包括下述几个部分。

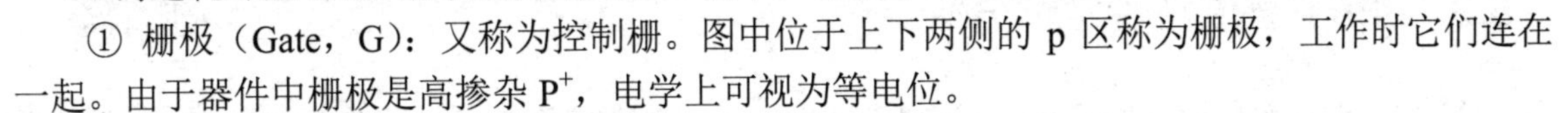

① 栅极（Gate，G）：又称为控制栅。图中位于上下两侧的 p 区称为栅极，工作时它们连在一起。由于器件中栅极是高掺杂 P^+，电学上可视为等电位。

② 沟道（Channel）：位于上、下栅之间的 n 区称为沟道，沿着漏源方向，长度为 L，宽度为 W。由于栅极未加偏置，已存在导电沟道，因此这是耗尽型 JFET。

上、下两个高掺杂栅区之间的距离为 d，在分析问题时，通常记为 $2a$。当栅极加反偏电压时，耗尽层向 n 沟道扩展，减去耗尽层厚度才是实际导电沟道。

③ 漏极（Drain，D）和源极（Source，S）：沟道两端的欧姆电接触分别称为漏极和源极。

图 2.75 所示结构沟道为 n 型，因此称为 n 沟道耗尽型 JFET。如果在上述结构中，将栅改为 n 区域，而沟道采用 p 型，则称为 p 沟道耗尽型 JFET。

为方便起见，后面分析问题时将采用图 2.75（b）所示剖面图。

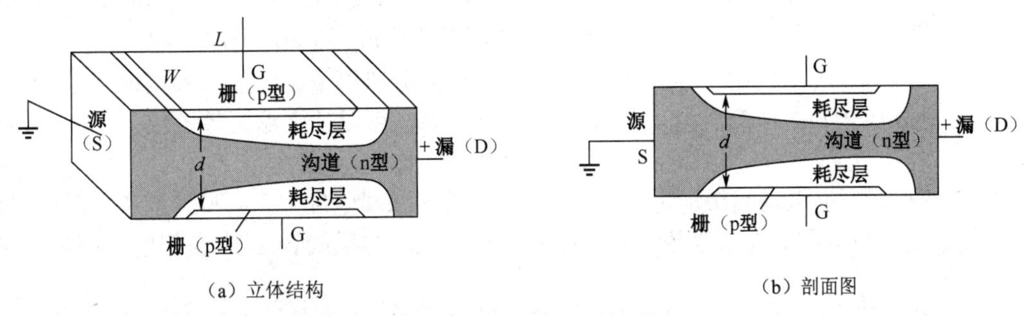

（a）立体结构　　（b）剖面图

图 2.75　n 沟道耗尽型 JFET

2. JFET 导电沟道的形成与控制

图 2.75 所示 n 沟道耗尽型 JFET 在上、下 P^+掺杂栅区之间已存在 n 型导电沟道。JFET 在工作时，在导电沟道两端的漏极（D）和源极（S）之间加电压 V_{DS}，因此在源、漏之间就有电流 I_D 流过沟道。如果在栅极（G）和源极（S）之间加一个使其间 pn 结反偏的电压 V_{GS}，由于栅区为 p^+，

杂质浓度比沟道区高得多，因此 pn 结空间电荷区将主要向 n 型沟道区扩展，使沟道区变窄。这样，在栅、源之间加一个反偏电压，就可以改变栅区与沟道区之间耗尽层厚度，导致沟道厚度随之变化，从而控制漏极（D）和源极（S）之间流过的电流 I_D。

3．JFET 中沟道电流的控制特点

由上述分析可知，JFET 中沟道电流的控制具有下面几个特点。

（1）栅源电压 V_{GS} 控制沟道

JFET 工作时通过栅源之间的外加栅电压 V_{GS} 控制沟道大小，从而控制漏源之间的电流 I_D，因此 JFET 是一个电压控制器件。

（2）高输入阻抗

由于起控制作用的栅源电压 V_{GS} 是加在反偏的 pn 结上的，相应的控制电流很小，对应输入阻抗很高。

（3）单极器件

I_D 是沟道中由漏源之间电压 V_{DS} 产生的电场作用下的多数载流子漂移电流，与通常导体中的电流相同。而不像双极型晶体管那样，在工作中不但同时涉及多数载流子和少数载流子，而且电流呈现漂移电流和扩散电流两种机理。

由于 JFET 导电过程只涉及一种载流子，因此又称为单极器件。

2.5.3 JFET 直流特性定性分析

图 2.76 是 n 沟道耗尽型 JFET 直流伏安特性曲线，描述漏源电流 I_D 和漏源电压 V_{DS} 之间的关系，以栅源之间控制电压 V_{GS} 为参变量。

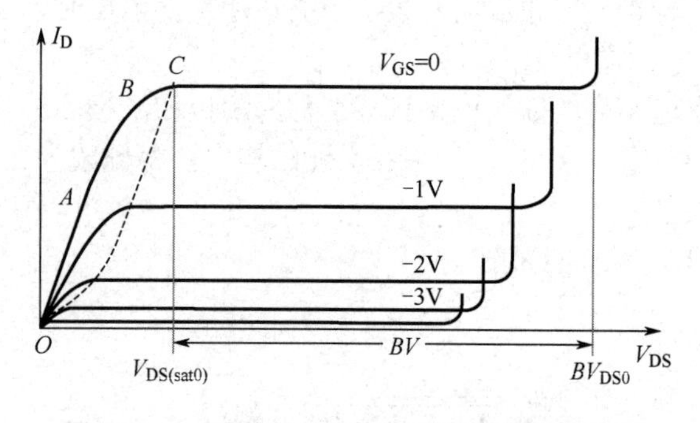

图 2.76 n 沟道耗尽型 JFET 直流伏安特性曲线

下面从 3 个方面分析 JFET 的直流特性。

1．V_{GS}＝0 情况下的漏源特性

（1）偏置与导电沟道形状

器件工作时在导电沟道两端的漏、源之间施加电压 $V_{DS}\geqslant 0$。

在 V_{GS}＝0 情况下，n 沟道 JFET 的沟道状态随漏源电压 V_{DS} 的变化情况如图 2.76 所示。

在实际应用中，一般源极接地。由于栅区为 p^+ 重掺杂，可以认为栅区等电位。V_{GS}＝0，表示整个栅区均为零电位。

JFET 在工作时，沟道两端所加电压为 V_{DS}，在沟道区漏端电位为正，沿着沟道方向电位逐步降低，到源端处电位为零。这就是说，对于栅极和沟道之间的反偏 pn 结，在栅区一侧是等电位，而在沟道一侧不是等电位。

在 V_{GS}＝0 情况下，靠近沟道区源端处 pn 结为零偏，而在靠近漏端处的那部分 pn 结为反偏，因此，栅极和沟道之间的 pn 结在靠近源端与靠近漏端处的耗尽层宽度是不同的，或者说沿着沟道方向，沟道的截面积是不相等的，靠源端处沟道的截面积最大，沿着沟道从源极向漏极的方向，沟道的截面积逐步减小，靠漏端处的沟道截面积最小。

图 2.77 显示了不同 V_{DS} 作用下的 JFET 沟道的变化状态。

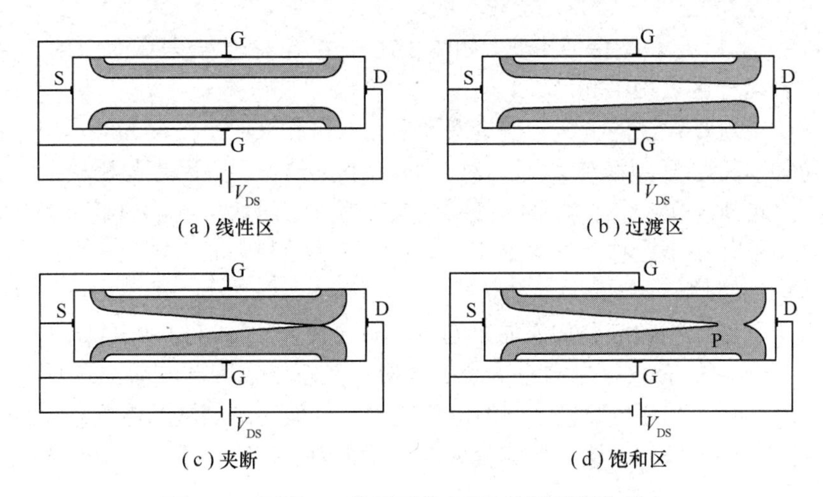

图 2.77　不同 V_{GS} 作用下的 JFET 沟道的变化状态

（2）I_D-V_{DS} 关系分析

固定 V_{GS}=0，随着 V_{DS} 从 0 开始不断增大，导电沟道也随之变化，导致器件特性呈现不同特点。

① 线性区。

若 V_{DS} 很小，则沿沟道方向沟道截面积不相等的现象很不明显，如图 2.77（a）所示。这时可近似将沟道视为一个截面积均匀的电阻，因此源漏电流 I_D 随 V_{DS} 几乎是线性增加的，称 JFET 的这种工作状态为线性区，对应图 2.76 所示特性曲线上 OA 段。

② 过渡区。

随着 V_{DS} 的增加，沿沟道方向沟道截面积不相等的现象逐步表现出来，如图 2.77（b）所示。而且随着 V_{DS} 的增加，漏端 pn 结耗尽层加宽，沟道变窄，沟道电阻增大，使 I_D 随 V_{DS} 增加的趋势减慢，偏离直线关系，对应图 2.76 中 B 点附近。

线性区与过渡区又统称欧姆区，也称为 Triode 区。

③ 夹断。

随着 V_{DS} 继续增加，漏端沟道进一步变窄。当 V_{DS} 增加到使漏端沟道截面积减小到零时，称为夹断（Pinchoff），如图 2.77（c）所示，这时 JFET 的工作状态对应图 2.76 所示特性曲线上 C 点。

出现夹断时的 V_{DS} 称为饱和电压 $V_{DS(sat)}$，记这时的电流为 I_{DSS}。通常采用符号 $V_{DS(sat0)}$ 表示 $V_{GS}=0$ 情况下的夹断电压。

需要指出的是，夹断表示上下两个 pn 结耗尽层正好等于沟道厚度，从而使沟道厚度等于 0，因此，这时的漏源电压 $V_{DS(sat0)}$ 也就是使沟道刚夹断时夹断点与源极之间的电位。由于现在 $V_{GS}=0$，因此 $V_{DS(sat0)}$ 也是夹断点与栅极之间的电位差，也就是使上下两个 pn 结耗尽层之和正好等于沟道厚度 $2a$ 时夹断点与栅极之间的电位差。

由此可以引申出下述重要结论：不管夹断点在什么位置，夹断点与栅极之间的电位差都保持不变，为 $V_{DS(sat0)}$。这一结论对理解饱和区的电流饱和特性非常重要。

④ 饱和区。

如果 V_{DS} 继续增加，$V_{DS}>V_{DS(sat0)}$，由于这时漏端 pn 结耗尽层进一步扩大，使得夹断点 P 向源端方向移动，在夹断点与源极之间还存在的沟道称为有效导电沟道。显然，有效导电沟道的长度要小于原始的沟道长度，如图 2.77（d）所示。但是，如上所述，夹断点与栅极之间的电位差一直保持不变，为 $V_{DS(sat0)}$。如果原来沟道较长（称为长沟器件），夹断点向源端移动导致的有效导电沟道长度减少可以忽略不计，这时通过沟道区的电流就基本不变，维持为 I_{DSS}。

V_{DS} 大于 $V_{DS(sat0)}$ 后 I_D 基本保持不变，如图 2.76 中 C 点右边一段所示，即这段特性电流呈现饱和特点，因此称这一区域为饱和区。

说明一：关于电流连续性的分析。沟道夹断后，漏极和夹断点之间为耗尽层。由于夹断点与栅极之间的电位差保持不变，为 $V_{DS(sat0)}$。对于 $V_{GS}=0$ 的情况，夹断点与栅极之间的电位差也就等于 $V_{DS(sat0)}$，因此 $V_{DS}-V_{DS(sat0)}$ 就是降在漏极与夹断点之间耗尽层上的电压。这时，从源极出发的电子在沟道电场作用下漂移到达夹断点后，立即被漏极与夹断点之间耗尽层中的强电场扫向漏极，保持电流的连续性。

说明二：关于沟道调制效应。如果原来沟道较短（称为短沟器件），随着 V_{DS} 的增加，夹断点逐步向源极移动导致的有效导电沟道减少的效应不能忽略，因此有效沟道长度 L_{eff} 将会随着 V_{DS} 的增加而变短，而夹断点与源极之间的电位差，即有效沟道两端的电位差保持不变，仍然为 $V_{DS(sat0)}$，就使得 I_{DS} 略有增加，这一效应称为沟道调制效应。

⑤ 击穿区。

若 V_{DS} 继续增加，使得漏端处栅极与漏极之间耗尽层上反偏电压过大，将导致栅极与漏极之间 pn 结击穿，使 JFET 进入击穿区。这时电压 V_{DS} 记为击穿 BV_{DS0}。

说明：器件内部是栅极与漏极之间 pn 结发生击穿，其击穿电压记为 BV。而器件漏、源之间电压 V_{DS} 为夹断点与源极之间的电位差和漏极与夹断点之间耗尽层上的电压之和，因此发生击穿时，JFET 器件表现出的击穿电压 BV_{DS} 等于夹断点与源极之间的电位差 $V_{DS(sat)}$ 和漏极与夹断点之间耗尽层击穿电压 BV 之和，即 $BV_{DS}=V_{DS(sat)}+BV$。

需要注意的是，如果栅源偏置电压变化，那么夹断点与源极之间的电位差 $V_{DS(sat)}$ 随之发生变化，而漏极与夹断点之间耗尽层击穿电压 BV 不会随着偏置电压发生变化。

2. $V_{GS}<0$ 情况下的漏源 I_D-V_{DS} 特性

（1）偏置与导电沟道形状

偏置情况为：$V_{GS}<0$、$V_{DS}\geqslant 0$。

尽管 V_{GS} 为负，导电沟道形状特点还是与零偏时一样，即沟道区中源端沟道截面积最大，沿沟道方向从源端到漏端沟道截面积不断减小，漏端沟道截面积最小。

但是由于 p 型栅极电压 V_{GS} 已经为负，因此沟道区靠源端处的栅源 pn 结也处于反偏，与前面分析的 $V_{GS}=0$ 情况相比，整个沟道截面积减小，沟道电阻增大。

（2）I_D-V_{DS} 关系分析

由于 $V_{GS}<0$ 情况下导电沟道形状特点与零偏时一样，因此 I_D 随 V_{DS} 变化的趋势与 $V_{GS}=0$ 的情况相同。但是在线性区，因为沟道电阻变大，所以源漏电流 I_D 比零偏情况小，即斜率减小。

另外，由于现在沟道截面积较小，因此使沟道夹断的电压即夹断点电压 $V_{DS(sat)}$ 较低，对应的饱和电流 I_{DSS} 也较小，如图 2.76 中 $V_{GS}=-1.0V$ 那一条曲线所示。同时击穿电压 BV_{DS} 也随之减小，如图 2.76 所示。

随着 V_{GS} 绝对值的增大，即 V_{GS} 更负，则沟道区靠源端处的栅源 pn 结反偏电压更大，耗尽层更宽，沟道截面积更窄，I_D 随 V_{DS} 变化的趋势保持不变，但是在源漏特性曲线上相应的 I_D-V_{DS} 曲线下移，击穿电压 BV_{DS} 也随之减小，如图 2.76 所示。

3. 截止区与夹断电压

（1）截止区与夹断电压的含义

对于 n 沟道 JFET，在 $V_{DS}=0$ 的情况下，如果 $V_{GS}<0$，源端栅源之间 pn 结已处于反偏，而且耗尽层宽度比 $V_{GS}=0$ 的情况更宽。如果 V_{GS} 很负，也会使得源端的耗尽层扩展到整个沟道区，沟

道被夹断，这时整个沟道区消失。即使漏源之间施加电压，漏源之间只有很小的 pn 结反偏漏电流流过，即 I_{DS} 趋于 0，称 JFET 处于截止区。

这时的 V_{GS} 称为夹断电压（V_P）。当 $V_{GS}<V_P$ 时，源端的沟道处于夹断状态。

（2）夹断电压表达式

对于图 2.75 所示 n 沟道 JFET，p 型栅为重掺杂，栅、源之间的 pn 结为单边突变结（p^+n 结），耗尽层宽度主要向轻掺杂的沟道区扩展。沟道夹断时上下两个耗尽层的宽度之和正好等于沟道厚度 $2a$，或者说单个耗尽层宽度等于 a。源端沟道刚被夹断时的栅源电压称为夹断电压 V_P。

按照定义，耗尽层宽度等于 a 时的栅源电压为夹断电压 V_P。代入耗尽层宽度与结电压的关系式（2.35）有

$$a=\sqrt{\frac{2\varepsilon(V_{bi}-V_{GS})}{qN_D}}=\sqrt{\frac{2\varepsilon(V_{bi}-V_P)}{qN_D}}$$

解得

$$V_P=-\left(\frac{qN_Da^2}{2\varepsilon}-V_{bi}\right) \tag{2.80}$$

式中，V_{bi} 为 pn 结内建电势；ε 为半导体材料介电常数；N_D 为沟道区掺杂浓度；a 为沟道厚度的一半。

显然，沟道越厚，沟道区掺杂浓度 N_D 越高，则夹断电压 V_P 越负，即 V_P 的绝对值越大。因此，通过这两个参数可以控制 JFET 的夹断电压。

（3）饱和电压 V_{Dsat} 与夹断电压 V_P 的关系

由夹断电压的含义可知，不管夹断点位于何处，栅极和夹断点之间的电位差就是 V_P。

在漏端，栅漏之间反偏电压 V_{GD} 可以表示为

$$V_{GD}=V_{GS}-V_{DS}$$

在漏端沟道刚刚被夹断的情况下，栅漏之间反偏电压 V_{GD} 也就是栅极和夹断点之间的电压，等于 V_P。同时，漏端沟道刚刚被夹断时漏源电压 V_{DS} 即为饱和电压 V_{Dsat}，因此上式又可表示为

$$V_P=V_{GS}-V_{Dsat}$$

由此可得，不同 V_{GS} 作用下饱和电压 V_{Dsat} 与夹断电压的关系为

$$V_{Dsat}=V_{GS}-V_P$$

对于图 2.76 所示 n 沟道 JFET 源端特性曲线，$V_{GS}=0$ 曲线上夹断点对应的漏源电压就是 V_{Dsat0}，由上式可得 $V_{Dsat0}=V_{GS}-V_P=-V_P$。

注意：n 沟道 JFET 的夹断电压 V_P 为负值，因此 $V_{GS}=0$ 曲线上饱和电压 $V_{Dsat0}=-V_P$ 对应夹断电压 V_P 的绝对值。

4．JFET 直流转移特性

前面描述的 JFET 漏源电流 I_{DS} 随漏源电压 V_{DS} 变化的特性（以栅源电压 V_{GS} 为参变量）称为 JFET 的输出特性。JFET 直流转移特性描述的则是漏源饱和电流 I_{DSS} 随栅源电压 V_{GS} 变化的情况。显然，由 n 沟道 JFET 直流输出特性曲线[（图 2.78（a）]可以得到直流转移特性，如图 2.78（b）所示。

图中 $V_{GS}=0$ 时的漏源饱和电流记为 I_{DSS0}。与 $I_{DSS}=0$ 对应的电压 V_{GS} 即为夹断电压 V_P。

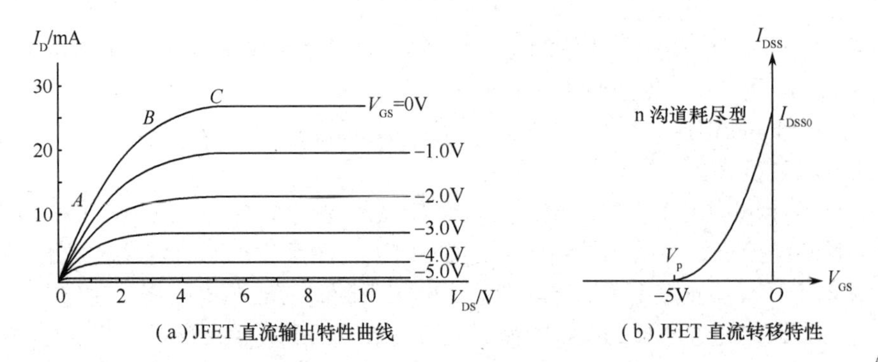

图 2.78　JFET 直流转移特性

2.5.4　JFET 直流特性定量表达式

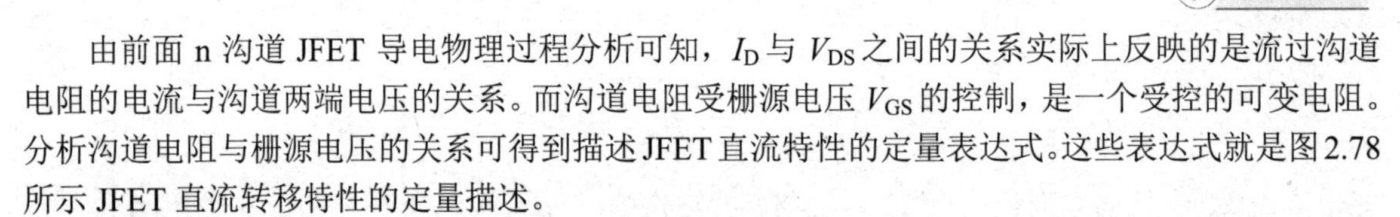

由前面 n 沟道 JFET 导电物理过程分析可知，I_D 与 V_{DS} 之间的关系实际上反映的是流过沟道电阻的电流与沟道两端电压的关系。而沟道电阻受栅源电压 V_{GS} 的控制，是一个受控的可变电阻。分析沟道电阻与栅源电压的关系可得到描述JFET直流特性的定量表达式。这些表达式就是图2.78所示 JFET 直流转移特性的定量描述。

这种方法物理过程明确，但是采用该模型进行电路模拟时经常出现不收敛问题。本节介绍 SPICE 电路模拟软件中采用的实用近似表达式。

1．线性区和过渡区

对于 n 沟道 JFET，夹断电压为负值。当 $V_{GS}>V_P$ 时，有沟道电流通过。

线性区和过渡区对应的漏源电压范围为 $V_{DS}<V_{Dsat}=V_{GS}-V_P$，分析可得该范围内直流伏安特性表达式为

$$I_{DS}=\beta\,[2(V_{GS}-V_P)V_{DS}-(V_{DS})^2] \tag{2.81}$$

式中，$\beta=(q\mu_n N_D)dW/L$ 是冶金沟道（由栅极与沟道之间 pn 结冶金界面确定的沟道）电导，称为跨导因子。其中 L、W 和 d 分别为沟道的长、宽和厚（见图 2.75）；N_D 为沟道掺杂浓度；μ_n 为沟道中的电子迁移率。

2．饱和区

当 $V_{GS}>V_P$，$V_{DS}>V_{Dsat}$ 时，对应 JFET 的饱和区。分析可得该范围内直流伏安特性表达式为

$$I_{DS}=\beta(V_{GS}-V_P)^2(1+\lambda V_{DS}) \tag{2.82}$$

式中，λ 为沟道长度调制系数。

如前所述，在饱和区，随着 V_{DS} 的增加，沟道长度稍有减少。

分析可得，λ 可表示为 $\lambda=\Delta L/(LV_{DS})$，代表单位漏源电压引起的沟道长度的相对变化率。

3．截止区

当 $V_{GS}<V_P$ 时，JFET 为截止区，沟道完全消失，因此有

$$I_{DS}=0 \tag{2.83}$$

2.5.5　JFET 等效电路和模型参数

1．JFET 器件特点

与双极型晶体管相比，JFET 器件具有下述不同的特点。

① JFET 是电压控制器件，由栅压 V_{GS} 控制漏源电流 I_{DS}；而 BJT 是通过输入端电流控制输出端电流的电流控制器件。

② JFET 器件输入端栅源 G-S 为反向偏置，输入电流很小，因此输入阻抗很高；而 BJT 输入为正偏 pn 结，因此输入阻抗较低。

③ JFET 器件沟道电流 I_{DS} 为多子漂移电流，所以 JFET 为单极器件；而 BJT 中多子和少子均起重要作用，正如其名称中 Bipolar 一词所示，为双极器件。

④ JFET 器件的饱和区是指 V_{DS} 增大但是沟道电流饱和的区域；而 BJT 器件的饱和区是指 I_C 增大但是 V_{CE} 基本不变的区域。

⑤ JFET 器件 I_{DS}-V_{DS} 特性曲线从原点“扇形”展开；而 BJT 器件 I_C-V_{CE} 特性曲线的形状则是从一条“包络线”弹出，如图 2.79 所示。

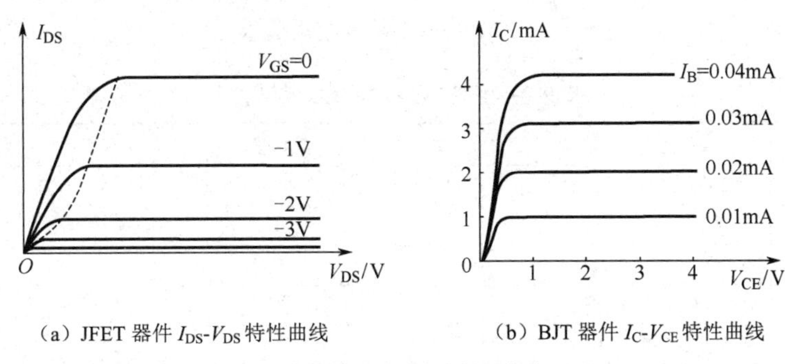

（a）JFET 器件 I_{DS}-V_{DS} 特性曲线　　（b）BJT 器件 I_C-V_{CE} 特性曲线

图 2.79　JFET 与 BJT 特性曲线对比

2．JFET 器件符号

按照导电沟道中导电载流子类型不同，场效应器件分为 n 沟道和 p 沟道两种类型。按照栅控电压为 0 时是否存在导电沟道，场效应器件分为耗尽型和增强型两种工作模式，因此 JFET 一共分为 4 类。JFET 器件类型和电路符号如图 2.80 所示。栅极采用实线表示零偏时已有导电沟道，代表耗尽型器件。栅极采用虚线表示零偏时不存在导电沟道，代表增强型器件。符号中的箭头代表源极电流的方向。

	n 沟道		p 沟道	
	增强型	耗尽型	增强型	耗尽型
器件符号	D G S	D G S	D G S	D G S

图 2.80　JFET 器件类型和电路符号

3．JFET 等效电路与模型参数

根据前面 JFET 直流转移特性分析结果，同时考虑 pn 结势垒电容和泄漏电流，以及串联电阻，

可得图2.81（b）所示的JFET等效电路。JFET器件的基本模型参数如表2.8所示。

图2.81（b）中I_d代表漏源之间的电流，其表达式如式（2.81）～式（2.83）所示。主要涉及跨导系数β、夹断电压V_P、沟道长度调制系数λ三个模型参数。

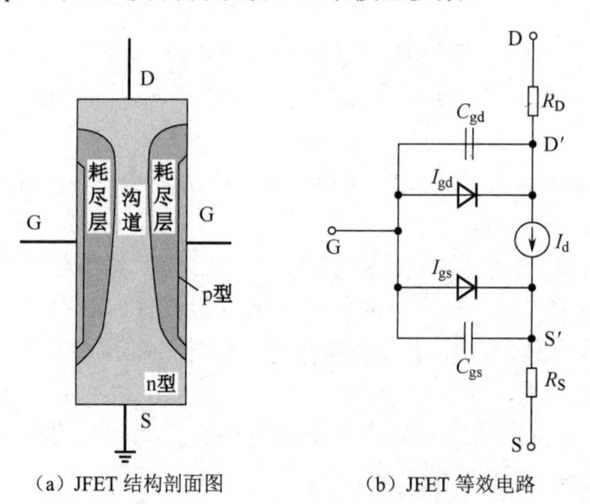

（a）JFET结构剖面图　（b）JFET等效电路

图2.81　JFET等效电路模型

表2.8　JFET器件的基本模型参数

模型参数符号	含　义	单　位	默认值	说　明
VTO	夹断电压V_P	V	-2.0	描述等效电路中的电流源I_d
BETA	跨导系数β	A/V^2	1E-4	
LAMBDA	沟道长度调制系数	V^{-1}	0	
CGD	零偏栅漏结势垒电容	F	0	描述等效电路中的电容C_{gd}和C_{gs}
CGS	零偏栅源结势垒电容	F	0	
M	pn结电容梯度因子		0.5	
PB	栅pn结接触电势	V	1.0	
IS	栅pn结饱和电流	A	1E-14	描述等效电路中的电流源I_{gd}和I_{gs}
N	栅pn结I_S发射系数		1	
ISR	栅pn结复合电流	A	0	
NR	栅pn结I_{SR}发射系数		2	
RD	漏极串联电阻	Ω	0	描述等效电路中的电阻R_D和R_S
RS	源极串联电阻	Ω	0	

R_D、R_S分别代表漏极和源极的串联电阻。考虑串联电阻的作用，计算漏源电流的式（2.81）～式（2.82）中，V_{GS}、V_{DS}应分别采用图2.82（b）中的G与S′之间及D′与S′之间的电压$V_{GS'}$和$V_{D'S'}$。

I_{gd}、I_{gs}分别为流过栅漏和栅源之间pn结的电流。每个电流源均包括pn结电流及pn结势垒区产生复合电流两部分，表达式及涉及的模型参数与2.3.6节介绍的pn结相同。

C_{gd}、C_{gs}分别是栅极与漏极及栅极与源极之间pn结的势垒电容，其表达式及涉及的模型参数与通常pn结势垒电容相同。

如果进一步考虑JFET的其他特性，如噪声特性、特性参数随温度的变化等，将要引入更多的参数。因此在SPICE电路模拟软件中，涉及的JFET模型参数多达25个。新增模型参数的含义可以查看软件提供的用户手册。

使用时应根据JFET在电路中的作用，确定必须提供哪些模型参数值。对于无须考虑的JFET特性，不必提供相应的模型参数，直接采用默认值。例如，若JFET在电路中工作于直流或低频状态，就无须提供零偏势垒电容参数 CGD 和 CGS 的值，直接采用默认值 0，即不考虑势垒电容的影响。

2.5.6　MESFET 器件

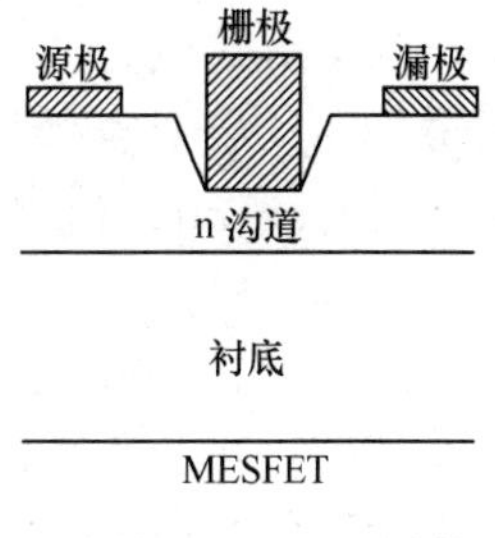

图 2.82　MESFET 结构

图 2.82 是 MESFET 结构。MESFET 器件的工作原理与 JFET 相同，只是 JFET 是依靠栅、源之间 pn 结耗尽层控制沟道的，而 MESFET 结构中栅极和沟道之间是金属-半导体接触，是依靠肖特基势垒来控制沟道的。因此前面针对 JFET 器件分析的工作原理和电路符号等内容均适用于 MESFET 器件。

2.6　MOS 场效应晶体管

随着集成电路设计和制造技术的发展，目前大部分集成电路都采用 MOSFET 为有源器件。实际上，MOS 结构的工作原理早在 20 世纪 30 年代就已提出，但由于当时对半导体表面的研究以及对制造高质量氧化膜的技术尚不成熟，致使 MOS 结构迟迟不能变为现实。自 1960 年使用二氧化硅作为栅绝缘层的 MOSFET 问世以来，MOSFET 及集成电路有了很大的发展。目前在数字集成电路，尤其是微处理机和存储器方面，MOS 集成电路几乎占据了绝对的地位，原因是 MOSFET 和 CMOS 工艺具有独特的优点，不断出现的先进 MOSFET 结构已成为保证集成电路按照摩尔定律持续发展的主要技术支撑之一。

本节以 n 沟道 MOS 增强型场效应晶体管为例，重点介绍 MOSFET 的工作原理和在电路应用中的 MOSFET 模型和基本模型参数，并在分析 MOS 晶体管非理想效应的基础上，简要介绍适用于 5nm 工艺节点的现代 MOSFET 结构。

2.6.1　MOSFET 导电沟道的形成

1. MOSFET 结构特点

图 2.83 是常规 n 沟道 MOS 增强型场效应晶体管典型结构立体图和剖面图。

MOSFET 有 4 个电极，分别称为 S（Source，源极）、D（Drain，漏极）、G（Grid，栅极）和 B（Bulk，衬底）。对于 n 沟道 MOSFET，源区和漏区掺有浓度很高的 n^+ 杂质。在源、漏之间是受栅极电压控制的沟道区，沟道区长度为 L、宽度为 W。衬底通常接地，如图 2.83（b）所示。有时为了调整阈值电压或由于电路结构的需要，在衬底和源之间加一个偏压（V_{BS}）。

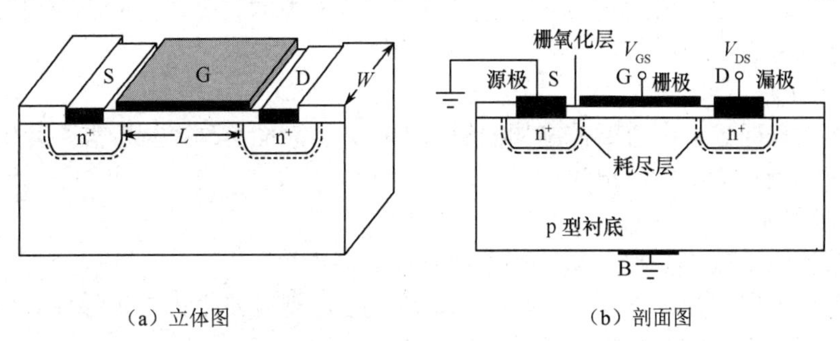

（a）立体图　（b）剖面图

图 2.83　常规 n 沟道 MOS 增强型场效应晶体管典型结构

MOSFET 工作时就是在栅极上加电压，通过电场控制半导体表面感应电荷的方式控制导电沟道。这也是“场效应”名称的来由。

为了形成电场，在沟道区的上面覆盖了一层很薄的二氧化硅层，称为栅氧化层。栅氧化层上方覆盖的一层金属铝形成栅极。这样从上往下，构成一种金属（Metal）-氧化物（Oxide）-半导体（Semiconductor）结构，故称为 MOS 结构，这一结构形式上是一种以栅极和半导体为极板、氧化层为介质的电容器结构，是 MOSFET 的核心。

随着工艺技术的进步，为了进一步改进 MOSFET 的特性，目前栅极大多采用多晶硅，甚至是金属硅化物。栅氧化层也逐步采用介电常数更高的绝缘材料，又称为高 k 介质。2.6.10 节将简要介绍现代集成电路中采用的先进 MOS 结构。

与 JFET 相比，MOSFET 结构具有下述 4 个特点。

① MOSFET 器件的控制栅为 MOS 结构，而 JFET 的控制栅是 pn 结。

② 源、漏掺杂类型与衬底相反，与沟道相同。

③ 衬底作为一极，MOS 器件相当于四端器件。一般情况下，$V_{BS}=0$，则成为三端器件。

④ 常规 MOSFET 的导电沟道位于表面。

2．MOSFET 器件沟道调制与阈值电压

下面以增强型 nMOSFET 器件为例，分析导电沟道形成的物理过程，并从 MOS 结构电容器的角度，定量确定导电沟道面电荷密度的表达式。该结论有助于理解 MOSFET 工作原理及定量推导 MOSFET 输出伏安特性表达式。

（1）栅压对半导体表面沟道的调制作用

对增强型 nMOS 结构，衬底为 p 型半导体。若栅极上未加电压，即栅极电压 $V_G=0$，半导体表面 n 型源区和 n 型漏区之间为 p 型衬底材料，不存在导电沟道。

若在栅极加正电压，$V_G>0$，则随着 V_G 的增加，将会在半导体表面 n 型源区和 n 型漏区之间形成 n 型导电沟道。

① 耗尽：由于 $V_G>0$，产生的垂直方向电场使 p 型半导体表面空穴被排斥，因此表面空穴耗尽。

② 反型：随着栅压的增加 $V_G\uparrow$，不但使得 p 型半导体表面空穴被排斥，而且将 p 型半导体内部电子吸引至表面，使得半导体表面开始反型，从原来 p 型转化为 n 型。

③ 强反型：随着栅压的继续增加 $V_G\uparrow\uparrow$，由于足够多的电子被吸引至表面，使得 p 型半导体表面 n 型源区和 n 型漏区之间形成 n 型电子导电沟道，称为表面强反型。

（2）MOS 电容结构的阈值电压

① 表面强反型形成导电沟道的标志。

栅压的增加使得 p 型半导体表面刚开始反型为 n 型时，导电电子浓度还较低，导电能力较弱。如果表面反型层中电子浓度增大到与 p 型衬底多子浓度相等的程度，作为表面强反型的标志，也是形成导电沟道的标志。

② 阈值电压 V_T。

为了描述形成表面导电沟道所需施加的栅压大小，将表面呈现“强反型”开始形成可动电荷沟道的栅源电压称为阈值电压，记为 V_T。

③ 三点重要推论。

推论一：若栅源电压 V_{GS} 大于 V_T，则表面存在导电沟道。

推论二：沟道方向记为 x 方向，若衬底不是等电位，则只要栅极与半导体表面 x 之间的电位差 V_{GX} 大于 V_T，x 处表面就存在导电沟道。

推论三：若 V_{GX} 等于 V_T，则 x 处表面导电沟道刚好夹断，或者说栅极与夹断点之间的电压必然为 V_T。

3. 导电沟道的可动面电荷密度

（1）基本关系式

若 C 为平行板电容器单位面积极板对应的电容，电容器上外加电压为 V，则金属极板上的面电荷密度 Q 为 $Q=CV$。

对于 MOS 电容结构，电容记为 C_{OX}，则在栅压 V_G 作用下，作为 MOS 电容一个电极的半导体层表面，总的面电荷密度为 $C_{OX}V_G$。

按照阈值电压的定义，若 $V_{GS}\leqslant V_T$，则表面不存在导电沟道，因此表面电荷就是半导体表面耗尽层中的离化受主杂质负电荷。

只有当 V_{GS} 大于 V_T，表面才产生可动面电荷，形成导电沟道。因此导电沟道的可动面电荷是由栅压 V_G 中超出的 V_T 那部分电压 (V_G-V_T) 产生的，即 MOS 结构表面可动面电荷密度 Q_n 为

$$Q_n=C_{OX}(V_G-V_T) \tag{2.84}$$

说明：按照电容公式，半导体层表面总的面电荷密度为 $C_{OX}V_G$，其中 $C_{OX}(V_G-V_T)$ 为表面可动面电荷密度，另一部分 $C_{OX}V_T$ 实际上是半导体表面耗尽层中的固定离化杂质电荷。

（2）讨论

若半导体表面沟道方向（x 方向）电位不相等，栅极与半导体表面 x 之间的电位差为 V_{GX}，则 MOS 结构表面 x 处可动面电荷密度为

$$Q_n(x)=C_{OX}(V_{GX}-V_T) \tag{2.85}$$

若栅极与半导体表面 x 之间的电位差 V_{GX} 等于 V_T，则 x 处表面可动面电荷密度为 0，导电沟道刚好夹断。

从另一个角度描述这一结果就是，栅极与沟道夹断点之间的电位差必然为 V_T。

2.6.2　MOSFET 直流特性定性分析

1. 增强型 nMOSFET 直流特性曲线

下面以增强型 nMOSFET 为例，分析 MOSFET 的工作原理。

图 2.84 是增强型 nMOSFET 直流伏安特性曲线，描述漏源电流 I_D 和漏源电压 V_{DS} 之间的关系，以栅源控制电压 V_{GS} 为参变量。该曲线与图 2.76 所示的 JFET 特性曲线非常类似，也分为截止区、线性区和过渡区、饱和区及击穿。线性区和过渡区又统称为非饱和区，或者 Triode 区。

下面从栅源电压及漏源电压对沟道的控制作用入手，分析 MOSFET 的直流伏安特性。为了分析方便，考虑 MOSFET 源区和衬底相连这种常规情况。

2. V_{GS} 小于等于 V_T 情况：截止区

根据式（2.84），若栅极和源极之间外加电压 V_{GS} 小于等于阈值电压 V_T，nMOSFET 结构表面可动面电荷为 0，尚未形成导电沟道，如图 2.85 所示（图中显示的是 $V_{GS}=0$ 的情况）。这时，位于 n 型源区和 n 型漏区之间是 p 型杂质的衬底，形成了两个背靠背的 pn 结。

如果在源极和漏极之间外加一电压 V_{DS}（漏极接电源正端，源极接电源负端），由于源区和漏区之间存在反偏的 pn 结，只有很小的 pn 结泄漏电流，因此漏极和源极之间的电流近似为零，这

时晶体管处于截止区。

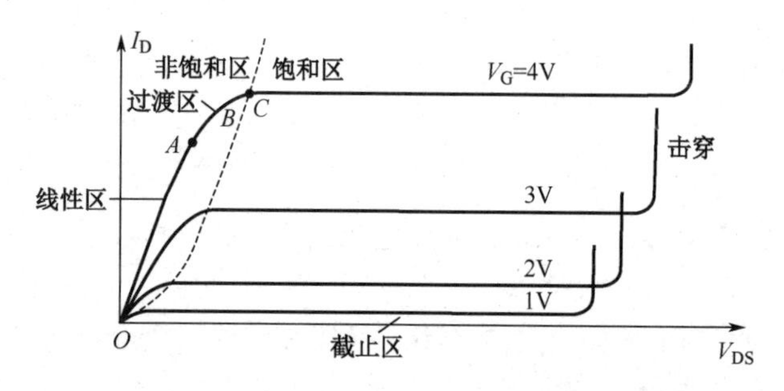

图 2.84　增强型 nMOSFET 直流伏安特性曲线

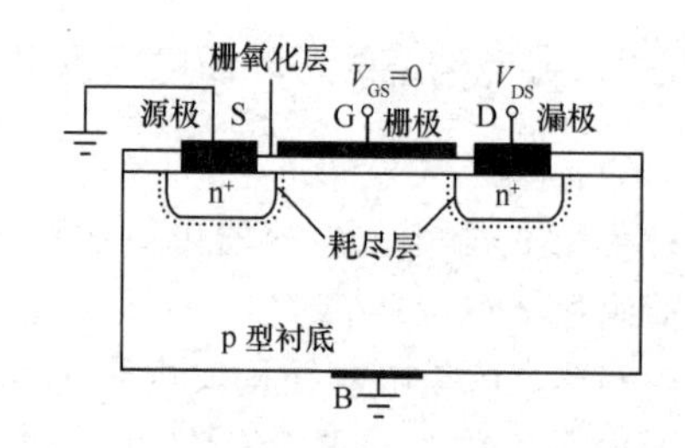

图 2.85　处于截止区的 nMOSFET 器件

3. 导电沟道的形成与特点

（1）耗尽层

若栅源电压 V_{GS}>0，则栅氧化层中产生一垂直电场，将 p 型衬底表面带正电的空穴排斥离开表面，即栅压产生的电场对衬底表面的电荷进行了调制，使得表面处空穴密度远低于衬底内部的空穴密度，表面处形成载流子耗尽区。

（2）导电沟道的形成

如果增大栅极电压，不但使得 p 型半导体表面空穴被排斥，而且将 p 型半导体内部电子吸引至表面，使得半导体表面开始反型，从原来的 p 型转化为 n 型。随着栅压 V_G 的继续增加，足够多的电子被吸引至表面，表面反型层中电子浓度增大到与 p 型衬底多子浓度相等的程度，则表面强反型，在 n^+ 型源区和 n^+ 型漏区间形成了导电沟道。

（3）阈值电压

开始形成沟道时在栅极上所加的电压 V_{GS} 称为 MOS 场效应晶体管的阈值电压，记为 V_T。

V_T 是决定 MOS 场效应晶体管特性的一个重要参数，也是电路模拟软件 SPICE 中的一个重要模型参数。

在本例中，在栅压 V_G 为 0 时表面不存在导电沟道，必须在栅极上加有电压才能形成沟道的 MOS 场效应晶体管，称为增强型 MOS 场效应晶体管。

（4）沟道压降与沟道截面积

在漏源电压 V_{DS} 作用下，导电沟道中沿着沟道方向将产生压降。对图 2.83 所示增强型 nMOSFET，漏极接 V_{DS} 正端，源极接地，因此沟道中压降是从漏极的 V_{DS} 沿着沟道逐步变化到接地的源极。一般情况下，衬底与源极相连，因此 p 型衬底也处于接地的零电位。

由于导电沟道中沿着沟道方向电位不相等，源极电位为 0，最低；而漏极为 V_{DS}，最高。使得 n 型沟道和 p 型衬底之间的 pn 结在靠近源极与靠近漏极处的耗尽层宽度是不同的。靠近源极处的耗尽层宽度最窄，靠近漏极处最宽，如图 2.86 所示。

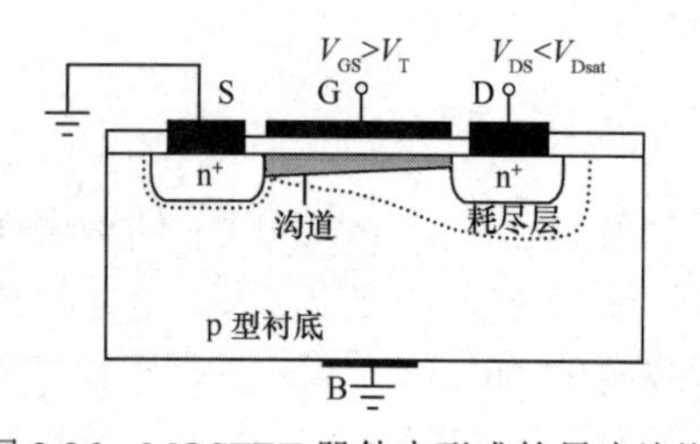

图 2.86　MOSFET 器件中形成的导电沟道

此外，由式（2.85）可见，沟道中压降是从漏极处的 V_{DS} 沿着沟道逐步变化到接地的源极，使得 V_{GX} 从漏极处 $V_{GD}=V_G-V_{DS}$ 沿着沟道方向逐步增加，到源极处 $V_{GS}=V_G$ 最大。因此，由式（2.85）可见，沿沟道方向源极处沟道面电荷密度最高，而漏极处沟道面电荷密度最低。可以等效为沿着沟道方向导电沟道的截面积不相等，靠源极处沟道的截面积最大，沿沟道方向逐步减小，靠漏极处的沟道截面积最小。

在器件剖面图上表现为沿沟道方向导电沟道的厚度不相等，靠源极处沟道最厚，沿沟道方向逐步减薄，靠漏极处的沟道最薄，如图 2.86 所示。

4. $V_{GS}>V_T$ 情况 I_D-V_{DS} 关系

（1）线性区

由于 $V_{GS}>V_T$，因此表面已形成导电沟道。

若 V_{DS} 较小，则沿沟道方向沟道截面积不相等的现象不明显，这时的沟道相当于是一个截面积均匀的电阻，因此源漏电流 I_D 随 V_{DS} 几乎是线性增加的，如图 2.87 中 OA 那一段所示。

（2）过渡区

随着 V_{DS} 的增加，沿沟道方向沟道截面积不相等的现象逐步表现出来。而且随着 V_{DS} 的增加，漏极处 $V_{GD}=V_{GS}-V_{DS}$ 减小，沟道变窄，沟道电阻增大，使 I_D 随 V_{DS} 增加的趋势减慢，偏离直线关系，如图 2.87 中 B 点附近那一段范围所示，称为过渡区。

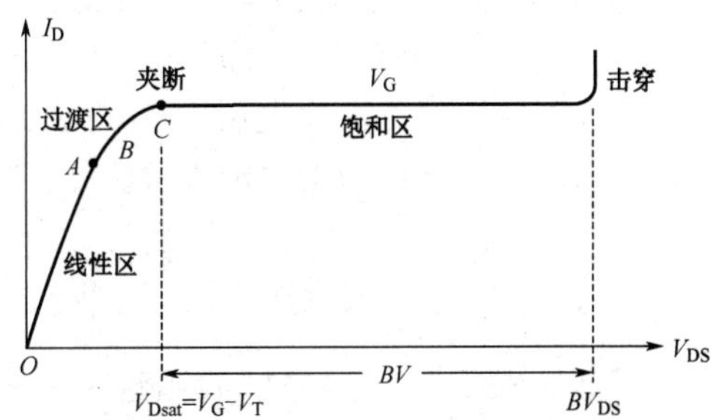

图 2.87　MOSFET 特性

线性区与过渡区又统称为欧姆区。

（3）沟道夹断

随着 V_{DS} 进一步的增加，漏极沟道进一步变窄。当 V_{DS} 增加到使漏极沟道截面积减小到零时，称为沟道夹断，如图 2.88 所示。这时 MOSFET 的工作状态对应图 2.87 中 C 点。

漏极沟道刚夹断时，漏源电压称为夹断电压。沟道夹断以后，漏源电压 V_{DS} 继续增加，漏源电流 I_D 基本不变，晶体管进入饱和区，因此夹断时 V_{DS} 又称为饱和电压，记为 V_{Dsat}。这时的电流记为 I_{DSS}。

当漏端沟道夹断时，夹断点 x 对应漏端。由式（2.85）可知，$Q_n(x)=C_{OX}(V_{GD}-V_T)=0$，得 $V_{GD}=V_T$。而 V_{GD} 可表示为$(V_{GS}+V_{SD})$或$(V_{GS}-V_{DS})$。因此这时的漏源电压，即夹断点电压为

$$V_{Dsat}=V_{GS}-V_T \tag{2.86}$$

对于确定的 MOSFET，具有确定的阈值电压 V_T，因此夹断点电压 V_{Dsat} 随着栅源控制电压 V_{GS} 的不同而不同。

（4）饱和区

沟道夹断后，如果 V_{DS} 继续增加，使得 $V_{DS}>V_{Dsat}$，这时漏端 pn 结耗尽层进一步扩大，如图 2.89 所示，沟道夹断点向源端方向移动，有效沟道长度必然减少。

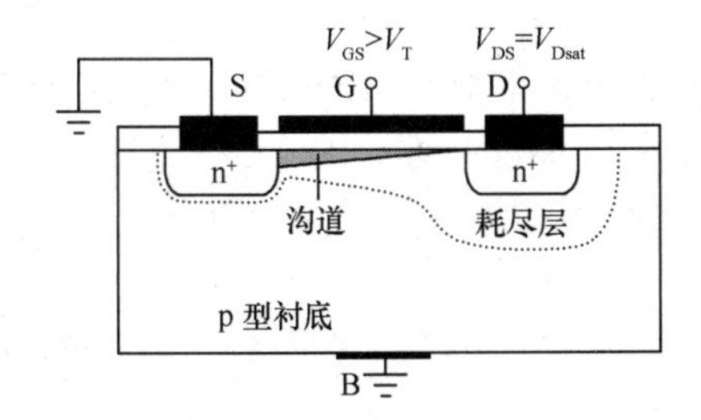

图 2.88　MOSFET 器件中的沟道夹断

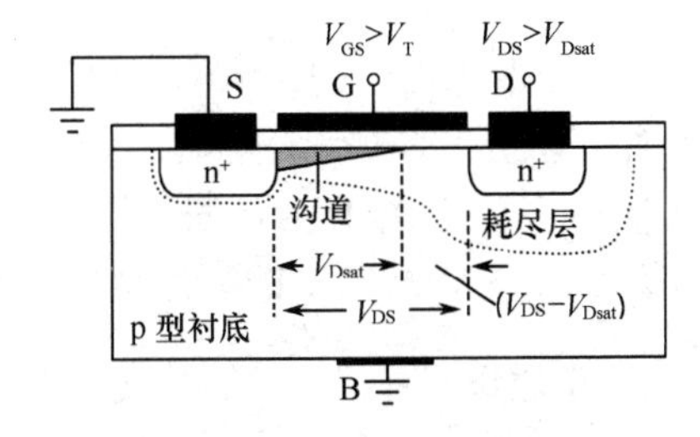

图 2.89　对应 MOSFET 饱和区的沟道

夹断点与源极之间的电压，即有效沟道区两端的压降仍保持为 V_{Dsat}。若原始沟道较长，有效沟道长度减少的影响可以忽略不计，则通过沟道区的电流基本维持为 I_{Dsat}。

由于 V_{DS} 大于 V_{Dsat} 后 I_D 基本保持不变，因此称这一区域为饱和区，如图 2.87 所示。

当然，随着 V_{DS} 的增加，夹断点逐步向源极移动，有效沟道长度 L_{eff} 将会变短，其结果将使 I_{DS} 略有增加，这就是沟道长度调制效应。只要沟道长度较长，夹断后 I_D 的增加非常缓慢，可以认为维持饱和。上述情况与 2.5.1 节讨论的 JFET 器件非常类似。

（5）击穿区

V_{DS} 增加到 $V_{DS}> V_{Dsat}$ 以后，由于夹断点与源极之间的压降仍保持为 V_{Dsat}，因此漏极与沟道夹断点之间的压降为（$V_{DS} - V_{Dsat}$），如图 2.89 所示。

若 V_{DS} 继续增加，使得漏极 pn 结反偏电压过大，则会导致漏极 pn 结耗尽层内发生雪崩击穿，使得 I_D 急剧增大。在图 2.87 所示特性曲线上表现为 MOSFET 击穿。

这时漏源两极之间的电压称为 MOSFET 击穿电压，记为 BV_{DS}。

实际上，MOSFET 表现的击穿是由于这时漏极与沟道夹断点之间的压降（$BV_{DS} - V_{Dsat}$）达到漏极 pn 结耗尽层的击穿电压 BV，导致漏极 pn 结耗尽层发生雪崩击穿，即 $BV=$（$BV_{DS} - V_{Dsat}$），因此 MOSFET 器件的击穿电压 BV_{DS} 为

$$BV_{DS}=BV+ V_{DS(sat)} \tag{2.87}$$

如图 2.87 特性曲线所示。

5．V_{GS} 对 I_D-V_{DS} 特性的影响

改变 V_{GS}，I_D 随 V_{DS} 变化的物理过程与上述分析相同，但特性曲线形态会发生下述变化。

（1）线性区与过渡区

如果 V_{GS} 增大，则 $Q_n(x)=C_{OX}(V_{GX}-V_T)$增大，所以对同一个 V_{DS}，I_D 增大。

（2）夹断点

由式（2.86）可知，夹断点电压 $V_{Dsat}=(V_{GS}-V_T)$，所以随着 V_{GS} 的增大，夹断点电压 V_{Dsat} 也随之增大。

（3）饱和区

显然，V_{GS} 增大，饱和电流也增大。

（4）击穿

由式（2.87）可知，BV 为漏极耗尽层雪崩击穿电压。对实际 MOSFET 结构，BV 一定，而夹断点与源极之间电压 $V_{Dsat}=(V_{GS}-V_T)$随着 V_{GS} 的增大而增大，所以随着 V_{GS} 的增大，BV_{DS} 也增大。

因此，随着 V_{GS} 增大，I_D-V_{DS} 特性曲线上移，相应夹断点电压及击穿电压均随之增加，如图 2.84 所示。

2.6.3 MOSFET 直流特性定量分析

分析不同栅源电压下的导电沟道电流与漏源电压的关系，可得到 MOSFET 直流特性的定量结果。下面针对图 2.84 所示增强型 nMOSFET 直流伏安特性曲线，推导其定量表达式。

在 $V_{GS}<V_T$ 范围为截止区，漏、源之间尚未形成沟道，因此有 $I_D\cong 0$。本节重点分析线性区、过渡区、饱和区中 MOSFET 的直流特性。

1．约定与假设

定量分析中采用下述几点约定与假设，可以有助于突出 MOSFET 电流传输特点，简化定量分析过程。

① 沟道电流沿沟道做一维流动，沟道源端作为一维 x 坐标原点，坐标设定如图 2.90（b）所示。

② 沟道电流为多子漂移电流，载流子迁移率为常数。

③ 栅氧为理想绝缘材料，栅极与沟道之间电流为 0。

④ 缓变沟道近似：表面沟道中垂直方向电场（取决于 V_G）远大于产生沟道漂移电流的水平方向电场（取决于 V_{DS}），即式（2.85）描述的沟道可动面电荷密度 $Q_n(x)=C_{OX}(V_{GX}-V_T)$沿 x 方向"缓变"。

按照图 2.90 所示坐标设定，沟道中电子浓度分布记为 $n(x)$，则沟道中可动面电荷密度可表示为

$$Q_n(x)=qn(x)h(x) \tag{2.88}$$

式中，$h(x)$为 x 处导电沟道的厚度，如图 2.90 所示。

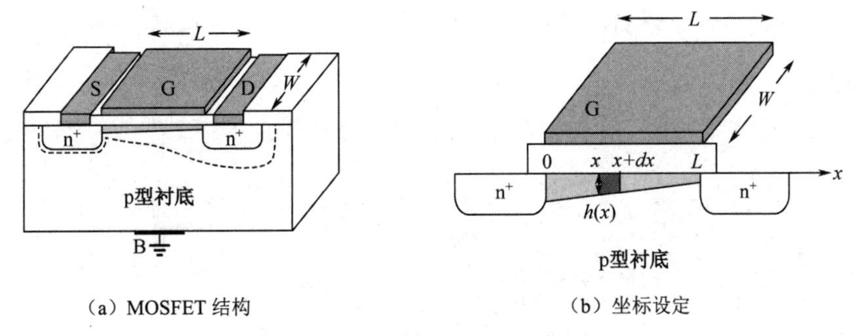

（a）MOSFET 结构　　（b）坐标设定

图 2.90　MOSFET 定量分析采用的坐标系

2．非饱和区 I_D-V_{DS} 特性定量分析

（1）基本表达式

在非饱和区，$0\leqslant V_{DS}\leqslant V_{Dsat}= V_{GS}-V_T$。

沟道中导电电子浓度分布为 $n(x)$，则 x 处电阻率为 $\rho(x)=1/(q\mu n(x))$。

沟道中从 x 到$(x+dx)$这段沟道的电阻 $dR(x)$为

$$dR(x)=\rho(x)\frac{dx}{Wh(x)}=\frac{1}{q\mu n(x)}\frac{dx}{Wh(x)}$$

由式（2.88）可知，分母中 $qn(x)h(x)$即为可动面电荷密度 $Q_n(x)$，因此得

$$dR(x)=\frac{dx}{\mu WQ_n(x)}$$

又由式（2.85）可知，按照 MOS 结构原理，$Q_n(x)$可表示为 $Q_n(x)= C_{OX}[V_{GX}-V_T]$，因此得

$$dR(x)=\frac{dx}{\mu WC_{OX}[V_{GX}-V_T]}$$

沟道 x 处 dx 范围沟道电阻 $dR(x)$上压降 $dV(x)$为

$$dV(x)=I_D dR(x)=I_D\frac{dx}{\mu WC_{OX}[V_{GX}-V_T]}$$

其中，
$$V_{GX}=V_{GS}+V_{SX}=V_{GS}-V_{XS}=V_{GS}-V(x)$$

得
$$I_D dx=\mu W C_{OX}[V_{GS}-V(x)-V_T]dV$$

对两边积分为
$$\int_0^L I_D dx=\int_0^{V_{DS}}\mu W C_{OX}[V_{GS}-V(x)-V_T]dV$$

得
$$I_D=\frac{\mu WC_{OX}}{L}[(V_{GS}-V_T)V_{DS}-\frac{1}{2}V_{DS}^2] \tag{2.89}$$

也可以将 μC_{ox} 用参数 K_P 表示，称为跨导参数，它是 SPICE 软件中的一个模型参数，即

$$I_D=\frac{WK_P}{L}[(V_{GS}-V_T)V_{DS}-\frac{1}{2}V_{DS}^2]\tag{2.90}$$

（2）讨论：线性区情况

在式（2.89）中，若 V_{DS} 很小，满足 $V_{DS}<<V_{Dsat}=V_{GS}-V_T$，得

$$I_D=\frac{\mu WC_{OX}}{L}[((V_{GS}-V_T)V_{DS}]\tag{2.91}$$

或者

$$I_D=\frac{WK_P}{L}[((V_{GS}-V_T)V_{DS}]\tag{2.92}$$

上式说明，在 $V_{DS}<<V_{Dsat}$ 条件下，I_D 与 V_{DS} 成正比，故称为线性区。

3. 饱和区 I_D-V_{DS} 特性定量分析

（1）基本关系式

根据 MOSFET 进入饱和区的条件，$V_{DS}=V_{Dsat}=V_{GS}-V_T$。代入式（2.89），得饱和区电流表达式为

$$I_{Dsat}=\frac{\mu WC_{OX}}{2L}(V_{GS}-V_T)^2\tag{2.93}$$

或者

$$I_D=I_{Dsat}=\frac{W}{L}\frac{K_P}{2}(V_{GS}-V_T)^2\tag{2.94}$$

（2）饱和电流的控制

在集成电路设计中，流过 MOSFET 的电流是一个影响电路特性的重要参数。由式（2.93）可见，可以从材料、工艺、版图等多方面控制饱和电流的大小。

① 增大跨导参数 K_P。采用迁移率高的半导体材料。对于 Si 集成电路，由于电子迁移率比空穴迁移率高，因此 Si 集成电路中优先采用 n 沟道 MOSFET。

② 减小氧化层厚度或采用高 k 介质，增大栅氧电容 C_{OX}。

③ 通过工艺控制减小阈值电压 V_T。2.6.5 节将详细讨论阈值电压的概念和控制方法。

④ 版图设计：在同一个集成电路中，不同晶体管的 C_{OX} 及 V_T 相同，控制不同 MOS 器件电流大小的途径就是控制栅极尺寸的(W/L)。其中沟道长度 L 主要取决于工艺水平，所以主要通过改变栅的宽度 W 调整电流容量。对于电流较大的器件，版图中其宽长比值（W/L）可能很大。

（3）考虑沟道调制效应的影响

沟道夹断后，随着 V_{DS} 的增加，夹断点向源端移动，有效沟道长度稍有减少。式（2.94）中的 L 应该改为有效沟道长度 $L_{eff}=(L-\Delta L)$，将使 I_{DS} 略有增加，称为沟道调制效应。

若引入沟道长度调制系数 $\lambda\equiv\Delta L/(LV_{DS})$，代表单位漏源电压引起的沟道长度的相对变化率。则饱和区中的电流表达式为

$$I_{Dsat}=\frac{W}{L}\frac{K_P}{2}(V_{GS}-V_T)^2(1+\lambda V_{DS})\tag{2.95}$$

2.6.4 MOSFET 交流特性

通常用晶体管跨导及特征频率表征 MOSFET 的交流特性。

1. 跨导（Transconductance）

由于 MOSFET 是电压控制器件，因此采用跨导描述其交流特性。

（1）跨导的定义

MOSFET 跨导 g_m 描述了输入栅压 V_{GS} 的变化量对输出漏极电流 I_D 变化量的控制能力，即输入交流电压信号 v_{gs} 作用下产生的输出交流电流 i_{ds} 为

$$g_m = \left.\frac{\partial I_{DS}}{\partial V_{GS}}\right|_{V_{DS}=0} = \frac{i_{ds}}{v_{gs}}$$

（2）MOSFET 跨导表达式

由于非饱和区与饱和区电流表达式不相同，因此应分别计算这两个区域的跨导。

① 非饱和区跨导 g_{mL}。

由式（2.89）可得

$$g_{mL} = \frac{\mu W C_{OX}}{L} V_{DS} \tag{2.96}$$

工作于线性区及过渡区范围的 MOSFET，跨导与 V_{DS} 成正比，而与栅压 V_{GS} 无关。

② 饱和区跨导 g_{mS}。

由式（2.93）可得

$$g_{mS} = \frac{\mu W C_{OX}}{L}(V_{GS} - V_T) \tag{2.97}$$

与非饱和区情况不同，饱和区中跨导与 V_{DS} 无关，而与栅压 V_{GS} 及阈值电压 V_T 有关。

（3）提高跨导的措施

由跨导表达式可见，在增大直流饱和电流的措施中，增大跨导参数 K_P（包括提高迁移率及增大栅氧电容 C_{OX}）、增加 MOSFET 沟道的宽长比(W/L)，也有利于提高跨导 g_{mL} 和 g_{mS}。

但是提高 g_{mL} 和 g_{mS} 对偏置电压及阈值电压的要求不相同。非饱和区跨导 g_{mL} 与 V_{DS} 成正比，与栅压 V_{GS} 及阈值电压均无关。而提高饱和区跨导 g_{mS} 则要求增大$(V_{GS}-V_T)$。

2．特征频率 f_T

对于 MOSFET，也可以像双极型晶体管那样，采用特征频率表征其频率特性。

（1）特征频率 f_T 的定义

与双极型晶体管情况一样，使得交流电流放大系数等于 1 的频率为特征频率。

（2）特征频率 f_T 的基本表达式

若 MOSFET 输入交流小信号电压为 v_{gs}，输入端等效栅电容为 C_G，则流过输入端的交流电流为 $i_g=\mathrm{j}\omega C_G v_{gs}=\mathrm{j}(2\pi f)C_G v_{gs}$。

按照跨导的定义，流过输出端的交流电流为 $i_{ds}=g_m v_{gs}$。

特征频率 f_T 是使得 i_{ds} 与 i_g 模值相等的频率，即$(2\pi f_T)C_G v_{gs}=g_m v_{gs}$，因此得

$$f_T=g_m/2\pi C_G \tag{2.98}$$

（3）提高特征频率 f_T 的主要途径

由式（2.98）可见，提高特征频率 f_T 的途径是提高跨导、减小输入端等效栅电容。

为了突出主要因素，下面以器件工作于饱和区这种典型情况说明提高 f_T 与 MOSFET 结构参数的关系。

在饱和区，特征频率表达式中的跨导 g_m 应采用式（2.97）描述的 g_{mS}。

理想情况下不考虑寄生电容，输入端总的等效栅电容只需考虑栅氧电容，即 $C_G=C_{ox}WL$，其中 W、L 分别为沟道宽度和沟道长度，C_{OX} 为单位面积栅氧电容。

将 g_{mS} 及 C_G 表达式代入式（2.98），得

$$f_T = \frac{g_m}{2\pi C_G} = \frac{\frac{\mu_n W C_{OX}}{L}(V_{GS} - V_T)}{2\pi(C_{OX} WL)} = \frac{\mu_n (V_{GS} - V_T)}{2\pi L^2} \propto \frac{\mu_n}{L^2} \tag{2.99}$$

由式（2.99）可见，从MOSFET器件结构考虑，除了与沟道载流子迁移率有关，提高特征频率f_T的关键因素是减小沟道长度，从而减小源极、漏极之间载流子传输过程中通过沟道的渡越时间，进而提高特征频率。

2.6.5 MOSFET的阈值电压

1. MOSFET阈值电压的基本表达式

如前所述，对增强型nMOSFET器件，只有当栅源电压大于阈值电压V_T后，才能形成导电沟道。而且阈值电压对器件特性，如饱和电流、跨导、特征频率等均有重要影响。因此，阈值电压是表征MOSFET的一个非常重要的性能参数。

（1）衬底与源极短接情况下的V_T

阈值电压是使得半导体表面强反型形成导电沟道需要施加的栅源电压。根据器件物理分析可知，V_T与栅极材料、栅绝缘层材料类型和厚度、衬底掺杂浓度，以及半导体与二氧化硅界面的质量等因素有关。对于nMOSFET，在衬底与源极短接的情况下，阈值电压为

$$V_{T0} = V_{FB} + 2\Phi_F + \gamma(2\Phi_F)^{1/2} \tag{2.100}$$

其中，下标0表示这是衬底与源极短接情况下的阈值电压。下面说明式（2.100）中各项的含义。

（2）平带电压

式（2.100）右侧第一项V_{FB}为平带电压，描述了栅极材料和衬底材料间的功函数差以及栅氧化层中电荷的影响（与Si-SiO_2界面状态及SiO_2质量因素有关）。分析可得

$$V_{FB} = \Phi_{MS} - \frac{Q_{SS}}{C_{OX}} \tag{2.101}$$

式中，Φ_{MS}等于栅极材料和衬底材料间的功函数差除以电子电荷；Q_{SS}为氧化层表面电荷密度，一般情况下其大小为$(2\sim8)\times10^{-8}$C/m^2；C_{OX}为单位面积栅氧电容（简称MOS电容）。

$$C_{OX} = \frac{\varepsilon_r \varepsilon_0}{T_{OX}} \tag{2.102}$$

式中，$\varepsilon_r\varepsilon_0$为$SiO_2$材料的介电常数；$T_{OX}$为栅$SiO_2$层厚度，是控制阈值电压的一个重要参数。

（3）费米电势Φ_F

式（2.100）右侧第二项Φ_F为费米电势，描述了衬底掺杂浓度N_{sub}对阈值电压的影响。分析可得

$$\Phi_F = \frac{kT}{q}\ln\left(\frac{N_{sub}}{n_i}\right) \tag{2.103}$$

式中，N_{sub}为衬底掺杂浓度。

集成电路生产中改变衬底掺杂浓度是调控阈值电压的重要途径之一。

（4）体效应系数γ

式（2.100）右侧第三项$\gamma(2\Phi_F)^{1/2}$描述了沟道下方耗尽层对阈值电压的影响。其中γ为体效应系数。分析可得

$$\gamma=\frac{\left(2\varepsilon_0\varepsilon_r qN_{sub}\right)^{1/2}}{C_{OX}} \tag{2.104}$$

在描述衬底偏置电压对阈值电压的影响时将采用体效应系数。

2．阈值电压与衬底电压的关系

需要指出的是，若衬底和源极不直接相连，而是在衬底与源极之间加偏压 V_{BS}，阈值电压则发生变化。式（2.100）描述的是衬底和源极直接相连时的阈值电压为 V_{T0}，衬底与源极之间加偏压 V_{BS} 时的阈值电压 V_T 可表示为

$$V_T=V_{T0}+\gamma\left[(2\Phi_F-V_{BS})^{1/2}-(2\Phi_F)^{1/2}\right] \tag{2.105}$$

因此，调整 V_{BS} 的大小，可以改变阈值电压。

这一结果在实际应用中，特别是在降低待机功耗方面有很大作用。例如，在有些超大规模集成电路设计中，对那些处于等待状态的器件，使它们的衬底与源极之间为反偏，V_{BS} 为负值，就可以提高阈值电压，使这些器件处于较深的截止状态，泄漏电流得到大幅度降低，从而可以明显地降低待机功耗。

3．阈值电压与沟道尺寸的关系

式（2.100）给出的阈值电压表达式与 MOSFET 的沟道长度 L 和宽度 W 无关。事实上，随着 L 和 W 的减小，V_T 与 L 和 W 有很强的依赖关系。V_T 随 L 的减小而减小，V_T 随 W 的减小而增大。这些都是由短沟道和窄沟道效应引起的。通常讲的短沟道器件就是指沟道长度小于 3μm 的器件，而亚微米器件则是指沟道长度小于 1μm 的器件。

目前沟道长度已减小到几纳米，这时短沟道效应的影响，包括对阈值电压的影响，已成为促使 MOSFET 器件结构不断改进的主要原因之一（见 2.6.9 节）。

4．阈值电压 V_T 的控制

（1）阈值电压 V_T 的控制要求

为了保证 MOS 器件正常工作，V_T 应该与工作电压相适应。

若 V_T 较低，则饱和电流较大，驱动能力强。但是截止状态下的泄漏电流也增大（见 2.6.7 节亚阈特性分析），导致关态时泄漏电流较大。

若 V_T 较高，则截止状态下的泄漏电流较小，但是饱和电流减小。

因此，阈值电压是表征 MOSFET 的一个非常重要的模型参数，也是集成电路设计及制造过程中需要重点控制的一个参数，应根据工作电压控制合适的阈值电压。

一般情况下，采用不同工作电压的集成电路对器件阈值电压的控制要求如表 2.9 所示。

表 2.9　不同工作电压对器件阈值电压的控制要求

工作电压/V	1.2	3.3	5	27	50
阈值电压 V_T/V	0.3~0.4	0.4~0.5	0.6~0.7	0.9~1	1.5~1.7

（2）阈值电压 V_T 的控制途径

通过器件物理分析，将式（2.105）展开，得阈值电压 V_T 的完整表达式为

$$V_T=\{\Phi_{ms}-\frac{Q_{SS}}{C_{OX}}+2\frac{kT}{q}\ln(\frac{N_a}{n_i})+\gamma\sqrt{2\varphi_{fP}}\}+\gamma[\sqrt{2\varphi_{fP}-V_{BS}}-\sqrt{2\varphi_{fP}}] \tag{2.106}$$

应根据实际情况，针对上述 V_T 表达式中每项代表的因素，选用合适的控制方法。

① 栅氧化层质量控制。

阈值电压表达式中包含氧化层电荷密度 Q_{SS} 的影响。但是 Q_{SS} 是非受控因素，不可能通过控制 Q_{SS} 的数值来调整 V_T，因此应该控制工艺，使 Q_{SS} 尽量小，最大限度减少 Q_{SS} 对 V_T 的影响。

对于半导体材料 Si，<100>方向氧化层电荷比<111>方向低一个数量级，所以目前 Si 材料 MOSFET 集成电路都采用<100>方向 Si。

② 控制单位面积栅氧电容 $C_{OX}=\varepsilon/d_{OX}$。

可以选用下述方法使 C_{OX} 尽量大，减小 Q_{SS} 影响。

（a）薄栅工艺（目前工艺中栅氧为几十埃）。

注意：为了减小场区寄生 MOS 晶体管的作用，MOS 工艺场氧区采用厚氧化层，一般为零点几微米。

（b）栅介质采用高 k 介质，使 ε 尽量大。

注意：为了减小多层互连线之间寄生电容，多层金属化之间应该采用低 k 绝缘材料。

③ 控制衬底掺杂浓度 N_{sub}。

目前 MOS 集成电路中的阈值电压调整工艺就是调整衬底掺杂浓度 N_{sub}。

④ 控制衬底偏置电压 V_{BS}。

衬底偏置电压 V_{BS} 也会影响阈值电压，这是目前集成电路应用中调整阈值电压的主要途径。例如，在集成电路待机时，通过电路设计给衬底加反偏，提高 V_T，就可以大幅度减小待机功耗。

2.6.6 MOSFET 模型

1. MOSFET 器件特点

与双极型晶体管相比，MOSFET 具有下述明显不同的特点。

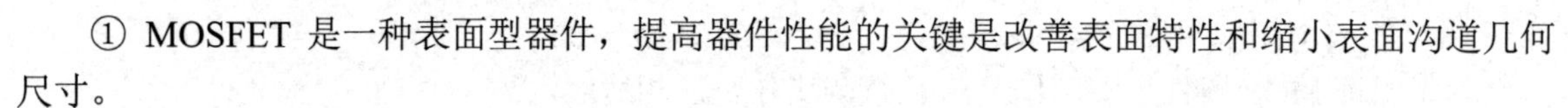

① MOSFET 是一种表面型器件，提高器件性能的关键是改善表面特性和缩小表面沟道几何尺寸。

② MOSFET 是多子器件，提高沟道中载流子迁移率 μ 有利于 MOSFET 特性的提高。

由于电子迁移率比空穴迁移率高，因此目前集成电路中 nMOS 性能优于 pMOS。

③ MOSFET 是电压控制器件，通过栅源电压 V_{GS} 控制漏极电流 I_{DS}。

④ 由于栅、源极间有绝缘栅介质，因此呈现纯电容性高输入阻抗。同时容性输入阻抗可用来存储信息。这在存储电路设计中是十分重要的特性。

但是这种结构又使得 MOS 器件特别容易受到静电损伤，因此 MOS 集成电路设计中必须采用抗静电损伤的保护电路。

⑤ 由于沟道和衬底之间构成 pn 结，在同一衬底上形成的多个 MOSFET 之间具有自隔离的效果。

⑥ MOSFET 的 I_{DS}-V_{DS} 输出特性曲线从原点“扇形”展开，如图 2.91（a）所示。饱和区是指 V_{DS} 增加而电流 I_{DS} 基本不变的区域。

而 BJT 的 I_C-V_{CE} 输出特性曲线是从一条“包络线”弹出的，如图 2.91（b）所示。饱和区是指集电极电流 I_C 增加但是 V_{CE} 基本不变的区域。

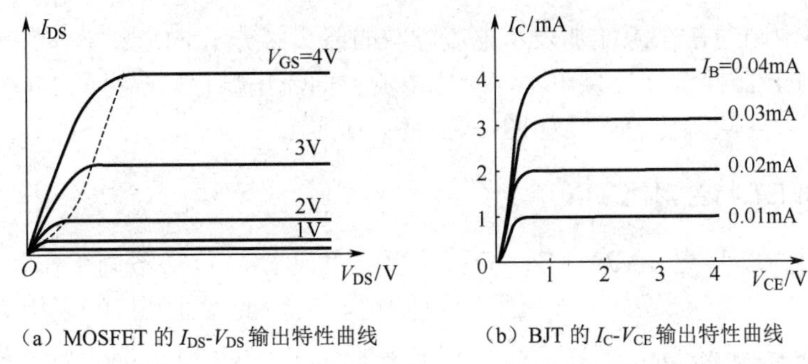

（a）MOSFET 的 I_{DS}-V_{DS} 输出特性曲线　（b）BJT 的 I_C-V_{CE} 输出特性曲线

图 2.91　MOSFET 与 BJT 特性曲线对比

2．4 种 MOSFET 的电路符号

（1）基本符号

与 JFET 器件一样，按照导电沟道类型划分，MOS 器件可以分为 nMOS 和 pMOS 两类。按照 $V_{GS}=0$ 时是否存在导电沟道，每类 MOS 器件又分为耗尽型和增强型两类。因此一共有 4 种类型 MOS 器件，对应的器件符号如图 2.92（a）所示。

图 2.92（a）中除了显示漏极 D、源极 S 和栅极 G，还显示衬底电极引出端，并按照箭头方向区分 n 沟道与 p 沟道器件。箭头从 p 型指向 n 型，描述了衬底与源之间 pn 结的极性。箭头指向沟道表示沟道为 n 型，因为对 nMOSFET 器件，衬底为 p 型，源漏为 n 型；反之，箭头从沟道指向衬底则表示是 pMOSFET 器件。

D、S 之间连线为实线表示零偏时已有导电沟道，代表耗尽型器件。

D、S 之间连线为虚线表示零偏时不存在导电沟道，代表增强型器件。

（2）电路中常用符号

在实际电路应用中，数字集成电路与模拟集成电路习惯采用不同形式的符号，如图 2.92（b）所示。

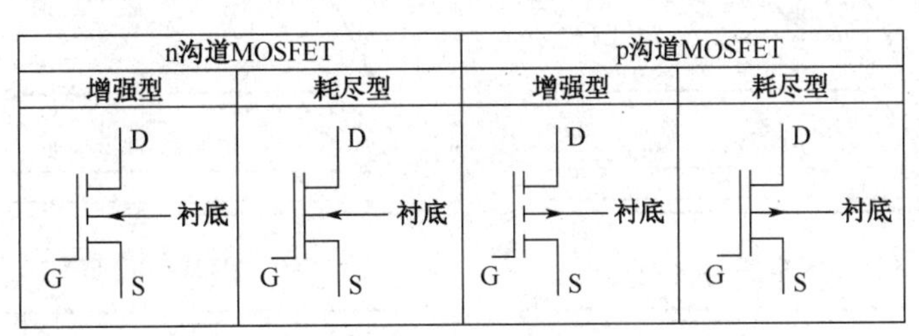

（a）4 种 MOS 器件符号

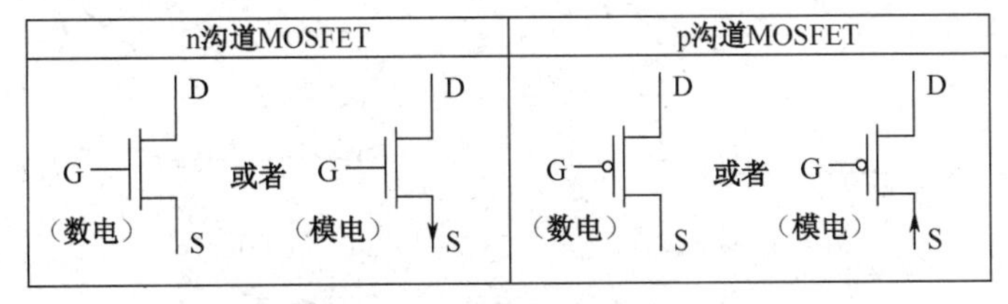

（b）电路中常用符号

图 2.92　MOSFET 电路符号

CMOS 数字集成电路中都采用增强型器件，而且衬底均与源极连接。因此 n 沟道和 p 沟道 MOSFET 器件均只需一种符号。并且借用数字电路中代表低电平有效的小圆圈区分 n 沟道和 p 沟道 MOSFET 器件符号。p 沟道 MOSFET 器件符号栅极带有小圆圈表示栅极加低电平才能在半导体表面形成 p 型导电沟道。

模拟集成电路中则通常在源端加表示电流方向的箭头区分 n 沟道和 p 沟道 MOSFET 器件符号。n 沟道 MOSFET 器件源极提供电子，对应电流方向流出源极。p 沟道 MOSFET 器件源极提供空穴，对应电流方向从源极流入，如图 2.92（b）所示。

3．4 种 MOSFET 特性对比

前面结合常用的增强型 nMOSFET 分析了器件的特性，包括不同工作状态的偏置条件、输出特性曲线、转移特性曲线等。采用类似的分析方法，可以得到其他几类 MOSFET 的相应结果。

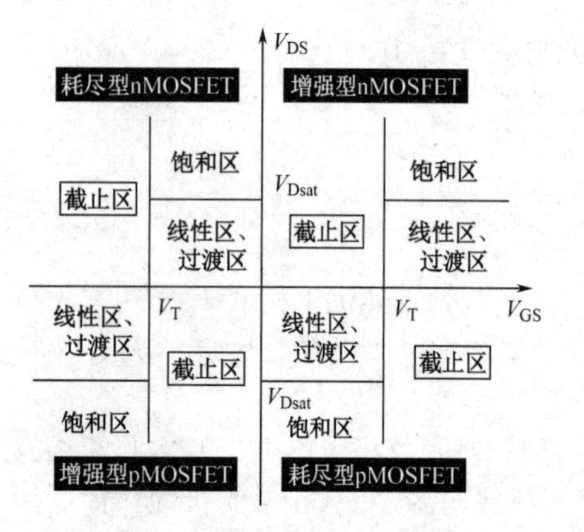

图 2.93　4 种 MOSFET 偏置条件

（1）偏置条件

前面分析的增强型 nMOSFET 不同工作状态的偏置条件如图 2.93 中第一象限所示。采用类似的分析方法，可以得到其他几类 MOSFET 的不同工作状态的偏置条件要求，如图 2.93 中第二到第四象限所示。

（2）输出特性

前面分析的增强型 nMOSFET 输出特性曲线如图 2.94（a）所示。采用类似的分析方法，可以得到其他几类 MOSFET 的输出特性曲线，如图 2.94（b）～（d）所示。

（3）转移特性

前面分析了增强型 nMOSFET 转移特性曲线。采用类似的分析方法，可以得到其他几类 MOSFET 的转移特性曲线。为了便于比较，图 2.95 同时给出 4 种 MOSFET 的转移特性曲线。

图中与 $I_{DS}=0$ 对应的电压 V_{GS} 即为阈值电压 V_T，相应的横坐标为（$V_{GS}/|V_T|$）=1。

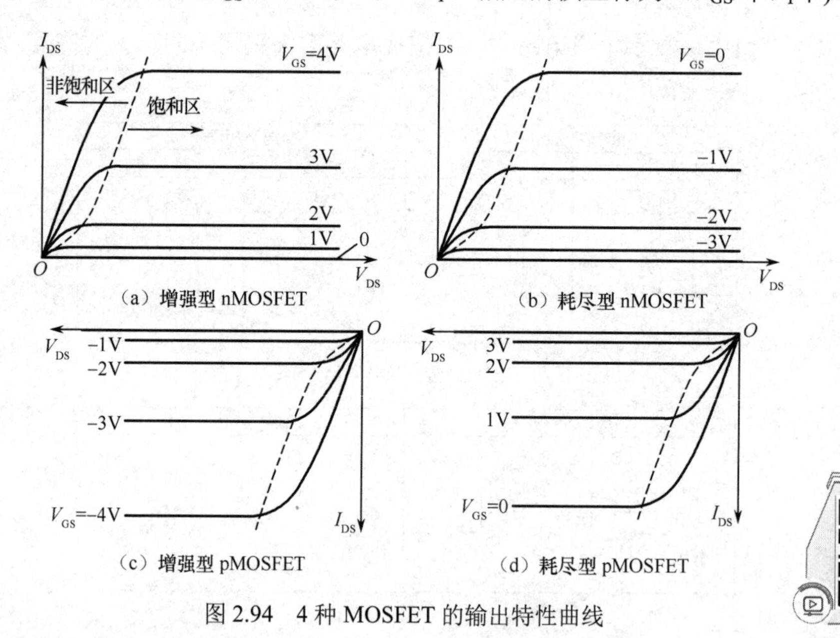

图 2.94　4 种 MOSFET 的输出特性曲线

4．MOSFET 模型与模型参数

（1）MOSFET 模型类型

① 物理模型。

本章前几节介绍的 pn 结二极管模型、双极型晶体管模型、JFET 模型都是基于器件结构及工

作原理构造等效电路的，这种模型称为器件物理模型。早期的 Level-1 级 MOSFET 模型是最典型的器件物理模型。

随着器件尺寸的不断减小，为了考虑二阶效应的影响，对 Level-1 级模型不断进行修正，成为 Level-2 级模型，能够满足微米级 MOSFET 集成电路模拟仿真的精度要求。Level-2 级模型仍然属于器件物理模型类型。

② 行为级模型。

当工艺节点从微米发展到亚微米，继续采用对器件物理模型进行补充修改的方式已不能满足小尺寸器件的模拟仿真精度要求。

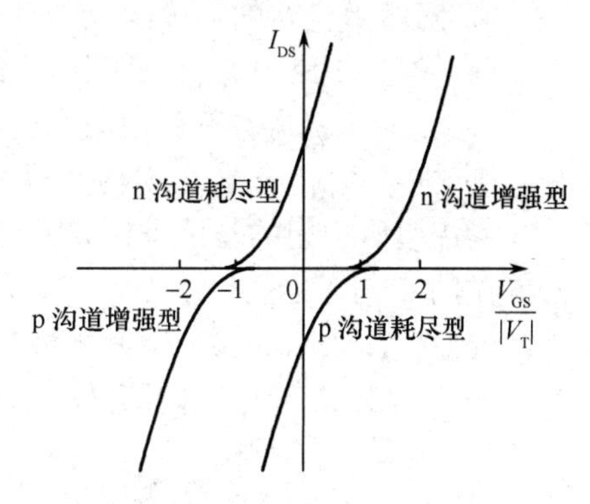

图 2.95　4 种 MOSFET 的转移特性曲线

1984 年提出的 BSIM（Berkeley Short-channel IGFET Model）模型是一种只针对器件端特性等效而建立的描述器件端特性关系的等效电路，等效电路内部构成与器件内部结构不完全存在对应关系。这类模型称为行为级模型。

模拟仿真软件 SPICE 从采用 Level-1 级和 Level-2 级到采用 BSIM 模型的过程中还采用一种 Level-3 级的半经验短沟模型。

不同级别的 MOSFET 模型适用于不同尺寸及不同工艺特点的器件。此外，多家集成电路厂家也根据其器件结构及工艺特点，开发有专用的 MOSFET 模型。例如，模拟仿真软件 HSPICE 支持的 MOSFET 模型级别达到 60 多种。

本节主要结合前面分析的 MOSFET 器件工作原理，介绍器件物理模型的构成，重点说明描述 MOSFET 器件特性的基本模型参数。同时简要介绍适用于目前 5nm 工艺节点的 BSIM 模型的发展状态。

（2）MOSFET 物理模型

① 物理模型等效电路。

根据前面 MOSFET 直流特性分析结果，同时考虑 pn 结势垒电容、氧化层电容、漏电流及串联电阻，可得图 2.96 所示的 MOSFET 等效电路。

对比 MOSFET 结构剖面图，可以看到代表物理模型的等效电路与 MOSFET 器件结构之间存在明显的对应关系。

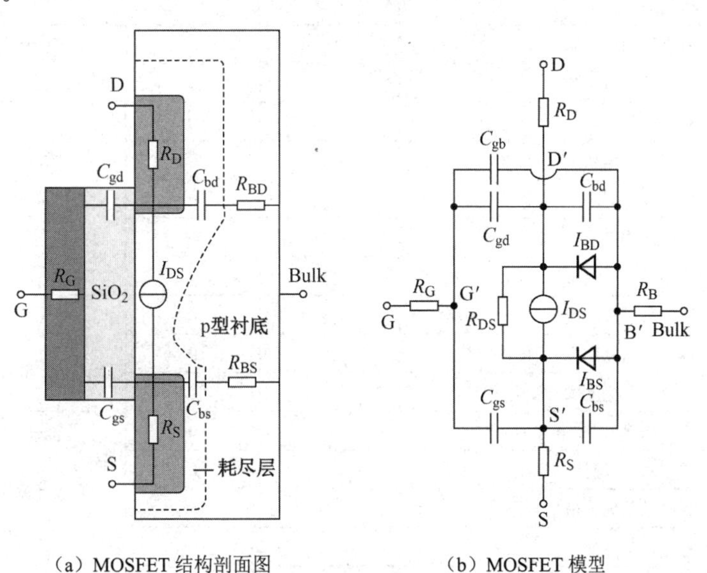

图 2.96　MOSFET 等效电路

② 对等效电路的解读。

（a）等效电路中 I_{DS} 代表漏极、源极之间的电流，其表达式如式（2.89）～式（2.95）所示。R_{DS} 是与电流源并联的电阻，代表饱和区中沟道调制效应的影响。

（b）R_G、R_D、R_S、R_B 分别代表栅极、漏极、源极、衬底的串联电阻。

考虑串联电阻的作用，计算漏源电流的式（2.89）～式（2.95）中，V_{GS}、V_{DS} 应分别采用图2.96中的 G' 与 S' 之间以及 D' 与 S' 之间的电压 $V_{G'S'}$ 和 $V_{D'S'}$。

（c）C_{gd}、C_{gs}、C_{gb} 分别为栅极与漏极、源极及衬底之间的氧化层电容。

在SPICE软件中，采用下面的表达式计算这3个电容。

$$C_{gd}=W\,C_{gd0}$$
$$C_{gs}=W\,C_{gs0}$$
$$C_{gb}=L\,C_{gb0}$$

式中，W、L 分别为沟道宽度和长度；C_{gd0}、C_{gs0} 分别为单位沟道宽度上的栅-漏和栅-源的覆盖电容；C_{gb0} 为单位沟道长度上的栅-衬底覆盖电容。

（d）C_{bd} 和 C_{bs} 分别是衬底-漏结及衬底-源结势垒电容。

（e）I_{BD} 和 I_{BS} 分别为流过衬底-漏结及衬底-源结的pn结电流。

（3）基本模型参数

模型参数是确定物理模型等效电路中各个元件值的参数值。

SPICE软件中描述图2.96所示等效电路中元器件的一组基本MOS模型参数如表2.10所示。

表2.10 MOSFET基本模型参数

模型参数	描　述	单 位	默认值	说　明
L	沟道长度	m		沟道几何尺寸（对应栅极尺寸）
W	沟道宽度	m		
KP	跨导系数	A/V^2	2.0E-5	计算等效电路中漏源电流 I_{DS} 的模型参数[见式(2.66)～式(2.95)]
LAMBDA	沟道长度调制系数 λ	V^{-1}	0.0	
VTO	“衬底-源”零偏时阈值电压 V_{T0}	V	0	
PHI	强反型时表面势 Φ_S	V	0.6	
GAMMA	体效应系数 γ	$V^{1/2}$		
IS	衬底结饱和电流	A	1E-14	用于计算等效电路中电流源 I_{BD} 和 I_{BS} 的两个参数
N	衬底结发射系数		1	
RB	衬底串联电阻	Ω	0	描述等效电路中的5个电阻
RD	漏极串联电阻	Ω	0	
RG	栅极串联电阻	Ω	0	
RS	源极串联电阻	Ω	0	
RDS	漏源并联电阻	Ω	∞	
CGBO	单位沟道长度栅-衬底覆盖电容	F/m	0	描述等效电路中的3个电容：C_{gd}、C_{gs} 和 C_{gb}
CGDO	单位沟道宽度栅-漏覆盖电容	F/m	0	
CGSO	单位沟道宽度栅-源覆盖电容	F/m	0	
CBD	零偏衬底-漏结电容	F	0	描述等效电路中的势垒电容 C_{bd} 和 C_{bs}
CBS	零偏衬底-源结电容	F	0	
FC	衬底结正偏势垒电容系数		0.5	
MJ	衬底结电容梯度因子		0.5	
PB	衬底结接触电势	V	0.8	

由于下述几点，SPICE 软件中采用的 MOS 模型参数超过 100 个。新增模型参数的含义可以查看软件提供的用户手册。

① 为了方便用户并提高模型参数的精度，对同一个电特性，SPICE 软件中提供有几种计算方法供用户选用。例如，对于与 pn 结有关的势垒电容，除了可以采用表 2.10 中的模型参数计算，还可以进一步将势垒电容分为底部和侧面两部分分别计算。当然，相应的模型参数个数随之增加。

② 随着 MOS 技术的发展，MOSFET 的沟道长度已减小到只有几纳米。这时虽然 MOSFET 的基本工作原理保持不变，但是需要考虑许多新的二阶效应，这样 MOS 模型越来越复杂。SPICE 软件中提供有多种级别的 MOS 模型供用户选用，MOSFET 模型参数也随之增加不少。表 2.10 列出的只是描述长沟道 MOS 模型的一组基本模型参数。

③ SPICE 软件中还考虑 MOSFET 的其他特性，如噪声特性、特性参数随温度的变化等，将要引入更多的参数。

使用时应根据 MOSFET 在电路中的作用，确定必须提供哪些模型参数值。对于无须考虑的 MOS 特性，不必提供相应的模型参数，可以直接采用默认值。例如，若 MOSFET 工作于直流或低频状态，就无须提供与电容有关的模型参数值，采用默认值 0，即不考虑电容的影响。

（4）BSIM 模型

随着工艺技术的进步，1984 年提出的 BSIM1 模型也经历多个版本的发展，到目前 5nm、3nm 工艺节点，BSIM 模型仍然能够满足电路模拟仿真的要求。

1984 年推出的 BSIM1 模型是一种描述器件端特性关系的行为级模型。随着沟道尺寸的不断减小，为了考虑新出现的二阶效应，BSIM 模型不断更新。

1997，BSIM3v3 版本被 Compact Model Council (CMC) 推选为世界上第一个用于集成电路模拟的“standard transistor model”。BSIM3v3 模型在 0.5μm、0.35μm、0.25μm、0.18μm 和 0.15μm 节点中均得到成功应用。

2000 年发布的 BSIM4 模型成功用于 0.13μm、90nm、65nm、45/40nm、32/28nm 和 22/20nm 技术节点。

目前开发的新版本 BSIM 模型可用于 3nm 节点的 FinFET 器件。

2.6.7 影响 MOSFET 特性的非理想因素

前面是针对长沟道情况介绍 MOSFET 器件的基本工作原理。随着沟道长度缩短到微米以下甚至只有几纳米，新出现了一些长沟道理论中未考虑的因素。

本节介绍几种基本的非理想因素对 MOSFET 特性的影响。2.6.9 节再结合 MOSFET 新结构进一步简要介绍其他非理想因素（如热载流子注入效应）的影响。

1．亚阈特性

（1）亚阈电流的定义

按照阈值电压的定义，V_{GS} 小于阈值电压时表面未形成导电沟道，I_D 应该为 0，如图 2.97（a）所示。实际上，按照表面形成沟道的物理过程分析，当 V_{GS} 等于阈值电压时，表面已经为强反型。因此，在表面达到强反型之前，必然经历有弱反型阶段，具有一定导电能力，只是处于弱反型，导电能力较弱。另外，即使表面尚未成为弱反型，源、漏之间为两个背靠背的 pn 结，在 V_{DS} 作用下，源漏之间也会有很弱的泄漏电流流过。

V_{GS} 低于阈值电压时的沟道电流称为亚阈电流，如图 2.97（b）所示。通常亚阈电流为纳安甚至微安量级。

采用图 2.97（c）所示半对数坐标可以进一步显示亚阈特性曲线的特点。

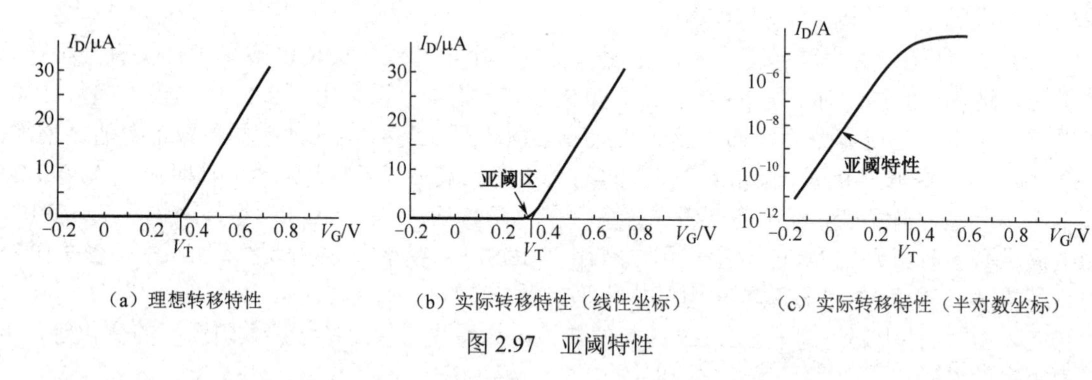

（a）理想转移特性 （b）实际转移特性（线性坐标） （c）实际转移特性（半对数坐标）

图 2.97 亚阈特性

（2）亚阈电流的影响

虽然单个器件的亚阈电流很小，可能只是纳安量级。但是，现代大规模 IC 中包含有上千万甚至超过 100 亿个器件，即使这些器件都处于关断状态，V_{GS}低于阈值电压，但是由亚阈电流构成的整个芯片的关态电流将相当大，可能达到数安培，产生无用功耗。

另外，随着芯片中器件数的急剧增多，亚阈电流导致的待机功耗也相当可观。因此需要分析亚阈电流的规律，以及降低亚阈电流影响的措施。

（3）亚阈特性的表征

① 亚阈电流表达式。

分析可得，在亚阈范围，电流与偏置电压的关系为

$$I_D = I_0\exp[q(V_{GS}-V_T)/kT][1-\exp(-qV_{DS}/kT)]$$

若 V_{DS}大于 0.1V，上式右边第二个括号部分将近似等于 1，则 I_D只与 V_{GS}有关，而且随 V_{GS}增加呈指数增加，在半对数坐标下，亚阈电流与 V_{GS}之间呈现直线，如图 2.97（c）所示。

② 亚阈摆幅 S。

为了表示亚阈电流随 V_G变化的程度，引入参数亚阈摆幅，其定义为

$$S = d(V_G)/d(\log I_D)$$

由定义可见，S 就是亚阈电流变化一个数量级所需要的栅压。对应于在半对数坐标下亚阈电流曲线的斜率的倒数。目前 S 值为 60～70mV/decade。

显然，S 越小（图示的亚阈电流变化越陡峭，斜率越大），说明在亚阈区，随着 V_G的减小，亚阈电流减小得越快，有利于提高关断程度，减小无用功耗。

（4）减小亚阈电流影响的措施

① 减小亚阈摆幅 S。

分析可得，S 与栅氧电容、半导体表面耗尽层电容、界面陷阱等效电容等成正比，因此减薄栅氧厚度、降低衬底掺杂、减小表面陷阱密度均有利于降低 S。

② 提高关断/待机状态下器件的阈值电压 V_T。

由亚阈电流表达式可见，对于一定的 V_{GS}，如果提高阈值电压，就可以明显降低亚阈电流。例如，对于一个包含有 1000 万个器件的芯片，在 $V_G=0$ 的关断/待机状态下，若 $V_T=0.25$V，得亚阈电流为 1.56μA，芯片总电流高达 15.6A。如果能够使阈值电压提高到 $V_T=0.5$V，亚阈电流将减小为 0.1nA，芯片总电流只有 1mA。

根据 2.6.5 节关于衬底偏压对阈值电压影响的分析，在芯片设计中，如果对关断/待机状态下的器件的衬底和源极之间施加一个反偏电压 V_{BS}，就可以提高阈值电压，实现这一目标。

（5）亚阈特性的应用

对于要求工作电流非常小的微功耗应用领域，如植入人体的器件等，就可以使晶体管工作于亚阈区。目前利用亚阈特性进行微弱信号放大的应用研究正得到越来越大的重视。

2．沟道长度调制效应

（1）沟道长度调制

如式（2.86）所示，当 $V_{DS}=V_{Dsat}=V_G-V_T$ 时，漏端沟道夹断。随着 V_{DS} 进一步增大，夹断点向源极移动，导致有效沟道长度 L_{eff} 小于原始沟道长度 L，如图 2.98 所示。按照长沟道理论，原始沟道长度 L 较长，可以忽略沟道长度的变化，即近似认为 $L_{eff}\approx L$。而夹断点与源极之间的电压保持 V_{Dsat}，因此 V_{DS} 大于 V_{Dsat} 以后，电流 I_D 与 $V_{DS}=V_{Dsat}$ 时电流相等，这就是特性曲线上的饱和区。

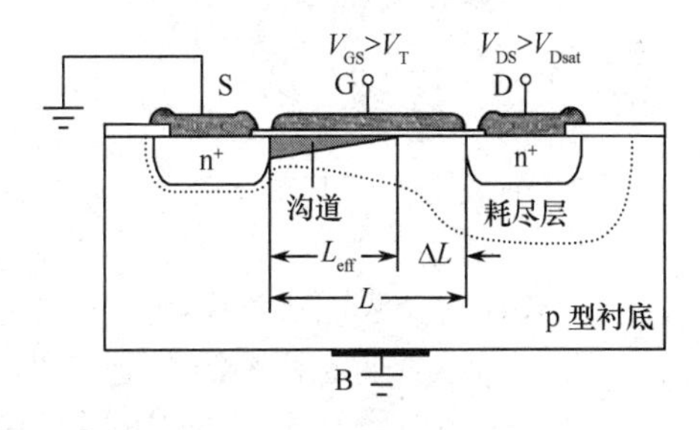

图 2.98　沟道长度调制

对于短沟道器件，上述近似不再成立。漏极沟道夹断后，随着 V_{DS} 进一步增大，夹断点向源极端移动，有效沟道长度小于原始沟道长度 L，而夹断点与源极之间的电压保持 V_{Dsat}，因此，V_{DS} 大于 V_{Dsat} 以后，在饱和区，由于有效沟道长度的减小，电流 I_D 将随着 V_{DS} 的增大而不断增大，这一现象称为沟道长度调制效应。

（2）沟道长度调制效应的定量表征

为了考虑有效沟道缩短的影响，在 I_D 定量计算中应该将沟道长度 L 替换为有效沟道长度 L_{eff}。下面首先分析有效沟道长度与原始沟道长度之间的关系。

$$1/L_{eff}=1/(L-\Delta L)=1/(L(1-\Delta L/L))\approx(1/L)(1+\Delta L/L)$$

若饱和区中单位 V_{DS} 作用下沟道长度相对变化率为 λ，即

$$\lambda=(\Delta L/L)/V_{DS}$$

则

$$1/L_{eff}\approx(1/L)(1+\Delta L/L)=(1/L)(1+\lambda V_{DS})$$

代入饱和区的电流表达式得

$$I_{DS}=\frac{\mu W C_{OX}}{2L_{eff}}\left(V_{GS}-V_T\right)^2=\frac{\mu W C_{OX}}{2L}\left(V_{GS}-V_T\right)^2\left(1+\lambda V_{DS}\right)$$

由上式可见，由于饱和区中有效沟道长度随着 V_{DS} 的增加而减短，因此饱和区中电流随着 V_{DS} 的增大而增大，不再饱和。I_D 增大的快慢程度与参数 λ 密切相关。因此 λ 称为沟道调制系数，是表征 MOSFET 特性的一个重要模型参数。

3．表面迁移率

（1）沟道电场对载流子运动的影响

MOSFET 器件表面形成沟道后，偏置电压在沟道中形成的电场实际包括由 V_{DS} 形成的沿沟道方向的电场分量以及由 V_G 形成的与沟道垂直方向的电场分量。因此，载流子除了在沟道方向电场作用下做漂移运动形成电流 I_D，还会受到与沟道方向垂直的电场作用，要向表面运动。

由于表面上方是栅介质绝缘层，因此载流子只会在表面与栅介质的界面处发生碰撞，改变运动方向。因此，载流子从源极向漏极运动的实际轨迹如图 2.99 所示。由于载流子在表面沟道运动过程中频繁受到碰撞，必然导致其平均自由程明显小于半导体内部载流子的平均自由程，因此沟道中载流子迁移率（又称为表面迁移率）明显低于半导体内部载流子的迁移率。

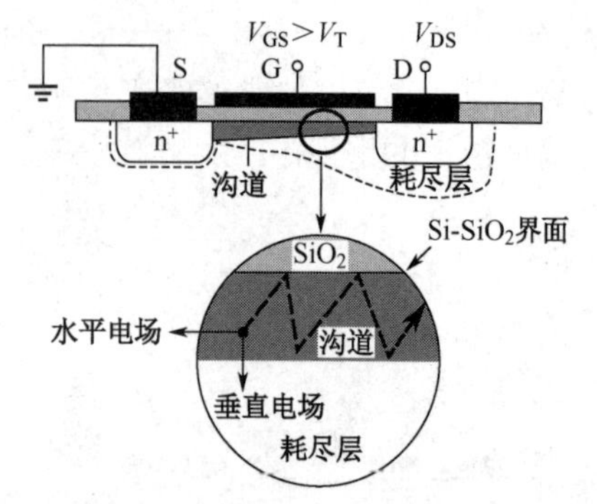

图 2.99 载流子表面运动轨迹

（2）表面迁移率的定量表征

显然，由 V_G 形成的沿沟道垂直方向的电场分量越强，载流子在表面沟道运动过程中受到的碰撞越频繁，表面迁移率就越低。因此，表面迁移率与沟道垂直方向的电场分量大小密切相关。实验测量结果表明，表面迁移率（记为 μ_{eff}）与垂直方向电场平均值 E_{eff} 的关系可以表示为

$$\mu_{eff}=\mu_0\left(\frac{E_0}{E_{eff}}\right)^{\frac{1}{3}}$$

式中，μ_0 和 E_0 为实验曲线的拟合参数，分别为低场迁移率、表征迁移率退化的临界电场。

上式表明，表面迁移率随着垂直方向电场的增大而单调减小。

（3）描述表面迁移率的模型参数

基于上述实验结果，SPICE 软件中采用的迁移率退化模型计算公式为

$$\mu_{eff}=U_0\left(\frac{U_{crit}}{E_{eff}}\right)^{U_{exp}}$$

模型包括 3 个模型参数。U_0、U_{crit} 分别对应前面实验结果表达式中的 μ_0 和 E_0。为了适应一般情况，将实验结果表达式中的指数项（1/3）用模型参数 U_{exp} 表示，称为迁移率退化指数。

4．速度饱和效应

（1）速度饱和现象

根据 2.2.3 节关于载流子漂移运动与电场关系的分析结论，在 V_{DS} 较低时，沟道中载流子漂移速度与沟道方向电场成正比，比例系数为表面迁移率。当 V_{DS} 较高时，沟道中载流子漂移速度将不再与沟道方向电场成正比，而是达到饱和漂移速度 v_{sat}。实验结果表明，当沟道方向电场为 10^4V/cm 时，沟道中载流子漂移速度将达到饱和。

硅中电子的表面饱和漂移速度 v_{sat} 为(6～10)×10^6cm/s，空穴的表面饱和漂移速度 v_{sat} 为(4～8)×10^6cm/s。

（2）考虑速度饱和的迁移率模型

目前有多种模型描述表面漂移速度与沟道方向电场的关系。下式是使用较多的一种，适用于较大电场范围内的迁移率大小，即

$$\mu=\mu_{eff}\Bigg/\left[1+\left(\frac{\mu_{eff}E}{v_{sat}}\right)^2\right]^{\frac{1}{2}}$$

采用上述迁移率表达式，则任何电场下的载流子漂移速度均表示为 $v=\mu\times E$。

例如，若电场较弱，$\mu_{eff}E\ll v_{sat}$，则 $\mu=\mu_{eff}$，漂移速度 $v=\mu_{eff}E$，即漂移速度与电场成正比。若电场较强，使得 $\mu_{eff}E\gg v_{sat}$，则 $\mu=v_{sat}/E$，即漂移速度 $v=\mu E=v_{sat}$，为饱和漂移速度。

（3）速度饱和对 I_{DS} 的影响

在 MOS 器件的线性区和过渡区，I_{DS} 随着 V_{DS} 的增大而增大。但是若在这区域的某个 V_{DS} 下，载流子漂移速度达到饱和，则 I_{DS} 将随之达到饱和，不再随着 V_{DS} 的增大而增大。使得这时实际的饱和电压低于不考虑速度饱和时的饱和电压（$V_{GS}-V_T$），相应的饱和电流也必然减小。

图 2.100 描述了速度饱和对饱和电流的影响。

2.6.8　CMOS 结构

随着 MOS 技术的发展，目前 MOS 数字集成电路中，基本单元（如门电路）广泛采用的是同时包含 nMOS 和 pMOS 的 CMOS（Complementary MOS，互补型 MOS）结构，可以大幅度降低功耗。在模拟集成电路中也广泛采用 CMOS 结构。

下面结合 CMOS 反相器介绍 CMOS 的结构特点。

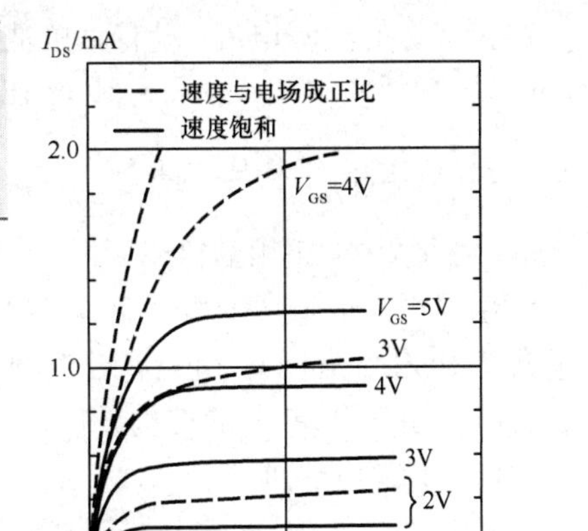

图 2.100　速度饱和对饱和电流的影响

1. CMOS 反相器的工作原理

（1）CMOS 反相器的组成

图 2.101 所示分别为采用基本 MOSFET 符号及电路中常用符号绘制的 CMOS 反相器（又称为“非门”）电路。由图 2.101 可见，CMOS 反相器电路由一个增强型 pMOS 器件与一个增强型 nMOS 器件串联而成。pMOS 器件的源极接正电压 V_{DD}（对应逻辑高电平），nMOS 器件的源极接地（对应逻辑低电平）。两个器件的栅极连在一起，作为电路的输入端。两个器件的漏极连在一起，作为电路的输出端。一般情况下，输出端接至下一级电路输入器件的栅极。

集成电路中 CMOS 反相器的版图及工艺流程将在 3.10 节详细介绍。

（2）CMOS 反相器的工作原理

① 输入电压为 0（对应低电平）。

当输入电压为 0（对应低电平）时，pMOS 器件栅源电压 V_{GS} 为 $-V_{DD}$，绝对值大于其阈值电压绝对值，因此器件处于导通状态，输出端（Output）电压近似与 pMOS 器件接电压源（V_{DD}）的源极短接，即输出电压近似等于 V_{DD}，为高电平，对应图 2.102 所示传输特性曲线上的 A 点。与输入低电平相比，起到“非”的作用。但是此时 nMOS 器件栅源电压为 0，处于截止状态，电流趋于 0。

② 输入电压为 V_{DD}（对应高电平）。

当输入电压为 V_{DD} 时，nMOS 器件栅源电压 $(V_{GS})_n$ 为 V_{DD}，大于其阈值电压，因此器件处于导通状态，输出端（Output）近似与 nMOS 器件接地的源端短接，为低电平，对应图 2.102 所示传输特性曲线上的 B 点。与输入高电平相比，起到“非”的作用。但是此时 pMOS 器件栅源电压为 0，处于截止状态，电流趋于 0。

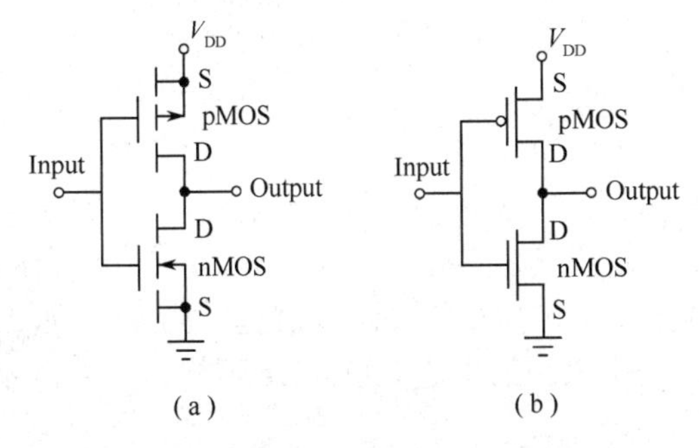

图 2.101　CMOS 反相器电路

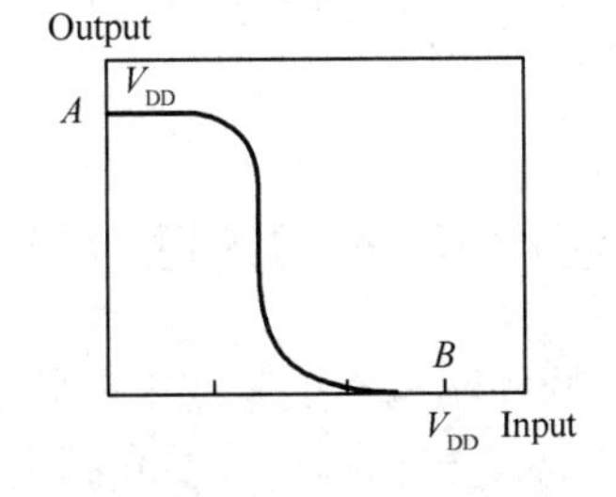

图 2.102　CMOS 反相器传输特性曲线

2. CMOS 反相器的特点

由上述分析可知，图 2.101（a）所示的反相器电路不但确实起到输出与输入之间的反相功能，而且在高低这两种稳定的逻辑状态下，两个串接的 MOS 器件中总有一个处于截止状态，除了处于截止状态的泄漏电流，没有直接从正电源到地的电流通道，因此CMOS电路的最大特点是直流（静态）功耗非常低，使得CMOS在现代数字集成电路中占据了绝对的主导地位。

3．CMOS结构与“阱”

（1）CMOS采用的“阱”

由导电沟道形成的机理可知，MOSFET的沟道是在导电类型相反的衬底材料上形成的。为了解决CMOS中nMOS和pMOS对衬底导电类型有不同要求的问题，CMOS集成电路中采用了一种称为“阱”（Well）的结构。

（2）n阱与p阱

图2.103（a）是采用n阱的CMOS反相器剖面图。衬底材料是掺杂浓度较低的p型半导体硅材料，在其表面可以直接制作nMOS器件。为了形成pMOS器件，在p型衬底局部区域，通过掺杂形成深度较深的n型掺杂区，称为n阱。以后就可以在n阱中制作pMOS器件，如图2.103（a）所示。这种结构又称为n阱CMOS。

当然，也可以采用n型半导体硅材料作为衬底，在其表面直接制作pMOS器件。再在n型衬底局部区域，通过掺杂形成深度较深的p型掺杂区，称为p阱。以后就在p阱中制作nMOS器件。这种结构又称为p阱CMOS。

（3）双阱CMOS

随着工艺技术的进步，目前先进的CMOS集成电路中越来越多地采用“双阱”工艺，其结构如图2.103（b）所示，nMOSFET和pMOSFET分别制作在两种阱中。通过优化每种阱中的掺杂，可以分别控制每种MOSFET的阈值电压和跨导，改进CMOS电路的性能。同时结合采用“自对准”工艺，也能够保证较高的集成度。

3.10节将详细介绍CMOS集成电路的工艺流程。

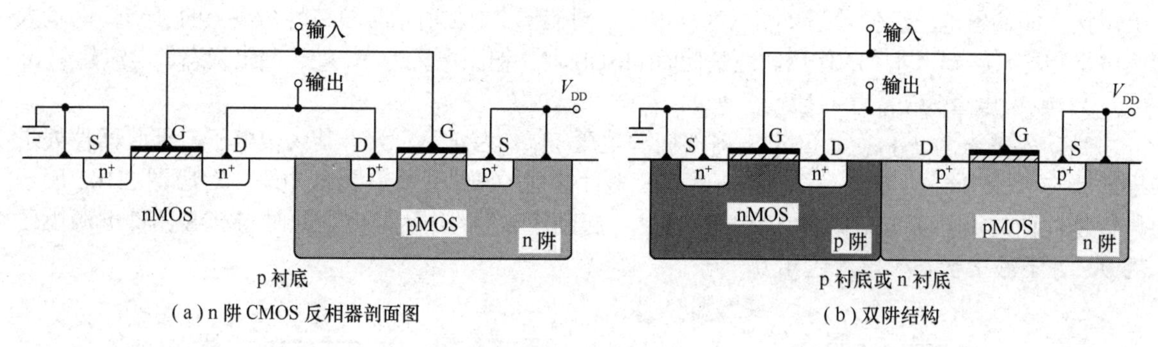

（a）n阱CMOS反相器剖面图　　（b）双阱结构

图2.103　n阱和双阱

2.6.9　现代IC中的先进MOSFET结构

“先进器件结构”是集成电路能够一直遵循摩尔定律维持高速发展趋势的三大支撑技术之一。本节简要介绍现代集成电路中采用的先进MOSFET结构。

1．MOSFET器件尺寸缩小带来的挑战

（1）MOSFET器件尺寸缩小的优点

摩尔定律的核心是单个芯片上集成的器件数，即集成度，约18个月翻一番。为此要求单个器件的面积不断减小。对于MOSFET，就要求沟道长度、栅氧厚度、接触孔面积等器件尺寸不断

缩小。

MOSFET 器件尺寸持续减小，将有益于 MOS 特性提高，如沟道长度 L 越小，f_T 和 g_m 均越大。同时器件尺寸持续减小带来更好的经济效益，因此一直是集成电路发展方向。目前沟道长度可以缩短到只有 3nm。

（2）器件尺寸缩小带来的挑战

但是随着器件尺寸的缩小，带来一系列非理想效应，对器件特性带来很大的负面影响。

随着器件尺寸的缩小，MOSFET 器件面临的挑战可以分为 3 类。

① 器件尺寸减小带来多种短沟道效应。

器件尺寸减小的标志是沟道缩短，由此带来一系列短沟道效应，如热载流子效应、阈值电压变化、沟道强电场导致的漂移速度饱和等。

② 栅极及源漏接触问题。

随着器件尺寸的减小，栅极变细，串联电阻增大。同时源漏区尺寸缩小，导致接触电阻及串联电阻随之增大，均严重影响器件特性。

③ 栅氧化层质量保证问题。

器件尺寸减小的另一个结果是要求栅氧化层随之变薄。但是当栅氧化层薄到一定程度时，将出现隧穿导致的泄漏电流过大问题，以及极薄栅氧化层中的缺陷控制等新问题，严重制约了栅器件尺寸的进一步缩小。

为了解决这些问题，半导体业界对器件结构进行了一系列的改进和变革，推出了多种先进的器件结构，保证了尺寸不断减小后器件仍然具有满足要求的特性，进而保证了集成电路集成度的发展能够继续遵循摩尔定律预测的趋势。

针对上述出现的问题，下面介绍现代 MOS 集成电路中采用的先进 MOS 结构。其中一些内容涉及集成电路工艺的知识，相关内容请参见第 3 章。

2. 浅槽隔离

（1）MOS 集成电路的隔离要求

在 MOS 集成电路中，无论哪种 MOSFET 都是在导电类型相反的硅材料上形成的。例如，nMOSFET 是做在 p 型硅衬底上的。因此在 nMOS 集成电路中，同一 p 型硅衬底上的不同 nMOSFET 之间已自然实现了电学隔离。对于 pMOS 集成电路，情况类似。在同时包含有 nMOSFET 和 pMOSFET 的 CMOS 集成电路中，由于采用了“阱”结构，同样如此。因此，无论对哪种类型 MOS IC，各个 MOSFET 之间已自动实现了电学隔离。

但是在 MOS 集成电路中由于在相邻 MOSFET 之间的区域（又称为场区）存在寄生 MOSFET 效应，这就提出了 MOS 集成电路中需要考虑的一个特殊隔离问题。下面结合图 2.104 所示 nMOS 集成电路情况，说明解决这一问题的基本方法。

假设集成电路中两个 nMOSFET 源漏分别编号为①、②、③、④[见图 2.104（a）]。由图 2.104（a）可见，如果场氧上有金属互连线通过，就使得②、③号扩散区又成了以场氧作为栅氧化层的寄生 MOSFET 的源漏。若寄生 MOSFET 的开启电压不高，当其导通时，②、③号扩散区间有寄生晶体管沟道电流通过，导致了 MOSFET1 和 MOSFET2 间的“短路”。因此，需要实现相邻 MOS 器件之间的隔离。

为了保证相邻 MOSFET 之间的间隔，必须使场区寄生 MOSFET 的开启电压很高，一般要比电源电压还要高 10V 以上，保证在集成电路工作时寄生 MOSFET 不可能发生导通。为此主要采取以下两项工艺措施。

① 提高场区表面掺杂浓度（有时又称为沟道终止掺杂）。

② 硅局部氧化（LOCOS）方法增加场区氧化层的厚度，一般是有源区 MOSFET 栅氧化层厚度的 7～10 倍，如图 2.104（b）所示。

（2）现代 MOS 集成电路的浅槽隔离技术

早期的厚场氧隔离方法工艺简单方便，但是尺寸偏大，不适用于沟道长度小于 1 微米的集成电路。目前 MOS 集成电路都采用浅槽隔离技术（Shallow Trench Isolation，STI）。

在 MOS 器件有源区周围刻蚀出浅槽，然后在槽中填满二氧化硅，最后采用化学机械抛光方法使表面平整化。最终的剖面图如图 2.104（c）所示。

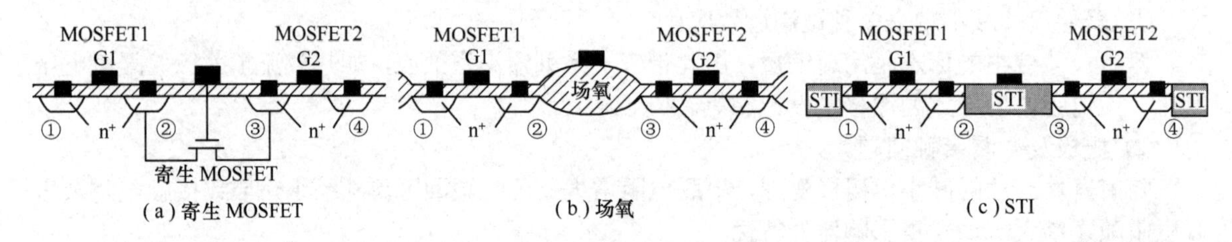

图 2.104 nMOS 集成电路

硅局部氧化隔离及浅槽隔离的工艺实现流程将在 3.9 节详细介绍。

3. 轻掺杂漏区与侧墙

（1）MOS 器件热载流子注入效应

工作在饱和区的 MOS 器件，沟道夹断后漏极附近耗尽层上压降为$(V_{DS}-V_{sat})$，通过沟道后载流子进入耗尽层被加速。若耗尽层中电场足够强，则使得加速载流子具有的能量比费米能级大几 kT，其有效温度明显超过晶格温度，因此又称为热载流子。

当热载流子能量达到或超过 Si-SiO_2 界面势垒时，就会注入栅氧化层中（见图 2.105），产生界面态、氧化层陷阱或被陷阱俘获，使氧化层电荷增加，或者导致氧化层电荷波动不稳，这就是热载流子注入（Hot Carrier Injection，HCI）。

注入栅氧化层中的热载流子将形成氧化层电荷。也可能位于 Si-SiO_2 界面，形成界面陷阱。这些界面陷阱和氧化层电荷将导致阈值电压漂移、跨导下降、电流驱动能力降低，使得晶体管特性参数退化，甚至失效，这就是热载流子注入效应。

（2）轻掺杂漏区 LDD 结构

针对热载流子注入效应，广泛采用的有效措施是采用轻掺杂漏区（Lightly Doped Drain，LDD）结构。

LDD 结构的漏区 np 结包括两个区域：靠近沟道的部分是一个轻掺杂浅结，MOS 器件工作于饱和区时，该区域全部成为耗尽层，可以减小耗尽层中的横向电场，从而能够有效减弱热载流子效应；重掺杂深结区域有利于减小漏极串联电阻。

（3）形成 LDD 结构的工艺过程

图 2.106 描述了目前广泛采用侧墙结构形成 LDD 的工艺过程，包括 4 步。

① 形成栅极后采用图 2.107 所示的自对准方法生成轻掺杂浅结漏区，如图 2.106（a）所示。

② 在整个表面淀积氧化层[见图 2.106（b）]。

③ 采用反应离子刻蚀工艺生成侧墙（Sidewall），如图 2.106（c）所示。采用侧墙是为了防止重掺杂源漏离子注入改变 LDD 结构。

④ 以侧墙为掩模，采用自对准方法生成重掺杂深结漏区，最终形成如图 2.106（d）所示的轻掺杂漏区。

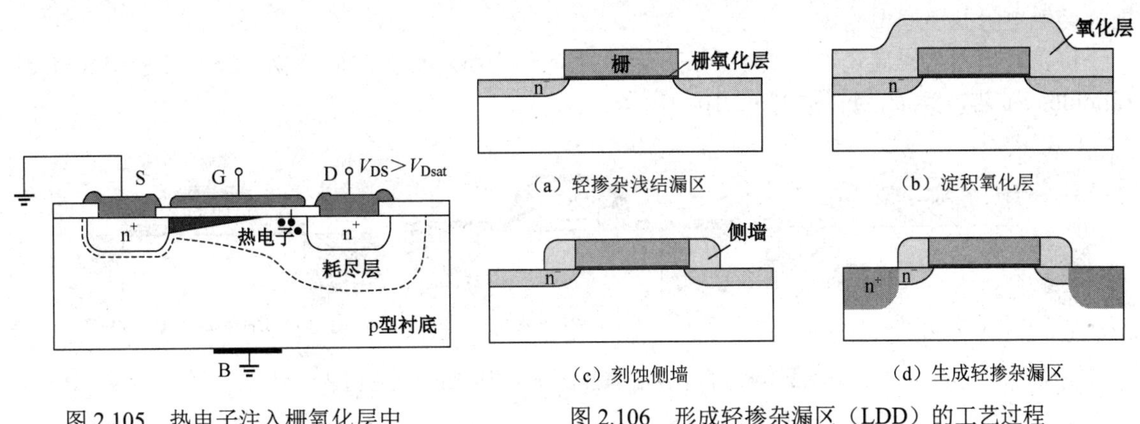

图 2.105　热电子注入栅氧化层中

图 2.106　形成轻掺杂漏区（LDD）的工艺过程

4．自对准多晶栅技术与自对准金属硅化物电极

（1）从铝栅到多晶硅栅自对准多晶栅技术

早期的 MOS 集成电路中栅极都采用金属铝。由于铝的熔点不高，而源漏掺杂属于高温工艺，因此只能在形成源漏以后再制作铝栅极。考虑到工艺过程中光刻的对准误差，要求栅氧化层和栅金属电极均要与源区和漏区有一定的交叠。这样，将会产生较大的栅-源和栅-漏覆盖电容。为了克服此缺点，出现了采用多晶硅作为栅极的硅栅自对准技术。

（2）自对准多晶硅技术

由于多晶硅熔点较高，可以在栅氧化层上采用多晶硅形成栅极，如图 2.107（a）所示，然后进行源漏掺杂。在采用扩散或离子注入的掺杂方法制作源漏区时，因为多晶硅栅材料能起到掩蔽膜的作用，自动保证了栅与源漏区的对准问题，如图 2.107（b）所示。此技术称为自对准工艺。

多晶硅栅自对准工艺不但可以实现源漏掺杂的自对准，减小了栅极覆盖电容，改善了器件的频率特性和速度，而且可以通过掺杂将多晶硅改变成 n 型或 p 型来调节多晶硅的功函数，进而调整阈值电压 V_T。

因此多晶硅栅在集成电路中得到广泛应用。

（3）金属硅化物（Polycide）栅

多晶硅栅电阻率相对较高的缺点在沟道尺寸缩小到深亚微米范围时已严重地影响 MOSFET 的高频参数，如噪声和 f_{max}。为此在多晶栅的基础上改为采用多晶硅和金属硅化物（如 WSi_2）双层材料代替多晶硅栅，如图 2.107（c）所示。

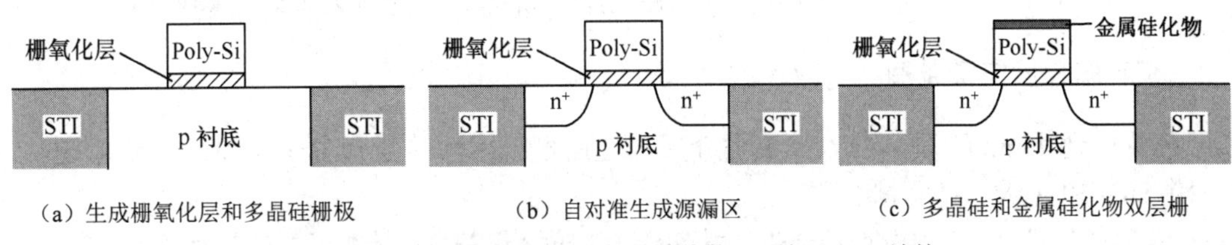

图 2.107　硅栅及硅栅和金属硅化物双层栅 MOS 结构

（4）自对准金属硅化物（Salicide）电极

随着器件尺寸的缩小，源漏接触孔随之缩小，接触电阻明显升高，将影响器件特性。

为此，当集成电路工艺节点发展到深亚微米阶段，除了栅极采用多晶硅和金属硅化物双层材料，硅化物（Silicide）和金属也广泛作为源漏区的接触电极。可供选用的材料有 CoSi 和 NiSi 等。

金属硅化物的特点是接触电阻小，而且可以采用自对准技术，从而可以进一步减小源极和漏极的接触电阻及串联电阻。

将自对准和金属硅化物工艺结合在一起的工艺称为自对准金属硅化物（Self Aligned Silicide，Salicide）工艺，其工艺过程如图2.108所示。

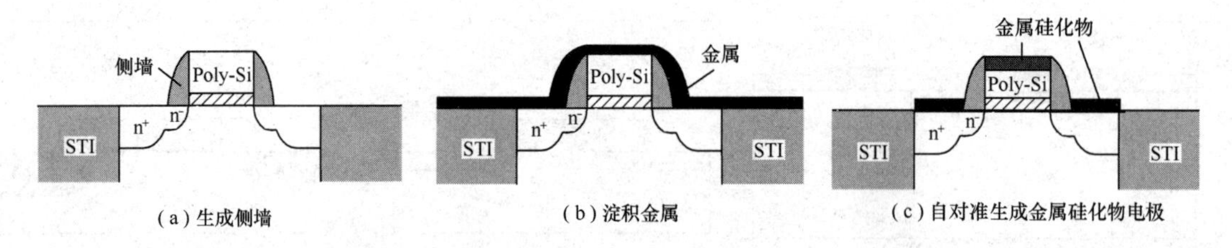

图2.108　自对准金属硅化物（Salicide）工艺过程

① 按照图2.106所示工艺过程生成二氧化硅绝缘侧墙，如图2.108（a）所示。

② 在晶片表面均匀地淀积一层用于形成硅化物的金属[见图2.108（b）]，并在较低温度下（低于450℃）进行热反应，源漏区及栅极上的金属分别与硅及多晶硅反应形成金属硅化物。而侧墙和场区的硅没有暴露在外，所以这些位置上的金属仍然保持金属状态，不会形成硅化物。

③ 采用只腐蚀金属而对金属硅化物没有腐蚀作用的选择性化学腐蚀液将这部分金属去除，只保留栅和源漏区上的金属硅化物，构成金属硅化物电极，如图2.108（c）所示。

显然，侧墙在实现电极自对准方面起到关键作用。

5．提升源漏结构和应变硅沟道

（1）提升源漏结构的需求

工艺节点发展到90nm阶段后，随着器件尺寸进一步的缩小，导致源漏的结深随之减小，源漏掺杂区的厚度已经不能满足形成Salicide的最小厚度要求，需要抬高重掺杂源漏区厚度 。

（2）提升源漏（RSD）结构

目前采用的方法是采用外延技术在源漏形成晶格常数与硅不同的应变材料，如SiGe，抬高重掺杂源漏区厚度，形成如图2.109所示的提升源漏（Raise Source and Drain，RSD）结构，可以解决相关问题。

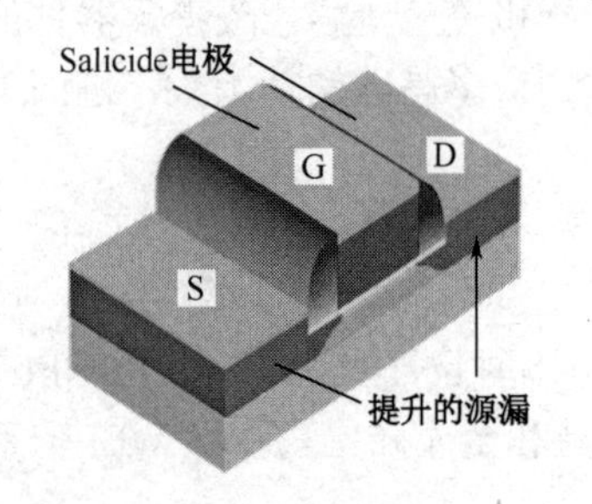

图2.109　提升源漏（RSD）结构

（3）应变硅沟道

由于源漏区材料晶格常数与硅不同，因此使沟道发生应变，成为应变硅沟道。根据固体物理理论，沟道发生应变后将提高沟道载流子迁移率，进而起到改善器件特性的作用。

6．高k栅介质与金属栅

工艺节点到45nm阶段，引入高k栅介质与金属栅技术解决了尺寸变小引起的新问题。

（1）SiO_2栅介质与高k栅介质

MOS集成电路出现后栅介质一直采用SiO_2。但是随着MOS器件尺寸的按比例缩小，到45nm工艺节点，栅氧化层厚度随之减小到2nm，隧穿导致的泄漏电流问题，以及由于氧化工艺很难控制极薄栅氧化层中的缺陷等新出现的问题，严重制约了栅氧化层尺寸的进一步缩小，为此要求采用新的栅介质。

显然，一种切合实际的解决方法是采用一种具有高介电常数的材料，这种材料称为高k（High-k，HK）介质。如果能够采用高k介质材料作为栅介质，就可以在保持栅电容相同的情况下使栅介质层具有较厚的物理层厚度，因而可以减少介质中的电场及与缺陷有关的工艺技术问题。

（2）等效氧化层厚度（EOT）

考虑到介电常数值的影响，通常采用等效氧化层厚度（Equivalent Oxide Thickness，EOT）表征高 k 介质的作用，即栅介质的实际厚度可以等效为 EOT 的栅氧化层作用。其定义为

$$\mathrm{EOT}=\text{栅介质实际厚度}\times[K(\mathrm{SiO_2})/K(\text{高 k 介质})]$$

式中，$K(SiO_2)$、K（高 k 介质）分别为 SiO_2 和高 k 介质的介电常数。

正在研究的可选材料有 Al_2O_3、HfO_2、TiO_2 等。除了 TiO_2，这些材料的介电常数在 9～30 范围，TiO_2 的介电常数甚至大于 80。由于二氧化硅的介电常数 $K(SiO_2)=3.9$，因此只需将高 k 栅介质的厚度控制到 10nm 左右，就可以很容易地将等效栅氧化层厚度做到 1nm 以下，可以改善栅极漏电流问题。

（3）金属栅（MG）

采用高 k 介质材料作为栅介质，会出现与多晶硅界面形成界面缺陷造成阈值电压漂移、多晶硅栅耗尽效应等问题。为此，采用金属栅（Metal Gate，MG）取代多晶硅栅极可以较好地解决这些问题。

利用 HK 介质替代栅氧和利用 MG 取代多晶硅栅的技术称为 HKMG 技术。工艺节点发展到 45nm 阶段以后，普遍采用 HKMG 技术。

7．绝缘层上的硅 SOI 结构

（1）SOI 结构

为了进一步改进 MOS 集成电路的性能，特别是提高其抗辐照的能力，现已研发出了多种形式的绝缘层上的硅（Silicon-On-Insulator，SOI）结构。顾名思义，SOI 晶片就是在绝缘层材料上有一层硅单晶层，这是适用于制造高性能高集成度集成电路的高质量单晶材料。硅单晶层下面是绝缘层材料和支撑衬底。

目前使用最多的 SOI 结构是氧化层上硅，其他 SOI 结构还有蓝宝石上硅（SOS）等。

（2）氧化层上硅结构

制造氧化层上硅结构的方法很多。常用方法之一是注氧隔离（Separation by Implantation of OXygen，SIMOX），即将大剂量的氧注入硅晶片中，然后通过高温退火形成 SiO_2 埋层。

另一个方法是硅片键合技术，就是将一个硅片键合到另一个已生长有氧化层的硅片上，然后对上层硅片进行减薄处理，去除其大部分，最终只剩下一薄层硅。

（3）SOI 结构的优缺点

采用 SIMOX 的 SOI 结构如图 2.110 所示，只要去除器件周围的硅材料薄层，就可以很容易地实现器件之间的隔离，可以有效地提高电路的集成度。

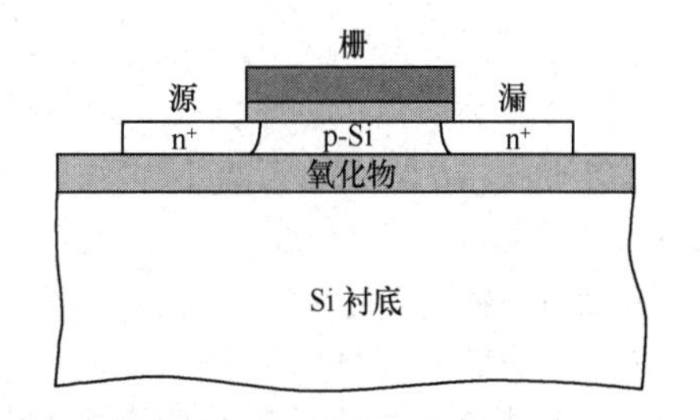

图 2.110　采用 SIMOX 的 SOI 结构

与平面工艺中的结隔离不同，这种隔离同时消除了 CMOS 电路中的闩锁现象。

SOI 结构的缺点在于晶片的成本较高、材料特性可能相对较差，以及由氧化层引起的导热性能较差等问题。通常只用于高性能集成电路中。

8．FinFET 及其改进结构

（1）FinFET 结构

工艺节点发展到 22nm 阶段，为了解决更加严重的短沟道效应，MOSFET 器件结构从图 2.111

（a）所示传统的平面结构发展为一种称为 FinFET 的三维立体结构器件，如图 2.111（b）所示。FinFET 中凸起的沟道区域三面被栅极包裹，形状类似鱼的鳍，因此称为鳍形场效应晶体管。

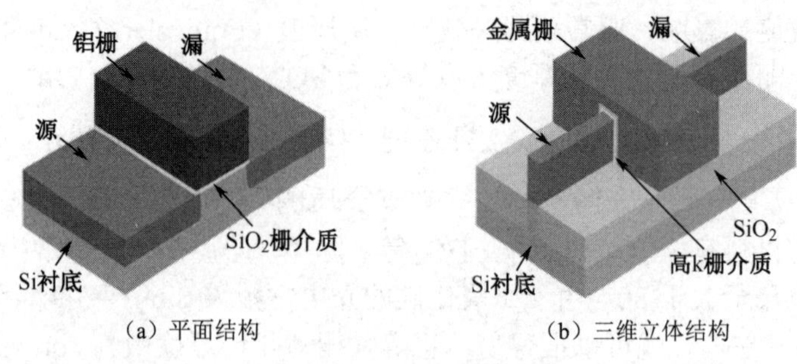

（a）平面结构　　（b）三维立体结构

图 2.111　FinFET 结构发展

栅三面包裹沟道的结构增强了栅对沟道的控制能力，有效抑制短沟道效应。同时由于有效增加了沟道的有效宽度，因此增加了器件的跨导。

FinFET 结构在 5nm 工艺节点中仍然得到正常应用。

（2）FinFET 改进结构

为了满足 3nm 工艺节点的要求，目前又对 FinFET 结构进行改进。

FinFET 的栅从 3 个侧面包围沟道，因此称为 Tri-Gate 器件。

改进后栅从四面环绕沟道，又称为 GAAFET（Gate All Around FET），如图 2.112（b）所示。若将沟道区扩展为片状，则称为 MBCFET（Multi Bridge Channel FET），如图 2.112（c）所示。

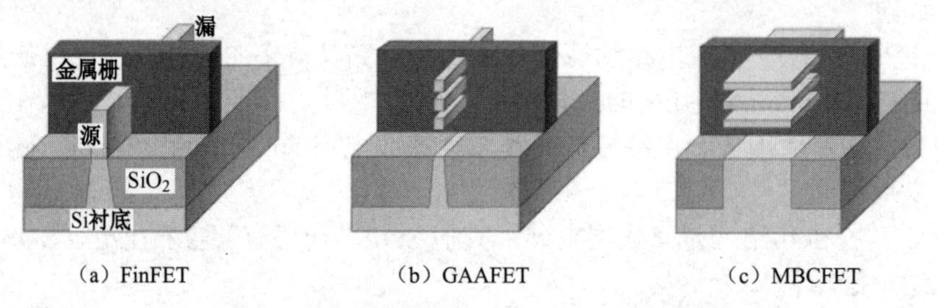

（a）FinFET　　（b）GAAFET　　（c）MBCFET

图 2.112　适用于 3nm 工艺节点的器件结构

2.7　异质结半导体器件

随着半导体技术的发展，特别是由于Ⅲ-Ⅴ化合物半导体的外延生长技术的进步，能够生长出具有极高质量的、厚度在 100Å 甚至更薄的Ⅲ-Ⅴ族异质结构，使得基于异质结的现代器件的种类在不断增加。异质结二极管可以直接用于不同工作模式的激光二极管、光探测器、发光二极管（LED）和太阳能电池等。采用异质 pn 结构成的 HBT（Heterojunction Bipolar Transistor，异质结双极型晶体管）可以明显提高器件的特性参数，而在 HFET（Heterojunction Field- Effect Transistor，异质结场效应晶体管）技术中，则使用异质结来形成高迁移率沟道。

本节简要介绍异质结的概念及其在双极型晶体管和场效应晶体管中的应用。

2.7.1　异质结

1. 同质结与异质结

在 2.3 节关于 pn 结的讨论中，假设整个结构是采用同一种半导体材料构成的，这种结称为同质结。当采用两种不同半导体材料组成一个结时，这种结称为异质结。若组成结的两部分半导体的导电类型相同，则称为同型异质结；若导电类型相反，则称为反型异质结。其中具有更大使用价值的是反型异质结。

2．异质交界面的应变与应力

组成异质结的两种不同材料具有不同的晶格常数，因此采用异质结构成器件的关键是如何保证交界面的晶格完整性。

交界面晶格不匹配很容易产生位错，将会明显减小载流子的迁移率、扩散系数、寿命等参数，对器件特性产生不利影响。因此，在制作异质结器件时，应该控制工艺，防止出现晶格严重失配导致产生大量位错的情况。

在采用外延技术制备多层异质结材料时，若两层材料的晶格常数差距不是太大，晶格失配小于 10%，并且新生长的外延层厚度未超过临界厚度 h_c，则薄外延层本身可以通过应变来适应晶格失配，使新生长的外延层的晶格常数采用相邻半导体层的晶格常数，如图 2.113（a）所示。若外延层厚度大于临界厚度，则外延层本身不能通过应变来适应晶格失配，从而产生位错，如图 2.113（b）所示。

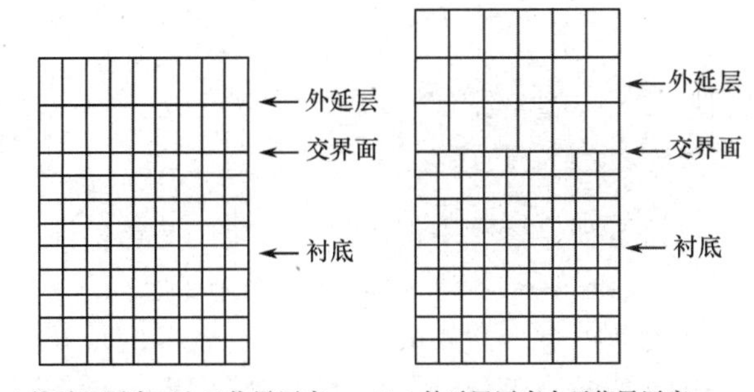

（a）外延层厚度不大于临界厚度　（b）外延层厚度大于临界厚度

图 2.113　异质交界面

随着以分子束外延为代表的外延生长技术的进步，能够生长出晶格匹配、厚度在 100Å 甚至更薄的异质结构。

目前，有用的异质结系统是由晶格常数比较接近的材料组成的。例如，从 GaAs 到 AlAs 的整个组成范围内，AlGaAs-GaAs 系统的晶格失配都很小，因此它是在器件结构中首先被开发和利用的异质结系统。Si-SiGe 异质结在双极型器件中也得到应用。

3．异质结能带图

（1）化合物半导体能带特点

① 禁带宽度随化合物组分的不同而不同。

同一种化合物材料中可以有不同的组分，将导致化合物半导体材料的能带结构发生变化。例如，单晶 Si 的禁带宽度约为 1.11eV，单晶 Ge 的禁带宽度约为 0.66eV。SiGe 材料禁带宽度为 0.66~1.11eV。Ge 组分越高，SiGe 材料禁带宽度越窄，而且 SiGe 材料禁带宽度的变化主要是价带位置的变化。

图 2.114 对比描述了 Si 及 $Si_{0.2}Ge_{0.8}$ 和 $Si_{0.5}Ge_{0.5}$ 两种不同组分 SiGe 材料的能带图。

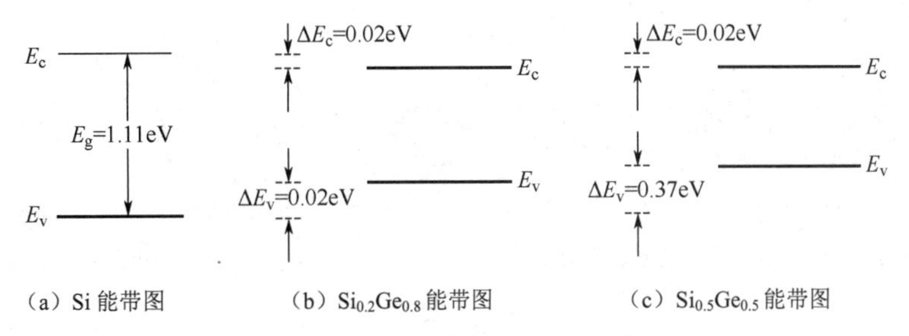

（a）Si 能带图　（b）$Si_{0.2}Ge_{0.8}$ 能带图　（c）$Si_{0.5}Ge_{0.5}$ 能带图

图 2.114　Si 及 SiGe 材料的能带图

② 可以控制禁带宽度随位置的变化。

显然，对同一种化合物材料内部，改变不同位置的材料组分就可以使材料内部不同位置的禁带宽度互不相同。

例如，对 p 型 SiGe 材料，使 SiGe 组分随位置缓变，禁带宽度也随位置发生相应变化，如图 2.115 所示。在 HBT 中利用这一特点可以改善器件特性（见 2.7.2 节）。

（2）异质结能带相互位置关系

两种材料组成异质结后的能带相互关系存在跨骑、交错、错层 3 种情况，如图 2.116 所示。

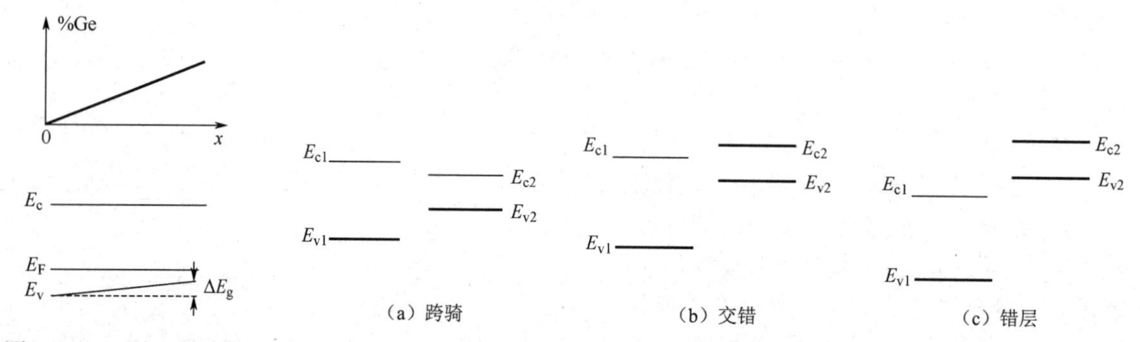

图 2.115 p 型 SiGe 材料禁带宽度随位置的变化

图 2.116 异质结能带相互位置关系

在异质结器件中得到广泛应用的是跨骑情况。

（3）n 型 Si-p 型 SiGe 异质结能带特点

在现代双极型集成电路中采用较多的是 n 型 Si 与 p 型 SiGe 组成的异质结。这种异质结能带图的一大特点是由于两种材料禁带宽度明显不同，组成异质结后势垒区对电子的势垒高度与对空穴的势垒高度有很大差异。

n 型 Si 与 p 型 SiGe 具有不同的禁带宽度，如图 2.117（a）所示。组成 np 异质结后能带图如图 2.117（b）所示，该能带图中势垒区两侧价带顶能量差明显大于导带底能量差，这就说明对空穴的势垒高度 qV_p 明显大于对电子的势垒高度 qV_n。

这一特点在现代双极型晶体管中得到广泛应用。

（4）n^+AlGaAs-n^- GaAs 异质结能带特点

由 n^+AlGaAs 和 n^- GaAs 组成的异质结，不但势垒区对电子的势垒高度与对空穴的势垒高度有很大差异，而且在交界面 GaAs 一侧导带底形成了电子势阱，如图 2.118 所示。

这一特点是 HEMT 器件工作的物理基础。

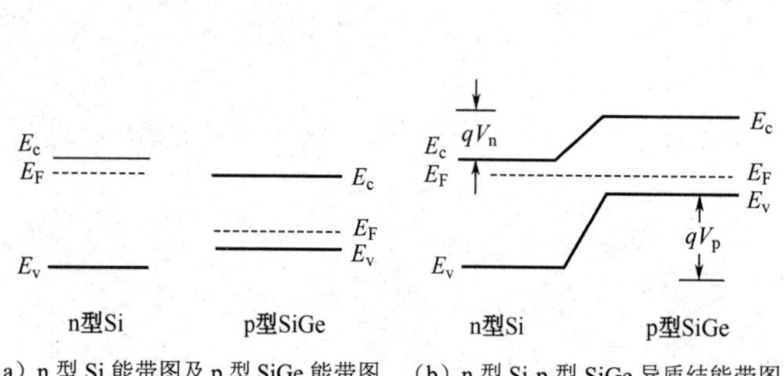

图 2.117 n 型 Si-p 型 SiGe 异质结能带图

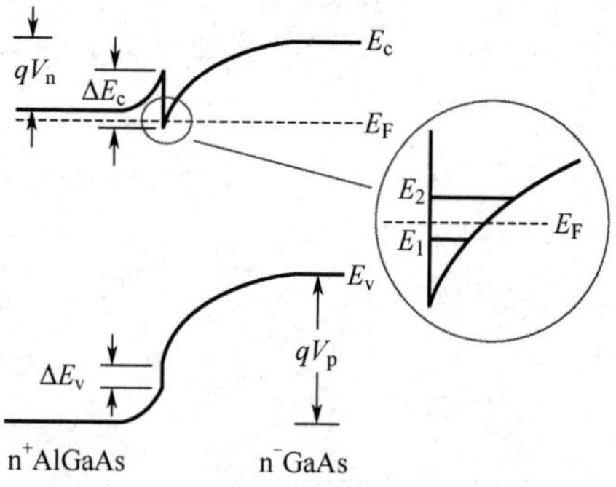

qV_n ΔE_c E_c E_F E_2 E_1 E_v qV_p ΔE_v

n^+AlGaAs n^-GaAs

图 2.118 n^+AlGaAs-n^- GaAs 异质结能带图

2.7.2　异质结双极型晶体管（HBT）

1. 同质结 BJT 对基区掺杂浓度的矛盾要求

按照 2.4 节分析，提高双极型晶体管电流放大系数要求基区掺杂浓度 N_B 与发射区掺杂浓度 N_E 之比尽量小[见式（2.64）]。但是，若降低 N_B，则导致基区电阻 R_B 增大，使得最高振荡频率 f_m 下降[见式（2.76）]。此外，降低 N_B 还会导致欧拉电压 V_A 下降，这也是不希望的结果。

如果发射区掺杂浓度 N_E 过高，将出现发射区带隙变窄效应，反而对注入效率带来负面影响。此外，提高 N_E 还会使得发射结势垒电容增大，导致特征频率下降。

采用 HBT 可以较好地解决 BJT 特性对基区掺杂浓度和发射区掺杂浓度的矛盾要求，兼顾电流放大系数及改善 BJT 其他特性的要求。

2. HBT 结构特点

（1）p 型基区重掺杂

同质结势垒区对空穴的势垒高度 qV_p 与对电子的势垒高度 qV_n 相等。

但是异质结势垒区对空穴的势垒高度 qV_p 与对电子的势垒高度 qV_n 不相等。例如，如图 2.117（b）所示，n 型 Si 与 p 型 SiGe 组成 np 异质结作为发射结后，异质结势垒区对空穴的势垒高度 qV_p 明显大于对电子的势垒高度 qV_n，明显减小了基区向发射区反向注入的空穴，有利于提高发射结注入效率。

分析得异质结注入效率为

$$\gamma_0 \approx \frac{1}{1+\dfrac{N_B}{N_E}e^{-\Delta E_g/kT}}$$

式中，ΔE_g 为发射区禁带宽度与基区禁带宽度之差。

对于由 n 型 Si 与 p 型 SiGe 组成的 np 异质结作为发射结，发射区为 n 型 Si，其禁带宽度大于基区材料 p 型 SiGe 的禁带宽度，因此式中 ΔE_g 为正值，导致注入效率增大。而且由于 ΔE_g 出现在指数部分，增大注入效率 γ_0 的作用很明显。

显然，在保持 γ_0 满足要求的前提下，就可以增大基区掺杂浓度 N_B 与发射区掺杂浓度 N_E 之比。因此现代集成电路中 HBT 可以采用重掺杂 p^+-SiGe 作为基区。

（2）p^+-SiGe 基区中采用缓变分布 Ge 组分

为了进一步改善 HBT 器件特性，对于采用 SiGe 作为基区的晶体管中，基区的 Ge 含量通常设计为缓变分布状态，如图 2.115 所示线性变化，使得基区中靠近集电结位置 Ge 含量最高，靠近发射极位置 Ge 含量最低，这样基区禁带宽度将从发射结处向集电结处不断减小，导致基区中产生一个内建电场。

3. HBT 的特点

（1）p 型基区重掺杂对器件特性的改善

由于 HBT 可以在保持 γ_0 满足要求的前提下，采用重掺杂 p^+-SiGe 作为基区，提高基区掺杂浓度 N_B，可以明显改善器件特性。

① 增大 N_B 降低了基区串联电阻 R_B，大幅度提高最高振荡频率 f_m。

② 增大欧拉电压 V_A。

（2）适当降低发射区掺杂对器件特性的改善

由于 HBT 可以在保持 γ_0 满足要求的前提下，适当降低发射区基区掺杂浓度 N_E，也可以明显改善器件特性。

① 发射区不会出现带隙变窄效应对注入效率带来的负面影响。

② 降低 N_E 将减小发射结势垒电容，有利于提高器件特征频率。

（3）基区缓变分布 Ge 组分对器件特性的改善

采用 SiGe 作为基区的 HBT，若基区的 Ge 含量为缓变分布状态，基区中靠近集电结位置 Ge 含量最高，靠近发射极位置 Ge 含量最低，则基区禁带宽度将从发射结处向集电结处不断减小，导致基区中产生一个内建电场。

基区自建电场对发射区注入到基区的电子起加速作用，不仅提高电流放大系数，还减小了基区渡越时间，提高 BJT 的特征频率 f_T。

（4）总结

由 n 型 Si 与 p 型 SiGe 组成的异质结作为发射结的 HBT，发射区禁带宽度比基区禁带宽度更宽，其禁带宽度之差 ΔE_g 出现在注入效率表达式中的指数项，ΔE_g 不太大就可以对注入效率产生明显影响，使得 HBT 不再像同质结晶体管那样要求发射区掺杂浓度远大于基区掺杂浓度。

由于 HBT 中可以提高基区掺杂浓度、减小发射区掺杂浓度，极大地改善了器件的多项特性，因此现代射频和模拟集成电路中，高性能 npn 晶体管都采用 n 型 Si 与重掺杂 p 型 SiGe 构成的异质结作为发射结。

采用其他化合物半导体材料，如 AlGaAs/GaAs，也可以制作分立器件 HBT。

由于 GaAs 材料中电子具有很高的迁移率，因此进一步减小了基区中少子电子的渡越时间，使得特征频率超过 100GHz。

2.7.3 高电子迁移率晶体管

对于场效应器件，提高沟道中载流子迁移率，就能提高器件的工作速率和特征频率。高电子迁移率晶体管（HEMT）就是利用化合物半导体材料电子迁移率高的特点制造出来的场效应晶体管，其典型结构如图 2.119 所示。它是采用分子束外延（MBE）技术在半绝缘的 GaAs 上生长出未掺杂的 GaAs（沟道层）、未掺杂的 AlGaAs（隔离层）、掺硅的 n-AlGaAs 和 n-GaAs 层（顶层）。这样，AlGaAs 和 GaAs 层形成了异质结。在异质结的作用下，AlGaAs 和 GaAs 界面形成了一个高浓度的电子势阱（见图 2.118）。在该势阱中，电子只能做水平运动，不能做垂直运动。通常称这种高浓度二维运动的电子为二维电子气（2DEG）。

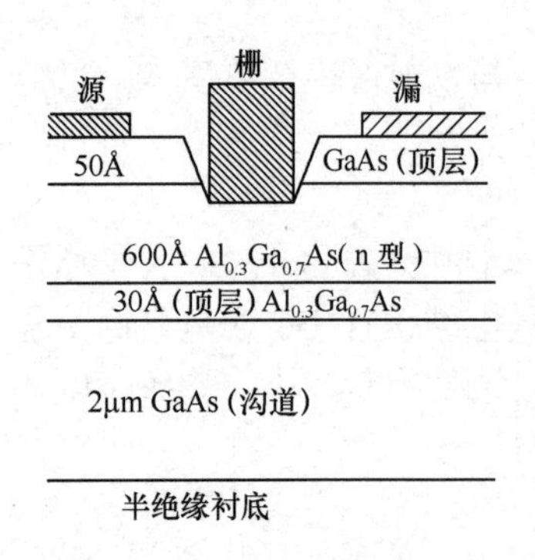

图 2.119　HEMT 典型结构

HEMT 的基本工作原理是利用金属和 n-AlGaAs 形成的肖特基势垒（见 2.3.7 节）控制异质界面的 2DEG，形成场效应器件。由于 2DEG 与 n-AlGaAs 中间有约 3nm 的未掺杂 AlGaAs（隔离层），因此 2DEG 与母体的施主杂质在空间上是分离的，使得这些 2DEG 不受杂质散射的影响，其迁移率非常高，室温下电子迁移率 μ_n 达到 $8\times10^3 cm^2/(V\cdot s)$；77K 时则达到 $1.2\times10^5 cm^2/(V\cdot s)$，因此其器件和电路工作速度及 f_T 极高。例如，0.5μm 栅长的 HEMT，f_T 可达 30GHz，它是微波、毫米波器件和集成电路中的新型器件。

练习及思考题

2-1　求本征硅 300K 时的电阻率。若每 10^8 个硅原子中掺入一个施主杂质原子，求这种掺杂 n 型硅材料中的多子电子浓度、少子空穴浓度，以及这种材料的电阻率。

2-2　（1）已知一块 Si 半导体材料 300K 时的施主杂质浓度为 $2\times10^{14}/\text{cm}^3$，受主杂质浓度为 $3\times10^{14}/\text{cm}^3$，求电子浓度和空穴浓度。这块 Si 材料是 p 型还是 n 型？

（2）若施主杂质浓度为 $10^{16}/\text{cm}^3$，受主杂质浓度为 $10^{14}/\text{cm}^3$，求电子浓度和空穴浓度。这块 Si 材料是 p 型还是 n 型？

2-3　Si 材料突变 pn 结，n 区掺杂浓度为 $N_D=2\times10^{18}/\text{cm}^3$，p 区掺杂浓度为 $N_A=5\times10^{15}/\text{cm}^3$。

（1）计算内建电势。

（2）计算势垒区宽度以及势垒区在 n 区和 p 区的宽度。

（3）对 GaAs 材料突变 pn 结，掺杂情况与上述相同，完成上述计算要求。

2-4　以 Si 为例，说明本征载流子浓度、反向饱和电流 I_S、pn 结正向导通电压、雪崩击穿电压、齐纳击穿电压各具有怎样的温度系数？

2-5　是否可以采用电压表从 pn 结两端测量内建电势的大小？

2-6　如何理解流过理想 pn 结的总电流等于势垒区两个边界处的少子扩散电流之和？能不能由此就认为 pn 结是少子器件？

2-7　如何理解 pn 结二极管的正向导通电压近似等于 pn 结的内建电势（例如，硅二极管的正向导通电压与内建电势都是 0.7V 左右）？

2-8　（1）说明 pn 结扩散电容和势垒电容的物理含义。

（2）pn 结从反偏转至正偏时，扩散电容和势垒电容是增大还是减小？

（3）正偏 pn 结和反偏 pn 结中哪种电容为主？

2-9　提高双极型晶体管基区的掺杂浓度和基区宽度，分别对双极型晶体管的电流放大系数、频率特性、基区串联电阻、基区穿通电压、基区大注入效应等有什么影响？

2-10　设计晶体管电流放大系数时，通常采用注入效率等于基区输运系数的方案确定发射区和基区的结构参数。假设均匀掺杂晶体管的发射区和基区少子扩散系数均等于 $10\text{cm}^2/\text{s}$，少子寿命等于 10^{-7}s。

（1）若要求电流放大系数 β_0 不小于 100，则要求有源基区的方块电阻至少是发射区方块电阻的多少倍？基区宽度不能大于多少？

（2）若要求电流放大系数 β_0 不小于 1000，则要求有源基区的方块电阻至少是发射区方块电阻的多少倍？基区宽度不能大于多少？

2-11　（1）若均匀掺杂 npn 晶体管的参数如下所示，采用理想晶体管模型计算该晶体管的注入效率、基区输运系数和共射极电流放大系数 β_0。

发射区掺杂浓度 $N_E=5\times10^{18}/\text{cm}^3$，　基区掺杂浓度 $N_B=1\times10^{16}/\text{cm}^3$

发射区宽度 $W_E=0.20\mu\text{m}$，　基区宽度 $W_B=0.10\mu\text{m}$

发射区少子扩散系数 $D_E=10\ \text{cm}^2/\text{s}$，　基区少子扩散系数 $D_B=25\ \text{cm}^2/\text{s}$

发射区少子寿命 $\tau_{E0}=1\times10^{-7}\text{s}$，　基区少子寿命 $\tau_{B0}=5\times10^{-7}\text{s}$

（2）在实际生产中，工艺必然存在分散性。按照上述参数要求生产一批晶体管，如果不考虑其他参数的分散性，只考虑基区宽度 W_B 分散范围在 0.08～0.12μm，请计算这批晶体管共射极电流放大系数 β_0 值的分散变化范围。

2-12（1）为了使得 BJT 流过较大的电流，为什么不是增大发射结面积，而是增加发射极的周长？

（2）分立器件 npn 晶体管的衬底为什么通常采用 n^-/n^+ 外延结构？

2-13（1）JFET 与 MOSFET 器件中形成沟道的物理过程有什么不同？

（2）为什么沟道夹断后还有电流流过沟道？而且随着沟道两端源漏电压的增加，沟道电流基本不变？

2-14 图 2.120 是 n 沟道 MOSFET 特性曲线。

（1）以 V_G=4V 特性曲线为例，结合导电沟道变化情况，解释线性区、过渡区、饱和区、击穿情况下器件内部工作特点。

（2）解释不同 V_G 情况下特性曲线的差别。

（3）如果考虑沟道长度调制效应，特性曲线将发生什么变化？

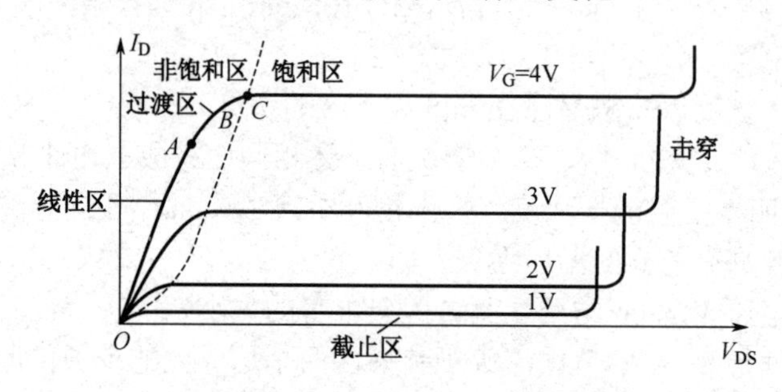

图 2.120 n 沟道 MOSFET 特性曲线

2-15 在 MOS 集成电路加工过程中以及在工作过程中分别可以采用哪些措施调整阈值电压？

2-16 什么是 CMOS 结构？为什么采用 CMOS 结构作为 MOS 集成电路中的基本单元？

2-17（1）什么是亚阈电流？

（2）可以采取哪些措施减少亚阈电流的影响？

（3）亚阈特性可以得到什么应用？

2-18 自对准技术是如何减小 MOSFET 覆盖电容的？

2-19（1）对比说明双极型集成电路中 pn 结隔离与沟槽隔离的优缺点。

（2）对比说明 MOS 集成电路中局部氧化隔离与浅槽隔离的优缺点。

2-20 对比说明栅介质采用二氧化硅及采用高 k 介质的优缺点。

2-21 与传统 MOSFET 器件结构相比，先进 MOSFET 在栅结构方面有哪些改进？

2-22 与传统 MOSFET 器件结构相比，先进 MOSFET 在沟道结构方面有哪些改进？

2-23 与传统 MOSFET 器件结构相比，先进 MOSFET 在漏源结构方面有哪些改进？

2-24 结合 MOS 集成电路工艺从微米、亚微米、90nm、45nm、22nm、5nm 到 3nm 等不同发展阶段，总结 MOSFET 器件出现了哪些新结构。

第 3 章　集成电路制造工艺

1958年由TI公司研制的世界上第一块集成电路是一种原理性的样品，并不适用于工业化批量生产。同年，由Fairchild公司采用平面工艺研制的第一个单片集成电路则开创了集成电路工业化批量大生产的道路。虽然该电路只是一个由6个器件组成的触发器，而目前一个集成电路中包含的元器件数已经超过100亿个，但是现在平面工艺仍然是半导体器件和集成电路生产的主流工艺。

本章介绍硅平面工艺的基本原理、工艺方法，同时简要介绍微电子技术不断发展对工艺技术提出的挑战与对策。

3.1　平面工艺流程

本节结合双极型集成电路介绍集成电路制造工艺中平面工艺的含义及基本流程。

3.1.1　集成电路与平面工艺

集成电路的发明已有60多年，制造工艺基本上一直采用的是平面工艺。本节介绍平面工艺的基本含义。

1．集成电路芯片与封装

（1）集成电路与芯片

集成电路产品的外形各异，按封装材料的不同可分为塑料封装、金属帽封装、陶瓷封装；封装外壳形式有双列直插、插针阵列等；外引线的数目从几条到十几条，最多可达千条。但若打开封盖，则会发现不同集成电路封装内部的组成都基本相同：含有一个半导体集成电路小片，通常称为管芯，或者称为芯片，如图 3.1 所示。芯片被固定在底座上，同时通过多根金属丝（称为内引线）与器件的外引线相连。封装外壳起保护芯片作用，帮助芯片散热，同时便于实际应用。

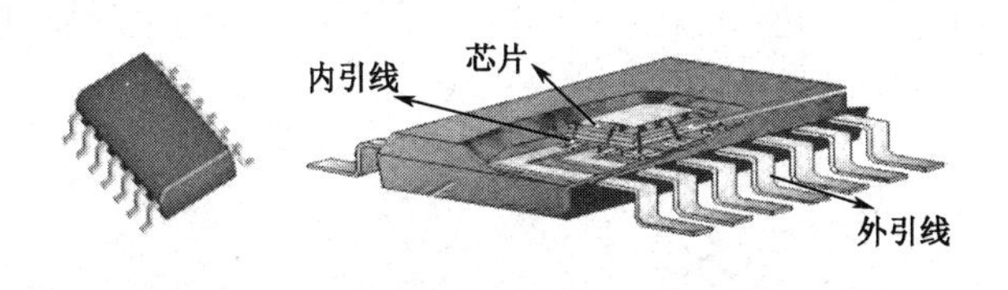

（a）塑料封装集成电路

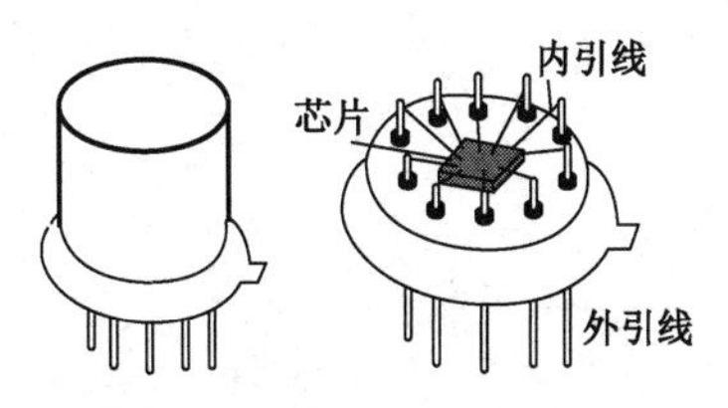

（b）金属帽封装集成电路

图 3.1　集成电路封装内部结构

（2）集成电路制造工艺

集成电路制造工艺包括芯片制造（称为前工序）和组装（称为后工序）两个阶段。其中核心部分是芯片制造。

从1948年晶体管发明以来，半导体器件的芯片制造工艺技术发展经历了3个主要阶段。

① 1950年采用合金法工艺，第一次批量生产出了实用化的合金结三极管。

② 1955年扩散技术的采用是半导体器件制造技术的重大突破，为制造高频器件开辟了新途径。

③ 20 世纪 60 年代晶体管制造采用的平面工艺和外延技术是半导体器件制造技术的重大变革，不但大幅度地提高了分立半导体器件的频率、功率特性，改善了器件的稳定性和可靠性，而且使半导体集成电路的工业化批量生产得以成为现实。

虽然平面工艺技术不断得到改进，但是目前硅集成电路制造采用的仍然是平面工艺。

2. 关于平面工艺

可以从不同方面认识平面工艺。

（1）选择性掺杂

选择性掺杂是平面工艺的核心。下面介绍选择性掺杂的含义、作用及工艺流程。

① 选择性掺杂的含义和作用。

集成电路的重要组成部分是半导体器件，包括半导体二极管、双极型晶体管、场效应晶体管等。这些器件内部都包含一个或多个 pn 结以及不同层次绝缘层和金属层。因此，制造集成电路的核心问题是如何按设计要求，在半导体材料内部的不同区域形成要求的一个或多个 pn 结，以及绝缘层、金属层。

其中形成pn结的基本原理是基于半导体物理中介绍的掺杂与补偿进行的选择性掺杂。

在某种导电类型的半导体材料内部，采用掺杂的方法掺入n型施主杂质或p型受主杂质，通过补偿过程，改变其中部分区域的导电类型，就可以形成pn结。

例如，对于 n 型半导体材料，若通过掺杂使得其中局部区域掺入的受主杂质浓度大于材料中的施主杂质浓度，则该局部区域半导体材料就成为p型，与n型材料之间形成了pn结。

只要进行多次这种掺杂、补偿，就可以形成要求的集成电路芯片结构。

依据掺杂与补偿原理，采用选择性掺杂技术就可以控制在半导体材料内部局部区域构成pn结。

② 选择性掺杂的工艺流程。

选择性掺杂包括氧化、光刻、掺杂3步，这也是平面工艺中的3道重要工序。

下面以n-Si材料中局部区域形成pn结为例，说明实现选择性掺杂的工艺步骤。

步骤一：氧化。在图3.2（a）所示原始材料n-Si表面生成一层SiO_2，如图3.2（b）所示。

步骤二：光刻。在SiO_2层上采用光刻工艺刻蚀出一个窗口，如图3.2（c）所示。

步骤三：掺杂。通过窗口掺入p型杂质（如三价元素B），改变窗口下方局部区域导电类型，形成pn结，如图3.2（d）所示。

说明：为方便起见，分析器件内部工作原理时通常采用图3.2（e）所示剖面图显示器件内部结构。图3.2（e）还给出了光刻工序确定选择性掺杂窗口采用的版图。

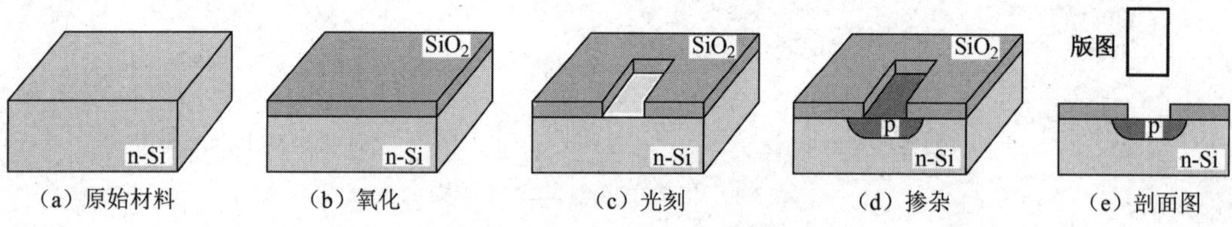

图3.2　选择性掺杂的工艺流程

（2）平面工艺的核心技术——光刻

平面工艺中采用光刻工艺确定选择性掺杂的窗口。器件内部不同绝缘层、金属层的形状和尺寸也是通过光刻工艺确定的。因此，光刻工艺是平面工艺的核心技术。

目前表征工艺水平采用的工艺节点，如 28nm 工艺节点、5nm 工艺节点，主要反映光刻工艺水平的高低。3.1.3 节将详细介绍工艺节点的概念及划分方法。

（3）版图是集成电路设计和工艺加工之间的桥梁

光刻工艺中确定刻蚀窗口范围的是版图中的图形。集成电路设计人员完成电路设计后，还需要将电路设计转化为版图。版图中不同图形的作用就是确定选择性掺杂窗口，以及不同绝缘层和金属层的位置、形状与尺寸。

在分析问题时，通常都同时显示器件剖面图及制造过程中采用的版图。例如，描述选择性掺杂形成的 pn 结时，采用矩形图描述表面窗口图形形状，采用剖面图描述纵向 p 区及 n 区范围，如图 3.2（e）所示。

实际上，设计人员提交给代工厂的是集成电路版图设计结果数据文件。代工厂首先生成光刻用的光刻版，再采用光刻版进行工艺加工，制造芯片。

对于集成电路设计人员，应该熟悉版图与剖面图之间的对应关系，并了解实现的工艺过程。

（4）晶圆与芯片

目前世界上 90%以上的晶体管和集成电路产品采用的都是硅材料。在平面工艺中，芯片并不是单个加工的，工艺加工的对象是晶圆。

晶圆是硅单晶材料经过切片、磨片、抛光，生成的晶片，作为生产半导体器件的原始衬底硅片。经过工艺加工，一个晶片上将同时生成几百甚至上千个芯片，如图 3.3（a）所示。

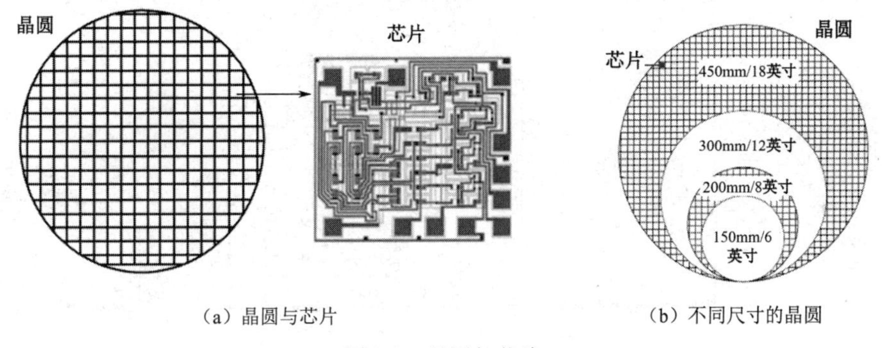

（a）晶圆与芯片　　（b）不同尺寸的晶圆

图 3.3　晶圆与芯片

如图 3.3（b）所示，晶圆尺寸越大，单片晶圆上芯片数将越多，促使芯片制造行业效益明显提升。因此，采用的晶圆尺寸大小也是表征芯片生产线水平的一个参数，并作为生产线名称的一部分。

例如，目前水平较低的 8 英寸生产线表示该生产线采用的是直径为 200mm（8 英寸）的晶圆。水平高的 18 英寸生产线采用的是直径为 450mm（18 英寸）的晶圆。

3.1.2　平面工艺基本流程

1．平面工艺 npn 晶体管结构

由于双极型集成电路中的基本单元是 npn 晶体管，因此双极型集成电路工艺主要是围绕 npn 晶体管结构设计的。双极型集成电路中的其他元器件，如 pnp 晶体管、二极管、电阻等基本是在制造 npn 晶体管的过程中同时形成的。因此，本节以单个分立器件 npn 晶体管为例，介绍平面工艺的基本流程。在此基础上，就很容易理解双极型集成电路和 MOS 集成电路的工艺流程。

（1）平面工艺分立器件 npn 晶体管的制备

如图 3.4（a）所示，采用平面工艺选择性掺杂方法可以形成 pn 结。双极型晶体管包括两个 pn 结。因此，只要在 n-Si 衬底上进行两次选择性掺杂就可以形成 npn 晶体管结构，如图 3.4（b）所示。

（2）平面工艺分立器件 npn 晶体管的结构特点

为了保证晶圆具有一定强度，加工过程中不会出现碎片问题，用于制作晶体管的晶圆厚度约为 300μm。但是，其中起晶体管作用的这两个 pn 结只是位于芯片表面区域几微米范围内，如图 3.4（b）所示。实际上，芯片的大部分区域只是起衬底支撑作用。

如图 3.4（b）所示，分立器件晶体管芯片的发射极和基极从表面引出，集电极则从衬底材料背面引出。

根据 2.4.5 节的分析，为了同时兼顾频率和功率特性，目前双极型晶体管基本都采用外延结构，如图 3.4（c）所示。

在 n^+ Si 衬底上生长几到十几微米厚度的 n^-外延层。在外延层中形成双极型晶体管的核心部分：两个 pn 结。因此，除了增加一道外延生长工序，表面处构成晶体管核心部分的两个 pn 结结构、电极的引出及工艺流程并未变化。

图 3.4（c）是按照实际纵向尺寸比例显示的外延结构分立器件 npn 晶体管剖面图。

在分析问题时，通常只需要绘制两个 pn 结所在的这部分表面区域。为了说明方便，通常以图 3.4（d）所示的结构介绍 npn 晶体管的制造工艺流程。

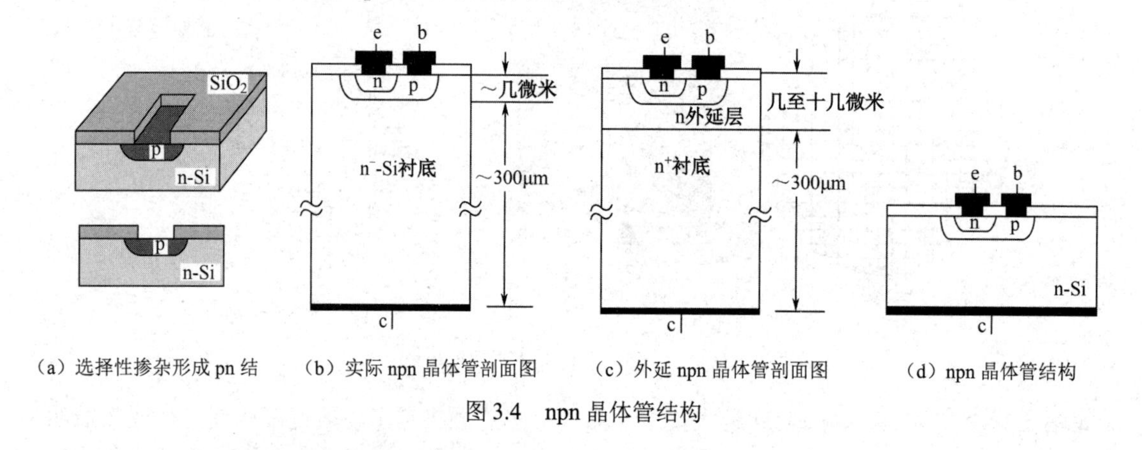

（a）选择性掺杂形成 pn 结　（b）实际 npn 晶体管剖面图　（c）外延 npn 晶体管剖面图　（d）npn 晶体管结构

图 3.4　npn 晶体管结构

2．npn 晶体管管芯制作工艺流程

分立器件 npn 晶体管管芯的结构虽然比集成电路简单得多，但是其加工工艺流程基本反映了平面工艺的情况。

对于从事集成电路设计、制造的技术人员，应该清晰理解并且能够快速分析、推测版图、工艺流程、管芯剖面图这三者之间的对应关系。例如，根据给定的版图，就能够分析推测相关的工艺流程及制作完成的管芯剖面图。

生成 npn 晶体管管芯的工艺流程如图 3.5 所示，主要分为 8 步。为了描述不同层次版图图形之间的相互关系，图中每步光刻中给出的是包括各个层次图形的 npn 晶体管版图总图。图中阴影区域是该步光刻中采用的版图图形。

下面简要说明形成npn晶体管管芯结构的工艺流程。涉及的工艺原理将在本章其余各节分别介绍。

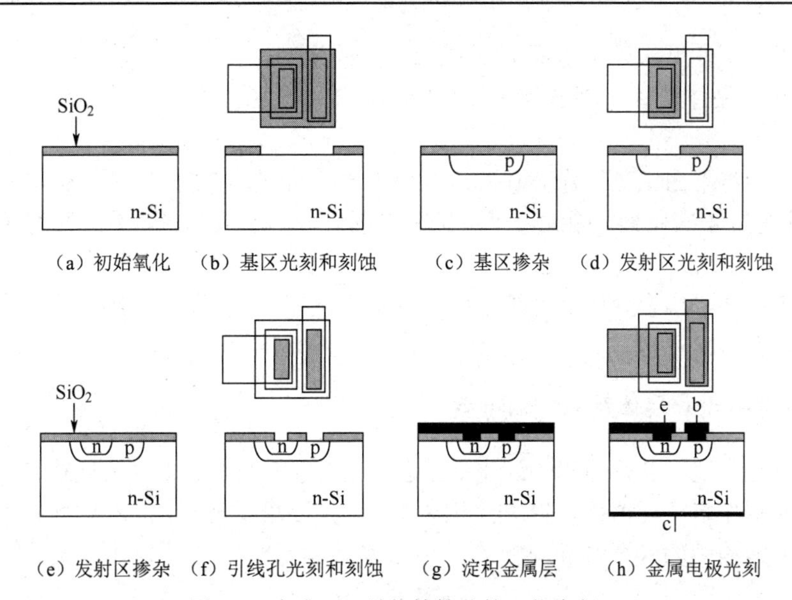

图 3.5　生成 npn 晶体管管芯的工艺流程

① 初始氧化：在硅衬底表面生长厚约几百纳米的 SiO_2 层，对应的剖面图如图 3.5（a）所示。氧化原理和方法将在 3.2 节介绍。

② 基区光刻和刻蚀（光刻一）：在氧化层上刻出用于进行基区掺杂的窗口。经基区光刻后与单个 npn 晶体管对应的剖面图如图 3.5（b）所示。图 3.5（b）上方最大的矩形阴影区域是确定基区掺杂窗口形状的图形，又称为基区光刻版图图形。光刻和刻蚀的原理和方法参见 3.3 节介绍。

③ 基区掺杂：掺入三价元素（如硼）原子。由于 SiO_2 层能够阻挡杂质掺入（称为 SiO_2 层的杂质掩蔽作用，将在 3.2 节介绍），因此杂质只能通过硅片表面已刻去 SiO_2 的基区窗口进入硅片内部，然后通过补偿作用在基区窗口下方局部区域形成一个 p 区，作为 npn 晶体管的基区，如图 3.5（c）所示，同时在表面生长一层 SiO_2 层。掺杂原理和不同的掺杂方法分别在 3.4 节和 3.5 节介绍。

④ 发射区光刻和刻蚀（光刻二）：刻出用于进行发射区掺杂的窗口，图 3.5（d）上方阴影区域是确定发射区掺杂窗口形状的图形，又称为发射区光刻版图图形。图 3.5（d）中同时显示了发射区图形与基区图形的相对位置。显然，发射区图形应该在基区图形范围之内。

⑤ 发射区掺杂：掺入五价元素（如磷）原子。由于 SiO_2 层的杂质掩蔽作用，因此杂质只能通过硅片表面已刻去 SiO_2 的发射区窗口进入硅片内部，然后通过补偿使基区中在发射区窗口下方的一部分区域形成 n 区，作为 npn 晶体管的发射区。同时在表面生长一层 SiO_2 层［见图 3.5（e）］。

⑥ 引线孔光刻和刻蚀（光刻三）：刻出形成 npn 晶体管基极和发射极引线用的接触窗口，如图 3.5（f）所示。图 3.5（f）上方阴影区域是确定两个电极接触孔形状的图形，又称为引线孔光刻版图图形。图 3.5（f）中同时显示了引线孔图形与发射区图形及基区图形之间的相对位置。由图可见，引线孔图形应该在相应的掺杂区图形范围之内。

⑦ 淀积金属层：用真空蒸发或电子束蒸发方法（见 3.7 节），在整个晶片表面淀积一层金属层，通常采用铝或铜，厚 1～2μm，如图 3.5（g）所示。

⑧ 金属电极光刻（光刻四）：刻蚀掉多余的金属层，留下一部分金属层作为 npn 晶体管基极和发射极引线［见图 3.5（h）］。图 3.5（h）中两个阴影区分别是 e 极和 b 极版图图形，衬底起集电极作用。对于分立器件 npn 晶体管，集电极引线将从下方引出。

经过上述工艺流程，就形成了 npn 晶体管管芯。接着进行中测、划片及芯片粘接、键合、封帽测试等后工序加工（见3.8节），即可完成晶体管的生产。

分立器件npn晶体管管芯制备是最简单的平面工艺流程，但是基本反映了平面工艺的加工过程。

通常按照光刻将平面工艺制作芯片的过程分为几个阶段。本例中按照npn晶体管版图包括的4个层次，一共进行4次光刻，因此可以将工艺流程划分为生成基区、生成发射区、形成引线孔、制作电极4个阶段。

由上述内容可知，在半导体器件管芯生产过程中，有些工序，如实现选择性掺杂的氧化、光刻和刻蚀、掺杂要多次进行。

3. 集成电路中npn晶体管的结构特点

目前集成电路制造工艺都是以上述平面工艺为基础的。但是由于集成电路是在同一个芯片内制作多个元器件，并按照电路拓扑关系要求实现互连的，因此需要解决与集成电路相关的几个特殊问题。

（1）隔离

① 集成电路制造工艺对隔离问题的需求。

如图3.5（h）所示，采用常规平面工艺制作的npn晶体管，硅片衬底即为集电区。因此，如果在同一硅片上制作多个npn晶体管，那么集电区将连在一起，而实际电路中不可能所有npn晶体管的集电区都是相互连接在一起的。

显然，要以平面工艺为基础制作集成电路，要解决的第一个问题是隔离问题，即采用隔离技术，使得不同元器件相互之间电学隔开。

② pn结隔离。

目前在集成电路生产中采用多种隔离方法（见3.9节）。其中最简单的一种是pn结隔离技术，将不同的元器件之间用背靠背的pn结隔开，并且将其中的p区接至电路中的最低电位，使得这些起隔离作用的pn结处于反偏状态。

采用这种隔离方法制造双极型集成电路的平面工艺称为pn结隔离双极型集成电路工艺。

图3.6是pn结隔离的工艺过程。制造集成电路衬底晶片采用的是p-Si晶圆。pn结隔离工艺过程包括4个步骤，基本原理仍然是选择性掺杂。

步骤一：外延生长。在p-Si衬底上外延生长一层n型硅，如图3.6（a）所示。外延层将作为集成电路中npn晶体管的集电区。外延生长工艺将在3.6节介绍。

步骤二：氧化。在外延层表面生长一层二氧化硅，如图3.6（b）所示。

步骤三：光刻。采用环状图形的隔离光刻版，在氧化层上刻蚀出一个环状窗口，如图3.6（c）所示。

步骤四：隔离掺杂。通过氧化层上的环状窗口，掺入浓度较高的三价元素p型杂质（如硼），通过补偿作用使隔离窗口下方的n型硅变为p型硅，并且控制p^+掺杂层深度，穿透整个外延层，与p-Si衬底相连，如图3.6（d）所示。

通过上述工艺过程，就在晶片中形成了多个周边被p^+型重掺杂区包围的n区，通常称为隔离岛。隔离区四周的p区称为隔离墙。外延层中每个n型隔离岛与p型隔离墙/p型衬底之间构成pn结。如果将p区接至电路中的最低电位，这些隔离岛之间就是两个背靠背的反向偏置pn结，较好地实现了电隔离。

以后就在相互隔开的n型隔离岛上生成npn晶体管等各种器件。

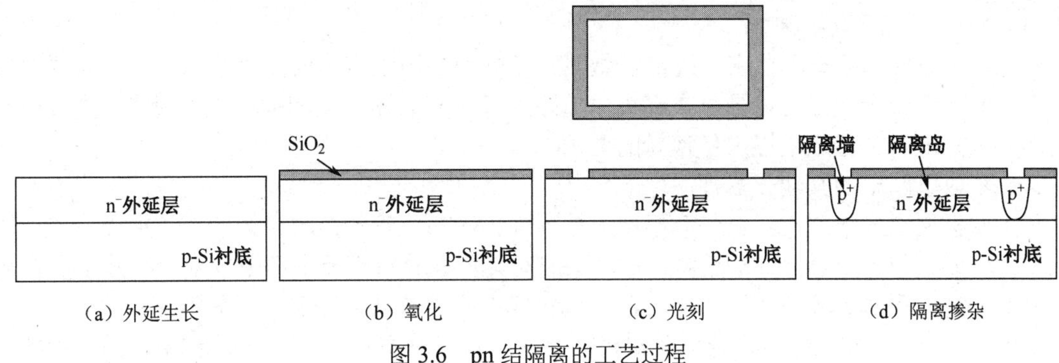

图 3.6　pn 结隔离的工艺过程

（2）npn 晶体管集电区 n^+埋层的引入

① 作用。

如图 3.5（h）所示，采用常规平面工艺制作的分立器件 npn 晶体管，硅片本身为集电区，集电极从芯片背面引出。在集成电路中，元器件的连接关系由芯片表面的互连线实现，因此集电极就必须从上表面引出，构成 npn 晶体管集电极电流的电子需要沿着与结面积平行的方向流过集电区，再从位于表面的集电极流出。这个电流通道窄长，且集电区电阻率又较高，导致集电区串联电阻变大。但是如果采用图 3.7 所示结构，在生长外延层之前，增加一个低电阻率的 n^+ 型埋层，就使集电极电流沿着低电阻率的埋层通过集电区，起到减小集电区串联电阻的作用。

图 3.7 所示为 pn 结隔离双极型集成电路中的 npn 晶体管结构。除了增加埋层，在集电极引出端的下方还生成一个 n^+的局部高掺杂区域，这是因为考虑击穿电压的要求，集电区掺杂浓度较低，在金属铝与轻掺杂 n 型硅之间可能形成的是肖特基整流接触，而不是欧姆接触。为了保证集电极引出端与集电区之间良好的欧姆接触，必须形成局部高掺杂 n^+ 区域。实际上，这一区域可以在发射区掺杂时同时形成，不需要增加附加工艺。

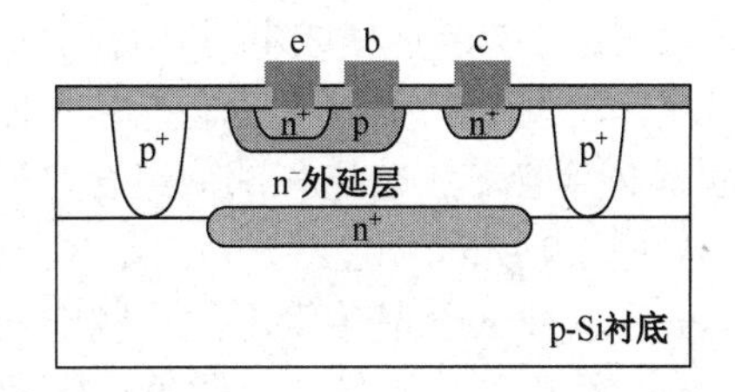

图 3.7　pn 结隔离双极型集成电路中的 npn 晶体管结构

② n^+埋层的工艺实现。

显然，只要在外延生长之前，进行一次包括氧化、光刻、埋层掺杂 3 道工序的选择性掺杂，就可生成埋层，如图 3.8 所示。光刻采用的版图图形为图中灰色矩形，图中环形图形对应图 3.6 中隔离图形，描述了埋层与隔离两个层次的图形包含关系。

显然，采用选择性掺杂的方法生成埋层只是增加工艺过程，并不增加工艺类型。

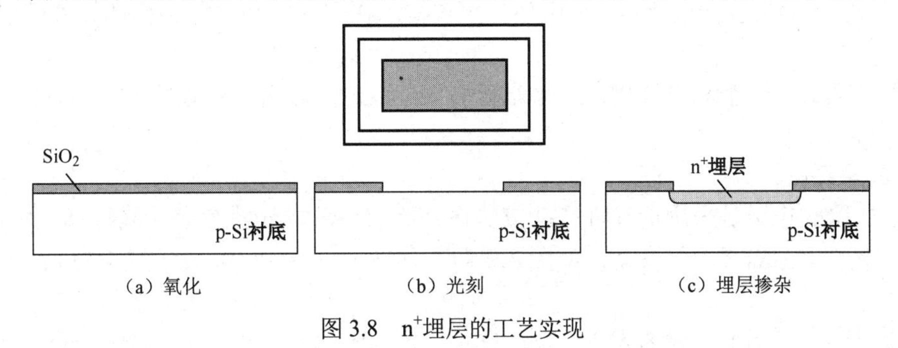

图 3.8　n^+埋层的工艺实现

（3）元器件之间的互连

显然，在npn晶体管工艺中通过淀积金属、光刻和刻蚀工艺形成晶体管电极时，只要保留起互连作用的那部分金属就可以同时实现集成电路内部不同元器件之间的互连。因此，集成电路中的互连要求并未对工艺过程提出任何新的要求。

（4）集成电路中的其他元器件

对于双极型集成电路，其工艺流程基本是围绕npn晶体管的要求设计的。对集成电路中的其他元器件，如电阻、电容、pnp晶体管等，除非对其特性有特殊要求而采取部分特殊工艺措施，一般情况下，在形成npn晶体管的同时，生成集成电路中的其他元器件（见第4章）。

由上述分析可知，对于pn结隔离双极型集成电路，基本制造工艺与制造npn晶体管的基本工艺相比变化不大，只是工艺步骤要增加不少，当然集成电路版图的层次也要随之增加。

4．pn结隔离双极型集成电路工艺流程

下面以典型的pn结隔离双极型集成电路制造过程为例，说明硅平面工艺的基本工艺流程。

（1）管芯制备与封装

虽然集成电路分为多种类型，但是其工艺流程都分为管芯制备与封装两个阶段。按照加工过程先后顺序考虑，管芯制备又称为前工序，封装又称为后工序。

（2）管芯制备工艺流程

如上所述，双极型集成电路工艺主要是围绕npn晶体管结构而形成的，集成电路中的其他元器件基本是在制造npn晶体管的过程中同时形成的。为了简单明了，下面说明工艺流程的示意图都只画出与图3.7所示集成电路芯片内部一个npn晶体管结构对应的剖面图。

显然，将图3.8所示的n^+埋层生成工艺、图3.6所示的pn结隔离生成工艺及图3.5所示的生成npn晶体管管芯工艺这三部分组合在一起，就构成了典型pn结隔离双极型集成电路管芯工艺流程，如图3.9所示。

与分立器件npn晶体管不同，制造pn结隔离双极型集成电路采用的是p-Si，电阻率为10～20Ω·cm。经过切片、磨片、抛光，作为生产集成电路的原始衬底硅片，又称为晶片。

① 生成埋层。

生成埋层的作用是采用包括氧化、光刻、埋层掺杂3道工序的选择性掺杂方法，在衬底表面局部区域形成n^+重掺杂的埋层，如图3.9（a）所示。

为了描述不同层次版图图形之间的相互关系，图3.9（a）中给出了包括各个层次图形的版图总图。埋层光刻采用的版图图形为版图中的阴影矩形图。

② 外延生长。

埋层掺杂后，除去表面氧化层，采用外延生长技术在表面生长一层轻掺杂n^-外延层，如图3.9（b）所示。

由于外延生长是一个高温过程，因此外延生长过程中同时出现衬底埋层中的五价原子向外延层的扩散。

③ 生成隔离墙。

生成隔离墙的作用是采用选择性掺杂方法在外延层中形成p^+重掺杂的隔离墙，将n^-外延层分隔为多个相电学上互隔离的隔离岛，如图3.9（c）所示。n^-外延层隔离岛将作为npn晶体管的集电区。

版图中阴影区域图形是隔离光刻版图的图形。图3.9（c）中反映了隔离光刻图形与其他层次图形之间的相互关系。

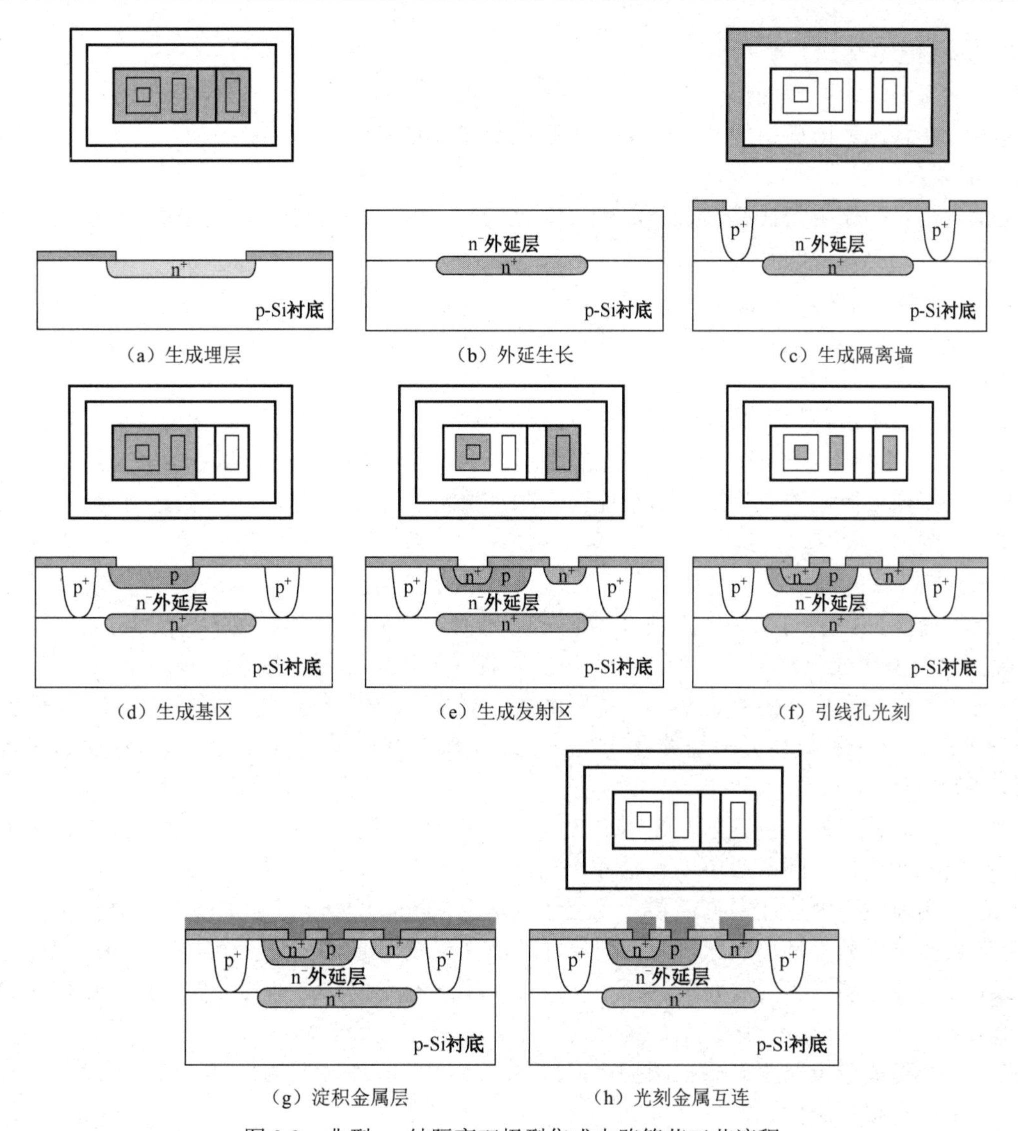

（a）生成埋层　（b）外延生长　（c）生成隔离墙

（d）生成基区　（e）生成发射区　（f）引线孔光刻

（g）淀积金属层　（h）光刻金属互连

图 3.9　典型 pn 结隔离双极型集成电路管芯工艺流程

④ 生成基区。

生成基区的作用是采用选择性掺杂方法在 n^-外延层隔离岛中局部区域掺入三价元素原子（如硼），形成 p 型基区，如图 3.9（d）所示。

版图中阴影区域图形是基区光刻版图的图形。图 3.9（d）中反映了基区光刻图形与埋层图形、隔离图形之间的相互位置关系。

⑤ 生成发射区。

生成发射区的作用是采用选择性掺杂方法在 p 型基区中局部区域掺入五价元素原子（如磷），形成 n^+重掺杂的发射区。同时在集电区中将要形成集电极的局部位置掺入了五价元素原子，如图 3.9（e）所示。

版图中阴影区域图形是发射区光刻版图的图形。其中基区范围内的 n^+掺杂区是发射区。外延层上随后形成集电极引线孔的位置也掺入 n^+杂质是为了形成 n^+重掺杂的集电极接触区，保证以后集电极为欧姆接触。

⑥ 引线孔光刻。

引线孔光刻的作用是在晶体管发射区、基区、集电区位置刻蚀出与金属层连接的窗口，以便形成电极，如图 3.9（f）所示。

版图中 3 个阴影区域图形分别是晶体管 3 个电极引出端的图形，分别在发射区、基区、集电区范围内。注意，集电极引线孔位于集电区中已形成 n^+的图形范围内。

⑦ 淀积金属层。

淀积金属层的作用是在晶圆表面淀积一层金属层，用于形成发射极、基极、集电极 3 个金属电极，以及集成电路中的互连线，如图 3.9（g）所示。

⑧ 光刻金属互连。

光刻金属互连的作用是通过光刻形成每个器件的发射极、基极、集电极 3 个金属电极，同时形成集成电路中的互连线。

说明：图中所示的版图中未包括金属互连光刻图形。图 3.9（h）所示剖面图中只是描述了晶体管的 3 个金属电极。前面选择性掺杂过程进行的光刻及引线孔光刻都是在氧化层上刻蚀出窗口，去除版图图形区域的氧化层。而互连线光刻是保留版图图形描述的金属层，因此这种类型光刻又称为反刻。

⑨ 总结。

如果将选择性掺杂的相关步骤展开为氧化—光刻—掺杂，那么采用 p-Si 为衬底材料的典型 pn 结隔离双极型集成电路管芯制备流程为埋层制备（氧化→光刻→掺杂）→外延（n 型硅）→隔离墙制备（氧化→光刻→隔离掺杂）→基区制备（氧化→光刻→基区掺杂和氧化）→发射区制备（光刻→发射区掺杂和氧化）→引线孔光刻→金属电极与互连线制备（淀积金属层→金属电极及互连线光刻）。

剖析工艺流程中的光刻工艺，采用 p-Si 为衬底材料的典型 pn 结隔离双极型集成电路管芯制造流程包括 6 次光刻，因此版图中包括 6 个层次。

说明：实际生产中往往根据需要，在上述基本工艺流程的基础上增加光刻次数。例如，为了保护管芯表面不受外界环境气氛影响，制备好金属互连线后通常再在整个管芯表面淀积一层保护材料，又称为钝化层。然后需要再进行一次形成压焊点的光刻，将管芯上要与外引线相连的那部分金属（称为压焊点或键合区）上的钝化层刻蚀掉，以便键合内引线。

在有些类型集成电路生产中，根据产品设计需要，可能还会增加光刻次数。

（3）集成电路后工序

经过前工序工艺流程制备好管芯后，还需要经过后工序加工才能形成集成电路产品。

集成电路加工的后工序包括以下几步。

① 中间测试（简称中测）。

前工序加工对象是硅片，又称为晶圆或者晶片。如图 3.2 所示，一个硅片上含有几百甚至几千个管芯，其中总有一些是不合格的，因此，在管芯形成后要在晶片级对晶片上的所有管芯进行功能及部分直流参数的测试，并将不合格的管芯打上标记。

② 划片。

用金刚刀或激光将晶圆分割成一个个管芯，并将中测时打有标记的不合格管芯剔除掉，挑选出中测合格的管芯用于封装。

③ 芯片粘接。

将中测合格的管芯粘在集成电路封装外壳的底座上，如图 3.1 所示。

④ 键合。

用金丝或硅铝丝通过超声等方法将集成电路管芯上的键合区与外壳上相应外引线连在一起，如图 3.1 所示。

⑤ 封帽。

将管芯封在管壳中，这就是平时见到的集成电路外形，如图 3.1 所示。

3.8 节将介绍上述后工序工艺流程的原理、作用及新技术。

⑥ 筛选测试。

完成封帽后还需对封装好的器件进行高温和功率老炼，从封装好的产品中尽早剔除不可靠的电路（称为筛选），再按产品规范要求对器件进行全面测试，并将合格产品按特性分类、打印、包装、入库。

5. 平面工艺类别划分

无论是 pn 结隔离双极型集成电路还是集成电路中的主流工艺——CMOS 工艺，尽管工艺流程差别很大，但是涉及的工艺类型都基本相同。

根据工序类型的不同，可将平面工艺中的基本工艺划分为管芯制备工艺（前工序）、组装和封装工艺（后工序）及辅助工序 3 类。

（1）前工序

如图 3.9 所示，从原始晶片开始到中测之前的所有工序统称为前工序。

经过前工序的加工，形成了半导体器件的核心部分：管芯，因此又将其称为管芯工序。

前工序中包括以下 3 类工艺。

① 薄膜制备工艺：包括外延、氧化、化学气相淀积和金属蒸发或溅射。

② 掺杂工艺：主要有扩散和离子注入两种。

③ 图形加工技术：包括光刻、刻蚀和制版。

（2）后工序

后工序是指从中测开始直到完成器件封装测试的所有工序，包括中测、划片、芯片粘接、内引线键合、封装、筛选测试等工序。

（3）辅助工序

前工序和后工序是集成电路工艺加工流程中直接涉及的工序。

为了保证工艺的顺利进行，集成电路生产中还离不开辅助工序。

① 超净卫生环境。

为了保证成品率和可靠性，防止生产环境中尘埃、湿气等对集成电路的影响，集成电路生产必须在超净环境下进行。

图 3.10 为环境洁净度要求，给出了不同洁净度等级环境中允许的尘埃数。不同工序要求的洁净度互不相同。例如，光刻工序的洁净程度起码要优于 1 级，即 1 立方英尺工作室空间的气体中，直径为 0.5μm 的尘埃平均数不得大于 1 个。

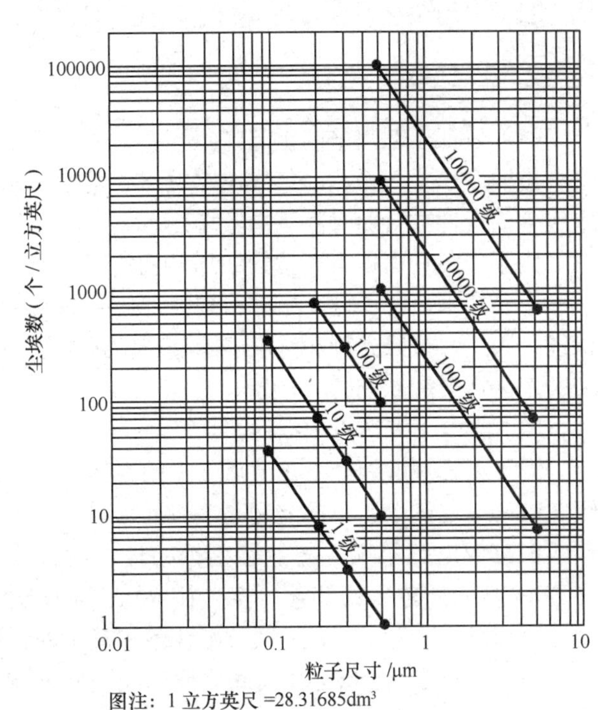

图 3.10　环境洁净度要求

② 高纯水、气的制备。

集成电路生产中使用的水和多种气体（如氧气、氮气、氢气、硅烷等）必须有很高的纯度。例如，生活中常用的自来水的电阻率为几十到几百 kΩ • cm，而集成电路生产中用的必须是经过处理的去离子水，其电阻率要大于 15MΩ • cm。

③ 掩模版的制备。

提供光刻工序中使用的光刻掩模版。

④ 晶圆材料准备。

晶圆材料包括拉制单晶、切片、磨片、抛光等工序，制备厚度约为 0.3mm 的晶圆，作为集成电路生产中使用的衬底材料。

3.1.3 集成度与工艺节点

1. 集成度与集成电路规模的划分

集成度是指单片集成电路芯片中包含的晶体管数目。

集成电路发展早期，按照集成度划分集成电路规模，用于表征集成电路的发展水平。

例如，MOS 数字集成电路按照集成度划分为 6 个规模等级。

① SSI（Small Scale Integration）：小规模集成电路，集成度小于 100 个。

② MSI（Medium Scale Integration）：中规模集成电路，集成度为 100~1000。

③ LSI（Large Scale Integration）：大规模集成电路，集成度为 1000~10000。

④ VLSI（Very Large Scale Integration）：超大规模集成电路，集成度为 10^4~10^7。

⑤ ULSI（Ultra Large Scale Integration）：特大规模集成电路，集成度为 10^7~10^9。

⑥ GSI（Gigant Scale Integration）：巨大规模集成电路，集成度大于 10^9。

LSI 的典型产品是 1kRAM，64kRAM 则是 VLSI 的典型代表。

随着集成度越来越高，目前已超过几百亿，继续按照集成度划分集成电路的规模等级已不现实。目前采用工艺节点表征集成电路的发展水平。

2. 工艺节点的划分

（1）表征工艺水平的工艺节点

按照摩尔定律预测，集成电路发展的基本规律是每 18 个月左右集成度翻一番，即单个芯片中包含的器件数目随时间呈指数增加。

为了使芯片面积不要指数增加，就要求单个晶体管的面积能够指数减少。

工艺技术，特别是以光刻和刻蚀为代表的微细加工技术的发展，是实现这一目标的根本技术保证。因此，按照光刻和刻蚀能够实现的最细线条与最小间距为定量表征参数，划分工艺节点，表征工艺水平的高低。

（2）划分工艺节点依据的参数

为了正确理解划分工艺节点依据的参数，必须区分特征尺寸（Critical Dimension，CD）和节距（Pitch）这两个名词的差别与联系。

在集成电路早期，将能够刻蚀的最细线条作为表征光刻水平的表征参数，称为特征尺寸（CD）。但是，进入 21 世纪，工艺技术水平发展到深亚微米阶段，刻蚀能够实现的最窄间距明显大于最细线条。为了综合表征最细线条和最小间距情况，借用齿轮中节距一词，将一组均匀排列的线条中，相邻两根线条中心线之间的间距称为节距。并且将刻蚀的最细节距的一半作为代表工艺水平的工艺节点标志。

在一组均匀排列的线条中，节距也就是一根线条宽度与一条间距之和。如果能够刻蚀的最细线条宽度与最小间距相同，那么最细线条宽度与特征尺寸相同，如图 3.11（a）所示。

最小沟道长度是最窄线条的标志。20 世纪 90 年代，最短沟道长度基本与半节距相同，都是几百纳米。

随着线条更细，受到工艺的限制，不能保证制备出与最细线条宽度相同的最小间距，而是最小间距大于最细线条宽度，如图 3.11（b）所示。

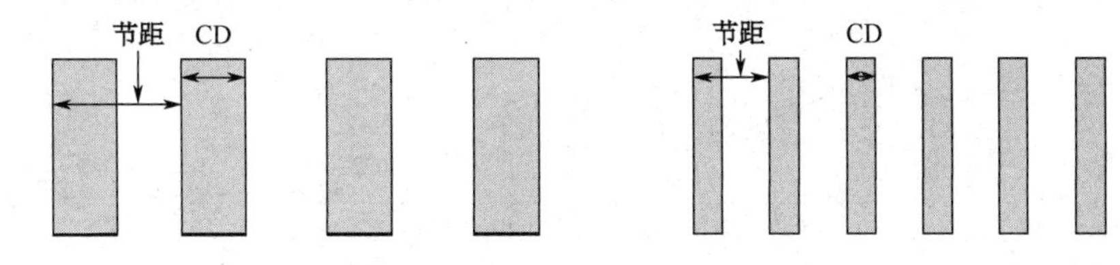

（a）最细线条宽度与最小间距相同的一组线条　　（b）最细线条宽度小于最小间距的一组线条

图 3.11　最细线条宽度与最小间距相等及不相等的两种情况

为了综合表征最细线条宽度和最小间距情况，规定以能够刻蚀的最细节距的一半作为代表工艺水平的工艺节点标志。这样对于最小间距大于最细线条宽度的情况，CD 值将小于表征工艺节点的半节距值，如图 3.11（b）所示。

进入 21 世纪，工艺技术水平发展到深亚微米阶段，特征尺寸开始明显小于半节距，也就是说，最短沟道长度明显小于表征工艺水平的工艺节点值。例如，2004 年工艺节点发展到 90nm 阶段，最短沟道长度可以短到 45nm；2007 年工艺节点发展到 45nm 阶段，最短沟道长度可以短到 32nm。

（3）工艺节点划分方法

目前按照线条缩小使得芯片面积减小一半的要求作为划分工艺节点的标志，表征工艺技术的进步。

如图 3.12（a）所示，如果单边尺寸缩小为原来的 0.707，那么芯片面积减小一半，就可以保证集成度虽然翻倍但芯片面积基本不变。图 3.12（b）所示为 5 种不同工艺节点下 6 管 SRAM 中单元面积的变化情况实例，描述了这种变化趋势。

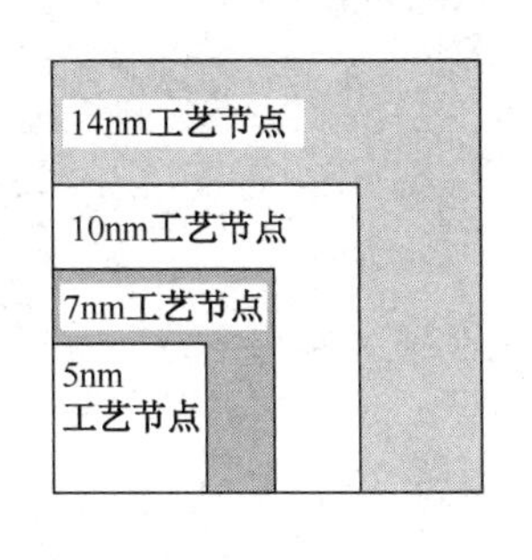

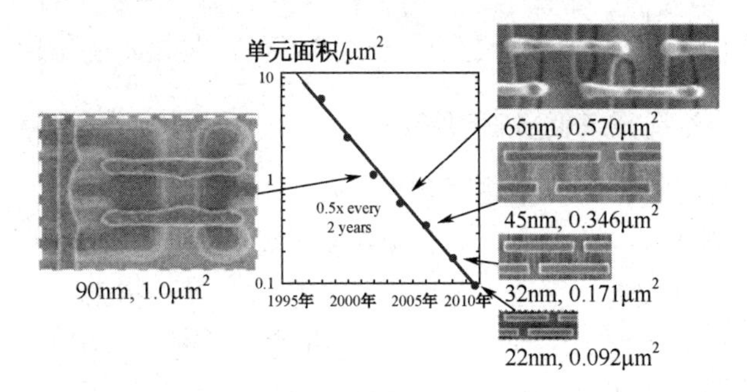

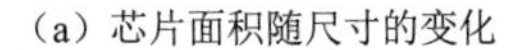

（a）芯片面积随尺寸的变化　　（b）不同工艺节点下 6 管 SRAM 中单元面积的变化情况实例

图 3.12　工艺节点划分方法

从 2004 年进入 90nm 深亚微米阶段以后，工艺节点先后经历 65 nm、45 nm、32 nm、22 nm、16 nm、10 nm、7 nm、5 nm，如图 3.13 所示。目前已进入 3nm 工艺节点阶段。

进入 7nm 工艺节点后，更多的是采用电路系统的性能参数指标作为工艺节点划分的标志，代表工艺节点的纳米数值与电路内部实际最小尺寸及半节距数值不完全相同。

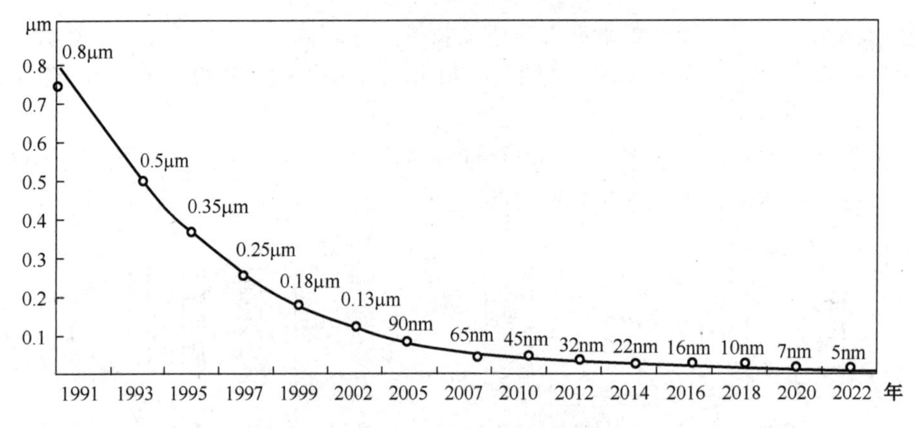

图 3.13 工艺节点的发展变化

3．采用不同晶圆尺寸的生产线

按照工艺节点描述的工艺技术基本保证了集成度持续指数增加。

如图 3.3（b）所示，晶圆尺寸不断增大则导致单片晶圆上芯片数目的急剧增多，促使芯片制造行业效益明显提升。

因此芯片生产中采用多大尺寸的晶圆也是表征生产线水平的标志之一。目前国际上广泛采用 ϕ450 mm/18 英寸晶圆。

目前通常采用工艺节点及晶圆直径尺寸两个参数表征芯片加工生产线的水平。例如，一条 18 英寸、7nm 生产线表示该生产线采用的是 7nm 工艺技术，芯片加工中采用的是直径为 ϕ450 mm/18 英寸的晶圆。

3.2 氧化工艺

1957 年人们在研究半导体材料特性时发现，硅表面的二氧化硅(SiO_2)层具有阻止大部分杂质穿透扩散的作用。这一发现直接导致了平面工艺技术的出现。

1．SiO_2 在集成电路中的作用

（1）重要作用一：对杂质扩散的掩蔽作用

硼、磷、砷、锑等Ⅲ、Ⅴ族元素原子在 SiO_2 中的扩散速度比在硅中慢得多，利用这一特性实现了平面工艺中的核心技术选择性掺杂。

只要在硅表面上生长一层 SiO_2，再采用光刻工艺在 SiO_2 层中开个窗口，则高温扩散时杂质原子只能通过氧化层上的窗口直接掺入 Si 中。

在表面有氧化层的部分，杂质只有在通过氧化层后才能到达硅中。由于这些杂质在 SiO_2 层中扩散非常慢，一般达不到硅表面，因此 SiO_2 层就起到掩蔽杂质向硅内扩散的作用，实现了硅内的局部掺杂。3.1 节介绍的平面工艺流程中各区掺杂过程都利用了这一特性。选择性掺杂是平面工艺中最核心的内容。

显然，要有效地起到掩蔽杂质扩散作用，SiO_2 层需要一定的厚度。

（2）重要作用二：作为 MOSFET 的栅氧化层

如 2.6 节所述，自从 MOS 集成电路出现后其中栅材料基本都是 SiO_2。

随着器件尺寸的缩小，栅氧化层越薄（只有几百 Å），漏电和栅氧击穿问题越严重，对氧化

工艺的质量提出了更高要求，同时促使了新型栅介质层（如2.6.9节介绍的高k栅介质）的研究与应用。

（3）其他作用

① 作为钝化层。目前在集成电路制作过程中，完成芯片加工后都在整个芯片表面淀积一层氧化层，可以避免后工序可能带来的杂质沾污，减弱环境气氛对器件的影响，相当于使器件表面钝化，使得平面工艺制造的器件有较高的稳定性和可靠性。

② 作为绝缘介质。由于SiO_2的电阻率高达$10^{16}\Omega\cdot cm$，集成电路中广泛采用SiO_2作为隔离介质（见3.9节）及多层金属层之间的绝缘介质（见3.7节）。

③ 作为集成电路中电容的介质。

2. 生长SiO_2的热氧化工艺

生长SiO_2的方法有多种，但在集成电路生产中使用的主要有热氧化和化学气相淀积两种。其中以热氧化形成的SiO_2质量最好，是现代集成电路生产的重要基础工艺之一。

（1）热氧化原理

在硅表面生长一层SiO_2膜的热氧化方法是使硅在高温下与含氧物质（如氧气、水气）反应生成SiO_2。其氧化过程主要分为以下两步。

第一步：氧化物质（如氧气）通过扩散方式穿过硅表面上已有的一层SiO_2膜到达SiO_2和Si之间的界面。

第二步：到达SiO_2和Si之间界面的氧化物质在界面处与Si起反应生成新的SiO_2层，使氧化层不断变厚。其反应式如下。

若氧化物质为O_2：
$$Si+O_2 = SiO_2 \tag{3.1}$$

若氧化物质为水气：
$$Si+2H_2O = SiO_2+2H_2\uparrow \tag{3.2}$$

由上述内容可知，氧化反应生成新SiO_2层的过程中要消耗一部分Si，使硅片变薄。消耗掉的Si层厚度x_{Si}与生成的SiO_2厚度x_{SiO_2}之间的关系为

$$x_{Si}=0.44x_{SiO_2}$$

因此，经过氧化，虽然要消耗一部分Si，但是包括氧化层在内的硅片总厚度将增加。

（2）热氧化方法

热氧化是在图3.14所示的热氧化设备中进行的。在工业大生产中，氧化炉中一个石英舟内可放多达200片晶圆硅片。为了保证同一片上及各片间氧化层厚度的均匀性，要求硅片所在范围的炉内温度变化一般不得超过±0.5℃。

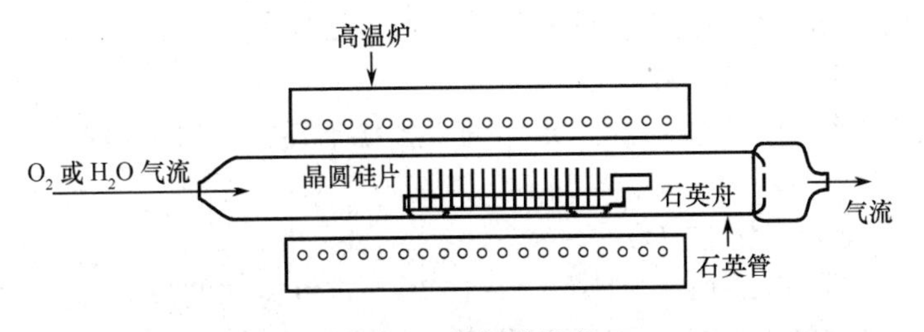

图3.14　热氧化设备

随着氧化物质的不同，常用的热氧化方法有以下几种。

① 氧气氧化。

氧气氧化又分为干氧氧化和湿氧氧化两种。

干氧氧化是使氧气与Si在高温下（如1000～1200℃）按式（3.1）直接反应。湿氧氧化是使

氧气首先经过已加热到95℃的高纯水，鼓泡后将水气一起带入炉内，再在高温下与硅反应，这时氧化气氛中同时含有氧气和水气，因此式（3.1）和式（3.2）两种反应同时存在。

一般来说，干氧氧化生成的 SiO_2 膜结构致密、干燥。光刻时与光刻胶接触良好，但其生长速度太慢。湿氧氧化生成的 SiO_2 膜质量比干氧氧化生成的略差，但还是能满足器件对氧化层质量的要求，且生长速度快。其缺点是光刻时与光刻胶接触不良。

生长 0.6μm 的 SiO_2 层所需时间如表 3.1 所示，对比两种不同温度条件下采用干氧氧化和湿氧氧化工艺所需时间。为了取长补短，生长中一般采用干氧—湿氧—干氧的交替氧化步骤，共用一套设备。

表 3.1　生长 0.6μm 的 SiO_2 层所需时间

	氧化温度 1000℃	氧化温度 1200℃
干氧氧化	2300min	480min
湿氧氧化（水温 95℃）	100min	32min

② 氢氧合成氧化。

在常压下分别将纯 H_2（纯度为 99.9999%）和纯 O_2（纯度为 99.99%）直接通入石英管内，使之在一定温度下燃烧成水：$2H_2+O_2 = 2H_2O$，水在高温下汽化后与硅反应生成 SiO_2，其反应式为式（3.2）。氢氧合成氧化的氧化层生长速度比湿氧氧化快，而且生成的氧化膜质量好、纯度高，可用于对氧化膜质量要求较高的场合。

3. 化学气相淀积方法

（1）基本原理

化学气相淀积（Chemical Vapor Deposition，CVD）就是使一种或数种物质的气体以某种方式激活后在衬底表面处发生化学反应，淀积所需的固体薄膜。因此，它可用来形成集成电路工艺所需的几乎所有薄膜，如作为绝缘介质的 SiO_2 和氮化硅 Si_3N_4、起互连线/电极作用的多晶硅和金属（钨、钼等），甚至单晶硅（外延）等。

当形成 SiO_2 时，主要是采用硅烷（SiH_4）与氧反应，即

$$SiH_4+2O_2 \rightarrow SiO_2+2H_2O$$

或者用烷氧基硅烷分解，即

$$\text{烷氧基硅烷} \rightarrow SiO_2+\text{气态有机原子团}(+SiO+C)$$

（2）常用的 CVD 方法

目前生产中常用的化学气相淀积方法有下述几种。

① 常压化学气相淀积（APCVD）

该系统中气相压强约为一个大气压，故称为常压化学气相淀积（APCVD）。通常反应温度为800～1000℃。

② 低压化学气相淀积（LPCVD）

该系统中气相压强从 1×10^5Pa 减为约 1×10^2Pa。这种方法的最大特点是产量大、膜厚均匀性好。通常反应温度为 600～700℃，比常压化学气相淀积的低。

③ 等离子体化学气相淀积（PECVD）

在 APCVD 和 LPCVD 中，气相反应激活能只能来自加热。而在等离子体化学气相淀积（PECVD）系统中对低压气体施加射频电场，能提供气相反应所需的激活能，这就使 PECVD 淀积温度得到进一步降低，一般为 200～400℃。

在集成电路生产中，氮化硅在钝化、掩模、绝缘介质膜等方面得到广泛应用。特别是用作钝化膜的氮化硅需要在较低温度下进行，因此大多采用 PECVD 方法。

采用氮气：　$2SiH_4+N_2 \rightarrow 2SiNH+3H_2$

或者采用 NH_2：　$SiH_4+NH_2 \rightarrow SiNH+3H_2$

4．表征 SiO_2 膜质量要求和检验方法

为了保证 SiO_2 膜在集成电路中能起到其应起的作用，SiO_2 膜的质量必须达到预定的要求。生产中对氧化工艺主要从以下几个方面检查氧化层的质量。

（1）表观检查

检查氧化层颜色是否均匀（反映膜厚均匀情况），表面有无斑点、裂纹、白雾等。一般用肉眼或显微镜观察与检查。

（2）氧化层厚度检查

当 SiO_2 膜作为栅氧化层、电容器介质或起掩蔽杂质扩散等作用时，其膜厚是否合适直接影响其作用效果。目前测量氧化层厚度的方法有多种。常用的是普通物理中介绍的干涉法，即先在 SiO_2 膜上用黑蜡或真空油脂保护一定区域（如一半左右区域），然后放入 HF 中将未被保护的 SiO_2 层腐蚀掉，最后用有机溶剂去掉黑蜡或真空油脂，就出现了 SiO_2 台阶。在用光照射台阶时，由于从 SiO_2 层表面及从 SiO_2 与 Si 之间界面反射的两束光的干涉作用，因此台阶处出现明暗相间的干涉条纹。

由干涉条纹数 m（可估读到半条）按下式计算 SiO_2 膜厚 x，即

$$x=(\lambda/2n)m$$

式中，λ 为照射光的波长；n 为 SiO_2 折射率，取为 1.5。

若要求精确测量，则可用椭圆偏振光法，测量精度优于 10 Å，但需要专用精密设备。

（3）氧化层中针孔密度的检查

如果氧化层质量不高，含有针孔，将破坏其绝缘性能和掩蔽杂质扩散的能力。目前已发展了多种检查是否存在针孔及测量针孔密度的方法。

（4）SiO_2 中可动电荷密度、界面态密度等表面参数的测定

氧化层中可动电荷密度和界面态密度的高低将影响晶体管的漏电与 MOS 器件的阈值电压，通常采用专门的 C-V 技术测试。

5．氧化技术面临的挑战

随着集成电路集成度的提高，集成电路内部采用的器件尺寸在不断缩小，MOS 器件的栅氧化层厚度也随之减小。20 世纪 70 年代初，采用的栅氧化层厚 100nm 左右，90 年代已减为 10nm。根据物理分析预测，极限栅氧化层厚度不能低于 2nm。

随着 MOS 器件尺寸的缩小，栅面积随之减小。到 45nm 工艺节点，为了保证 MOS 栅电容能够具有对薄栅氧器件漏源电流实现有效控制所要求的电容值，需要栅氧化层厚度随之减小到 2nm。

但是薄栅氧器件带来的隧穿导致的泄漏电流过大、氧化工艺很难控制极薄栅氧化层中的缺陷等问题严重制约了栅氧化层尺寸的进一步缩小 。

因此，如何保证薄栅氧化层的质量是现代集成电路研制中的关键工艺技术之一，同时使氧化技术受到新的挑战。

为了解决上述问题，可以应用高 k 介质作为栅材料，详见 2.6.9 节。在性能要求较高的集成电路生产中，越来越多地采用高 k 介质作为栅材料。

3.3 光刻与刻蚀工艺

在3.1节曾指出，采用平面工艺生产半导体器件的过程中，为了实现选择掺杂，要反复、多次使用光刻与刻蚀工艺。本节介绍光刻与刻蚀工艺的作用、工艺流程、表征参数，以及光刻工艺面临的挑战与技术进步。

1. 光刻与刻蚀的作用

光刻是指通过光化学反应，将光刻版上的图形转移到光刻胶上。刻蚀的作用则是将光刻胶上的图形完整地转移到 Si 片上。

光刻原理与传统的洗像原理相同，即通过光照使得光敏的光刻胶发生光化学反应，结合刻蚀方法在各种薄膜上（如 SiO_2 等绝缘膜和各种金属膜）制备出合乎要求的图形，用于实现选择性掺杂、形成金属电极和布线等目的。

在图 3.15（a）所示硅片表面 SiO_2 膜上通过光刻和刻蚀工艺形成窗口的结果，如图 3.15（c）所示。其中图 3.15（b）是光刻过程中采用的光刻版。SiO_2 膜上刻蚀出的窗口图形与光刻版上的图形相同。

通过光刻与刻蚀工艺实现的选择性掺杂是平面工艺的基础。表征集成电路工艺水平高低的工艺节点划分也主要取决于光刻与刻蚀工艺能够生成多细的线条及多窄的间距。

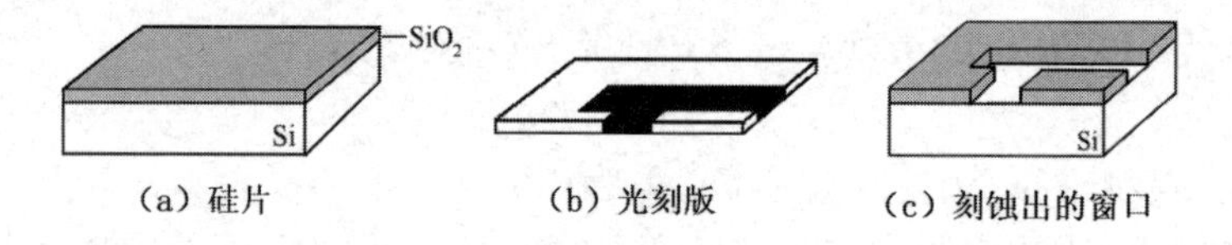

（a）硅片 （b）光刻版 （c）刻蚀出的窗口

图 3.15 光刻和刻蚀的作用

2. 光刻与刻蚀工艺过程

下面以在 SiO_2 膜上采用常规光刻与刻蚀工艺形成所需图形的过程为例，说明该工艺的基本过程。

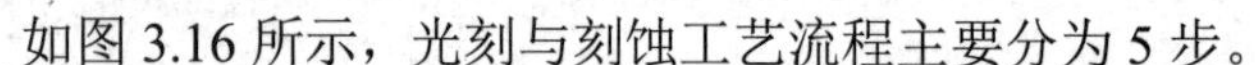

如图 3.16 所示，光刻与刻蚀工艺流程主要分为 5 步。

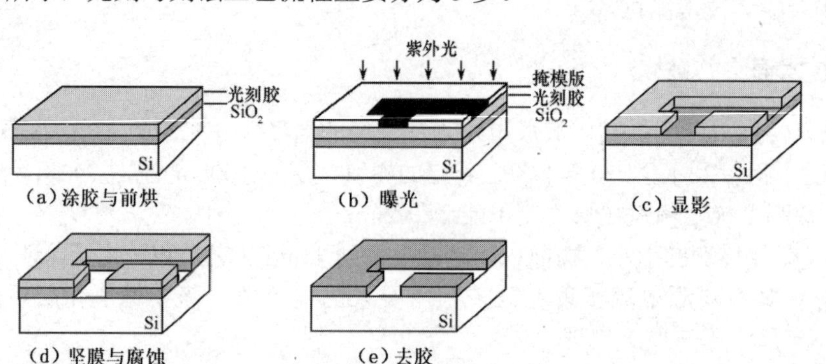

（a）涂胶与前烘 （b）曝光 （c）显影

（d）坚膜与腐蚀 （e）去胶

图 3.16 光刻与刻蚀的工艺流程

（1）涂胶（涂敷光刻胶）与前烘

光刻胶是一种高分子有机化合物，由光敏化合物、树脂和有机溶剂组成。加入有机溶剂是为了使光刻胶有一定的黏度，便于在 SiO_2 层表面涂敷均匀。

涂敷时将光刻胶滴在硅片上，然后使硅片高速旋转，在离心力和胶表面张力（与黏度有关）共同作用下，在表面形成一层厚度一定且均匀的胶层，如图3.16（a）所示。

受特定波长光线的照射后，光刻胶的化学结构将发生变化。如果光刻胶受光照的区域在显影时容易除去，称之为正性胶；反之，如果在显影中曝过光的胶被保留，未曝光的胶被除去，称之为负性胶。图3.16中表示的是采用负性胶的情况。

刻蚀金属互连线时，需保留版图上图形对应的金属层，应采用正性胶。

将涂好胶的硅片放于70℃左右温度下烘10min，使光刻胶中溶剂缓慢、充分地挥发掉，保持光刻胶干燥。常用红外线加热或热板前烘方法。

（2）曝光

将光刻版（又称为掩模版）放在光刻胶层上，然后用一定波长的紫外光照射，使光刻胶发生光化学反应，如图3.16（b）所示。

光刻版是一种采用玻璃制作的照相底版，光刻版上的图形就是由设计人员根据集成电路功能和特性要求设计的版图图形，如图3.9所示。

光刻版上没有图形的部分为透明区域，紫外光透过这部分区域照射到光刻胶层，使光刻胶发生光化学反应。

若不是第一次光刻图形，则应保证本次光刻图形与硅片上已有的前几次光刻图形间的套准，因此这步操作又称为对准曝光。

（3）显影

经过曝光后的光刻胶中受到光照的部分因发生光化学反应，大大地改变了这部分光刻胶在显影液中的溶解度。对于采用负性胶的情况，未受光照的那部分光刻胶在显影中被溶解掉，这样掩模版上的图形就转移到了光刻胶层上，如图3.16（c）所示。

（4）坚膜与腐蚀

显影时胶膜被泡软，为了去除显影后胶层内残留的溶剂，使显影后的胶膜进一步变硬并使其与 SiO_2 层更好地黏附，增强其耐腐蚀性能，要将显影后的硅片在150～200℃温度下烘焙20～40min，称为坚膜。

对坚好膜的晶片进行腐蚀处理。由于在 SiO_2 层上方留下的胶膜具有抗腐蚀性能，因此腐蚀时只是将没有胶膜保护的二氧化硅部分腐蚀掉，这样掩模版上的图形就转移到了二氧化硅层上，如图3.16（d）所示。目前采用的腐蚀方法有湿法腐蚀和干法腐蚀两种。

（5）去胶

腐蚀完成后，就在 SiO_2 层上刻蚀出需要的图形，这时再采用去胶方法去除掉留在 SiO_2 层上的胶层，如图3.16（e）所示。

去胶分为湿法和干法两种。

对非金属膜（如 SiO_2、多晶硅、氮化硅）上的胶层一般用硫酸去胶。硫酸可使胶层氧化、溶于硫酸中。金属膜（如铝、铬等）上的胶层一般用专门的有机去胶剂。这些去胶剂对金属铝等无腐蚀作用。

干法去胶与离子干法腐蚀原理一样，只是所用气体腐蚀剂为氧气。

需要说明的是，集成电路发展早期，刻蚀是作为光刻工艺过程中的一步，因此图3.16所示的全部过程统称为光刻工序。

随着集成电路工艺技术的发展，在显影坚膜和腐蚀之间还需要进行薄膜生成等其他工艺加工，且腐蚀工艺本身也会得到很大发展。因此，目前光刻只是包括前面说明的工艺中的前3步，即只到显影为止，其作用是将光刻版上图形转移到光刻胶层中。将腐蚀工艺单独作为一道工序，称为刻蚀，其作用是进一步将光刻胶层上的图形转移到硅片表面特定的某一层或几层中。

3．表征光刻水平的参数

（1）特征尺寸与工艺节点

如3.1.3节所述，集成电路发展早期，采用特征尺寸（CD）作为工艺水平的表征参数。进入21世纪，将刻蚀的最细节距的一半作为代表工艺水平的工艺节点标志。

目前以工艺节点作为表征工艺水平的标志（见图3.13）。

在描述器件结构时，如说明最小沟道长度时，将采用特征尺寸。

（2）套刻精度

套刻精度高低描述了不同层次图形之间的对准误差情况。

集成电路制造过程包括多次与光刻相关的工序，由各次光刻采用的版图图形共同确定了器件结构，因此要求每次光刻图形必须与前面已刻蚀的图形对准。

但是由于每次光刻之间的对准必然存在误差，因此版图设计中必须预留套刻间距。而必须预留的套刻间距大小取决于光刻机的对准精度，因此套刻精度就成为表征光刻水平高低的一个参数。

（3）光刻缺陷

生产中常见的光刻缺陷包括：窗口未刻蚀干净而存在“小岛”；保留的氧化层上出现“针孔”；互连线条不平整导致局部变窄等。

光刻工艺过程及光刻采用的光刻版存在缺陷都可能导致光刻缺陷。

集成电路管芯成品率与多种因素有关，但光刻后图形的成品率是决定产品总成品率的重要因素。例如，若每次光刻产生的图形成品率为99%，如果一共进行20次光刻，那么管芯图形总成品率只为$(99\%)^{25} \approx 74\%$。

当然，最后集成电路管芯成品率比图形成品率还要低。因此，光刻缺陷也是表征光刻水平的一个重要参数。

4．光刻面临的挑战与技术进步

到目前为止，集成电路仍然按照摩尔定律发展，即大约每18个月单片芯片上的元件数（集成度）翻一倍。这一结果得益于芯片上单个元器件的面积的减半，其中关键技术则是光刻工艺能够刻蚀出的线条不断减小。

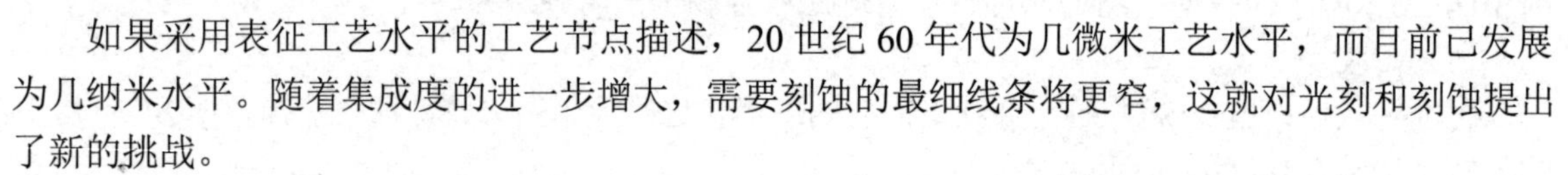

如果采用表征工艺水平的工艺节点描述，20世纪60年代为几微米工艺水平，而目前已发展为几纳米水平。随着集成度的进一步增大，需要刻蚀的最细线条将更窄，这就对光刻和刻蚀提出了新的挑战。

可以说，光刻和刻蚀工艺能够形成多细的线条是决定集成电路集成度的关键。目前需要从对准曝光和刻蚀两方面解决出现的关键技术问题。

（1）对准曝光工艺的技术进步

① 光刻细线条的技术途径。

根据光学理论中的瑞利定律，光刻系统所能分辨和加工的最小线条尺寸[特征尺寸（CD）]与采用的曝光光源波长λ成正比，与光学系统的数值孔径（Numerical Aperture，NA）成反比。

$$CD = k1 * \lambda / NA$$

式中，k1为瑞利常数，是光刻系统中工艺和材料的一个相关系数。

因此，光刻细线条的技术途径如下。

（a）减小曝光源的波长λ是制备微细线条的关键因素。

（b）改进光学系统，提高数值孔径（NA）。

（c）改进曝光工艺及相关材料，提高瑞利常数 k1。

光刻技术发展过程的核心问题就是不断采用波长更短的光源，并研发适用的光刻机及配套的光刻胶，同时改进曝光工艺。

② 曝光源波长对特征尺寸（CD）的关键作用。

光刻机的演进过程是随着光源改进和工艺创新而不断发展的。

伴随工艺节点从微米发展到纳米水平，曝光源分为 5 代：g 线、i 线、KrF、ArF、EUV。

（a）直到 20 世纪 80 年代，广泛采用波长为 436nm 的 g 线紫外光作为光刻光源，满足微米水平工艺节点的光刻工艺要求。

（b）20 世纪 90 年代前半期，工艺节点为亚微米水平，广泛采用波长为 365nm 的 i 线紫外光作为光刻光源，满足了光刻工艺需求。

（c）20 世纪 90 年代后半期，工艺发展到 0.25μm 工艺节点，采用波长为 248nm 的紫外光[氟化氪（KrF）准分子激光]作为光刻光源。

（d）21 世纪，工艺发展到 90nm 工艺节点，开始采用波长为 193nm 的紫外光[氟化氩（ArF）准分子激光]作为光刻光源。

结合采用其他技术，包括浸入式光刻技术、二次曝光技术等，193nm 光刻技术可以应用于 10nm 和 7nm 工艺节点，248nm、193nm 波长统称为深紫外光（Deep Ultraviolet Lithography，DUV）。

（e）极深紫外光（Extreme Ultraviolet Lithography，EUV）技术，利用激光激发等离子来发射 EUV 光子，光源的波长为 13.5nm。

进入 5nm 工艺节点，只能采用 EUV 光刻技术。EUV 光刻技术可望继续用于 3nm，甚至 1nm 工艺节点。

（f）电子束投影光刻、离子束投影光刻、X 射线光刻。

从原理考虑，电子束、离子束、X 射线波长可以短到只有几纳米甚至更短，在光刻细线条方面更具有优势。但是从工艺考虑，这几项技术尚不适用于大批量工业生产，只能用于技术研究或者有特定要求的特殊场合。

③ 增大数值孔径的技术途径。

按照光学原理，

$$\mathrm{NA} = n \sin\theta$$

式中，n 为在像空间的折射率；θ 为物镜在像空间的最大半张角。

因此增大数值孔径（NA）的技术途径如下。

（a）增大物镜在像空间的最大半张角，就要求增大镜头的直径。但是镜头尺寸越大，结构也就越复杂，制造难度也就越大。目前先进光刻机中采用的巨型镜头组直径超过半米、重量达到半吨。

（b）采用浸没式光刻技术。在通常情况下，曝光时光刻透镜与光刻胶之间是空气，n=1，因此 NA 的极限为 NA=1.0。

在浸没式光刻中，光刻透镜与光刻胶之间是折射率 n 大于 1 的纯水或其他特定液体。

例如，若光源波长为 193nm 深紫外光，水的折射率为 1.44，使得数值孔径（NA）扩大 1.44 倍，等效为采用了波长为 134nm 的更短波长紫外光。

④ 设备与材料的改进。

随着曝光波长越来越短，对光刻机和光刻胶的设计和使用带来了前所未有的挑战。

必须为光刻机重新设计新的光路系统，采用新的光源。

在 3nm 甚至 1nm 工艺节点能够继续使用 EUV 光刻技术的关键是研究开发适用的光刻胶。

⑤ 工艺技术的改进。

为了制备越来越细的线条，除了在光源波长、光刻机设备、光刻胶材料等方面进行重大改进，光刻工艺技术的改进也是不可忽视的因素。

例如，正是配合采用浸没式光刻技术和两次曝光技术，波长为 193nm 的深紫外光刻可用延续应用到 7nm 工艺节点。

目前适用的曝光工艺技术改进有以下 3 种。

（a）双重光刻：通过两次光刻使得条宽减半，分辨率翻倍。

（b）光学临近修正（Optical Proximity Correction，OPC）：利用临近的小图形像来修正图形畸变。

采用OPC方法就是在版图设计时修正版图图形，在拐角外侧增加附加的图形或在拐角内侧去除部分图形，可以对刻蚀后拐角处呈现的圆弧状变形进行补偿，就能明显提高微细图形的光刻和刻蚀效果。图3.17是一个补偿效果的实例。图3.17（a）是未进行补偿的情况，左边L形黑色图形是版图图形，这是期望得到的图形，但是光刻和刻蚀后生成的图形如右边灰色图形所示，发生了变形，随着条宽变窄，变形将更加严重。图3.17（b）是进行补偿的情况，针对期望的L形图形，版图在设计时，在不同顶角处添加/挖除小的反型图形，补偿光刻和刻蚀导致的畸变，如左边黑色图形所示，使得光刻和刻蚀后最终形成的图形基本就是期望的L形图形。

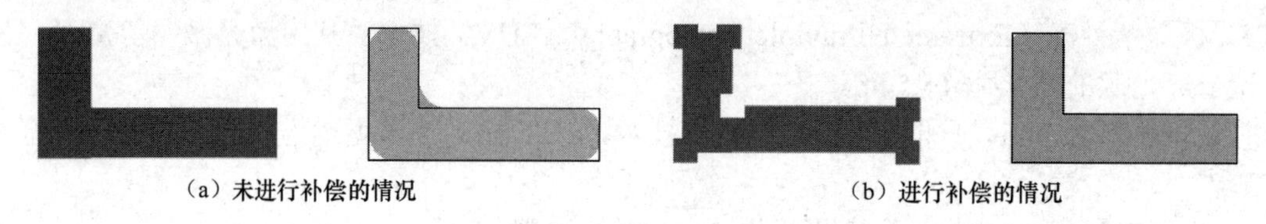
（a）未进行补偿的情况　　（b）进行补偿的情况

图 3.17　补偿效果的实例

（c）移相掩模（Phase Shifting Mask，PSM）：不改变常规光刻工艺中的光学系统，只是改变掩模结构，调整透过掩模版窗口的光的相位就可以得到比普通掩模版高得多的图形分辨率。

对于常规的光学曝光方法，由于光的衍射作用，通过掩模版上图形窗口的光在光刻胶上的光照范围将比窗口宽，导致光刻胶上的图形宽度比掩模版上的窗口宽，光刻胶上相邻两个图形之间的间距比掩模版上的窄。如果掩模版上相邻两线条窗口之间的间距较宽，尽管光刻胶上相邻两个图形之间的间距变窄，但是在光刻胶上，由透过掩模版上相邻两个窗口的光照形成的图形之间还是存在明显的无光照区域，如图 3.18（a）所示。

如果掩模版上相邻两线条窗口之间的间距很窄，由于光的衍射作用，光刻胶上通过相邻两个窗口衍射光的叠加就使得这两个图形之间已不存在暗条，光刻胶上相邻两个图形之间就不存在明确的线条边界，如图 3.18（b）所示。

针对这一问题，采用移相掩模技术的基本原理是不改变常规光刻工艺中的光学系统，只是改变掩模结构。新掩模版结构与普通掩模版结构的区别是：对于新掩模版上的多个线条窗口，每隔一个窗口就设置一个能使光的相位改变 180° 的移相器，使得每两个相邻窗口处透射光的相位正好相反，相互起抵消作用，因此光刻胶上相邻窗口图形之间很窄的间距也能明显地显示出来，如图 3.18（c）所示。这样，通过改变透过掩模版窗口的光的相位就可以得到比普通掩模版高得多的图形分辨率。

可以采用不同方法形成移相器。一种方法是将透光窗口处的掩模版石英材料腐蚀一定的深度，使得透过这部分石英的光比相邻线条窗口的光在相位上相差 180°，如图 3.18（c）所示。

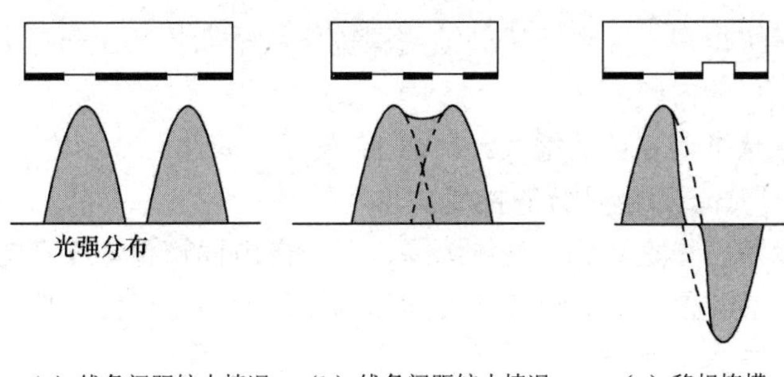

（a）线条间距较大情况　（b）线条间距较小情况　（c）移相掩模

图 3.18　移相掩模技术

（2）刻蚀工艺的技术进步

① 刻蚀工艺技术的改进。

（a）湿法刻蚀。在集成电路发展的早期，基本都是采用湿法刻蚀，将硅片放在专门配制的腐蚀液中进行腐蚀。根据被腐蚀膜层材料的不同（如 SiO_2、不同金属、多晶硅等），采用不同配方的腐蚀液。

此法所用设备简单，操作方便，生产效率高，是一般集成电路生产中常用的腐蚀方法。

但是湿法刻蚀特有的各向同性刻蚀的性质[见图 3.19（a）]，严重地阻碍了其在高密度集成电路制造中的应用。因此目前都采用具有各向异性刻蚀特性的干法刻蚀[见图 3.19（b）]，基本取代了湿法刻蚀。

（b）干法刻蚀。常用的干法刻蚀方法有以下 3 种。

第一种，等离子体刻蚀：等离子被称为物质的第四态，是一种包含电子、离子、中性的原子和/或分子的放电气体。等离子体刻蚀的原理是一种或多种气体原子或分子混合于反应腔室中，在外部能量作用下（如射频、微波等）形成等离子体活性粒子，在刻蚀材料的表面积累，与被刻蚀材料间发生化学和/或物理反应，生成易挥发的副产物，从表面释放出来被抽走。

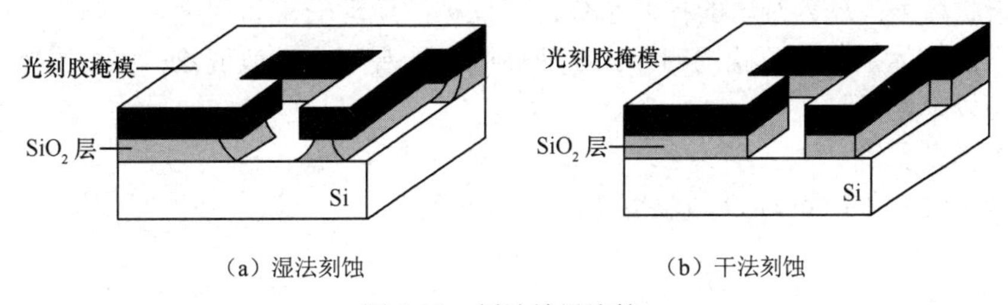

（a）湿法刻蚀　（b）干法刻蚀

图 3.19　刻蚀效果比较

第二种，溅射刻蚀：这是一种纯物理性刻蚀。其刻蚀原理是通过形成的高能量等离子体轰击被刻蚀的材料，使被撞原子飞溅出来，实现刻蚀。由于是通过轰击的方式实现刻蚀，因此具有优越的各向异性刻蚀特性，但是选择性刻蚀特性差。

第三种，反应离子刻蚀（RIE）：同时利用了溅射刻蚀和等离子体刻蚀机制，即利用活性离子对衬底晶圆的物理轰击与化学反应的双重作用实现刻蚀，因此兼有刻蚀的各向异性和选择性好这两种特性。

② 刻蚀工艺面临的挑战。

随着工艺水平的提高，除了要求控制干法刻蚀的刻蚀速率、选择性、终点探测、关键尺寸等参数，在深宽比及均匀性方面更是提出了新的挑战。

（a）在芯片中元器件尺寸小型化过程中，横向尺寸（如 CD 尺寸）缩小趋势比纵向尺寸（如沟槽深度、通孔厚度）快得多，导致干法刻蚀的深宽比从早期的几比一提高到要求超过30∶1，同时要求形成近似为垂直的内壁。

（b）随着晶圆尺寸从早期6英寸增大到目前18英寸，如此大范围内保证刻蚀的均匀性（如CD尺寸不均匀性应小于1nm）也是新的挑战。

为此要求对刻蚀设备工作室结构、气体选择、平均自由程长且密度高的等离子流的生成与控制、刻蚀工艺条件（包括偏置电压、腔室压力和晶圆温度）等进行优化控制，满足高深宽比及大面积晶圆范围均匀性的高水平要求。

3.4 扩散掺杂工艺

集成电路生产中多次采用掺杂方法通过补偿原理形成不同类型的半导体层，制造所需的各种器件。本节介绍生产中常用的一种掺杂方法——扩散法。

1. 扩散掺杂的原理与特点

（1）扩散现象

扩散是一种常见的自然现象。

由于热运动，任何物质都有一种从浓度高处向浓度低处运动，使其趋于均匀分布的趋势，称为扩散现象。若杂质分布不均匀，则由扩散运动形成的杂质扩散流 F_D 与浓度梯度成正比，用数学表示为如式（3.3）所示。由于扩散是沿着浓度高向浓度低的方向，与浓度梯度方向相反，因此式中有个负号。

$$F_D = -D\frac{\partial N}{\partial x} \tag{3.3}$$

式中，N 为杂质浓度；D 为杂质的扩散系数，表征扩散运动的难易程度。

在室温下，气体扩散现象就很明显。在液体中也能观察到扩散现象；而在固体中室温下的扩散现象几乎可以忽略不计。

（2）扩散掺杂原理

反映扩散快慢的扩散系数 D 与温度 T 之间的关系为

$$D = D_0\exp(-E_0/kT) \tag{3.4}$$

式中，D_0 为常系数；E_0 为激活能。

显然，温度升高时扩散系数迅速增加。生产中一般在1000～1200℃高温下进行扩散掺杂，这时杂质在晶片中扩散较快。当达到一定分布时迅速将温度降至室温，这时杂质的扩散系数变得很小，扩散运动可以忽略，相当于使高温扩散过程中形成的杂质分布被冻结而固定下来，因此扩散掺杂的基本原理就是“高温扩散、室温冻结”。

如果对一片表面氧化层上通过光刻已刻蚀有窗口的晶片进行扩散，由于氧化层对杂质扩散的掩蔽作用，因此掺杂原子只能通过氧化层上窗口到达硅材料内部，这就实现了选择性掺杂。

（3）扩散掺杂特点

下面以图3.20说明扩散掺杂的特点。图3.20中描述的是对掺杂浓度为 N_D 的n型硅片，通过表面氧化层上的窗口采用扩散方法掺入p型杂质。

① 杂质分布与结深。

基于扩散原理，杂质从浓度高的位置向浓度低的位置进行扩散运动，因此掺杂区中杂质分布不均匀，表面处杂质浓度最高，向内部逐渐降低，如图3.20（a）所示。

在分析问题时，通常只描述扩散掺杂区范围，如图3.20（b）所示。

描述选择性掺杂结果的一个重要参数是结深，即掺入杂质浓度等于衬底掺杂浓度的位置与表面之间的距离为结深 x_j，如图3.20（b）所示。图3.20（c）绘制的杂质分布图中可以直观地描述结深的含义。

若增加扩散时间，杂质不断向样品内部推移，结深 x_j 也随之增加。若增加扩散温度，由式（3.4）可知，扩散系数 D 随之增加，则扩散过程加快，结深 x_j 也随之增加。因此可以通过控制扩散掺杂工艺条件来控制结深。

在图3.20（b）中，表示深度的 x 坐标原点在硅片表面位置，x 方向垂直向下。在采用坐标曲线描述杂质分布时，通常取 x 坐标为水平方向，如图3.20（c）所示。

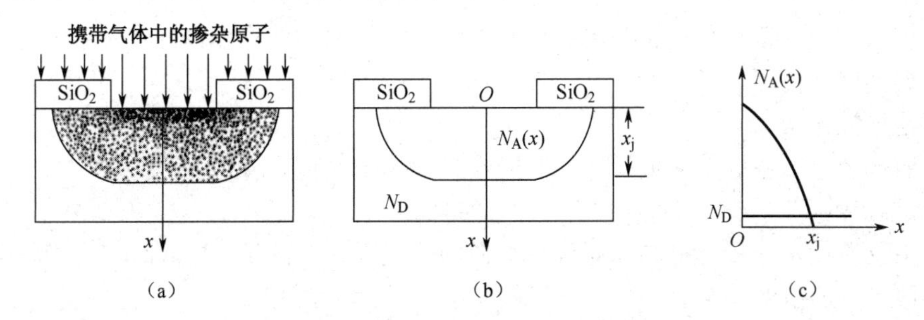

图3.20 扩散杂质的横向扩散与杂质分布

② 横向扩散现象。

杂质扩散是没有方向性的，因此通过硅片表面上二氧化硅层窗口向硅内扩散的杂质既向下也向侧面扩散，这一现象称为横向扩散。显然，横向扩散范围与结深相关。结深越深，横向扩散的范围越宽。

横向扩散不仅使实际的扩散区宽度大于氧化层窗口尺寸，而且最终的结面形状不完全是平面。其中底部是平面结面，与侧边对应的是4个柱面，与4个顶点对应的是4个球面，如图3.21所示。

在集成电路设计中需要考虑横向扩散产生的影响。

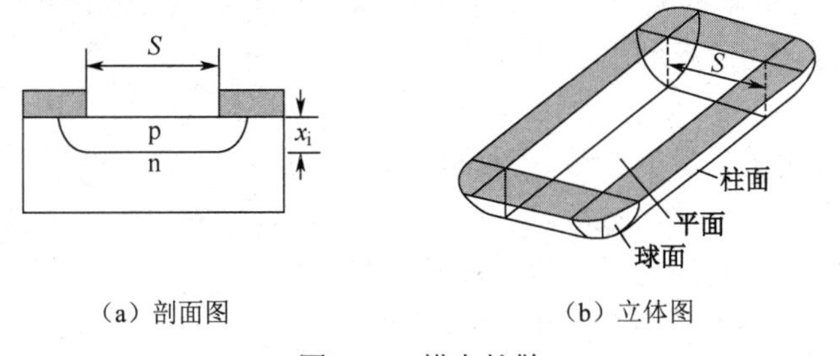

（a）剖面图　　（b）立体图

图3.21 横向扩散

2. 常用的扩散掺杂方法

（1）液态源扩散

液态源扩散设备如图3.22所示。与氧化设备相比，只是进气端有所不同。

对于液态源扩散的设备，使保护气体（如氮气）通过含有扩散杂质的液态源，从而携带杂质蒸汽进入处于高温下的高温扩散炉中。在高温下，杂质蒸汽分解，在晶圆硅片四周形成饱和蒸汽压，杂质原子经过硅片表面向内部扩散。

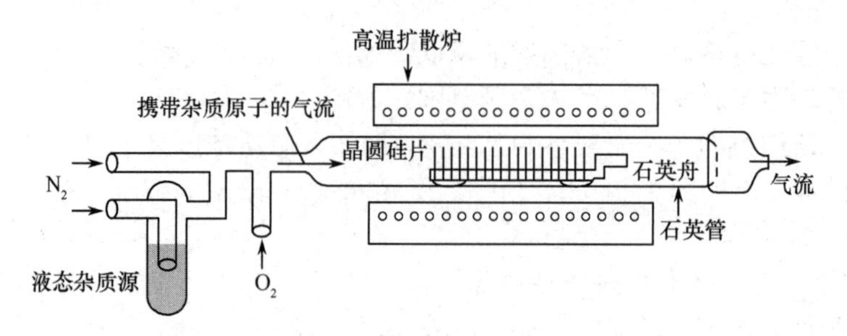

图 3.22 液态源扩散设备

控制扩散温度、扩散时间及气体流量均可以控制掺入的杂质量。以下其他扩散方法中要控制的也是这几个工艺条件参数。

液态源扩散方法的特点是设备简单、操作方便，均匀性、重复性较好，适用于批量生产，一直在生产中得到广泛使用。

（2）其他扩散方法

其他扩散掺杂方法主要是扩散源形式不同，扩散掺杂原理一样。

① 片状源扩散。

含有掺杂物质的是一种外形与晶圆硅片相似的片状固体扩散源，扩散时将它们与硅片间隔放置，并一起放入高温扩散炉中。

生产中掺硼扩散时常用的氮化硼扩散源就属于这一情况。首先在氧气中加热氮化硼源，使其表面生成 B_2O_3，然后以 B_2O_3 作为杂质源，在氮气保护气氛下向硅中扩散。

② 固-固扩散。

固-固扩散方法是首先在硅片表面用化学气相淀积等方法生长薄膜的过程中同时在膜内掺入一定的杂质，然后以这些杂质作为扩散源在高温下向硅片内部扩散。掺杂的薄膜可以是掺杂氧化物、多晶硅、氮化物等。

图 2.74 所示多晶硅发射极双极型晶体管的发射区掺杂就是这种情况。

3. 扩散掺杂工艺的表征参数

扩散的目的是掺杂，因此检查扩散层质量主要是检查掺入杂质的多少、形成的 pn 结结深及杂质的具体分布形式。

（1）方块电阻

表征扩散层中掺入杂质总量的参数是方块电阻，记为 $R_\square$。方块电阻不但用于表征掺杂情况，而且是集成电路设计中的一个重要参数。

① 方块电阻的含义。

对浓度为 N 的均匀掺杂薄层导电材料，电阻为

$$R=\rho l/S=(1/\sigma)l/S$$

式中，$\sigma=1/\rho=(q\mu N)$为材料的电导率，其中 N 为载流子浓度，近似等于掺杂浓度。

一块导电材料表面是边长为 l 的正方形方块，厚度为结深 x_j，假设掺杂层中杂质均匀分布，浓度为 N，如图 3.23（a）所示。

该导电材料对于从其侧面流过的电流所表现的电阻为

$$R=[1/(q\,\mu N)]l/(lx_j)=1/(q\,\mu N x_j)$$

这种表面为方块的材料对从侧面流过的电流表现的电阻称为方块电阻，记为 $R_\square$。

因此方块电阻为

$$R_{\square} = 1/(q\,\mu N x_j)$$

方块电阻的突出特点是其阻值与方块的大小无关，只取决于导电薄层中与单位表面积对应的掺杂总数(Nx_j)

对于非均匀掺杂情况，这一结论不变，只是表达式中的(Nx_j)应该改为积分，即

$$R_{\square} = 1\Big/\left[q\mu\int_0^{x_j} N(x)\mathrm{d}x\right]$$

因此，方块电阻的大小直接表征了掺入杂质的多少。

② 方块电阻的测量方法：四探针方法。

掺杂工艺中检测方块电阻的常用方法是四探针方法。如图 3.23（b）所示，用 4 根间距相等的探针与掺杂层表面接触，外面一对探针间通过电流 I，从中间一对探针间测量电压 V。

理论分析可得掺杂层的方块电阻为

$$R_{\square} = C(V/I)$$

式中，C 为修正因子，是一个与探针间距、样品尺寸等因素均有关的系数，具体数值可查表得到。

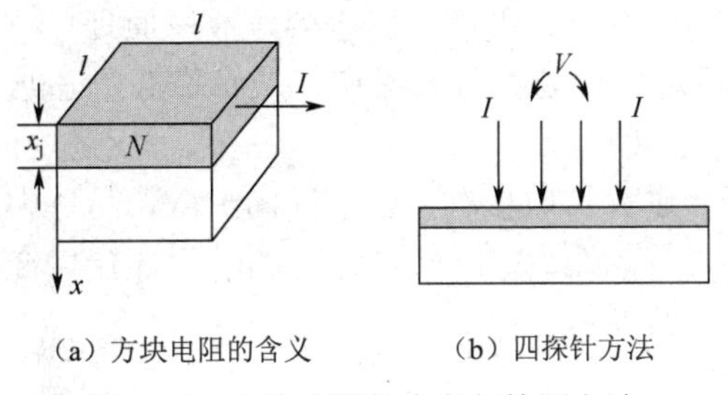

（a）方块电阻的含义　　（b）四探针方法

图 3.23　方块电阻的含义与检测方法

（2）杂质分布与结深的测量

半导体器件的特性参数都与杂质的具体分布形状有关，因此如何较精确地测定出图 3.24（a）所示杂质分布，即硅片内部不同深度的杂质浓度 $N(x)$，对分析器件特性来说是一个重要的问题。测量杂质分布的常用方法是扩展电阻法，但是精度较差。此外，还有二次离子质谱技术、示踪原子法等理化分析测量方法，精度较高，但是需要采用较昂贵的专用仪器设备。

此外，如第 2 章所述，基区宽度是决定晶体管特性参数的主要因素。基区宽度是集电结结深和发射结结深之差。因此，结深也是扩散工艺需要控制的工艺参数。常用图 3.24（b）、（c）所示磨角法和滚槽法等传统方法测量结深。其基本原理是用特制的磨角器在硅片上磨一个很小的角度（通常为 1°～5°），或者用滚槽装置在硅片上磨出一道柱槽，然后用染色方法使 p 型和 n 型成为不同颜色，用测量显微镜测得掺杂区的尺寸后，通过几何关系换算，即可求得结深的大小。

磨角法和滚槽法测量结深精度都较差。实际上，采用理化分析方法测得杂质分布后，杂质类型发生变化的位置即为结深，如图 3.24（a）所示。

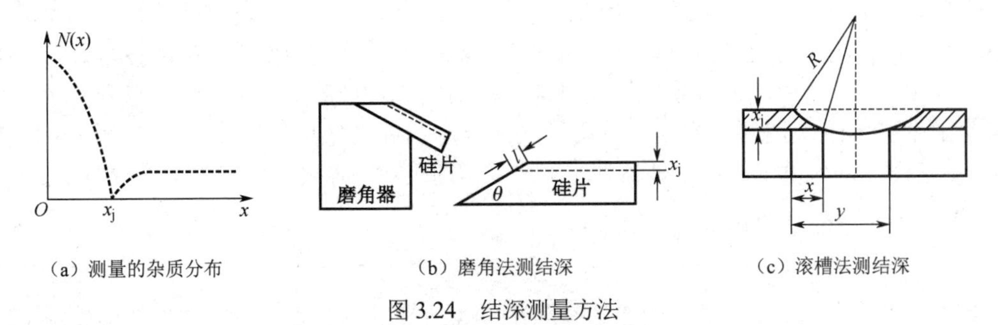

（a）测量的杂质分布　　（b）磨角法测结深　　（c）滚槽法测结深

图 3.24　结深测量方法

4．扩散工艺与集成电路设计的关系

（1）方块电阻

集成电路中的电阻设计一般采用某个掺杂区起电阻作用（见第4章）。

半导体集成电路中不同掺杂区域方块电阻差别可能很大，应根据集成电路中的电阻要求合理选用。表3.2是pn结隔离双极型集成电路中各掺杂区方块电阻典型值。

表3.2　pn结隔离双极型集成电路中各掺杂区方块电阻典型值

掺杂区	埋层	隔离	基区	发射区
方块电阻/（Ω/□）	15～30	2～5	120～200	4～8

（2）横向扩散

在集成电路设计中需要考虑横向扩散产生的两个结果。

① 横向扩散对击穿电压的影响。

如图3.21所示，扩散层中与窗口四边对应的结面为圆柱状，而与窗口4个顶角对应的结面则为球面形。若结浅，则球面的曲率半径很小。类比尖端放电原理，该处耗尽层电场最集中，由第2章介绍的击穿物理过程分析可知该处将首先击穿，从而降低了pn结的击穿电压。

② 横向扩散对窗口间距的要求。

如果通过两个相邻的窗口进行扩散掺杂，由于横向扩散，晶片中相邻扩散区域之间的间距将小于相应两个窗口版图图形之间的距离。因此设计版图时相邻窗口之间的距离必须留有充分的余地，否则相邻两个掺杂区之间会发生短路。

（3）结深的控制

下面以双极型晶体管基区宽度控制为例说明结深控制对半导体器件特性的影响。

基区宽度与结深的关系如图3.25所示，双极型集成电路中npn晶体管基区宽度为

$$x_B = x_{jC} - x_{jE}$$

式中，x_{jC}、x_{jE}分别为基区掺杂结深和发射区掺杂结深。

目前基区宽度为0.1μm以下，从实际工艺波动影响考虑，使得$x_{jE} \approx x_B$，有利于精细控制x_B，因此掺杂结深的控制精度直接影响晶体管的基区宽度控制精度，从而对器件多种特性产生明显影响。

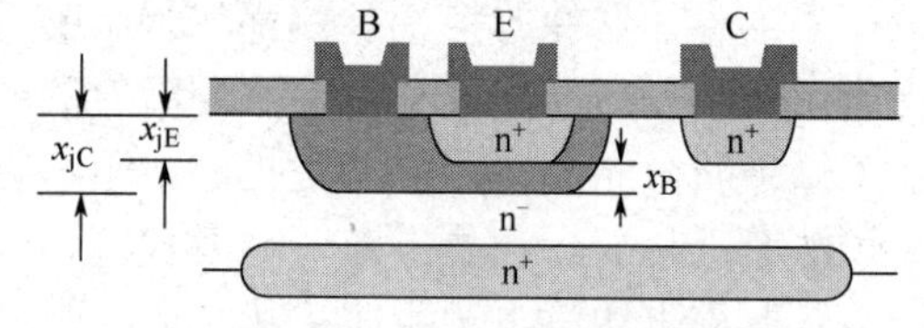

图3.25　基区宽度与结深的关系

3.5　离子注入掺杂工艺

20世纪50年代出现的扩散技术是半导体器件生产中的重大突破，长期以来在晶体管和集成电路生产中得到广泛应用。但是到20世纪70年代，随着集成电路的发展，器件尺寸不断减小，使结深降至零点几微米，对掺杂技术提出了更高的要求，扩散技术显得有些力不从心。在这种情况下，离子注入技术比较好地发挥其优势。目前，结深小于零点几微米的平面工艺基本都采用离子注入技术完成掺杂。离子注入技术已成为集成电路生产中不可缺少的掺杂工艺。但是，结深在微米以上的半导体器件生产中，特别是功率器件，仍需采用扩散技术完成掺杂。

1．离子注入掺杂原理和特点

（1）离子注入掺杂原理

将杂质元素（B、P、As等）的原子经离化后成为带电的杂质离子，使其在强电场下加速，

获得较高的能量（一般为几万到几十万电子伏特）后直接轰击到半导体基片中（称为靶片），再经过退火，使杂质激活，在半导体片内形成一定的杂质分布。

离子注入是另一种掺杂方式，因此表征离子注入工艺的工艺参数与扩散相同。

（2）离子注入掺杂特点

与3.4节介绍的扩散方法相比，离子注入掺杂方法具有下述特点。

① 离子注入掺杂方法的优点。

（a）可以在较低温度下进行，不像扩散那样必须在高温下进行。

对于 Si，在室温下就可以进行离子注入。

此外，离子注入除了可以采用 SiO_2 作为掺杂的掩模实现选择性掺杂，还可以采用光刻胶作为掩模。而扩散掺杂必须在 1000℃以上高温进行，光刻胶不能承受如此高的温度，因此必须通过 SiO_2 层上刻蚀出的窗口进行选择性掺杂，导致工艺更加繁杂。

（b）通过控制注入时的电学条件（电流、电压）的稳定性，可在较大面积上形成薄而均匀的掺杂层，同一晶片上杂质不均匀性优于 1%，明显优于扩散掺杂。

（c）浓度和结深控制精度优于扩散掺杂方法。

（d）横向掺杂比扩散掺杂小得多。

② 离子注入掺杂方法的缺点。

离子注入掺杂方法在具有突出优点的同时，表现有以下明显的缺点。

（a）离子注入设备比扩散设备昂贵得多。

（b）结深越深，要求加速能量越高，因此离子注入掺杂不适合结深要求较深的情况。

（c）离子注入掺杂是逐片进行的，不像扩散那样可以同时对一批晶圆进行掺杂，因此生产效率不如扩散。

（d）离子注入中晶格损伤的恢复程度取决于退火工艺的控制。

因此，对浅结的 MOS 大规模集成电路及需要精确控制掺杂深度和浓度的场合，包括 CMOS 工艺，离子注入掺杂方法得到广泛采用，成为不可缺少的掺杂工艺。

在要求结深较深的生产过程中，包括双极型集成电路工艺，扩散掺杂方法仍然应用较多。

2．离子注入设备

图 3.26 所示为离子注入设备，主要包括 8 个部分。

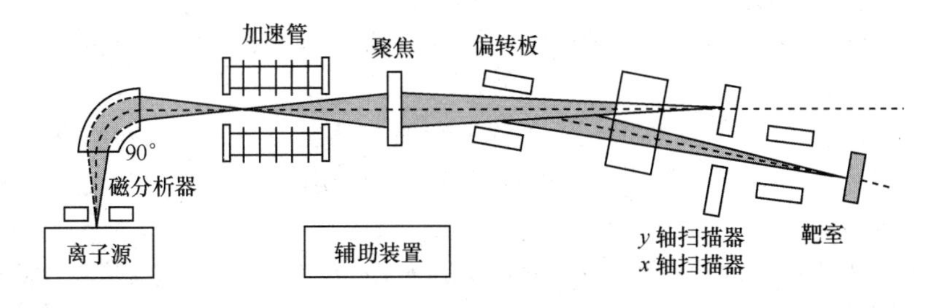

图 3.26　离子注入设备

（1）离子源

离子源的作用是使含有掺入杂质元素的化合物或单质在气体放电作用下产生电离，形成所需注入杂质元素的正离子，然后用一负高压把正离子吸出来，并由初聚焦系统聚成离子束射向磁分析器。

（2）磁分析器

由于具有不同荷质比的离子在磁场中的运动轨迹不同，因此采用磁分析器可以从中选出所需的单种杂质离子束。

（3）加速管

选出的单种杂质离子束通过可变狭缝进入加速管。加速管两端加有高压，可达几十万伏特。在其强电场作用下，离子将加速到注入要求所需的能量。

（4）聚焦

经过加速获得高能量的离子束，再经由静电聚焦透镜，聚焦成直径达到微米级以下的细离子束。

（5）偏转板

聚焦后的离子束经偏转板电场作用，相对水平方向偏转 5°～7° 再射向靶室。由于离子与真空系统中的气体碰撞会成为中性离子，这些中性粒子则直线前进，不会进入靶室。

（6）扫描器

带电离子经偏转板后，在 x 轴扫描器和 y 轴扫描器的作用下，使得离子注入到靶室中的晶圆。

（7）靶室

放置需要进行离子注入掺杂的晶圆。

（8）辅助装置

辅助装置包括真空系统、控制设备工作的微机系统等。

3．快速退火

高能量离子注入到晶圆内部会产生缺陷，因此需要进行退火处理。

（1）离子注入造成的损伤

注入到靶室中晶圆上的高能离子不断地与晶圆中原子核及核外电子碰撞，导致晶圆内部产生多种缺陷。

① 使晶圆中硅原子核离开原来晶格位置，成为间隙硅原子，同时新增晶格空位。

② 当剂量很高时，即单位面积晶圆上注入的离子数很多时，甚至会使单晶硅严重损伤，局部区域成为无定形非晶硅。

③ 注入的杂质离子发生大角度偏离，不在晶格位置，起不到施主或受主的作用。

（2）离子注入退火的作用

离子注入以后进行高温退火处理，达到下述目的。

① 在高温退火过程中，间隙硅原子移动能力增强，回到晶格空位处概率增大，成为正常晶格原子，大幅度减少晶格缺陷。

② 晶圆内部正常晶格区域通过“固相外延再生长”机理向非晶硅区域扩展，使得非晶硅缺陷得到修复。

③ 在高温退火过程中，不在晶格位置的注入杂质移动能力增强，回到晶格空位处概率增大，能够回到晶格位置成为替位式杂质原子，起到正常杂质作用。

（3）快速退火技术

目前基本都使用快速热退火（Rapid Thermal Annealing，RTA）技术，利用高功率密度钨丝或弧灯等作为光源照射晶片表面，使注入层在短时间内达到高温，起到消除损伤的目的。快速退火具有下述优点。

① 退火时间短，纳秒到数十秒范围。

② 注入杂质激活率高。

③ 对注入杂质分布影响小。

④ 衬底材料的电学参数基本不受影响。

4. 离子注入杂质分布

根据注入离子在硅片中的碰撞过程，针对无定形靶材料，可得如下式所示的一维杂质分布。

$$N(x) = N_p \exp[-(x-\bar{R}_p)^2/\sigma_p^2]$$

式中，$\bar{R}_p$ 为平均射程，表征注入杂质的深度；σ_p 为标准偏差，表征杂质分布的散开程度。

改变注入能量可控制这两个参数的大小。$\bar{R}_p$、σ_p 与注入能量的对应关系可以查看有关离子注入的专著中提供的数据表。N_p 为杂质分布的峰值浓度，可由注入剂量求得。

离子注入后衬底中杂质分布剖面图及杂质分布曲线分别如图 3.27（a）、图 3.27（b）所示。分布曲线称为对称高斯分布。将图 3.27 与图 3.20 比较可见，离子注入的杂质分布峰值出现在离表面为 $\bar{R}_p$ 的位置，而热扩散的峰值浓度在表面处。

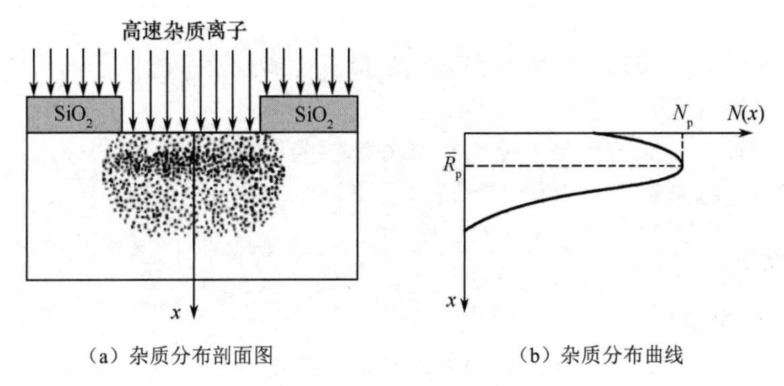

（a）杂质分布剖面图　　（b）杂质分布曲线

图 3.27　离子注入杂质分布

3.6　外延工艺

1960 年发明的外延生长技术，对半导体器件生产一直起着巨大的推动作用，至今仍然是各种类型集成电路制造过程的主要工艺之一。

1. 外延生长

（1）外延生长的含义

① 外延生长。

外延生长是在单晶衬底上沿原来的晶向，向外延伸生长一薄层单晶层，新生长的单晶层称为外延层。

② 同质外延。

若外延层材料与单晶衬底材料相同，则称为同质外延。目前硅集成电路制造中采用的基本都是在 Si 衬底材料上外延生长 Si 薄层，即同质外延。

③ 异质外延。

若外延层材料与单晶衬底材料互不相同，则称为异质外延。异质外延生长技术在异质结器件制造中得到广泛采用。

（2）外延生长技术的作用

1960 年发明外延生长技术后，在重掺杂硅衬底单晶材料上外延生长轻掺杂的硅单晶层，较好地解决了当时高频大功率晶体管对集电区材料电阻率要求的矛盾，提高了高频大功率特性。

目前，无论是双极型集成电路还是MOS集成电路，外延生长都是主要工序之一。

采用异质外延技术，促使了异质结半导体器件的迅速发展。

（3）外延生长原理

① 外延生长。

外延生长方法有多种。在硅集成电路生产中，传统方法是气相外延。从外延生长反应原理来看，它们属于化学气相淀积范畴。具体方法可以分为以下两类。

（a）气相四氯化硅还原反应：在加热的硅衬底表面四氯化硅与氢气反应还原出硅原子淀积在硅表面上。其化学反应式为

$$SiCl_4+2H_2 = Si+4HCl$$

（b）硅烷热分解。其化学反应式为

$$SiH_4 = Si+2H_2$$

② 外延掺杂。

在外延生长过程中只要随输入气流中掺入一定量三价或五价杂质原子的化合物，随着外延生长，外延层中就同时掺入杂质。

控制杂质类型和输入气流的流量，就可控制外延层的导电类型和电阻率。

外延掺杂的优点是掺杂浓度可精确控制，而且可以实现突变分布。

2. 外延生长设备

（1）外延生长设备的特点

外延生长设备也是一种高温加热反应设备。其最大的特点是加热方式与热氧化炉、高温扩散炉不同。

根据外延生长原理，只要温度达到外延生长要求的温度（一般为1000～1200℃），该区域上就会淀积一层硅。

若采取像高温扩散炉那样电阻丝加热的方法，整个石英管壁上都会淀积上一层硅。因此外延生长设备必须采用局部加热的方法，即只在放置硅衬底的位置加热。

例如，采用高频感应方法只通过放置硅衬底的石墨底座加热。

（2）高频感应加热

传统的外延加热方法是高频感应加热，如图3.28（a）所示。在高频电场中，具有一定电阻率的石墨底座感应发热，给石墨底座上的晶圆加热，达到需要的温度。

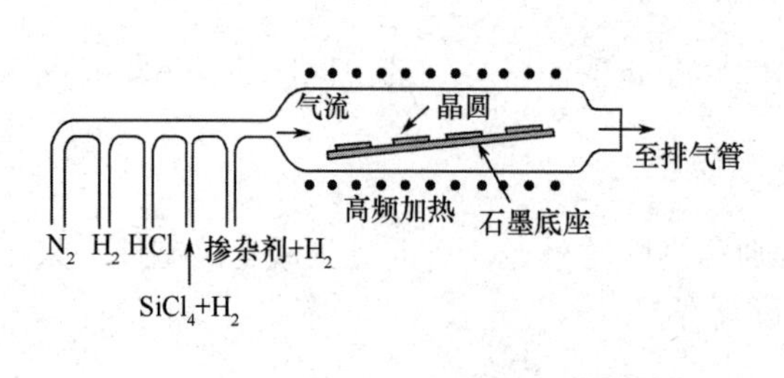

（a）高频感应加热

（b）辐射加热

图3.28 外延生长设备

（3）辐射加热

从外延技术出现以来，长期采用的是高频感应加热方法。目前越来越多地采用均匀性更好、生产效率更高的辐射加热式桶形反应器，将红外辐射直接聚焦到放置硅片的衬底材料上，使其加

热达到要求的温度。辐射加热如图 3.28（b）所示。

3．表征外延层的参数

外延生长的目的是形成具有一定导电类型和杂质浓度的半导体层。下面是表征外延层质量的主要参数。

（1）外延层厚度

外延层必须具有一定的厚度，而且整片晶圆上外延层厚度应该均匀。

① 外延层厚度应该满足器件性能参数要求。例如，在双极型集成电路中，按照器件不发生外延层穿通的要求确定外延层厚度（见 2.4.5 节）。

② 为了保证器件特性参数的一致性，应控制工艺波动，保证外延层厚度均匀性。

（2）外延层电阻率

外延层电阻率取决于外延层掺杂浓度。

① 外延层电阻率应该满足器件性能参数要求。例如，在常规双极型集成电路中，按照工作电压下不发生击穿的要求确定外延层电阻率，见 2.4.5 节。

② 为了保证器件特性参数的一致性，应控制工艺波动，保证外延层电阻率分布的均匀性。

（3）外延层缺陷

外延层中可能出现位错、层错、麻坑、雾状缺陷、划痕等多种缺陷，应控制生长条件，使得缺陷尽量少。对外延层缺陷的定量要求取决于器件类型和特性参数要求。

4．分子束外延（MBE）

在集成电路的发展中，有些情况要求生长薄层外延层（指厚度为 0.5～3.0μm 的外延层），甚至是原子层厚的外延层。只对原有外延方法进行工艺改进已满足不了超薄外延生长的需要，为此发展了分子束外延（Molecular Beam Epitaxy，MBE）生长技术。

（1）分子束外延原理

MBE 技术实际上是一种超高真空“蒸发”方法。在超高真空环境下，加热外延层组分元素使之形成定向分子流，即分子束。该分子束射向具有一定温度的衬底（一般为 400～800℃），就淀积于衬底表面形成单晶外延层。生长速度一般为 0.01～0.3μm/min。

（2）分子束外延特点

分子束外延的优点是：外延层质量好，组分及杂质分布可得到精确控制，外延层厚度可控制到原子级。但其生长速度慢，且设备相当昂贵。

目前对于外延质量要求较高的集成电路，以及一些新型化合物微波半导体器件的生产中已越来越多地采用分子束外延生长技术。

3.7　金属化

集成电路中各元器件表面要制备电极，元器件间要实现互连，这些都是通过金属化工艺实现的。

1．金属化互连的作用与基本流程

（1）金属化互连的作用

集成电路中金属化互连主要起下述作用。

① 生成集成电路中各元器件的电极。

② 实现元器件间互连。

③ 提供与芯片外部相连的键合区（Pad）。

（2）金属化互连基本流程

金属化互连流程基本包括4步。

① 引线孔光刻：刻蚀出每个器件的电极接触孔。

② 淀积金属层：在晶圆表面淀积一层金属层。

③ 金属互连线反刻：保留金属层上作为电极、互连线及键合区的部分，将其余部分金属刻蚀掉。

④ 合金化：在较低的温度（对铝互连为450℃）进行10～15min的合金化处理，实现金属化层与半导体材料之间的低阻欧姆接触。

2. 常用的互连金属化材料

（1）对金属化材料的要求

作为一种比较理想的金属化互连材料，应具有以下几个特点。

① 导电性能好，形成低阻互连线。

② 与半导体之间有良好的接触特性，形成低阻欧姆接触。

③ 台阶覆盖性能好：由于生产中多次进行氧化和光刻，因此管芯表面不是完全平整的表面。特别是在接触窗口处，氧化层出现较大的台阶。金属化层应该能盖住管芯表面的所有台阶，防止台阶处金属化层变薄，甚至出现断条情况，应保证互连线跨越芯片表面台阶时不会出现“断条”。

④ 工艺相容，易于淀积和刻蚀。要求淀积金属时不应改变已有器件的特性，能用普通的光刻方法形成需要的金属化图形。

（2）常用的金属化材料

在集成电路生产中，主要采用下述几种金属化材料。

① 金属材料。

铝与p型硅以及掺杂浓度大于$5\times10^{19}/cm^3$的n型硅都能形成低阻欧姆接触。接触电阻大小与掺杂浓度有关。自集成电路发明以来，一般集成电路生产中都采用铝作为互连材料。但铝金属化互连存在影响器件可靠性的电迁移问题，以及对浅结pn结的铝硅互溶问题。近十几年，集成电路及功率半导体器件越来越多地采用性能更稳定、导电性更好的金属铜（Cu）。

② 重掺杂多晶硅。

早期的MOS器件采用多晶硅栅极取代铝栅。进入45nm工艺节点后，MOSFET在多晶硅栅极的基础上采用金属栅极。

现代双极型晶体管基极和发射极开始采用重掺杂多晶硅电极自对准技术。

③ 难熔金属硅化物电极。

由于多晶硅电阻率较高，当集成电路中线条细至1μm以下时，多晶硅互连线已成为限制集成电路速度进一步提高的主要障碍，因此出现了难熔金属硅化物/多晶硅复合栅和互连技术。目前在集成电路中使用的难熔金属有Ti、Mo、W、Ta及其硅化物。由于硅化物在形成过程中会产生较大的应力，在薄栅氧化层及其硅衬底中引入缺陷，使MOS器件的电学特性和稳定性变坏。因此目前多采用硅化物/多晶硅复合栅和互连结构，这样可直接在多晶硅上采用蒸发、溅射或化学气相淀积的方法淀积难熔金属，加热形成硅化物。工艺与现有硅栅工艺相容，已被广泛用于现代集成电路生产中。

3. 电极和金属化互连结构

随着集成电路的发展，金属化互连系统的结构出现下述几种不同形式。

（1）单层金属化

集成电路发展早期普遍采用的是单层金属化，即金属化互连系统只包括一层金属化互连材料。目前规模不大的集成电路中还在采用。

（2）多层金属化

① 铝互连多层金属化。

在 pn 结较浅时，为了防止 Al 在硅中的渗透形成“尖楔”引起 pn 结特性的退化，往往采用多层金属化结构。这时直接与硅接触的不是铝，而是另一种能够与硅形成稳定硅化物的金属，如铂，称为接触层。铝因其导电性能好，所以仍用作导电层，位于金属化层的最上层。由于铝容易与铂反应生成 Al_2Pt，使硅在其中溶解扩散，导致接触特性变差，因此在铝和铂之间加一层钨-钛复合层作为阻挡层，形成一种接触层-阻挡层-导电层的多层金属化结构。

② MOS 器件的多层金属化栅极。

采用具有自对准作用的多晶硅栅取代铝栅后，在沟道尺寸缩小到深亚微米范围时，多晶硅栅电阻率相对较高的问题已严重地影响 MOSFET 的高频参数。

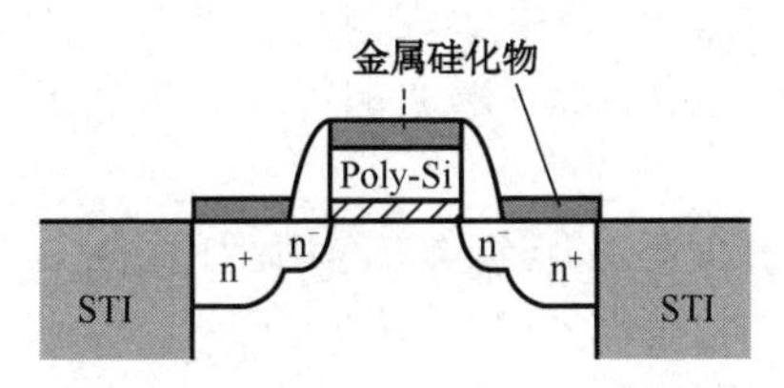

图 3.29　MOS 器件的多层金属化栅极

为此，在多晶栅的基础上改为采用多晶硅和金属硅化物 Silicide（如 WSi_2）双层材料代替多晶硅栅。金属硅化物也作为源漏区的接触电极，如图 3.29 所示。

（3）多层布线技术

随着集成电路规模的增大，金属互连线的布线越来越复杂，只采用单层布线很难实现电路要求的全部互连，而且布线占用的芯片面积也越来越大。现代集成电路中互连线占用的面积甚至达到芯片总面积的 80%。为此，在集成电路中也可像多层印制电路板那样，采用多层布线技术，即首先形成一层金属化互连线，然后在其上生长一层绝缘层，并在该绝缘层上开出接触孔后形成第二层金属化互连线……相邻层次互连线之间采用低介电常数的绝缘层隔开，相邻层次互连线之间需要相连的部分采用“通孔”（Via）相连。

目前，现代集成电路中已有采用 8 层布线的情况，这样可增加设计灵活性，减小芯片面积，提高集成度。

图 3.30 是采用扫描电子显微镜得到的 6 层铜互连 SEM 剖面图照片。

注意：多层布线与多层金属化系统的区别在于不同金属之间是否用绝缘层隔开。

图 3.30　6 层铜互连 SEM 剖面图照片

4．金属层制备工艺

根据采用的金属化材料类型，目前生产中采用的金属化层淀积技术主要有下述几种。

（1）真空蒸发

在高真空中使金属原子获得足够能量，脱离金属表面束缚成为蒸汽原子，在其飞行途中遇到基片就淀积在基片表面形成金属薄膜。按提供能量的方式不同，蒸发又分为以下两种。

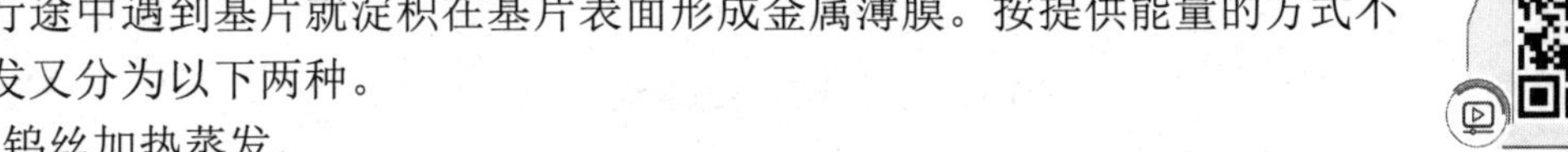

① 钨丝加热蒸发。

在钨丝上挂有金属化材料（如 Al 丝），当电流通过钨丝时产生欧姆热，使金属材料熔化蒸发。由于钨丝会带来杂质污染，特别是对半导体表面状态影响很大的钠离子沾污，而且用此方法很难淀积高熔点金属和合金薄膜，因此目前采用此方法的生产线已逐渐减少。

② 电子束蒸发。

由加热灯丝产生的电子束通过电磁场，在电场加速下具有足够高能量的电子束由磁场控制偏转运动方向，使其准确打到蒸发源材料中心表面上。高速电子与蒸发源表面碰撞时放出能量使蒸发源材料熔融蒸发。此方法的主要优点是淀积膜纯度高，钠离子污染少。

（2）真空溅射

在集成电路的发展早期，广泛采用蒸发技术形成金属化层，但目前已越来越多地被溅射技术代替。

在真空溅射工作室中充入一定的惰性气体，在高压电场作用下由于气体放电形成离子，受强电场加速轰击靶源材料使靶源材料的原子逸出，高速溅射到硅片上淀积成需要的薄膜。用溅射方法能形成合金和难熔金属薄层。

（3）制作铜互连的镶嵌技术

① 形成铜互连的基本步骤。

采用镶嵌技术形成铜互连是集成电路互连技术的一次飞跃。集成电路中形成铜互连的镶嵌技术类似于工艺品加工中在陶瓷、木料等材料中镶嵌金银等金属图案的情况。形成铜互连的镶嵌工艺如图 3.31 所示。

（a）采用等离子刻蚀等技术在介质层（如 SiO_2）上刻蚀出用于镶嵌铜互连线的沟槽，如图 3.31（a）所示。

（b）在整个芯片表面淀积金属铜，如图 3.31（b）所示。

（c）采用化学机械抛光技术去除掉表面多余的金属化层，得到平坦化的表面，同时在表面介质层的沟槽中形成了所需要的铜互连线，如图 3.31（c）所示。

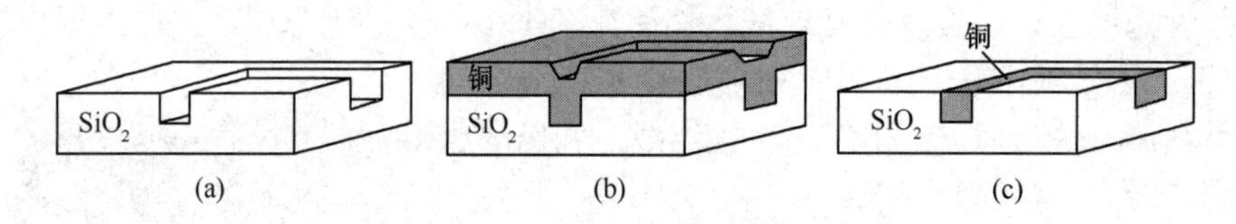

图 3.31 形成铜互连的镶嵌工艺

经过上述工艺步骤的结果是在表面介质层的沟槽中镶嵌了铜互连线，整个表面是一种完全平坦化的表面，因此称为镶嵌技术。采用镶嵌技术形成铜互连不需要对铜进行腐蚀，解决了在集成电路中引入铜互连的技术障碍，是集成电路互连技术的一次飞跃，明显提升了金属化互连系统的性能。

② 同时形成铜互连和通孔的双镶嵌工艺。

初期采用的镶嵌技术只是形成铜互连线，对于多层布线中的通孔是通过单独的工艺步骤采用其他材料（如金属钨）填充的。目前集成电路中采用图 3.32 所示的工艺步骤，可以同时完成通孔填充和形成互连线，因此又称为双镶嵌工艺。

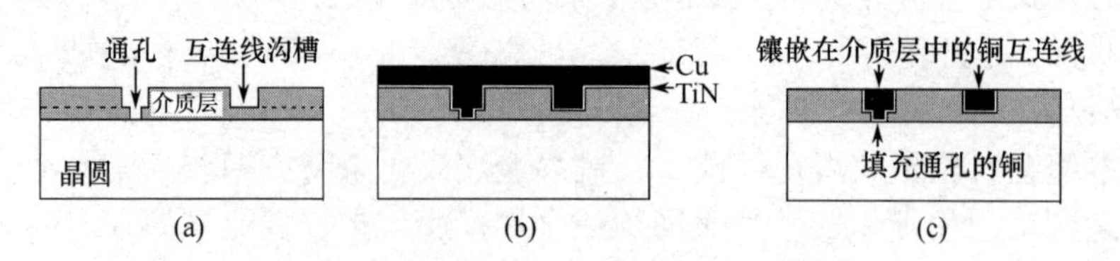

图 3.32 形成铜互连的双镶嵌工艺

（a）在晶圆表面生长介质层，通过两次光刻和刻蚀，在介质层的下半部分刻蚀出需要的通孔/接触孔，在介质层的上半部分刻蚀出用于镶嵌互连线的沟槽，如图 3.32（a）所示。图中虚线代表介质层中上下部分分界线。上半层次介质层只是用于镶嵌金属互连线。对于多层布线，带有通孔的下半层介质层起到相邻两层互连线之间绝缘层的作用。对于半导体表面的金属层，通孔就是接触孔，用于连接互连线与半导体。

（b）在介质层的所有通孔、沟槽，以及介质层的表面淀积一层薄 TiN 金属层，再将所有的通孔、沟槽填满金属铜，这时介质层表面也会淀积有铜，如图 3.32（b）所示。

从互连要求考虑，只需要填充金属铜就可以了。但是由于铜穿过二氧化硅的能力很强，而进入硅以后，铜将起到复合中心作用，明显降低载流子寿命，导致器件漏电流增大，放大倍数减小。因此必须在铜和二氧化硅介质层之间形成一层阻挡层，防止铜原子穿过二氧化硅进入硅。图中在填充铜之前先淀积一薄层 TiN 就是起阻挡层的作用。

（c）采用化学机械抛光技术（见图 3.33）去除掉表面多余的铜及阻挡层金属，得到平坦化的表面，在介质层的通孔中填满了金属铜，同时在表面沟槽中形成了所需要的铜互连线，如图 3.32（c）所示。

在平坦化的表面上还可以继续采用上述步骤再生成一层互连线，重复多次就形成了多层布线。

采用双镶嵌工艺不但简化了工艺步骤，而且由于互连线和通孔填充是同一种金属材料铜，因此有利于提高抗电迁移的性能。

（4）金属硅化物电极

由于多晶硅具有一系列优点，因此在集成电路中作为栅材料已延续使用了很长一段时间。但是多晶硅栅的一个主要缺点是电阻率相对较高，因此当沟道尺寸缩小到深亚微米范围时，将严重地影响 MOSFET 的高频参数，如噪声和 f_{max}。

为此，现代 MOS 集成电路中越来越多地选用硅化物（Silicide）和金属作为栅材料与源漏区的接触电极。可供选用的材料有 CoSi 和 NiSi 等。实际上，始于 20 世纪 90 年代早期开发的金属硅化物接触技术是源/漏设计的一个主要里程碑。

金属硅化物的特点是接触电阻小，还可以采用自对准技术，能进一步减小（源/漏）接触和沟道之间的串联电阻。将自对准和金属硅化物工艺结合在一起的工艺称为金属硅化物自对准工艺（Salicide），其工艺过程在 2.6.9 节已有说明（见图 2.108），这里不再重复。

5. 表面平坦化工艺 CMP

多层金属布线的核心技术之一是采用化学机械抛光（Chemical-Mechanical Polishing，CMP）方法保证表面的平坦化。随着集成电路向深亚微米和纳米方向的发展，采用化学机械抛光（CMP）方法的芯片表面平坦化技术正发挥越来越大的作用。

CMP 原理是通过机械研磨和化学腐蚀的共同作用，使得晶片表面呈现镜面式的平坦化。典型的旋转式 CMP 设备如图 3.33 所示。加工时，待抛光的晶片粘贴在抛光头上，面向抛光垫。抛光垫则贴附在抛光平台上。抛光过程中抛光头与抛光平台均做旋转运动。

由抛光料喷头提供的抛光料是精细研磨料与化学溶液组成的混合物。在抛光过程中，在晶片与抛光垫的相对运动及抛光液中研磨颗粒的共同作用下实现对晶片表面的机械研磨作用，而抛光液中与晶片表面接触的化学溶液则起到腐蚀、溶解晶片表面材料的作用。在机械研磨和化学腐蚀共同作用下，使得晶片表面呈现镜面式的平坦化。

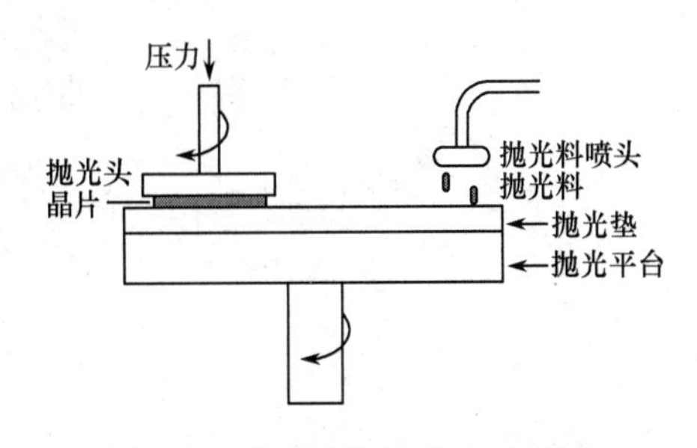

图 3.33　典型的旋转式 CMP 设备

CMP 的最大特点是适用于各种金属化层和介质层表面材质的抛光加工，包括氧化硅、氮化硅、多晶硅、铜、钨等。

通过 CMP 实现整个晶片表面平坦化已经成为后续进行精细光刻工艺所要求的前提条件，因此已成为现代集成电路制造中不可缺少的关键工艺之一。

6．合金化

淀积在管芯表面的金属化层经过光刻就得到需要的电极和金属互连图形。为了在金属和半导体材料之间形成较好的欧姆接触，需要在真空或氢、氩、氮等气氛保护下，在较低的温度（对铝互连为 450℃）进行 10～15min 的合金化处理，实现低阻欧姆接触。

3.8 引线封装

经过前工序工艺流程完成芯片加工后，还必须通过由 6 个工序组成的后工序加工才能成为集成电路产品，并提交用户使用。

1．后工序加工流程

集成电路加工的后工序包括下述主要工序。

（1）中间测试（简称中测）

中测的作用是对晶片上的所有管芯进行功能及部分直流参数的测试，对不合格的管芯打上标记，如图 3.34（a）所示。

（2）划片

用金刚刀或激光划片方法将硅片分成一个个管芯，将中测时打有标记的不合格管芯剔除掉，留下中测合格的管芯。

（3）芯片粘接

将中测合格的管芯粘接在集成电路封装外壳的底座上，如图 3.34（b）所示。图中上方是实际扁平式封装中粘接芯片后局部图像实例，下方是金属封装中粘接芯片后的示意图。

（4）键合

用金丝或硅铝丝（一般直径为 30μm）通过超声、热压等方法将集成电路管芯上的键合区与外壳上相应外引线连在一起，如图 3.34（c）所示。

（5）封帽

将管芯封在管壳中，这就是平时见到的集成电路外形，如图 3.34（d）所示。

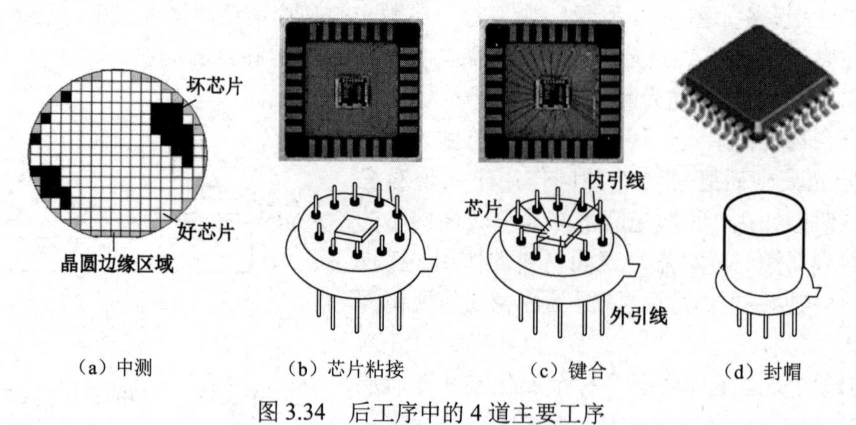

图 3.34 后工序中的 4 道主要工序

（6）老炼、测试

封装后还需要对封装好的器件进行高温和功率老炼，从封装好的产品中尽早剔除不可靠的电路（称为筛选），再按产品规范要求对器件进行全面测试，并将合格产品按特性分类、打印、包装、入库。

2．引线键合

集成电路芯片内部元器件之间的互连是通过 3.7 节介绍的金属化工艺实现的。芯片与外引线之间的连接则由本节介绍的引线键合完成。生产中常用的键合方法有超声硅铝丝和金丝键合。

图 3.35（a）是超声键合示意图。超声波发生器输出的能量经过换能器引起劈刀做机械振动，劈刀上同时施加一定压力。在机械振动和压力共同作用下，由于硅铝丝和金属铝层间的相互摩擦，破坏了两者表面原有的极薄氧化层。在施加压力的作用下实现了两个纯净金属面间的紧密接触，达到键合的目的。

超声焊的特点是不需要外界加热，可在室温下进行。调节超声功率和压力可键合不同粗细的金属丝，且键合强度高。

图 3.35（b）所示为两张键合局部照片，显示键合点实际连线图像。

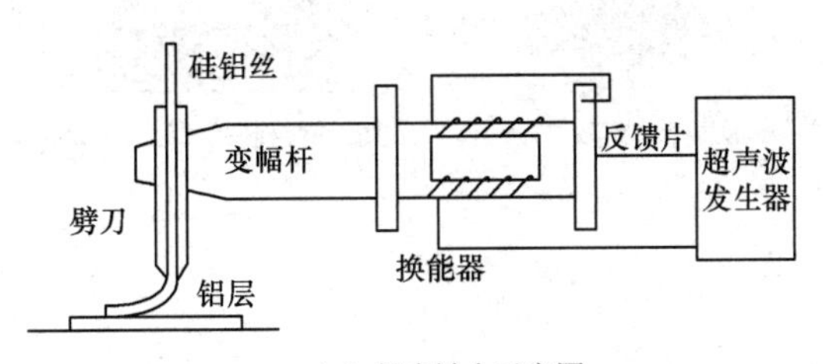

（a）超声键合示意图　　（b）两张键合局部照片

图 3.35　引线键合

3．集成电路封装

（1）集成电路封装的作用

半导体器件的封装不仅提供了用户使用集成电路时用作连接的外引线，还对内部管芯提供保护，防止外界环境对管芯的不良影响，因此封装直接影响器件的使用可靠性。随着封装密度的提高，在整个集成电路制作的成本中，封装成本所占比例越来越大，从早期中小规模时的百分之十几增大到目前 80%左右，在半导体行业中多年来未得到足够重视的封装技术，现在已成为发展集成电路的关键技术之一。

（2）集成电路封装类型

按封装外壳材料不同，集成电路封装可分为塑料封装、陶瓷封装和金属封装 3 类。

① 塑料封装。

塑料封装是采用注塑包封的方法实现封装。由于塑料成本低，适用于自动化批量生产，并可以采用多种封装结构形式，实现多引线和小型化封装，是目前集成电路特别是民用集成电路的主要封装材料。

由于塑封材料有一定的透气率，密封性不如陶瓷封装，因此早期航天应用中只能采用陶瓷封装器件及金属封装器件，不允许采用塑封器件。随着塑封材料和塑封技术的进步，目前在航天领域已经允许“有条件”地采用塑料封装器件。

② 陶瓷封装。

对于可靠性要求较高的情况，如用于航天的集成电路，密封性要求较高，需要采用陶瓷外壳，通过玻璃熔封法、钎焊等方法封盖，完成封装。

陶瓷封装外形与塑料封装外形相似，只是采用的封装材料不同。

③ 金属封装。

金属封装是早期集成电路采用的封装形式，通过电阻焊的方法将管帽和底座封接在一起。其特点是气密性好，不受外界环境的影响。但价格昂贵，不能满足多引线和小型化封装的要求。目前主要用于小规模模拟集成电路。

（3）集成电路封装的外形

金属封装的外形如图3.1所示。随着集成电路应用范围的扩展，为了适应印制电路板（Printed Circuit Board，PCB）高密度组装技术发展的需求，对塑料封装和陶瓷封装，集成电路封装外形也不断得到改进。按照高密度、多引线和小型化的发展变化，可以划分为图3.36所示的三代封装结构。

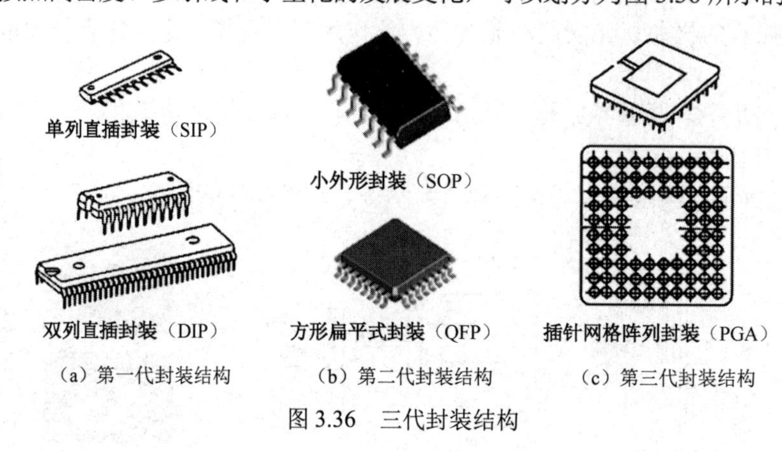

图3.36　三代封装结构

① 第一代封装：SIP与DIP。

SIP（Single Inline Package）表示单列直插封装，即引脚从封装体的一个侧面引出，排列成一条直线。DIP（Dual Inline Package）表示双列直插封装，在两侧有两排平行的金属引脚，如图3.36（a）所示。

通常将这类插孔式封装称为第一代封装，适用于通孔插装PCB。

② 第二代封装：SOP与QFIP。

SOP（Small Out-line Package）表示小外形封装，引脚从封装两侧引出，呈海鸥翼状（L字形）。QFP（Quad Flat Package）表示方形扁平式封装，引脚从四边引出，可实现更多的引线数，如图3.36（b）所示。

通常将这类表面贴装式封装称为第二代封装，适用于表面贴装PCB。

③ 第三代封装：PGA与BGA封装。

如图3.36（c）所示，PGA（Pin Grid Array）表示插针网格阵列封装。插针式的外引线呈现阵列形式分布于封装基板的底部平面上，因此可以具有数百根甚至上千根外引脚。

如果进一步小型化，采用易熔Sn/Pb焊球代替插针，就成为BGA（Ball Grid Array）封装。使用时通过焊球阵列实现集成电路与印制电路板之间的焊接，无须在PCB上钻孔。如果BGA封装内部的芯片采用后面介绍的倒扣芯片封装技术，就可以很方便地实现多引线高密度封装。

目前BGA封装的焊球引线数可达到几千根，焊球间距只有0.5mm。

通常将引线呈现面阵列排列的PGA与BGA封装称为第三代封装。

4．先进封装技术

由于集成电路本身的发展，以及整机系统从插装式印制电路板向表面组装甚至模块组件方式变革，均对集成电路引线封装技术提出越来越高的要求。随着封装密度的增加，引线变细，间距变窄，除了增大工艺难度，还会对集成电路的特性，如功耗、速度、热匹配等产生影响。为了提高封装密度，需在封装材料、结构和方法等方面开展研究工作。为此，出现了多种引线封装新技术。

（1）倒装焊

倒装焊（Flip Chip，FC）如图 3.37 所示，其特点是在芯片上采用凸点工艺，在通常芯片的键合区（Pad）位置形成凸点焊球。封装时将芯片倒扣在封装底座上，通过凸点焊球实现芯片键合区与封装底座的连接，因此又称为倒扣芯片封装技术。图中描述了带有凸点焊球的芯片倒扣在 BGA 封装底座上，同时显示了 BGA 封装贴装在 PCB 上。这里凸点焊球起键合内引线的作用。由于内引线长度大大缩短，成为点状，特别有利于高频应用。

（2）载带自动键合

载带自动键合（Tape Automated Bonding，TAB）的基本工艺为：首先在载带材料（一般为聚酰亚胺）上形成金属化层（一般用铜）引线框架（见图 3.38）；然后通过芯片与框架内引线间的凸点实现互连。TAB 技术的关键之处在于集成电路芯片与载带上框架内引线间的互连是通过它们之间的金属凸点实现的。而不是采用常规的引线键合方法。这种凸点可以在芯片键合区形成，也可以在框架内引线处。由于金属凸点的面积只需 50μm×50μm，间距可减为 50μm（而常规键合内引线方法需要键合区面积为 100μm×100μm，间距为 100μm），凸点高度只有 20～30μm，因此封装厚度大大减小，这就使 TAB 封装密度远大于常规封装方法，特别适用于多引线封装。由于凸点接触是一种面接触，使其互连强度比常规键合方法高 3～10 倍，大大提高了互连可靠性。而且不管互连凸点数的多少均可实现互连的一次完成，提高了操作速度。另外，由于 TAB 引线短，特别适用于高频集成电路的封装，引线数可达千根。

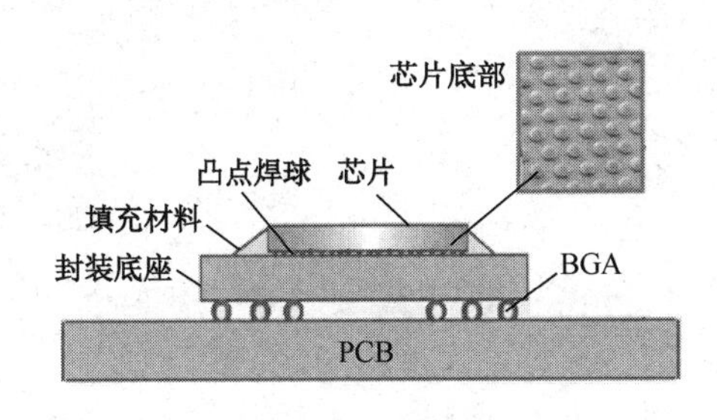

图 3.37　倒装焊

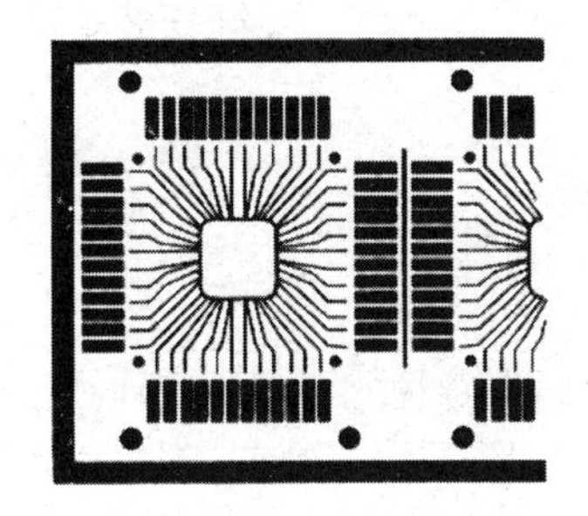

图 3.38　载带自动键合

（3）系统芯片（SoC）与系统级封装（SIP）

系统芯片（System on Chip，SoC）表示在单个芯片上实现系统的功能。

显然，SoC 以单片集成电路实现电路系统的功能，可以实现最低的成本、最小的尺寸和最优的性能，是集成电路设计制造所追求的目标。但是，采用 SoC 方案还存在不少困难，如还无法解决非硅芯片（如 GaAs、GeSi 芯片）和 MEMS 晶片的集成。

若从封装的角度出发，作为另一种解决方案，系统级封装（System In Package，SIP）得到越来越多的关注和应用。

SIP 的核心是将多种功能芯片（包括处理器、存储器、FPGA 等功能芯片）集成在一个封装内，实现一个电路系统的完整功能。

从封装角度分析，SIP 在同一个封装中放置多个芯片，可以综合应用多种封装技术，包括引线键合、倒装芯片、芯片堆叠、晶圆级封装。

（4）板上芯片粘接封装（COB）

类似于一般的元器件表面贴装技术，COB（Chip On board）是将裸芯片采用导电胶或非导电胶直接粘贴在印制电路板上，然后进行引线键合实现互连，最后用环氧树脂将芯片和互连引线包封起来，通常又称为软包封。COB特别适用于要重点考虑尺寸和成本因素的应用情况。

（5）3D三维封装

① 3D封装。

3D封装又称为叠层芯片封装技术，是指在同一个封装体内的垂直方向叠放两个以上芯片，呈现三维放置。3D封装起源于快闪存储器的叠层封装，目前在存储芯片上应用较多，如图3.39（a）所示。

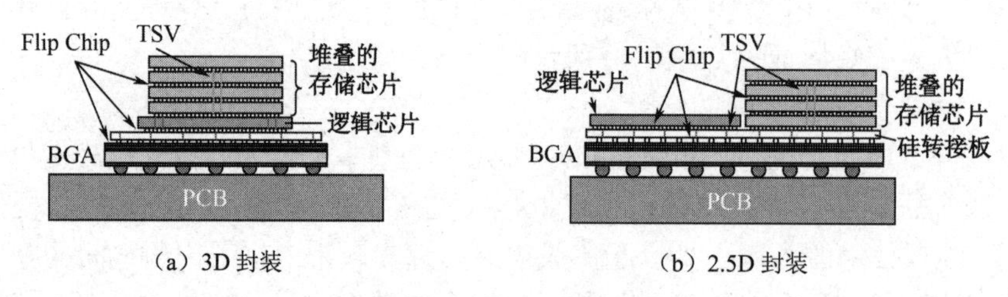

（a）3D封装　　（b）2.5D封装

图3.39　3D封装与2.5D封装

3D封装采用Flip Chip导电凸块及硅通孔（Through Silicon Via，TSV）实现上下芯片间互连。

由于连接距离更短、密度更高，因此集成电路性能更好。而且封装尺寸和重量明显减小，并且能用于异种芯片之间的互连。

② 2.5D封装。

对于采用3D封装的存储芯片，逻辑芯片与存储芯片直接堆叠。若将逻辑芯片和堆叠的存储芯片并列排列，再通过一块硅转接板放置在封装底座上，则称为2.5D封装，如图3.39（b）所示。

3.9　隔离技术

集成电路中各种元器件是制作在同一块半导体材料衬底上的，为了使这些元器件之间不会通过衬底发生短路，就应该使其在电学上隔离，因此隔离技术是集成电路的重要技术之一。

作为一种实用而有效的隔离技术，除了必须具有可靠的隔离功能，还应该与现有平面工艺兼容。双极型集成电路出现时长期采用pn结隔离技术。MOS集成电路出现时采用局部氧化隔离技术。随着集成电路的发展，为了克服传统隔离技术在电学特性、占用芯片面积等方面存在的问题，隔离技术也不断得到发展。

目前无论是双极型集成电路还是MOS集成电路，均越来越多地采用沟槽隔离（Trench Isolation）技术。

本节介绍目前在集成电路中采用的几种主要隔离技术。集成电路的版图设计与采用的隔离方法有着非常密切的关系。

1．双极型集成电路中的常规pn结隔离

（1）常规pn结隔离

20世纪60年代实现批量生产的集成电路是双极型集成电路，其中采用的隔离方法就是pn结隔离。

pn结隔离方法的核心是将不同的元器件之间用背靠背的pn结隔开，并且将P区接至电路中的最低电位，使得这些起隔离作用的pn结处于反偏状态。

pn 结隔离工艺的核心是平面工艺的选择性掺杂。3.1.2 节中已结合图 3.6 详细介绍了 pn 结隔离工艺步骤，这里不再重复。

（2）pn 结隔离的缺点

图 3.7 显示了采用 pn 结隔离制备的 npn 晶体管实例。由图可见，采用 pn 结隔离表现出下述主要缺点。

① 占用芯片面积较大。

由于隔离掺杂必须穿透外延层，因此扩散结深较深，导致横向扩散占用面积较大。此外，为了保证隔离效果，隔离墙与 npn 晶体管集电结之间需要较大间距。因此，pn 结隔离占用芯片面积较大。

② 泄漏电流影响隔离效果。

由于依靠反偏 pn 结起隔离作用，因此反偏 pn 结存在的泄漏电流使得隔离效果不够理想。

现代双极型集成电路均采用沟槽隔离。

2. MOS 集成电路中的局部氧化隔离

（1）局部氧化原理

2.6.9 节指出，无论哪种结构的 MOS 集成电路，包括采用不同形式阱结构（p 阱、n 阱或双阱）的 MOS 集成电路，MOS 晶体管都是在导电类型相反的硅材料上形成的。因此，从隔离角度考虑，各个 MOS 晶体管之间已自动实现了电学隔离。但是由于存在场区寄生晶体管效应（见图 2.104），MOS 集成电路中仍然需要考虑相邻 MOSFET 间的隔离。

传统 MOS 集成电路一直采用硅局部氧化等平面隔离方法，现代 MOS 集成电路基本都采用浅槽隔离。

（2）局部氧化工艺步骤

硅局部氧化等平面隔离技术的核心是一种以氮化硅（Si_3N_4）为掩模的选择性局部氧化技术。其主要工艺流程如下。

步骤一：首先在硅衬底上采用热氧化方法生长几十纳米厚的 SiO_2 层作为 Si_3N_4 的应力缓冲层与腐蚀阻挡层；然后在其上淀积约 100nm 的 Si_3N_4；最后在 Si_3N_4 和 SiO_2 层上刻蚀掉需要形成场氧区位置的 Si_3N_4 和 SiO_2，形成场区窗口，如图 3.40（a）所示。

步骤二：通过刻蚀出的窗口注入与衬底导电类型相同的杂质（又称为沟道终止掺杂），以进一步提高场区寄生晶体管的开启电压，防止场区因硅表面反型而形成寄生沟道，再进行场氧热氧化。由于 Si_3N_4 的掩蔽氧化作用，在没有 Si_3N_4 覆盖的场区将形成较厚的氧化层，称为场氧，如图 3.40（b）所示。

步骤三：刻蚀掉 Si_3N_4 及其下方的 SiO_2 层，露出有源区，如图 3.40（c）所示。

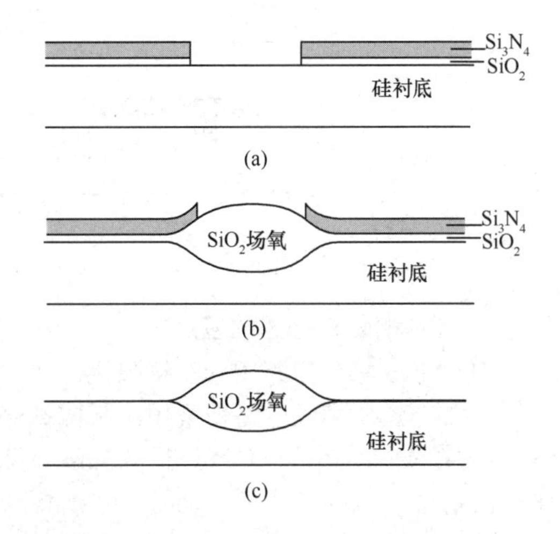

图 3.40　硅局部氧化等平面隔离技术

由于场氧只在局部区域形成，因此称为局部氧化（Local Oxidation of Silicon，LOCOS）。又由于硅转化为二氧化硅后体积将增大为原来的 2.2 倍，因此场氧化层约一半埋在硅衬底中，而有约一半的厚度突出在硅衬底表面，使得整个晶片表面不再是理想的平面，如图 3.40（c）所示。因此称为“半等平面式”。如果在上述局部氧化过程中，在 Si_3N_4 和 SiO_2 层上刻蚀场区窗口后，先通过窗口腐蚀掉一部分硅（约为场氧厚度的 45%)，再进行场区热氧化，就可以使场区氧化层基本上全部在硅衬底表面以下，整个晶片表面基本上保持为一个平面，则称为“等平面式”。

（3）局部氧化隔离的缺点

局部氧化隔离的第一个问题是占用芯片面积较大。这是由于 Si_3N_4 下方场氧化层四周出现如图 3.40（b）所示的“鸟嘴”区域，使得上述常规的局部氧化工艺可加工的最小隔离间隙很难低于 1.25μm，给芯片面积的缩小带来障碍。

另一个明显缺点是工艺过程需要较长时间的高温氧化。

因此从深亚微米工艺节点开始，现代 MOS 集成电路已采用沟槽隔离替代局部氧化隔离。

但是局部氧化方法在现代双极型集成电路中仍然得到应用。

3. 沟槽隔离技术

无论是双极型集成电路还是 MOS 集成电路，目前都越来越多地采用沟槽隔离技术。

（1）沟槽隔离工艺步骤

步骤一：刻蚀沟槽。首先在硅衬底上采用热氧化的 SiO_2 方法生长几十纳米厚的 SiO_2 层作为 Si_3N_4 应力缓冲层与腐蚀阻挡层，接着在其上淀积约 100nm 的 Si_3N_4；然后在 Si_3N_4 和 SiO_2 层上刻蚀掉需要形成沟槽区位置的 Si_3N_4 和 SiO_2，形成沟槽区的窗口；最后采用等离子刻蚀方法通过沟槽区窗口在硅衬底中刻蚀出具有一定深度的沟槽，如图 3.40（a）所示。

步骤二：填充沟槽。首先采用热氧化方法在沟槽内壁生长一薄层 SiO_2；然后采用 CVD（化学气相淀积）方法向沟槽填充 SiO_2，并进行快速热退火使 CVD 沉积的 SiO_2 更加坚硬，如图 3.41（b）所示。

步骤三：表面平坦化。

采用 3.7 节介绍的 CMP（化学机械抛光）方法去除掉表面多余的二氧化硅。由于氮化硅具有较强的抗抛光能力，对 CMP 工艺起到抛光终止层的作用，因此能较好地控制 CMP 工艺，使得氮化硅上方的二氧化硅全部被抛光去除，得到平整的表面，如图 3.41（c）所示。

步骤四：去除表面 SiO_2 层和 Si_3N_4 层。分别采用 H_3PO_4 和 HF 刻蚀表面的氮化硅和二氧化硅，得到沟槽隔离的平整表面，如图 3.41（d）所示。

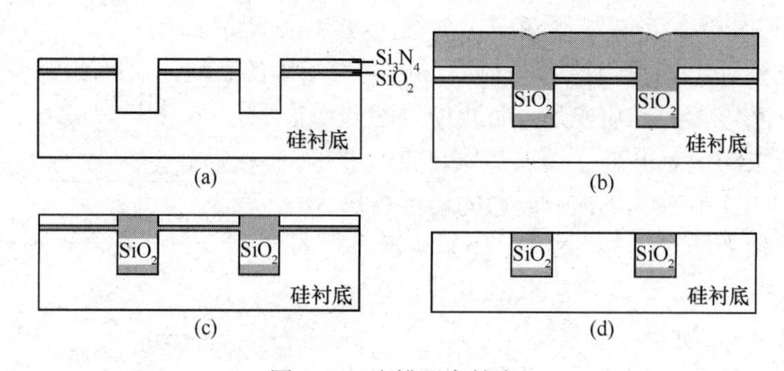

图 3.41 沟槽隔离技术

（2）沟槽隔离技术的应用

① MOS 集成电路中的浅槽隔离。

目前 MOS 集成电路均采用沟槽隔离替代局部氧化隔离，如图 3.42 所示。由于 MOS 集成电路中沟槽实际深度较浅，小于 0.5μm，因此通常又称为浅槽隔离，记为 STI（Shallow Trench Isolation）。

② 双极型集成电路中的沟槽隔离。

现代双极型集成电路均采用沟槽隔离替代 pn 结隔离。双极型集成电路中沟槽实际深度较深，通常大于 1μm，因此直接称为沟槽隔离。

图 3.43 是沟槽-pn 结混合隔离。

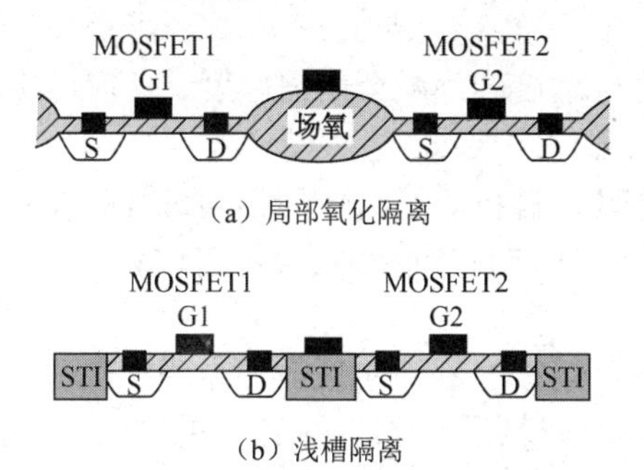

图 3.42　MOS 集成电路的局部氧化隔离与浅槽隔离

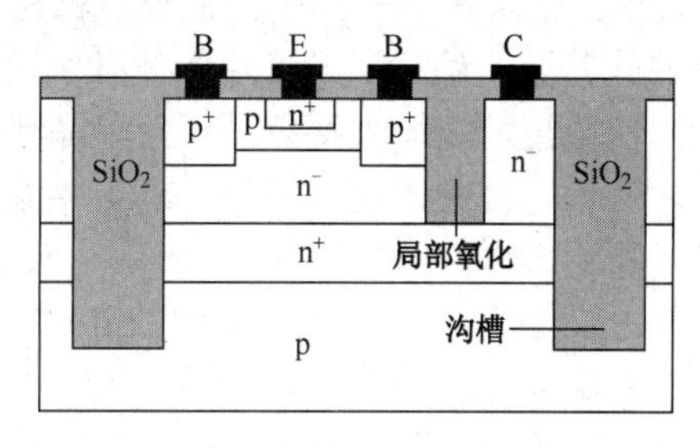

图 3.43　沟槽-pn 结混合隔离

图中还显示了现代双极型集成电路中普遍采用的双基极条、无源基区重掺杂结构及深集电极掺杂结构。图中还显示有现代双极型集成电路集电区中采用的局部氧化结构。

对比常规 pn 结隔离技术，图 3.43 所示结构实际上只是采用沟槽取代 pn 结隔离中的隔离墙，隔离岛的底部仍为 pn 结隔离，因此又称为沟槽-pn 结混合隔离。

4．基于 SOI 技术的隔离

在前面介绍的隔离技术中，大多含有反偏 pn 结隔离结构。这种结构的隔离击穿电压较低（一般小于 40V），结电容较大，在辐射环境下会产生较大的瞬态光电流，导致隔离失败。因此从 20 世纪 80 年代开始，在要求比较高的高电压、高速、强辐射环境中应用的电路都采用绝缘物上硅（Silicon On Insulator，SOI）结构。

（1）绝缘物上硅（SOI）结构

2.6.9 节中指出，特性要求较高的现代 MOS 集成电路中往往采用 SOI 结构，就是在绝缘层材料上有一层适用于制造高性能高集成度集成电路的高质量硅单晶材料。硅单晶层下面是绝缘层材料和支撑衬底。

目前使用最多的 SOI 结构是氧化层上硅。在要求更高的情况下也有采用蓝宝石上硅（Sillion On Sapphire，SOS）等。

（2）氧化层上硅结构

氧化层上硅结构是以氧化层作为绝缘层。氧化层上方是用于制造集成电路的高质量硅单晶材料，氧化层下方以硅片作为支撑衬底。

制造氧化层上的硅结构的方法很多。常用方法为注氧隔离技术和硅片粘接技术。

① 注氧隔离技术（Separation by Implantation of Oxygen，SIMOX）。

制作 SIMOX 的步骤是：首先用 200keV 高能量和 $2\times10^{18}/cm^2$ 剂量将大剂量的氧注入硅晶片内部一定深度中，如图 3.44(a)所示；然后通过高温退火在距离表面约 200nm 处向下形成约 400nm 厚的埋层氧化物，如图 3.44（b）所示。采用这种工艺技术可以很精确地控制表面超薄硅层厚度（可小于 150nm）和均匀性（表面薄层硅-SiO_2 界面不平整度不超过几纳米）。

以后器件就制作在表面约 200nm 处的 Si 薄层，使得器件下方也是绝缘层，进一步改善了隔离效果，而且增强了抗辐射性能。这种结构的抗单粒子效应（SEU）能力比体硅集成电路提高约 200 倍。

② 硅片粘接技术（Wafer Bonding）。

采用硅片粘接技术形成 SOI 结构的典型工艺步骤如下。

步骤一：采用两片通常用于制造集成电路的硅片，一片用作以后的硅单晶薄层（称为被粘接硅片），在其表面生长1μm厚的SiO_2层；另一片用作衬底。

步骤二：将衬底硅片与被粘接硅片的SiO_2层接触，不加任何压力，在氮气中1100℃退火2小时，两硅片便牢牢粘接在一起。

步骤三：采用粗磨—细磨—化学机械抛光步骤将被粘接硅片减至所需厚度。目前可实现小于1μm厚的硅薄层，粘接强度可达到体硅水平，满足实用化的要求。

硅片粘接技术的最大特点是：硅单晶薄层就是体硅，材料质量与体硅相同，且其厚度、导电类型和电阻率可自由选定。另外，SiO_2绝缘层厚度、衬底硅材料的参数等可自由选择。

（3）基于SOI结构的隔离

只要去除SOI结构中器件周围的硅材料薄层，就可以很容易地实现器件之间的隔离，有效地提高电路的集成度，如图3.45所示。这种隔离方式同时消除了CMOS电路中的闩锁现象。

当然，SOI晶片的工艺成本较高，通常只用于有特殊要求的高性能集成电路中。

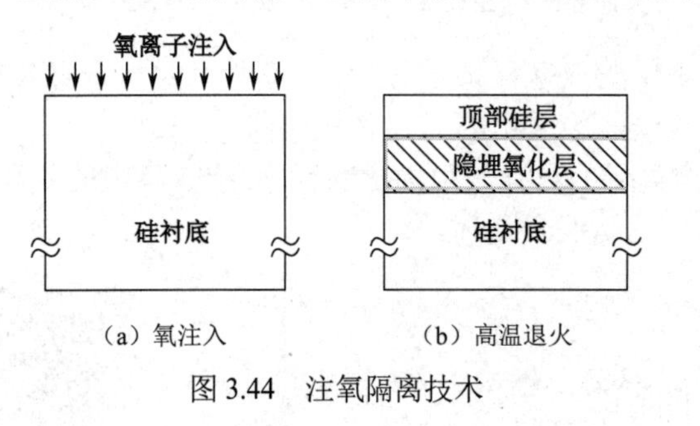

图3.44　注氧隔离技术

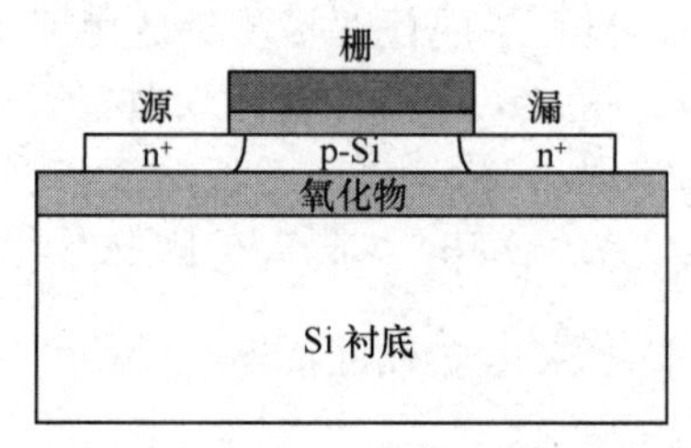

图3.45　基于SOI结构的隔离

3.10　CMOS工艺流程示例

CMOS是当前集成电路的主导工艺。本节结合反相器电路，介绍典型n阱CMOS工艺的基本流程。

1．CMOS中的阱

2.6.8节分析说明了CMOS集成电路中采用“阱”（Well）的原因及常用的几种阱结构。本节以CMOS反相器电路为例，介绍使用较多的n阱CMOS工艺的基本流程，同时说明与版图层次的对应关系。

2．n阱CMOS工艺主要步骤

本节以n阱技术为例，介绍CMOS工艺的基本工艺流程。p阱和双阱技术工艺流程与此类似。

以光刻为中心，可以将n阱CMOS工艺过程分为8步，再加上后工序加工，一共包括9步，如图3.46所示。

每步实际上均包括有多道工序。例如，第一步生成n阱就包括有氧化、光刻和掺杂3道主要工序。此外，每道工序又涉及多步操作。例如，光刻涉及涂胶、前烘、曝光、显影、坚膜、腐蚀和去胶等操作。

3．n阱CMOS工艺流程示例

图3.47是CMOS反相器的电路图、版图以及剖面图。其中p沟道MOS晶

体管的源极与电源 V_{DD} 相连。p 沟道 MOS 晶体管所在的 n 阱也与正电源 V_{DD} 相连，保证阱与 p 型衬底之间的 pn 结为反偏，起到隔离作用。n 沟道 MOS 晶体管的源极接地。

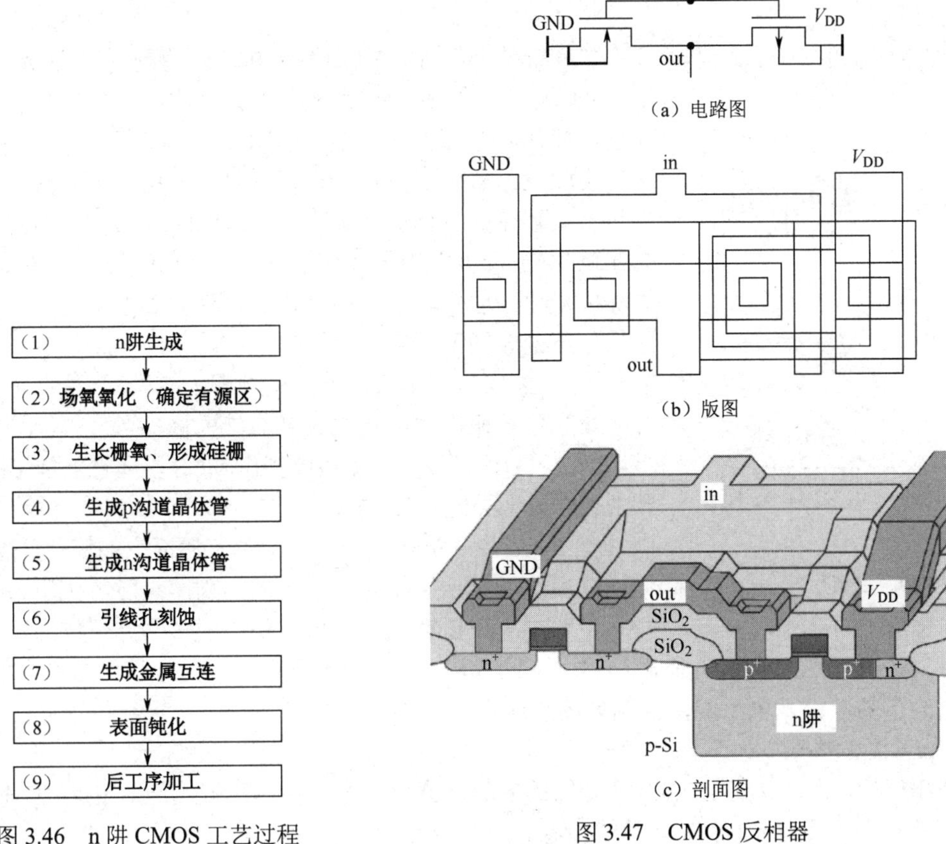

图 3.46　n 阱 CMOS 工艺过程

图 3.47　CMOS 反相器

下面详细介绍图 3.46 所示 n 阱 CMOS 工艺主要步骤涉及的工艺流程。

为了便于比较不同层次版图之间的套准关系，涉及光刻操作的步骤均显示有整个反相器版图图形，但是在相应光刻操作中采用的光刻图形用灰色阴影表示。

在相应的剖面图上只标注出与该工序操作有关的内容。

（1）n 阱生成

采用 p 型硅晶圆作为 CMOS 器件的衬底，因此 n 沟道 MOS 晶体管直接在衬底上制作。为了制作 CMOS 中的 p 沟道 MOS 晶体管，需要采用选择性掺杂方法按下述步骤生成 n 阱。

步骤一：氧化，在 p 型硅衬底晶片上生长一层二氧化硅层。

步骤二：光刻一（n 阱光刻），在氧化层上刻蚀出进行 n 阱掺杂的窗口。图 3.48（a）中阴影图形是 n 阱光刻采用的版图图形，图中同时显示了整个版图总图，可以比较不同层次图形之间套准关系。

步骤三：n 阱掺杂。n 阱生成后的剖面图如图 3.48（b）所示。

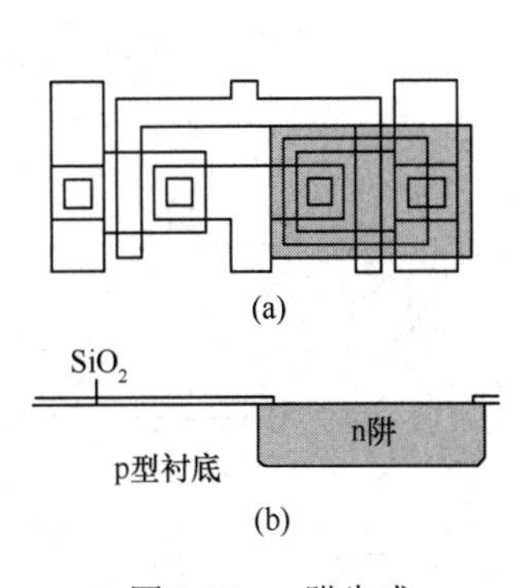

图 3.48　n 阱生成

（2）场氧氧化

在 CMOS 器件中，n 沟道晶体管和 p 沟道晶体管所在的区域称为有源区。为了减少寄生晶体管的影响[见图 3.42（a）]，需要按下述步骤在不同 MOS 晶体管之间形成较厚的氧化层，称为场氧氧化。因此，生长场氧后，也就随之确定了有源区的范围。

步骤一：生成二氧化硅-氮化硅层。生成 n 阱后，首先去除掉硅表面的氧化层；然后重新生长一层薄氧化层，并淀积一层薄氮化硅（Si_3N_4）。氮化硅将作为场氧氧化的掩模。由于氮化硅与硅之间热膨胀系数差别较大，为了防止硅表面受热应力的影响，在氮化硅与硅之间生长的薄氧化层起缓冲作用。

步骤二：光刻二（场氧光刻，又称为有源区光刻），采用图 3.49（a）所示有源区光刻版图图形，将以后作为有源区的氧化层和氮化硅层保留，其余区域的氧化层和氮化硅全部去除。结果如图 3.49（b）所示。

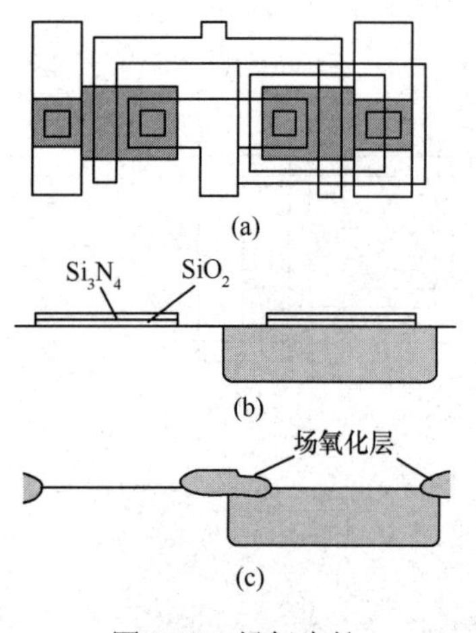

图 3.49　场氧生长

步骤三：氧化层生长。在没有氮化硅层保护的区域（场区）生长一层较厚的氧化层。由于在生长过程中，沿氮化硅层周边也会在氮化硅-硅界面生长氧化层，使场氧周边呈现“鸟嘴”形状。去除掉氮化硅层及其下方薄氧化层以后硅表面带有“鸟嘴”的场区氧化层剖面图如图 3.49（c）所示。

图 3.49（c）中场氧以外的区域即为有源区。

（3）生长栅氧化层和生成多晶硅栅极

确定了有源区以后，就可以制作 MOS 晶体管。首先按下述步骤生长栅氧化层和制作栅极。

步骤一：生长栅氧化层。去除掉有源区上的氮化硅层及薄氧化层以后，生长一层作为栅氧化层的高质量薄氧化层。

步骤二：在栅氧化层上再淀积一层多晶硅，作为栅极材料。

步骤三：光刻三（光刻多晶硅）：采用图 3.50（a）所示图形进行光刻，只保留作为栅极及起互连作用的多晶硅。光刻后的剖面图如图 3.50（b）所示。

（4）p 管源漏掺杂

形成栅极后，就可以利用 2.6.9 节介绍的多晶硅栅自对准作用制作 n 沟道和 p 沟道 MOS 晶体管。下面是制作 p 沟道 MOS 晶体管的步骤。

步骤一：光刻四（p 沟道 MOS 晶体管源漏光刻）。采用图 3.51（a）所示图形，在光刻胶层上刻蚀出进行 p 沟道 MOS 晶体管源漏区掺杂的窗口。

步骤二：p 沟道源漏区掺杂。通过光刻胶窗口采用离子注入工艺掺入 p 型杂质。注意，这时光刻生成的窗口中，多晶硅对掺杂也起“掩模”作用，因此多晶硅下方区域未掺入 p 型杂质。实际上，这部分区域就是 pMOS 晶体管的沟道。这也是硅栅自对准作用的结果。

通过 p 沟道 MOS 晶体管源漏光刻和掺杂，即生成了 p 沟道 MOS 晶体管，如图 3.51（b）所示。多晶硅栅极的宽度确定了沟道的长度。

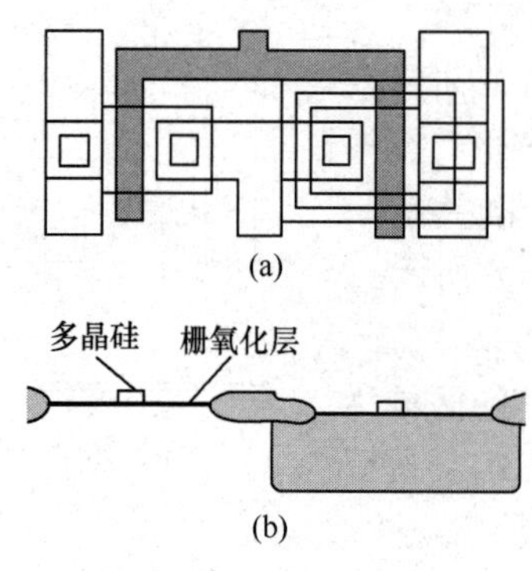

图 3.50　光刻多晶硅

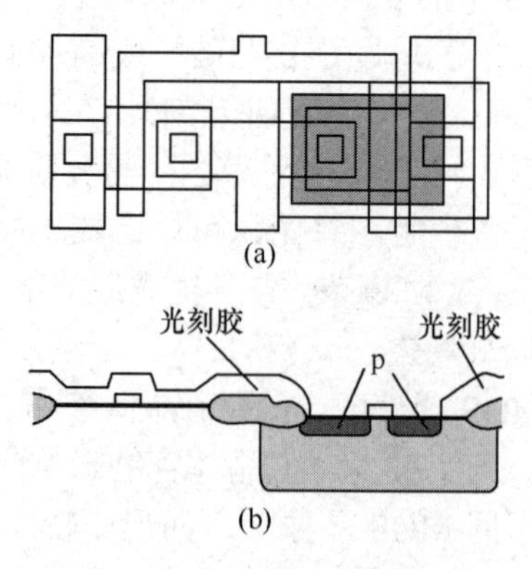

图 3.51　p 沟道源漏区光刻和掺杂

（5）n 管源漏掺杂

生成 p 沟道 MOS 晶体管后，可以采用类似方法按下述步骤生成 n 沟道 MOS 晶体管。

步骤一：光刻五（n 沟道 MOS 晶体管源漏光刻）。去除 p 沟道 MOS 晶体管源漏掺杂时采用的光刻胶。重新按光刻步骤，采用图 3.52（a）所示图形，在光刻胶层上刻蚀出进行 n 沟道 MOS 晶体管源漏区掺杂的窗口。注意，图 3.52（a）所示图形与图 3.51（a）所示图形正好相反，通常称之为图 3.51（a）所示版图的反版。其作用是简化版图设计。

步骤二：n 沟道源漏区掺杂。采用离子注入技术通过光刻胶层窗口掺入 n 型杂质，形成 n 沟道源漏区。由于硅栅自对准起“掩模”作用，硅栅下方区域未掺入 n 型杂质。这部分区域就是 n 沟道 MOS 晶体管的沟道。因此通过 n 沟道 MOS 晶体管源漏光刻和掺杂，即生成了 n 沟道 MOS 晶体管，如图 3.52（b）所示。

注意：为了使 n 阱与 p 型衬底之间的 pn 结处于反偏，起到隔离作用，需要将 n 阱与电路中的高电位相连。由于 n 阱掺杂浓度一般较低，因此在 n 阱区域也有一小部分表面没有光刻胶，在这一区域也掺入 n 型杂质，其作用是提高该区域表面的 n 型掺杂浓度，保证以后与金属之间具有良好的欧姆电接触。

（6）光刻引线孔

经过前面几步，已经生成了所有的 n 沟道和 p 沟道 MOS 晶体管。为了形成电极，首先按下述步骤生成引线接触孔。

步骤一：氧化。源漏掺杂后，去除表面的光刻胶和薄氧化层，重新生长一层厚氧化层。由于硅栅的保护，其下方的栅氧化层保留，不会被腐蚀掉，起栅介质作用。

步骤二：光刻六（引线孔光刻）：采用的光刻版图形及光刻结果如图 3.53 所示。

注意：n 阱区域 pMOS 旁边的 n 型掺杂阱区也刻蚀有接触窗口。

（7）光刻金属互连线

形成互连线的方法与一般集成电路相同。

步骤一：采用蒸发或溅射工艺在晶片表面淀积金属化层。

步骤二：光刻七（金属互连线光刻），按照电路连接要求，生成互连线，完成管芯的制作。图 3.54 是采用的光刻版图形及光刻结果。

生成的反相器管芯剖面图如图 3.47（c）所示。

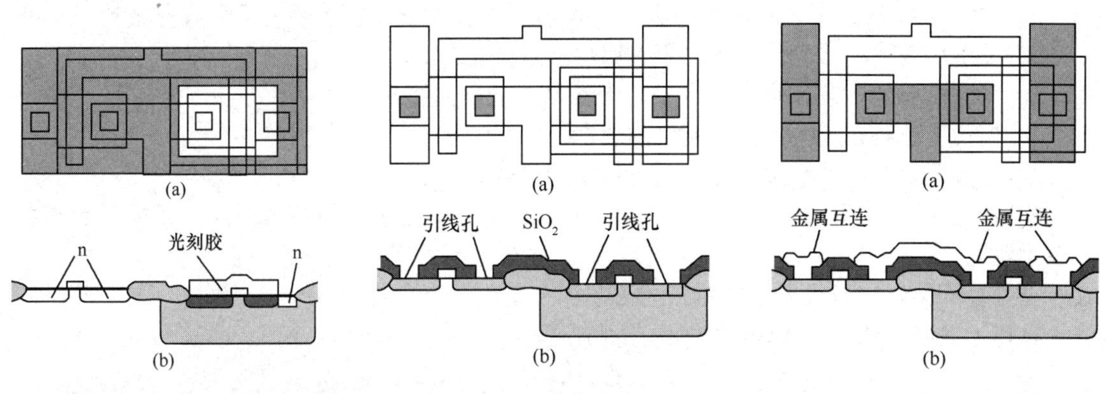

图 3.52　n 沟源漏区光刻和掺杂　　图 3.53　引线孔光刻　　图 3.54　金属互连线光刻

（8）光刻钝化孔

与通常集成电路一样，为了保护管芯表面，提高使用可靠性，生成管芯后，在表面再淀积一层保护层，又称为钝化层。一般采用含磷量为 2%～3%的二氧化硅层。然后进行光刻，将管芯上压焊点上的钝化层刻蚀掉，以便通过后工序键合内引线。管芯上键合区以外的表面均覆盖有钝化层，起到保护管芯表面从而提高使用可靠性的作用。

至此，完成了管芯加工的前工序。

（9）后工序加工

生成管芯后，再经过3.8节介绍的后工序加工，包括中测、划片、芯片粘接、键合、封帽、以及老炼、测试，挑选出合格的产品，完成集成电路的制作。

上面介绍的是最基本的工艺流程。有时，为了提高电路的特性和可靠性，可能需要增加其他附加工艺步骤。

现代MOS集成电路采用不少新结构，必然需要附加工艺步骤，但是基本工艺流程没有根本变化。

练习及思考题

3-1 （1）早期集成电路按照单个芯片中包含的晶体管数目将集成度划分为小规模集成电路（SSI）、中规模集成电路（MSI）、大规模集成电路（LSI）、超大规模集成电路（VLSI）等，表征集成电路的水平。为什么现在又改为采用工艺节点表征工艺发展水平？

（2）什么是CD和节距，它们之间有什么关系？

（3）为什么应该采用节距而不是按照CD划分工艺节点？

3-2 说明什么是平面工艺的核心技术，为什么将其称为平面工艺。

3-3 从对半导体材料特性参数的影响角度，说明为什么集成电路制造过程中必须采用高纯度的去离子水、超净的环境，以及超纯的半导体材料和化学药品。

3-4 说明选择性掺杂的作用，涉及的原理和工艺实现流程。

3-5 说明单个双极型晶体管产品与双极型集成电路中的双极型晶体管在结构及工艺流程两方面的差别。

3-6 早期MOS集成电路与现代MOS集成电路制造过程对氧化、光刻与刻蚀及掺杂这3种主要工序的加工要求有哪些不同？

3-7 （1）高温热扩散及离子注入这两种工艺的掺杂效果有什么主要差别？

（2）为什么CMOS工艺主要采用离子注入掺杂，而双极工艺主要采用扩散方法？

（3）离子注入掺杂后为什么随之要采用快速退火工艺？

3-8 （1）为什么确定工艺节点发展水平的因素主要是光刻技术？

（2）现代工艺对光刻技术提出哪些挑战？

（3）目前主要采用哪些技术应对光刻技术的挑战？

3-9 集成电路加工的后工序包括哪几道主要工序？试分析后工序对集成电路产品特性和可靠性的影响。

3-10 试设计沟槽隔离双极型集成电路的工艺加工流程。

3-11 试设计双阱CMOS集成电路的工艺加工流程。

第 4 章　集成电路设计

集成电路产品的研发主要包括设计过程和加工过程两个阶段，从电路设计到输出版图数据为设计阶段，其中包括电路设计、功能验证、版图设计、时序验证、物理验证等环节。从集成电路功能的定义、原理图设计（数字集成电路多以硬件描述语言的代码方式实现）、功能验证到电路网表的输出，通常称为前端设计。集成电路版图设计通常称为后端设计。版图设计是集成电路设计中的关键环节之一，对集成电路产品的最终性能和可靠性有重要影响，是连接集成电路设计和集成电路产品之间的桥梁。集成电路版图设计阶段根据电路功能和工艺水平要求，遵循版图设计规则，设计出电路中各种元器件的图形和尺寸，然后进行布局布线，从而形成一套符合要求的光刻掩模版版图。利用所设计的掩模版版图，按照工艺流程进行加工生产，就可以制造出符合原电路设计指标的集成电路。版图实际上是一组图形，对应于不同的工艺步骤，它不仅包括集成电路的内部连接等信息，还包括集成电路制造厂家生产掩模所需要的全部信息。不同的工艺，有不同的设计规则，设计者根据厂家提供的设计规则进行版图设计。严格遵守设计规则可以极大地避免由于短路、断路造成的电路失效和容差及寄生效应引起的性能劣化。

本章首先介绍集成电路版图设计规则的概念，然后重点介绍集成电路中各种无源元件和有源器件的设计。

4.1　集成电路版图设计规则

集成电路版图设计根据电路元器件电气特性要求和工艺限制设计出用于制造掩模的图形，并被进一步制成供光刻用的掩模（也称光刻版）。版图本质上是一组图形，图形按层对应掩模版，不同掩模层对应于不同的工艺过程，通过工艺步骤实现相应结构的器件制造。在这个过程中，设计规则是版图设计和掩模、工艺制造之间的纽带，是工艺加工能力对设计提出的关键约束之一。

1．设计规则的概念

在集成电路设计中，设计规则特指集成电路版图设计必须遵循的规则集，它是电路设计工程师与工艺工程师之间的桥梁，也是两者之间的工作接口。设计规则是指由于元器件电学特性要求和工艺加工能力的限制、成本控制等因素决定的在集成电路版图设计时需要遵守的几何图形尺寸规范，它确定了集成电路工艺过程中对应的掩模版及与之对应的版图图层几何尺寸的设计要求，包括同一图层内部的图形尺寸、图形间的距离，以及不同图层之间的包围与覆盖尺寸要求等。设计版图时必须严格遵守版图设计规则，才能保证良好的电路性能与成品率。

版图设计规则通常分为两类：相对尺寸设计规则（也称为比例设计规则或 λ 设计规则）和绝对尺寸设计规则（也称为微米设计规则或纳米设计规则）。

2．相对尺寸设计规则

相对尺寸设计规则是以 λ 为基本单位，版图图形以 λ 为基准进行量化的图形定义方法，因此又称为 λ 设计规则，或者比例设计规则。对 λ 的定义通常取工艺特征尺寸的 1/2，所有版图图形约束均取为 λ 的整数倍。相对尺寸设计规则由于所有图形间的最小量化单位是一致的，据其定义的图形，其真实尺寸的变化只依赖于对 λ 尺寸的定义，通过修改 λ 基准尺寸，即可获得不同尺寸的设计规则定义，因此采用 λ 设计规则设计的集成电路版图，可以通过修改 λ 的定义方便地对版图图形进行缩放，实现在不同工艺节点之间的版图移植。同时，由于该要求，需要把设计尺寸凑成 λ 整数倍，从而会带来图形不必要的放大或缩小，影响版图设计的灵活性，导致性能和面积损失。

例如，采用 pn 结隔离的双极型晶体管版图尺寸如图 4.1 所示。该版图采用 λ 设计规则来确定图形绘制规范。当 λ=1μm 时，该版图适用于 2μm 工艺；当 λ=0.75μm 时，该版图适用于 1.5μm 工艺。

① 引线孔最小尺寸为 $2\lambda\times2\lambda$。

② 金属条最小宽度为 2λ，扩散条（区）最小宽度为 2λ；p^+隔离墙最小宽度为 2λ。

③ 基区各边覆盖发射区至少 1λ，扩散区对引线孔各边的裕量应大于或等于 1λ。

④ n^+埋层和 p^+隔离墙的最小间距应为 4λ；其余最小间距为 2λ。

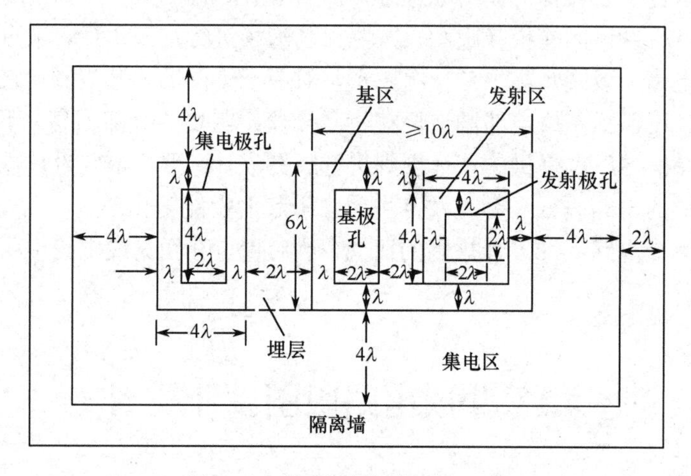

图 4.1 双极型晶体管版图尺寸

3．绝对尺寸设计规则

在集成电路工艺进步过程中，一些加工尺寸如接触孔、通孔和压焊块等并不是持续等比例缩小，按照摩尔定律，当集成电路工艺进步一代以上时，相对尺寸设计规则由于要确保缩小比例最小的图形能够在新工艺条件下可控加工，会采用一个保守的缩小比例，同时，图形的尺寸之间难以保证固定的倍数关系，此时简单套用 λ 设计规则，无法充分挖掘工艺的加工能力，会造成较大的面积浪费和性能损失。为了获取更好的性能和面积，工艺工程师根据工艺特性给出每层图形设计时需要遵循的绝对尺寸要求，精确定义版图图形尺寸的容差限定，这样的设计规则称为绝对尺寸设计规则。依据特征尺寸的尺度大小，又称为微米设计规则或纳米设计规则。

在亚微米以后工艺，绝对尺寸设计规则是版图设计的主流规则，通常简称设计规则，而不再强调是绝对尺寸设计规则。绝对尺寸设计规则对所有容差都有合理的、精确的限定，版图设计更灵活，其所规定的尺寸之间没有必然的比例关系，相互之间可以独立规定，能够充分发挥工艺的潜力，达到较好的性能、面积效果，因此现阶段工艺厂商所提供的设计规则多以绝对设计规则为主。其缺点是当工艺发生变化时，通常需要重新探索并给出相对应的设计规则。对于数字集成电路，需要重新构建与新的设计规则相匹配的工艺数据库。

表 4.1 给出了某代工厂 28nm 混合信号 CMOS 工艺部分设计规则，它限定了 CMOS 生产工艺中的特征尺寸、版图基本图形间隔和覆盖量的大小、密度要求等。图 4.2 所示为绝对尺寸设计规则的几何图示，形象说明表 4.1 中各相应规则项的具体含义。其中，图 4.2（a）所示为扩散层版

图规则，图 4.2（b）所示为 n 阱层版图规则，图 4.2（c）所示为多晶硅 1 层版图规则，图 4.2（d）所示为接触孔版图规则，图 4.2（e）所示为金属 1 层版图规则，图 4.2（f）所示为 1 倍节距金属 *n* 层版图规则，图 4.2（g）所示为通孔版图规则。文中的设计规则只是示例了整套设计规则中的极少一部分，工艺厂家给出的完整的设计规则要复杂得多。

表 4.1　某代工厂 28nm 混合信号 CMOS 工艺部分设计规则（单位：nm）

扩散层版图规则				
规则编号	规则描述	标识	规则	
DF.W1	扩散层图形宽度	W.1	≥	50
DF_NG.W2	nMOS 扩散层图形宽度	W.2	=	100~3000
DF_PG.W3	pMOS 扩散层图形宽度	W.3	=	100~3000
DF.S1	扩散层图形间距	S.1	≥	70
DF.S4	扩散层图形面积<$0.046\mu m^2$，沟道宽度<150nm 时，扩散层图形在多晶硅栅宽度方向的间距	S.4	≥	90
n 阱层版图规则				
规则编号	规则描述	标识	规则	
NW.W1	n 阱层图形宽度	W.1	≥	240
NW.S1	相同电位 n 阱的间距	S.1		0 或≥240
NW.S2	不同电位 n 阱的间距	S.2	≥	800
NW-N_DF.S3	n 阱与 n^+扩散区的间距	S.3	≥	65
NW-P_DF.S4	n 阱与 p^+扩散区的间距	S.4	≥	65
NW-N_DF.S5.TG	n 阱与厚栅 n^+扩散区的间距	S.5	≥	180
NW-N_DF.EN1	n 阱对 n^+扩散区的包围	EN.1	≥	65
NW-P_DF.EN2	n 阱对 p^+扩散区的包围	EN.2	≥	65
NW-P_DF.EN3.TG	n 阱对厚栅 p^+扩散区的包围	EN.3	≥	180
多晶硅 1 层版图规则				
规则编号	规则描述	标识	规则	
PLY.WX	多晶硅层最大宽度		≤	2000
PLY_NG.W1	nMOS 多晶硅层宽度	W.1	=	30
PLY_PG.W2	pMOS 多晶硅层宽度	W.2	=	30
PLY.W6	与临界晶体管栅极临近的第一相邻多晶硅层宽度	W.6	=	30
PLY.W10	与临界晶体管栅极临近的第二相邻多晶硅层宽度	W.10	=	30
PLY_F.S2	场区多晶硅层间距	S.2	≥	80
PLY_F.S3	多晶硅层与另一宽度小于等于 90nm 多晶层图形相邻，其并行长度大于 90nm 时，二者的间距		≥	100
PLY_F.S4	多晶硅层与另一宽度大于 90nm 的多晶层图形相邻，其并行长度大于 90nm 时，二者的间距		≥	120
PLY_F-DF.S6	场区多晶硅层与扩散区的间距	S.6	≥	25
PLY_G.S7	与临界晶体管栅极临近的第一相邻多晶硅层间距	S.7	≥	100
PLY_DF.L1	多晶硅外伸长度	L.1	≥	80
PLY_DF.OH4	对于 L 形扩散区，若多晶硅 1 层和扩散层的间距小于 0.1μm 时的多晶硅外伸长度	OH.4	≥	95
DF-PLY_G.OH5	栅长为 30nm 的多晶硅 1 层，扩散区所需外伸长度	OH.5	≥	75

续表

接触孔版图规则				
规则编号	规则描述	标识	规则	
CT.SZ1	接触孔尺寸	SZ.1	=	40×40
CT.S1	同电位接触孔间距	S.1	≥	70
CT.S3	不同电位接触孔间距	S.3	≥	80
CT_DF-PLY.S4	扩散区接触孔到多晶硅栅的间距	S.4	≥	30
CT_PLY-DF.S5	多晶硅接触孔到扩散区的间距	S.5	≥	35
PLY-CT.EN1	多晶硅包围接触孔	EN.1	≥	15
DF-CT.EN7	扩散区包围接触孔	EN.7	≥	5
DF-CT.EN8	扩散区包围接触孔两个对边	EN.8	≥	20
金属1层版图规则				
规则编号	规则描述	标识	规则	
M1.W1	金属1层宽度	W.1	≥	50
M1.WX	金属1层最大宽度		≤	4.5μm
M1.S1	金属1层间距	S.1	≥	50
M1-CT.EN1	金属1层包围接触孔	EN.1	≥	10
M1-CT.EN2	金属1层包围接触孔（至少两个对边）	EN.2	≥	20
M1.A1	金属1层面积	A.1	≥	$0.0115\mu m^2$
M1.EA1	金属1层包围面积	EA.1	≥	$0.2\mu m^2$
M1.D	金属1层密度		≥	10%
M1.D1	金属1层密度		≤	85%
1倍节距金属 *n* 层版图规则				
规则编号	规则描述	标识	规则	
1XMn.W1	1倍节距金属 *n* 层宽度	W.1	≥	50
1XMn.WX	1倍节距金属 *n* 层最大宽度		≤	4.5μm
1XMn.S1	1倍节距金属 *n* 层间距	S.1	≥	50
1XMn-1XVm.EN1	1倍节距金属 *n* 层包围1倍节距通孔	EN.1	≥	10
1XMn-1XVm.EN2	1倍节距金属 *n* 层包围1倍节距通孔（至少两个对边）	EN.2	≥	25
1XMn.A1	1倍节距金属 *n* 层面积	A.1	≥	$0.014\mu m^2$
1XMn.EA1	1倍节距金属 *n* 层包围面积	EA.1	≥	$0.2\mu m^2$
1XMn.D	1倍节距金属 *n* 层密度		≥	10%
1XMn.D1	1倍节距金属 *n* 层密度		≤	85%
通孔版图规则				
规则编号	规则描述	标识	规则	
1XVn.SZ1	1倍节距通孔大小	SZ.1	=	50×50
1XVn.S1	1倍节距通孔方块间距	S.1	≥	70
1XMn-1XVn.EN1	1倍节距金属 *n* 层包围1倍节距通孔	EN.1	≥	10
1XMn-1XVn.EN2	1倍节距金属 *n* 层包围1倍节距通孔（至少两个对边）	EN.2	≥	25
1XMn-1XVn.EN3	1倍节距金属 *n* 层包围1倍节距通孔（四边）	EN.2	≥	20

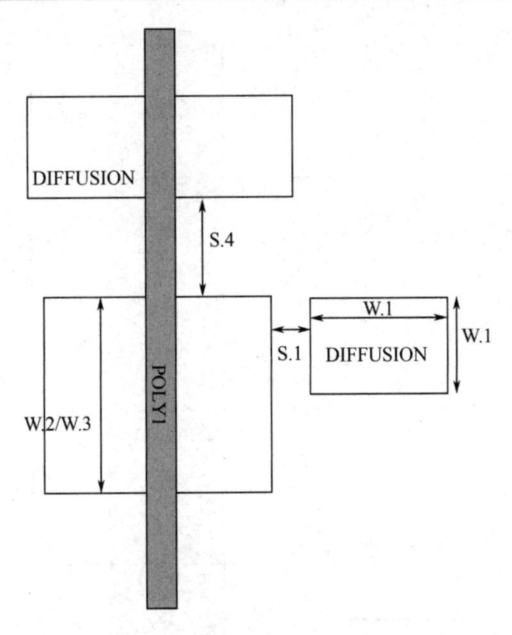

（a）扩散层版图规则

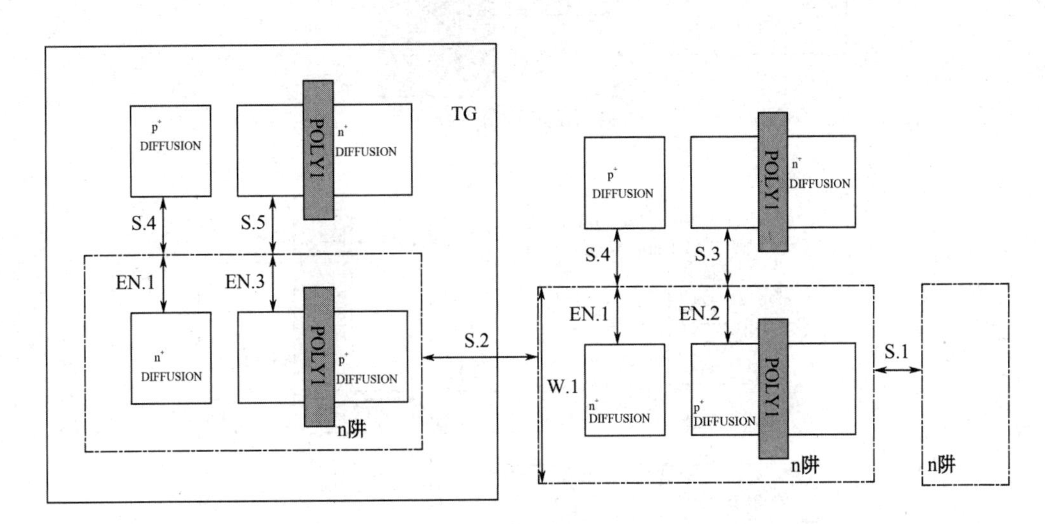

（b）n 阱层版图规则

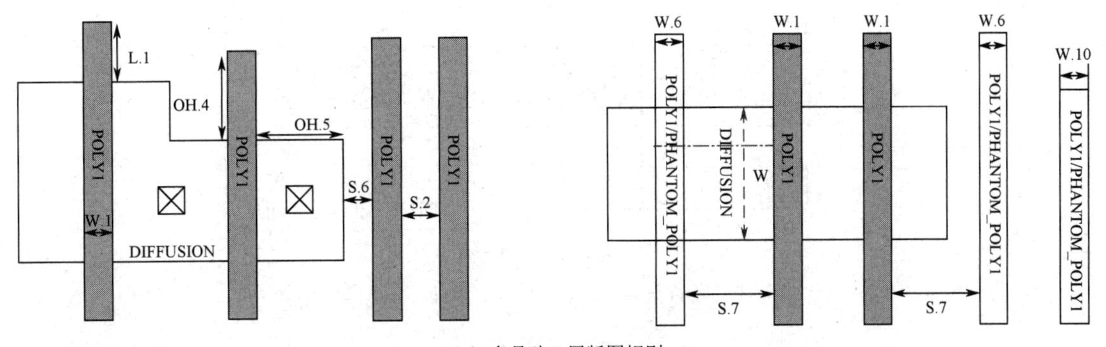

（c）多晶硅 1 层版图规则

图 4.2　绝对尺寸（nm）设计规则的几何图示

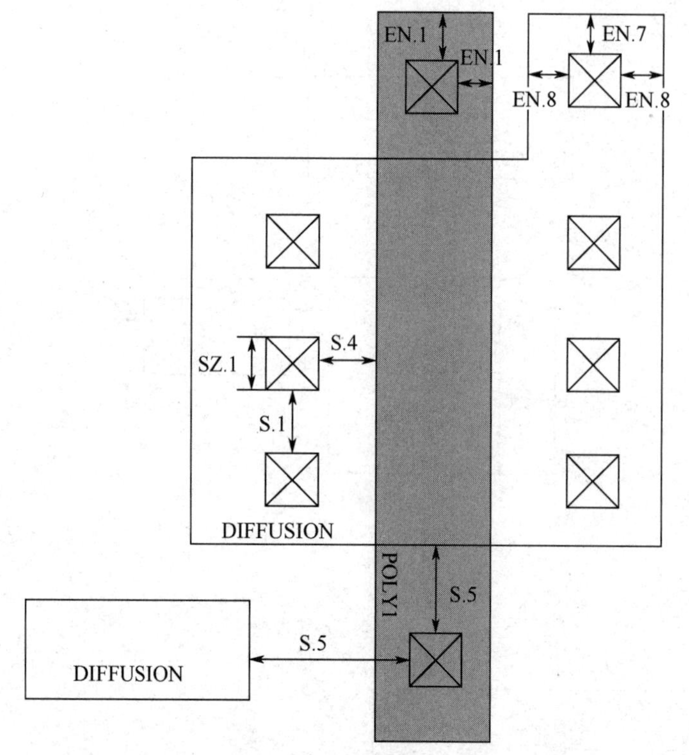

（d）接触孔版图规则

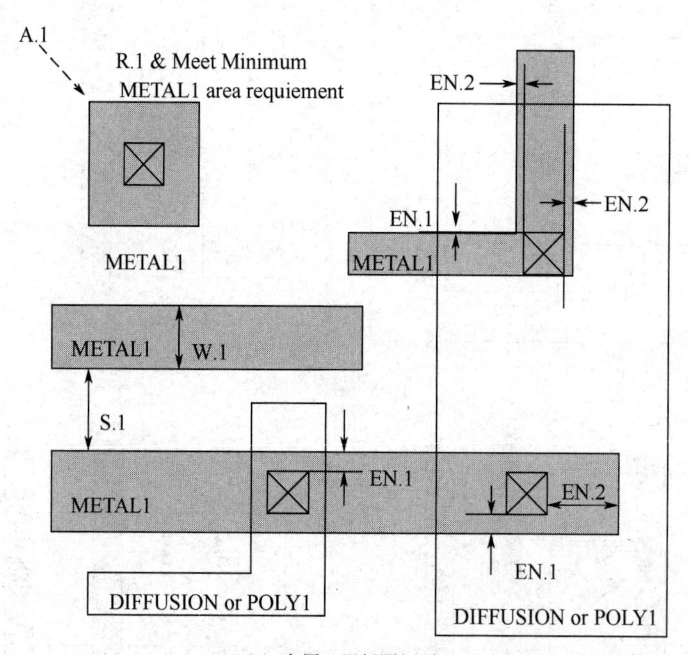

（e）金属1层版图规则

图4.2 绝对尺寸（nm）设计规则的几何图示（续）

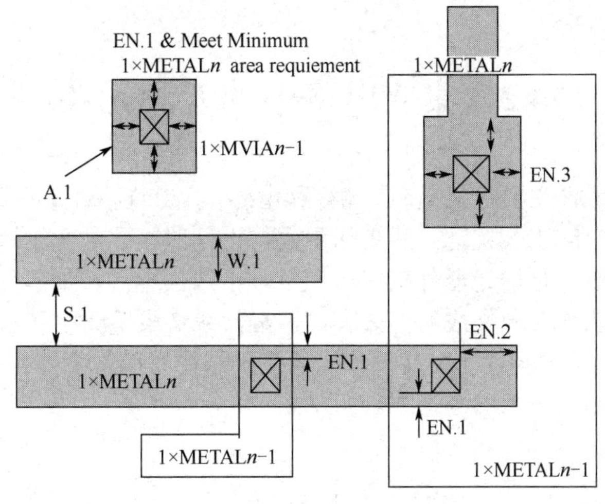

（f）1 倍节距金属 n 层版图规则

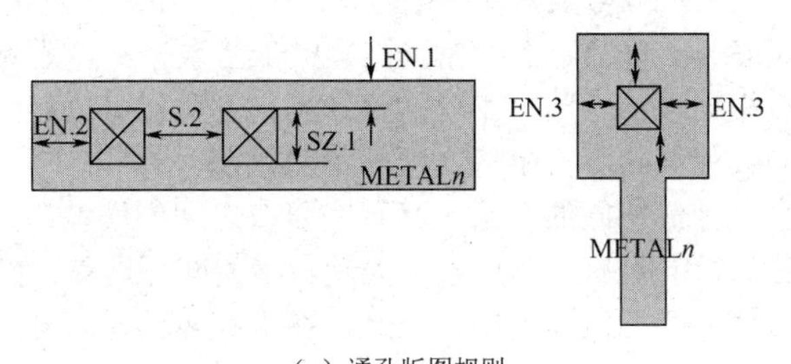

（g）通孔版图规则

图 4.2　绝对尺寸（nm）设计规则的几何图示（续）

4．等比例缩小技术

相对尺寸设计规则是集成电路发展初期采用的版图设计规范，在临近工艺之间移植时，只需重新定义 λ，即可实现版图缩小而无须重新设计版图，可以节省构建版图库等数据库的大量人力和时间。绝对尺寸设计规则可以充分挖掘工艺特性的能力，实现更好的性能、功耗、面积指标。在现代集成电路设计制造中，由于设计自动化技术的发展，为了给定工艺构建一整套完备可靠的工艺库文件，需要消耗巨大的时间人力成本，因此，工业届经常会在主工艺节点（按照摩尔定律 18 个月进步一代，特征尺寸缩小至 70%的工艺节点）采用绝对尺寸设计规则；而对于主工艺节点以外，小尺度的工艺进步称为非主工艺节点（也称为半节点），为了节省人力和时间成本，则通过对主工艺节点中相关的工艺数据，包括设计规则，进行等比例缩小，如此可以快速生成半工艺节点包括版图在内的数据库。该方法结合了两种设计规则的优点，在业界使用得很普遍。例如，0.13μm 工艺通过一定的技术进步（不跨代），可以加工更小的图形，实现 0.11μm 尺寸的工艺加工，此时，常常采用对 0.13μm 设计规则等比例缩小，对原有 0.13μm 设计规则和版图乘以一个系数，完成新工艺的设计规则和版图，该系数通常为 0.85～0.9。这样做，既可以避免重新对 0.11μm 工艺节点 PDK（Process Design Kit，工艺设计工具包）的大量开发工作，又能够获得 0.11μm 工艺的性能面积效果。类似地，可以通过对 28nm 工艺库等比例缩小，获得 25nm 的工艺数据。该方法对主工艺节点和半工艺节点的数据做了线性近似，在临近比较小的范围是可行的，而在较大的范围，由于器件电气特性和图形尺寸之间并不是严格的线性关系，如果在主工艺节点之间采用这种线性近似会带来较大的误差，因此该方法很少用于主工艺节点数据库的构建。

4.2 集成电路中的无源元件

集成电路中的无源元件主要包括电阻、电容和电感，其电气特性不受其电气环境改变而变化。由于集成电路制造过程中的工艺扰动，其实际参数与设计值相比，变化常常比较大。集成电路的有源器件与无源元件相对，是指元器件工作状态依赖于内部电源，如晶体管、二极管等。

无源元件的制作工艺与有源集成器件兼容，通常其在集成电路中所占面积较大。本节将对集成电路中的常见电阻、电容和电感（主动设计的或由于结构等而寄生的）的结构与性能进行讨论，并介绍对集成电路性能影响很大的互连线。

4.2.1 集成电阻

在集成电路中，电阻包括扩散电阻、外延电阻、离子注入电阻（阱电阻）和多晶电阻等，其阻值满足 $R=\rho(L/A)\Omega$。由于加工过程中工艺误差不可避免，电阻制作出来以后和设计值存在误差。该误差根据设计电路时不同的设计考虑，可以分为绝对误差和匹配误差。

绝对误差是指电阻的设计值与真实阻值之间的绝对偏差。

匹配误差是指若干个设计值相同的电阻，其真实阻值之间的偏差。

一般情况下，同一芯片，电阻的绝对误差要大于电阻的匹配误差，可能设计值和实际阻值差距很大，但是它们实际阻值之间的偏差很小，因此，在电路设计时，倾向于采用电阻的比例值，而不是实际阻值。

由于半导体工艺过程的特点，同一工艺层厚度近似相等，因此在集成电路中常常用方块电阻来表征集成电路的电阻特性，它定义为

$$R_{\square}=\frac{1}{\bar{\sigma}H}=\frac{\bar{\rho}}{H} \tag{4.1}$$

式中，$\bar{\sigma}$、$\bar{\rho}$ 分别为电阻层的平均电导率和电阻率，由具体工艺决定；$R_{\square}$ 的单位为 Ω/□。

设计者可依据方块电阻的大小来完成特定阻值电阻的设计。如图 4.3 所示，电阻层长度为 L，宽度为 W，它的电阻为

$$R=R_{\square}\frac{L}{W} \tag{4.2}$$

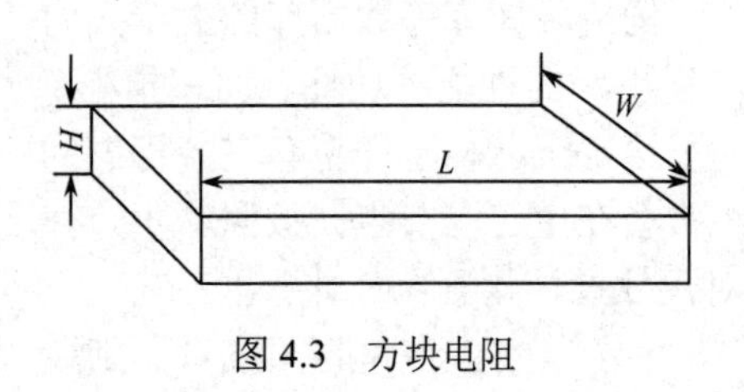

图 4.3　方块电阻

1. 扩散电阻

扩散电阻由扩散层的体电阻构成，包括基区扩散电阻和发射区扩散电阻。其典型结构如图 4.4 和图 4.5 所示。

扩散电阻的方块电阻由扩散层的平均电阻率和结深所决定。基区扩散电阻的典型值为 60~250Ω/□，常见范围为 100~200Ω/□；n^+发射区扩散电阻的方块电阻值范围为 2~10Ω/□。

扩散电阻的等效电路如图 4.6 所示。对于基区扩散电阻来说，C_1 是零偏时基区-集电区结电容，数值为$(1\sim3)\times10^{-4}$pF/μm^2。对于发射区扩散电阻来说，C_1 是零偏时发射区-基区结电容，数值为 10^{-3}pF/μm^2 左右。

扩散电阻在集成电路设计实现中常常受到功耗限制，在室温下，对于 TO 封装或扁平封装，单位电阻所能承受的最大功耗 P_{max} 为

$$P_{max} \leqslant 5 \times 10^{-6} \ (\mathrm{W}/\mu\mathrm{m}^2) \tag{4.3}$$

因此，单位电阻条宽度的最大允许工作电流为

$$I_{max}=(P_{max}/R_{\square})^{1/2}=(5\times10^{-6}/R_{\square})^{1/2} \ (\mathrm{W}^{1/2}/\mu\mathrm{m}) \tag{4.4}$$

根据电路中电阻的工作电流 I 可以确定电阻条的最小宽度为 I/I_{max}。

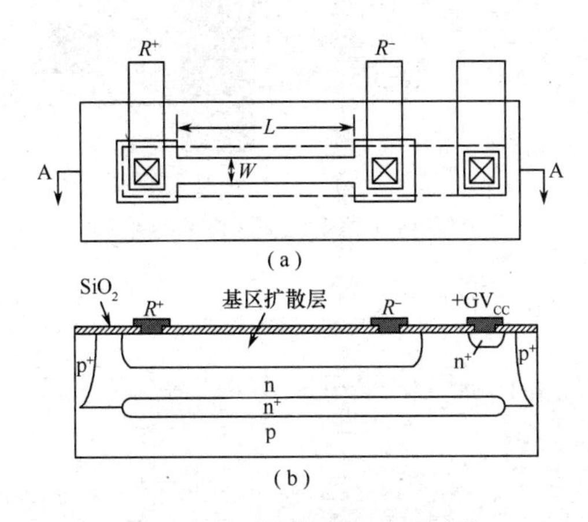

图 4.4 基区扩散电阻典型结构

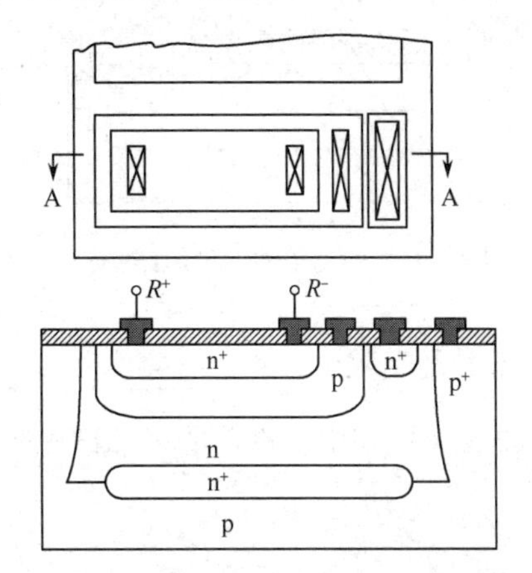

图 4.5 发射区扩散电阻典型结构

扩散电阻的最小条宽除了由电阻的最大允许功耗所决定，还要受到版图设计规则、工艺水平和电阻精度的限制。在实际设计中，扩散电阻最小条宽要取上述三者中最大值。

2. 外延层电阻

外延层电阻是利用工艺中的外延层来实现的，其结构如图 4.7 所示。方块电阻的阻值由外延层的电阻率和厚度决定，可以用作高值电阻，能够承受较高的电压。外延层电阻的典型值为$(2\sim5)\times10^3\Omega/\square$。由于电阻是通过外延工艺和隔离扩散工艺来制作的，因此其阻值较难控制，电阻的相对误差 $\Delta R/R$ 会高达 30%～50%。在工艺实现中，也会通过在外延层上扩散 p 区形成外延层沟道电阻，其电阻典型值会提高到$(4\sim10)\times10^3\Omega/\square$。

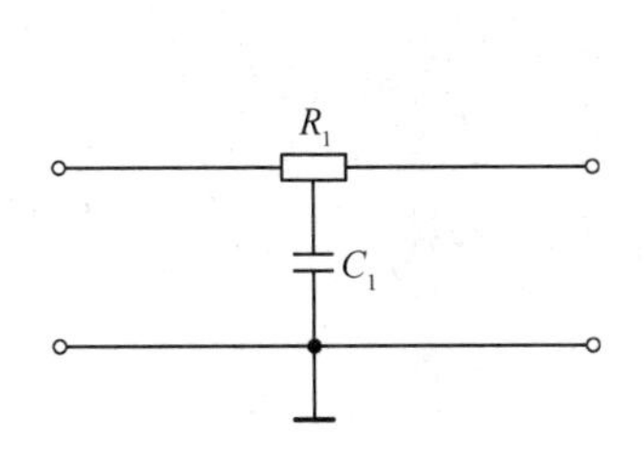

图 4.6 扩散电阻的等效电路

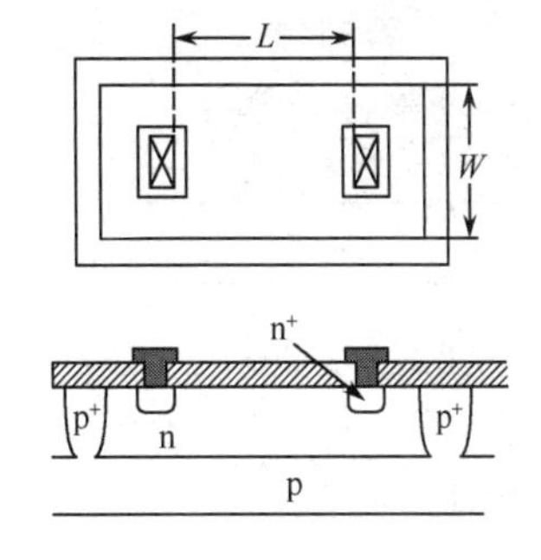

图 4.7 外延层电阻结构

3. 离子注入电阻

典型的离子注入电阻结构如图 4.8 所示，由外延层中的硼离子注入层形成。离子注入电阻的长度 L 和宽度 W 可以由掩模版的窗口大小确定，相比扩散电阻，其受边缘横向扩散效应的影响较小。选择合适的离子注入掺杂和退火温度，可以将离子注入方块电阻的阻值控制在 $0.1\sim20\mathrm{k}\Omega/\square$ 范围。离子注入电阻常用于大阻值、高精度电阻的场合。在 CMOS 工艺中，由于源漏区通常采用离子注入方式实现，该工艺过程会在源漏端引入寄生的离子注入电阻，如图 4.9 所示。

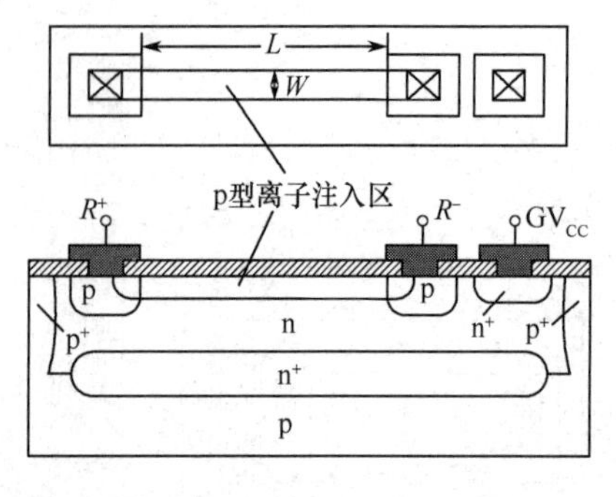

图 4.8　典型的离子注入电阻结构

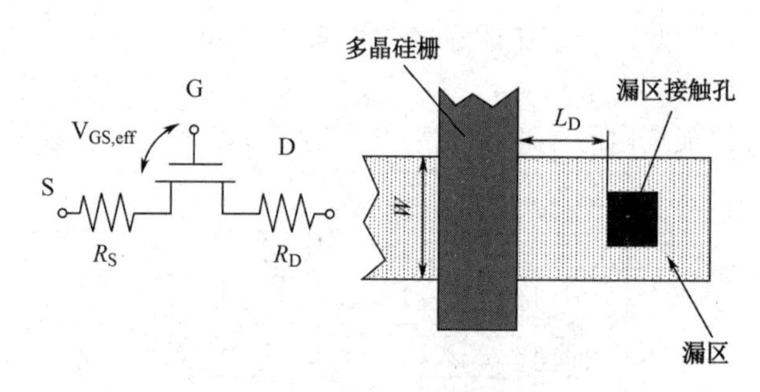

图 4.9　CMOS 工艺源漏离子注入电阻示意图

4．多晶硅电阻

在 CMOS 电路中，常用的多晶硅电阻结构如图 4.10 所示。采用扩散掺杂得到的多晶硅电阻的阻值为

$$R = R_{\square}\frac{L}{W} \tag{4.5}$$

式中，$R_{\square}$ 根据掺杂浓度的不同，可以从几十 Ω/□到几千 Ω/□变化。制作多晶硅电阻时需要在电阻区上增加掩蔽保护层，以排除工艺流程中其他步骤的离子注入对电阻值的影响，也可以在多晶硅表面制作金属硅化物来降低其电阻值。

在 MOS 工艺中，栅极采用多晶硅实现，会形成寄生的多晶硅电阻，为了提高栅极电压的一致性，保障器件性能，通常会在栅极制作时，在多晶硅图形上增加金属硅化物层来降低栅极的多晶硅电阻，硅化物多晶硅栅如图 4.11 所示。

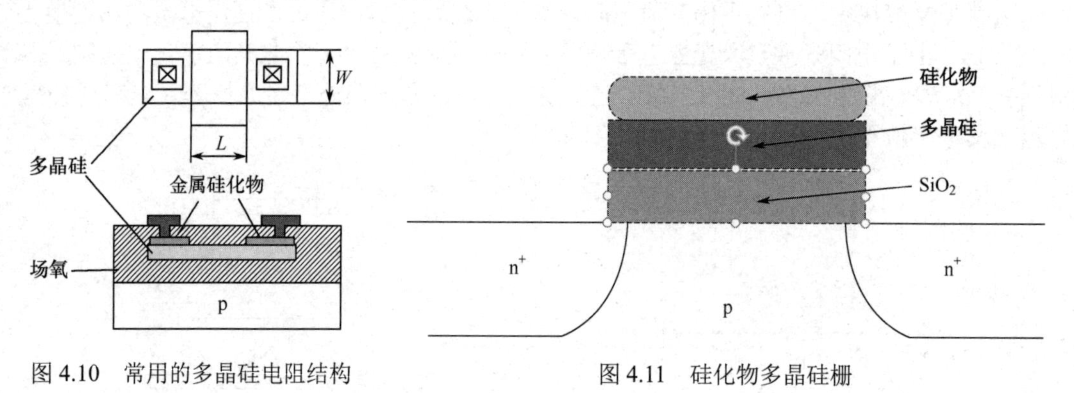

图 4.10　常用的多晶硅电阻结构　　　　图 4.11　硅化物多晶硅栅

5．接触电阻

在集成电路中，电极的引出大多数采用金属材料，会发生金属和半导体之间的金-半接触，该电阻要求势垒尽可能低，电导尽可能大，电阻尽可能小，即要求为欧姆接触，其阻值通常由工艺厂家给出。

6．集成电阻的比较

表 4.2 所示为常用的几种集成电阻的大小、制作精度及温度系数的对比。表中 ppm 代表 parts per million，因此 ppm/℃表示温度每升高 1℃时引起电阻阻值有百万分之一的变化。

表 4.2　几种集成电阻的比较

电　　阻	方块电阻/（Ω/□）	相对误差/%	温度系数/（ppm/℃）
基区电阻	100～200	±20	＋1500～2000
发射区电阻	2～10	±20	＋6000
离子注入电阻	100～1000	±3	可控
基区沟道电阻	2000～10000	±50	＋2500
外延层电阻	2000～5000	±30	＋3000
外延层沟道电阻	4000～10000	±7	＋3000
薄膜电阻		±3	＋200

4.2.2　集成电容

集成电路中电容包括 pn 结电容、MOS 电容、MIM 电容和 MOM 电容。

1．pn 结电容

pn 结电容是利用反向偏置 pn 结的势垒电容，其制作工艺与 npn 晶体管工艺兼容，其典型结构如图 4.12 所示。

单位结面积的 pn 结电容可以表示为

$$C_{\mathrm{T}}=C_{\mathrm{T0}}\left(1-\frac{V}{V_{\mathrm{D}}}\right)^{-M_{\mathrm{J}}} \tag{4.6}$$

式中，V_{D} 为 pn 结的内建电势；M_{J} 为梯度因子；C_{T0} 为零偏压时单位结面积的势垒电容。pn 结电容与掺杂浓度相关，发射结的零偏电容较大，但击穿电压只有 6～9V；集电结的零偏电容较小，但其击穿电压大于 20V。如果考虑杂质的横向扩散，用于计算 pn 结电容的面积应为实际 pn 结底面积与 4 个侧面积之和，由于扩散纵向、横向系数不同，因此底面和侧面的梯度因子也会不同。

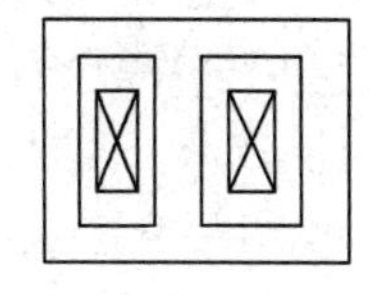

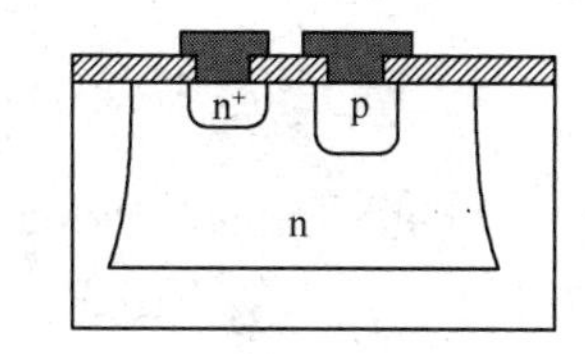

图 4.12　pn 结电容的典型结构

2．MOS 电容

MOS 电容是利用 MOS 管栅极与沟道之间的栅氧化层作为绝缘介质，栅作为上极板，源漏与衬底短接组成下极板，上极板接电压源，下极板接地，当栅上的电压超过阈值电压时，会引起源、漏之间出现反型层，这样就形成了以栅氧化层为介质的电容。nMOS 电容结构如图 4.13 所示。其单位面积的电容为

$$C_0=\frac{\varepsilon_{\mathrm{r}}\varepsilon_0}{T_{\mathrm{ox}}} \tag{4.7}$$

式中，ε_{r} 为氧化层的相对介电常数，SiO_2 的相对介电常数为 3.9；ε_0 为真空介电常数，数值为 8.85×10^{-14}F/cm；T_{ox} 为氧化层的厚度。若一个 MOS 电容的 T_{ox}＝1nm，则单位面积的 MOS 电容为 $3.46\times10^{-2}\mathrm{pF/\mu m^2}$。单位面积的 MOS 电容与 pn 结电容具有相同的数量级。

MOS 电容本质上是使用栅氧化层作介质的压控电容器，优点是可以实现较高的电容密度，缺点是容值会随着栅极电压的不同而变化，具有较大的非线性，这个缺点在要求高精度的电路中几乎是致命的。

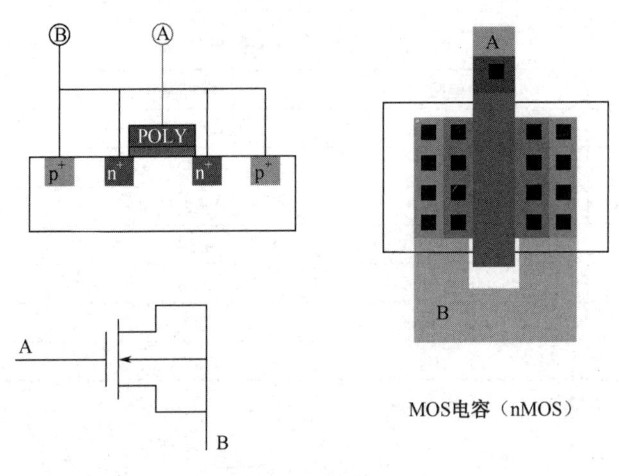

图 4.13 nMOS 电容结构

3．MIM 电容

MIM（Metal Insulator Metal）电容是利用不同金属层和它们之间的介质形成的电容，相当于一个平板电容。最顶两层金属层间距较大，形成电容的容值较小，一般 MIM 电容由次最顶层的金属层和中间特殊的金属层（区别于互连金属层）构成，结构如图 4.14 所示，CTM 和 M_{T-1} 中间的介质层较薄，形成的电容密度较高，并且顶层寄生电容小，精度高。但是，即便 9 层布线的工艺中，使用第 9 层金属层去构建 MIM 电容，其单位面积电容密度也只有 1.x fF/μm^2 量级，而寄生电容 C_p 可达总电容的 10%，甚至更多。

4．MOM 电容

MOM（Metal Oxide Metal）电容通常是金属连线形成的插指电容，其结构如图 4.15 所示。随着工艺技术的不断进步，金属连线的高宽比越来越大，金属层间距越来越小，可用的金属层数越来越多，MOM 电容结构的电容密度也不断增加，逐渐获得重视。与 MIM 电容不同，MOM 电容主要是利用同层金属的插指结构来构建电容。

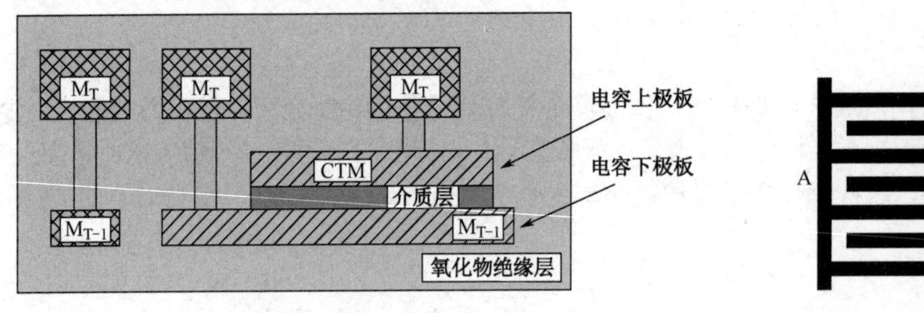

图 4.14 MIM 电容结构

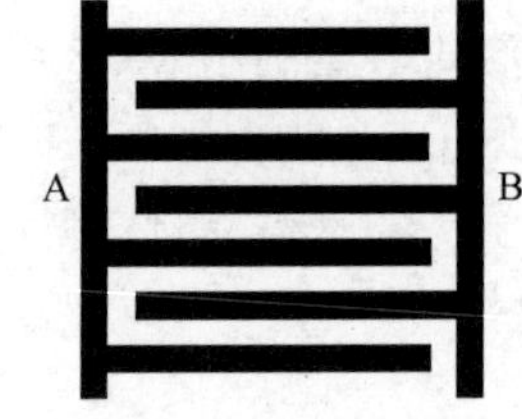

图 4.15 MOM 电容结构

4.2.3 片上电感

在射频 CMOS 电路中，片上电感通常采用螺旋状的金属条结构。一个正方形片上螺旋电感的结构如图 4.16（a）所示。图中 w 表示金属线宽，s 表示金属线间距。为了将电感内圈的金属线引出，必须使用不同层的金属制作。片上电感的等效电路如图 4.16（b）所示。图中 L_S、R_S 分别代表片上电感自身的电感和串联电阻，C_S 是两层导体间的寄生电容，C_P、R_P

分别为等效的并联电容和电阻。

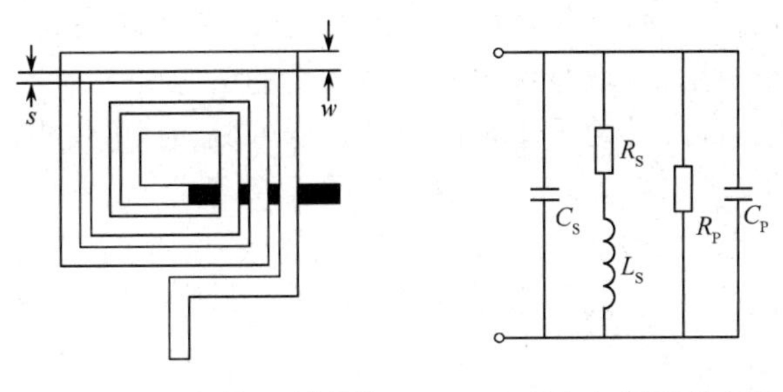

（a）正方形片上螺旋电感的结构　（b）片上电感的等效电路

图 4.16　片上螺旋电感的结构和片上电感的等效电路

电感是存储磁场能量的元件，电阻、电容为电感的主要寄生元件。集成电路中螺旋电感的值可以采用 Greenhouse 算法计算，即

$$L=L_0+M_+-M_- \tag{4.8}$$

式中，L_0 为单根直导体的总电感；M_+和 M_-分别代表平行导体间的正、负互感，当两根平行导体内通有同向电流时为正互感，通有反向电流时为负互感。

$$L_0=\sum_{i=1}^{N}L_i=\sum_{i=1}^{N}2l_i\left\{\ln\left[2l_i/(w+t)\right]+0.50094+(w+t)/3l_i\right\} \tag{4.9}$$

$$M=\sum_{i=1}^{N}2l_iq_i \tag{4.10}$$

$$q_i=\ln\left[l/[\text{GMD}]+\left(1+l^2/[\text{GMD}]^2\right)^{1/2}\right]-\left(1+[\text{GMD}]^2/l^2\right)^{1/2}+[\text{GMD}]/l \tag{4.11}$$

式中，w、t 分别为金属条宽度和厚度；l_i为第 i 段金属条长度；q_i为对应于 l_i的互感参数；N 为直导体总段数；[GMD]为两平行导体的几何平均距离。式中电感单位为 nH，长度单位为 cm。

电感的品质因数 Q 可以表示为

$$Q=\frac{\omega L_S}{R_S}\times\frac{R_P}{R_P+\left[\left(\omega L_S/R_S\right)^2+1\right]\times R_S}\times\left[1-\frac{R_S^2\left(C_P+C_S\right)}{L_S}-\omega^2L_S\left(C_P+C_S\right)\right] \tag{4.12}$$

式中，ω 为角频率；L_S、R_S 分别为电感自身的串联电感和电阻；C_S 为两层导体间寄生电容；C_P、R_P 分别为并联等效电容和电阻。

在 CMOS 工艺中，提高螺旋电感 Q 值的方法包括采用高电阻率衬底、对电感下方衬底材料进行刻蚀、采用较厚绝缘层将电感与衬底隔离、衬底中制作 pn 结以减小衬底损耗等技术。

4.2.4　互连线

随着集成电路的发展，电路功能越来越复杂，芯片面积越来越大，特征尺寸越来越小，实现电路连接功能的互连线对集成电路时序、功耗的影响逐渐占据重要的地位。在芯片中，互连线会带来诸如电阻、电容和电感等寄生效应，影响片上电源电压的分布及信号传播的完整性，为尽可能真实地反映片上互连线对集成电路信号的影响，其表述模型也越来越复杂。

集成电路中的互连线，从其长度和功能方面划分，可分为全局互连线、半全局互连线、局部互连线 3 种。局部互连线是指一个执行单元或功能模块内的互连线，通常位于最底部的第一及第二互连层；半全局互连线是为功能模块内的时钟信号等传输距离较长的信号提供互连线；全局互连线则是为功能模块之间的时钟信号提供互连线，其长度常达到芯片周长的 1/2，通常位于互连引线层的最上几层。在实际的互连系统设计中，局部互连线由于长度很短，互连线延时很小，因此通常选择尽量细的尺寸设计；而半全局互连线相对较长，为了减小其互连线延时，提高集成度，其尺寸较局部互连线要宽一些，选取方块电阻相对较小的连线层；由于全局互连线很长，因此它是主要的互连线延时因素，其尺寸要采用宽的尺寸，尽可能选择方块电阻小的互连层，以尽可能减小其互连线延时。

当集成电路技术的发展进入数 nm 技术时代以后，对于互连技术来说，互连线电阻率的降低、新型互连线材料的集成、互连线引线和通孔图形的加工、芯片表面平坦化的控制和高可靠性等方面的实现均是严峻的挑战。

互连线的电阻、电容和电感等参数可采用如下方法估算。

图 4.17 是具有相同几何尺寸的共面互连线的截面示意图。图中，w 为互连线的宽度，t 为互连线的厚度，s 为互连线的间距，h 为互连线距离接地平面的距离，l 为互连线的长度。

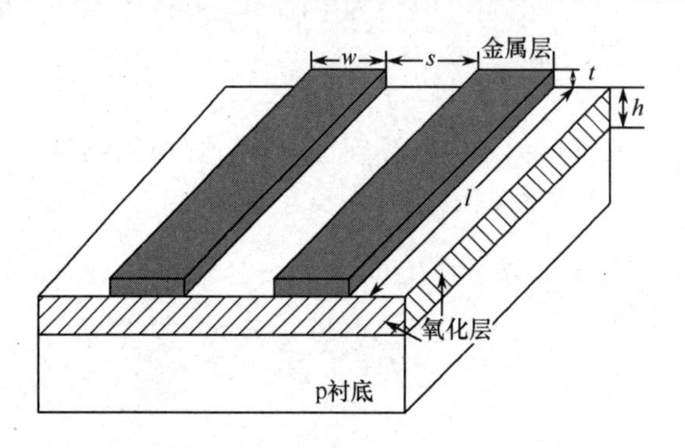

图 4.17 共面互连线的截面示意图

互连线的电阻通过式（4.13）估算：

$$R_1 = R_2 = \rho \frac{l}{wt} \tag{4.13}$$

式中，ρ 为互连线材料的电阻率。

铜互连线的电阻率为 1.7μΩ • cm，铝互连线的电阻率为 2.8μΩ • cm。

由于互连线寄生电容的减小，因此耦合电容对信号的影响越来越大。使用有限元法可以精确计算互连线电容，工程计算中可以采用下式估算互连线的自电容。

$$\frac{C_1}{\varepsilon_{ox} l} = \frac{C_2}{\varepsilon_{ox} l} = 1.11\frac{w}{h} + \left[0.79\left(\frac{w}{h}\right)^{0.10} + 0.59\left(\frac{t}{h}\right)^{0.53}\right] + \left[0.52\left(\frac{w}{h}\right)^{0.10} + 0.46\left(\frac{t}{h}\right)^{0.17}\right]\left(1 - 0.87\mathrm{e}^{-\frac{s}{h}}\right) \tag{4.14}$$

当参数 0.02<(w/h)、(t/h)＜1.28 及(s/h)<1.28 时，估算结果的相对误差小于 8.2%。

如图 4.17 所示，两条互连线间耦合电容的表达式为

$$\frac{C_{12}}{\varepsilon_{ox} l} = \frac{l}{s} + 1.21\left(\frac{l}{h}\right)^{0.10}\left(\frac{s}{h} + 1.15\right)^{-2.22} + 0.25\ln\left(1 + 7.17\frac{w}{s}\right)\left(\frac{s}{h} + 0.54\right)^{-0.64} \tag{4.15}$$

对于参数 0.02<(w/h)、(t/h)<1.28 和 0.02<(s/h)<2.56，其相对误差小于 8.6%。

在式（4.14）和式（4.15）中，ε_{ox} 为 SiO_2 的相对介电常数。上述解析公式求得的单位长度电容值的单位为 F/m。

在计算互连线的自感和互感时，利用场解析器（如 FastHenry）可以有很高的精度，但这是

以大的内存需求和长时间运算为代价的。在工程计算中，可采用如下解析公式快速地完成互连线电感的提取。

若满足 $l \gg (w+t)$，则互连线的寄生电感为

$$L_1 = L_2 = \frac{\mu_0}{2\pi}\left[l\ln\left(\frac{2l}{w+t}\right) + \frac{l}{2} + 0.2235(w+t) \right] \tag{4.16}$$

若满足 $l \gg s$，则互连线的寄生电感为

$$M_{12} = \frac{\mu_0 l}{2\pi}\left[\ln\left(\frac{2l}{s}\right) - 1 + \frac{s}{l} \right] \tag{4.17}$$

式中，μ_0 为真空磁导率。

对互连线的建模可以采用不同精度、不同计算量的多种方式，包括互连线集总模型和互连线分布式模型、传输线模型等。在一般的电路分析中，采用电阻、电容、电感等元件来表征互连线的电学特性，把互连线两端间的电阻、电容、电感作为一个整体考虑，认为元件之间的信号是瞬间传递的，这种理想化的模型称为互连线集总模型。互连线集总模型计算简单，但不够精确，其延时甚至会偏离 20%以上。对于实际的互连线来说，特别是深亚微米互连线，表现为分布参数系统，把一段互连线看作由若干段串联构成。每段由一个互连线集总模型来表征，每个互连线集总模型都是互连系统中某一小段的模型，那么进行适当数量的级联之后就可以把级联形成的模型看作是一个相应的分布系统。在电路分析中，把一段互连线分成若干段，每段单独考虑其电阻、电容、电感，用互连线集总模型表征其参数，整个互连线看作由若干段独立的互连线串联，由这若干段互连线集总模型构成该互连线的分布式模型。在深亚微米以后的工艺中，为了保持信号完整性、削弱噪声，分布式模型逐渐占据主导。引入电感因素后，尽管计算精度有所提高，但计算量增加，传输线模型相对比较精确，但计算量也较大。在多数场合，忽略电感可以节省较大计算资源，而其结果误差也在接受范围之内，行业通常会忽略互连线的电感参数。当然，传输线模型中互连线分段的数量越多，该互连线分段模型越逼近互连线参数的真实分布，越接近于信号在传输线的传播行为。图 4.18 所示为互连线模型的演变发展示意图。

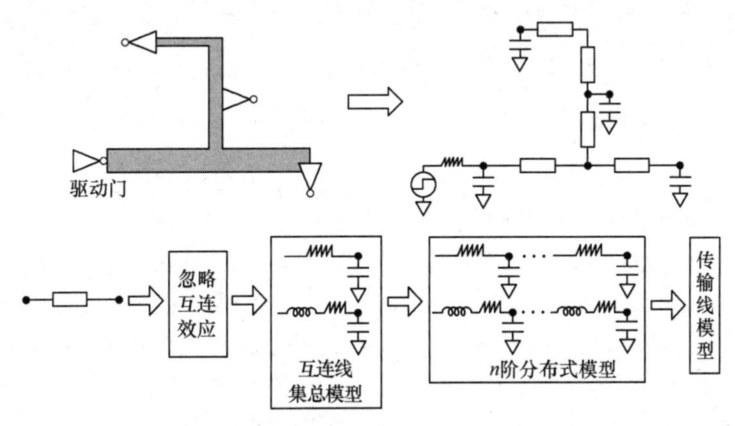

图 4.18　互连线模型的演变发展示意图

4.3　双极型集成器件与电路设计

本节首先介绍典型双极型晶体管的结构，然后以 npn 晶体管为例讨论其寄生参数及设计要点，

最后以 8 输入 TTL 门电路为例给出了双极型集成电路的版图设计方法。

4.3.1 双极型晶体管结构

实际集成电路中常用的 pn 结隔离双极型晶体管为四层三结结构，它的各个电极均从芯片表面引出，存在一系列的多维效应。

在双极型集成电路中，同样结构和尺寸的晶体管，由于电子迁移率要大于空穴迁移率，npn 晶体管的速度要比 pnp 晶体管快，因此 npn 晶体管使用更为广泛，它对电路性能的影响更大。典型的集成 npn 晶体管结构如图 4.19 所示。它是在 p 型衬底上扩散高掺杂的 n^+型掩埋层，生长 n 型外延层，扩散 p 型基区、n^+型发射区而制成的。其中 n^+型掩埋层的作用是为了减小集电区的体电阻。

在双极型集成电路中，也经常使用 pnp 晶体管。由于 pnp 晶体管是采用与 npn 晶体管兼容的工艺过程制造的，因此只能采用一些特殊的结构。一般来讲，试图不增加任何工序就能得到与 npn 晶体管性能相当的 pnp 晶体管是很难的。采用与 npn 晶体管兼容工艺构成的集成 pnp 晶体管有纵向和横向两种结构形式。

纵向 pnp 晶体管结构如图 4.20 左半边所示。pnp 晶体管的 p 型发射区是利用 npn 晶体管的 p 型基区兼容而成的，基区是原来的 n 型外延层，集电区为集成电路的 p 型衬底，故又称为衬底 pnp 晶体管。由于结构的关系，内部的载流子沿着垂直方向运动，因此又称为纵向 pnp 晶体管。这种 pnp 晶体管的电流放大系数 β 虽然不及 npn 晶体管，但是高于下面介绍的横向 pnp 晶体管。由于纵向 pnp 晶体管的集电区是整个电路的公共衬底，必须接到电路中的最低电位，因此限制了它的应用。在电路中，它通常作为射极跟随器使用。

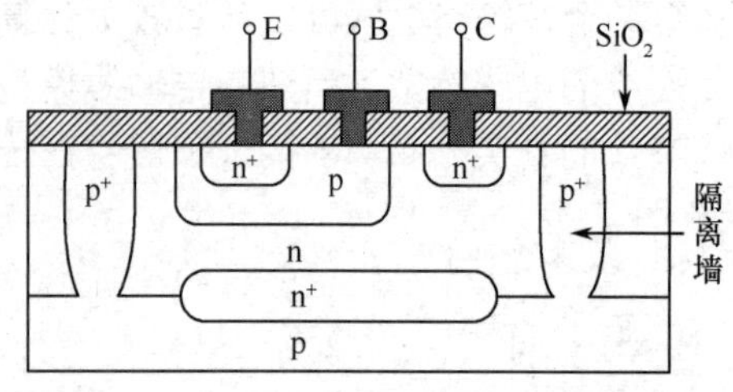

图 4.19 典型的集成 npn 晶体管结构

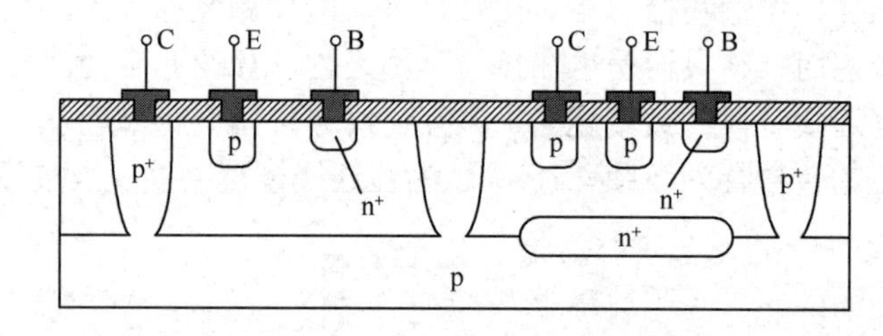

图 4.20 纵向和横向 pnp 晶体管结构

横向 pnp 晶体管结构如图 4.20 右半边所示。横向 pnp 晶体管制作简单，能与 npn 晶体管工艺兼容，不增加工序。在扩散 npn 晶体管 p 型基区的同时，即可制作横向 pnp 晶体管的 p 型发射区和 p 型集电区。这种结构的晶体管发射区的空穴载流子只能沿水平方向达到集电区，故称为横向 pnp 晶体管。它的 β 值相对较低，一般仅为十几倍到二三十倍。横向 pnp 晶体管的优点在于它在电路中的连接方式不受任何限制，所以比纵向 pnp 晶体管有更多的用途；缺点是结电容较大，特征频率 f_T 较低，一般为几兆到几十兆赫兹。

表 4.3 给出了运算放大器 μA741 中 3 类晶体管的主要模型参数。其中，I_S 为反向饱和电流，β_F 为正向共射极电流放大系数，β_R 为反向共射极电流放大系数，C_{jE}、C_{jC}、C_{jS} 分别为发射结、集电结、衬底结的结电容，R_B、R_E 为晶体管的基区和发射区串联电阻，T_F 为反映特征频率高低的正向渡越时间。

表 4.3　μA741 中 3 类晶体管的主要模型参数

类型	参数								
	I_S/(10^{-15}A)	β_F	R_B/Ω	R_E/Ω	T_F/ns	C_{jE}/pF	C_{jC}/pF	C_{jS}/pF	β_R
npn 晶体管	0.395	520	185	15	0.76	2.8	1.36	7.8	6.1
横向 pnp 晶体管	3.15	9.5	500	150	27.4	0.1	1.05	5.1	1.5
纵向 pnp 晶体管	17.6	56	80	156	26.5	4.05	2.8	—	1.5

4.3.2　双极型晶体管的寄生参数

下面以图 4.21 所示的单基极和单发射极的 npn 晶体管为例讨论双极型晶体管的寄生参数。

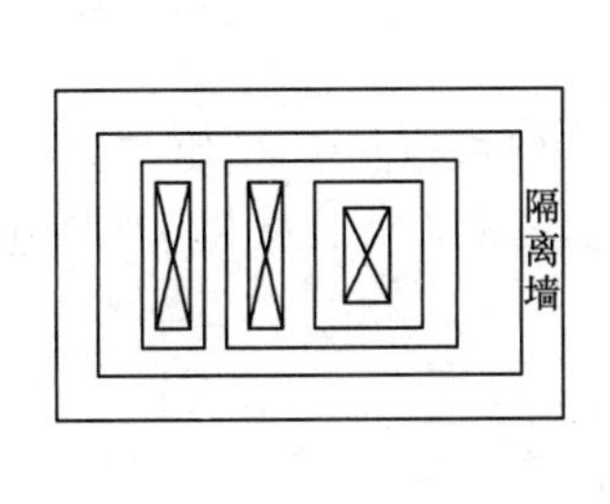

(a)

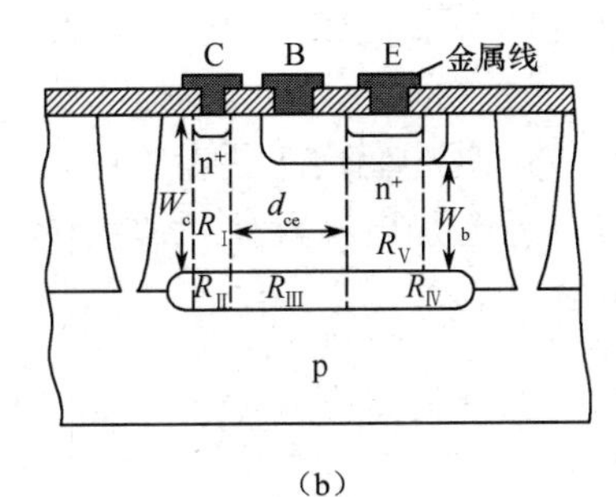

(b)

图 4.21　单基极和单发射极的 npn 晶体管

双极型晶体管的寄生效应包括有源寄生效应和无源寄生效应。产生有源寄生效应的原因有：由于隔离的需要而增加了 p 型隔离墙与 n 型外延层之间的 pn 结，以及由于同一个隔离岛中几个器件的靠近而构成了不希望有的寄生晶体管或二极管。利用四层非线性模型能够有效分析这些效应。

pn 结的耗尽层电容及器件的电极接触与有源区之间的电阻都会引起无源寄生效应。

由于集成晶体管的集电极必须从上面引出，集成电路晶体管的集电极串联电阻 R_c 要比分立晶体管的大。R_c 的增大将影响晶体管的高频性能和开关性能。尤其在数字电路中，R_c 的增大将使晶体管的饱和压降增大，输出低电平提高，因此在数字电路中要特别注意降低 R_c。

由于晶体管集电区本身形状很复杂，很难用一个简单的模型来模拟它，也很难用分析和计算方法得到精确的数值，因此通常采用近似方法来估算 R_c 的值，以便从中找出减小 R_c 的主要措施。

为了估算方便，把集电极电流流经的区域分为 5 个部分，如图 4.21 所示。R_c 即为

$$R_c = (R_I + R_{II} + R_{III} + R_{IV} + R_V) \tag{4.18}$$

式中，R_I 和 R_V 均为长方体电阻；R_{II} 和 R_{IV} 均为埋层区拐角处的体电阻。在区域Ⅱ，电流从垂直方向流进，水平方向流出。在区域Ⅳ，电流从水平方向流进，垂直方向流出。进一步分析可得，其等效薄层电阻大小为电流水平流向时薄层电阻的 1/3。R_{III} 是梯形电阻，电流从水平方向流进，水平方向流出，其薄层电阻的宽度取两边的平均值。

必须指出的是，在估算中，如果计入埋层反扩散、氧化时外延层厚度减薄等方面的影响，R_c 值还应小一些。

要降低 R_c，可采取如下措施：采用低电阻率薄外延片，降低埋层区的薄层电阻，增大发射区、集电极引线孔的长度和面积，缩小发射区与集电极之间的距离等。如果选用双集电极结构，其 R_c 约为单集电极结构的一半，采用带有深 n^+ 集电极接触的晶体管结构，可使 R_c 进一步减小，但这要增加一块掩模并在基区扩散前增加一次深 n^+ 扩散。

基极接触与发射区边缘之间的基区电阻 R_b 可用上述类似的方法处理。R_b 和 R_c 都不包括接触电阻。接触电阻与硅片表面的杂质浓度有关，其数值通常小于 R_b 和 R_c。

可以利用计算扩散电阻底面和侧壁寄生电容的方法来计算发射结电容与集电结电容。

4.3.3 npn 晶体管纵向结构设计

晶体管纵向结构设计的任务是根据电路对晶体管参数指标的要求，确定晶体管有关纵向结构尺寸。

下面以图 4.21 为例，按照工艺步骤给出标准 npn 晶体管纵向结构的确定方法和原则。

1. 集电区材料的选择

作为集电区外延层材料，主要考虑两个参数，即外延层掺杂浓度 N_c（或者用电阻率表示）和外延层厚度 χ_{js}。

对于数字电路，外延层电阻率主要考虑对晶体管集电极电阻 R_c 的影响。

对于模拟电路，由于外加电压较高。因此，N_c 以考虑击穿电压为主，若集电结为单边突变结，则击穿电压 BV_{CBO} 为

$$BV_{CBO} = 60\left(\frac{E_g}{1.1}\right)^{\frac{3}{2}}\left(\frac{N_c}{10^{16}}\right)^{-\frac{3}{4}} \tag{4.19}$$

若要求较高的击穿电压，则需要降低外延层掺杂浓度 N_c。N_c 的确定已形成工程实用数据，即由工作电压确定外延层电阻率。

外延层厚度 χ_{js} 主要由集电结结深 χ_{jc}、集电结最大耗尽层宽度 χ_{mc}、衬底结杂质反扩散深度 χ_R 及氧化层生长过程中的消耗量决定，它可表示为

$$\chi_{js}=\chi_{jc}+\chi_{mc}+\chi_R+0.44d_{SiO_2}+\varDelta \tag{4.20}$$

式中，d_{SiO_2} 为氧化层厚度；$\varDelta$ 为余量，是为防止材料和扩散不均匀性设置的。同时，为提高器件二次击穿耐压，往往也应适当增加外延层厚度。

2. 基区宽度 W_b 的选择

晶体管的基区宽度是纵向结构中最重要的参数之一。基区宽度的下限（最小宽度）要保证不发生基区穿通效应。对于基区宽度的上限（最大 W_b）根据不同晶体管的要求有以下原则。

① 大功率管。由于宽基区晶体管结构不易引起电流集边效应，因此可尽量采用宽基区结构。

② 对于高频晶体管和微波晶体管，特征频率 f_T 和最高震荡频率 f_{max} 是重要参数。由于 f_T 主要由 W_b 决定，且 W_b 越小，f_T 越高；但 W_b 越小，R_b 会增加，又会使 f_{max} 下降。因此，为了同时考虑 f_T 和 f_{max} 两个参数的要求，必须在减小 W_b 的同时，采用多基极条结构，减小 R_b。

在实际设计中，W_b 由相应的工程实用数据决定。

3. 发射结结深和集电结结深的选择

集成双极型晶体管的基区宽度 $W_b=\chi_{jc}-\chi_{je}$。由于扩散结深度存在不均匀性，为了便于工艺控制，当 W_b 选择后，一般的双极型集成电路中通常使得发射结结深 χ_{je} 与 W_b 相当，即 χ_{jc} 约为 χ_{je} 的 2 倍。

对于高频晶体管，发射结结深 χ_{je} 可选择 0.5～1μm；对于微波晶体管，χ_{je} 可选择 0.2～0.3μm；对于低频功率晶体管，χ_{je} 可适当选择大一些，这样器件参数的重复性较好。

4．基区和发射区表面掺杂浓度的选择

基区和发射区的杂质浓度及其分布情况主要影响晶体管的发射效率、基极电阻和晶体管电流特性。

为了保证发射效率，要求发射区表面浓度应比基区表面浓度高两个数量级以上。但若发射区表面浓度太高又会引起禁带的 E_g 变窄，反而会导致发射效率下降，因此应同时注意这两方面的影响。

4.3.4　npn 晶体管横向结构设计

晶体管横向结构设计的任务就是由器件参数指标要求，选择管芯的平面几何图形及其有关尺寸。管芯的平面几何图形是由光刻决定的，所以横向结构设计就是光刻版的图形结构设计。

1．发射极有效周长

发射极有效周长主要考虑大电流时不要发生电流集边效应导致电流放大系数下降，同时应考虑版图设计规则的制约（尤其对小功率管）。理论分析和实验结果证明，为了保证晶体管电流放大系数不发生明显下降，晶体管工作时允许发射极最大电流 I_{EM} 与发射极有效周长 L_e 的关系为

$$I_{EM}=K_eL_e \tag{4.21}$$

对于模拟电路，K_e 选择为 0.04～0.16mA/μm；对于数字电路，由于 β 对电路的影响不大，因此 K_e 可选为 0.16～0.4mA/μm。R_c 也与 L_e 有关，增大 L_e，R_c 将减小。因此，双极型集成电路中工作电流较大的双极型晶体管多采用多发射极条结构的版图。

2．集电结边缘到隔离墙间尺寸

考虑隔离和基区掺杂的杂质横向扩散为扩散结深的 80%，再考虑到最大隔离结和集电结反偏连接时最大耗尽层宽度 χ_{mc} 与 χ_{mb} 的影响，以及光刻的套刻误差和余量，为了保证集电结击穿电压，应该保证集电结边缘到隔离墙的版图尺寸为

$$0.8(\chi_{js}+\chi_{jc})+\chi_{mc}+\chi_{mb}+\Delta$$

4.3.5　双极型集成电路版图设计

① 双极型晶体管有各种各样的结构，如果电流很大，就要求努力通过不同结构使电流均匀分布。这些结构包括将一个集电极、基极和发射极分为多个电极，但这些电极必须用金属电极连接在一起，且集电极引线孔处要加 n^+扩散，以保证金属引线与集电极形成良好的欧姆接触。此外，同一个晶体管只有一个共同的埋层。图 4.22 所示为多发射极 npn 晶体管结构。

② 采用 pn 结隔离技术的集成电路隔离墙应该连在一起；而且隔离墙应接电路的最低电位，以保证良好的隔离效果。

③ 集电极连在一起的晶体管可以共用一个隔离岛，但必须用足够大的埋层区使这几个晶体管的集电区共用同一个埋层；没有连接关系的晶体管不能放在同一隔离岛内。图 4.23 所示为集电极连接的两个 npn 晶体管版图结构。

④ 为了方便布线，可以增加集电极和基极间的距离，以便在布线时允许金属线穿过晶体管；但是不允许金属线在发射极和基极间穿过，否则将会影响 R_b 或其他特性。

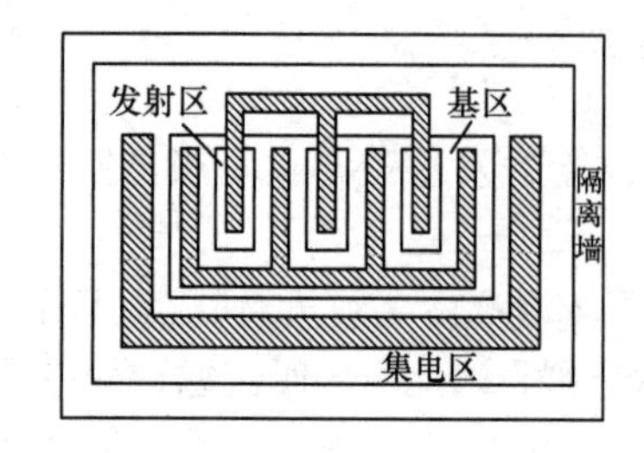

图 4.22 多发射极 npn 晶体管结构

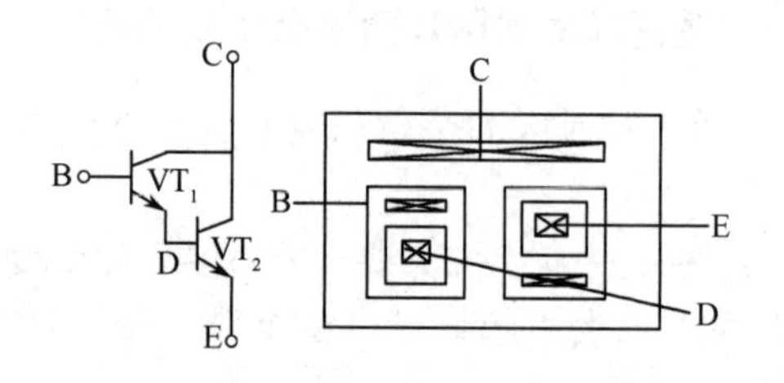

图 4.23 集电极连接的两个 npn 晶体管版图结构

⑤ 如果要求两个晶体管参数一致，那么晶体管除设计尺寸和结构相同之外，还应采用同一版图取向。

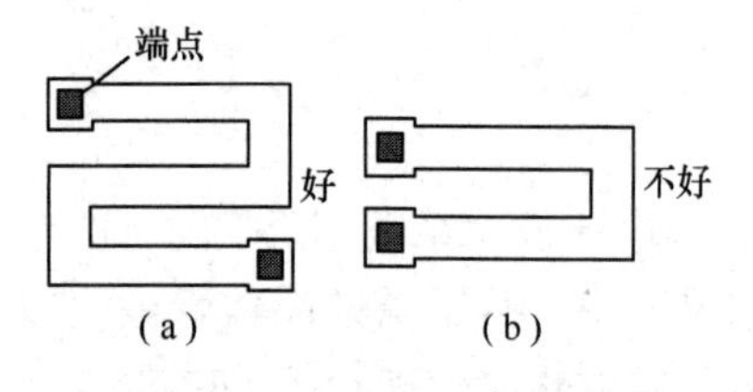

图 4.24 电阻的几何图形

⑥ 金属线可以横跨电阻。

⑦ 如果要求电阻精度高，那么电阻两端点应放在非对称方向，对称方向受套刻误差影响更大（见图 4.24）。

⑧ 所有电阻可放在同一隔离岛内，用同一埋层；也可以根据需要用多个隔离岛放置电阻。为了消除寄生效应，n 型隔离岛内要加 n^+区（发射区扩散）并接最高电位。

⑨ 如果不考虑寄生效应，电阻与晶体管可以放置在同一个隔离岛中。

⑩ 需要时可以用发射区 n^+扩散电阻作连线。

⑪ 电阻条图形若出现拐角情况，拐角电阻的等效方块数取为 0.5。

⑫ 覆盖在接触孔上的金属层尺寸应根据版图设计规则要求大于接触孔。

⑬ 压焊点应放置在芯片的四周（视封装要求），每个压焊点边长、压焊点间距、压焊点至内部金属连线的最短距离应满足相应的设计规则。

在按照电路图拓扑结构要求完成初始布局和连线走向图的基础上，进行全定制版图设计时需遵循以上 13 条规则。

4.3.6 版图设计实例

本节结合一个简单的双极型数字电路，介绍双极型集成电路版图设计步骤。第 6 章将结合计算机辅助设计技术，介绍双极型模拟集成电路的版图设计实例。

图 4.25 所示为 8 输入端 6 管双极型 TTL 电路。基于前面介绍的版图设计方法和规则，可以按照下述步骤完成其版图设计。

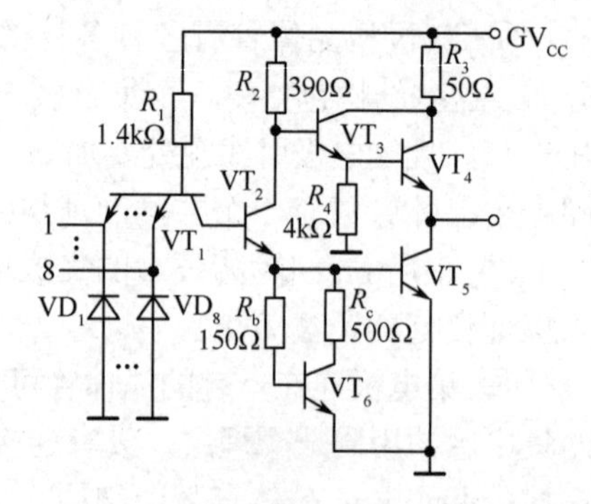

图 4.25 8 输入端 6 管双极型 TTL 电路

1. 确定工艺条件

① 采用 p 型硅衬底，电阻率为 7～15Ω • cm。

② 埋层锑扩散，方块电阻为 15～20Ω/□。

③ n 型外延层的电阻率为 0.3～0.5Ω • cm，厚度为 7～9μm。

④ 采用 pn 结隔离。

⑤ 基区硼扩散，方块电阻为 200Ω/□，结深为 2.5～3μm。

⑥ 发射区磷扩散，控制 β 在 20 以上。

2. 图形尺寸确定

表 4.4 给出了版图设计的微米规则。版图应按照尺寸的要求设计。

表 4.4　版图设计的微米规则

规则	尺寸	规则	尺寸
1. 最小套刻间距	10μm	10.两键合点最小距离	120μm
2. 隔离墙最小宽度	16μm	11.电阻条最小宽度	16μm
3. 元件与隔离墙最小距离	22μm	12.电阻条引线孔最小面积	12μm×16μm
4. 基区与集电极孔间距	14μm	13.电阻条最小间距	14μm
5. 埋层尺寸（离隔离墙距离）	22μm	14.短铝条最小间距	10μm
6. 发射极孔尺寸	10μm×16μm（或 12μm×14μm）	15.长铝条最小间距	14μm
7. 基极孔宽度	12μm	16.铝条最小宽度（包括两边覆盖 4μm）	18μm
8. 集电极孔最小宽度	12μm		
9. 键合点最小面积	120μm×140μm	17.划片间距	400μm

3. 确定元器件尺寸

根据电路结构及对元器件的要求，确定构成版图的元器件尺寸。

① 根据晶体管电流的计算确定各晶体管的尺寸。由图 4.25 计算出 8 输入端 6 管双极型 TTL 电路中 VT_1～VT_6 的发射极电流 I_E。根据 I_E 求出各晶体管的发射极有效周长 L_e，再由设计规则即可画出各晶体管的版图。

② 电阻图形的设计。电路中的所有电阻采用基区扩散电阻，根据各电阻值确定电阻条的方块数后就可以画出每个电阻条的版图。

③ 输入钳位二极管的图形结构设计。目前一般采用隔离二极管，如图 4.26 所示，在不影响压焊的条件下，应使二极管尽量靠近它所保护的那个输入端的压焊点。

4. 画出布局草图

根据电路结构、元器件尺寸及引脚排列得到元件布局草图，如图 4.27 所示。图中虚线表示隔离岛边界线。

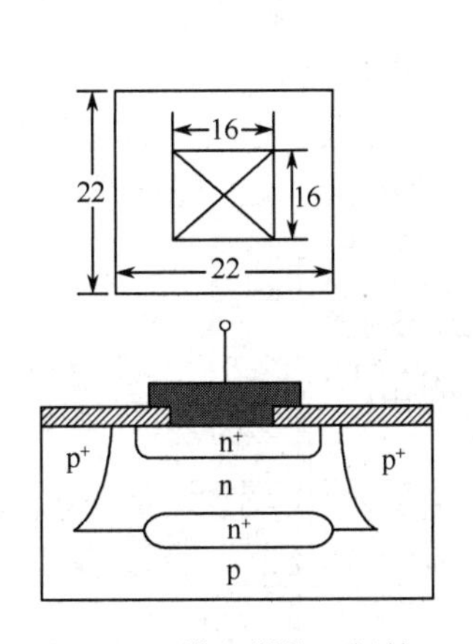

图 4.26　输入钳位二极管

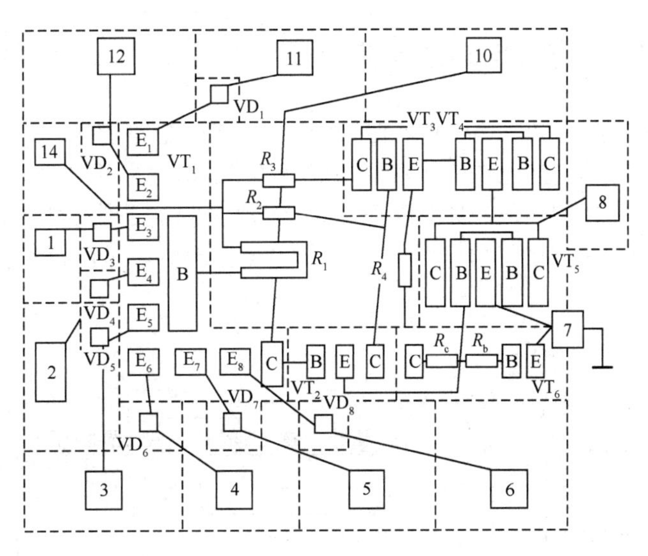

图 4.27　元件布局草图

5．绘制版图总图

该 TTL 电路的版图总图如图 4.28 所示，元器件的具体形状和大小都已明确标识出来。

模拟电路的设计过程也与上述相同，第 6 章将结合计算机辅助设计技术介绍一个模拟集成电路的设计实例。

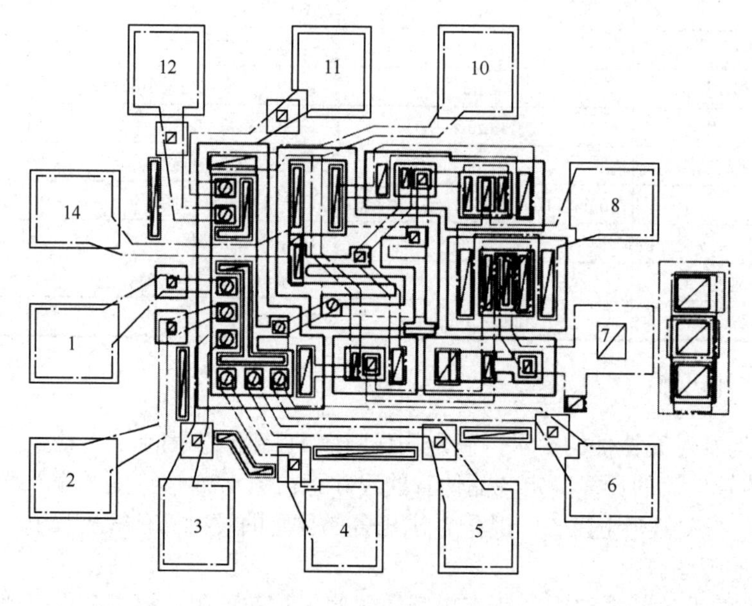

图 4.28　TTL 电路的版图总图

4.4　CMOS 集成器件与电路设计

由于 CMOS 器件具有高容错能力、低成本、低功耗等明显特点，目前大部分集成电路产品都是采用 CMOS 工艺制造的，因此 CMOS 集成电路的地位非常显著。本节介绍 CMOS 集成电路的设计方法和原则。

4.4.1　硅栅 CMOS 器件

CMOS 是互补 MOS 器件的简称，CMOS 电路的优点是功耗低、设计参数和工艺容错能力强，成本低，其工艺已在第 3 章中介绍。CMOS 电路最基础的器件是反相器，由一个 nMOS 管和一个 pMOS 管所构成，如图 4.29 所示。CMOS 反相器是数字电路的最基本单元，由反相器的逻辑“非”功能可以扩展出“与非”“或非”等基本门电路，进而得到各种组合逻辑电路和时序逻辑电路。

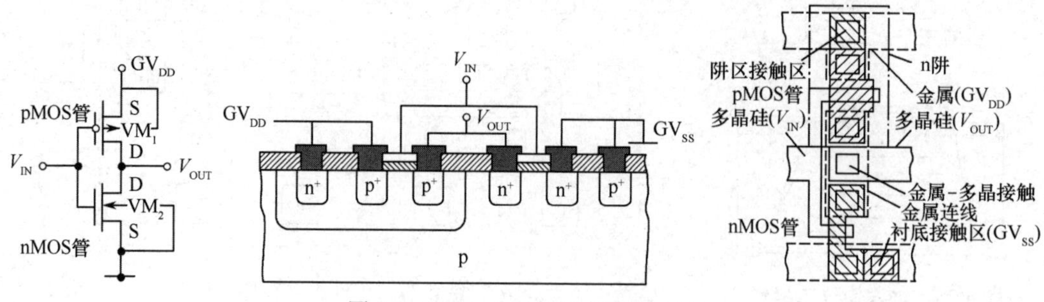

图 4.29　CMOS 反相器电路和结构

如第 3 章所介绍，图 4.30 给出了 n 阱硅栅 CMOS 反相器的工艺和版图的流程对照，它共需要 7 块掩模版：n 阱扩散或注入掩模[见图 4.30（a）]、有源区掩模[见图 4.30（b）]、多晶硅掩模[见图 4.30（c）]、p^+源漏区扩散掩模[见图 4.30（d）]、n^+扩散或离子注入掩模[见图 4.30（e）]、引线孔光刻掩模[见图 4.30（f）]和金属引线光刻掩模[见图 4.30（g）]。在实际设计时，常常在外引线上加盖一层钝化膜对器件起保护作用，这时还需要一块掩模版进行压焊点光刻（仅将压焊点刻蚀出来）。

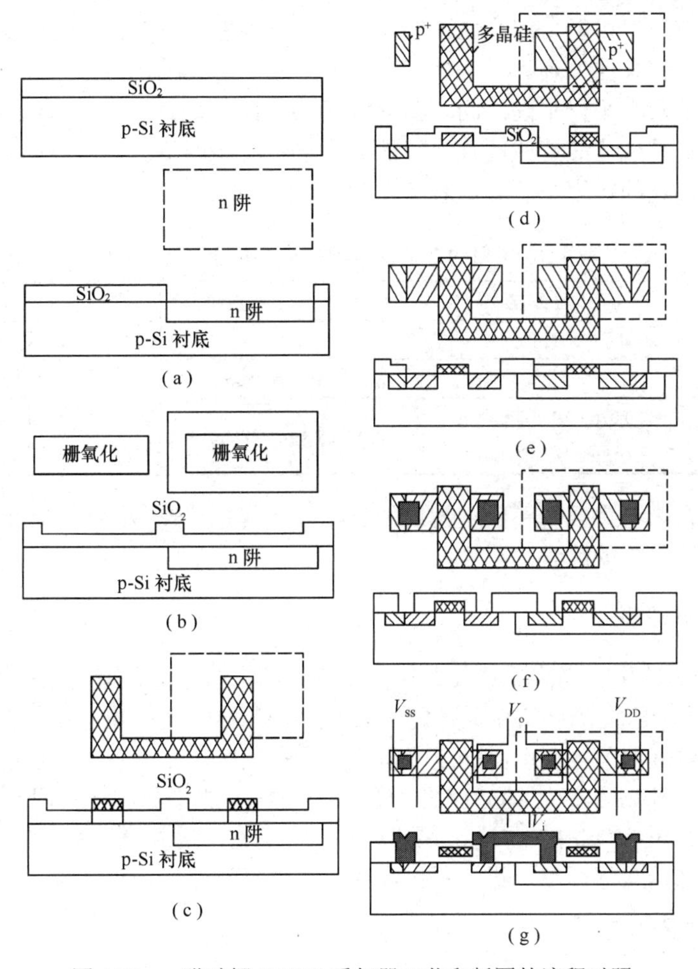

图 4.30　n 阱硅栅 CMOS 反相器工艺和版图的流程对照

在集成电路版图编辑中，通常需要将工艺制作层次以不同的颜色和 CIF 码区别表示。CIF（Caltech Intermediate Form）是国际公认的 IC 版图标准数据格式之一。表 4.5 示出了 CMOS 工艺层图的标志方法。

表 4.5　CMOS 工艺层图的标志方法

工艺名称	掩模层号	颜　色	CIF 码	注　释
n 阱	1	褐	CWN	褐色图形为 n 阱，图形外部为 p 型衬底
薄氧化层（有源区）	2	绿	CAA	薄氧化层一般不能与 n 阱边缘交叠
多晶硅	3	红	CPG	多晶硅与薄氧化层交叉构成 MOS 管
p^+注入	4	橘黄	CSP	橘黄区可为 pMOS 晶体管源-漏极或衬底接触区
n^+注入	5	浅绿	CSN	浅绿区可为 nMOS 晶体管源-漏极或阱接触区
接触孔	6	紫	CCE	紫色为金属-硅或多晶-表面接触
金属	7	蓝	CMF	第一层金属互连线
钝化	8	紫色虚线	COG	压焊引出孔，内部测试孔

4.4.2　CMOS 集成电路中的寄生效应

1．寄生电阻和电容

CMOS 集成电路中的寄生电阻包括掺杂区的体电阻、互连线接触孔之间的接触电阻和互连线的体电阻。常用的互连线包括金属连线、多晶硅连线。其中金属连线电阻最小，电路的连接中特别是电源线和地线应该尽可能采用金属连线。为了减小寄生电阻，工艺上主要考虑降低互连线材料的电阻率及接触孔的表面处理。

寄生电容存在于两个平行平面之间。CMOS 集成电路中的寄生电容包括与 MOS 管相关联的电容，以及金属、多晶硅连线形成的互连线的寄生电容，会严重影响电路的开关速度。

常用的 3 种互连线的寄生电阻和电容特性列于表 4.6 中。

表 4.6　常用的 3 种互连线的寄生电阻和电容特性

	金属连线	扩散连线	多晶硅连线
薄层电阻	<0.1Ω/□	5～10Ω/□	15～50Ω/□
电流容量	18mA/25μm	1.8mA/25μm	1.2mA/25μm
寄生电容	0.016×10^{-3}pF/μm^2（2μm 厚 SiO_2）	2.5×10^{-3}pF/μm^2	0.33×10^{-3}pF/μm^2（1μm 厚 SiO_2） 0.16×10^{-3}pF/μm^2（2μm 厚 SiO_2）

这些寄生效应会影响集成电路的正常性能指标，尤其是高速 VLSI 设计中互连线的寄生电阻和电容已经成为不可忽略的因素。

2．场区寄生 MOSFET

在 CMOS 集成电路中，当金属连线跨接两个相邻的扩散区时，就会形成以两个扩散区为源、漏极，以金属连线为栅极的场区寄生晶体管。此外，在硅栅 CMOS 电路中，若多晶硅连线设计不当，或者由于光刻对准偏差，使多晶硅连线跨接两个扩散区，则会形成以扩散区为源、漏极，以多晶硅为栅极的另一种场区寄生 MOSFET。场区寄生 MOSFET 如图 4.31 所示。

为了防止场区寄生 MOSFET 导通，保证电路正常工作，需要设法提高场区寄生 MOSFET 的开启电压，包括增加场氧层厚度，进行场区注入，并增加其掺杂浓度。

3．寄生双极型晶体管

在 CMOS 集成电路中存在两类寄生双极型晶体管，如图 4.32 所示。一种是分别以正常的 MOSFET 的源、漏极和衬底为发射极、集电极与基极的寄生双极型晶体管；另一种是由场区 MOSFET 的源、漏极和衬底形成的寄生双极型晶体管。当寄生双极型晶体管的有效基区宽度较小时，且存在一个 pn 结正偏，即使当 MOSFET 截止时，也会由于寄生双极型晶体管导通或衬底注入而产生寄生电流，导致电路性能退化。有效防止这种寄生效应的方法为由电路设计规则决定的寄生基区宽度不能太小，同时要确保 p 型衬底保持在负电位或零电位。

4．闩锁效应

闩锁效应是 CMOS 集成电路所特有的一种效应。

对于图 4.33（a）所示的 CMOS 电路结构，nMOS 管的源极、p 型衬底与 n 阱之间构成寄生横向 npn 晶体管；pMOS 管的源极、n 阱与 p 型衬底之间构成寄生横向 pnp 晶体管。考虑 p 型衬底电阻与 n 阱电阻，其等效电路如图 4.33（b）所示。在正常情况下，该结构中所有 pn 结都处于反偏状态，因此两个寄生双极型晶体管都不导通，对电路的正常工作没有影响。但是，如果由某种原因使两个晶体管进入有源区工作，图 4.33（b）所示电路会形成很强的正反馈。会使寄生双极型晶体管流过大电流，致使电路无法正常工作，这一现象称为闩锁效应。当电流扰动发生在 n 阱区时，同样会引起闩锁效应。

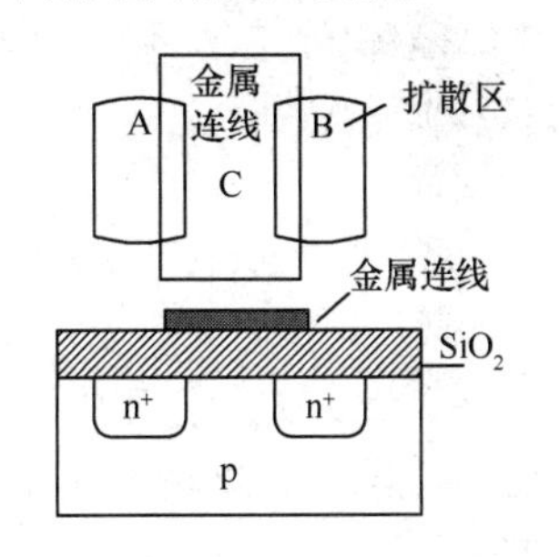

图 4.31　场区寄生 MOSFET

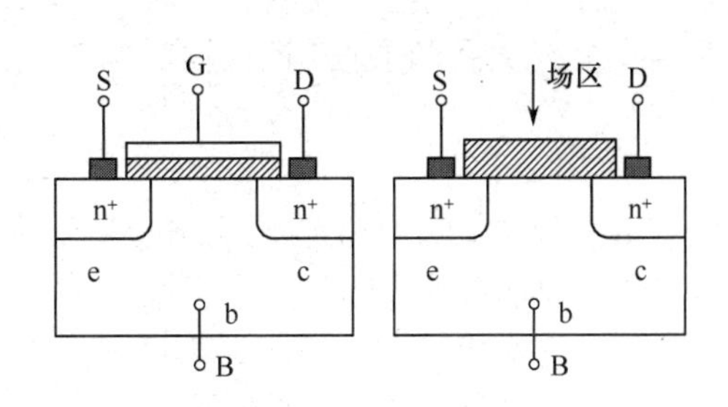

图 4.32　寄生双极型晶体管

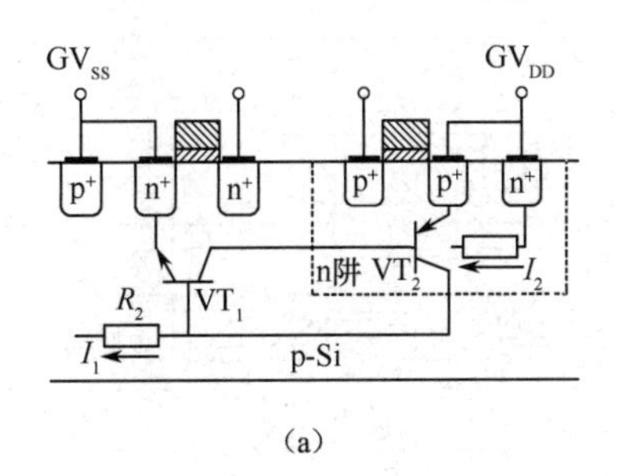

（a）

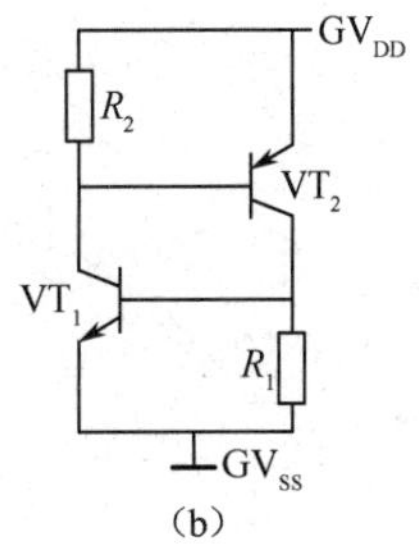

（b）

图 4.33　CMOS 集成电路中的闩锁效应

防止闩锁效应可以从工艺和版图设计两方面着手。在工艺上，一般是设法减小衬底电阻，如增加衬底掺杂浓度、使用外延和埋层等。在版图设计中，通常需要采取抑制闩锁效应的措施。

5．天线效应

在 CMOS 集成电路加工过程中，当大面积的金属与栅极相连时，金属腐蚀过程中金属会作为一个天线收集周围游离的带电离子，增加金属上的电动势，进而使栅极电动势增加，这种效应称为天线效应。大面积的多晶硅也可能会出现天线效应。随着栅极电动势的增加，极端情况会导致栅极氧化层击穿。为了避免天线效应，应减小直接连接栅极的多晶硅或金属的面积。

4.4.3　CMOS 版图设计实例

1．版图设计步骤

① 确定最小单元电路。在设计版图时，首先应该根据所设计电路的结构组成，确定最小的单元电路。所谓最小单元，就是构成该电路的基本重复单元。例如，以 CMOS 为结构的大规模电路，最小单元电路可以是 CMOS 反相器，也可以是门电路，甚至可以是以门电路构成的存储器。当然，有时在电路设计时，最小基本单元可确定为多个，而且多个基本单元的规模和形式也可以完全不同。

② 选择图形尺寸。选择图形尺寸主要考虑两方面的限制，即 CMOS 的工艺水平和电学特性限制。工艺限制包括制版精度、光刻精度、扩散水平等；电学限制为：源漏极击穿电压，互连线的最大电流密度，pn 结耗尽区反偏时的扩展，以及寄生电容等确定的最小尺寸限制，从而确定设计规则的选择。

③ 画出版图布局、布线草图。

④ 依照尺寸比例绘制正式版。

⑤ 按几何设计规则检查设计版图。

需要指出的是，版图绘制成以后，要严格、反复检查，运用EDA软件工具进行DRC、ERC、LVS和版图参数提取后的时序验证（详见第6章），才能正式制版。

2．设计实例

用CMOS电路分别实现双输入或非门和双输入与非门。

（1）CMOS双输入或非门

CMOS双输入或非门电路图和版图如图4.34所示。从电路图可以看出，双输入或非门的两个pMOS管（简称p管）为串联，两个nMOS管（简称n管）为并联。

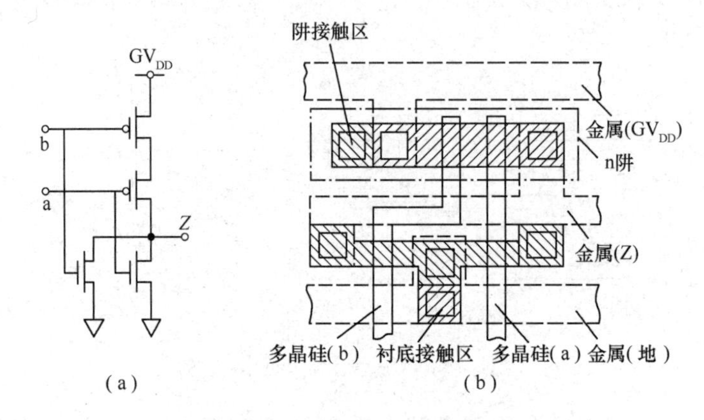

图4.34 CMOS双输入或非门电路图和版图

双输入或非门的输出和输入之间为或非关系，不受器件尺寸的影响。由于存在4种不同的信号输入组合，会导致不对称的输出驱动特性。一种设计策略为尽可能使最坏工作条件下的驱动能力能够与标准反相器相同。

标准反相器的设计是，选取$L_p=L_n$且为最小尺寸，则

$$(W_p/W_n)=\mu_n/\mu_n\approx 2.5 \tag{4.22}$$

当输入同为0或1时，或非门处于最坏工作条件，所造成的驱动不对称性可以表示为

$$\frac{I_p}{I_n}\approx\frac{V_{DD}/(2R_p)}{2V_{DD}/R_n}=\frac{R_n}{4R_p} \tag{4.23}$$

设计n管尺寸为L_n和W_n，p管尺寸为$L_p=L_n$，$W_p=10W_n$，将可以使最坏工作条件下的驱动对称性与标准反相器相同。当然，如果速度要求不高，也可以全部采用最小尺寸管，以牺牲部分驱动能力换取版图面积的缩小。

（2）CMOS双输入与非门

CMOS双输入与非门电路图和版图如图4.35所示。从电路图可以看出，双输入与非门的两个n管为串联，两个p管为并联。

双输入与非门的输出和输入之间为与非逻辑关系，该逻辑关系也不受器件尺寸的影响。最坏工作条件下的驱动不对称性为

$$\frac{I_p}{I_n}\approx\frac{V_{DD}/(2R_p)}{2V_{DD}/R_n}=\frac{R_n}{4R_p}\approx 4\frac{L_n/(\mu_n W_n)}{L_p/(\mu_p W_p)} \tag{4.24}$$

将所有器件的沟道长宽都设计成最小尺寸时，其不对称性为4/2.5。CMOS与非门的驱动对

称性较为接近，占用面积也小。

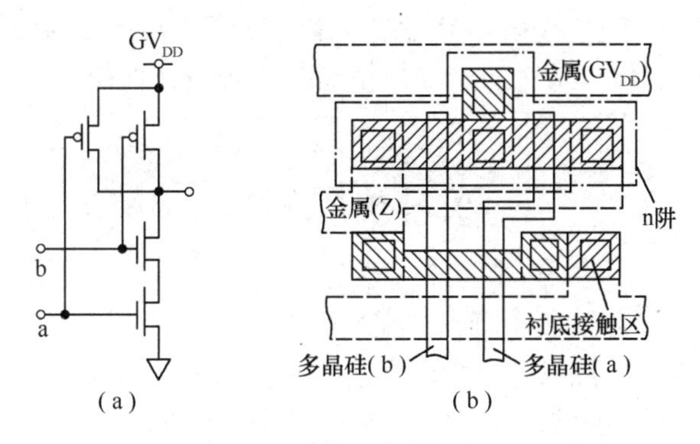

图 4.35　CMOS 双输入与非门电路图和版图

4.5　双极型集成电路和 CMOS 集成电路比较

对于给定的电路性能设计要求，是采用双极型集成电路还是采用 CMOS 集成电路来实现，需要根据工序的多少、互连线的难易、集成度的大小，以及电路的工作频率和功耗等方面的要求与需要来定。本节将对比分析双极与 CMOS 集成电路的特点。

1. 制造工艺

在制造 CMOS 晶体管时，因为源和漏极可以同时扩散，所以只需要扩散一次就可以了。在制作双极型集成电路时，必须扩散埋层、隔离墙、基区和发射区，故扩散工序至少 4 次。所以制造所需的工序和时间，双极型集成电路要比 CMOS 集成电路多得多。制造工序多，硅片上引入的缺陷也多。在同一面积下，由于双极型集成电路工艺引入缺陷较多，成品率就比 CMOS 集成电路低，而成品率决定了制造的成本和销售的价格。

2. 互连线

在集成电路中，互连线所占面积对整个芯片面积来讲是相当可观的。而 CMOS 集成电路的互连线面积与双极型集成电路相比要小得多。又因为 CMOS 集成电路的输出阻抗高，与双极型集成电路相比，可以在较低的电流下工作，所以它的互连线宽度可以比双极型集成电路窄，芯片面积可以减小。另外，采用硅栅的 CMOS 集成电路，掺杂多晶硅仍能部分地作为互连线，为电路的布局和布线创造了有利的条件。

3. 集成度

对于双极型晶体管而言，一般要采用 pn 结隔离，因而芯片面积因需要元器件隔离而增加。而 MOS 晶体管各端点总是靠反向偏置的 pn 结工作，无须隔离。一般一个 MOS 晶体管的面积仅为双极型晶体管的 1/4 左右，因此双极型集成电路的集成度比 CMOS 集成电路低得多。

4. 性能比较

双极型晶体管的小信号电导与工作电流成比例，而与器件尺寸无关。而 MOS 晶体管的小信号跨导取决于尺寸和迁移率。另外，因为漏极与衬底之间有输出电容，所以开关速度不能提高。又因为 MOS 晶体管跨导较小，所以 MOS 晶体管不宜用在过高速度和过大电流的场合。至今为止，MOS 晶体管在速度的提高和功率的增大方面还有待于进一步发展。

基于以上原因，双极型集成电路和 CMOS 集成电路的兼容工艺与技术逐步成熟，BiCMOS 电路是将双极型集成电路和 CMOS 集成电路共同集成在同一芯片上的结构，兼有高密度、低功耗和高速大驱动能力等特点，可取两者的长处，使电路达到最佳性能。

练习及思考题

4-1　试估算一个双基极条晶体管各个寄生元器件的数值（设 $\lambda=10\mu m$，$k=1$）。

4-2　运用 $R_{\square}=200\Omega/\square$ 基区扩散设计一个阻值为 1kΩ 的电阻，已知允许耗散功率为 $200W/cm^2$，该电阻上的压降为 5V，试设计此电阻及占面积最小的版图。

4-3　双极型集成电路与 CMOS 集成电路在设计方法上有何异同？

4-4　图 4.36 所示为双输入与非门电路图，分析它至少需要多少个隔离岛，试画出它的元器件草图和元器件排列草图。

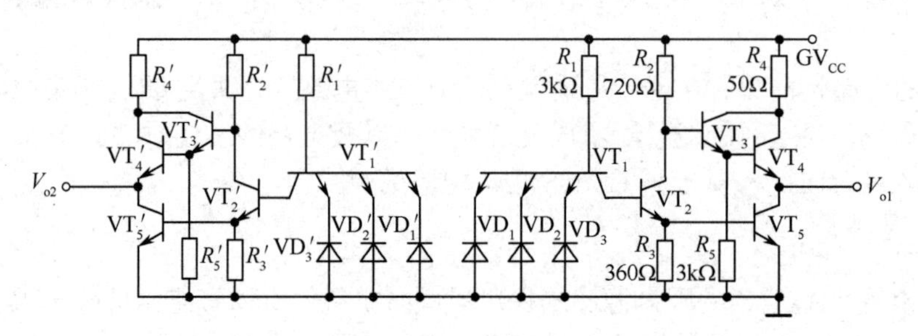

图 4.36　双输入与非门电路图

4-5　设 $N_n=2.5N_p$，若要求双输入与非门和双输入或非门在最坏工作条件下具有对称驱动能力，试比较它们的面积比。

4-6　在模拟电路中，CMOS 集成电路与双极型集成电路相比有何优点，有何不足？

第 5 章　微电子系统设计

微电子系统设计的目的是将描述系统设计的高抽象层级数据转换成可用于微电子加工的版图数据。微电子系统设计技术使系统设计者得以实现其设计概念、性能要求并最终保证系统有效性，能够充分发挥半导体加工制造技术创造的潜能，提高电子系统的性能，降低成本。

微电子系统设计流程是：在系统行为级采用高抽象层次描述方式描述系统功能和算法理论，然后进行系统验证、逻辑综合、物理综合、物理验证、封装设计等。版图设计后需要进行寄生参数提取和带寄生参数的功能、时序验证，确定物理层设计准确无误后，交由集成电路生产线投片生产出符合要求的微电子系统芯片。

微电子系统设计离不开基本逻辑电路和单元电路。本章重点介绍双极型数字集成电路单元电路、CMOS 数字电路单元电路、半导体存储器电路的构成和设计，最后介绍专用集成电路和系统芯片（System on Chip，SoC）设计方法。

5.1　双极型数字集成电路单元电路

双极型集成电路是最早出现的半导体集成电路形式，主要采用双极型晶体管作为有源器件。双极型数字集成电路主要包括晶体管—晶体管逻辑（Transistor- Transistor Logic，TTL）电路、发射极耦合逻辑（Emitter- Coupled Logic，ECL）电路和集成注入逻辑（Integrated Injection Logic，I^2L）电路及它们的变形电路。在输出大功率且速度很高的应用中，常采用 TTL 电路；ECL 电路主要用于高速应用；I^2L 电路虽然速度较慢，但是集成度非常高。以上各种特点决定了双极型数字集成电路的应用至今还是很广泛的。

5.1.1　TTL 电路

20 世纪 60 年代初，TTL 电路就已经得到了广泛应用。TTL 电路的基本逻辑功能为与非门，目前很多 TTL 存储器和门阵列都是由此扩展而成的。在实际应用中，TTL 电路也可以扩展为其他一些大量使用的功能电路，如集电极开路（Open- Collector，OC）门、三态（Three State，3S）门等。图 5.1 所示为一个典型的 6 管 TTL 与非门电路，是一种浅饱和或抗饱和电路。

该电路输出级 VT_5 的基极是由 R_b、R_c、VT_6 组成的泄放网络。由于 R_b 的存在，使 VT_6 比 VT_5 导通晚，因此 VT_2 的发射极电流全部注入 VT_5 的基极，使 VT_2 和 VT_5 几乎同时导通，改善了电压传输特性，提高了电路的抗干扰能力。当 VT_5 导通饱和后，VT_6 也逐渐导通并进入饱和，对 VT_5 进行分流，使 VT_5 饱和程度变小。进而使 VT_5 退出饱和的速度得到提高。同样，在截止瞬态，VT_6 基极没有泄放回路，完全靠复合消除存储电荷，所以比 VT_5 晚截止，使得 VT_5 有一个很好的泄放回路而很快脱离饱和，提高工作速度。

为了提高 TTL 电路的速度，常常使用肖特基 TTL（Schottky TTL，STTL）电路，它用肖特基晶体管取代图 5.1 中的双极型晶体管，肖特基晶体管的结构如图 5.2 所示。STTL 电路提高电路速度的关键是降低了饱和深度，有效克服了多发射极管的反向漏电电流，以及减小了寄生 pnp 晶体管效应。

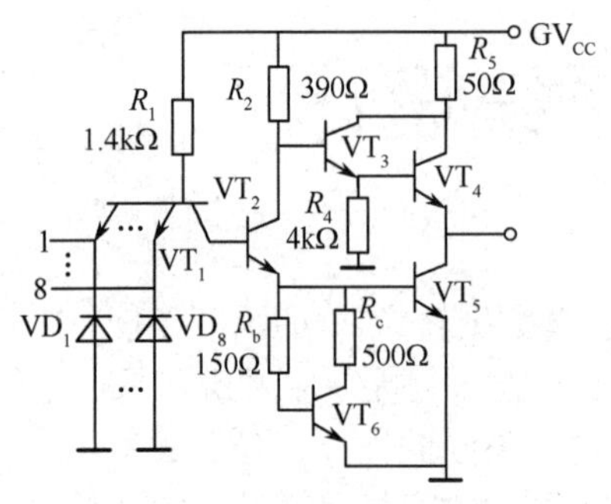

图 5.1　6 管 TTL 与非门电路

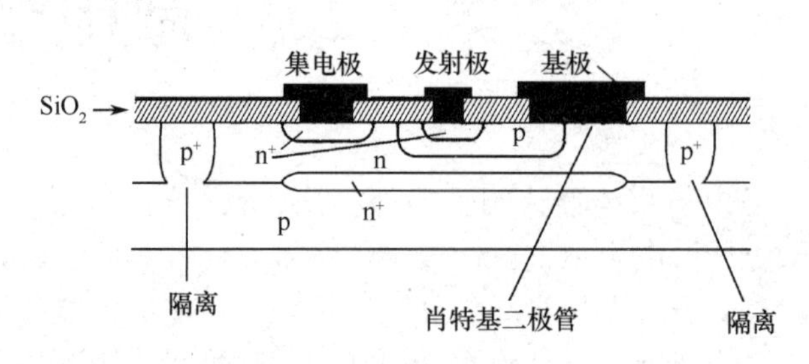

图 5.2　肖特基晶体管的结构

1973 年美国德州仪器公司推出了低功耗 TTL 电路；1978 年又推出肖特基 TTL 改进型的低功耗 STTL 电路，它们构成了 TTL 的完整产品和设计系列。各种类型的 TTL 电路性能（功耗和平均门延时）比较如图 5.3 所示。图中还标识了 CMOS 电路的延迟时间和功耗情况。

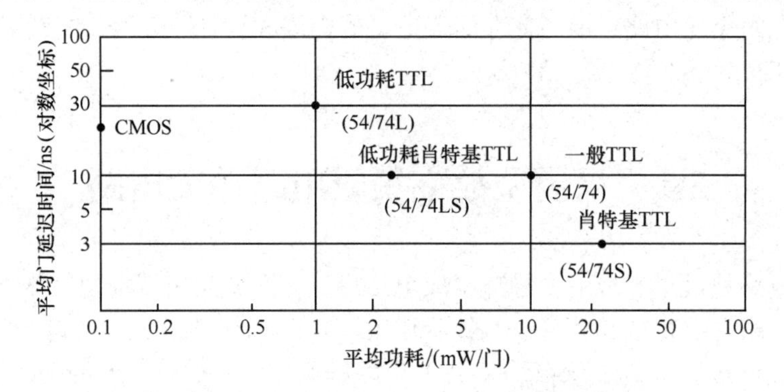

图 5.3　各种类型的 TTL 电路性能比较

5.1.2　ECL 电路和 I^{2}L 电路

TTL 电路的开关速度较高，但仍未完全摆脱饱和状态。同时它的集成度不高，功耗有待降低。为此出现了 ECL 电路和 I^{2}L 电路。

1. ECL 电路

为了适应高速数字电路的需求，1962 年成功制成第一个电流型逻辑电路——发射极耦合逻辑（ECL）电路。作为一种典型的非饱和型电路，工作时晶体管在放大与饱和两个状态间切换，提高了速度。但是，ECL 电路的功耗较大，抗干扰能力差。因此，它主要用于对速度要求特别高的地方。

ECL 电路中的基本门是或/或非门。图 5.4 所示为双输入 ECL 或/或非门电路，它由 3 个部分组成。第一部分由输入晶体管 VT_{1A}、VT_{1B}，负载电阻 R_{C1}、R_{C2}，定偏晶体管 VT_2 和它的发射极耦合电阻 R_E 组成，这一级起电流开关作用，是 ECL 电路的核心，由它来完成或/或非逻辑功能。第二部分包括：电阻 R_1、R_2 和 R_3；晶体管 VT_5 和二极管 VD_1、VD_2，它是参考电源，提供定偏晶体管的基极偏置电压。第三部分由射极开路的射极跟随器 VT_3 和 VT_4 组成，它作为 ECL 电路的输出级，目的是降低输出阻抗并进行缓冲隔离，同时进行电平移位。

2. I^{2}L 电路

集成注入逻辑（I^{2}L）电路是双极型集成电路中集成度最高的电路，它的功耗延迟极小，工艺简单，成本低，可与模拟集成电路和数字集成电路相兼容，能制造出高性能、低成本的数字/模拟相结合的超大规模集成电路。

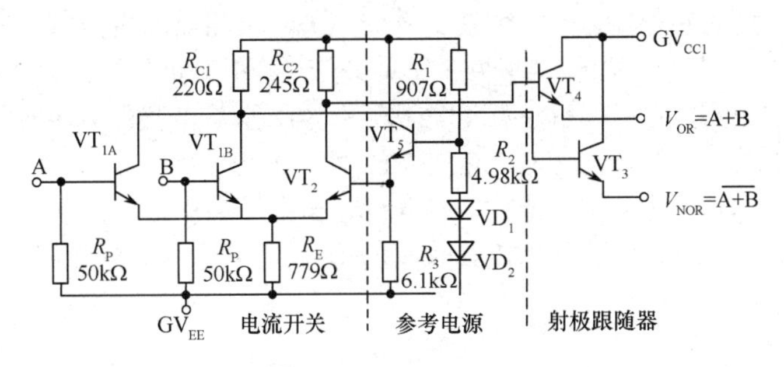

图 5.4　双输入 ECL 或/或非门电路

I^2L 电路的实际工作过程是注入端的少数载流子在器件内部转移，从而引起基本门在导通和截止状态之间转换。I^2L 电路的基本单元是一个单端输入多集电极输出的反相器。它由一个横向 pnp 晶体管和一个纵向结构反向运用的多集电极 npn 晶体管构成，如图 5.5 所示。图中 GV_{CC} 给电路提供电流，由 GV_{CC} 注入的空穴到达 pnp 晶体管的集电极（npn 晶体管的基区），如果此时 A 为浮置或接高电平，则该注入电流可使 npn 晶体管导通。

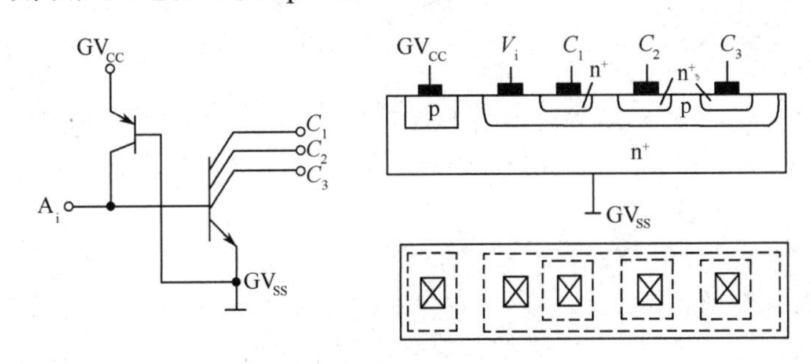

图 5.5　I^2L 电路基本单元

5.2　CMOS 数字电路单元电路

MOS 数字集成电路主要由 nMOS（E/D MOS、E/E MOS）和 CMOS 及其改进型结构组成。其中又以 CMOS 工艺最成熟、使用最广泛，它工艺简单，单元面积小，功耗低，能大规模集成。

CMOS 集成电路的基本逻辑单元包括反相器和传输门两种，其他更复杂的电路结构均可在这两种基础上扩展或组合而成。目前广泛使用且技术成熟的是静态 CMOS 逻辑电路。这种电路的特点是抗干扰能力强，设计自动化程度高。但是由于每个输入都要连接一个 nMOS 管和 pMOS 管，使得输入电容较大。因此，为了提高速度，其他一些有比电路、动态电路和传输管电路也常被使用。

5.2.1　静态 CMOS 电路

1. 基本门单元

静态 CMOS 逻辑真值表都需要通过化简，以反相器、与非门或者或非门的形式来实现。静态 CMOS 逻辑中常见的反相器、与非门及或非门的电路结构如图 5.6 所示。

图 5.6 所示的静态 CMOS 电路都由两部分组成，其中一部分为上拉网络（由 pMOS 网络组成）；

另一部分为下拉网络（由 nMOS 网络组成）。图 5.6（a）表示了使用上拉网络和下拉网络的一般逻辑门结构，上拉网络与电源电压相连，下拉网络与地相连。对于这种结构，在任何输入模式下，其中必有一个网络处于导通状态而另一个处于关断状态。反相器的上拉网络和下拉网络分别只包含一个晶体管；双输入与非门采用一个串联的 nMOS 下拉网络和一个并联的 pMOS 上拉网络；双输入或非门采用的下拉网络是并联的 nMOS 结构，上拉网络是串联的 pMOS 结构。对于串联的网络，只有当其所有的晶体管全部导通时，它所在的网络才会导通；而对于并联的晶体管网络，只要其中一个晶体管导通，该网络就会导通。该电路结构由于输出信号的变化只依赖于输入信号的变化，输入信号不改变，输出信号不会随着时间的推移而变化，因此称为静态电路。

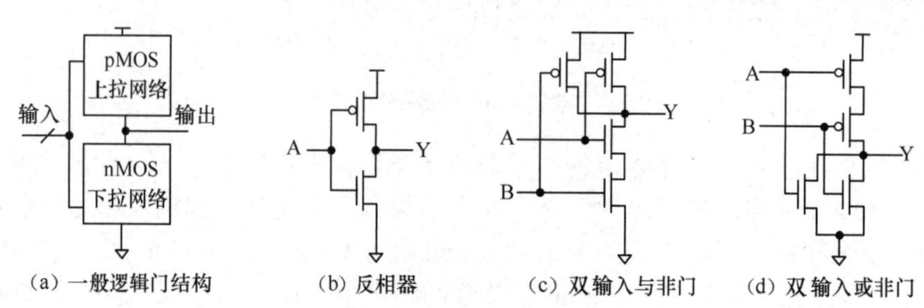

(a) 一般逻辑门结构　(b) 反相器　(c) 双输入与非门　(d) 双输入或非门

图 5.6　静态 CMOS 电路

2. 传输管与传输门

另一种广泛使用的 CMOS 电路为传输管和传输门。当 nMOS 管和 pMOS 管单独使用时，是一种不完全的开关，称为传输管。如果将 nMOS 管和 pMOS 管并联组合起来使用，就形成了传输门。传输管和传输门结构如图 5.7 所示。

作为传输管或传输门，使用方式与一般的 MOS 管有所不同。输入信号不是加在 MOS 管的栅极，而是加在 MOS 管的源极或漏极，通过 MOS 管的关断和导通来传送信号。当传输管采用 nMOS 管实现，由于 MOS 管特性，栅极与源极需要保持不小于阈值电压 V_{Tn} 的电压差，才能够保证源、漏极之间的导通，因此其在传输“1”电平时，输出只能充电至 V_{DD}-V_{Tn}，无法输出到 V_{DD}，该传输特性称为强“0”弱“1”[见图 5.7（a）]，同理，pMOS 管作为传输管使用时，传输“0”电平时，输出放电至$|V_{Tp}|$，称为强“1”弱“0”。传输门通过 nMOS 管与 pMOS 管的并联[见图 5.7（b）]，实现“0”“1”信号电压的满摆幅传输。

利用传输门电路，可以构建其他功能的电路结构，如多路选择器电路、锁存器和触发器电路。图 5.8（a）所示为采用传输门组成多路选择器电路，在多路数据传送过程中，它能够根据需要将其中任意一路选择出来，图 5.8（b）所示为其逻辑符号。图 5.9（a）所示为采用多路选择器和反相器组成的锁存器电路，图 5.9（b）所示为其逻辑符号。图 5.10（a）所示为采用锁存器和反相器组成的 D 触发器电路，图 5.10（b）所示为其逻辑符号。多路选择器是组合电路常用的电路单元，锁存器和触发器是时序电路广泛使用的基本单元。

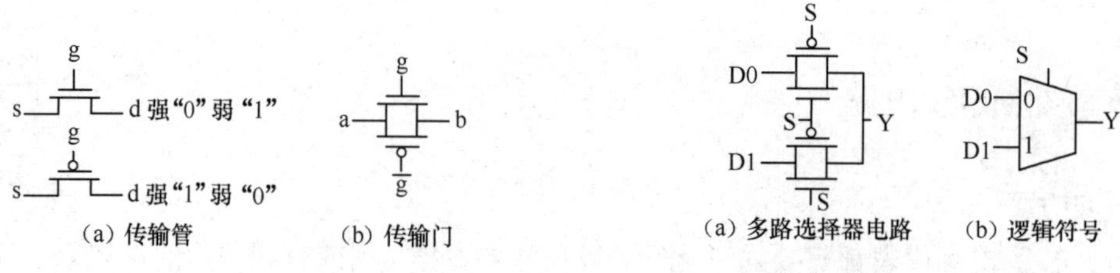

(a) 传输管　(b) 传输门

图 5.7　传输管和传输门结构

(a) 多路选择器电路　(b) 逻辑符号

图 5.8　传输门多路选择器

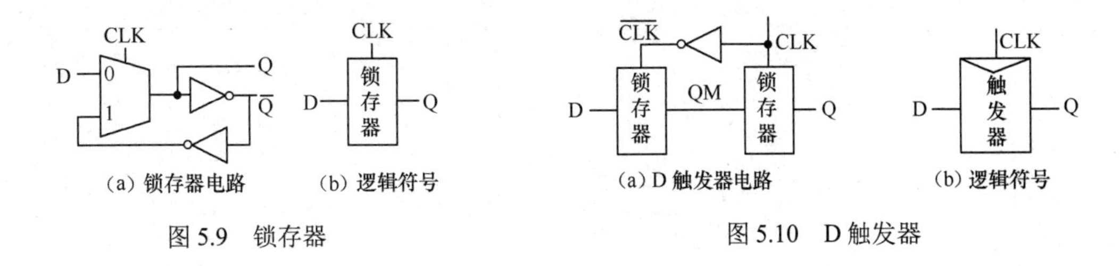

(a) 锁存器电路　(b) 逻辑符号

图 5.9　锁存器

(a) D 触发器电路　(b) 逻辑符号

图 5.10　D 触发器

5.2.2　CMOS 有比电路和动态电路

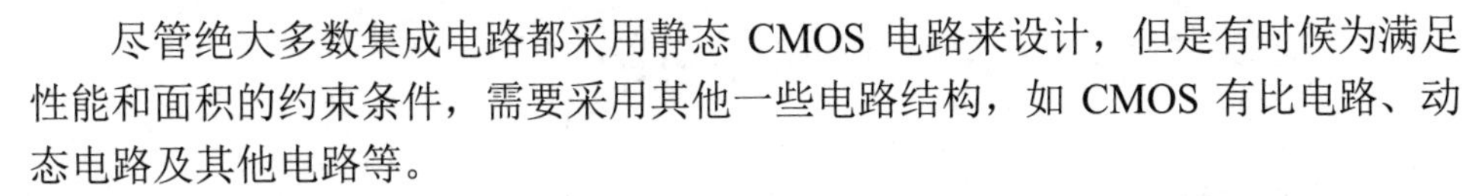

尽管绝大多数集成电路都采用静态 CMOS 电路来设计，但是有时候为满足性能和面积的约束条件，需要采用其他一些电路结构，如 CMOS 有比电路、动态电路及其他电路等。

1．有比电路

为了使静态 CMOS 电路的 pMOS 管上拉能力和 nMOS 管下拉能力相等，导致 pMOS 管尺寸较大，增加了输入输出端电容。为了降低电容，CMOS 有比电路采用了弱上拉 pMOS 管和强下拉 nMOS 管。由于上拉网络和下拉网络不对称，输出电平的高低取决于上拉网络和下拉网络等效电阻（晶体管尺寸）之比，这种电路运算结果依赖电路中晶体管的尺寸比例的电路，称为有比电路。有比电路在某些输入时会产生静态功耗。典型的 CMOS 有比电路如图 5.11 所示。图 5.11（a）是有比反相器；图 5.11（b）是双输入有比与非门；图 5.11（c）是双输入有比或非门。图 5.11 所示电路中的 pMOS 管总是导通的。

2．动态电路

为了克服有比电路中消耗静态功耗的问题，动态电路使用一个由时钟控制的 pMOS 管取代了总是导通的 pMOS 管，同时它保持着有比电路输出端小电容的特点。

典型的 MOS 动态电路如图 5.12（a）所示，它的工作过程分为预充和求值两个阶段。在预充阶段，时钟 Φ 为“0”，时钟控制的 pMOS 管导通，将输出 Y 初始化为高电平。在求值阶段，时钟 Φ 为“1”时，pMOS 管关闭，nMOS 导通，此时，nMOS 管组成的下拉网络起作用，通过放电将输出端拉至低电平。如图 5.12（b）所示。在求值阶段，时钟 Φ 控制的 pMOS 管关闭，若求值结果为“0”，下拉网络和 nMOS 管都导通，输出 Y 为“0”，若求值结果为“1”，下拉网络关闭，nMOS 管导通，此时 pMOS 管是关闭的，输出 Y 依赖于电容保持的电荷维持“1”电平，随着时间推移，由于漏电，输出 Y 的电压无法确保高于“1”识别电压，从而可能引起误判。这种输入信号不改变，输出信号电平却随着时间的推移而变化，导致输出电平改变的电路称为动态电路。动态电路由于其输出端电容小，是常用电路中速度较快的，其使用需要注意输出端的刷新周期，以确保输出电平是确定的。

如何选择合适的 CMOS 电路结构取决于设计的应用背景和要求，静态 CMOS 电路是绝大多数 CMOS 电路设计的最佳选择，其抗噪声能力强，无静态功耗，对其综合、布局和布线的自动化程度高。对于某些高扇入的逻辑函数，使用实现会更高效些；而对于高性能电路，特别是高性能微处理器的运算单元，动态电路则是一项常常选用的技术。

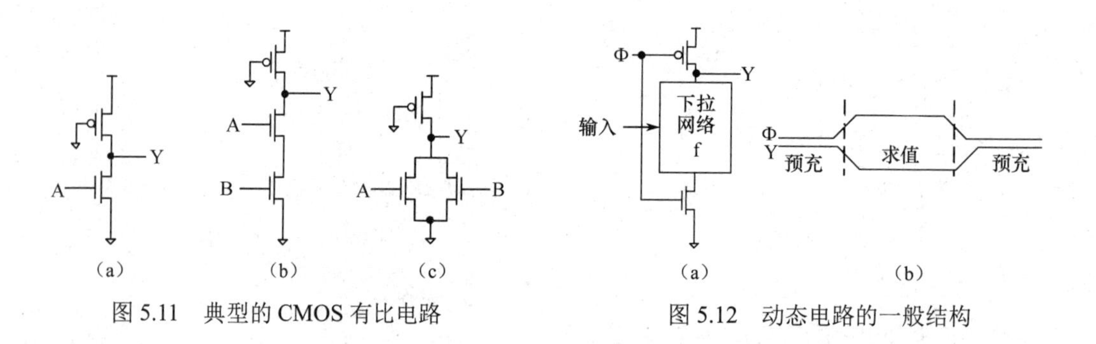

图 5.11 典型的 CMOS 有比电路

图 5.12 动态电路的一般结构

5.3 半导体存储器电路

半导体存储器由于其器件密度大，是衡量集成电路发展水平的标志之一。半导体存储器用来存储数据、程序，它体积小，结构规则，易于绘制版图。目前先进的半导体存储器的发展趋势是持续追求存取速度快、容量大、体积小和成本低。半导体集成电路存储器从功能上分为两大类：只读存储器（Read- Only Memory，ROM）和随机存取存储器（Random Access Memory，RAM）。

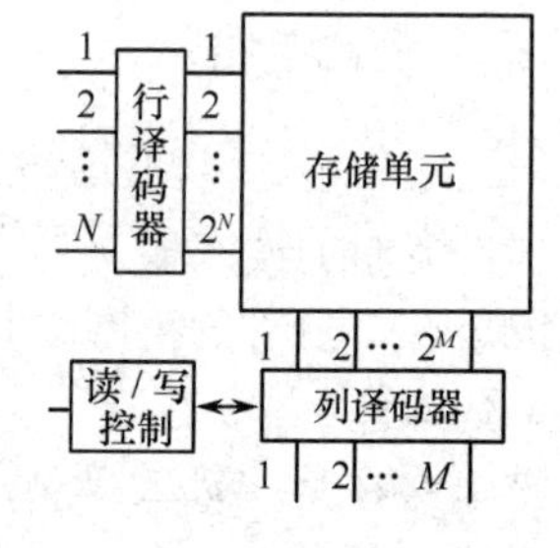

图 5.13 典型的存储器结构框图

存储器主要包括存储单元阵列和写入/读出控制电路。图 5.13 是一个典型的存储器结构框图。

5.3.1 只读存储器

只读存储器中的信息只能读出而不能在常态下自由地更改。只读存储器所存数据稳定，当电源断电时，其内部存储的信息不会丢失。它结构规则，读出方便，主要用于存储各种固定的程序和数据。只读存储器包括掩模 ROM（Mask ROM）、熔丝/反熔丝可编程 ROM（Fuse/Antifuse Programmable ROM，Fuse PROM）、可擦除可编程 ROM（Erasable Programmable ROM，EPROM）、电可擦除可编程 ROM（Electrically Erasable Programmable ROM，E^2PROM）和闪存存储器（Flash Memory）等几类。其中，熔丝/反熔丝可编程 ROM 由于只能编程一次，而被称为一次可编程（One Time Programmable，OTP）器件，而 EPROM、E^2PROM、闪存存储器被称为多次可编程（MTP）器件。只读存储器的存储内容不依赖于是否供电，可以长期保存，因此又被称为非易失性存储器（Non-Volatile Memory，NVM）。随着技术的发展，近年来也出现了类似磁性存储器（MRAM）、阻变存储器（RRAM）、相变存储器（PRAM）、铁电存储器（FeRAM）等新形态存储器。

1．掩模 ROM

掩模 ROM 采用接触孔的掩模版进行编程，其存储内容由制造商在加工器件阶段写入，用户不能进行再编程，一般适用于存储信息固定不变的场合。掩模 ROM 存储单元内存入的逻辑值由存储矩阵中各交叉点处有无栅极开启 MOS 晶体管决定。

基于 CMOS 工艺的掩模 ROM 的存储单元可以为二极管或 MOS 晶体管，如图 5.14 所示。图中，WL 表示字线，BL 表示位线。以图 5.14（c）基于接地的 MOS 实现方式为例，其栅极引出线接字线，漏极引出线接位线，源极引出线接地。当字线为高电平时，晶体管导通，位线输出逻辑“0”。若交叉点处没有连接晶体管，则位线被负载晶体管拉向逻辑“1”。其他未选中的字线都处于低电平，所有和字线相连的晶体管都是不导通的，所以不影响位线的输出电平。这样，以字线和位线交叉点是否连有晶体管就可以来决定存储单元存储的数据是“0”还是“1”。

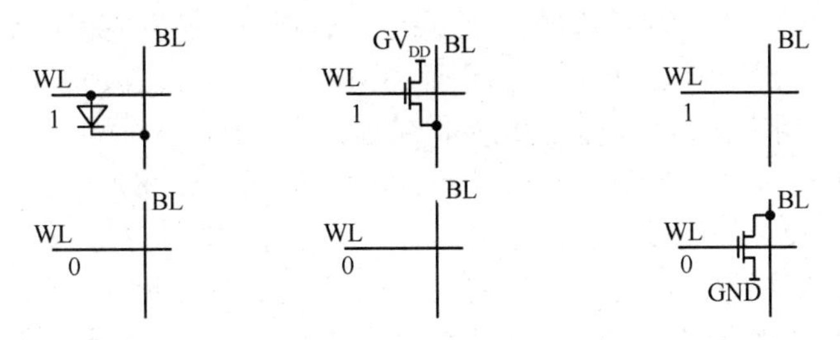

（a）二极管实现方式　（b）接电源的 MOS 实现方式　（c）接地的 MOS 实现方式

图 5.14　ROM 的实现方式

图 5.15 是基于 CMOS 工艺实现的或非 ROM 电路，它的 ROM 单元采用图 5.14（c）所示的实现方式，它的 pMOS 管的栅极接地，所以一直导通，并给位线充电。当需要逻辑“0”时，通过接触孔将 nMOS 管的漏极连接到位线，当需要表示逻辑“1”时，使 nMOS 管的漏极与位线断开。

可编程逻辑阵列（Programmable Logic Array，PLA）是掩模 ROM 的一种特殊形式，目前 PLA 和掩模 ROM 被广泛用于专用集成电路（Application Specific Integrated Circuit，ASIC）的设计中。

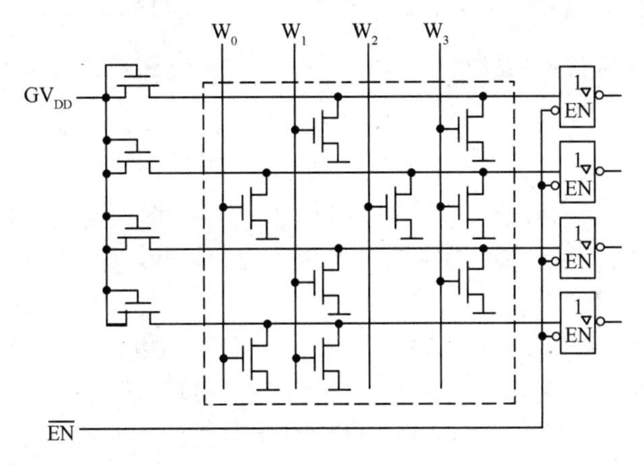

图 5.15　或非 ROM 电路

2．熔丝/反熔丝可编程存储器（PROM）

当 ROM 的产量很小时，价格可能很贵，使得制作连线掩模的专用电路费用很高，交货时间非常长。这时可以使用 PROM。在封装好的 PROM 集成电路中，每个单元存储的初始内容全部为“0”或“1”，用户可以根据自己的需要对它进行编程，但只能编写一次。为了保证用户编程的实现，PROM 在电路的每个字线和位线相交的地方加入了熔丝连接，用户通过大电流烧断某些交点处的熔丝使其开路来编程信息，熔丝一旦熔断就不可恢复，所以 PROM 是一次可编程器件。图 5.16 所示为 PROM 的基本结构。图 5.16（a）是用一个双极型晶体管和一根熔断丝串联构成的，图 5.16（b）是用一个二极管和一根熔断丝串联构成的。反熔丝 PROM 和熔丝 PROM 类似，通过雪崩击穿使晶体管的栅极和源极短路来编程信息。

3．EPROM

虽然熔丝/反熔丝 PROM 可以实现用户可编程，但是它的信息一旦写入就不能再修改了，而可擦除可编程只读存储器（EPROM），用户可以根据需要进行多次写入。EPROM 采用紫外线或

X射线照射擦除写入的信息，其封装面上有一个透明石英窗口。利用紫外线对其照射约20min，注入浮栅的电子将获得足够的能量脱离浮栅，从而使存储器件导通，恢复全“1”状态。通常，石英窗口用不透明的纸覆盖，以避免错误的擦除操作。EPROM的主要优点是数据不易丢失，但编程所需的电压过高，且在紫外线的照射下，全部的内容将被擦除，因而应用场合受限。可擦除可编程ROM多数情况下用来读信息，信息只是偶尔再次写入。

图5.17所示为浮栅雪崩注入MOS（Floating Gate Avalanche MOS，FAMOS），它是一种典型的可擦除PROM结构，在其控制栅极和沟道之间有一个特殊的栅极 G_f，称为浮栅，浮栅与外面完全隔离。浮栅下面是热生长栅氧化层。当浮栅上没有负电荷时，MOS管截止，表示存储信息“0”；编程时，在漏区加足够高的负电位，在漏区pn结沟道一侧表面的耗尽层中发生雪崩倍增现象，所产生的高能电子穿过二氧化硅层到达浮栅形成注入电荷，并存储在浮栅上，当浮栅上的负电荷足够多时会使MOS管导通，表示写入信息“1”。

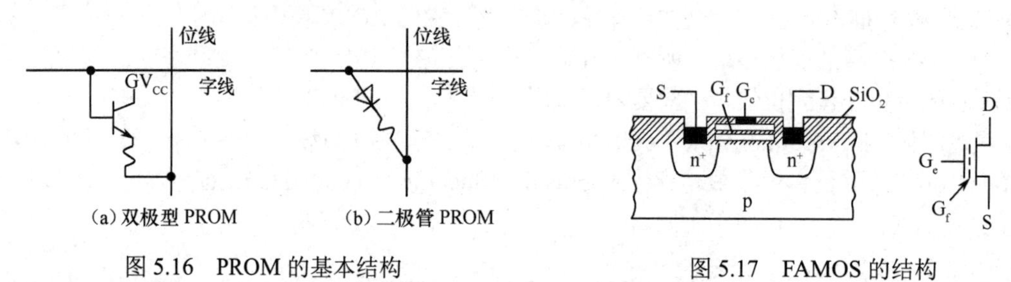

图5.16　PROM的基本结构

图5.17　FAMOS的结构

4. E²PROM

EPROM依赖紫外线实现擦除在使用中很不方便，电可擦除可编程ROM（E²PROM）应运而生。E²PROM利用低能电子穿过氧化物的方法实现编程和擦除，即电可擦除可编程，极大地方便了可编程器件的使用。

浮栅依然是目前经常使用的E²PROM结构，其中又以浮栅隧道氧化层（Floating Gate Tunnel Oxide，FLOTOX）MOS管结构的E²PROM最为常见。FLOTOX MOS管利用漏极和浮栅间超薄氧化层的FN隧穿效应进行擦/写工作。FLOTOX MOS管剖面图如图5.18所示，采用双层多晶硅工艺，且在漏极与浮栅 G_f 间有一个超薄氧化层小窗口，厚度为8～10nm，成为隧道氧化层。在强场下漏极与浮栅之间可进行双向电子流动，由此实现对单元电路的擦和写。当浮栅存有电荷时，表示“1”；当浮栅上无电荷时，表示“0”。当对E²PROM进行擦除时，控制栅极加高压脉冲，源极、漏极和衬底都接地，电子由漏极经隧道氧化层到达浮栅，擦除后浮栅上有多余的电子，E²PROM的阈值为高阈值；当进行写入操作时，控制栅极和衬底接地，漏极加高电压脉冲，源极浮起，电子由浮栅到达漏极，写入后，E²PROM的阈值为低阈值。

图5.19所示为采用FLOTOX存储管构成的E²PROM存储单元。从图5.19中能够看出，该存储单元由两个晶体管构成：一个是普通的场效应管，另一个是FLOTOX存储管。图5.20给出了该存储单元的简单工作原理。图5.20（a）是对存储单元进行写“0”的操作，被选中的列线接+19V电源，选择线加＋21V电压，即字线接地，源极悬空。因此，浮栅上的注入电子进入漏极，晶体管导通，输出逻辑“0”；图5.20（b）是对存储单元进行擦除操作，选择线加＋21V的电压，源极悬空，列线接地，字线接＋21V电压。电子由漏极经隧道注入浮栅，因此FET的导电沟道被夹断，没有漏极电流经过，存储单元内的数据变为“1”；图5.20（c）是对存储单元进行读操作，被选中的列线加＋2V电压，选择线加＋5V电压，字线加＋3.5V电压。当浮栅上的电荷为负时，晶体管截止，输出逻辑“1”；当浮栅上的电荷为正时，晶体管导通，输出逻辑为“0”。

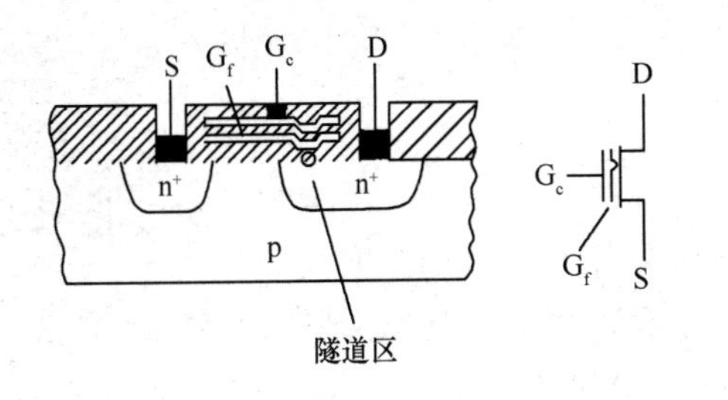

图 5.18　FLOTOX MOS 管剖面图

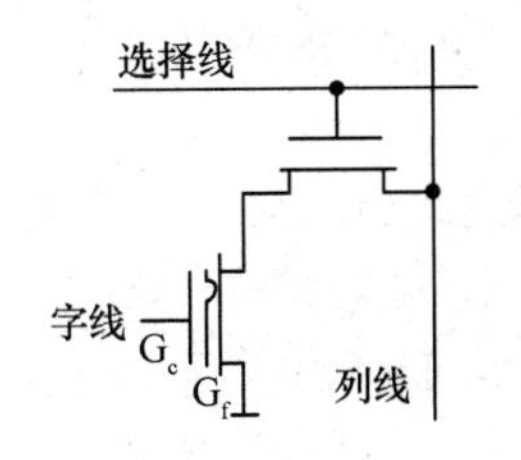

图 5.19　采用 FLOTOX 存储管构成的 E^2PROM 存储单元

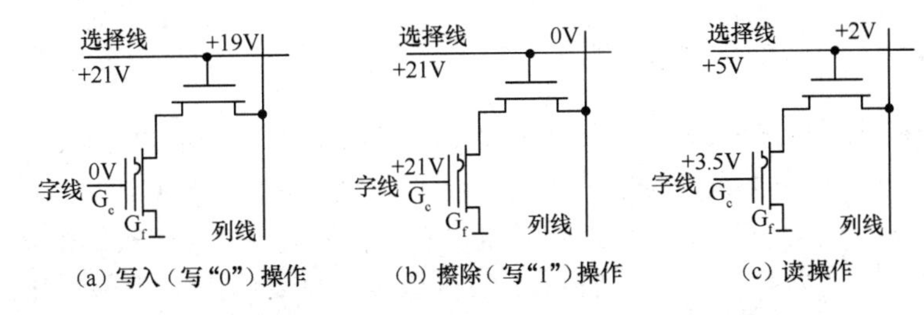

（a）写入（写“0”）操作　（b）擦除（写“1”）操作　（c）读操作

图 5.20　存储单元的简单工作原理

5. Flash Memory

作为近年发展起来的新型半导体存储器，闪存存储器（Flash Memory）是在 EPROM 和 E^2PROM 的基础上发展起来的，它集中了两者的优点。Flash Memory 采用非挥发性存储技术，电源断电后数据可以一直保存下去，是一种长寿命的非易失性存储器，数据删除不是以每个字节为单位的，而是以固定的区块为单位的。此外，它还具有大存储量、低价格、可在线改写和高速度等特性。

闪存存储器的存储管与 EPROM 的单元结构类似，只是它采用的是一种 ETOX（EPROM Tunnel Oxide）MOS 管，该管的控制栅极和浮栅间的氧化层厚度为 25nm 左右，浮栅与 p-Si 表面间的超薄隧道氧化层的厚度仅为 10nm 左右且质量很高，沟道长度短，能经过多次高压冲击。

闪存存储器的编程和擦除过程是：当进行编程时，存储管的控制栅极 CG 加高电压（12～20V），漏极接地，源极浮空，漏区电子通过 FN 隧穿效应进入浮栅 FG，写入“0”，实现编程操作。当进行擦除时，控制栅极接地，漏极接高电压（12～20V），源极浮空，浮栅上的电子通过 FN 隧穿效应返回漏区，写入“1”，实现擦除操作。

闪存存储器的存储矩阵分为“或”阵列和“与”阵列。“或”阵列的存储管并接实现“或”关系。“与”阵列存储管串接实现“与”关系。图 5.21 所示为常见的闪存存储器的存储阵列。图 5.21（a）所示为或非存储结构，图 5.21（b）所示为与非存储结构。

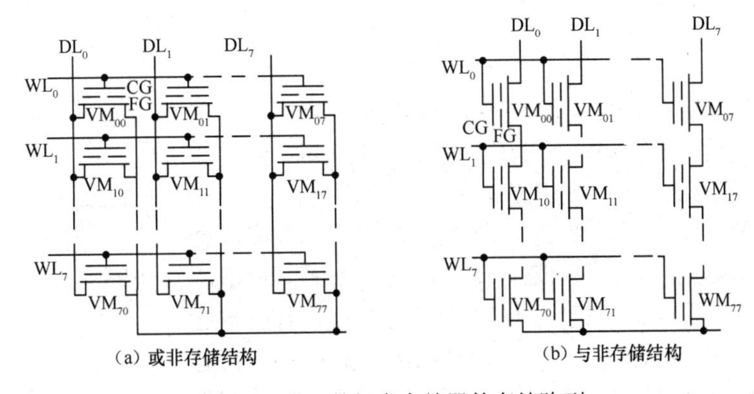

（a）或非存储结构　（b）与非存储结构

图 5.21　常见的闪存存储器的存储阵列

5.3.2 随机存取存储器

随机存取存储器（RAM）的特点是可以随时对它进行读和写，但当电源断开时，其存储的信息便会消失。RAM 分为双极型和 MOS 型两种结构。双极型 RAM 的特点是存取速度快，但集成度低、功耗大、成本高，目前已基本不采用。MOS 型 RAM 的特点是集成度高、功耗低、成本低。RAM 又分为静态 RAM（Static Random-Access Memory，SRAM）和动态 RAM（Dynamic Random-Access Memory，DRAM）两大类。

1. 静态 RAM

静态随机存取存储器（SEAM），特别是高速缓冲 SRAM，是所有高性能计算机的基本构件。高速测试系统和高速数据采集系统也需要使用高速 SRAM。此外，制作 CMOS SRAM 的主要工艺技术可以直接扩展到 IC 其他类别电路的生产制造中。SRAM 的特点是，只要电源不断电，SRAM 存储的信息就一直保存着。在 SRAM 的存储单元矩阵中，每列的所有存储单元，共用 BL 和 BLB 位线。每行的所有存储单元共用一根字线。图 5.22 是 6 管 CMOS SRAM 的存储单元。图中 VM_1～VM_4 构成两个交叉耦合的双稳态电路，进行数据锁存。VM_5、VM_6 为驱动管，WL 为字线，BL 和 BLB 是一对位线，GV_{CC} 是电源，GV_{SS} 是地，VM_1、VM_2、VM_5 和 VM_6 均为 nMOS 管，VM_3 和 VM_4 为 pMOS 管。

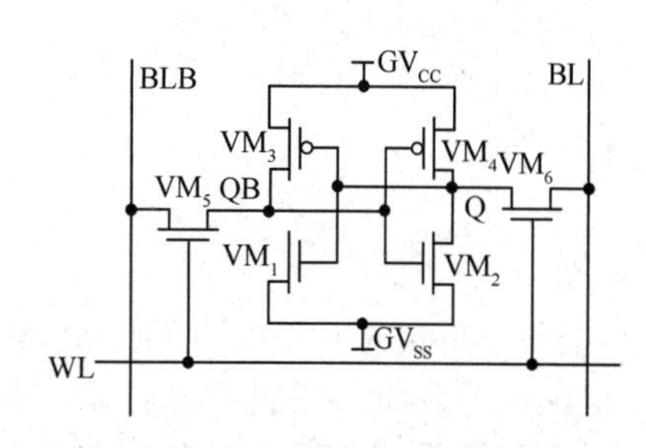

图 5.22 6 管 CMOS SRAM 的存储单元

向存储单元写入“1”的全过程是：将需要写入的信号“1”加到 BL 上，将“0”加到 BLB 上，此时选中 WL 位线信号为“1”，晶体管 VM_5、VM_6 打开，将 BL 和 BLB 上信号分别传送到 Q 和 QB，从而有 Q＝1、QB＝0，这样数据就被锁存在由晶体管 VM_1～VM_4 组成的锁存器中，实现了数据“1”的写入过程。同理，将信息“0”的写入的方法类似，只是这时 BL 写入信号为“0”，BLB 写入“1”。

从存储单元读出“1”的过程是：首先将位线 BL 和 BLB 预充到电源电压，预充结束后，通过地址译码选中对应的行并将其置为高电平 WL＝1，则对应的存储单元被选中，由于存储单元中存储的是“1”，即 Q＝1、QB＝0，晶体管 VM_1、VM_5 导通，有电流从 VM_1、VM_5 到地，从而使 BLB 电位下降，BL 和 BLB 间电位产生电位差，当电位差达到一定值后会打开灵敏放大器，对电压进行放大，送出输出电压，读出数据。这样就可以读出 Q 信息为“1”，QB 信息为“0”。同样地，当存储信息 Q＝0、QB＝1 时，此时晶体管 VM_2、VM_6 导通，形成到地的回路，能够读出“0”。

2. 动态 RAM

动态随机存取存储器（DRAM）的存储单元是利用一个很小的电容存储电荷来保存信息的，信息“0”和“1”是根据存储电容上电荷的有无来表示的。图 5.23 所示为单管 DRAM 存储单元，这里只有一个经存储电容 C 连接到 GV_{SS} 的 MOS 管（GV_{SS} 通常接地）。当写入信息时，数据信息被放到位线上，字线从低电平升为高电平，MOS 管导通，根据位线上信息值的不同，电容 C 上相应为有电荷或无电荷，对电容进行充电或放电，当字线回到低电平时，信息就保存在 C 上。在进行读操作之前，字线需要被预先充电至一个预定值。之后位线有效

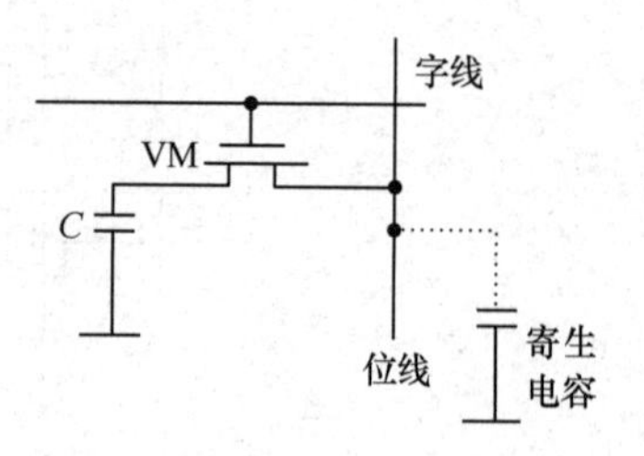

图 5.23 单管 DRAM 存储单元

时，根据存储电容和位线上寄生电容之间的电荷的重新分配，使位点电压发生变化，来读出存储的数据。

由于位线上存在寄生电容，存储在电容 C 上的电子电荷会和位线寄生电容发生电荷共享，重新分配，使得存储电容上电荷会逐渐泄漏，因此，在电荷泄漏到其电压无法识别以前，必须写入信息。换句话说，存储单元必须被刷新。刷新频率取决于 MOS 管的泄漏情况，随着温度的增加，刷新频率会显著增加。与 SRAM 相比，需要不定期的刷新是 DRAM 的缺点。但它的电路很简单，只使用一个 MOS 管和一个电容，因此所占面积非常小，在同样的芯片面积上，DRAM 封装的存储单元是 SRAM 的数倍，这大大提高了存储容量。

5.4　专用集成电路设计方法

专用集成电路（Application Specific Intergrated Circuit，ASIC）设计是指面向特定用户或特定用途而设计的集成电路。由于 VLSI 芯片已经广泛使用到各个领域，因此出现了各种各样的设计思想和设计对象。当半导体厂家想推出功能最强而且产量预期会很高的半导体通用芯片（如微处理器、存储器）时，所需的人力、物力是非常巨大的，同时需要花费很长的时间，才能取得各方面的性能和收益。但是随着微电子技术的发展，通用 IC 芯片受功能和产品种类的限制，越来越不能满足飞速发展的微电子整机和系统的需求。这时，用户就需要与 IC 设计和生产厂家联系，希望能“定做”自己特殊要求的 IC 芯片，以满足不同的用途。这类芯片就是所说的专用集成电路。专用集成电路与通用集成电路设计方法相似，它的品种多，批量少。专用集成电路的主要特点是减小了设计周期和产品制造周期。本节将介绍常用的专用集成电路设计方法。

5.4.1　全定制设计方法

全定制设计方法是针对给定目标在结构、逻辑、电路等各个层次进行精心设计，特别是在影响性能的关键路径上进行深入的分析，并且针对每个晶体管，以及它们之间的互连进行电路参数和版图优化。全定制设计方法可以实现最小芯片面积、最佳布线布局、最优功耗性能积，得到最好的电特性。

全定制设计方法由于需要设计者完成所有电路的设计，是一种人工设计为主的设计方法，灵活性好，面积利用率高，但需要大量的人力、物力，开发效率低，费用高，目前已被日渐成熟的半定制设计方法所取代。但是，对于一些高性能电路，如 CPU 中很关键的数据通路，需要单独来进行优化，可能还是会采用全定制设计方法；还有就是一些对速度、功耗、管芯面积、其他器件特性（如线性度、对称性、电流容量、耐压等）有特殊要求的模拟和数模混合信号集成电路，也会用到全定制设计方法。

尽管全定制设计过程中以人工为主，但是一些设计工具还是被证明是不可缺少的。在版图设计时，除了要求版图编辑工具支持，还需要采用第 6 章将介绍的 EDA 工具提供完整的检查和验证功能，其中包括设计规则检查、电气规则检查、连接性检查、版图参数提取、电路图提取、版图和电路图一致性检查等，以帮助设计者发现和纠正错误。

5.4.2　半定制设计方法

由于全定制设计方法的开发成本高，周期长，对人力、计算等资源消耗大，

小批量产品更是难以承受，如何快速高效推出产品是行业的迫切需求。半定制设计方法更多地考虑通用性，不针对特定厂家特定产品，开发设计可复用的集成电路部件，用户或第三方开发人员依赖这些部件进一步完成集成电路功能设计，这样的设计方法把设计流程进一步分工，集成电路设计人员可以把一部分甚至大部分设计过程采用第三方的成熟产品，更快推出产品。近年来已开发出各种各样的半定制设计方法来缩短设计过程并使用了设计自动化。这种设计是在厂家提供的半成品基础上继续完成最终的设计，一般是在成熟的通用母片基础上按照电路拓扑结构要求，进行互连设计并制备互连掩模，或者是使用厂家设计好的单元来进行功能模块设计，从而缩短设计周期。这种方法被称为半定制设计方法。半定制设计方法主要包括门阵列法、门海法、标准单元法和积木块式版图设计法。

1. 门阵列法

门阵列由晶体管作为最小单元重复排列而成，使用半导体门阵列母片，根据电路功能和要求用掩模版将所需的晶体管连接成逻辑门，进而构成所需要的电路。两种典型的有通道门阵列母片结构如图 5.24 所示。其中心部分是由若干方块组成规则阵列，每一方块表示一个单元电路，行和列之间的间隔用作布线通道。门阵列的母片四周，布有固定数目的输入/输出单元和压焊点。

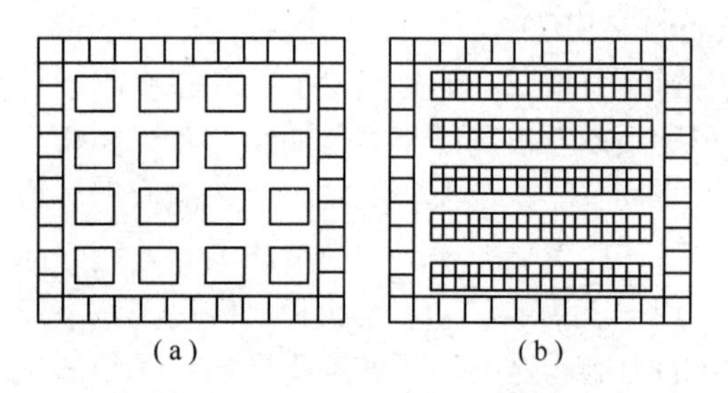

图 5.24　两种典型的有通道门阵列母片结构

门阵列通道区的连线有两种形式。如果门阵列允许双层金属连线，那么在水平和垂直方向上都可以进行金属布线互连，而且两层金属间需要通过通孔相连；如果只允许单层金属连线，那么只能在一个方向上进行金属布线。例如，若金属布线垂直方向时，则水平方向上必须采用多晶硅。

每个门阵列的内部阵列结构都对应着一个栅格结构。有了栅格结构，就能很容易地设计出需要的各种功能块。图 5.25 是单层金属布线的 6 管单元栅格结构。单元上部和单元之间的宽多晶硅条作为通道。在图 5.25 中，点表示允许布线的布线通道，方块表示接触孔。在布线时，电路电连接线需要与方块相连，而其他不能连接的线必须绕过方块，防止发生不必要的电连接。

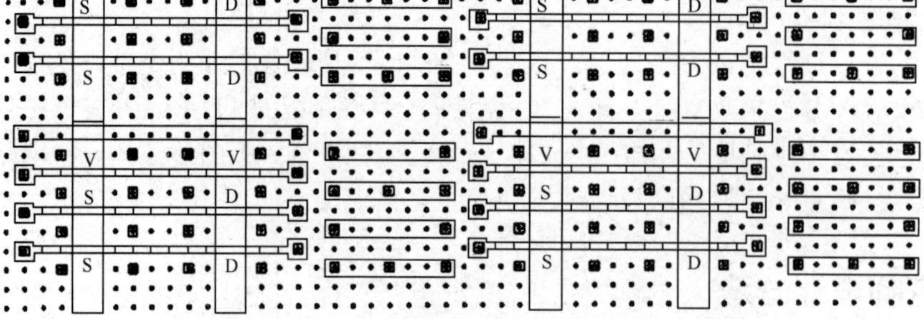

图 5.25　单层金属布线的 6 管单元栅格结构

有了栅格结构，就能够实现宏单元了。宏单元可以小到一个逻辑门，也可复杂到整个芯片。在完成了需要的宏单元后，此时要把宏单元的输入/输出端通过输入/输出单元与位于母片四周的 I/O 及压焊点相连，输入/输出单元一般为输入/输出缓冲器及一些必要的保护电路。图 5.26 列出了三输入或非门宏单元的内连图形。

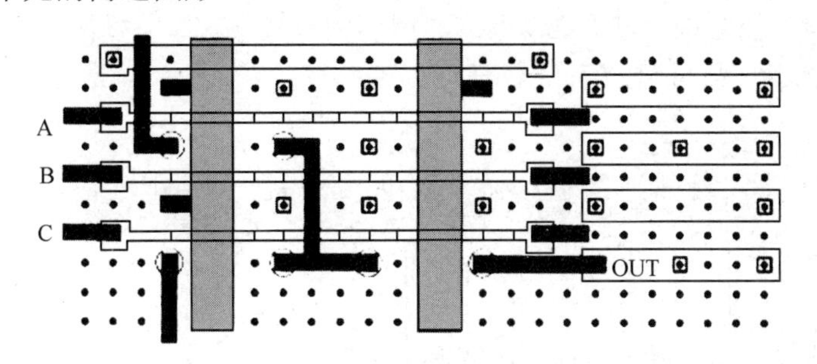

图 5.26　三输入或非门宏单元的内连图形

2. 门海法

有通道门阵列的每一布线通道容量是一定的，如果连线太多，可能造成其余的门布线不通，使得门利用率比较低。为了克服这一缺点，1982 年提出了门海概念。门海也是母片结构形式，但母片上没有布线通道，全部由基本单元组成，基本单元由一对不共栅的 pMOS 和 nMOS 管组成。基本单元之间没有氧化隔离区，宏单元之间采用栅隔离技术。门海的宏单元之间的连线在无用的器件区进行。

图 5.27 是一个栅隔离的门海基本单元。一个基本单元由一对不共栅的 pMOS 管和 nMOS 管构成，各晶体管对相互紧挨而形成 pMOS 管链和 nMOS 管链。栅和源/漏区留有接触孔或通孔的位置，是否开孔视具体电路要求而定，因此连线是可编程的。

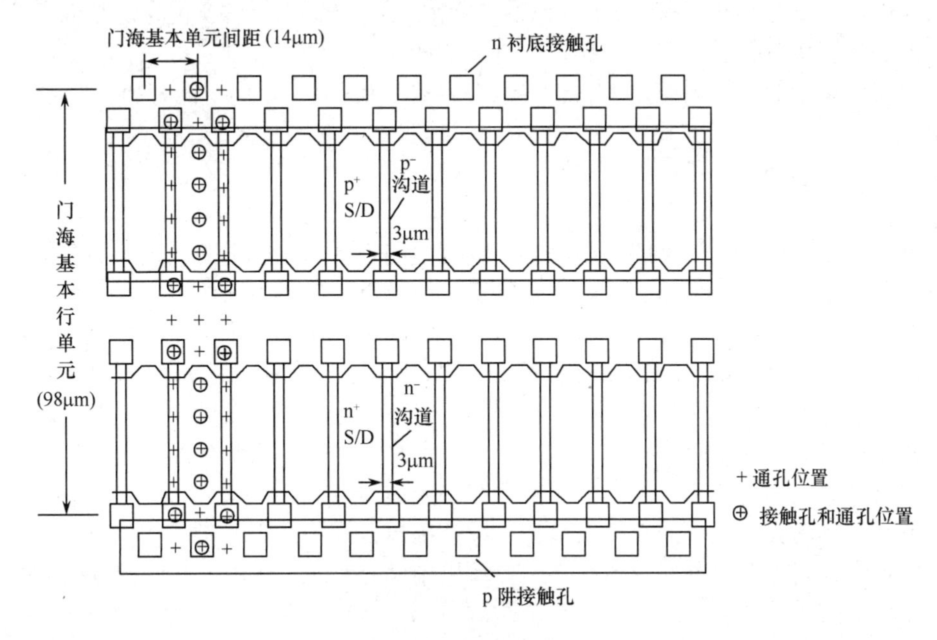

图 5.27　栅隔离的门海基本单元

宏单元之间起隔离作用的晶体管的栅分别连接到 GV_{DD}（pMOS 管）和 GND（nMOS 管），这样隔离管就处于截止状态，使相邻的宏单元之间在电学上相互隔离。这种隔离只在需要时采用，因此门海没有无用的基本单元。对于越复杂的功能元件，就越能节约更多的晶体管。如果两个宏单元共有同一个源/漏区，且分别接 GV_{DD} 和 GND，这时甚至不需要用栅隔离。图 5.28 所示为宏单元与栅隔离的实例。图中左半部分的反相器与一个双输入或非门，它们共用源/漏区且分别接 GV_{DD} 和 GND，所以就不需要使用栅隔离；右半部分是时钟式移位寄存器，其内部各元件之间不需要栅隔离，但是与其他宏单元，如双输入或非门则需要栅隔离。与氧化隔离的门阵列结构相比，栅隔离的门海在面积上一般可节约 50%左右。

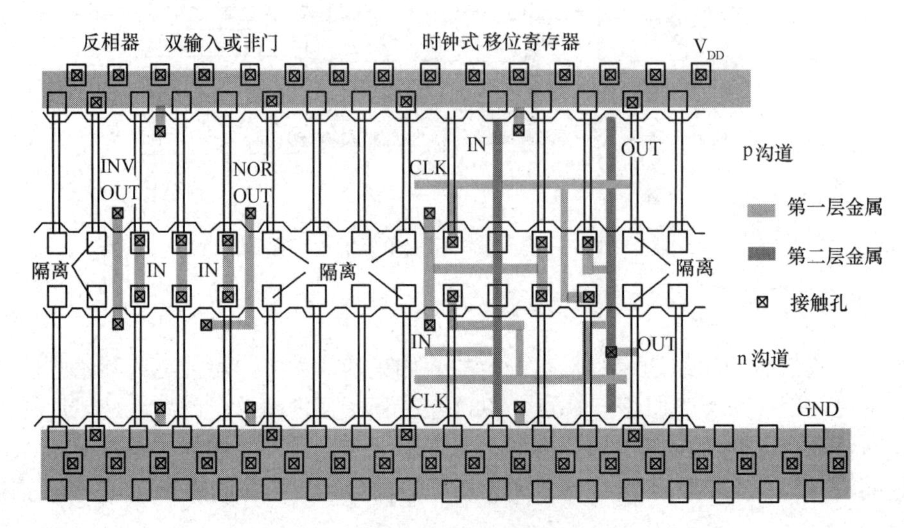

图 5.28 宏单元与栅隔离的实例

门海不仅连线孔是可编程的，走线区域也是可编程的，这是门海法的一大特点。对于门海母片，由于没有事先确定的布线通道区域，根据电路布局布线需要，可以把一行（或一行中一部分）或几行（几行中一部分）基本单元链改为无用的器件区。在工艺上的实现方法是保留介质层，无用器件区内不放置接触孔及通孔，并在顶部进行走线。

门阵列需要单独的布线通道，门海的可编程走线区域提高了硅面积的利用率，也能保证 100%的布通率。

3. 标准单元法

标准单元法是利用已设计好的电路单元库进行电路设计，生成电路制造所需要的版图，再进行工艺投片得到用户需要的电路产品。标准单元法是半定制集成电路的主要实现方式之一，发展很快，主要原因是这种设计速度快。如果所建的单元库中，库单元种类多、规模大、功能强，那么用该种方法完全可以实现 VLSI/ULSI 的管芯设计。库单元是指储存在计算机单元库中的若干单元电路，一般说每个库单元应包括的信息有库单元名称、逻辑功能及逻辑图、电路图、版图和延时与功耗特性等。该方法与门阵列相比，主要不同点在于用户必须待全部版图设计完成后，才能交由制造厂家完成全部芯片工艺加工，而不存在预先的母片。

标准单元法首先要由优秀的设计人员精心设计出单元库中的各种类型的库单元，并将这些库单元电路的版图及其有关电气参数全部送到计算机中储存起来；然后电路设计者根据系统设计要求调用单元库中的相关单元，组成整个系统；最后调用标准单元版图，连接成一个完整的版图。为了布线的灵活和方便，要求单元库中所有单元电路版图的高度相同，但宽度则可根据功能的复杂程度有所不同。

在选定了单元电路形式后，版图设计工作的第一步就是把它们连接成大体上等长的单元行。这些单元之间的区域是通道区，也是布线区，现在用标准单元法的软件包在布局方面有些不同。

一种是先做初始布局，然后迭代改善，最后参考布线情况确定一种最优的布局；另一种是先不做初始布局，而是任意选定一种布局，再直接迭代改善，最后选定布局和布线。一个完整布图的标准单元管芯如图 5.29 所示。从图 5.29 中可以看出，各单元行之间的通道区的高度是不相等的。它的数值大小由布线后该通道区中的横向布线条数目确定，它可以增加，也可以压缩，因此在标准单元法中，它的布图布线接通率是 100%，而在门阵列中由于通道区的宽度是固定的，因此很难做到 100%的布线接通率，而且有些通道区很难得到充分的利用。从这一点上看，标准单元法要优于门阵列法。

当然，单元库的准备和建立需要花费相当的时间与财力，但芯片的版图设计时间则可以大大减少。这是标准单元法的主要优点。与门阵列法相比，芯片面积也明显减小，但与全定制设计方法相比，还是要大一些，主要原因是所有库单元的版图都规定为等高不等宽。由于几何形状的限制，对于某些种类单元电路的版图很难做到布置的完全合理，因此还是会造成芯片面积的浪费。另外，单元间的连线也占去芯片面积相当大的部分。

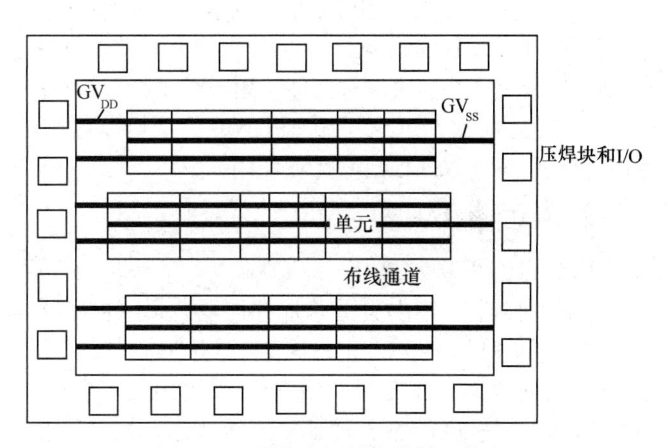

图 5.29 完整布图的标准单元管芯

图 5.29 中的标准单元可以是非门、与门、与非门、或非门，也可以是触发器、寄存器等。随着 VLSI 技术的发展，标准单元法所建的单元库也越来越丰富，而某些单元的电路也越来越复杂。人们已经发现，用限定高度而不限宽度的几何形状设计复杂的电路并非合理，有时要浪费管芯面积。于是，又有人提出了具有宏单元电路的标准单元法，该方法与积木块式版图设计法有很多相似之处。

4. 积木块式版图设计法

积木块式版图设计法（Building Block Layout，BBL）又称为任意多元胞法，其特点是在布图平面上放置了一系列具有不同尺寸的矩形（或具有直角边的多边形），这些矩形的尺寸大小均无限制，每个矩形可以是一个电路相当复杂的子块，或者称为功能块，各种块的形状尺寸不同，如图 5.30 所示。各子块之间是布线通道区。由于布线通道区的形状各异，因此它的布线比较复杂。BBL 各子块和子系统的数量与面积不受限制，所以采用这种布图方式的电路规模超过目前已有的各种布图模式。随着 VLSI/ULSI 的发展，以及 SoC 技术的进步，这种布图方式越来越得到广泛的采用。

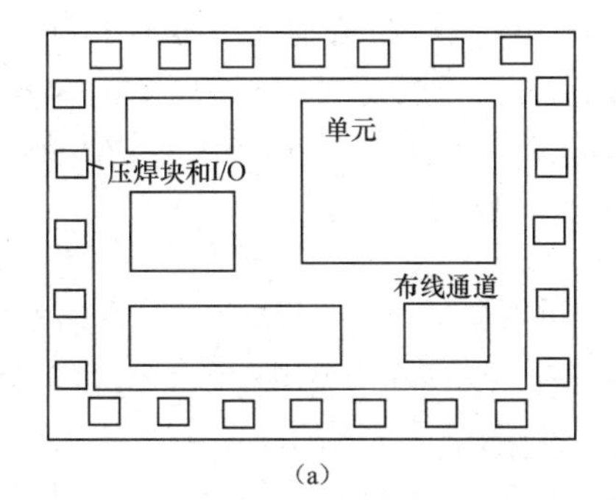

(a)

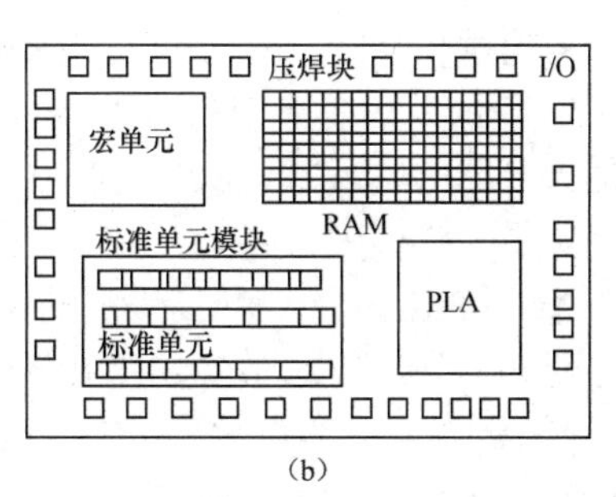

(b)

图 5.30 积木块式版图设计法的两个实例

5.4.3 可编程逻辑设计方法

可编程逻辑器件（Programmable Logic Device，PLD）是一种特殊的半定制集成电路实现形式，这些器件是已经封装好的集成电路，用户只需在编程器中送入要求的逻辑关系，则可将 PLD 中相应部分按照需要连通金属线，形成用户要求的专用集成电路。目前较先进和流行的是逻辑单元阵列（Logic Cell Array，LCA），其中最具代表性的是现场可编程门阵列（Field Programmable Gate Array，FPGA）电路。

这些可编程逻辑器件最大的特点是适用于整机和不太了解集成电路工艺及版图设计的用户，他们可以根据自己的需要用 PLD 和 LCA 实现不同的电路功能要求。这样可以节省设计时间，加快整机研制的周期。当然，这种设计方法的不足是电路性能较差，同时电路的成本较高，只适用于小批量的研制阶段。

PLD 包括 PROM、EPROM、PLA、可编程阵列逻辑（Programmable Array Logic，PAL）和门阵列逻辑（Gate Array Logic，GAL），但是目前通常的 PLD 是指 PAL 和 GAL，它们的特点是由半导体制造厂家生产并出售这种器件，用户可用特定的程序编程，并用该器件实现其逻辑电路功能。

与 PLD 相比，LCA（如 FPGA）除了可编程实现 PLD 的功能，还可以通过重新编程实现电路的重构，即一块 LCA 可反复使用。

1．PAL 和 GAL

（1）可编程阵列逻辑（PAL）

PAL 是 1978 年由美国单片存储器公司（MMI）推出的，当时采用双极工艺（TTL/ECL）制作。PAL 和 PLA 相同，也是采用与门阵列和或门阵列组合完成不同的逻辑功能。PLA 在母片上进行最后的金属化和布线，而 PAL 采用熔丝实现连线的通/断。

图 5.31 是 PAL 的 3 种基本连接状态，硬线连接状态为未编程前的状态，另外两种状态是经过编程以后的导通和断开状态。导通对应于熔丝未熔断，断开对应于熔丝被熔断。例如，图 5.32 中的 D 为

$$D = A \cdot \overline{A} \cdot B \cdot \overline{B}$$

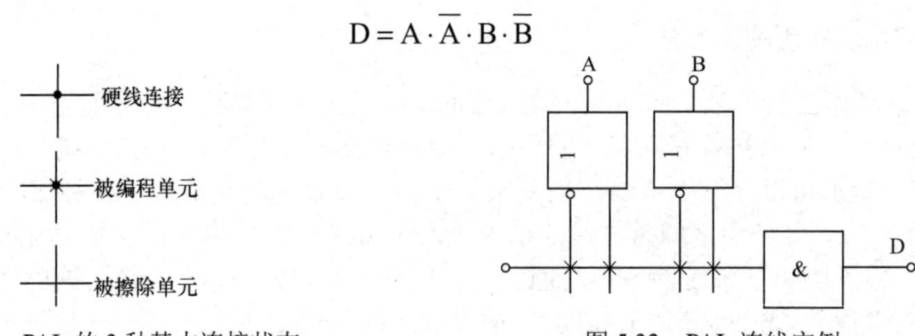

图 5.31 PAL 的 3 种基本连接状态　　图 5.32 PAL 连线实例

因此，可以采用 PAL 程序进行逻辑综合与设计，然后在特定的编程器上自动完成熔丝的通/断，实现用户所需的逻辑功能。对于一般的 PAL，与门阵列是可编程的，或门阵列是硬连接（不可编程的）。图 5.33 所示为一个典型的 PAL 结构，它是一个 16 输入 8 输出的 PAL 器件，即 PAL16L8（编号 16 表示最大可能的输入数，8 表示输出数，L 表示输出的类型）。

（2）门阵列逻辑（GAL）

GAL 是第二代的 PAL。由于 PAL 提供的灵活性受到了一定的限制，一旦编程后不能再改写，使用户感到不方便。另外，PAL 的输出结构较固定，对于不同输出结构要选择不同的 PAL 器件，而 GAL 器件采用了更为灵活的可编程 I/O 结构，并采用了先进的浮栅工艺的电可擦除 CMOS 工艺结构（E^2CMOS），数秒即可完成芯片的擦除和编程工作，可反复改写，它成为产品研制中的理想工具。

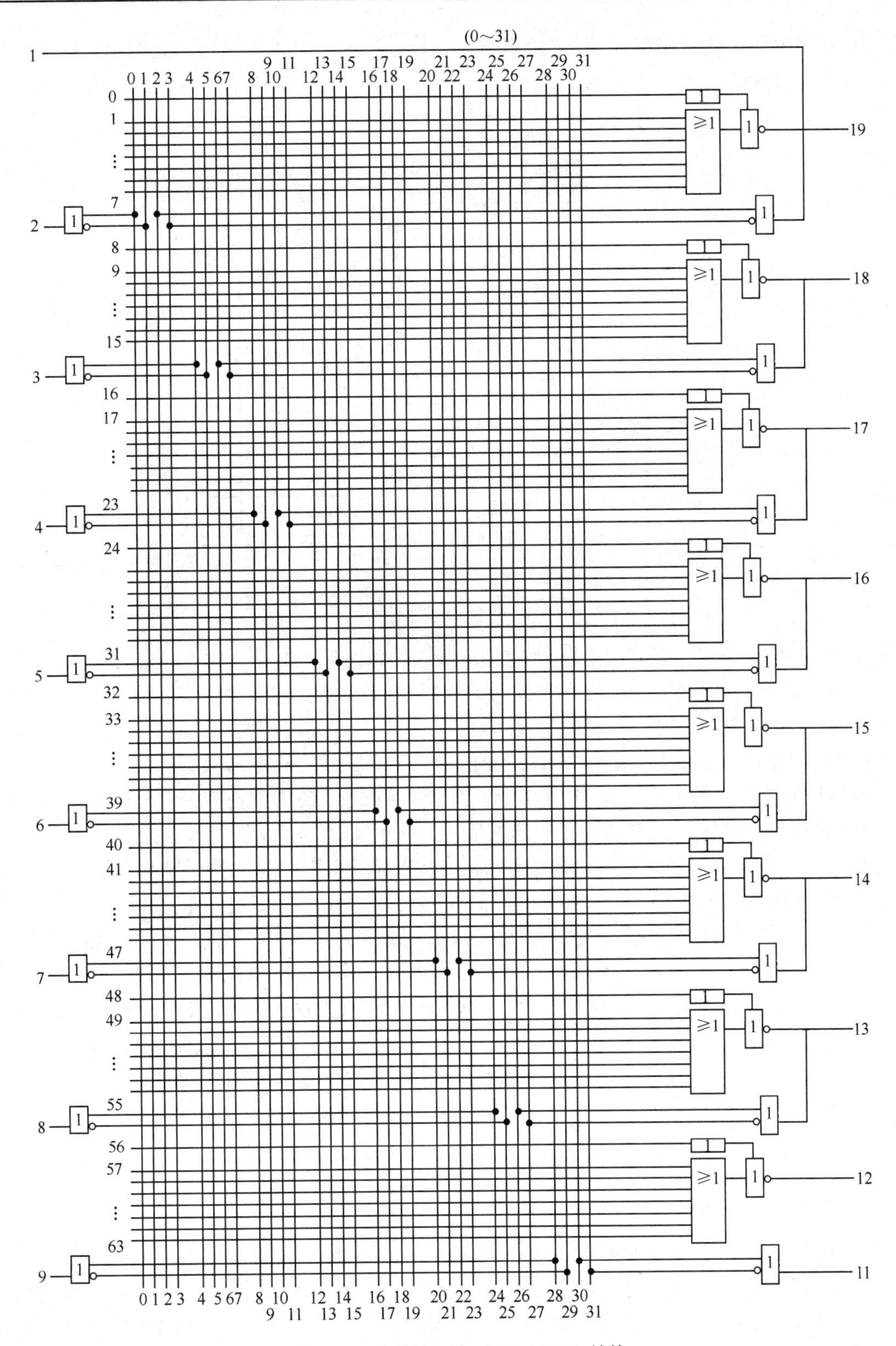

图 5.33 典型的 PAL（PAL16L8）结构

GAL 从结构上也分为两类：一类是类似 PAL 结构，即与阵列可编程而或阵列固定，这类产品如 GAL16V8、ispGAL16Z8 和 GAL20V8；另一类则是与阵列及或阵列可同时编程，如 LATTIC

公司的 GAL39V18 产品。GAL 结构之所以输出结构较灵活，是因为在输出结构中采用了可编程逻辑宏单元（OLMC）。其中 OLMC 结构如图 5.34 所示。图 5.35 就是典型 GAL 产品 GAL16V8 的结构。

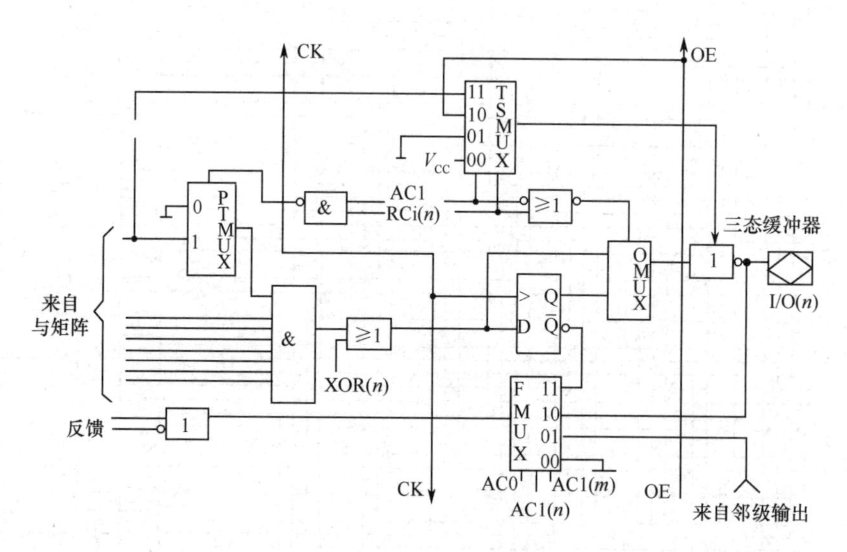

图 5.34 OLMC 结构

每个 OLMC 包含或门阵列中的一个或门，或门的每个输入对应于一个乘积项（与门阵列中一个与门的输出），因此或门的输出是有关的乘积项之和。图 5.34 中的异或门用于控制输出信号的极性，当 XOR(*n*)端为 1 时，异或门起反相器的作用，否则起同相器的作用。其中 XOR(*n*)对应于结构控制字中的一位，*n* 为引脚号。D 触发器（寄存器）对或门的输出状态起记忆作用，使 GAL 适用于时序逻辑电路。每个 OLMC 中有 4 个多路开关：PTMUX 用于控制来自与阵列的第一乘积项；TSMUX 用于选择输出三态缓冲器的选通信号；FMUX 决定了反馈信号的来源；OMUX 则用于选择输出信号是组合的还是寄存（存储）的。这些多路开关的状态取决于结构控制字中的 AC0 和 AC1(*n*)位的值[OLMC(12)和 OLMC(19)除外]，各开关的输入端以二进制代码标识，这个代码的值正好对应于开关控制信号的值。例如，TSMUX 的控制信号是 AC0 和 AC1(*n*)，当 AC0 和 AC1(*n*)＝11 时，表示输入端 11 与输出端接通，三态门的选通信号是第一乘积项。又如，PTMUX 的控制信号是 $\overline{\mathrm{AC0}\cdot\mathrm{ACl}(n)}$，当 $\overline{\mathrm{AC0}\cdot\mathrm{ACl}(n)}=1$ 即 AC0＝0 或 AC1(*n*)＝0 时，第一乘积项作为或门的一个输入项。另外，通过改变 4 个变量 SYN、AC0、AC1(*n*)、XOR(*n*)的状态来获得不同的输出结构。SYN 变量决定时钟信号 CK 是否存在，即决定了输出是寄存器输出还是组合逻辑输出。XOR(*n*)变量决定 OR 的输出是否反相。AC0 和 AC1(*n*)两个变量将决定 4 种不同的输出结构形式。由于 OLMC 的灵活配置方式，因此使它可以仿真很多 PAL 器件的功能。

2. EPLD 和 CPLD

EPLD 采用 CMOS 和 UVEPROM（紫外线可擦除 PROM）工艺制造。集成度比 PAL 和 GAL 器件高得多，大部分产品属于高密度 PLD。典型的 EPLD 有 ATMEL 公司生产的 AT22V10。

EPLD 采用 CMOS 工艺，具有功耗低、噪声容限大等特点。又由于采用 UVEPROM 工艺，以叠栅注入 MOS 作为编程单元，具有能够改写、可靠性高、集成度高、造价低等特点。EPLD 的 OLMC 中的触发器增加了可预置数和异步置零功能，增加了使用的灵活性。它的工作方式可以分为两大类：同步工作方式和异步工作方式。AT22V10 中的 OLMC 属于同步工作方式。图 5.36 所示为其电路结构，由 D 触发器、异或门和两个 2 选 1 数据选择器（MUX1、MUX2）构成。

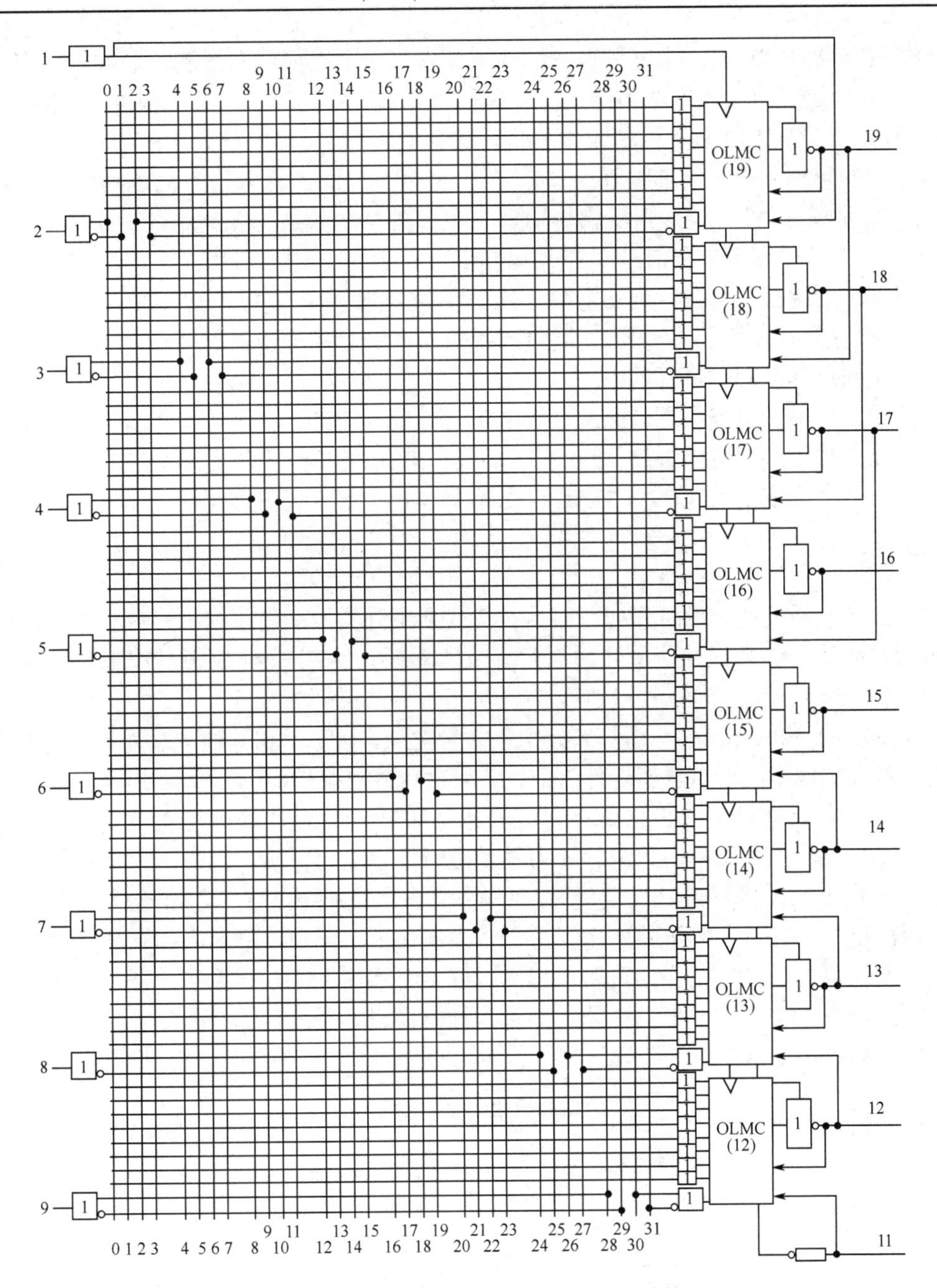

图 5.35　典型 GAL 产品 GAL16V8 的结构

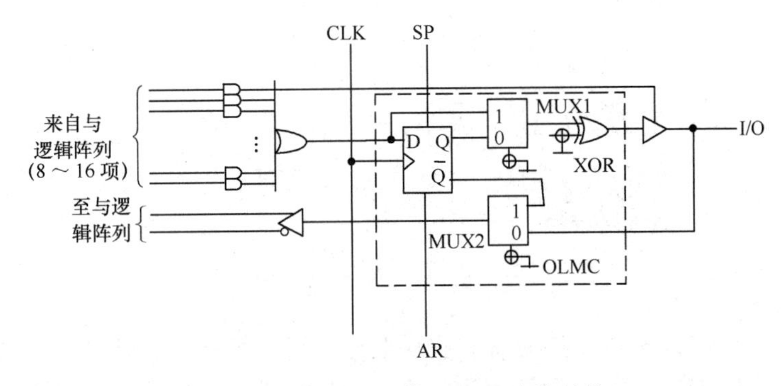

图 5.36　AT22V10 的 OLMC 电路结构

MUX1 用于实现 OLMC 输出逻辑态的选择，它由一个编程单元控制，当编程单元被编程为“1”时，MUX1 选择组合逻辑电路输出；当编程单元被编程为“0”时，选择时序电路输出（或称为寄存器输出）。MUX2 负责选择反馈信号，选择 QB（触发器的反向输出信号）或选择 I/O。

当异或门的可编程输入端被编程为“0”时，使用另一端的输入信号同相传输；当异或门的可编程输入端编程为“1”时，则反相传输。三态门的控制量是与阵列中的一个可编程与项。

由于 D 触发器的同步预置信号（SP）和异步置零信号（AR）各由一个可编程的与项提供，因此可以根据需要编程，使在一定的情况下让 D 触发器置“1”或置“0”。在 AT22V10 中，所有的 OLMC 的触发器时钟信号（CLK）、同步预置信号（SP）和异步清零信号（AR）都是公用的，因而它们的相应动作是同时进行的。

目前，推出了复杂可编程逻辑器件（CPLD），这是从 EPLD 演变而来的。为了提高集成度，同时具有 EPLD 传输时间可预测的优点，把若干类似 PAL 的功能块和实现互连的开关矩阵集成在同一块芯片上，就形成了 CPLD。CPLD 多采用 E^2CMOS 工艺制作。

3．FPGA

FPGA 实际上并不是一种门阵列，而是在形式上十分类似于门阵列。FPGA 内部是由不同的功能块形成的阵列（注意，并非单纯的与门和或门阵列），每个功能块通过逻辑开关连接，并实现用户要求的逻辑功能。

图 5.37 给出了 FPGA 结构，这些单元中包括触发器、运算器和其他的功能模块。因此，在用 FPGA 进行编程实现不同逻辑功能器件之前，必须对其结构和“库”有充分的了解。例如，图 5.38（a）中的 5 个功能模块只需图 5.38（b）中的 FPGA 中两个功能模块就可实现。因此，它比一般的 PAL 和 GAL 逻辑门利用率高且编程能力强，逻辑综合能力更强。同时，它仍然可以通过编程实现重构，一块 FPGA 同样可以反复使用。另外，FPGA 器件内部有丰富的触发器和 I/O 引脚，弥补了 PLD 规模小、I/O 少等不足。由于单元以功能块形式出现，单元内部充分注意到了门的驱动能力，使每个功能块内部工作速度得以提高。以上特点使 FPGA 得到了广泛的应用。但是，值得一提的是，由于 FPGA 中内部功能块之间都是通过逻辑开关连接的，因此总的电路工作速度比一般的 PLD 器件要低一些。

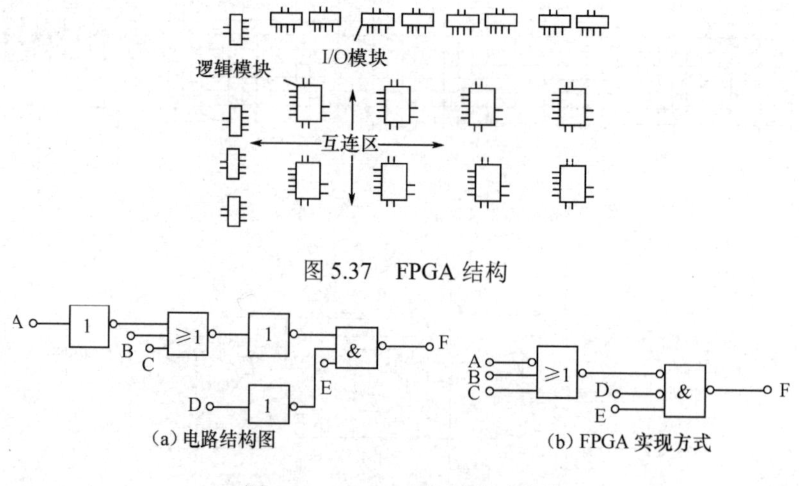

图 5.37 FPGA 结构

图 5.38 FPGA 内部等效功能块

典型的 FPGA 设计流程如图 5.39 所示。它需要通过运行特定的软件开发系统来完成。以图形方式的逻辑图输入或由 HDL 语言写成的源代码，以设计对象送入开发系统得到内部网表，软件开发系统产生可编程逻辑块（Configurable Logic Block，CLB）和输入/输出模块（I/O Block，IOB）的连线网表与用于模拟的网表文件，网表文件经仿真验证后，将会送去自动布局布线，得到布局布线后的时序关系以备进一步检查，最后编译成一种用于内部构造的配置数据（配置程序），该配置数据可直接下载到 FPGA 中。此外，也可转换成可驻留的 PROM、EPROM 等存储元件的配置数据图形，在需要时下载到 FPGA 中。

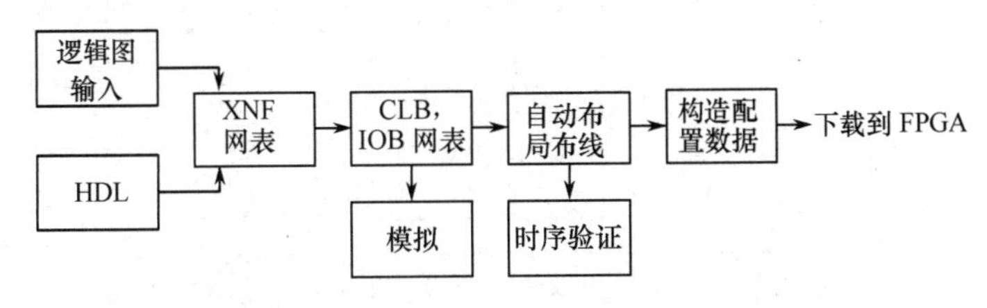

图 5.39 典型的 FPGA 设计流程

5.5 系统级芯片设计方法

随着微电子技术和半导体工艺的不断创新与发展，超大规模集成电路的集成度和工艺水平不断提高，深亚微米和纳米工艺，从 0.13μm、90nm、65nm……直到 5nm 工艺已经走向成熟。这使得在一个芯片上完成系统级的集成已成为可能。系统级芯片（System on Chip，SoC）是一个复杂的集成电路，它把一个完整的最终产品中的主要功能模块集成到一块单一芯片内，通常含有一个或多个微处理器（Central Processing Unit，CPU），也可能增加一个或多个 DSP（Digital Signal Processing）核，以及多个或几十个外围的特殊功能模块和一定规模的存储器（ROM/RAM）模块，这些功能模块作为 IP（Intellectual Property）核，通过复用设计技术组合在一起，自成一个体系，并能够独立工作。关于 IP 核的概念将在第 6 章详细介绍。

就其芯片功能来说，SoC 意味着在单个芯片上实现以前需要一个或多个印制电路板才能实现的电路功能，克服了多芯片板级集成出现的延时大、可靠性差等问题，提高了系统性能，而且在减小尺寸、降低成本、降低功耗、易于组装等方面也具有突出的优势。SoC 的出现，导致了 IC 产业进一步分工，出现了系统设计、IC 设计、第三方 IP、电子设计自动化和加工等多种专业，它们紧密结合，尤其是第三方 IP 供应商的出现大大缩短了设计公司产品的上市周期，促进 SoC 不断成熟。

SoC 与集成电路的设计思想是不同的，它除了以往单纯地进行硬件电路设计，还需要强大的软件支持，而且芯片的功能会随着支持的软件不同而变化，因此在设计芯片的同时，需要进行软件编制工作。这一特点增加了芯片功能和适应范围，同时增加了芯片设计和验证的难度，在芯片设计的初期需要仔细地进行软硬件功能划分，确定芯片的运算结构，并评估系统的性能与代价。

5.5.1 SoC 的设计过程

集成电路的设计过程走过了一条从低层次到高层次，从单一设计组织完成整个设计到多个单位共同完成片上系统设计的过程。对于现在的系统芯片设计，重复使用 IP 模块是一种主要的设计方法。图 5.40 给出了一个 SoC 的设计过程。其具体过程如下：

① 首先确定系统设计要求，对系统进行分析描述，得到初步的设计规格说明。

② 根据系统描述，设计高层次算法模型，并进行测试验证和改进，直到满足要求。

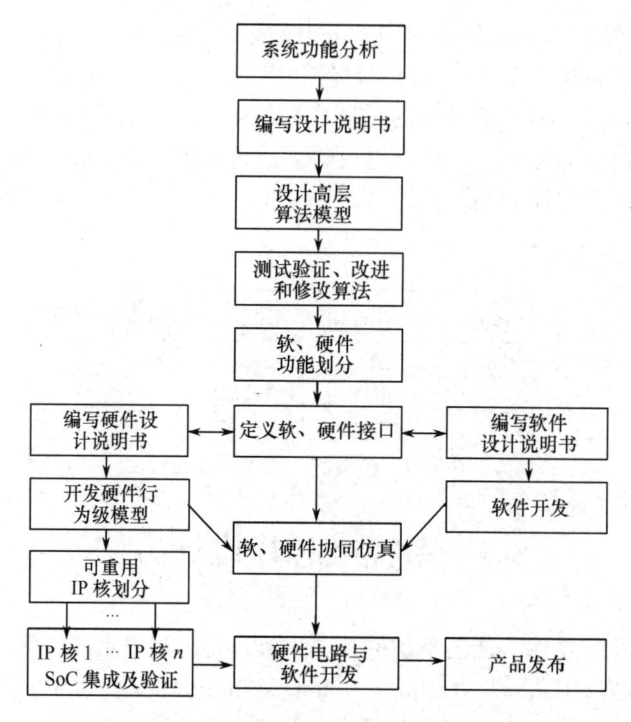

图5.40　SoC的设计过程

③ 对系统进行软硬件划分，定义接口，平衡软硬件功能，使系统代价最小，性能最优。使用统一的系统描述语言对划分后的软硬件进行描述，便于协同设计和仿真验证。

④ 软硬件协同仿真验证和性能评估，如果不满足要求，需重新进行软硬件划分，直到满足要求，最终得到系统的硬件体系结构和软件结构。

⑤ 对于硬件进一步划分成数个宏单元，通过宏单元集成及相关验证，完成时序验证、功耗分析、物理设计和验证；同时进行嵌入式软件开发。

⑥ 最后进行系统集成，完成相关验证测试。

系统设计需要体系结构设计工程师、软件和硬件设计工程师共同完成，其设计质量主要由设计人员的经验及具备的系统知识所决定。在系统设计过程中，许多系统构件或由已有的 IP 核组成，或者由IP核衍生得到，体系结构设计人员在选择IP核时要全面考虑其优缺点，注意IP核的功能指标、接口、各IP核工艺与电参数的相容性等。SoC设计方法还与设计平台密切相关。

5.5.2　SoC的设计问题

1. 软硬件协同设计

与传统的系统设计相比，SoC设计最大的特点是软硬件协同设计。在传统系统设计中，软件团队需要等到硬件原型完成后才可以进行最终的系统集成，这样很多问题会在系统集成过程中产生，这些问题可能产生于对规范的误解、不适应的接口定义等，虽然可以通过软件递归设计消除这些错误，但是这样会影响系统的性能。如果修改硬件，就会消耗额外的费用和时间，代价是十分巨大的。SoC则在设计阶段的早期进行软硬件集成和验证，包括软硬件划分、协同指标定义、协同分析、协同模拟、协同验证，以及接口综合等方面的软硬件协同设计。

软硬件协同设计的流程为：第一步，用 HDL 语言和 C/C++语言描述系统并进行模拟仿真与功能验证；第二步，对软硬件完成功能划分、设计，将两者综合起来实现功能验证和性能预测等仿真确认；第三步，完成软件和硬件详细设计；第四步，进行系统测试。

目前，软硬件协同设计依然是 SoC 设计的关键所在，如何确定最优性原则（包括面积、速度、代码长度、资源利用率和稳定性），如何实现系统功能验证、功耗分析，这些都是在软硬件协调设计中需要探索解决的问题。

2．IP 核重用技术

由于设计复杂度的提高和产品上市时间的限制，如果任何设计都从头开始，就会浪费大量的人力物力，系统级设计采用大量的 IP 核复用，这样可以快速地完成十分复杂的设计。

IP 核是满足特定规范，并能在设计中复用的功能模块。IP 核的重用不是 IP 核的简单堆砌，各 IP 核设计完成后，当集成在一起时，会出现一些问题，尤其接口和时序问题会引起系统故障。由于集成中存在信号完整性、功耗等问题，IP 核重用不当会使 IP 核无法发挥优势。这都是在系统设计中要注意的问题。

随着 SoC 越来越复杂，IP 核模块越来越多，在一个系统中的 IP 核一般来自不同的供应商，而 IP 核开发者采用不同设计环境，一个 SoC 设计可能是多厂商 IP 核的组合，不同 IP 核需要满足的规范也不尽相同，必须确定相兼容的 IP 核，因此 IP 核接口标准对于高效率完成 IP 核集成、加快设计速度是十分重要的。

IP 核复用设计对 EDA 工具提出了更高的要求，需要在更高的抽象级进行设计，而且不同类型电路的 IP 核如何集成（如数字、模拟、射频 IP 核的集成），如何进行验证，包括物理验证，尤其是时序和功耗的验证及测试都是需要解决的问题。

3．SoC 验证

验证最后设计的正确性被视为超大规模系统级芯片设计的重要瓶颈。对于整个 SoC 的设计过程而言，验证的工作占到整个产品开发周期的 40%～70%。对于日益复杂的片上系统，采用以往基于模拟仿真的验证方法已不再适合，需要使用更加抽象的形式验证方法和基于模拟仿真验证相结合，进行软/硬件协同验证。

形式验证一般基于数学推导，实行的是形式等价性检查，它比较两种设计之间的功能等价性，形式验证不需要测试激励向量，对时序因素考虑较少，它类似于通常的定理证明。形式验证方法在 SoC 验证时的处理速度比基于模拟验证的方法要快很多，但它也有其功能上的局限性，它不能取代基于模拟验证的方法，只有和基于模拟验证技术一起才能完成设计的验证。

为了克服传统系统设计时需要等到硬件设计完成后才能进行系统集成这一弊端，可以把系统的集成阶段移到设计周期的前期，这样就可以较早地消除系统集成的问题，可以通过创建一个软/硬件协同验证环境来解决这个问题。在一个软/硬件协同验证环境中，环境模型应该是周期准确且必须准确地映射 SoC 功能，同时它应该足够快速，能够由实时操作系统和应用程序组成的软件运行。这样才能实现降低成本、提高成品率、较早面市的目标。

4．SoC 测试

由于 SoC 集成了含有逻辑信号、混合信号、存储器及 RF 部分的 IP 核模块，因此测试工作也变得很复杂，针对不同的模块会有不同的测试方法和策略，需要对它们进行协同测试和诊断，而且对于不同的 IP 核进行多次测试太过昂贵，还很有可能损坏芯片。SoC 测试需要解决的问题有 SoC 内 IP 核的测试、IP 核的访问机制和内核测试包装（内核与环境间的接口）。

IP 核的测试主要由 IP 核设计者完成，并随 IP 核一起交给使用者。对 IP 核施加测试激励，并根据 IP 核的种类确定故障模型、测试要求和方法等。为了进行可测性设计，需要在 IP 核中加入边界扫描、内建自测试等。

为了对 SoC 进行测试，需要访问嵌入其内的 IP 核，要完成对 IP 核提供测试激励和将激励响应从 IP 核传出的功能。这需要提供测试访问的路径，并设计控制模式来使用这些测试路径，这一过程称为 IP 核测试访问机理（Test Access Mechanism，TAM）。最直接的 TAM 就是传统的直接访问测试总线和边界扫描。

内核测试包装是嵌入式内核与芯片其他部分之间的接口，它将 IP 核接口连接到周围逻辑和测试访问机理。它有几个工作模式：正常操作模式、IP 核测试模式和互连测试模式。在正常操作模式下，包装对于 IP 核与其他 IC 电路间的各种接口是透明的，不进行相关的测试工作。在 IP 核测试模式下，TAM 连接到 IP 核上，可以对 IP 核施加激励和观察其响应，完成 IP 核的测试。在互连测试模式下，TAM 连接的互连逻辑和信号线对互连提供测试数据。

5. SoC 物理设计

由于集成电路工艺尺寸越来越小，设计规模越来越大，时钟频率越来越高，以及电压值的降低，使得互连与信号完整性在成功的芯片设计中越来越重要。互连和信号完整性不仅是决定时序的重要因素，还是影响芯片功能的重要因素。在整个芯片系统的构建过程中，还必须认真分析和控制其他一些物理因素，如天线效应、电迁移效应、自热效应和 IR 压降效应等。

物理设计时许多设计变量互相影响，最重要的是如何平衡可布线性、时序和功耗三者之间的关系，优化其中任何一个可能使另外两个出现问题，这需要特别注意。时钟和电源网络会消耗大量的布线资源，对它们的规划和分析必须及早进行，以预防时序不收敛的问题。

同时，版图设计引入的寄生电阻、寄生电容、寄生电感，以及封装、散热等问题在设计时都需要给予考虑，它们对 SoC 的设计也起到非常关键的作用。

SoC 芯片的设计虽然比较复杂，但是在技术上与以往的 ASIC 芯片设计相比有很大优势。微电子技术从 IC 向 SoC 的转变不仅是一种概念上的突破，还是信息技术发展的必然结果。它必将导致又一次的信息技术革命。

练习及思考题

5-1 用尽可能少的 ECL 门替代图 5.41 中的或非网络，可以使用线或逻辑运算，并给出版图布局和草图。

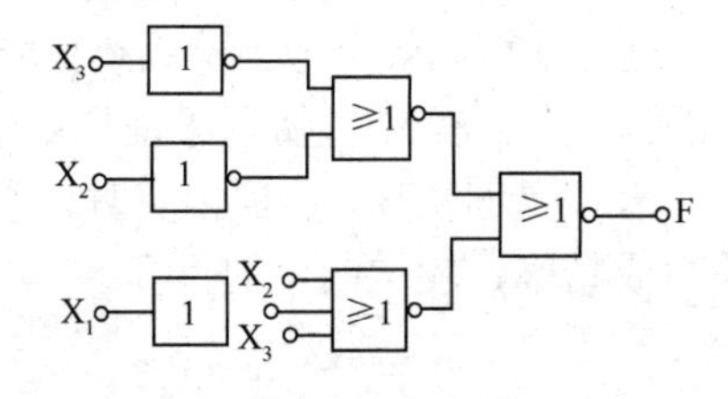

图 5.41 或非网络

5-2 用 I^2L 门实现图 5.41 所示的逻辑功能，并绘出其版图。

5-3 若函数 $f=xy+z$，试分别用 I^2L、CMOS 实现该函数功能，并给出相应的版图。

5-4 试分别总结几种半定制专用集成电路设计方法的优缺点。

5-5 SoC 的设计包括哪些内容？

第 6 章　集成电路设计自动化

本章首先在介绍数字集成电路设计中广泛采用的电子设计自动化（Electronic Design Automation，EDA）基本概念的基础上，重点介绍数字系统 EDA 流程，以及在不同设计阶段 EDA 工具的基本功能和常用设计软件；然后给出一个实例，简要介绍集成电路版图数据通用格式 GDSII 和 CIF 规范；其次讨论模拟集成电路设计中采用计算机辅助设计（Computer Aided Design，CAD）技术的有关问题，简要介绍射频集成电路的设计流程与工具；最后简单介绍有关器件仿真与工艺仿真的概念和相关软件。

6.1　EDA 的基本概念

本节简要介绍电子设计自动化的基本概念及发展过程。

6.1.1　电子设计自动化

1. EDA 的定义

集成电路设计包括电路设计和版图设计两方面的工作。

在集成电路发展初期，集成电路的全部设计工作都是由设计人员手工进行的。随着集成电路规模的不断扩大，由人工完成全部设计任务变成不可能了，于是在集成电路设计中引入了计算机技术。在开始阶段，主要利用计算机进行电路设计的模拟验证、版图图形编辑和数据处理等方面的工作。随着集成电路制造工艺的进步、数学和计算机技术的发展，对超大规模数字集成电路来说，人们的设计目标从直接的电路设计提高到更高的抽象层次，可以利用硬件描述语言表述电路功能，通过指定电路的约束条件，由计算机软件工具进行综合，完成从语言到电路的转换，这就是 EDA 概念的兴起。而模拟集成电路也可以通过计算机辅助设计完成电路分析、优化和版图自动生成。

EDA 技术是以大规模集成电路技术为设计载体，以硬件描述语言为系统逻辑表达方法，以计算机、大规模集成电路的工程软件及开发系统为设计工具，来完成超大规模集成电路（VLSI）的系统规划、功能设计、仿真验证、电路综合、物理实现、掩模与工艺设计等流程的电子系统设计技术。目前的 EDA 工具支持逻辑编译、逻辑化简、逻辑分割、逻辑综合及优化、布局布线、仿真验证，能够完成满足特定目标芯片要求的适配编译、结构优化、逻辑映射等工作，并形成交由集成电路生产线加工的集成电子系统或专用集成芯片的版图设计。

2. EDA 技术的发展

EDA 技术是伴随着计算机、集成电路、电子系统的设计发展起来的，至今已有 40 多年的过程，其发展历程大致可分为以下 4 个阶段。

（1）CAD 阶段。这一阶段是在集成电路发展初期的 20 世纪 70 年代，主要特点是利用计算机辅助进行电路原理图编辑、电路模拟仿真和物理版图的布图、验证，用计算机取代手工操作进行集成电路版图编辑和布局布线，使得设计师从传统高度重复、复杂的绘图劳动中摆脱出来。

（2）CAE 阶段。发展于 20 世纪 80 年代的 CAE 阶段，计算机能够辅助的工作除有图形绘制功能之外，主要是以逻辑模拟、电路功能分析和结构设计、时序分析、故障仿真、自动布局布线为核心的，重点解决电路的功能设计与验证等问题，使其在产品制作之前的设计阶段就能预知产品的功能和性能，提高设计成功率。

（3）EDA 阶段。EDA 阶段是 20 世纪 90 年代伴随逻辑综合而兴起的概念，这个阶段的主要特点是以描述语言、系统级仿真和综合技术为特点，采用“自顶向下”（Top-Down）的设计理念，将设计前期的许多高层次设计用 EDA 工具来协助完成，直接设计对象的层次从电路级抽象到面向功能的语言表述，抽象层次的提高极大地提升了设计效率，使得高复杂度的设计复用（Design Reuse）成为可能。EDA 工具可以在电子产品的各个设计阶段使用。在功能设计阶段，依靠 EDA 中的仿真工具验证设计的正确性；电路实现阶段，使用综合工具把电路语言描述转化为门级网表；版图设计阶段，应用 EDA 中的物理设计工具设计制作芯片的版图。能够支撑硬件描述语言的 EDA 工具的出现，使复杂数字系统设计自动化成为可能，只要用硬件描述语言将数字系统的行为描述正确，就可以进行该数字系统的芯片设计和制作，这是集成电路设计方法的革命性突破，也是数字电子系统 EDA 技术成熟的标志。

（4）电子系统设计自动化阶段。随着更加复杂系统的应用需求，为了适应超大规模、高度复杂、低功耗系统设计的挑战，EDA 技术面临进一步的突破，人们称下一代的 EDA 技术为电子系统级设计（Electronic System Level, ESL），或者称为电子系统设计自动化（Electronic System Design Automation，ESDA），其特点是可以容纳更复杂的系统，支持更加抽象的设计方法，如更高抽象层次的行为级设计，更高级的语言描述（如 SystemC、Chisel、SpinalHDL 语言等）。虽然下一代 EDA 技术有了一些尝试与进步，但目前还缺乏里程碑式的进展，主流设计技术仍旧停留在 EDA 阶段。

模拟集成电路由于自身的特点，自动化技术发展比数字集成电路相对落后，目前还停留在 CAD 阶段，但经过多年的发展，与初期的 CAD 工具相比也取得了长足的进步。现阶段的模拟电路 CAD 技术不仅可以完成电路图输入、工作点分析、参数优化，而且可以自动完成版图设计与设计参数优化。与此同时，针对模拟集成电路的硬件描述语言和相关电路转化工具也在紧密研究中。

集成电路设计技术进步的基础是集成电路工艺的高速发展。人们能够设计的集成电路规模大约每年增加 21%，而能够加工的单片集成电路的晶体管数目每年增加高达 58%。随着工艺技术每 18 个月进步一代，集成电路器件在新工艺面临的许多物理现象需要更加精细准确的物理模型来分析，基于工艺和器件级别的计算机分析工具（Technology CAD，TCAD）十分有效地缩减了集成电路工艺与器件研发周期和研制费用，使得设计人员可以更好地利用强大的制作能力。TCAD 可以帮助人们规划半导体工艺流程，深入分析器件的物理效应、电磁效应、电学行为和电路缺陷，分析器件结构、优化版图，这不仅可以完成三维的硅器件分析，而且可以分析类似 SiC、InP 等非硅基的半导体器件，是新材料、新器件、新工艺研发不可或缺的研究手段。

6.1.2 EDA 技术的优点

需求是技术进步的最大推动力。EDA 技术就是为了适应集成电路 SoC 设计而发展起来的，而 SoC 的设计对象是系统（System），其设计对象从传统的、单一功能的专用集成电路转变为可编程、可配置的复杂 SoC 系统，设计的基本元素也从传统的基于标准单元（Cell-Based）的大规模电路设计提升到基于 IP-Based 的超大规模系统级设计，EDA 技术在适应 SoC 设计的发展中，具有以下主要特点。

（1）提高抽象层次，加快设计效率。EDA 技术使得人们设计电路时，不用纠缠于高度重复、复杂的电路图、版图绘制，而是直接面向设计对象功能，采用如 Verilog HDL（Hardware Description Language）、VHDL（Very high speed integrated Hardware Description Language）、SystemC 等硬件描述语言去完成设计对象的功能描述，然后通过 EDA 工具根据设计预期要求自动把语言描述转化成电路网表，并最终形成设计版图数据。这使得设计者无须淹没于烦琐的电路形式，而是直接面对所需求的功能，采用更容易掌握和控制的高级语言来表述，提高了设计的抽象层次，并很容易形成可以重复使用的 IP 核，极大地提高了设计效率。采用语言描述电路，设计者的工作仅限于利用软件的方法，即利用硬件描写语言和 EDA 软件来完成对系统硬件功能的实现。由于设计的主要仿真和调试过程是在较高的语言层次上完成的，这既有利于早期发现结构设计上的问题，避免设计工作的错误，又减少了逻辑功能仿真的工作量，加快了设计验证过程，提高了设计的一次性成功率。由于现代电子产品的复杂度和集成度日益提高，一般级别的中小规模集成电路已不能满足需求，电路设计逐步从中小规模芯片转为大规模、超大规模，并且具有高速度、高集成度、低功耗的 SoC 设计。采用 EDA 技术，才能适应设计效率的发展需求。EDA 技术使得一个成熟的设计工程师，其设计效率由每年 2 万～10 万随机控制门，急剧增加到百万门以上。

（2）设计复用。由于 EDA 技术使得集成电路从电路层次的设计抽象到语言描述层次，这使得具体电路设计与工艺实现隔离，设计代码与具体工艺实现没有了绑定关系，通过 EDA 工具，代码可以在不同工艺之间很方便地移植，这是复杂设计复用的基础，也是软 IP 核的基础。同时，语言层次的设计是面向功能的，于是很多功能的重复使用比调用电路原理图更加简便、可靠，IP 核的修改、裁剪、维护、复用也更为便利，增加了设计者劳动输出的使用价值，也提高了设计效率。

（3）减轻人工劳动，缩短设计验证周期。在现代集成电路设计中，规模越来越大，一个寻常 SoC 设计规模动辄达千万、上亿个晶体管，如何验证设计的正确性是一个很大的挑战，尤其后端网表的验证，采用传统的仿真验证技术，其消耗的时间、计算机机时等成本往往使得一个产品还没有完成设计，就已经没有了市场价值。EDA 技术的一致性检查，使得后期的艰巨验证工作大大简化，设计周期极大缩短，产品面市时间（Time To Market，TTM）缩短，解放了工程师烦琐的重复性验证工作。此外，在集成电路版图设计中要绘制、修改版图并且要处理大量数据。例如，一个含有约 2500 个门的随机逻辑电路，约含有 1 万个晶体管，版图中含有 20 万个左右矩形图形，近 3 万根互连线段。随着集成电路规模的增大，需要考虑各部分之间的联系，使设计工作量的增长比集成度和复杂度的增长还要快。因此，若完全采用人工设计的方法，会使设计周期长得无法接受。

（4）保证设计的正确性。用人工方法绘制版图和统计坐标数据时，在几千万甚至几亿个矩形图形和坐标数据中出现个别错误是不可避免的。用人工检查错误时工作量大，且烦琐而乏味，根本无法保证发现全部问题。利用计算机的特点，很容易实现数据自动生成和检查，保证设计的正确性。

（5）提高设计质量、节省设计费用。对超深亚微米、纳米集成电路，由于制版和投片费用十分昂贵，动辄达到几百万美元、上千万美元，如果设计中有缺陷没有及时发现，会带来极大的资金损失。采用 EDA 技术可以不必经过投片，而在线路设计阶段对不同方案进行模拟分析，遴选出较好的方案，并进行容差分析、中心值优化设计和成品率分析，在提高设计质量的同时节省了研制费用。

（6）EDA 已成为集成电路设计中不可缺少的工具。随着集成电路发展到超深亚微米（Ultra Deep SubMicron，UDSM）阶段，离开 EDA 技术就无法完成设计任务。2000 年 Intel Pentium Ⅳ 芯片核心的规模达到 4200 万个晶体管，而 2008 年 Cisco 公司发布的支持 40Gbit/s 线速的网络处理器，其内部集成了40个内核，晶体管数目超过8亿个，2010年发布的100Gbit/s线速的网络处理器，其内部集成了近200个内核，晶体管数目高达数十亿个。显然，不用EDA技术而完全靠人工根本无法完成如此规模的SoC设计。

（7）促进集成化技术的普及。在SoC设计阶段，整个系统要集成到单个芯片中，许多传统的系统设计工程师必须要加入集成电路设计中，要使集成电路的设计工作跳出半导体专业人员的范围，EDA技术起了关键的支撑作用。随着EDA技术的广泛使用，人们对集成电路的设计做了许多“标准化”的工作，使工艺规范化、确定不同类型集成电路的设计规则、建立单管和单元电路版图图形库……这就减轻了对集成电路设计人员必须掌握的半导体专业知识的负担，使非半导体专业人员能很快掌握集成电路的设计方法，直接参与电子线路集成化的工作，并在设计工作中可以共享积累的公共设计资源和数据库。

6.1.3 现代集成电路产品生命周期

现代集成电路规模庞大，结构复杂，把整个系统集成到芯片中不仅成为可能，而且已经是普遍做法。这样的电路，其系统功能的实现依赖一系列硬件（器件）和软件，是软硬件的结合。把软硬件组合起来完成系统功能就是软硬件协同设计。SoC设计是基于IP核的设计，其过程就是软硬件协同设计，通过设计复用完成目标产品。

SoC系统构建分如下步骤。

（1）芯片系统技术规范定义。这一步主要是把市场需求转化为系统功能需求，进而形成技术规格要求，确认系统的功能、性能、功耗、成本、可靠性以及开发进度、工作环境，通常由设计人员和市场人员共同制定，构成了早期的系统规范要求。

（2）系统方案规划与芯片设计。根据系统规范设计系统的体系结构，构建系统的整体架构，确定系统实现方案，把一系列抽象的设计规范转化成体系模型，然后根据经验和积累选定实现子系统的体系结构，并进行软硬件划分，明确哪些功能由硬件完成，哪些功能由软件承担。一旦完成软硬件划分，明确了软件、硬件设计规范（软件设计部分本书不做探讨），就可以根据一系列的设计目标和约束，进行硬件的体系设计。最常用的方法就是把系统按照规范分成若干子系统，把这些子系统以某种算法组织起来，构成完整的系统。组织子系统的算法称为模型，而模型描述了系统组成的对象和组织规则。通常，利用模型能够把系统分解成众多的设计对象，规定这些对象的设计规范，并根据系统性能、成本、设计时程等结合设计经验划分硬件和软件。完成软硬件划分以后，还必须定义软件和硬件之间的物理接口与通信协议，并建立各自部分的详细设计规范。通用的SoC软硬件协同设计流程如图6.1所示。硬件模块的设计通常采用EDA设计工具，通过编码、逻辑综合、物理设计、物理验证等过程实现芯片的版图数据，并交付代工厂加工。

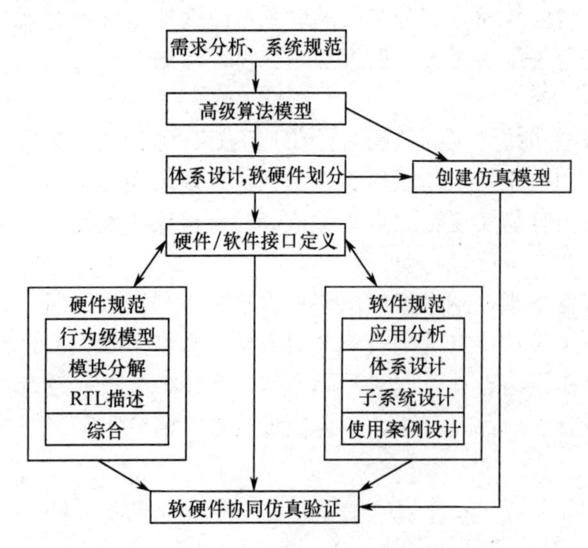

图6.1 SoC软硬件协同设计流程

（3）芯片功能验证。制订系统验证方案，检查设计与系统规范的符合性。针对技术指标与功能规范，基于验证方法学（Universal Verification Methodology，UVM）思想制定系统验证架构，搭建系统验证平台，编写验证向量，仿真验证系统功能。初步仿真验证后，可进一步面向芯片整体系统的搭建覆盖软硬件的仿真验证平台，搭建硬件原型验证平台，对系统进行功能验证与性能测试评估。

（4）芯片测试系统。从代工厂完成芯片加工后，需要搭建芯片测试、演示系统，测试系统功能与性能。针对技术指标与功能规范，依托芯片接口规范设计测试系统或演示系统，完成芯片的功能测试、性能实测，确认芯片对技术指标的实现情况，并进行可靠性评价等。

（5）优化与改进。芯片投放市场，收集用户使用报告，针对使用缺陷进行改进优化，形成下一代芯片的技术规格。

6.2　数字系统 EDA 技术

本节介绍数字集成电路设计流程、设计过程中 EDA 典型工具及其功能。

6.2.1　传统 ASIC 设计流程

传统的 ASIC 设计主要采用自顶向下（Top-Down）和自底向上（Bottom-Up）两种设计方法。

1．自顶向下设计方法

把整个系统看成包含输入/输出端口的单一系统，对其进行体系结构设计和功能划分，然后把整个系统分成若干子系统，每个子系统再分成若干小的功能模块……这种从顶层整体设计逐步细化到底层基本模块设计的过程就是自顶向下的设计方法。通常采用瀑布式逐级推进的设计流程，如图 6.2 所示。

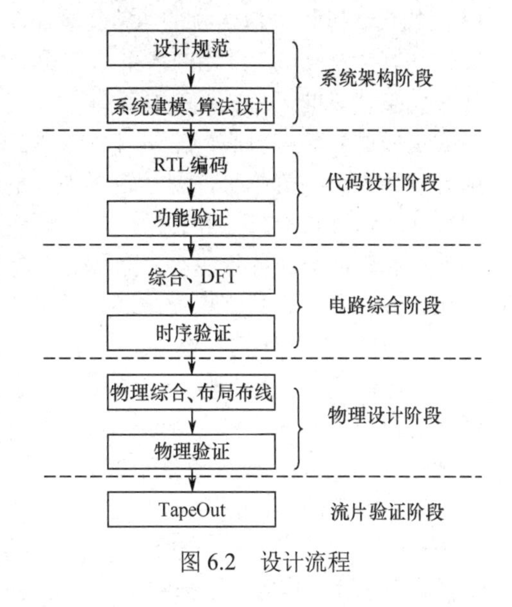

图 6.2　设计流程

从设计规范开始，从一个阶段到另一个阶段按顺序推进，一个阶段由一个小组负责，设计完成后，转交给下一个阶段，类似于流水线作业，团队之间只有阶段规范接口，交互比较少。纯粹的 Top-Down 设计方法对设计的使用环境是完全预知的，对于应用单一的 ASIC 芯片设计非常适用（如图像处理芯片），算法设计人员完成图像处理算法，然后交给代码设计人员编写 RTL（Register Transfer Level）代码。代码经过功能验证，验证正确后，再交给芯片设计人员完成芯片综合。若综合后的网表功能正确，时序满足要求，则由版图设计师依据选定的工艺规范绘制物理版图，完成芯片设计的全过程。

2．自底向上设计方法

与自顶向下设计方法不同，自底向上设计方法是从底层设计开始的，设计系统硬件时，首先确定具体的基本单元，用基本单元构建逻辑电路、宏模块，完成系统中各独立功能模块的设计，再把这些功能模块集成起来，形成完整的集成电路系统。这种设计过程在传统手工电路设计时经常使用，其优点是符合硬件设计工程师传统的设计习惯；缺点是进行底层设计时，缺乏对整个电子系统总体性能的把握，在整个系统设计完成后，如果发现性能达不到预期目标，修改起来就比较困难，设计周期较长。

3．传统设计方法存在的问题

随着集成电路特征尺寸的逐渐缩小，集成规模的不断增大，动辄达到数百万门、数千万门规模。当设计规模大于200万门，制造工艺小于0.13μm时，传统的集成电路设计流程无论是自顶向下设计方法，还是自底向上设计方法都很难保证设计一次成功，设计工程师为了匹配设计目标，经常需要在两个或多个阶段之间多次迭代，尤其是在SoC概念提出以后，设计元素包含了具有较大规模和复杂度的IP核、虚拟器件和宏模块，采用传统设计方法已经不适合基于IP核的SoC设计。例如，由于算法无法采用适当的电路实现，RTL设计人员不得不把设计返还给系统架构团队重新设计体系结构；或者物理设计无法达到预期的性能，不满足时序要求，RTL编码必须重新修改，甚至系统设计人员必须重新修改体系架构，这对于一个大规模、超深亚微米设计，无论是时间消耗还是人员成本，都是无法接受的。大规模设计通常包含大量的软件设计，要求软硬件同步开发，以保证系统功能的正确性，同时，物理设计要在设计初期介入，这样才能保证设计时序性能最终是物理可实现的，并减少不同设计阶段之间的迭代次数。于是，传统自顶向下设计方法与流程逐渐局限于一些IP核的设计，而由于需求的驱动出现了新的、适应大规模电子系统的设计方法与流程——SoC设计方法与并行交互式设计流程。

6.2.2 并行交互式数字集成电路设计流程

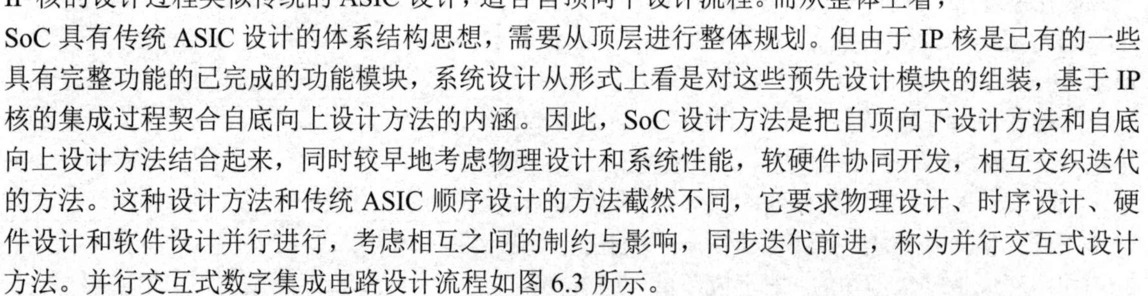

由于SoC设计是建立在IP核基础上的，从单个IP核的设计角度来看，各个IP核的设计过程类似传统的ASIC设计，适合自顶向下设计流程。而从整体上看，SoC具有传统ASIC设计的体系结构思想，需要从顶层进行整体规划。但由于IP核是已有的一些具有完整功能的已完成的功能模块，系统设计从形式上看是对这些预先设计模块的组装，基于IP核的集成过程契合自底向上设计方法的内涵。因此，SoC设计方法是把自顶向下设计方法和自底向上设计方法结合起来，同时较早地考虑物理设计和系统性能，软硬件协同开发，相互交织迭代的方法。这种设计方法和传统ASIC顺序设计的方法截然不同，它要求物理设计、时序设计、硬件设计和软件设计并行进行，考虑相互之间的制约与影响，同步迭代前进，称为并行交互式设计方法。并行交互式数字集成电路设计流程如图6.3所示。

在这个设计流程中，体系设计是基于软硬件协同开发的，而SoC设计需要同时考虑分析和优化面积、性能、功耗、噪声、测试、工艺约束、互连线、连线负载、电磁兼容，以及封装条件。设计过程的第一部分包含一系列规范的开发和验证，规范要反复推敲细化，直到能够根据规范进行RTL设计。规范应该单独完成，通常有两种形式：形式规范和可仿真规范。

形式规范用于比较设计过程中各个阶段不同级别抽象层次之间的正确性，便于在不同层次之间进行一致性检查。有一些形式规范语言（如VSPEC）可以帮助工程师规范功能行为、时序、功耗约束、开关电容、面积约束和其他参数。然而，这些语言仍不成熟，尚没有强大的商业工具。目前，可仿真规范使用得更广泛一些。可仿真规范采用抽象的形式描述设计的功能行为，通常是用C/C＋＋/SDL等语言编写的可执行的软件模型，它们和硬件的Verilog HDL/VHDL对应。

并行交互式设计流程需要同时考虑设计的下述4个维度：硬件功能实现、软件应用设计、时序规划验证、物理实现设计，每个维度可以分成4～5个阶段，维度内部、维度之间相互交织影响。

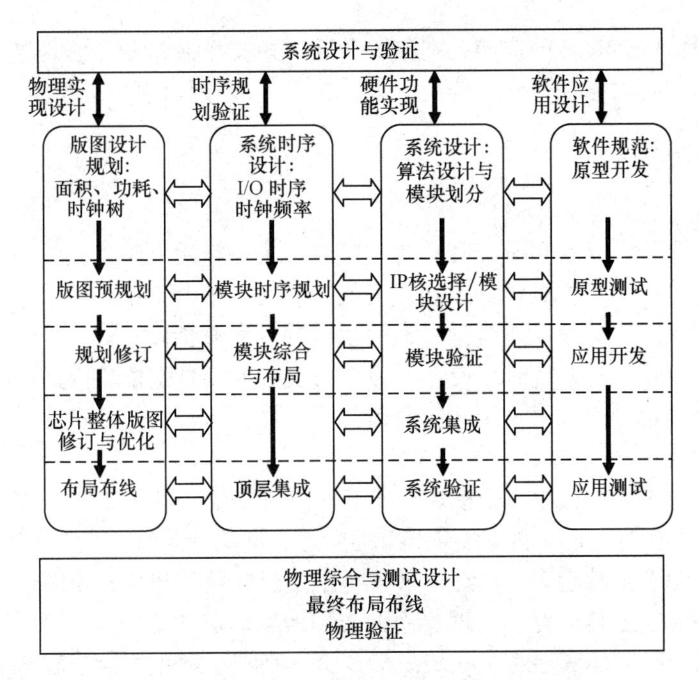

图 6.3　并行交互式数字集成电路设计流程

1. 硬件功能实现

硬件功能实现包括以下 5 个阶段。

（1）系统设计：根据用户对电路功能和性能指标的要求，确定总体体系架构方案，给出框图，完成算法设计，进而将整个系统要求分解为对每个组成部分的功能和性能的指标要求。

（2）IP 核选择/模块设计：对数字系统，完成系统设计后，需要确定出总体设计方案中每个部分的具体逻辑组成。根据算法与分解后的功能模块，如果某些部分是一些具有某种特定逻辑功能的“标准”功能块，这些部分通常采用选购或者开发/重用 IP 核形式实现。非特定功能的随机控制部分，需要完成其逻辑设计。如果 SoC 中用到模拟部分，需要依据预期的工艺选择或者设计模拟的 IP 核模块。

（3）模块验证：一般情况下，采用分块搭建验证平台的方法仿真验证每个模块的功能是否达到预期要求，对于较复杂的模块，也会采用高级语言建模对比验证、调试，加速设计。

（4）系统集成：完成系统的每个子模块设计后，下一步的工作就是把所有模块连接起来，并补充相关的 JTAG 等部分，完成整个系统。

（5）系统验证：系统集成完成之后，需要对整体功能进行验证，检查模块间接口连接和功能的正确性。

2. 软件应用设计

软件应用设计包括以下 4 个阶段。

（1）原型开发：这个阶段的任务是依据总体体系架构和算法完成软件的原型开发，用于辅助分析，进一步明确设计需求和设计方案可行性，是一种减小不确定性并验证方案可行性的有效工具，作为一种设计方法，原型将演化为最终系统。

（2）原型测试：针对一个模块，甚至一个虚拟组件，以尽量简单同时能反映设计目标的方式，尽可能覆盖设计的各种功能。原型测试要假定设计运行的各种条件，其目的是及早检查设计是否满足需要。

（3）应用开发：针对设计的应用，在硬件平台或虚拟平台基础上实现基础应用功能。

（4）应用测试：针对硬件平台和应用开发程序，完成设计的基本功能应用测试。

3．时序规划验证

时序规划验证包括以下4个阶段。

（1）系统时序设计：是指系统运行的时间顺序。大规模数字集成系统设计大多是同步设计，其时序逻辑是依靠若干同步的时钟来控制完成的。系统时序设计需要规划每个模块之间的接口信号、信号之间的相互时序关系，以及信号在模块内的时序开销。

（2）模块时序规划：与系统时序设计类似，模块时序规划是模块内部的时序设计。它主要完成模块内部的时序开销分配、子模块间的通信信号定义、信号间的时序关系、模块端口的信号约束等。

（3）模块综合与布局：针对每个模块按照其时序规划给予的约束完成模块电路综合。在超深亚微米条件下，由于互连线延迟占支配地位，而延迟又取决于物理版图，要使延迟估计更加准确，人们把布局和逻辑综合衔接起来，在综合时就考虑芯片的整体布局，使得设计人员同时兼顾考虑系统层次的功能问题、结构问题和物理层次的布局问题，这就是物理综合。

（4）顶层集成：在完成底层各个模块之后，进一步把所有模块集成起来，依据设计的最终目标，加载顶层的信号时序约束与环境条件约束，进行顶层综合，完成SoC系统设计的电路实现。

4．物理实现设计

物理实现设计包括以下5个阶段。

（1）版图设计规划：现今集成电路规模超过10亿个晶体管，时钟频率甚至超过4GHz，芯片最终是否能够时序收敛往往受限于某些模块。因此，将庞大的设计在物理级进行分割，按照芯片的外部接口需求，模块的功率、性能、规模等要求规划芯片的物理规范。

（2）版图预规划：根据系统架构与模块划分，规划物理预布局，确定规模大的模块（包括IP核）在芯片上的大致位置、供电策略、评估模块之间的连接、时钟分布策略等。

（3）规划修订：该阶段在硬件设计维度多数模块已经进入综合阶段，可以根据初步的预先综合结果报告中可实现的性能、规模、接口时序等信息对版图规划进行修订。

（4）芯片整体版图修订与优化：该阶段硬件设计维度中，模块设计已基本定型，各模块的性能、功耗、面积、接口等信息基本确定，可对物理版图布局规划进行最终的调整、优化、修订，得到尽可能合理的构图规划。

（5）布局布线：依据修订的物理布局规划集成各个模块或IP核，完成整体芯片的单元布局，完成芯片布线，分析确认时序性能。

5．后续处理过程

经过上面的横向交互约束设计与验证的迭代，得到了经过验证的受物理版图规划约束的优化电路网表，下一步工作就是进一步完成SoC系统的可测性设计并形成最终版图数据，需要经过以下步骤。

（1）物理综合与测试设计：经过布局布线，该芯片的性能达成情况已经基本确定下来，下一步根据布局布线结果进行芯片的可测试设计实现与布局布线优化，加入和重构测试相关的电路，进行时钟树修订等。

（2）最终布局布线：按照最终电路的连接关系和版图布局进行版图时序优化，完成版图连线、可靠性优化、可制造性设计等并进行信号完整性检查。

（3）物理验证：为了保证生成的版图能够可靠地加工，需要对版图进行可制造性方面的检查，即物理验证，包括以下几个方面。

① 设计规则检查（Design Rules Check，DRC）：检查版图几何尺寸、线条密度等是否违背生产工艺要求。

② 天线效应规则检查：检查版图连线的几何图形是否满足天线效应限制的尺寸要求。

③ 电学规则检查（Electric Rules Check，ERC）：检查版图连接关系是否违背常规电学准则。

④ 版图与电路一致性（Layout Verse Schematic，LVS）校验：检查版图中各个元器件之间的拓扑关系是否与电路图中的完全一致。

在物理验证没有不可容忍的违例以后就可以生成版图数据，交付生产。

6．工艺加工

得到版图数据以后，就可以交给集成电路生产厂家制备掩模版，采用规范化的工艺加工成集成电路产品，然后应用测试设计生成的测试向量对产品做测试检验和分析，必要时提出对原设计的改进方案，最终完成集成电路新产品的研制任务。

在工艺加工阶段，有时需要对工艺条件进行设计。6.4 节将介绍的工艺仿真将起到这方面的作用。另外，在设计单个器件时，器件仿真也是不可缺少的手段，6.4 节将同时简要介绍器件仿真的概念。

6.2.3　IP 核

1．IP 核的含义与分类

IP 核是一种预先设计好并且经过验证具有某种确定功能的集成电路、器件或部件，是 SoC 的设计基础。目前采用的 IP 核有 3 种不同形式：软 IP 核（soft IP core）、固 IP 核（firm IP core）和硬 IP 核（hard IP core）。

（1）软 IP 核：软 IP 核也称软核，是在较高的抽象层次上对 IP 核所实现功能的描述，并且经过行为级设计优化和功能验证，通常以 HDL 文本的形式提交给用户。文本中一般包括逻辑描述、结构描述，以及一些可以用于测试、分析、综合但未能物理实现的文件。

使用软 IP 核，用户可以综合出正确的门电路级网表，进行后续集成设计，并借助 EDA 综合工具与其他外部逻辑电路结合成一体，构成满足要求的系统。

软 IP 核与工艺无关，灵活性大，可移植性好，但与硬 IP 核相比，因为它不含有任何具体的物理信息，所以如果后续设计不当，很可能导致设计性能等指标不及预期甚至失败。另外，后续的布局布线、版图优化工作也将花费大量的时间。

（2）硬 IP 核：硬 IP 核也称硬核，描述的是 IP 核模块的物理结构。它提供给用户的是电路物理版图，通常和给定工艺紧密关联，是可以拿来就用的全套技术。其优点为：完成了全部的前端和后端设计，已经有固定的电路布局和具体工艺，可以确保性能指标，并缩短 SoC 的设计时间。但因为其电路布局和工艺是固定的，导致了灵活性较差，难以移植到不同的加工工艺。

（3）固 IP 核：固 IP 核也称固核，描述的是 IP 核模块的结构，可以理解为介于硬 IP 核和软 IP 核之间的一种 IP 核。一般以门电路级网表和对应具体工艺网表的混合形式提交用户使用，以便用户根据需要进行修改，适合某种可实现的工艺流程。

近年来，电子产品的更新换代周期不断缩短，而系统芯片的复杂程度却在增长，为了缓解这一矛盾，SoC 设计普遍采用基于 IP 核的设计方法。因为 IP 核是预先设计好并通过验证的，设计者可以把注意力集中于整个系统，而不必考虑IP核的正确性和性能，这除了能缩短SoC芯片设计验证的时间，还能降低设计和制造成本，提高设计可靠性并降低设计风险。

IP核复用技术使芯片设计从以硬件电路为中心，逐渐转向以系统、软件为中心，从门级的设计，转向IP核模块和IP核接口级的设计。IP核是SoC设计的基本元素，其成败对SoC设计意义重大，一个IP核功能是否齐备，能否方便修改、裁剪、维护、复用，其性能是否先进是其设计成功与否的主要标志。

构建SoC系统是一个复杂的过程，在实际应用中，设计者往往到设计的中后期才能够明确SoC中各个子系统要达到的性能指标，这些指标决定了IP核的选择。一直以来，大规模系统集成者有一个梦想，就是能够得到一种IP核，这种IP核在设计初期就能预估性能，而这个预估的结果能够在物理实现的时候，仅需简单的调整就能达到开始系统设计的目标。

2. IP核复用技术

复用是SoC设计的关键。IP核复用被公认为提高设计效率的有效方式，事实上，在芯片设计的历史中，已经有超过30年的设计复用记录，只是不同时期，复用的级别不同。在ASIC设计中，EDA工具在完成逻辑综合和标准单元的自动布局布线时，复用的是标准单元（Standard Cell），是一些门级复杂度的元器件。此外，还有一些标准模块的复用，如存储器等。在SoC设计中，复用涉及更高的抽象层次、更复杂的元件。这种基于模块的设计方法涉及模块划分、设计及集成等。SoC采用基于模块的体系设计，IP核只是它的可复用的元件。在现代设计方法中，基于IP核的SoC设计方法越来越重要，IP核模块的设计质量也越发重要，在SoC集成之前，模块的前期准备必须考虑到不同的设计阶段，确保设计的可复用性。这些前期的考虑有一些共性的规律，分别叙述如下。

（1）同步逻辑。同步逻辑设计风格在基于IP核的SoC设计中极为有用。在同步逻辑中，数据只会在时钟沿发生改变，采用同步时钟信号能使得时序分析有一个很好的基准，在此基准下，综合工具能够很好地优化IP核的电路结构。而对每个IP核都通过寄存器连接，本质上，寄存器把IP核进行了隔离，既同步IP核的接口，又方便应用和测试。事实上，目前的EDA工具对于处理同步逻辑是效果最好的。

（2）时序接口设计。时钟是电子系统的心脏，其性能和稳定性直接决定着整个系统的性能。在SoC中，每个IP核在数据速率、时钟、时序、延时方面都可能略有不同，时钟的处理方法是SoC的IP核设计中的关键。任何细微的时钟失配都可能对整个SoC带来重大影响，甚至造成设计失败。因此，鲁棒的时钟域设计是SoC设计、IP核设计必需的，要提高SoC设计成功率必须改善IP核的接口时序适应能力、调整能力，并且在整个设计流程中操作简单方便。

（3）片上总线架构。片上总线架构是SoC设计的另一个关键。事实上，SoC集成的本质是基于IP核的接口时序设计。而相同的总线架构设计因为不同模块有共同的接口而易于管理。因此，片上总线和数据传输协议的设计考虑要优先于内核的选择过程。由于IP核通常是存在于SoC之前的，也就是存在于SoC总线设计之前，因此会出现片上总线和数据传输机制之间的冲突。这就导致了SoC集成复杂度增加，同时整体性能降低。

3. IP核设计技术

从复用的角度看，IP核功能与接口规划非常重要，是设计成功的关键因素。其设计过程尤其要注意以下几个方面。

（1）综合：综合的策略需要在SoC设计初期就进行规划，包括设定面积目标、时序分配、功耗控制等。尤其是对于庞大的ULSI，综合工具无法一次采用Top-Down方式完成整个综合过程，需要采取分体系递增式的 Bottom-Up 综合方式，整个系统被分割成较小的能够被 EDA 工具接受的模块，每个模块都单独完成布局规划，采用独立的连线模型、设计约束进行预先综合。而整个芯片系统的综合只是考虑不同模块之间的连接、驱动、扇出约束和顶层的连线模型。系统集成阶段综合工具通过一些特定的指令只考虑 IP 核接口信息，而不改变 IP 核的内部功能、结构、电路，确保 IP 核满足前期综合的面积、时序、功耗约束。

综合的特点要求 SoC 设计模块划分尽可能的功能高内聚、接口低耦合。功能高内聚即同一功能集中在一个模块实现，一个模块不包含过多的复杂功能；接口低耦合即接口尽可能简单明了。实现高内聚低耦合设计，功能清晰，接口简洁，输入负载明确，输出驱动独立，易于 SoC 集成和调整。

（2）时序：时序是设计功能正确的保障。由于 SoC 规模大，采用仿真技术需要耗费大量的时间，因此在物理设计阶段更多地引用与依赖静态时序分析技术和形式验证（Formal Verification）技术。静态时序分析技术负责电路的建立/保持时间检查、伪路径排除、竞争冒险探测、时序裕度分析、多路径分析和时钟斜度分析。应该在 PVT（Process Voltage Temperature）规范的整个范围内进行上述分析。形式验证完成不同设计层次的一致性检查，避免大量耗时费力的仿真。尤其是硬核，需要给出准确的时序信息，以方便系统集成人员规划、验证。

与综合相似，时序设计要求能够方便调整 IP 核的接口时序，适应不同的 SoC 应用需求，在设计初期给出所有输入/输出的相对准确的时序约束，给 SoC 集成提供尽可能大的时序预算裕度，减少对后端时序设计的困扰。

（3）输入/输出：IP 核的输入/输出（I/O）是 IP 核复用的另一个要素。IP 核的所有 I/O 规定必须明确，无论是时钟 I/O 还是测试 I/O，既要规定 I/O 的类型，又要规定 I/O 的驱动能力、时序、负载限制、信号斜度范围、噪声容限。这些 IP 核设计阶段的 I/O 参数会影响 SoC 集成阶段的相关参数。

（4）设计有效性与测试验证：测试验证是保证设计有效性的主要手段，也是提高设计成功率的主要渠道。设计有效意味着设计完成的功能就是设计者想要的功能。SoC 设计有效性要考虑硬件操作有效性、软件操作有效性、软硬件协同有效性，包括系统级的功能和性能。在 SoC 设计中，验证包括规格验证和完成性验证两项任务。规格验证的作用是检查系统设计不同阶段中，从一个抽象层次到另一个抽象层次的转换正确性和两个模型是否匹配。完成性验证的目的是验证系统在实现以后能否实际工作。因为设计有效只是证明设计能够像预想的那样工作，完成性验证却是要证明设计能够实际地工作，所以完成性验证更加困难。

在 SoC 设计起始阶段，随着设计规格开发和 RTL 编码，同时开发用于系统仿真的行为级模型，并针对 RTL 时序和功能规格定义开发完整的测试包和测试案例。测试案例验证 RTL 设计和行为级模型，确保设计完成性。在 IP 核设计阶段，通常要求达到 100%的代码覆盖率。

4．IP 核集成技术

设计中集成多个 IP 核会面临一系列问题。IP 核功能的匹配程度、IP 核接口定义及接口时序、IP 核之间的衔接等常常困扰系统的整体集成。在集成时，设计人员常常喜欢 IP 核是参数化设计的，用户可以根据需要设定参数、裁剪 IP 核功能、配置 IP 核接口，然后生成完整的 RTL 代码，在得到 RTL 代码之后，IP 核就可以例化到顶层模块，进行 SoC 的集成设计。由于取得 IP 核的渠道可能会有不同，存在的形式不同（软核、硬核、固核），设计目的也不是针对当前 SoC 量身定做，在集成过程中，有时会发现 IP 核接口和 SoC 设计规范或者其他模块不匹配，这时通常增加接口 IP 核，进行接口转换，把 IP 核连接到 SoC 系统。

IP 核集成到 SoC 以后，需要进行大量的关于核配置的功能测试，确保最终设计的鲁棒性。

当最终确定IP核参数后，核的配置和约束也随之确定。这时就可以考虑IP核的测试策略，以及因为测试电路的引入而引起对时序的影响。在考虑时序约束时，要考虑可测性设计（Design For Test，DFT）插入扫描链，建议对时序采用过约束（比设计目标更加苛刻的约束），而功耗分析需考虑不同参数配置的情况。

6.3 数字集成电路EDA平台

实用的数字集成电路EDA平台包括一套完整的软件工具、配套的硬件平台和操作系统平台，能够支持整个集成电路设计流程。

6.3.1 EDA工具软硬件平台

1. EDA工程软件工具

在设计过程中采用的EDA系统应包括以下四大类软件工具。

（1）设计工具。在不同设计阶段帮助设计者完成设计任务的工具，主要包括设计输入、逻辑综合、物理综合、可测性设计等。

（2）验证工具。用于设计过程中帮助或加速设计者验证其设计的正确性。这方面软件有逻辑仿真、形式验证、物理验证等。

（3）工艺设计工具。用于掩模版、器件工艺的辅助设计工具。掩模版综合工具实现从版图到掩模版设计，尤其工艺进入纳米阶段，掩模版需要根据光刻特性针对版图数据进一步处理，才能实现正确的加工。工艺设计工具简称TCAD，用于器件结构、工艺参数的设计仿真，并形成可供设计、验证工具使用的PDK等。

（4）专用EDA软件。这是针对特定设计对象开发的一些软件。例如，用于生成存储器IP核的存储器编译工具。

2. EDA平台硬件环境

集成电路由于规模巨大，运算复杂，对计算机有较高的要求，尤其是需要高稳定性、高可靠大容量内存、尽可能高的性能和比较大的存储空间，能够支持长时间稳定工作。

在20世纪70年代中期，集成电路发展的早期阶段，由于计算机资源限制，开发的软件工具都是在小型以上级别的通用计算机上运行的，如IBM VAX750。

到了20世纪80年代初期，出现了专用的图形工作站（Workstation），典型的提供商有IBM、HP、SUN 公司等。在开始阶段，工作站主要用于版图设计（编辑）和数据处理。随后很快出现了可以在工作站上运行的比较完整的集成电路CAD软件系统。

在20世纪80年代末期至90年代初期，随着计算机技术的发展，使得PC上也可运行EDA软件。当然，它们与工作站上的EDA系统相比，在软件类型、功能和规模方面都有一定的差距，但是采用PC和工作站上EDA软件设计集成电路时，设计思路和设计方法是一致的，而且在PC上运行的EDA软件也能满足一般规模集成电路设计的需要，特别适用于学校教学，在普及推广EDA技术方面具有更明显的优点。

进入21世纪以后，随着计算机技术进一步发展和集成电路设计复杂度的指数上升，EDA软件主要以支持高速分布式集群运算的服务器和PC为主，前者运算速度高、稳定可靠，主要用于中大型企业完成超大规模、高复杂度电路系统设计，后者主要用于微型企业和个人设计者。

3. EDA 工具系统环境

与硬件环境类似，早期的 EDA 工具受到计算机技术的限制，主要运行在 UNIX 平台，那时由于计算机主频较低，需要 EDA 软件能够稳定可靠地运行较长时间，而早期的 PC 和 Windows 系统无法满足 EDA 工具对内存、存储空间和长期稳定运行的要求。20 世纪 90 年代以后，PC 性能、内存、磁盘空间急剧增加，同时开发出基于 PC 的 UNIX、Linux 系统。由于 PC 保有量大，主频高、性能好、成本低、普及性好、容易掌握，EDA 工具开始向基于 PC 的 Linux 系统转移，目前已经是以基于服务器和 PC 的 Linux 为主，也有支持基于 UNIX 的服务器和工作站。

4. 典型 EDA 软件系统

EDA 工具是超大规模集成电路的关键支撑技术之一，我国经过近 30 年的研发攻关，开发了可以在工作站和微机系统上运行的 EDA 软件，如华大九天（Empyrean）、概伦电子（Primarius）等。这些工具在某些设计环节富有特色，逐渐能够建立自身的 EDA 生态，可支持用户进行集成电路设计的多数过程。

目前国外 EDA 系统的主要代表公司有 Synopsys、Cadence、Siemens（原 Mentor Graphics）等。其中 Cadence 和 Synopsys 是当前国际上最大的 EDA 软件供应商，它们提供的 EDA 软件系统功能齐全、性能优越，在统一的系统框架下，采用标准化的用户界面，能支持从系统规划一直到版图验证的整个设计流程，称为全流程工具提供商。

由于激烈的竞争，其他绝大部分 EDA 公司都只进行一个或一部分专门用于某些设计阶段、设计方法或电路类型的软件工具，如 Siemens 公司侧重于可测性设计和物理验证。事实上，美国有几百家这样的 EDA 中小公司经营如硬件描述语言及编译器、电路模拟、电路提取和验证、门阵列布图工具、模拟电路 CAD 工具、逻辑综合软件、模型库等，其特点是他们开发的一个或一部分 EDA 软件的性能往往比大公司的 EDA 软件更好，因此占有一定的市场份额。

除了商品化的 EDA 软件，国外一些著名大学，如加利福尼亚大学伯克利分校、斯坦福大学、麻省理工学院等也开发了不少综合、自动布图、逻辑模拟、电路模拟、工艺仿真和器件仿真软件。这些软件含有先进的算法和新的工艺及器件模型，但大多是原理性软件。

6.3.2 数字集成电路设计关键工具简介

1. 设计工具

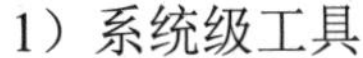

1）系统级工具

（1）SPD（Signal Processing Designer）工具。SPD 是 CoWare 公司的系统级设计工具，其前身是 Cadence 公司的 SPW（Signal Processing Worksystem），它提供了面向电子系统的模块化设计、仿真及实施环境，是进行算法系统、滤波器设计、C 语言代码生成、软硬件结构联合设计和硬件综合的理想环境。在通信、多媒体、WCDMA、PCSCDMA、WiMax、GSM、WLAN、RF、雷达和智能天线等领域提供丰富的库模块与一系列参考设计，通常可以应用于无线和有线载波通信、多媒体和网络设计与分析等领域。SPD 的一个显著特点是提供了 HDS（Hardware Design System）接口与 MathWorks 公司数值计算编程及解析环境“MATLAB”的接口。而在 MATLAB 里面的很多模型可以直接调入 SPD，然后利用 HDS 生成 C 语言仿真代码或者 HDL 语言仿真代码。在 SPD 中，用户能够通过使用软件的浮点、定点函数和 HDS 库模块或自行开发的模块，方便地构建自己的算法系统，通过软件的快速仿真，得出功能、性能结果，从而实现从浮点算法到RTL实现的整个流程。SPD支持多种建模方式，只要是C/C++语言兼容的建模，系统都可以提供支持，其建模参数可以是C语言兼容的变量表达式定义的复杂函数；SPD具有大规模的标准数据模型和丰富的构件库，提供C源码的编辑和编译环境，支持XML、关系数据库，并提供TCL、C++等编程接口，提供强大的分析和管理工具，可自动生成信噪比曲线、误码率曲线等。用户可以在SPD环境完成从系统建模到芯片级硬件设计的自动化功能。

（2）CCSS（CoCentric System Studio）工具。CCSS是Synopsys公司推出的一个替代COSSAP的基于SystemC的系统开发和模拟工具，支持基于SystemC的SoC设计和仿真，可以进行软硬件协同设计，其开发环境主要由System Studio Design Center、System Studio Models和DAVIS组成，System Studio Design Center具有友好的用户界面，用户可以创建和管理系统级的IP核和Testbench，还可以创建和优化仿真模块，并且对模块进行仿真。System Studio Models是CCSS自带的一个很大的模块库，也允许用户加入自己创建的模块。而CCSS自带的模块库包括基本的信号处理模型、数字信号编解码器、调制解调器、滤波器、噪声源、信道模型等。用户在进行设计时，可以直接使用这些模块，从而大大节约了设计的时间。DAVIS是集成在CCSS里面的一个用于输出仿真结果的工具。在DAVIS中，除常规的按照时间顺序输出数据之外，还可以将数据以逻辑层次形式或分散的形式等格式显示。此外，还可以利用DAVIS自带的计算器对数据进行变换，也可以对数据进行统计，统计的结果以饼图或柱状图的格式进行输出。CCSS还提供一个VHDL/Verilog HDL和SystemC协同仿真的接口，用户可以将一些用HDL描述的模块嵌入一个SystemC描述的系统中进行仿真。

（3）MATLAB（MATrix LABoratory）工具。MATLAB是美国MathWorks公司推出的一种科学计算软件，以矩阵的形式处理数据，具有优秀的数值计算能力和卓越的数据可视化能力，并提供了大量的内置函数，广泛应用于科学计算、控制系统、信息处理等领域的分析、仿真和设计工作。近年来，随着版本的不断提升，已经发展成为多学科、多种工作平台的大型软件，在集成电路系统设计、数字信号处理、时间序列分析、动态系统仿真、算法体系建模等方面得到大量应用，极大地提高了设计效率。其在系统设计方面提供专门的工具箱：小波工具箱、神经网络工具箱、信号处理工具箱、图像处理工具箱、模糊逻辑工具箱、优化工具箱、鲁棒控制工具箱等，在集成电路设计中主要用在数学计算、算法开发、数据采集、高级行为建模、仿真、原型设计、时序规划等方面。

2）电路级设计工具

在现代大规模数字集成电路设计中，电路级设计主要通过采取HDL描述功能，由综合工具把语言转化成电路的设计手段实现。其核心工具有以下几种。

（1）电路综合工具：用于把设计代码、有限状态机（Finite State Machine，FSM）、真值表等硬件输入形式转化成电路网表。电路综合是指设计人员使用高级设计语言对系统进行功能描述，在一个包含众多结构、功能、性能均已知的逻辑单元库的支持下，按照设计人员施加的约束将设计转换成使用这些基本逻辑单元组成的逻辑结构实现，包括翻译、优化和映射3个过程。

① 翻译：读入电路的RTL级描述，并将语言描述翻译成相应的功能块以及功能块之间的拓扑结构。这一过程的结果是在综合器内部生成电路的布尔函数表达式，不做任何逻辑重组和优化。

② 优化：根据所施加的时序、面积等约束，按照一定的算法对翻译结果进行逻辑重组和优化。

③ 映射：根据所施加的时序和面积约束，从目标工艺库中搜索符合条件的单元来构成实际电路的逻辑网表。在实际过程中，由于优化结果的实现依赖映射库的支持，优化和映射通常一起进行。该工具的杰出代表是Synopsys公司的Design Compiler。

（2）逻辑物理综合一体化工具：用于解决深亚微米工艺技术的集成电路设计，将综合、布局、布线集成于一体，让 RTL 代码设计者可以在最短的时间内得到性能最优的电路，避免在综合与布局布线之间的多次迭代。随着芯片设计的复杂度日益加剧，以及先进的芯片制造工艺与设计的变化，在正确的时序验证与物理实现之间需要更紧密的连接。成品率优化也不再被视为后续流程，它常常被纳入设计流程中统筹考虑。在以前的工具链中，布局、时钟树综合、布线等都是不相关的步骤。逻辑物理综合工具集成了综合算法、布局算法和布线算法，在 RTL 代码到版图 GDS Ⅱ（Graphic Database System Ⅱ）数据的设计流程中，提供可以确保集成电路设计的性能预估性和时序收敛性，包括逻辑综合、物理综合、DFT 分析和扫描链插入、功率优化和静态时序分析。集成电路设计工程师使用逻辑物理综合工具，可以在单一软件环境中同时实现芯片逻辑综合、物理规划、综合、布局、时钟树合成和布线。在物理综合设计中，Cadence 公司的 Innovus 和 Synopsys 公司的 IC Compiler II 得到了工业界广泛应用。

（3）物理综合工具：早期，工艺节点还没有进入纳米尺度阶段，逻辑综合结果的可实现性和物理布局的关联还没有处于决定地位，物理版图工具是独立存在的，它把已经综合好的网表按照特定的工艺要求和约束条件进行布局布线，生成版图。集成电路的布图包括布局和布线两个主要阶段，其功能是根据集成电路的逻辑图（电路网表）和库单元所提供的信息，在满足电连接和电性能等要求下，完成芯片上单元位置的安放和连线。

布图方法经历了几个阶段：第一阶段是只考虑电连接的要求进行布图，其主要目标是减小连线总长度、百分之百的可布性（指集成电路内部互连线的布通率）等。这样的研究热点活跃在 20 世纪 80 年代中期及以前。第二阶段是在集成电路规模扩大到几十万门、百万门时，电性能的要求日益重要，20 世纪 80 年代中后期的布图采用了性能驱动和多层布线的方法。此后随着工艺的进步，超深亚微米、纳米工艺阶段，布图更多地趋向于考虑时序延迟、模块平衡、功率支持等影响。

目前，集成电路技术进一步发展，集成电路芯片的主流加工尺寸已经从 1995 年的 0.35μm 发展到 2010 年的 45nm，进而到 2024 年进一步缩小到 5nm，甚至 3nm。随机逻辑电路中晶体管的规模从 1995 年的 1000 万个左右发展到 2024 年多达数百亿个，宣告了超深亚微米、纳米时代的到来。在超深亚微米时代，布局布线通常分为以下几个步骤。

第一步，完成布局规划。主要是 I/O 引脚、宏单元（IP 核、存储器等）和标准单元的布局。I/O 引脚预先给出了位置，而宏单元根据时序要求进行摆放，标准单元则是给出了一定的区域由工具自动摆放。布局规划后，芯片的大小、逻辑内核的面积、标准单元摆放的形式、电源及地线规划都确定下来了。

第二步，进行时钟树综合。时钟树综合是实现芯片时序性能的关键，它的综合策略与优化结果将直接影响芯片最终能够运行的最高频率。

第三步，布线，负责完成芯片电路版图的连接、时序的优化，形成符合加工要求的版图。在超深亚微米时代，主要使用的物理设计工具有 Synopsys 公司的 Astro 和 Cadence 公司的 SoC Encounter。

（4）可测性设计工具：测试是将一定的激励信号加载到需要检测的产品的输入引脚，然后在它的输出引脚检测电路的响应，并将它与期望值相比，以判断电路是否有故障。从本质上讲，测试检查的是设计在制造时的正确性，即设计有没有被正确地制造出来。为了达到这个目的，在产品的设计过程中，为了使测试检查变得简单而采取了一系列方法，使得产品面市时间缩短，测试费用降低。从激励信号和响应信号（此两者一起称为测试向量）的产生可以把测试分为功能测试和结构测试。

功能测试通常以设计功能为依据，依靠仿真产生预期的输入激励和输出响应来检查芯片是否得到正确结果，其优点是与功能联系密切、直观、不附加多余电路，对电路关键路径没有负面影响；缺点是通常需要大量的测试数据，测试时间长，成本高，难以实现全面测试。

结构测试的前提是假设设计功能是正确的，测试时考虑由于制造过程中引入的缺陷等，造成芯片功能的失效。结构测试是基于电路结构（门的类型、连线、网表等）进行测试，通过芯片输入引脚控制内部每个节点的状态，通过芯片输出引脚观察内部每个节点的状态，从而判定芯片是否在加工过程中引入了故障。测试包括可控制和可观察两个方面。可控制是指通过改变输入引脚的信号序列可以控制芯片内部每个节点的状态；可观察是指通过输出引脚信号序列变化能够推断芯片内部节点的状态。如果芯片内部某个节点不能通过改变输入序列而改变其状态，就称该节点不可控制；如果芯片内部某个节点状态的改变不能反映到输出序列的变化，就称该节点不可观察。不可控制和不可观察都引起该节点不可测试。

常用的可测性技术有扫描（Scan）设计、内建自测试（Build In Self Test，BIST）、边界扫描（Boundary Scan）。扫描设计是通过将电路中的普通触发器替换成具有扫描能力的扫描触发器，并将它们连在一起构成扫描链，如图 6.4 所示。扫描触发器最常见的结构是多路器扫描触发器，通过在普通触发器的输入端口加上一个多路器，进入扫描测试时多路器的控制端把输入切换到测试扫描链，否则，多路器选择正常功能输入端，如图 6.5 所示。当 scan_enable=0 时，触发器为正常的功能输入；当 scan_enable=1 时，触发器为扫描输入。基于扫描的设计分为两种：全扫描和部分扫描。全扫描是指电路中的所有触发器都被替换为扫描触发器并将它们连接在一起构成扫描链，如图 6.4 所示，带阴影的椭圆表示组合电路，长方形表示时序单元。部分扫描设计则是电路只有部分触发器被替换为扫描触发器，并连在一起构成扫描链。部分扫描一般对关键路径不做替换，以避免因扫描替换而增加延迟从而降低电路性能。对扫描设计，可以通过 ATPG（Automatic Test Pattern Generation）自动生成测试向量。由于扫描链上的触发器都是可控制又可观察的，因此与扫描触发器的输入端（D）连接的节点就可以通过扫描链移出，从而是可观察的，而与扫描触发器输出端（Q）连接的节点可以通过扫描链控制，从而是可控制的，因此扫描设计大大增强了电路的可测性。

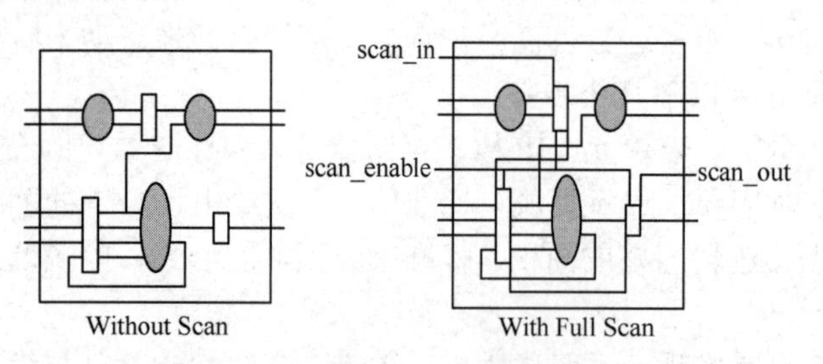

图 6.4 普通触发器与扫描触发器

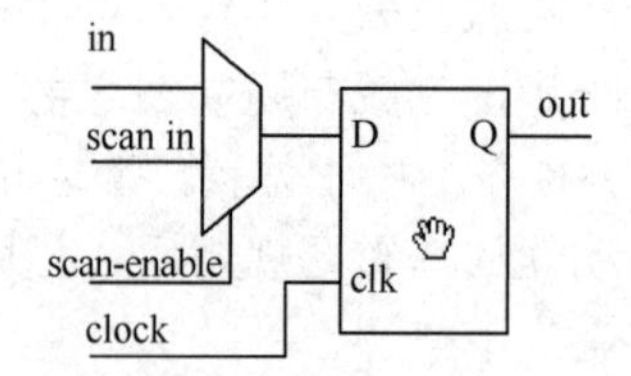

图 6.5 多路器扫描触发器

内建自测试（BIST）是可测性设计的另一种方法，其基本思路是通过附加电路自动生成测试向量，依靠自身逻辑来判断测试结果是否正确。内建自测试可以分为存储器内建自测试（Memory BIST，MBIST）和随机逻辑内建自测试（Logic BIST，LBIST）。存储器内建自测试由于结构规则，内建自测试技术比较成熟，其测试向量简单，附加电路少，基本由工具自动生成。随机逻辑内建自测试由于随机逻辑复杂度高，结构不规则，向量生成和结果判断随机性强，目前还处于探索阶段。

边界扫描是联合测试工作组（Joint Test Action Group，JTAG）为了解决 PCB 上芯片间互连问题而提出的解决方案。其在 1990 年被 IEEE（The Institute of Electrical and Electronics Engineers）采纳成为一个标准——IEEE 1149.1。它是在芯片的每个输入/输出引脚上增加一个存储单元，然后将这些存储单元连成一个扫描通路，构成了连接引脚的扫描链。由于封装的原因，该扫描链早期主要分布在芯片的周边，故称为边界扫描。事实上，在 SoC 设计中，IP 核的测试也借鉴了该思想，其测试标准为 IEEE 1500。

2. 验证工具

验证是证明一个设计能够正确完成设计预期功能的过程，是设计的一个核心迭代过程，其特点是只能证明错误存在，不能证明错误不存在。因此，在很多场合，验证的原则是宁可报告的错误不存在（False-negative，“误报”），也要避免把存在错误的设计误判为正确（False-positive，“漏报”）。依据验证目的的不同，验证可分为功能验证和时序验证。功能验证又分为仿真验证和形式验证；时序验证又分为静态时序分析和动态时序分析。

（1）仿真验证

仿真验证是对设计施加一定的功能信号，忽略并简化设计的物理特性，通过仿真器对设计的实现进行模拟运算，检查验证设计是否与期望一致。通常通过执行 RTL 级的设计描述来模拟设计的功能实现，但无法确定设计的实际物理实现与设计描述之间的区别。仿真的结果取决于设计描述是否准确反映了设计的功能规范。仿真器不是一个静态工具，需要施加激励和检查响应。激励由模拟设计工作环境的 Testbench 产生，响应为仿真的输出，由设计者确定输出的有效性。

在实际验证工作中，一般采用 Testbench 和待验证设计（Design Under Verification，DUV）形式，如图 6.6 所示，Testbench 为待验证设计提供输入，然后监视输出，从而判断待验证的设计工作是否正确。Testbench 是一个封闭的系统，没有输入也没有输出。难点在于确定 DUV 应该输入何种激励，相应的正确输出应该是怎样的。

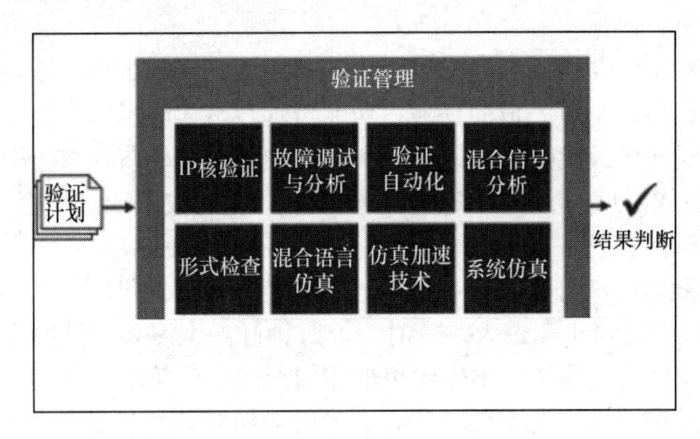

图 6.6　DUV 体系

对于仿真验证，常用的方法有黑盒法（Black- box）、白盒法（White- box）、灰盒法（Grey- Box）。

黑盒法通过设计顶层接口、验证功能而不关注具体的设计实现方法。一般不直接访问设计的内部状态，功能验证设计和功能实现可以同步进行，但是由于黑盒法不关心具体实现结构，因此当检查发现有错误时很难进行功能隔离与定位（可控性差），很难发现问题的来源（可见性差），同时不能对设计进行全面的验证。对于大系统设计，常常需要增加一些与功能无关的设计，以增强验证的可控性和可见性。

白盒法保证设计实现结构相关的功能都能够得到验证，验证人员对设计的内部结构及实现是完全可控和可见的。但是由于验证是针对具体的实现结构设计的，因此其可移植性差，且必须在设计确定以后才可以开始验证工作，设计周期长。

灰盒法根据设计的内部结构编写测试案例，从设计顶层接口进行控制和观察，测试案例的目的是验证某种设计方法是否实现了一些主要特性，不关心其他的设计方法，其优缺点介于黑盒法和白盒法之间。

验证不是测试，验证的目的是保证设计预期的功能能够正确实现。而测试的目的是检查设计有没有在加工过程中引入错误。

（2）形式验证

在集成电路发展到大规模阶段，仿真验证尤其是电路网表级仿真对计算机资源和时间的极大需求严重制约了产品的研发周期，为此，形式验证应运而生。形式验证是一种系统化方法，利用穷举的算法技术来证明设计实现满足设计规范的特征。它覆盖了输入的所有可能序列，不需要开发测试向量，检查所有的边角（Corner）逻辑，提供了完整的覆盖率。通常可分为两类：一致性检查和模型检查。

一致性检查通过一定算法，证明设计实现的逻辑功能是等价的，保证设计的功能在实现过程中没有改变。可用于比较两个RTL代码文件（可以是不同语言的代码），以验证经过修改的RTL代码的功能和原来相同；也可用于比较两个网表，以保证一些网表后处理，如扫描链插入、扫描链重构、时钟树综合和人工修改没有改变电路的功能。一致性检查的重要作用是验证网表的功能与原来RTL代码的功能相同，保证从RTL代码到电路网表转化忠实可靠。此外，也可以是门级和版图级的检查，避免在版图设计过程中引入错误和缺陷。

模型检查使用数学方法检查设计是否违反用户定义的设计行为规则，如总线控制器不多于一个，或每个发出的信息包是否都得到了确认。这些行为规则用断言（Assertions）来定义，如状态机的状态跃迁，接口的握手过程。断言容易描述，可以根据设计的进展不断添加完善。模型检查多用在业务级和寄存器级，这样可以尽早发现错误，以较小代价修正错误。

（3）静态时序分析

静态时序分析是用于时序验证的高效工具。在电路规模达到大规模以后，靠功能仿真来保证电路网表的时序正确已经是不可完成的任务，功能仿真经常只能检查电路时序的很小一部分，同时，这样的检查还需要耗费大量的计算机资源和较长的时间。静态时序分析是专门用于解决这些问题的，在电路网表生成以后，静态时序分析根据设计规范的要求通过检查所有可能路径的时序，不需要通过仿真或测试向量就可以有效地覆盖门级网表中的每条路径，在同步电路设计中快速地找出时序上的异常。静态时序分析可识别的时序故障包括建立/保持时间检查（包括反向建立/保持）、恢复/移除时间检查、最小和最大跳变时间、时钟脉冲宽度和时钟畸变、门级时钟的瞬时脉冲检测、总线竞争与总线悬浮错误、不受约束的逻辑通道、计算经过导通晶体管、传输门和双向锁存的延迟，自动对关键路径、约束性冲突、异步时钟域和某些瓶颈逻辑进行识别与分类。

（4）动态时序分析

与静态时序分析相对，功能仿真称为动态时序分析或动态仿真验证，其功能是门级（或对版图参数提取结果）仿真，主要应用在异步逻辑、多周期路径、错误路径的验证中。静态时序分析主要检查同步逻辑的时序，对于异步逻辑，常常需要动态仿真来判定。同时，随着设计向28nm以下的工艺发展，只用静态时序分析工具将无法精确验证串扰等动态效应。通过动态时序分析与静态时序分析相结合可以验证时序逻辑的建立/保持时间，并利用动态技术来解决串扰效应、动态模拟时钟网络。

动态仿真验证的手段就是人们通常讲的仿真器，当前的仿真器分为3种类型：基于节拍仿真器（Cycle-Based Simulator）、事件驱动仿真器（Event-Driven Simulator）和联合仿真器（Co-Simulator）。

① 基于节拍仿真器是基于周期的仿真器，其特点是忽略设计的时序，假定所有寄存器的建立时间和保持时间都满足要求，在一个时钟周期，信号仅更新一次，因此基于节拍仿真器计算量急剧减小，仿真效率大大提高。其工作过程首先要编译电路，将组合逻辑压缩成单独的表达式，根据该表达式可确定寄存器的输入，然后执行仿真，遇到时钟的有效沿，寄存器的值被更新。基

于周期的仿真器的缺点是不能仿真异步电路，不能精确验证设计的时序。

② 事件驱动仿真器将信号的变化定义为一个事件，该事件驱动仿真执行，事件驱动仿真器能准确地模拟设计的时序特征，可以模拟异步逻辑设计。

③ 联合仿真器对同一个设计的各个部分，分别用不同的仿真器仿真，如同步逻辑电路，用基于节拍的仿真器仿真；异步逻辑电路，用事件驱动仿真器对异步设计仿真。联合仿真器中各个仿真器的操作是按步锁定（Locked- step）的，类似于电路的流水操作，其缺点是由于不同仿真器之间需要同步和相互通信，联合仿真器的仿真速度受到较慢仿真器的限制，因此影响仿真器的性能，且在各仿真器传送的信息会产生多义性。

3. 物理验证工具

为了保证设计能够被正确地制造出来，版图应该遵循工艺厂商提出的规则要求，因此设计数据在进入生产程序之前还要完成一系列的物理验证，主要包括设计规则检查（DRC）、版图与原理图对照（LVS）和信号完整性分析（Signal Integrality，SI）。

随着加工工艺的不断提高，带来了大量的信号完整性问题。互连线高宽比越来越大，线间距也越来越小，互连路径与相邻连线间存在的耦合电容成倍增加，因耦合产生的噪声与伪信号等串扰效应可能成为影响集成电路延迟的重要因素。此外，电流在经过电路时会产生阻性电压降，导致后面的门电路因电压降低而使其延迟增加，甚至达不到门槛电压。而较长的连线还产生了类似天线的效应。版图设计要能正确加工，必须满足加工厂商给出的规则限定。对设计好的版图需进行以下 4 个方面的检查和分析处理。

（1）设计规则检查（DRC）

DRC 工具可根据指定的设计规则，检查版图中是否存在违背设计规则的情况。若存在这类问题，将发出警告，并指出发生问题的位置，以便用户及时修改版图，保证工艺正确实现。在深亚微米阶段，该检查还包括信号完整性检查和天线效应分析。

（2）电学规则检查（ERC）

ERC 是检查版图中是否存在不符合常规电学连接规则的情况，如有无内部浮置节点、非法器件，电源线与地线间有无短接等。显然，ERC 是一种普遍性的电学规则检查，与版图对应的具体电路结构无关。

（3）版图拓扑连接关系正确性检查（LVS）

由于各种原因，如手工设计版图时遗漏了一条互连线，版图虽然符合设计规则，但是没有完全反映电路连接拓扑关系。因此，需要采用有关软件将版图自动识别、转换为电路图（或逻辑图），并将新生成的连接网表与原来电路图的连接网表进行比较，或者采用模拟软件分析转换得到的电路图功能和特性，只有得到肯定的结论，才能保证版图电气连接的正确性。

（4）版图参数提取

将电路转换为版图后，还应从版图中提取出各个元器件的有关参数（如 MOS 器件沟道宽长比）及分布参数（如互连线的分布电阻、分布电容），供精确模拟分析该版图代表的电路的实际特性。互联参数常常被转换成标准延时格式（Standard Delay Format，SDF）文件，以供静态时序分析工具检查时序，或者动态仿真工具进行附加版图信息的仿真。在版图设计以后的仿真，又称为后仿真。

4. 脚本工具

脚本是一种工具，对于现代大规模集成电路设计来说，它是必需的。当工程比较复杂时，施加的约束很复杂，需要多次迭代，设计过程中需要考虑的设定也很多，尤其是物理设计阶段，仅靠设计人员很难保证每次设计都能考虑得面面俱到，脚本给了人们这种方便，在开始设计之前先确定好设计流程，依据流程由一些资深人员进行脚本编写，通过脚本来贯彻设计约束并控制设计质量，避免事到临头手忙脚乱。非常幸运的是一个成熟的脚本常常经过简单修改就可以方便地移植到新的工程，这就大大避免了人工操作设计工具可能带来的疏忽和失误，同时能大大简化设计人员对 EDA 软件的连续监控与反复响应，不需要无休止地交互操作，只需要简单维护脚本文件。在集成电路设计中，常用的脚本语言有 TCL（Tool Command Language，工具命令语言）、Perl（Practical Extraction and Report Language）、Unix shells、Python 等，其中 TCL 是应用最为广泛的。

TCL 是一个基于字符串的解释性命令语言，无须编译和链接，直接对每条语句顺序解释执行。在集成电路设计中，TCL 作为命令脚本语言，非常类似于批处理命令集，具有基本的语言特性，支持整型和字符串变量，支持循环等控制结构，具有灵活的扩展性和跨平台的特性。TCL 简单实用，能够方便地与各种不同的 EDA 应用程序配合工作而不会限制程序的功能；同时它是可扩展的，能够让每个 EDA 应用程序把自己的功能加载到 TCL 语言的基本功能中，使用起来流畅自然；由于要完成的设计工作来自 EDA 工具，TCL 脚本主要功能是把一个或多个 EDA 工具“胶合”起来，使得它们有效地协同工作完成设计人员指定的任务，把电子设计自动化和灵活性（可扩展性）结合在一起。目前，主流的 EDA 工具几乎都提供 TCL 接口，用户可以把设计中需要完成的操作按照 TCL 语法组织起来，按顺序自动执行。在工业界，仿真验证、电路综合、布局布线、时序验证、物理版图验证等过程大多都采用了 TCL 脚本。

TCL 基本语法：

```
command    arg1    arg2……;          （命令  参数1  参数2 ……）
```

其中，command 为 TCL 内建命令或 TCL 过程，各条命令按行区分，或者以“;”隔开。

6.3.3 版图数据文件生成

1. 版图数据的基本格式

为了满足掩模版制版和数据交换的需要，应将设计好的版图转换为以下两类数据文件。

（1）PG 带文件。制版用的图形发生器设备对其输入数据有固定的格式要求，因此设计好的版图应首先进行分割和排序处理，将版图分割为图形发生器能接收的图形形式，并按 x、y 坐标排序，避免制版过程中图形发生器做过多的往返运动，然后还要将图形转换为规定的数据格式。图形发生器的英文名称为 Pattern Generator，集成电路设计早期一般采用磁带存放数据，因此这种格式的版图数据文件又称为 PG 带文件。

（2）通用数据文件。在集成电路版图设计软件开发的初始阶段，不同设计软件生成的版图数据格式互不相同，制版用的不同型号图形发生器设备对输入数据格式也有各自的要求，这些给集成电路的研制带来了很大不便。为了便于各种 EDA/CAD 软件间的数据交流，目前在集成电路版图设计方面有 3 种常用版图数据格式：GDSⅡ、CIF（Caltech Intermediate Form）、OASIS（Open Artwork System Interchange Standard），版图设计软件应能产生通用格式的版图数据文件。其中 CIF 是文本格式文件，而 GDSⅡ和 OASIS 为二进制格式文件。当前，大多数 EDA 工具都提供 CIF 和 GDSⅡ的数据接口。

2. GDSⅡ格式

GDSⅡ是业界版图数据格式的通用标准，它由 Calma 公司开发并用于早期版图工具 Edge。

GDS Ⅱ采用二进制格式描述版图几何图形、拓扑关系、结构层次及其他所有版图信息，对分布于每个制作层的电路单元进行全面描述，其特点是文件数据量少，不可读。GDS Ⅱ文件数据的格式是，以十六比特构成一个“半字”为基本单位（两字节），整个数据文件由若干段构成，每段数据称为一个数据包，由记录长度（Total Record Length）、记录类型（Record Type）、数据类型（Data Type）和数据（Data）四部分组成。

3. CIF 格式

CIF 是一种用 ASCII 码编写的文件格式。它用于集成电路设计人员与生产工厂之间交换掩模几何信息。CIF 的最初定义由 Carver Mead 和 Lynn Conway 在《VLSI 系统导论》（*Introdution to VLSI System*）一书中给出的，主要用于版图的导入输出，目前已成为国际上公认的集成电路版图数据标准格式之一。不同的版图设计软件都能将 CIF 作为其输入、输出文件的一种格式。不同的制版设备也都能接收 CIF 文件。这样，CIF 就成为不同版图设计软件以及不同制版设备之间交换数据的一种中间格式。

作为一种表示版图数据的标准格式，CIF 文件必须遵守规定的语法格式，对语句格式有严格规定，无二义性。一个 CIF 文件可以包含一项设计，也可以包含若干项设计。一个设计中可定义、调用若干单元（Cell）。单元中包括若干基本几何图形（Primitive Geometry Element），也可调用已定义的其他单元。基本几何图形包括矩形、多边形、圆和互连线。

4. OASIS 格式

OASIS 格式是近年出现的版图文件格式。由于设计规模增大，数据文件急剧增大，半导体设备和材料组织（SEMI）于 2003 年批准 Mentor Graphics 公司提出的数据格式，该格式可以极大地压缩数据文件大小，可替代芯片设计中传统的 GDS Ⅱ版图格式。OASIS 是作为解决 SEMI 称为“一个巨大问题”的一种方案而提出的，这个巨大问题就是导致年损失几十亿美元的数据低效问题。它采用扁平化数据，更加高效，相较 GDS Ⅱ数据流格式规模要减小至 1/50～1/10，且与 64 位兼容。由于具有较高的数据压缩率，近年该格式也慢慢被工业界接受。

6.4　数字集成电路设计实例

本节以常用的通用异步串行收发器（Universal Asynchronous Receiver Transmitter，UART）IP 核设计为例，阐述数字集成电路设计的流程，结合前面所述设计方法与流程简要介绍相关 EDA 工具的使用和其脚本的编写。当然，由于 UART 是一个比较小的数字系统，不涉及 SoC 设计过程中的软硬件协同等内容，详细的软硬件划分与协同设计也不是本书讨论的内容，本节只给出一个数字 IP 核的设计印象。

6.4.1　UART IP 核功能规划与原理分析

1. 系统功能规划

UART IP 核是 SoC 的常用 IP 核，用于实现数据的串行接收和发送，支持 APB 接口和 DMA 接口。在发送数据时，UART 将并行写入的发送数据进行并串转换，在串行数据前加入数据起始标志位，在串行数据后加入奇偶校验位和停止位；在接收数据时，UART 将串行写入的接收数据进行串并转换，同时检查数据接收的正确性。UART要求支持不同波特率数据传输。

UART IP核接口兼容工业界应用广泛的AMBA（Advanced Micro- controller Bus Architecture）和APB（Advanced Peripheral Bus）接口，通过该接口，可以对UART内部寄存器进行读/写，设置或读取UART状态。此外，该UART IP核还提供DMA（Direct Memory Access）接口和中断接口，支持波特率设定、FIFO（First In First Out）发送和接收方式设置、奇偶校验设置、1/2bit停止位设置、中断方式及DMA方式。

这样的规划使得该UART IP核可以通过简单的参数定义适应不同的UART使用需求，能够方便地集成到SoC中，实现数据的串行接收和发送。

2. 原理分析

在进行数据发送/接收操作之前，需要对UART进行配置，以选择UART的工作状态和工作参数。UART的数据收发相关的参数设置对应线控制寄存器（UART Line Control Register，UARTLCR）。该寄存器在内部有29bit位宽，在外部通过AMBA的APB总线写入端对应3个寄存器，分别为UARTLCR_H、UARTIBRD和UARTFBRD。

在UARTLCR_H寄存器中定义发送参数、数据字长、缓存器模式、停止位数目、奇偶校验模式和中断发生器。

UARTIBRD和UARTFBRD一起定义波特率除数因子。

（1）波特率设置

波特率除数因子对应一个22bit的寄存器，其中高16bit为整数部分，低6bit为小数部分。波特率发生器基于该因子来决定串行收/发的位周期。小数波特率除数因子保证任何频率大于3.6864MHz的时钟可用作UARTCLK，产生所有的标准波特率。

16bit整数部分通过UARTIBRD寄存器加载，6bit的小数部分则存放在UARTFBRD寄存器中。波特率除数因子与UART时钟UARTCLK关系如下。

$$波特率除数因子=\text{UARTCLK}/(16\times波特率)=\text{BRDI}+\text{BRDF}$$

其中，BRDI是整数部分，BRDF是小数部分，这两部分通过如图6.7所示的小数点分开。

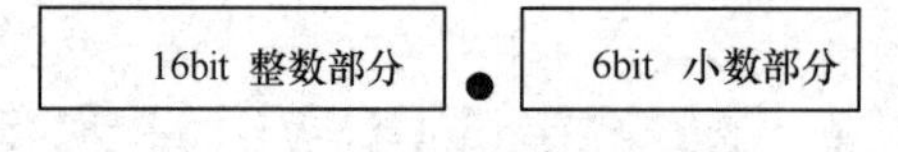

图6.7 波特率除数因子结构

可以将波特率除数因子的小数部分乘以64（2^n，n为UARTFBRD寄存器的位宽，此处为6），然后加0.5（用以补偿舍入误差）的方法计算6bit的小数因子（m）。

$$m=取整（\text{BRDF}\times 2^n+0.5）$$

（2）数据发送和接收

发送或接收的数据分别存放在两个深度为16的FIFO中。其中，发送FIFO的宽度为8bit，存放发送数据；接收FIFO的宽度为12bit，低8位为接收数据，高4位为接收数据的状态信息。

当数据发送时，数据被写入发送FIFO。如果UART处于使能状态，那么开始数据发送，直到发送FIFO为空，发送过程结束。一旦数据写入发送FIFO（发送FIFO非空），BUSY信号就置高电平，并且在整个数据发送过程中始终保持为高电平。只有当发送FIFO为空，并且最后一帧数据发送完成时，BUSY信号才恢复为低电平。在UART非使能状态，BUSY信号仍然可以置高电平。

支持Break发送，在TXD端输出一帧“0”数据。

当UART接收数据时，对每个接收数据采样3次，以两次相同的采样值为准。

UART接收器平时处于空闲状态，同时侦测数据输入端（UARTRXD）电平状态，若UARTRXD

总为高电平，则接收器保持空闲状态。在空闲状态一旦侦测到 UARTRXD 为低电平，就表示检测到起始位，接收控制器开始工作，在计数到第 8 个接收时钟周期时，对数据输入端进行采样。

若第 8 个接收时钟周期 UARTRXD 仍为低电平，则起始比特位有效，否则认为检测到一个错的起始信号，接收器保持空闲状态。

若起始比特位有效，则接收器根据数据字符长度设置（5/6/7/8 位），连续地接收数据。若奇偶校验使能，则接收奇偶校验位，并进行相应的奇偶校验。

若 UARTRXD 为高电平，则表示正确接收到停止位；否则，表示发生帧错误，标志帧错误。当完成一个完整的字接收时，将数据以及相应的错误位和溢出标志位存储到接收 FIFO 中。

6.4.2　系统架构设计

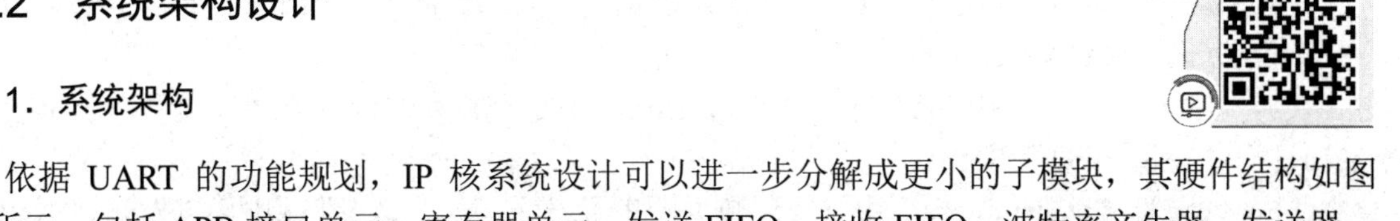

1．系统架构

依据 UART 的功能规划，IP 核系统设计可以进一步分解成更小的子模块，其硬件结构如图 6.8 所示，包括 APB 接口单元、寄存器单元、发送 FIFO、接收 FIFO、波特率产生器、发送器、接收器、中断产生器和 DMA 接口单元。通过 APB 接口，可以配置 UART 的工作模式、波特率等，实现对 UART 传输的控制。在数据接收时，从 UARTRXD 接收数据，由接收器进行串并转换和协议解析，然后写入接收 FIFO，供处理器通过 APB 读取；在数据发送时，由处理器通过 APB 向发送 FIFO 写入数据，然后由发送器进行协议封装并转换为串行数据，通过 UARTTXD 送出。中断产生单元负责监控 UART 模块的状态，并在故障发生时向处理器发出中断。DMA 接口可以减轻 UART 对处理器的占用。

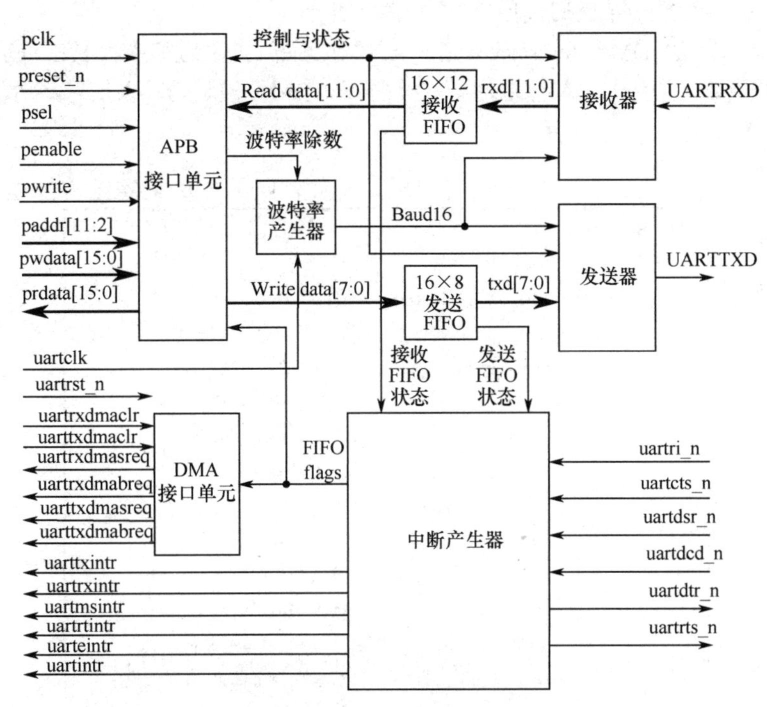

图 6.8　UART 硬件结构

2．子模块规划

构成 UART IP 核的各个子模块功能描述如下。

（1）APB接口单元（APB Interface）：是外部控制器访问UART的唯一接口，兼容AMBA 2.0 APB接口规范，用于产生AHB（Advanced High performance Bus）/APB bridge读/写UART内部控制/状态寄存器，发送/接收数据，FIFO存储器的控制信号内部包含UART中的所有外部可写的寄存器。

（2）寄存器单元（Register Block）：UART内部控制/状态寄存器，存储写入控制字，记录UART状态。

（3）波特率产生器（Baud Rate Generator）：产生UART发送器和接收器所需的（波特率×16）时基信号——Baud16。该时基信号的高电平脉冲宽度为半个UARTCLK时钟周期，频率为设定波特率的16倍。

（4）发送FIFO（Transmit FIFO）：位宽为8bit，深度16。存储APB接口写入的待发送数据，由发送器读出。发送FIFO可关闭。

（5）接收FIFO（Receive FIFO）：位宽为12bit，深度16。存储接收器接收的数据，通过APB接口读出。接收FIFO可关闭。

（6）发送器（Transmitter）：用于实现数据的串行发送，从发送FIFO中读取发送数据，并对数据进行并串转换，在串行数据前加入起始位，根据UART控制寄存器中的设置，在串行数据后加上奇偶校验位和停止位。发送顺序为起始位、数据位（低位在前）、（奇偶校验位）和停止位。

（7）接收器（Receiver）：在侦测到有效的起始位后开始接收数据，并将接收的串行格式数据转为并行格式，同时对接收的数据帧进行Overrun、Parity、Framing错误检查，以及Break状态检测，并将检测结果与接收数据合并成12bit数据写入接收FIFO。

（8）中断产生器（FIFO Status and Interrupt Generator）：根据UART数据发送和接收状态，以及内部寄存器设置，产生可屏蔽的高电平有效中断信号。

（9）DMA接口单元（DMA Interface）：DMA接口模块根据发送和接收FIFO的空/满状态，以及UART内部寄存器设置，生成DMA请求信号；根据外部DMA控制器写入信号，清除DMA请求。

3．代码文件

整个UART设计使用Verilog HDL语言实现。硬件代码的文件组织结构如图6.9所示。

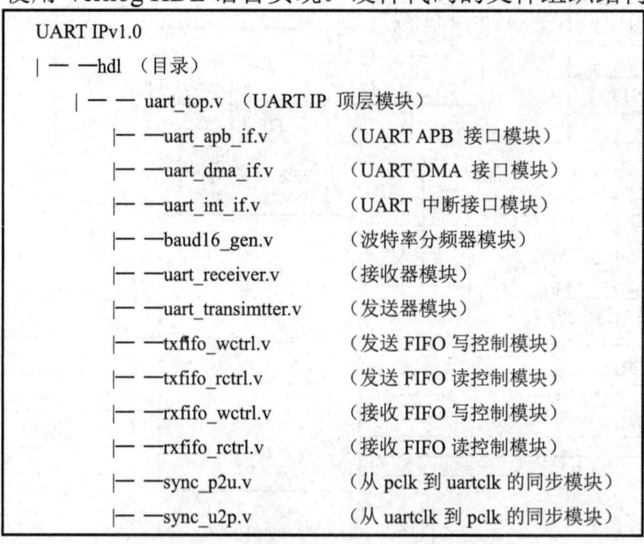

图6.9 硬件代码的文件组织结构

该目录下为设计文件，包括1个顶层文件（uart_top.v）和12个设计模块。

（1）uart_top.v：UART IP顶层模块，是UART设计文件的顶层文件，定义外部接口信号以及对各个设计子模块进行例化。

（2）uart_apb_if.v：APB 接口模块，作为 APB Slave 与 AMBA 总线进行连接。

（3）uart_dma_if.v：DMA 接口模块，负责外部 DMAC 与 IP 核进行 DMA 传输操作。

（4）uart_int_if.v：中断接口模块，对 UART IP 核内部产生中断进行处理，负责外部中断的产生。

（5）baud16_gen.v：波特率分频器模块，产生 UART 发送器和接收器所需的（波特率×16）时基信号——Baud16。

（6）uart_receiver.v：接收器模块，从外部接口接收串行数据，将数据转为并行格式，按照控制寄存器设置封装数据并传送给接收 FIFO。

（7）uart_transimtter.v：发送器模块，从发送 FIFO 中读取数据，并对数据进行并串转换，按照控制寄存器设置加入控制位，发送数据到外部接口。

（8）txfifo_wctrl.v：发送 FIFO 写控制模块，产生发送 FIFO 的写控制信号，控制把 APB 接口待发送数据写入发送 FIFO。

（9）txfifo_rctrl.v：发送 FIFO 读控制模块，产生发送 FIFO 的读控制信号，控制从发送 FIFO 读出数据到发送模块。

（10）rxfifo_wctrl.v：接收 FIFO 写控制模块，产生接收 FIFO 的写控制信号，控制把从接收 FIFO 读出的数据写入接收 FIFO。

（11）rxfifo_rctrl.v：接收 FIFO 读控制模块，产生接收 FIFO 的读控制信号，控制从接收 FIFO 读出数据并发送到 APB 接口。

（12）sync_p2u.v：从 pclk 到 uartclk 的同步模块，用于数据从 APB 时钟域到 UART 时钟域的数据传送。

（13）sync_u2p.v：从 uartclk 到 pclk 的同步模块，用于数据从 UART 时钟域到 APB 时钟域的数据传送。

6.4.3　验证方案设计

1. 功能点提取

依据 6.4.1 节 UART IP 功能规划和 6.4.2 节系统架构，可以把 UART 的功能按照子模块分解为 8 类，每类需要测试的功能点如下。

接收：起始位检测、数据采样、数据判决、校验、停止位检测、串并转换；不同波特率支持；无校验模式、1/2 比特停止位模式；异常。

发送：起始位生成、并串转换与数据发送、校验位生成、停止位生成；不同波特率支持；无校验模式、1/2 比特停止位模式；异常。

波特率生成：从 9600 到 115200 不同波特率的产生。

接收 FIFO：不同波特率接收 FIFO 的写入、不同频率的 FIFO 读取、空/满标记生成、FIFO 状态标记与读取、旁路模式；异常。

发送 FIFO：不同波特率发送 FIFO 的读取、不同频率的 FIFO 写入、空/满标记生成、FIFO 状态标记与读取、旁路模式；异常。

APB 接口：APB 接口规范符合性检查，内部状态寄存器读/写。

DMA 接口：DMA 接口规范符合性检查，内部寄存器设置，请求信号产生与清除，DMA 不同工作模式支持检测。

中断：收发异常产生与处理检测；APB 异常、DMA 异常、FIFO 空读异常、FIFO 满写异常等异常产生中断请求标志，中断屏蔽、中断处理。

2. 验证平台搭建

为了验证 IP 核（该设计中的 DUV）各个功能点是否功能正确，需要搭建验证平台，包括 UART 数据接口、APB Master、DMA Host Controller 以及用来处理中断等功能的 CPU BFM（Bus Functional Model）。规定其详细功能列表，建立验证平台，制定相应的测试用例。验证采用可回归的自动比对结果的检验方法，可以在 Cadence NC- Verilog 或 Synopsys VCS 环境下完成仿真验证。

仿真验证文件夹共有 9 个目录：testbench 目录、run 目录、testcase 目录、filelist 目录、include 目录、bfm 目录、log 目录、wave 目录和 clear 文件。仿真环境的文件组织结构如图 6.10 所示。

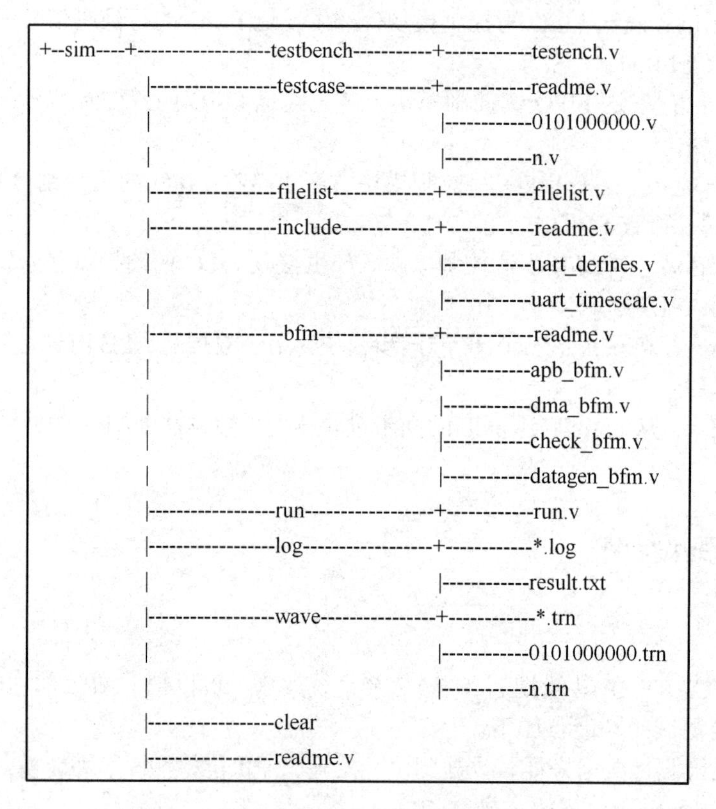

图 6.10　UART IP 核 Testbench 文件组织结构

（1）testbench 目录：该文件夹只有一个文件，就是总的 testbench 文件——testbench.v。该文件负责整个仿真验证环境的建立，包括对设计文件 uart_top.v 的调用以及各种 bfm 文件和 testcase 的包含等，另外也包括一些初始化配置操作以及时钟的产生等。

（2）testcase 目录：该文件夹包括所有的测试用例，所有的测试用例名称按照 readme 文件约定命名。

（3）filelist 目录：该文件夹包括文件 filelist.v。说明整个环境中的各个文件间的相对位置（以 testbench.v 为起始位置进行说明），是为了在仿真环境下更易于脚本控制而编写的。

（4）include 目录：该文件夹包括以下 3 个文件。

uart_defines.v 文件中对 UART IP 核中出现的一些常用参数进行了宏定义，如寄存器地址等，供设计代码调用。

uart_timescale.v 文件设置的仿真时间基本单位及仿真时间精度，供所有仿真环境中的代码调用。

int_bfm_defines.v 文件对 UART IP 核中的各种中断向量进行宏定义，供 APB BFM 调用。

（5）bfm 目录：该文件夹包括以下 3 个文件。

apb_bfm.v 文件定义 APB 总线的时序，是 APB Master 的总线时序模型，产生 APB 总线时序。另外，为了仿真的方便，把 IP 核中断的处理以及结果比较的任务也放到了该文件中，相当于包含了 INT_BFM（CPU_BFM）以及 CHECK_BFM 和 APB_BFM。

dma_bfm.v 文件是 DMA 控制器的总线功能模型。

uartif_bfm.v 文件是 UART 接口的总线功能模型。按照规范要求产生 UART 序列数据。

（6）run 目录：该目录包含 run 和 go 两个脚本文件。其中 run 是在 NC_Verilog 下仿真的脚本文件；go 是顺序列出 testcase 的脚本文件，负责仿真时对不同 testcase 文件切换。

（7）log 目录：log 目录下存放仿真过程中产生的仿真结果文件。其中文件“filenameX.log”是对文件名为“filenameX.v”的 testcase 仿真产生的结果文件，而该目录有 3 个子目录 fifo、reg 和 int，分别存放对某个 testcase 仿真时产生的读/写 FIFO 结果、读/写 UART 寄存器以及产生中断的记录。若在总结果文件中产生错误，则可以在上述 3 个文件夹下查找到更加详细的记录，进而确定产生错误的地址和原因。

（8）wave 目录：该目录存放各个 testcase 运行时产生的波形文件。

（9）clear 文件：该文件是用来清空仿真过程中产生的中间文件的脚本文件。

仿真环境说明如下。

验证结构图如图 6.11 所示，整个仿真验证系统由 CPU_BFM、APB_BFM、DMA_BFM、DUV、UARTIF_BFM、CHECK_BFM 模块构成。

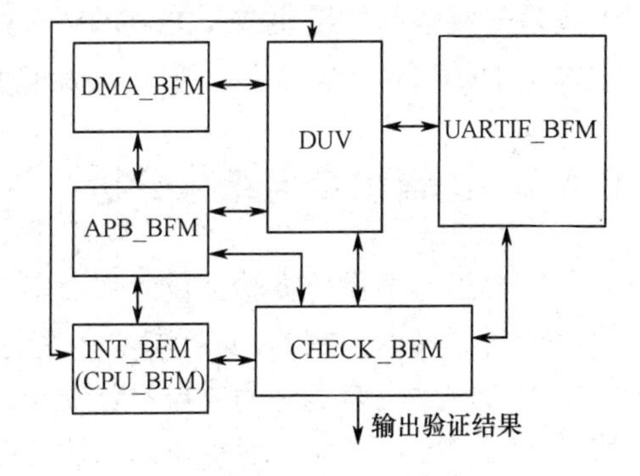

图 6.11　验证结构图

其中 DUV 代表需要被验证的模块，在当前设计中就是 UART IP 核。APB_BFM 是 APB 总线的读/写时序控制模块，负责对 DUV 进行读/写操作。UARTIF_BFM 是模拟 UART 接口的模块。CPU_BFM 主要负责对 DUV 产生的中断进行判断，并进行相应的操作。CHECK_BFM 模块对运行结果进行分析比较，并把结果输出。

CHECK_BFM 负责对运行结果进行检测，每次运行结束之后都会产生一个最终的 result.log 文件，该文件对程序运行中关键点进行检测，以确定是否运行正确。如果有错误发生，就可以检测同时产生的 fifo_check_result.log、reg_check_result.log 以及 int_check_ result.log 文件，以确定具体出错的地址。只有所有检测文件同时没有错误，才可以通过，否则失败。

result.log 文件是通过在每次操作结束后读出的一些重要寄存器（如状态寄存器和错误寄存器等）与期望值进行比较而产生的，如果正确则报告操作正常，否则报告出错，并报告出错的时间和地址。

fifo_check_result.log 文件的产生是通过比较写数据和读数据而产生的。如果一致，那么报告操作正确，否则报告出错，并指明出错的时间和地址。

int_check_result.log 文件实时监控每个中断产生和清除的时间。如果某一中断产生，那么该文件会记录此中断是何中断，并在下一时刻记录该中断是否被清除。

reg_check_result.log 文件可以判断被读的寄存器的实际值是否与预期值一致。另外，该文件的辅助文件 read_creg_data.log 和 write_creg_data.log 可以记录在整个过程中写到的某个寄存器的值，以及从某个寄存器读出的值，便于查错。

整个检查过程是：首先看最终的 result.log 文件，若该文件记录显示一切正常，则可以判断整个操作结果正常；若 result.log 文件显示有错误发生，则看该错误是发生在什么时刻，再针对具体的时间看系统是在进行什么操作；依据操作，从 fifo_check_result.log 文件，进一步确定发生错误的地址和原因。

3．激励产生

为了实现功能点的验证覆盖，基于图 6.11，验证平台针对各个功能点生成激励，确保每类每个功能点都会被验证，功能覆盖率达到 100%，同时，尽可能采用有约束的随机数据，避免数据的人工依赖性，造成故障回避。在激励生成时，类似 APB 总线模块、UART 接口通信协议模块等验证 IP 核是很好的助力，而代码的覆盖率统计可以提醒工程师查验是否有功能遗漏。在验证过程中，激励次序和对多个功能的关联，能够有效降低验证所需要的向量数目，从而缩短验证时间。

4．结果判定

激励产生解决了 DUV 验证过程中的输入信号，其在激励下的动作是否符合预期则是验证的判据，而这个预期必须是可信的。通常人们把提供验证判据的模块称为黄金模型（Golden Model），它可以是高抽象层次的行为模型，也可以是确认过的设计代码，还可以是验证过的电路网表，更可以是一些常用的模块或 VIP。DUV 对给定激励的输出影响交由黄金模型进行判断，从而判断该激励下 DUV 的动作响应，确认相应的功能是否正确。

6.4.4 逻辑综合与结果分析

综合虽然不像仿真验证反复那么多，但由于其约束烦琐等，工业界也是习惯用设计目标脚本控制的，而且脚本必须是可重用的。因为在整个电路设计过程中，常常由于时序没有满足而需要设计流程的多次迭代。另外，当系统的一些参数改变时，如一个模块从 16 位变为 32 位，而模块的功能没有改变，可以不改变综合的脚本，只需要改变其中的参数就可以实现该目标，即要保证综合脚本是参数化的。以下是针对 UART IP 核的一个简单综合脚本。

```
// 设置工艺库
set search_path [list /tools/lib/smic25/feview_s/version1/STD/Synopsys]
set target_library    { smic25_ss.db }
set link_library      { smic25_ss.db}
set symbol_library    { smic25.sdb }

set main_dir ../..
set RTL_ROOT_PATH $main_dir/hdl
set NETLIST_PATH      $main_dir/sim/syn/netlist
set RPT_PATH          $main_dir/sim/syn/log
set DB_PATH           $main_dir/sim/syn/db
set SDF_PATH          $main_dir/sim/syn/sdf
```

```
// 读取设计代码
read_verilog -rtl   $RTL_ROOT_PATH/uart_top.v
…

// 指定顶层单元
set top UART_TOP
current_design $top
set_auto_disable_drc_nets  -constant false
link- all
check_design > $RPT_PATH/$top.chkdesign
uniquify

set apb_clk [get_ports pclk]
set p_rst_n [get_ports hrst_n]
set uart_clk [get_ports uartclk]

set apbclk_inputs[list apbclk相关input]
set apbclk_outputs[list apbclk相关output]
set uartclk_inputs[list uartclk相关input]
set uartclk_outputs[list uartclk相关output]

set_max_fanout 4
set_max_transition 0.5 [get_designs  ” $top” ]

// 设置面积约束
set_max_area 0

// 设置时序约束
create_clock- n apb_clk $pclk- period 20- waveform {0 10}
set_clock_uncertainty  -setup 0.2 [get_clocks apb_clk]
set_clock_uncertainty  -hole 0.1 [get_clocks apb_clk]
set_clock_transition 0.4 [get_clocks apb_clk]
set_clock_latency 0 [get_clocks apb_clk]
set_dont_touch_network [get_clocks apb_clk]
set_drive 0 $apb_clk
set_ideal_net [get_nets [all_connected $apb_clk]]

set_dont_touch_network $apb_rst_n
set_drive 0 $apb_rst_n
set_ideal_net [get_nets [all_connected $apb_rst_n]]

// 设置环境约束
set_input_delay  -clock apb_clk 14 $pclk_inputs
set_output_delay  -clock apb_clk 12 $pclk_outputs
```

```
set_false_path  -from apb_clk  -to c_clk

set_dont_use {smic25_ss/LA*}
set_dont_use {smic25_ss/FFSE*}

set_max_area 0

// 综合及其策略
compile  -map_effort medium

// 结果输出
write  -f db-hier-output $DB_PATH/$top.db $top
write  -f verilog-hier-output $NETLIST_PATH/$top.v $top
write_sdf  -version 1.0 $SDF_PATH/$top.sdf

check_design > $RPT_PATH/$top.chkdesign
check_timing > $RPT_PATH/$top.chktiming
redirect $RPT_PATH/$top.constraint_rpt {report_constraint  -all_violators}
redirect $RPT_PATH/$top.timing_rpt {report_timing}
redirect $RPT_PATH/$top.area_rpt {report_area}
sh date
```

综合脚本运行完成后，可以得到如图6.12所示的UART IP核面积报告文件和如图6.13所示的UART IP核时序报告文件。由面积报告文件可知，UART IP核的面积大约为414864μm^2。而时序报告给出了该UART IP核在当前smic25库可以达到的性能，在时序报告中，关键路径延迟为6.2ns，关键路径采样寄存器（U_UART_REGFILES/hrdata_reg[0]）建立时间为0.18ns，因此，最小周期为6.2+0.18=6.38ns，可实现的最大频率为1/6.38ns≈156.7MHz。

```
Number of ports:                178
Number of nets:                 4922
Number of cells:                3847
Number of references:           71

Combinational area:         161847.187500
Noncombinational area:      253012.500000
Net Interconnect area:      undefined   (Wire load has zero net area)

Total cell area:            414864.375000
Total area:                 undefined
```

图6.12 UART IP核面积报告文件

```
-----------------------------------------------------------------------------------------------
clock hclk (rise edge)                                           0.00      0.00
clock network delay (ideal)                                      0.00      0.00
U_UART_REGFILES/haddr_de_la_reg[7]/CK (FFDQRHDLX)                0.00 #    0.00 r
U_UART_REGFILES/haddr_de_la_reg[7]/Q (FFDQRHDLX)                 0.70      0.70 f
U_UART_REGFILES/U1404/Z (NOR3HD1X)                               0.38      1.08 r
U_UART_REGFILES/U1394/Z (NOR3B1HD1X)                             0.57      1.65 r
U_UART_REGFILES/U1393/Z (NOR4B1HD1X)                             0.73      2.38 r
U_UART_REGFILES/U1391/Z (NAND4HD1X)                              0.20      2.58 f
U_UART_REGFILES/U1390/Z (NOR3B1HD1X)                             0.46      3.04 r
U_UART_REGFILES/U1376/Z (NOR3B1HD1X)                             0.40      3.44 r
U_UART_REGFILES/U1926/Z (NOR3B1HD4X)                             1.15      4.60 r
U_UART_REGFILES/U1368/Z (NOR2HDLX)                               0.06      4.66 f
U_UART_REGFILES/U1951/Z (NOR4B1HDLX)                             0.34      5.00 f
U_UART_REGFILES/U1950/Z (AND4HD4X)                               0.67      5.67 f
U_UART_REGFILES/U1348/Z (AOI222HD1X)                             0.39      6.06 r
U_UART_REGFILES/U1338/Z (NAND4B1HD1X)                            0.14      6.20 f
U_UART_REGFILES/hrdata_reg[0]/D (FFDQRHDLX)                      0.00      6.20 f
data arrival time                                                6.20
clock hclk (rise edge)                                           10.00     10.00
clock network delay (ideal)                                      0.00      10.00
U_UART_REGFILES/hrdata_reg[0]/CK (FFDQRHDLX)                     0.00      10.00 r
library setup time                                               -0.18     9.82
data required time                                               9.82
-----------------------------------------------------------------------------------------------
data required time                                               9.82
data arrival time                                                -6.20
-----------------------------------------------------------------------------------------------
slack (MET)                                                      3.62
```

图 6.13　UART IP 核时序报告文件

6.5　模拟与射频集成电路 CAD 技术

目前用于数字集成电路和系统设计的 EDA 软件系统比较成熟，抽象层次达到语言描述级，并且已推出了各种功能强大高效的设计自动化软件，如前几节介绍的用于把硬件语言转化成电路网表的 Design Compiler、基于标准单元的版图设计工具 Astro、SoC Encounter 等。这些具有自动设计功能的软件基本都只适用于数字系统的设计。对于模拟集成电路和系统的设计，由于模拟电路自身的特点，其设计工具目前还达不到数字电路的抽象层次，虽然经过多年的发展，模拟软件工具已经可以辅助完成电路输入、电路模拟、电路优化、自动生成模拟版图，甚至人们也尝试开发适用于模拟电路描述的语言——模拟硬件描述语言（Analog Hardware Description Language，AHDL），但迄今为止模拟电路设计自动化工具亟待突破，目前仍旧依靠设计人员完成主要工作，设计人员必须直接面对电路并仔细设计电路细节，计算机只能起到辅助的作用，因此对于模拟电路设计工具，人们依旧习惯称为计算机辅助设计，即 CAD。

6.5.1　模拟集成电路 CAD 技术

1. 模拟集成电路的特点

模拟集成电路和系统设计中之所以无法达到数字集成电路设计的抽象层次，是因为模拟电路及其现有设计方法的特点。表 6.1 比较了模拟和数字集成电路与系统的特点。

表6.1 模拟和数字集成电路与系统的特点比较

	模拟集成电路与系统	数字集成电路与系统
信号特点	信号可在一个范围内取值	信号只有两种状态
电路结构	所含单元的规则性差	有多种“标准”逻辑单元供选用
元器件模型	电路模拟要求较精确的模型	逻辑模拟中数字单元模型较简单
电路设计	需在电路级上进行设计	可在系统级上进行设计
版图设计	基本为全定制设计，器件结构种类繁多	版图设计中可采用多种标准单元
可测性设计	困难	适用于可测性设计

由于以上特点，使模拟集成电路设计必须针对电路的特定应用和参数指标要求进行具体设计，一般需要经过几次反复才能成功（数字电路设计往往一次成功），需要的设计时间较长，而且在设计过程中难于全面采用CAD技术，特别是缺少具有自动设计功能的软件。

2. 模拟集成电路设计流程

与数字集成电路相比，模拟集成电路EDA技术发展目前还不是很成熟，从设计方法到设计流程都还停留在计算机辅助设计阶段。由于模拟集成电路自身的特点，人们经常采用以人工设计为主的设计手段，模拟集成电路设计流程如图6.14所示。首先采用设计输入软件完成电路图的设计输入，然后对电路图进行仿真，根据设计目标优化电路器件参数，在电路仿真满足设计需要以后，进一步的工作是规划并设计版图，提取版图参数，考虑版图寄生参数再次进行仿真，仿真通过，则进行DRC、LVS检查并最后生成版图数据。

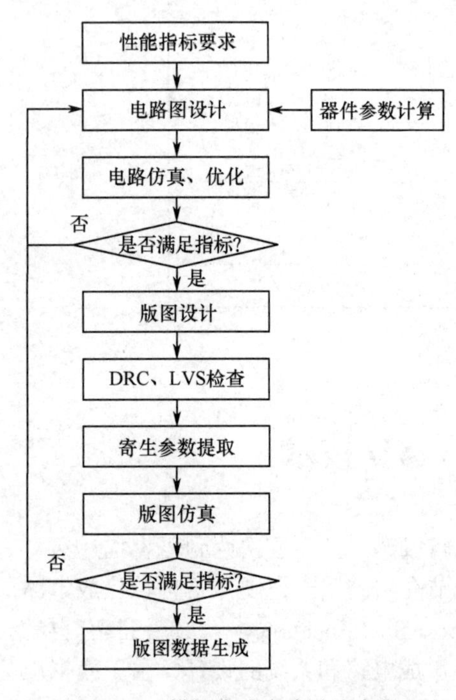

图6.14 模拟集成电路设计流程

3. 模拟集成电路CAD技术

根据电路系统的类型与规模，用于模拟集成电路设计的CAD软件主要是协助完成电路工作点分析、功能模拟、参数优化等。模拟集成电路设计工具的硬件环境和操作系统环境与6.3节所述的数字EDA硬件与系统环境需求一样，在设计过程中采用的CAD工具包括以下三大类。

（1）设计输入工具。用于协助设计电路原理图以及每个元器件参数值，生成能够进行模拟的电路网表。

（2）电路模拟工具。根据预期的电路功能和指标，通过仿真确定各元器件参数值或在多种电路拓扑结构中选择优化方案，分析电路鲁棒性与可靠性、仿真优化功耗等指标。

（3）版图设计工具。以通过模拟分析的电路网表为基础，自动生成对应的电路版图，或者提供便捷的版图设计环境，协助手工版图设计；完成版图的设计规则检查与LVS，生成版图数据。

6.5.2 模拟集成电路CAD工具

模拟集成电路设计工具主要包括集成电路原理图编辑工具、集成电路仿真模拟工具、波形查看工具、版图编辑工具。

1．集成电路原理图编辑工具

原理图编辑工具用于集成电路原理图输入、参数设计、模块封装、电连接检查等，以及原理图级别工程管理。原理图编辑是早期集成电路设计的主要辅助工具之一。

2．集成电路仿真模拟工具

模拟集成电路设计的任务是根据给定的指标要求确定电路拓扑结构形式和各元器件参数值。至今为止，还没有通用的模拟电路自动设计软件。电路图设计和参数确定工作基本是由人工进行的。但人们可以用计算机对设计的方案进行模拟，然后由设计者对模拟结果进行分析，确定是否需要对电路做进一步改进或者对参数进行调整。因此，计算机模拟分析的作用在于帮助人们更好地完成电路设计工作。应该指出的是，在模拟集成电路发展到现阶段，已经很难继续仅仅采用传统的人工计算或模拟电路的方法校验电路设计方案的正确与否或设计质量的好坏，必须采用计算机模拟分析的方法。

随着计算机技术的发展，模拟仿真软件的功能也在不断发展，目前已具有一定的优化设计能力。

对“模拟电路”，人工将电路设计方案（包括拓扑结构、元器件参数值及分析要求）送入计算机后，电路模拟程序按图 6.15 所示过程进行电路模拟。

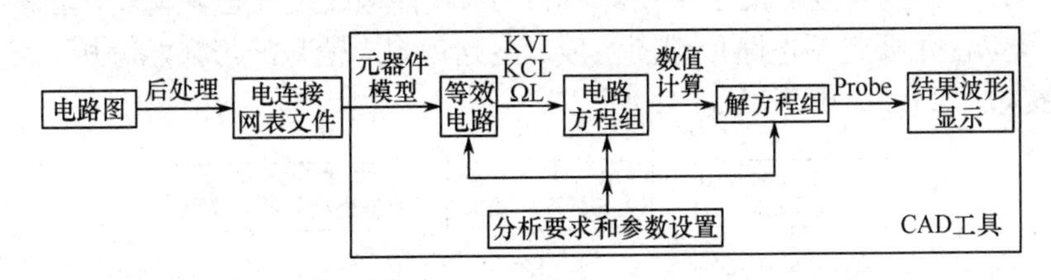

图 6.15　电路模拟程序

由图 6.15 可知，电路模拟软件首先对绘制的电路图进行处理，提取电路连接网表文件。该文件包括电路拓扑结构和元器件参数等信息。接着程序内部分三步进行模拟工作。首先利用晶体管模型将电路用等效电路表示，其次根据基尔霍夫电流定律、基尔霍夫电压定律和表示支路特性的欧姆定律列出一组电路方程，最后解电路方程组并按要求的格式输出计算结果。显然，这一过程与人工分析电路的过程基本相同。但由于计算机存储量大，运算速度快，因此可以采用比较精细的晶体管模型，保证计算的精度。另外，只要内存允许，不管得到的方程是线性还是非线性的代数方程或微分方程，计算机都能很快计算求解，这些都是人工计算无法相比的。为了扩充电路模拟的功能，提高其模拟精度和速度，目前在解方程时如何同时兼顾精度和速度，以及保证收敛性等方面还需进一步研究。

SPICE 是 Simulation Program with Integrated Circuit Emphasis 的简称，是由美国加利福尼亚大学伯克利分校电工与计算机科学系于 1972 年针对集成电路设计的需要研发的通用电路模拟程序，1975 年推出正式实用化版本。由于 SPICE 程序推出后在开始阶段基本免费使用，用户遍及世界各地。使用中用户随时将发现的各种问题反馈回来，因此 SPICE 程序能不断推出修改版本，使其趋于完善，现已被公认为是一个比较好的电路模拟“标准”软件。后续发展的 SPICE 版本在图形界面方面得到加强，执行效率也有很大改进，版本的更新主要在于电路分析功能的扩充、算法的完善和元器件模型的更新与增加。

伯克利的 SPICE 是现代各种 SPICE 的前身，由于它的源码是公开的，用户可以按照自己的需要进行修改，加之实用性好，在全世界得到广泛的应用和进一步的发展。在 SPICE 的基础上，一些软件公司做了很多实用化的工作，开发出了便捷高效的商用电路仿真软件，这些软件有Synopsys公司的HSPICE、Cadence公司的Spectre，近年来，我国的华大九天、概伦电子等公司也在SPICE工具的开发上有很大突破。

（1）HSPICE

HSPICE可以对电路进行稳态、瞬态和频域分析、蒙特卡罗分析、最坏情况分析、参数扫描分析、数据表扫描分析等，仿真精度高，速度快，具有可靠的收敛能力。可运行在UNIX、Linux、Windows平台，兼容SPICE的绝大部分功能，在给定电路结构和元器件参数的条件下，可以模拟和计算电路的各种性能。

HSPICE通常采用文本输入方式，用户把电路结构和元器件参数以及模拟仿真要求等按照规定的语法格式编写成输入文件，HSPICE程序根据该文件完成指定电路的特定分析。此外，程序还提供模型库，允许用户调用。HSPICE因为精度高、速度快，曾经占有很大的市场份额，有许多电路输入程序提供人机交互方式输入电路，编辑电路原理图，而在模拟时自动转换成HSPICE认可的输入文件，通过呼叫或转交给HSPICE完成仿真分析。

（2）PSPICE

PSPICE不仅具有SPICE原有的功能，而且在输入/输出、图形处理、算法的可靠性和收敛性、仿真速度、模拟功能扩展以及模型参数库和宏模型库等方面都有所改善，由于主要运行于PC平台而有良好的用户基础，特别适用于学校。PSPICE软件构成及其与其他软件模块之间的关系如图6.16所示。其功能主要包括电路原理图生成、电路模拟、信号波形显示分析、激励信号波形编辑、模型参数提取、高级分析等。

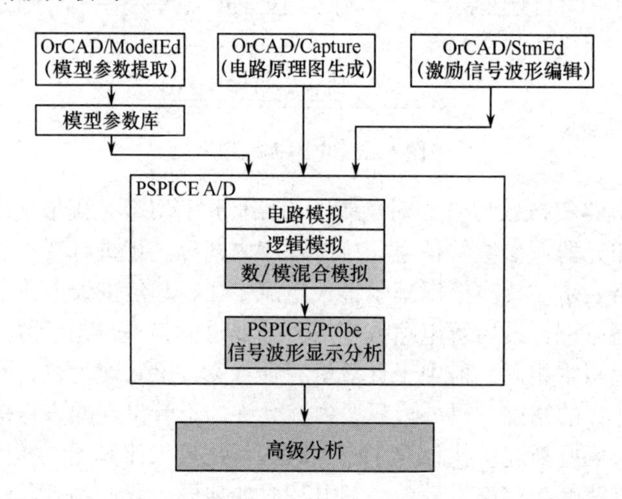

图6.16 PSPICE软件构成及其与其他软件模块之间的关系

3. 波形查看工具

为了直观查看模拟仿真工具对电路的仿真结果，常常会以图形的方式把结果输出显示，用来显示管理仿真波形的工具就是波形查看器，通常支持放大缩小，测量、叠加，计算、搜索等功能。当然，对于数字集成电路，其仿真结果也需要波形查看工具，只是电路行为不同，波形特征不同，使用的工具有差异而已。常见的波形查看工具有Virtuoso（ADE）、WaveViewer等。

4. 版图编辑工具

电路设计、仿真完成后，开始设计电路的版图，版图设计环境就是版图编辑器，支持图层定义、图形绘制、图形运算、复制、移动、拖曳、旋转、镜像等绘图动作，也留有 DRC、LVS 工具的接口，以方便发生设计规则违反的图形位置定位。典型工具为 Virtuoso。

6.5.3　射频集成电路 CAD 技术及工具

1．射频集成电路的特点

射频集成电路（Radio Frequency Integrated Circuit，RFIC）是指具有射频（300kHz～300GHz）信号处理功能的集成电路，常用于无线领域，从信号来源可分为接收机和发送机，电路特征可分为射频部分和基带部分。射频集成电路设计需要大量的专业知识、长期工作经验、专用 EDA 工具和昂贵的测试设备。RFIC 工程师不仅需要系统规划、通信协议、无线信道预算、调制解调、编码解码、均衡和信息论等系统知识，也需要增益、功率、匹配、频率、带宽、线性度、噪声和稳定性等电路知识，还需要器件物理、晶体管原理等器件知识，并能够熟练使用相关专用 EDA 工具，如 Agilent ADS（Advanced Design System）、Cadence SpectreRF 等。由于 RFIC 工艺中无源器件尤其电感的参数可控制性以及性能亟待提高，加上射频器件的非线性、时变性、不稳定性、电路分布参数缺乏精确模型，与相对成熟的数字集成电路设计相比，射频集成电路设计还处于发展阶段，很大程度上取决于工程经验。

射频集成电路系统可以分为基带部分和射频部分。基带部分完成频率较低的数字信号或模拟信号处理功能。射频部分完成宽动态范围的高频信号处理，包括低噪声放大、滤波、混频、变频、调制解调、功率放大等功能。RFIC 设计应该满足良好的选择性、低噪声和宽动态范围要求，本振信号应该具有很低的相位噪声，接收部分需要良好的噪声抑制能力，发射部分必须严格控制带外辐射，功率放大部分需要高效率、高线性度，同时整体设计应该尽可能采用低功耗设计，降低系统功耗。

2．射频集成电路设计流程

RFIC 设计流程和数字集成电路设计流程相似，如图 6.17 所示，大致分为以下几个步骤。

（1）定义系统规范，确定发送/接收部分物理层结构。

（2）根据系统功能和设计指标划分系统规划和模块，明确各部分的性能指标。

（3）根据模块性能指标选择工艺实现方式，依据工艺模型使用 EDA 工具进行各个模块的电路设计、仿真，如果不满足设计指标，那么返回系统规划与模块划分阶段，重新修改系统，直至仿真满足设计要求。

（4）针对电路，以选定工艺完成版图设计，提取版图参数，完成带有版图物理信息的后仿真，如果不满足设计指标，那么根据仿真与设计目标的差距，选择返回电路设计或系统规划阶段修改，直至满足设计指标。

（5）向代工厂提交版图数据（GDS Ⅱ）文件，进行芯片制造。

流片完成后，需要进行芯片测试，满足设计要求，则设计成功，否则需要进一步分析芯片与设计不符合的原因，重新进行优化。

3．射频集成电路设计工具

目前使用较多的 RFIC 设计工具有 Cadence 公司的 SpectreRF 和安捷伦(Agilent)公司的 ADS。

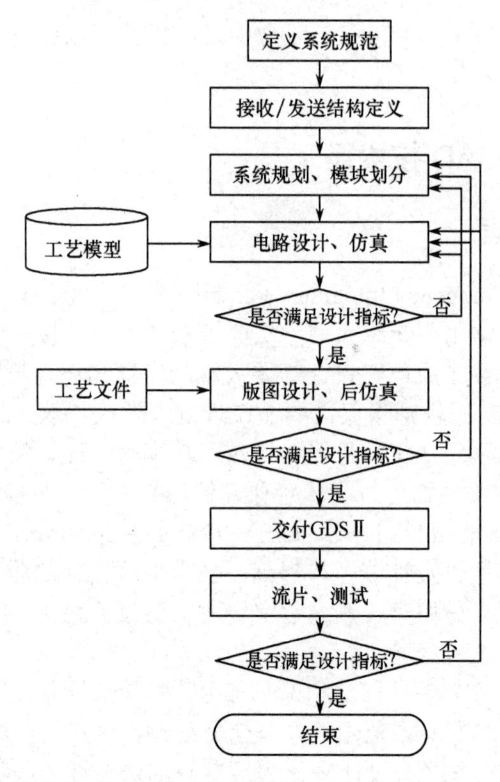

图 6.17　RFIC 设计流程

（1）SpectreRF

SpectreRF 最初是 Cadence 公司 Virtuoso 平台的一个工具包，近年来随着射频集成电路应用的急剧膨胀，其从 Virtuoso 平台中独立出来成为一个专门的仿真平台，用于对 RFIC 实现快速、精准的仿真。该软件支持从简单模块（如混频器、振荡器）到整个 RF（Radio Frequency，RF）系统（RF 收发器、频率综合器）的仿真，对如分频器、开关电容、开关电源等强非线性时变电路提供时域分析。支持 RLC 寄生参数、*S* 参数模型和 lossy 以及耦合传输线分析，对时变噪声、噪声系数、相位噪声和抖动计算精确，提供时域、频域图形、Smith 圆图、眼图和星座图。支持稳态分析、周期性小信号分析、PAC/PXF/Pnoise/PSP 等小信号分析、频率转换、噪声特性分析等，内嵌对无源器件的综合、验证和建模。支持包括 BSIM1/2/3/4、高压 MOS、MOS0/1/2/9、SOI 等广泛的设计模型，和 Cadence 公司电路设计版图绘制平台 Virtuoso 有良好的接口，是 RFIC 设计的经典平台。

（2）ADS

ADS 电子设计自动化软件是安捷伦（Agilent）公司研发的电子设计自动化软件，包含时域电路仿真（Spice- like Simulation）、频域电路仿真（Harmonic Balance、Linear Analysis）、三维电磁仿真（EM Simulation）、通信系统仿真（Communication System Simulation）和数字信号处理（Digital Signal Processing，DSP）仿真设计；支持射频和系统设计工程师开发所有类型的 RF 设计，从简单到复杂，从离散的射频/微波模块到用于通信和航天/国防的集成 MMIC，是业内广泛使用的微波/射频电路和通信系统仿真软件。其提供的仿真分析方法大致可分为时域仿真、频域仿真、系统仿真和电磁仿真。

下面简要介绍 ADS 支持的仿真分析方法。

① 射频 SPICE 分析和卷积分析（Convolution）。射频 SPICE 分析方法提供与通常 SPICE 仿

真器类似的瞬态分析，可分析线性与非线性电路的瞬态效应。在通常 SPICE 仿真器中，无法直接使用的频域分析模型，如微带线带状线等，在射频 SPICE 仿真器中可以直接使用，因为在仿真时射频 SPICE 仿真器会将频域分析模型进行拉氏变换后进行瞬态分析，而不需要将该模型转化为等效 RIC（Resistance Inductance Capacitance）电路。因此，射频 SPICE 除了可以做低频电路的瞬态分析，还可以分析射频电路的瞬态响应。此外，射频 SPICE 也提供瞬态噪声分析的功能，可以用来仿真电路的瞬态噪声，如振荡器或锁相环的抖动。

卷积分析方法是架构在 SPICE 射频仿真器上的高级时域分析方法，借助卷积分析可以更加准确地运用时域方法分析与频率相关的元器件，如以 *S* 参数定义的元器件、传输线、微带线等。

② 线性分析。线性分析是用于频域的电路仿真分析方法，可以将线性或非线性的射频与微波电路做线性分析。当进行线性分析时，软件首先针对电路中每个元器件计算所需的线性参数，如 *S*、*Z*、*Y* 和 *H* 参数、电路阻抗、噪声、反射系数、稳定系数、增益或损耗等（若为非线性元件，则计算其工作点），再进行整个电路的分析、仿真。

③ 谐波平衡分析（Harmonic Balance）。谐波平衡分析提供频域、稳态、大信号的电路分析仿真方法，可以用来分析具有多频输入信号的非线性电路，得到非线性的电路响应，如噪声、功率压缩点、谐波失真等。与时域的 SPICE 仿真分析相比较，谐波平衡对于非线性的电路分析，可以提供一个快速有效的分析方法。

谐波平衡分析方法的出现填补了 SPICE 的瞬态响应分析与线性 *S* 参数分析对具有多频输入信号的非线性电路仿真上的不足。尤其是在射频通信系统中，大多包含了混频电路结构，使得谐波平衡分析方法的使用更加频繁，也越发重要。

另外，针对高度非线性电路，如锁相环中的分频器，ADS 也提供了瞬态辅助谐波平衡（Transient Assistant HB）的仿真方法，在电路分析时先执行瞬态分析，并将此瞬态分析的结果作为谐波平衡分析时的初始条件进行电路仿真，通过此种方法可以有效地解决在高度非线性的电路分析时而会发生的不收敛问题。

④ 电路包络分析（Circuit Envelope）。电路包络分析包含了时域与频域的分析方法，可以用于包含有调频信号的电路或通信系统中。电路包络分析借鉴了 SPICE 与谐波平衡两种仿真方法的优点，将较低频的调频信号用时域 SPICE 仿真方法来分析，而较射频的载波信号以频域的谐波平衡仿真方法进行分析。

⑤ 射频系统分析。采用射频系统分析方法可以模拟评估系统特性，其中系统的电路模型除可以使用行为级模型之外，还可以使用元器件电路模型进行响应验证。射频系统仿真分析包含了上述的线性分析、谐波平衡分析和电路包络分析，分别用来验证射频系统的无源元件与线性化系统模型特性、非线性系统模型特性、具有数字调频信号的系统特性。

⑥ 拖勒密分析（Ptolemy）。采用拖勒密分析方法可以对同时具有数字信号与模拟、射频信号的混合模式系统进行模拟仿真。ADS 中分别提供了数字元器件模型（如 FIR 滤波器、IIR 滤波器，AND 逻辑门、OR 逻辑门等）、通信系统元器件模型（如 QAM 调频解调器、Raised Cosine 滤波器等）及模拟射频元件模型（如 IQ 编码器、切比雪夫滤波器、混频器等）可供使用。

⑦ 电磁仿真分析（Momentum）。ADS 软件提供了一个 3D 的平面电磁仿真分析功能——Momentum，可以用来仿真微带线、带状线、共面波导等的电磁特性，天线的辐射特性，以及电路板上的寄生、耦合效应。所分析的 *S* 参数结果可直接用于谐波平衡和电路包络等电路分析中，进行电路设计与验证。在 Momentum 电磁分析中提供两种分析模式：Momentum 微波模式（Momentum）和 Momentum 射频模式（Momentum RF），使用者可以根据电路的工作频段和尺寸判断、选择使用。

6.6 模拟集成电路设计实例

本节以 μA741 集成运算放大器为例具体说明模拟集成电路的设计流程。集成运算放大器是模拟集成电路的基础，它最早是在模拟计算机中起运算放大作用的，故得此名。集成运算放大器分为通用型和专用型两种。一般来说，选用双极平面工艺来制造，或者和数字电路一起采用 BiCMOS 工艺实现。

6.6.1 电路图设计与参数估算

1. μA741 原理图设计分析

集成运算放大器结构框图如图 6.18 所示，包括差分输入级、中间放大级、输出驱动级和偏置电路四部分。

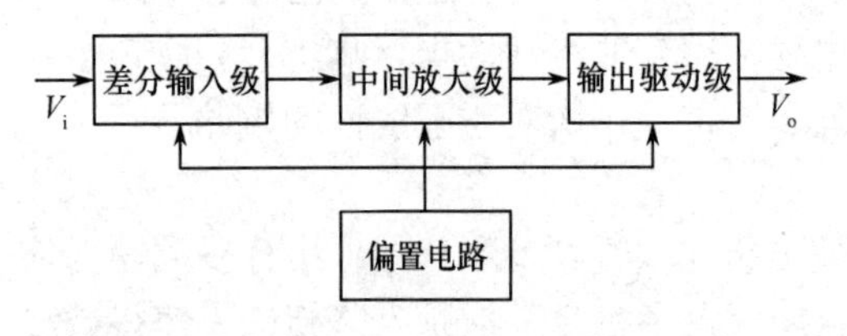

图 6.18 集成运算放大器结构框图

图 6.19 给出了一款经典的集成运算放大器 μA741 电路图，其中 VT_{11}、VT_{12}、R_5 组成偏置电路，为放大器提供参考电流；VT_{10} 和 VT_{11} 组成电流源，给输入级 VT_3、VT_4 提供偏置；VT_8、VT_9 组成镜像电流源给 VT_1、VT_2 提供偏置电流，同时具有负反馈作用，可以减小零点漂移；VT_{12}、VT_{13} 组成两路输出（A、B）的镜像电流，A 路供给输出级的偏置电流，并使 VT_{18}、VT_{19} 工作；B 路给中间级提供偏置并作为中间级的有源负载。

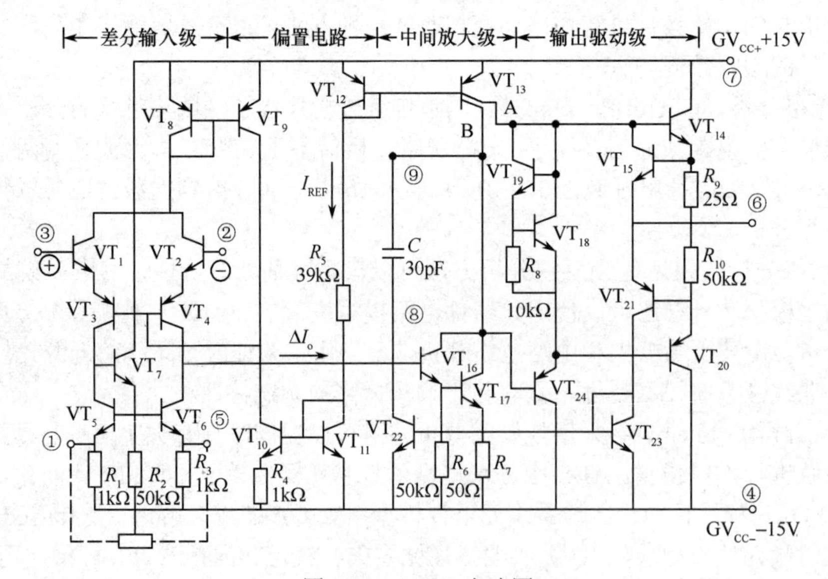

图 6.19 μA741 电路图

2. 模块设计

（1）偏置电路。VT_{11}、VT_{12}、R_5 组成偏置电路，在 GV_{CC+} 和 GV_{CC-} 的作用下提供整个放大器的参考电流 I_{REF}，偏置电路如图 6.20 所示。

（2）差分输入级。差分输入级是由 VT_1～VT_6 组成的互补共集-共基差分放大电路。纵向的 npn 管 VT_1、VT_2 组成共集电极电路，可以提高输入电阻，横向的 pnp 管 VT_3、VT_4 组成共基电路，

配合 VT_5、VT_6 和 VT_7 组成有源负载，有利于提高输入级的放大倍数、最大差模输入电压和扩大共模输入电压的范围。另外，带缓冲级的镜像电流源使有源负载两边电流更加对称，也有利于提高输入级抑制共模信号的能力。电阻 R_2 用来增加 VT_7 的工作电流，避免因 VT_7 的工作电流过小使得 β_7 下降而减弱缓冲作用。

（3）中间放大级。中间放大级由 VT_{16} 和 VT_{17} 组成复合管共射极放大电路，集电极负载为 VT_{13} 组成的有源负载，因为有源负载的交流电阻很大，所以本级可以得到较高的电压放大倍数，同时由于射极电阻的存在，且 VT_{17} 接到 VT_{16} 发射极使得该电路具有较大的输入电阻。VT_{17} 的集电极与 VT_{16} 的基极之间的电容 C 用作相位补偿，以消除自激。

（4）输出驱动级。输出驱动级由 VT_{14} 和 VT_{20} 组成互补对称输出级，用于输出驱动。VT_{18} 和 VT_{19} 以二极管形式连接，利用其 pn 结压降使得 VT_{14} 和 VT_{20} 处于弱导通状态来消除失真。

3．参数计算

由图 6.20 可知参考电流 I_r 为

$$I_r = \frac{V_+ - V_- - V_{EB12} - V_{BE11}}{R_5} \tag{6.1}$$

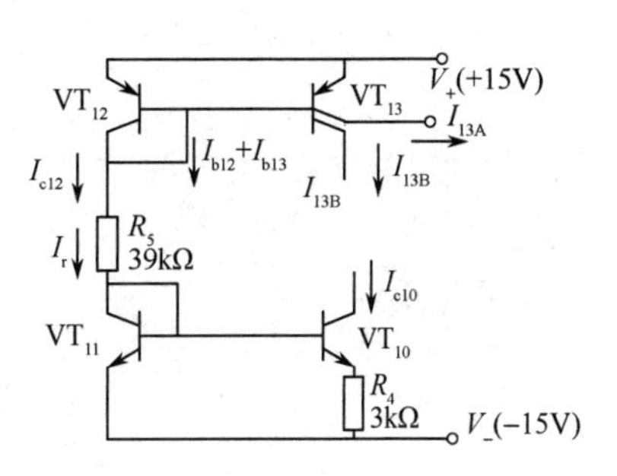

图 6.20　偏置电路

已知 $V_+ = 15\text{V}$，$V_- = -15\text{V}$，$V_{BE11} = V_{BE12} \approx 0.6\text{V}$，则由式（6.1）算得 $I_r \approx 740\mu\text{A}$，由图 6.20 可知

$$I_r = I_{c12} + I_{b12} + I_{b13} \tag{6.2}$$

由横向 pnp 管的 $\beta_p = 5$，且 VT_{12} 和 VT_{13} 组成恒流源，$I_{c12} = I_{c13}$，则式（6.2）可为

$$I_r = I_{c12} + 2\frac{I_{c12}}{\beta_p} = I_{c12} + \frac{2}{5}I_{c12}$$

$$I_{c12} = I_{c13} \approx 530\mu\text{A}$$

VT_{13} 的集电区分成两部分，它们的有效收集面积之比为 $A_{13A}/A_{13B} = 1/3$，因此可算得 $I_{13} \approx 130\mu\text{A}$，$I_{13B} \approx 400\mu\text{A}$。由于 VT_{10}、VT_{11} 及 R_4 组成小电流恒流源，由

$$I_0 = \frac{1}{R_2}V_T \ln\frac{I_r}{I_0}$$

可得到

$$I_{10} = \frac{1}{R_4}V_T \ln\frac{I_r}{I_0}$$

其中，$I_r = 740\mu\text{A}$，$R_4 = 3\text{k}\Omega$，解得 $I_{10} \approx 28\mu\text{A}$。

为了便于分析和计算，可以对图 6.19 进行简化，如图 6.21 所示，能够方便地计算其他各极的静态工作电流。由

$$I_{10} = I_{c9} + (I_{b3} + I_{b4}) \tag{6.3}$$

其中

$$I_{b3} + I_{b4} = \frac{I_{e3}}{\beta_p + 1} + \frac{I_{e1}}{\beta_P + 1} = \frac{I_{c9} + 2\dfrac{I_{c9}}{\beta_P}}{\beta_p + 1} \tag{6.4}$$

联立式（6.3）、式（6.4），且 $\beta_p = 5$，则得到

$$I_{c8} = I_{c9} \approx 22.7\mu\text{A}$$

$$I_{c3} = I_{c4} \approx 13.3\mu\text{A}$$

$$I_{c1} = I_{c2} \approx 15.9\mu\text{A}$$

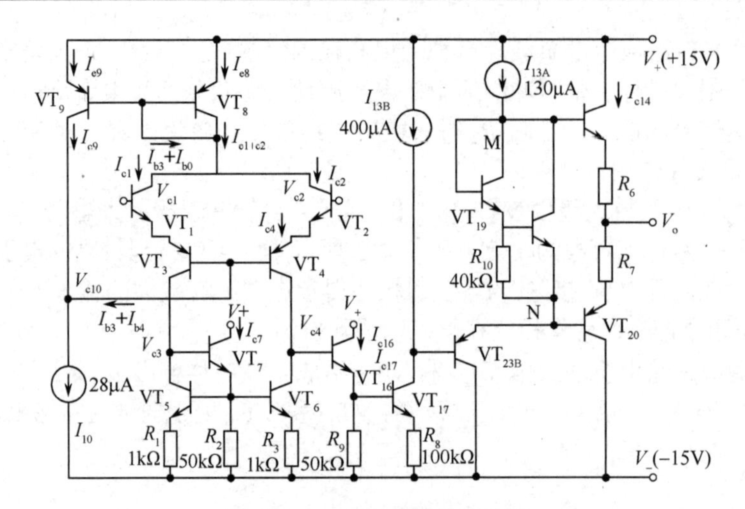

图 6.21 μA741 的简化电路图

VT_3 集电极电压为

$$V_{c3}=V_{BE7}+V_{BE6}+I_{e6}R_3+V_- \tag{6.5}$$

由 $I_{e3}\approx I_{e4}$，可算得

$$V_{c3}\approx 0.6+0.6+(13.3\times10^{-6})\times(1\times10^{3})-15\text{V}\approx-13.8\text{V}$$

则 VT_7 集电极电流为

$$I_{c7}\approx I_{R2}=\frac{V_{c3}-V_{BE7}-V_-}{R_2}=12\mu\text{A}$$

从图 6.21 中可以得到 $I_{c16}\approx I_{e16}$，设 VT_{17} 的 $\beta=100$，忽略 R_8 上的压降，则有

$$I_{c16}\approx\frac{V_{BE}}{R_9}+\frac{I_{c17}}{\beta}=12\mu\text{A}+4\mu\text{A}=16\mu\text{A}$$

输出级工作于甲乙类状态，其静态工作电流（I_{c14}）主要由加于输出管上的偏置电压 V_{MN} 决定。由图 6.21 可列出输出级偏置回路方程为

$$V_{MN}=V_{BE19}+V_{BE18}=V_{BE14}+V_{BE20}+I_{e14}R_6+I_{e20}R_7 \tag{6.6}$$

利用 $V_{BE}=V_T\ln\dfrac{I_e}{I_S}$，上式可写为

$$V_T\ln\frac{I_{e19}I_{e18}}{I_{S19}I_{S18}}=V_T\ln\frac{I_{e14}I_{e20}}{I_{S14}I_{S20}}+I_{e14}R_6+I_{e20}R_7 \tag{6.7}$$

其中

$$I_{e19}\approx I_{R10}\approx\frac{0.6\text{V}}{R_{10}}=15\mu\text{A} \tag{6.8}$$

$$I_{e18}\approx I_{c18}\approx I_{13A}-I_{e9}=130-15=115\mu\text{A} \tag{6.9}$$

$$I_{e14}=I_{e20}\approx I_{c14} \tag{6.10}$$

I_{S18}、I_{S19}、I_{S20} 由相应管子的结构确定，通常 I_{S18}、I_{S19} 约为 10^{-14}A；而 VT_{14}、VT_{20} 是输出管，相应的 I_{S14}、I_{S20} 较大，约为 I_{S18}（或 I_{S19}）的 2～4 倍。把式（6.8）～式（6.10）及各管相应的 I_S 值代入式（6.7），利用图解或逐次逼近法可以计算出 I_{c14}，通常有 $I_{c14}\approx100\mu$A。

利用上面计算得到的各级电流数值，从图 6.21 直接得出

$$V_{c1}=V_{c2}=V_+-V_{EB8}\approx14.4\text{V}$$
$$V_{c3}=V_{c4}=V_{BE7}-V_{BE6}+I_{e6}R_3+V_-\approx-13.8\text{V}$$

由输入 $V_i=0$，有

$$V_{c10} = 0V - V_{BE1} - V_{BE3} = -1.2V$$

由输出 $V_o = 0$，有

$$V_{c17} = 0V - I_{e20}R_7 - V_{EB20} - V_{EB23} \approx -1.2V$$

6.6.2 电路仿真

完成了电路图原理设计，下一步的工作是对电路进行仿真，验证设计正确性并进一步优化设计参数。

1. 传输特性及输出电压的动态范围仿真

为了仿真 μA741 传输特性及输出电压的动态范围，搭建仿真电路平台如图 6.22 所示。对输入信号源 V3 进行 DC 扫描，仿真结果如图 6.23 所示，输出电压的动态范围为±4V。将负载 R_L 从 100Ω 变为 1kΩ，得到仿真结果如图 6.24 所示，输出电压的动态范围变为±15V。由图 6.23 和图 6.24 可知，当输入超过±1V 时，输出将被限幅。

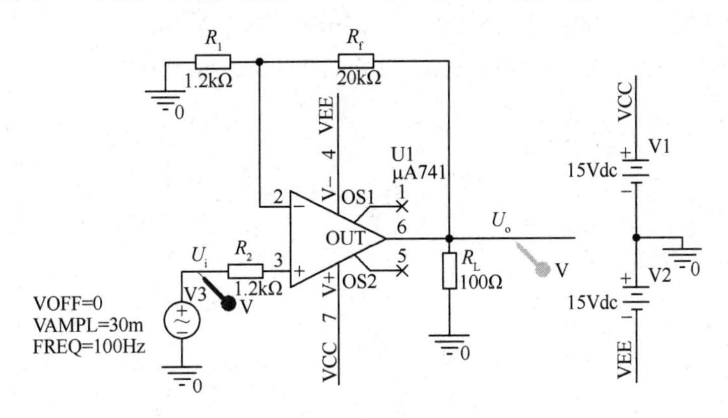

图 6.22 μA741 仿真电路平台

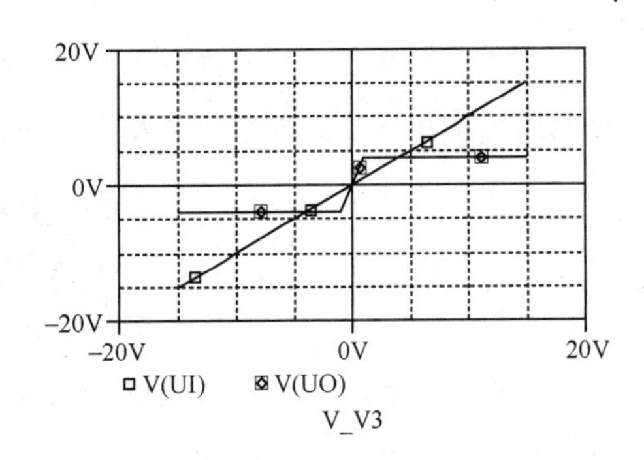

图 6.23 DC 扫描仿真结果

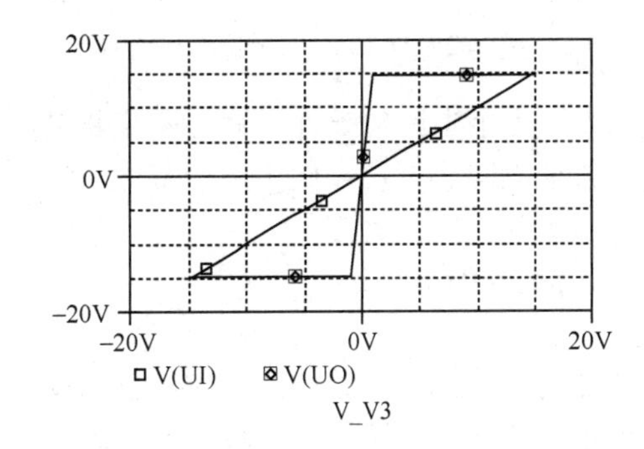

图 6.24 负载变为 1kΩ 的仿真结果

2. 增益带宽积仿真

构建如图 6.25 所示的 μA741 增益带宽积仿真环境，通过 AC 扫描分析，仿真结果如图 6.26 所示。该图说明输入为 100mV，最大增益为 1，且增益随着输入信号频率的提高而降低。当输出下降为 70.7mV 时，所对应的频点为 656.935kHz，即带宽为 656.935kHz。所以，增益带宽积为 656.935kHz。

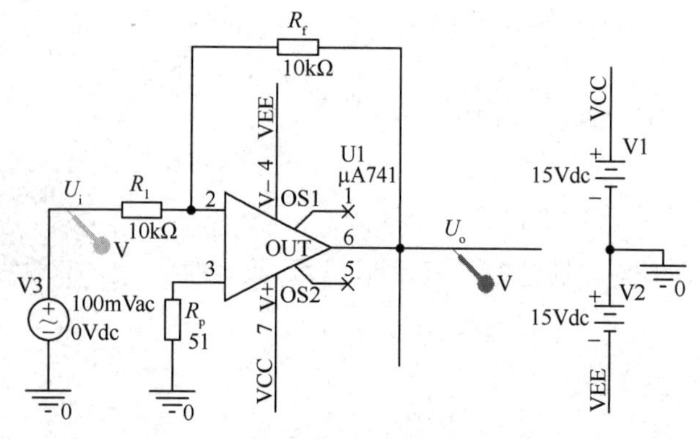

图 6.25 μA741 增益带宽积仿真环境

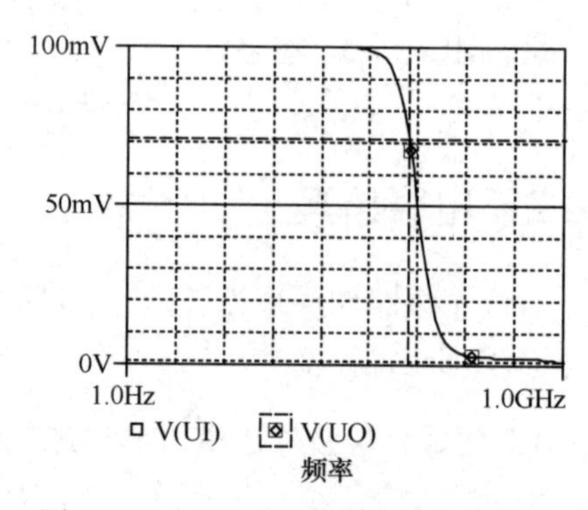

图 6.26 μA741 增益带宽积仿真结果

3．共模抑制比仿真

对图 6.27 所示电路，仿真 μA741 共模抑制比，进行瞬态扫描，仿真结果如图 6.28 所示，输出有效值 U_o= [107.987−(−68.035)]/(2×1.414)≈62mV，而输入有效值 U_i=2V，所以共模放大倍数为 0.031。由共模抑制比的定义可得，K_{cmr}=20lg(1000/0.031)≈90dB。

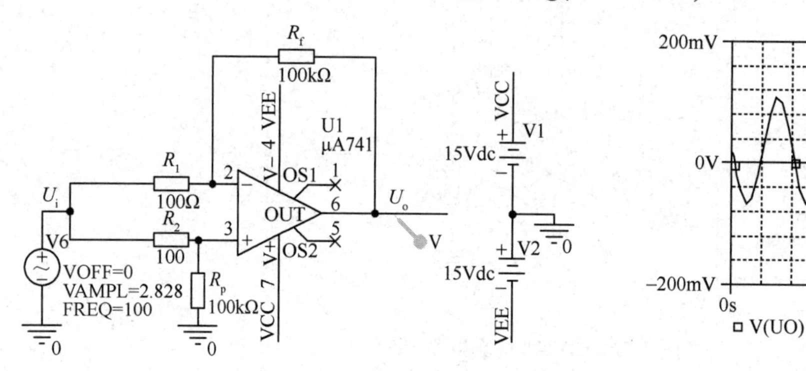

图 6.27 μA741 共模抑制比仿真环境

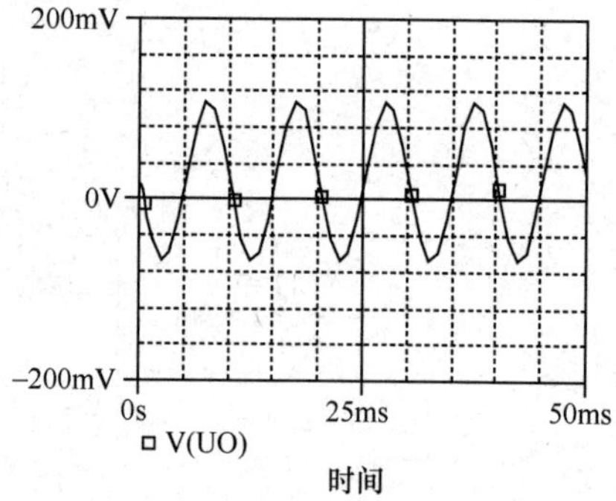

图 6.28 μA741 共模抑制比仿真结果

当然，为了电路的设计可靠，还需要进行其他（如输入失调电压、开环电压增益等）指标的仿真，方法大同小异，在此不一一赘述。

6.6.3 版图设计

通过仿真确认了设计的正确性，就可以开始版图设计，由于 μA741 的工作电压为±15V，为了保证电学特性，可选用尺寸较大的设计规则以便有较大的设计余量。随着工艺水平的提高，设计规则尺寸的选取可以大大缩小。

1．版图设计基本尺寸的确定

发射极引线孔（npn 管）	14μm×20μm
光刻套准间隔	8μm
基极引线孔宽度	12μm
基极引线与发射区间隔	20μm
元件与隔离墙间距	40μm
隔离墙宽度	12μm

集电极引线孔	12μm
铝条最小宽度	10μm
铝条间最小间距	10μm
电阻引线孔	12μm×20μm
发射极引线孔（横向 pnp 管）	14μm×14μm

2. 划分隔离区

按照隔离区划分原则，集电极电位相同的 npn 管可放于同一隔离区内（如 VT$_{18}$、VT$_{19}$）；基极电位相同的 pnp 管可放于同一隔离区内（VT$_3$、VT$_4$），若 npn 管的集电极与 pnp 管的基极电位相同，则可放于同一隔离区内（如 VT$_1$、VT$_2$ 与 VT$_8$、VT$_9$）；电阻也可放于同一隔离区内；还可把电阻与管子放于同一隔离区内，只要 npn 管集电极电位（或 pnp 管的基极电位）高于电阻两个端点的电位（如 VT$_{14}$、R_6、R_7）；电容占面积较大，通常单独放在一隔离区内。μA741 电路共有 24 个晶体管、10 个电阻和 1 个 MOS 电容器，放置在 19 个隔离区内。μA741 隔离区划分如图 6.29 所示。

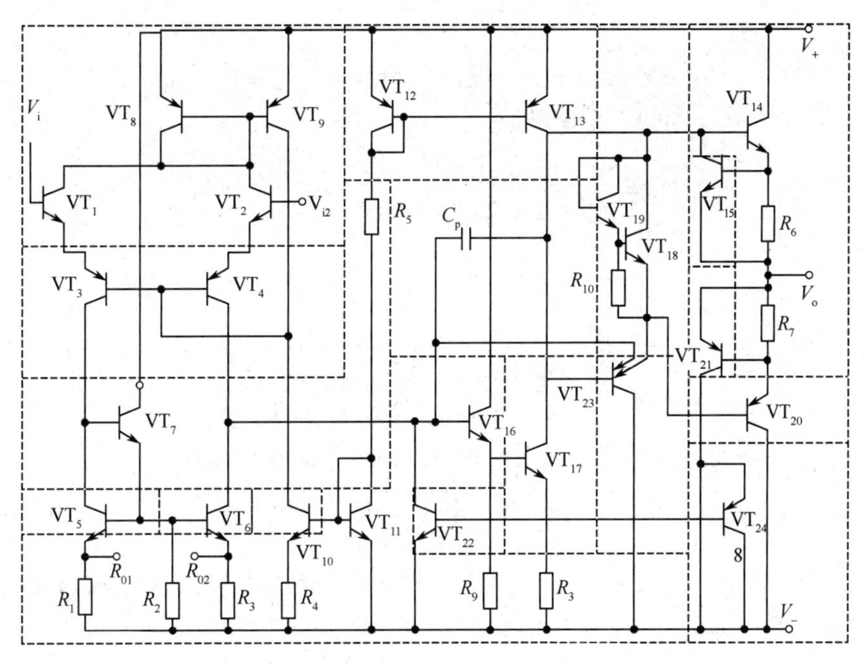

图 6.29　μA741 隔离区划分

3. 元件的图形尺寸

（1）晶体管的图形

电路中的 24 个晶体管，其中 15 个是 npn 晶体管，7 个是横向 pnp 管，2 个是纵向 pnp 管，图形尺寸有以下 6 种。

① 小尺寸 npn 管：包括 VT$_1$、VT$_2$、VT$_5$、VT$_6$、VT$_7$、VT$_{10}$、VT$_{11}$、VT$_{15}$、VT$_{16}$、VT$_{17}$、VT$_{18}$、VT$_{19}$、VT$_{21}$、VT$_{24}$ 这 14 个 npn 管，它们的工作电流均在 1mA 以下，且工作于线性放大区。其单位有效发射区周长允许流过的最大工作电流为 0.04～0.16mA/μm，因此它们的尺寸仅受到光刻精度所限，可采用单发射极、单基极和单集电极的图形。发射极引线孔取为 14μm×20μm，套刻间距取为 8μm，则发射区面积为 30μm×36μm，其图形如图 6.30（a）所示。

② 大尺寸 npn 管：指输出管 VT_{14}，因为 μA741 电路要求输出管工作电流为 5～10mA，所以要求输出管 VT_{14} 有一定电流容量和小的集电极串联电阻。为增大管子的工作电流，VT_{14} 采用双基极条图形，如图 6.30（b）所示。其发射区面积为 40μm×80μm，则发射区有效周长为 160μm。按 0.1mA/μm 计算，则可允许 16 mA 的电流。另外，集电极采用 L 形，以减小集电极串联电阻。

③ 单集电极横向 pnp 管：包括 VT_3、VT_4、VT_8、VT_9、VT_{12}、VT_{21} 这 6 个单集电极横向 pnp 管，它们的设计主要考虑 ec 穿通与电流增益的要求。发射区图形通常较小，以提高 β 值。发射极引线孔为 14μm×14μm，发射区面积为 30μm×30μm。基区宽度设计尺寸为 14μm，实际上考虑其发射区与集电区横向扩散，故真正的基区宽度 $W_b \approx 14 - 2X_j \approx 8\mu m$（其中取横向扩散近似与硼扩结深相同，为 3μm），基本图形如图 6.30（c）所示。

按照上述设计的横向 pnp 管，需要核算能否满足主要电参数的要求。

电流容量：按 0.005mA/μm 的允许值估计，其发射区的有效周长为 4×30μm＝120μm，所以可容纳电流 0.6mA，符合电路的要求。

基区穿通电压：可由下式确定穿通电压的大小。

$$V_{TP} = \frac{qN_B W_b^2}{2\varepsilon_{Si}\varepsilon_0}$$

式中，$q = 1.6\times10^{-19}$C；N_B 为外延层杂质浓度，取 $N_B = 3\times10^{15}/cm^3$（$\rho_b = 2\Omega\cdot cm$）；$\varepsilon_{Si} \approx 12$，$\varepsilon_0 = 8.85\times10^{-14}$F/cm，$W_b = 8\mu m$。可算得

$$V_{TP} = \frac{1.6\times10^{-19}\times3\times10^{15}\times\left(8\times10^{-4}\right)^2}{2\times12\times8.85\times10^{-14}} \approx 144V$$

电流增益：由下式确定。

$$\beta = \frac{\dfrac{1}{W_{bL}}}{\dfrac{A_{EV}}{A_{EL}}\left(\dfrac{\rho_e}{\rho_b W_{eV}} + \dfrac{W_{bV}}{2L_{pb}^2}\right) + \dfrac{\rho_e}{\rho_b W_{el}}}$$

若忽略横向注入效率及纵向基区复合，则电流增益 β 可以近似为

$$\beta = \frac{W_{eV} / W_{bL}}{A_{EV}\rho_e / A_{EL}\rho_b}$$

式中，W_{eV} 为硼扩结深，$W_{eV} = 3\mu m$；W_{bL} 为横向 pnp 管基区宽度，$W_{bL} = 8\mu m$；A_{EV} 为发射区表面面积，$A_{EV} = 30\times30\mu m^2$；$A_{EL}$ 为发射区横向面积，$A_{EL} = 4\times(30\times3)\mu m^2$；$\rho_e$ 为硼扩电阻率，由 $R_\square = 150\Omega/\square$，$X_j = 3\mu m$，则可得到 $\rho_e = R_\square X_j = 150\times3\times10^{-4} = 4.5\times10^{-2}\Omega\cdot cm$；$\rho_b$ 为外延层电阻率，$\rho_b = 2\Omega\cdot cm$。因此，可算得电流增益 β 为

$$\beta = \frac{3/8}{\dfrac{30\times30}{4\times(30\times3)}\dfrac{4.5\times10^{-2}}{2}} \approx 6.7$$

所以以上 3 个电参数均能符合电路要求。

④ 双集电极横向 pnp 管：VT_{13} 为双集电极横向 pnp 管，它的基本尺寸与上述单集电极横向 pnp 管相同，只是集电区分为 A、B 两部分，它们的有效收集长度之比为 1∶3，其图形如图 6.30（d）所示。

⑤ 纵向 pnp 管：纵向 pnp 管 VT_{20} 与 npn 管 VT_{14} 构成互补输出级。为保证其负荷能力，设计为三条发射极结构，以增加有效发射区周长。由于其单位长度电流容量小，因此总的发射区周长比相应的 npn 管（VT_{14}）长 3～4 倍，其图形如图 6.30（e）所示。其中 3 个发射区面积相同，每

个为 30μm×80μm。按单位周长的电流容量 0.015mA/μm 计算，其发射区有效周长为 410μm，可容电流约为 6mA。图中 n^+环孔与发射区面积相同。另外，采用叉形基极条以减少基极电阻 r_{bb}。

⑥ 双发射极纵向 pnp 管：双发射极纵向 pnp 管 VT_{23} 工作电流不大，约为几百微安。但因其单位发射区周长电流容量小，所以其发射区面积比小尺寸 npn 管的大，设计为 30μm×90μm，小的发射区面积为 30μm×30μm，其图形如图 6.30（f）所示。大的发射区外面同样包围着 n^+环。

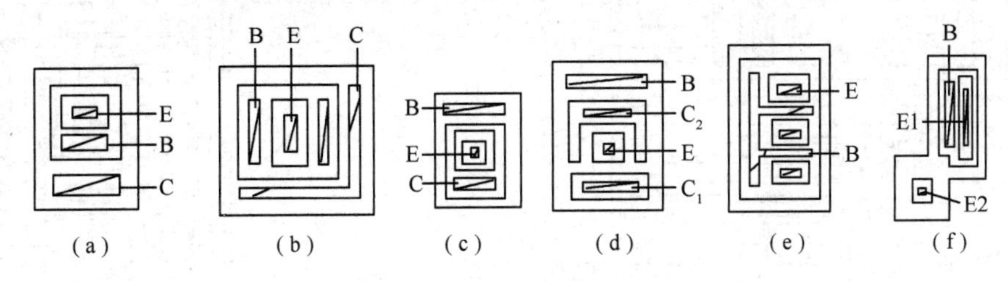

图 6.30　μA741 电路中各类晶体管图形

（2）电阻的设计

μA741 电路中共有 10 个电阻。R_2、R_9 和 R_{10} 阻值较大（R_2、R_9 为 50kΩ，R_{10} 为 40kΩ），精度要求不高，工作电流较小，可采用沟道电阻，沟道电阻为 15kΩ/□。R_1、R_3、R_4、R_5、R_6、R_7 都采用硼扩电阻，其中 R_5 虽然阻值较高（39kΩ），但由于它是参考支路的偏置电阻，因此不采用沟道电阻。

电阻条宽的确定原则是：在保证精度和耗散功率要求的前提下，尽量缩小面积，即条宽不要取得过大。R_6、R_7 及 R_8 阻值较小，为保证精度，其条宽要取宽些。R_1、R_3 应有较小的相对误差，也可适当取宽些，并注意把它们平行地排在一起，使特性尽量一致。其余电阻可根据工艺水平取窄些，以缩小占用面积。

各电阻的条长按所需阻值及 $R_□$（150Ω/□）和已定的条宽确定。

（3）电容的设计

μA741 电路采用 30pF 的 MOS 电容。为保证其容值的稳定及好的击穿特性，要求 SiO_2 层完好、致密。这层 SiO_2 通常是专门生长的，若选择 SiO_2 厚度为 200nm，则可计算 MOS 电容的面积为

$$A=\frac{Ct_{ox}}{\varepsilon_0\varepsilon}=\frac{30\times0.2\times10^{-4}}{8.85\times10^{-2}\times4}\approx1.7\times10^5\mu m^2$$

4．排版和布线

排版、布线应按上节所提的原则，认真构思、反复推敲。图 6.31 所示为运算放大器 μA741 电路总版图，与实际尺寸的比例为 1∶100。它的特点是排列紧凑，差分对管做了对称设计。但是热平衡设计方面没给予特别的考虑，版图中除了晶体管、电阻和电容按设计要求绘制，还有几点需要加以说明。

（1）在 VT_{16} 基极与 VT_4、VT_6 集电极间插入一个 200～300Ω 硼扩电阻，它主要起连接的作用。由于从 VT_{16} 基极看表现的电阻较大，因此它对电器性能影响较小，为区别其他电阻，记作 B_1。此外，也可以改用磷桥，但需加隔离岛，将占用较大面积。

（2）图 6.31 中的 B_2、B_3 为磷桥，由 n^+扩散形成，作连接之用，需单独隔离。

（3）正电源 GV_{CC+}的铝引线与 VT_7 集电极相连时，为了减小串联电阻，又要避免与其他铝线直接交叠，故用了一条长 n^+扩散。

（4）图 6.31 中未画出隐埋图形，实际是存在的。一般隐埋图形可与每个隔离岛内晶体管以及电阻图形外边界构成的区域相同。

在图 6.31 中，每个隔离岛内在隔离墙与基区扩散边缘之间都有一环形框，这是另外加的一个淡硼环。它使表面处原定外延层与隔离墙的 p^+n 结变为 pn 结，改善了寄生效应，同时也提高了隔离性能。

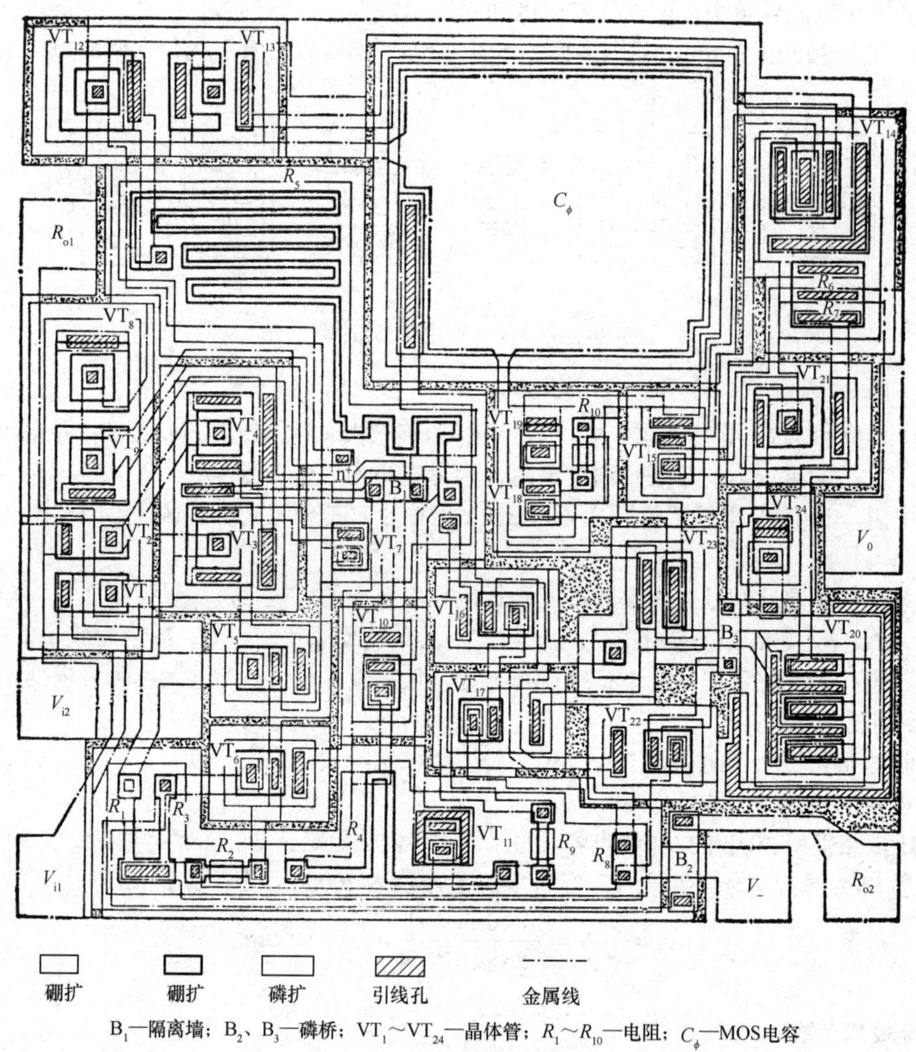

硼扩　　硼扩　　磷扩　　引线孔　　金属线

B_1—隔离墙；B_2、B_3—磷桥；VT_1～VT_{24}—晶体管；R_1～R_{10}—电阻；C_ϕ—MOS电容

图 6.31　μA741 电路总版图

6.7　工艺和器件仿真以及统计分析

随着微电路新器件新工艺的不断发展和 CAD 技术的广泛深入应用，在 CAD 技术中发展成了一个新的分支 TCAD（Technology Computer Aided Design）。TCAD 主要用于工艺仿真和器件仿真，其对器件设计、工艺制造以及电路模拟起着重要作用，尤其对新的器件结构和标准单元设计开发。20 世纪 70 年代到 80 年代，工艺和器件仿真的发展相当迅速，出现了一批有代表性的软件系统。20 世纪 90 年代到 21 世纪初，随着器件尺寸进入纳米阶段、工艺技术的不断更新以及集成电路发展到系统集成，对工艺仿真和器件仿真提出了新的挑战，需要解决不少新的问题，包括三维的工艺仿真，深亚微米、纳米尺寸的器件仿真，互连线之间的电容电感耦合与天线效应等，其中涉及

许多新的器件效应。目前 TCAD 技术仍是研究人员十分关注的研究课题。本节简要介绍工艺仿真和器件仿真的概念与作用，以及典型的模拟软件。

6.7.1　工艺仿真

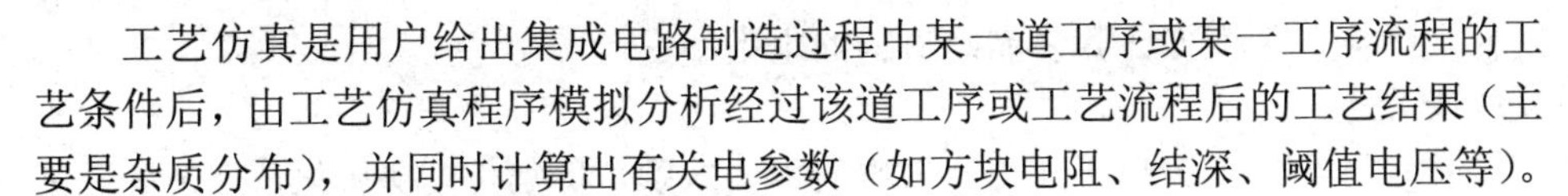

工艺仿真是用户给出集成电路制造过程中某一道工序或某一工序流程的工艺条件后，由工艺仿真程序模拟分析经过该道工序或工艺流程后的工艺结果（主要是杂质分布），并同时计算出有关电参数（如方块电阻、结深、阈值电压等）。

1．工艺仿真模拟的作用

工艺仿真主要起以下两个方面作用。

① 提供半导体器件仿真（见 6.7.2 节）所需要的输入数据。进行器件仿真时要求知道器件结构，以及内部的杂质分布等材料参数情况，而杂质分布正是工艺仿真的输出结果。与通常的杂质分布测量方法相比，计算机工艺仿真技术既经济又迅速。

② 研制集成电路新产品时，工艺仿真技术可以用来选择并优化合适的工艺流程及各工艺步骤的工艺条件。例如，采用 0.13μm 的 CMOS 工艺，要包括 20 多次光刻，6 次离子注入及几次扩散、退火和氧化工艺。用工艺仿真方法在几小时内即可得到所需的工艺条件，而用实验方法至少要几个星期。

2．工艺仿真技术

开发一个适用的工艺仿真程序，需要解决两个方面的问题。

（1）工艺模型的研究

显然，工艺模型的精度决定了模拟结果的精度，但同时决定了模拟过程中计算时间的长短。因此工艺模型的精度需要在保证结果可靠性与尽量缩短计算机运行时间两个方面做出折中处理。对第 3 章介绍的平面工艺管芯生产中的主要工艺步骤，要解决的工艺模型问题如下。

① 氧化模型：氧化层厚度 x 随时间的变化关系为 $\mathrm{d}x/\mathrm{d}t=B/(A+2x)$，要计算氧化层厚度，需要知道其中的系数 A、B。一般情况下，在氧化过程中它们并不是常数。氧化模型研究的主要内容是确定氧化速率系数 A、B 与氧化气氛压强、氧化气氛中氯化氢含量、衬底材料晶向、温度掺杂等因素的关系，以便准确计算氧化层厚度。

② 扩散模型：在高温下扩散时，杂质分布情况由扩散方程式（3.4）确定。一般情况下，在扩散过程中扩散系数 D_0 不是常数。扩散模型主要研究扩散系数 D_0 与杂质分布不均匀情况、半导体中的空位和间隙硅原子及与氧化情况的关系。同时研究某些杂质元素原子扩散的特殊问题，以保证能较准确地模拟出杂质分布。

③ 离子注入模型：主要研究在已知注入剂量和能量情况下，如何确定最后注入杂质的分布。现在采用的方法有三种：一是解析模型，即 3.3 节中介绍的对称高斯分布及其修正表达式；二是由决定离子注入过程中离子运动规律的玻耳兹曼输运方程出发求解注入离子分布；三是采用解决粒子碰撞与输运方面的有力工具——蒙特卡罗方法。

④ 光刻模型：研究如何模拟经过曝光、显影和腐蚀以后，窗口图形的剖面结构，主要包括以下 3 个方面的工作。

光强计算：模拟计算光刻胶中各点的光强分布。

曝光计算：模拟计算在上述光强作用下，光刻胶中抗蚀剂浓度 M 的变化。

腐蚀计算：主要模拟在干法腐蚀过程中窗口图形剖面的变化情况。显然，蒸发和溅射相当于干法腐蚀的逆过程。

⑤ 外延模型：由外延生长速率计算外延层厚度变化情况。同时由于外延是高温掺杂过程，需要用扩散方程式（3.4）计算外延过程中的杂质分布。外延模型主要研究如何通过分析外延物理过程确定求解扩散方程式（3.4）需要的边界条件。

⑥ 多晶硅模型：模拟多晶硅生长（淀积）过程，研究在高温处理过程中晶粒的生长、杂质分凝、氧化和杂质扩散规律，并模拟计算多晶硅材料的电阻率。

（2）计算方法的研究

上述工艺模型涉及多种数学计算和不同类型方程的数值求解，特别是模拟氧化、外延等工艺时还涉及边界问题。如何快速而准确地得到计算结果是决定相应程序能否实用化的关键。由于数值计算需要计算机运行较长时间，在某些需要较快得到计算结果的情况下（如需要反复多次运算的统计模拟中），人们正试图进一步改进工艺模型，力求完全采用解析模型，只需进行解析计算就得到最后结果。

3．典型的工艺仿真工具

目前国际上得到广泛认可和广泛应用的工艺仿真程序是斯坦福大学开发的 SUPREM 工艺仿真程序，SUPREM 是 Stanford University PRocess Engineering Models 的缩写。1977 年首先推出的是 SUPREM-Ⅰ，随后对此不断进行修正和发展，改进的重点在工艺模型。例如，1978 年发表的 SUPREM-Ⅱ考虑了磷扩散的空位扩散模型、氧化增强扩散模型及掺杂对氧化速率的影响。1983 年发表的 SUPREM-Ⅲ进一步考虑了氯化氢氧化模型、多晶硅及多层结构的模拟。1988 年发表的 SUPREM-Ⅳ则改变了前几版只能进行一维模拟的局限性，可进行集成电路工艺仿真中不可缺少的二维模拟。不同程序模拟的主要对象各不相同。上述 SUPREM 程序主要是进行高温处理和掺杂过程的模拟。具有类似功能的还有美国加州大学伯克利分校开发的 SAMPLE 程序，主要模拟光刻过程。Silvaco International 公司 1985 年开始研发的 Silvaco 则由于其在超深亚微米工艺的优异表现，在近年得到工业界广泛认可，Silvaco TCAD 可以进行三维的集成电路工艺仿真，工程师可以通过基于物理的仿真来进行设计和预测半导体器件的制作与性能，其工艺仿真系统提供半导体工艺的仿真，用于模拟半导体材料的注入、扩散、刻蚀、淀积、光刻、氧化及硅化等过程。

工艺仿真程序一般都是“批处理”运行模式。用户将工艺流程、工艺条件、有关参数、输出要求等按规定格式编成输入文件，工艺仿真程序读入用户提供的输入文件就可直接模拟出最后结果。

6.7.2 器件仿真

器件仿真是指用户给出半导体器件的几何图形尺寸和内部杂质分布后，由器件仿真程序模拟分析器件的电特性。1964 年，H. K. Gummel 首先对半导体器件提出数值分析模型的概念。他当时采用自恰迭代的方法对双极型晶体管特性进行了模拟分析，采用的原则和思想至今还在器件仿真的研究中得到广泛应用。

1．器件仿真及其作用

在集成电路的研制中，器件仿真的主要作用如下。

（1）研究、预测所设计的器件性能，并根据模拟结果判断器件的设计质量。模拟结果不仅给出器件的电特性，而且可以给出许多微观量信息，对器件物理的研究具有非常重要的作用。

（2）分析器件特性对工艺的灵敏度，即模拟分析一部分器件结构和工艺参数变化对器件特性的影响，这将有助于器件的合理设计。一般来说，这是不可能用实验来完成的。

（3）根据器件仿真的结果，可进一步提取出电路模拟所需要的半导体器件模型参数。

2. 器件仿真的类型

根据所用物理模型的不同，器件仿真的模型方法有以下 3 种。

（1）经典模型：指器件几何尺寸足够大，电子的运动规律可以用漂移和扩散的输运方程描述。

（2）半经典模型：用于亚微米尺寸的器件，这时电子运动需用玻耳兹曼方程描述。

（3）量子模型：用于超微型器件，电子的运动要用薛定谔方程描述。

无论用哪种模拟方法，首先都要建立物理模型，并据此得到一组方程（数学模型），然后根据有关约束条件和边界条件求解方程组。例如，经典器件仿真中物理模型以载流子漂移扩散运动为基础，采用的数学模型就是 2.2.6 节介绍的一组半导体方程[（参见式（2.25）～式（2.29）]。

半导体方程是一组二阶非线性偏微分方程，在一定的初始条件和边界条件下只有采用数值计算方法（如差分法、有限元法等）才能求解，得到器件的电特性。

根据求解方程时考虑几何空间变量个数的不同，求解模拟又分为一维、二维和三维模拟。例如，对尺寸较大的双极器件，只需考虑载流子在与结面积垂直的方向上的运动情况，这是一维模拟。对目前亚微米的小尺寸 MOS 器件，要考虑三维空间上的变化情况，是一种三维模拟。

3. 器件仿真工具

20 世纪 70 年代中后期至 80 年代初期，出现了一些具有代表性的器件仿真器。例如，由日本日立公司中心实验室推出的器件仿真软件 CADDET（Computer Aided Device DEsign in Two-dimensions）。1985 年该公司又推出三维器件仿真软件 CADDETH，这是可以模拟双极以及场效应器件的模拟器；由奥地利维也纳工业大学研究的模拟器 MINIMOS，曾在世界上受到广泛的欢迎；Silvaco 公司的器件仿真系统则提供半导体器件的电气、光学和热学特性的仿真，用于 MOS 器件、双极器件、HEMT、HBT、Laser、VCSEL、LED、CCD 等多种器件的仿真和建模。

20 世纪 90 年代，由美国 Stanford University 研究的 PISCES 以其可以对多种结构的器件进行模拟受到业界的关注，以后以该软件为基础，出现了二维模拟软件 MEDICI 以及三维模拟软件 DAVINCI。而瑞典开发的 ISE 具有相似的功能。20 世纪 90 年代末，Synopsys 公司收购了这三个产品，集成形成了一个统一的 TCAD-Sentaurus TCAD 平台，支持工艺、器件仿真和光刻版 OPC、PSM 修正。

在国内，有西安电子科技大学研究的 XDMOS，以及清华大学开发的三维分析程序等。器件仿真程序一般采用“批处理”的运行模式，即用户将器件几何尺寸、杂质分布、有关参数约束条件等按一定格式编成输入文件，器件仿真程序读入用户提供的文件后就可以模拟出最后结果。

6.7.3　统计分析

1. 集成电路的统计模拟

目前通常采用的 CAD 模拟软件实际上是一种“标称值”模拟。为了高质量地完成模拟集成电路设计，还应该对设计结果进行“统计模拟”和“优化设计”。本节介绍有关“统计模拟”的基本概念和方法。

标称值模拟中给定的参数是确定的数值。在实际情况下，这是不可能的。例如，对具体的电路，给出某个电阻设计值为 100Ω，但实际上多个同一种电路中的这个电阻值不可能都是 100Ω，而是分散在以 100Ω 为中心的某个范围内。应该指出的是，这种起伏分散是由随机因素造成的一种不可避免的客观存在，它不包括系统误差或过失误差。一般情况下，其分散性符合正态分布规律。表征分散性的特征参数是中心值和容差。显然，电路中的每个元器件参数都具有一定的分散性。这样，虽然元器件取标称值时的电路是合适的，但由这些具有分散性的元器件所组成的电路特性就不一定都满足预定的要求。如何由元器件参数中心值及容差模拟电路响应的分散情况就是电路统计模拟的任务。从统计模拟出的响应分散性中可以确定出响应变化尚未超过允许范围的比例，这就是成品率，因此统计模拟又称为成品率分析。PSPICE 软件中的蒙特卡罗分析就是一种统计分析方法。

与其类似，工艺统计模拟的任务是由工艺条件中心值及容差模拟工艺参数结果的分散性；器件统计模拟的任务是由工艺参数中心值及容差模拟器件特性的分散性。由于统计模拟中考虑了实际上必然会出现的参数分散性（容差）问题，因此这是一种面向生产的模拟。

2. 集成电路的统计设计

标称值模拟的逆过程是标称值的优化设计。与此类似，统计模拟的逆过程是统计设计。统计设计的任务按照目标的不同分为以下两类。

（1）以成品率为目标的统计设计

决定成品率的因素有两个，如在电路统计模拟中，各元器件参数的中心值和容差决定了成品率的高低，这样就产生了两种统计设计任务。

一种是固定容差，即在元器件参数容差为已知的情况下，要求确定各元器件的中心值，使成品率最高，这称为中心值优化设计。注意，它与前面说明的标称值优化设计的区别：目标函数是成品率而不是电路响应指标，同时元器件参数取值范围受到容差的限制。

另一种是中心值固定，要求确定各元器件参数的容差，以保证成品率满足要求，这称为参数的容差设计。

在器件和工艺设计中，同样有中心值优化设计和容差设计两种统计设计问题。

（2）以成本为目标的统计设计

它是以成本为优化目标的。一般情况下，提高成品率和降低成本两种要求是一致的。如果在降低容差、提高成品率过程中付出的代价超过了成品率提高本身带来的好处，实际上反而使成本提高了。因此，在有些情况下需要以成本为目标进行中心值优化设计和容差设计。

目前集成电路的统计模拟和统计设计是个很活跃的领域，其发展不如标称值模拟和优化设计成熟，相应的设计工具还有待进一步开发。

练习及思考题

6-1 对比传统 ASIC Top-Down 设计流程和并行交互式数字集成电路设计流程，说明它们分别适用于哪些电路设计。

6-2 对比分析模拟集成电路 CAD 技术和数字集成电路 EDA 技术的特点与差别。

6-3 IP 核分哪几种？各有哪些优缺点？

6-4 什么是验证？仿真验证有哪几种方法？每种方法有何优缺点？

6-5 结合现代半导体工艺发展和集成电路设计要求，试分析电子设计自动化技术的发展趋势。

6-6 器件仿真与工艺仿真的作用是什么？各有哪些典型的代表软件？

参 考 文 献

[1] 王阳元．绿色微纳电子学．北京：科学出版社，2010.
[2] 游海龙，等．集成器件电子学．北京：高等教育出版社，2024.
[3] Donald A．Neaman．半导体物理与器件．4 版．赵毅强，等译．北京：电子工业出版社，2018.
[4] 戴显英，等．微纳集成电路工艺技术．北京：高等教育出版社，2024.
[5] 戴显英，等．集成电路制造技术与实践．西安：西安电子科技大学出版社，2024.
[6] 温德通．集成电路工艺与工程应用．北京：机械工业出版社，2018.
[7] 王志功，陈莹梅．集成电路设计．4 版．北京：电子工业出版社，2023.
[8] 陈春章，艾霞，王国雄．数字集成电路物理设计．北京：科学出版社，2008.
[9] 朱正涌，张海洋，朱云红．半导体集成电路．2 版．北京：清华大学出版社，2009.
[10] 罗萍，张为．集成电路设计导论．北京：清华大学出版社，2010.
[11] 甘学温，贾嵩，王源，等．大规模集成电路原理与设计．北京：机械工业出版社，2010.
[12] 杨银堂，朱樟明，刘帘曦．现代半导体集成电路．北京：电子工业出版社，2009.

反侵权盗版声明

举报电话：（010）88254396；（010）88258888

传　　真：（010）88254397

E-mail：　dbqq@phei.com.cn

通信地址：北京市万寿路 173 信箱

　　　　　电子工业出版社总编办公室

邮　　编：100036